거의 모든 것의 역사

개역판

거의 모든 것의 역사

빌 브라이슨

이덕환 옮김

역자 이덕환(李悳煥)
서울대학교 화학과 졸업(이학사). 서울대학교 대학원 화학과 졸업(이학석사). 미국 코넬 대학교 졸업(이학박사). 미국 프린스턴 대학교 연구원. 서강대학교에서 34년 동안 이론화학과 과학커뮤니케이션을 가르치고 은퇴한 명예교수이다.
저서로는 「이덕환의 과학세상」이 있고, 옮긴 책으로는 「지금 과학」, 「화려한 화학의 시대」, 「질병의 연금술」, 「같기도 하고 아니 같기도 하고」, 「아인슈타인—삶과 우주」, 「춤추는 술고래의 수학 이야기」 등 다수가 있으며, 대한민국 과학문화상(2004), 닮고 싶고 되고 싶은 과학기술인상(2006), 과학기술훈장웅비장(2008), 과학기자협회 과학과 소통상(2011), 옥조근정훈장(2019), 유미과학문화상(2020)을 수상했다.

거의 모든 것의 역사

저자 / 빌 브라이슨
역자 / 이덕환
발행처 / 까치글방
발행인 / 박후영
주소 / 서울시 용산구 서빙고로 67, 파크타워 103동 1003호
전화 / 02 · 735 · 8998, 736 · 7768
팩시밀리 / 02 · 723 · 4591
홈페이지 / www.kachibooks.co.kr
전자우편 / kachibooks@gmail.com
등록번호 / 1-528
등록일 / 1977. 8. 5
초판 1쇄 발행일 / 2003. 11. 30
개역판 1쇄 발행일 / 2020. 4. 10
16쇄 발행일 / 2024. 7. 30
값 / 뒤표지에 쓰여 있음
ISBN 978-89-7291-711-3 03400

이 도서의 국립중앙도서관 출판예정도서목록(CIP)은 서지정보유통지원시스템 홈페이지(http://seoji.nl.go.kr)와 국가자료종합목록 구축시스템(http://kolis-net.nl.go.kr)에서 이용하실 수 있습니다. (CIP제어번호 : CIP2020012112)

메건과 크리스에게

일러두기

본문에 나오는 각주에서 †는 저자의 주이고, *는 역자의 주이다.

차례

제5부 생명, 그 자체

제6부 우리의 미래

감사의 글

2003년 초에 미국 자연사 박물관의 이언 태터솔이 장문의 편지를 보내주었다. 나에게 큰 격려가 되었던 그의 편지는 고대 유적지인 페리괴가 포도주로 유명한 곳이 아니고, 이탤릭체로 속(屬)과 종(種) 이상의 분류를 나타낸 것이 창의적이기는 하지만 올바른 표기법은 아니며, (최근에 내가 찾아가보았던) 올로르게사일리에의 표기법 등을 포함해서 자신의 전공인 초기 인류에 대한 내 원고의 오류들을 재치 있게 지적해주었다.

이 책에 부끄러운 실수들이 얼마나 더 있는지는 알 수가 없지만, 태터솔 박사를 비롯해서 여러 분들의 도움으로 많은 실수를 바로잡을 수 있었다. 이 책을 준비하는 과정에서 도움을 주신 모든 분들에게 충분한 감사를 표시할 수는 없다. "죄송하지만 다시 설명해주십시오"라는 나의 끊임없는 질문에 인내를 가지고 너그럽고 친절하게 대답해준 다음 분들에게 특별히 감사드린다.

미국 : 뉴욕의 미국 자연사 박물관의 이언 태터솔, 뉴햄프셔 주의 하노버에 있는 다트머스 대학의 존 소스텐센, 메리 K. 허드슨, 데이비드 블랜치플라워, 뉴햄프셔 주의 레버넌에 있는 다트머스-히치콕 의료원의 윌리엄 압두 박사와 브라이언 마시 박사, 아이오와 시티에 있는 아이오와 자원국의 레이 앤더슨과 브라이언 위츠크, 네브래스카 주의 오처드에 있는 네브래스카 대학과 애시폴 화석 지역 주립공원의 마이크 부르히스, 아이오와 주의 스톰 레이크에 있는 부에나 비스타 대학의 척 오펜버거, 뉴햄프셔 주의 고람에 있는 워싱턴 산 천문대의 연구부장 켄 란코트, 옐로스톤 국립공원의 지질학자 폴 도스와 그의 부인 하이디, 버클리 캘리포니아 대학의 프랭크 아사로, 국립지질학회의 올리버 페인과 린 애디슨, 인디애나-퍼듀 대학의 제임스 O. 팔로, 로드

아일랜드 대학의 해양지질물리학 교수인 로저 L. 라슨, 「포트 워스 스타-텔레그램」의 제프 권, 텍사스 주 댈러스의 제리 카스텐, 그리고 디모인의 아이오와 역사학회 직원들.

영국 : 런던 임페리얼 대학의 데이비드 카플린, 자연사 박물관의 리처드 포티, 렌 엘리스, 캐시 웨이, 옥스퍼드에 있는 생물인류학 연구소의 로절린드 하딩, 웰컴 연구소에서 일했던 로렌스 스마예 박사, 「더 타임스」의 키스 블랙모어.

오스트레일리아 : 뉴사우스웨일스 하젤브룩의 로버트 에번스 목사, 캔버라에 있는 오스트레일리아 국립대학의 앨런 손과 빅토리아 베넷, 캔버라의 루이스 버크와 존 홀리, 「시드니 모닝 헤럴드」의 앤 밀네, 웨스턴 오스트레일리아 지질학회에서 일했던 아인 노왁, 빅토리아 박물관의 토머스 H. 리치, 애들레이드에 있는 사우스 오스트레일리아 박물관의 팀 플래너리 관장, 시드니에 있는 뉴사우스웨일스 주립도서관의 친절했던 직원들.

기타 : 웰링턴에 있는 뉴질랜드 박물관의 안내소 관리인 수 수퍼빌, 나이로비에 있는 케냐 국립 박물관의 엠마 엠부아 박사, 코언 메이스, 일라니 넨갈라.

그리고 패트릭 얀손-스미스, 제럴드 하워드, 마리안 벨만스, 앨리슨 투레트, 래리 핀레이, 스티브 루빈, 제드 매츠, 캐롤 히턴, 찰스 엘리엇, 데이비드 브라이슨, 펠리시티 브라이슨, 댄 맥린, 닉 사우던, 패트릭 갤러거, 래리 아쉬미드, 그리고 뉴햄프셔 주의 하노버에 있는 하우 도서관의 유례없이 친절했던 직원들에게 깊이 감사드린다.

언제나 그렇듯이 다른 사람들과는 비교할 수도 없이 강한 인내심을 가진 사랑스러운 아내 신시아에게도 가장 깊은 감사를 드린다.

어느 날 물리학자 레오 실라르드가
친구 한스 베테에게 일기를 쓰고 싶다고 하면서
"책으로 공개하지는 않겠지만, 그저 하느님을 위해서
진실을 기록할 생각이야"라고 말했다.
"하느님께선 모든 진실을 알고 계시지 않겠나?"라는
베테의 물음에 실라르드는
"물론 그분은 진실을 알고 계시겠지만,
내가 그 진실을 어떻게 이해하고 있는지는
모르실 거야"라고 대답했다.

—— 한스 크리스천 폰 베이어, 「원자 길들이기」

서문

당신을 환영하고 축하한다. 나에게는 당신이 여기까지 올 수 있었던 것이 큰 기쁨이다. 나는 당신이 이곳까지 오기가 쉽지 않았다는 사실을 잘 알고 있다. 사실 당신이 생각하는 것보다 훨씬 더 어려웠을 것이다.

우선, 당신이 지금 이곳에 존재하기 위해서는 각자 떠돌아다니던 엄청나게 많은 수의 원자들이 놀라울 정도로 협력적이고 정교한 방법으로 배열되어야만 했다. 너무나도 특별하고 독특해서 과거에 한 번도 존재한 적이 없었고, 앞으로도 절대 존재하지 않을 유일한 배열이 되어야만 한다. 그 작은 입자들이, 우리가 바라듯이, 앞으로 많은 시간 동안 아무 불평도 없이 정교하고 협동적인 노력으로 당신의 육체를 유지시켜줄 것이고, 그런 노력의 가치를 제대로 인정해주지도 않을 우리에게 귀중한 삶을 경험하도록 해줄 것이다.

원자들이 그런 수고를 마다하지 않는 이유는 수수께끼이다. 원자 수준에서 보면, 당신의 존재 자체는 조금도 감사할 것이 못 된다. 당신의 원자들이 헌신적으로 노력을 하지만, 사실 원자들은 당신에게는 아무런 관심이 없을 뿐만 아니라 당신이 존재한다는 사실도 인식하지 못한다. 자신들이 그곳에 있다는 사실조차도 모른다. 어쨌든 원자는 마음을 가지고 있지도 않고, 그들 스스로가 살아 있는 것도 아니다(좀 인상적인 상상이기는 하지만, 만약 족집게로 당신 몸에서 원자들을 하나씩 떼어내면 미세한 원자 먼지 더미가 생길 것이다. 그 원자들은 당신의 일부였지만, 실제로 한순간도 살아 있었던 적이 없었다). 그럼에도 불구하고 원자들 모두가 당신이 존재하는 동안에는 무엇보다 소중한 단 하나의 목표를 위해서 노력할 것이다. 당신을 살아 있게 만드는 것이 바로 그 목표이다.

그렇지만 원자들은 아주 변덕스러워서 실제로 원자들이 당신을 위해서 헌신하는 기간은 아주 잠깐에 불과하다. 정말 순간에 지나지 않는다. 사람의 일생은 평균 65만 시간(약 74년) 정도에 지나지 않는다. 알 수 없는 이유로, 적당한 순간이 지나가거나 아니면 그에 가까운 순간에 당신의 원자들은 당신의 존재를 마감하고 조용히 떨어져 나와서 다른 곳으로 달아나버릴 것이다. 그것으로 원자와 당신과의 관계도 끝나버린다.

그렇지만 당신은 그런 일이 일어난다는 사실 자체에 감사해야 할 것이다. 우리가 알고 있는 한, 일반적으로 우주에서는 그런 일이 일어나지 않는다. 지구에서는 기꺼이 모여들어서 생명체를 만들어내는 원자들과 똑같은 원자들이 우주의 다른 곳에서는 그런 일을 하지 않는다는 것은 정말 이상한 일이다. 다른 의미가 있는지는 모르겠지만, 화학적으로 볼 때 생명체는 놀라울 정도로 평범하다. 탄소, 수소, 산소, 질소, 약간의 칼슘, 소량의 황, 그리고 다른 평범한 원소들이 조금씩만 있으면 된다. 동네 약국에서 찾지 못할 것은 하나도 없다. 당신을 구성하고 있는 원자들의 경우에, 유일하게 특별한 점은 그것들이 당신을 구성하고 있다는 사실뿐이다. 물론 그것이 바로 생명의 기적이다.

원자들이 과연 우주의 어느 구석에서 생명체를 만드는가에 상관없이 실제로 원자들은 다양한 것을 만들고 있다. 정말 이 세상의 모든 것을 만들고 있다. 원자들이 없으면, 물이나 공기나 바위도 있을 수 없고, 별(항성)이나 행성도 있을 수 없으며, 저 먼 곳에 있는 성간 물질이나 휘도는 성운도 존재할 수가 없다. 우리의 우주를 물질적으로 유용하게 만들어주는 모든 것들이 원자로 구성되어 있다. 원자들은 너무나 흔하면서도 꼭 필요하기 때문에 우리는 원자들이 실제로 존재한다는 사실조차 인식하지 못하는 경우가 많다. 우주가 반드시 작은 입자들로 가득 채워져야 한다거나, 우리 존재의 바탕이 되는 빛과 중력을 비롯한 물리적 성질을 가져야 할 필요는 없다. 사실은 우주 자체가 존재해야 할 필요도 없다. 실제로 우주는 아주 오랜 기간 동안 존재하지도 않았다. 그동안에는 원자도 없었고, 원자들이 떠돌아다닐 수 있는 공간도 없었다. 세상에는 아무것도 없었다. 정말 아무것도 없었다.

그래서 우리는 원자들에게 감사해야만 한다. 원자가 존재하고, 그 원자들이 그렇게 배열되어 있다는 사실 때문에 당신이 지금 여기에 존재할 수 있다. 당신이 21세기에 살면서 그 사실을 인식할 수 있는 지능을 갖추게 되기까지는 놀라운 생물학적 행운이 이어졌던 것이 분명하다. 지구에서 생존한다는 것은 놀라울 정도로 미묘한 일이다. 태초부터 지금까지 지구에 존재했던 수십억의 수십억에 이르는 생물종 중에서 99.99퍼센트는 더 이상 우리와 함께 있지 않다. 이미 알고 있듯이, 지구에서의 삶은 지극히 짧은 순간에 불과하고, 놀라울 정도로 하찮은 것이다. 우리가, 생명을 탄생시키는 일도 잘하지만, 멸종시키는 일에도 능숙한 지구에 살고 있다는 사실은 우리 존재의 이상한 특징이다.

지구상에 탄생했던 생물종들은 대략 400만 년 정도 존재한다. 그러므로 당신이 수십억 년 동안 존재하고 싶다면 원자들처럼 변덕스러워야만 할 것이다. 당신의 모습, 크기, 색깔, 다른 생물종과의 관계 등을 비롯한 모든 것을 수시로 바꿀 각오를 해야 하고, 반복적으로 그렇게 해야 할 것이다. 그렇지만 그런 변화의 과정은 일정하지 않을 것이기 때문에 그런 일은 말처럼 쉽지는 않을 것이다. (길버트와 설리반의 오페레타 가사에 나오듯이) "원시적인 원형질의 원자 덩어리"가 지능을 가진 현대의 직립 인간으로 발전하기 위해서는 놀라울 정도로 오랜 기간에 걸쳐서 적절한 시기에 반복적으로 돌연변이가 일어나서 새로운 종으로 변해야만 했다. 그래서 지난 38억 년 동안 당신은 산소를 싫어하기도 했고, 좋아하기도 했으며, 지느러미와 팔다리와 멋진 날개를 기르기도 했고, 알을 낳기도 했으며, 혀를 날름거리기도 했고, 몸이 매끄럽기도 했고, 털을 기르기도 했으며, 땅속에서 살기도 했고, 나무 위에서 살기도 했으며, 사슴처럼 크거나, 쥐처럼 작기도 했다. 그런 진화의 길에서 아주 조금만 벗어났더라도, 당신은 지금 동굴 벽에 붙어서 사는 조류(藻類)가 되었거나, 바닷가 바위 위에서 빈둥거리는 바다코끼리와 같은 짐승이 되었거나, 아니면 수심 20미터 물속에 사는 맛있는 갯지렁이를 잡기 위해서 잠수하려고 머리 위의 숨구멍으로 공기를 뱉어내는 고래가 되었을 것이다.

당신이 아주 오래 전부터 적절한 진화의 길을 따라오게 된 것도 행운이었지만, 당신의 가정에서 태어날 수 있었던 것도 역시 기적이었다. 지구에 산이나 강이나 바다가 생기기도 훨씬 전이었던 38억 년 전부터, 당신의 친가와 외가의 선조들이 한 사람도 빠짐없이 모두 짝을 찾을 수 있을 정도로 매력적이었고, 자손을 낳을 수 있을 정도로 건강하게 오래 살 수 있었던 운명과 환경을 지니고 있었다는 사실은 정말 놀라운 일이다. 당신의 조상 중에서 어느 누구도 싸움이나 병으로 일찍 죽지도 않았고, 물에 빠지거나 굶거나 길을 잃고 헤매다가 죽어버리지도 않았으며, 방탕에 빠지거나 부상을 당하지도 않았고, 적절한 순간에 적절한 짝에게 아주 적은 양의 유전물질을 전해주어서 결국은 놀랍게도 아주 짧은 순간이기는 하지만 당신을 존재하도록 해주는 유일한 유전 조합을 만드는 일까지도 외면하지 않았다.

이 책은 그런 일이 도대체 어떻게 일어났는가에 대한 것이다. 특히 아무것도 없었던 곳에서 무엇인가가 존재하는 곳까지 어떻게 오게 되었고, 아주 조금에 불과했던 그 무엇이 어떻게 우리로 바뀌게 되었으며, 그 사이와 그 이후에 무슨 일이 일어났는가에 대해서도 살펴볼 것이다. 물론 그런 일이 너무나도 방대하기 때문에 이 책의 제목을 감히 「거의 모든 것의 역사」라고 붙였다. 실제로 모든 것의 역사를 살펴볼 수는 없겠지만, 운이 따른다면 이 책을 읽고 나서 그렇게 느낄 수도 있을 것이다.

내가 이 책을 쓰게 된 개인적인 동기는 초등학교 4-5학년 때에 배운 그림이 있는 과학 교과서 때문이었다. 초라하고, 가까이하고 싶지 않으며, 놀라울 정도로 두꺼운 1950년대의 전형적인 교과서였지만, 첫 부분에 나를 사로잡았던 그림이 있었다. 큰 칼로 지구의 4분의 1을 잘라낸 단면을 그린 그림이었다.

그 전에는 그런 그림을 본 적이 없었다고 믿기는 어렵지만, 내가 정신이 팔려버렸던 사실을 분명하게 기억하고 있는 것을 보면 정말 그랬던 모양이었다. 솔직히 내가 처음 관심을 가졌던 이유는, 미국 평원에서 아무 생각 없이 동쪽으로 달리는 운전자가 갑자기 중앙 아메리카와 북극을 가로지르는 6,400 킬로미터 높이의 절벽에서 떨어져버리지 않을까 하는 생각 때문이었다. 그 후 점차 내 관심은 학구적으로 바뀌어서, 그 그림의 과학적 의미를 이해하게 되었다. 즉 지구가 불연속적인 층으로 이루어져 있고, 그 중심에는 철과 니켈이 태양 표면과 같은 정도의 온도로 뜨겁게 녹아 있다는 사실을 이해하게 되었다. 지금도 내가 그림의 설명을 보고 "어떻게 그런 사실을 알아냈을까?" 하고 정말 궁금하게 여겼던 사실을 기억한다.

당시에는 그 정보의 정확성에 대해서 한순간도 의심을 하지 않았다. 지금도 나는 외과의사나 배관공처럼 남들이 알기 어려운 특별한 지식을 가지고 있는 사람들을 신뢰하는 것과 마찬가지로 과학자들의 주장을 믿고 싶어한다. 그렇지만 나는 어떻게 우리가 수천 킬로미터 밑의 땅속에 대해서 알아낼 수 있는가를 한 번도 이해하지 못했다. 눈으로 본 적도 없고, X선이 통과할 수도 없는 지구의 내부가 어떻게 생겼고, 무엇으로 구성되어 있는가를 어떻게 알아낼 수 있을까? 내게는 기적과도 같은 일이었다. 그것이 그 이후로 과학에 대한 내 생각이었다.

한껏 들뜬 나는, 그날 밤 그 책을 집으로 가지고 와서 저녁을 먹기 전에 펼쳐보았다. 그런 내 모습을 보신 어머니가 내 이마를 짚어보면서 어디 아프지 않냐고 물어볼 것이라는 기대는 어긋나버렸지만, 나는 첫 쪽부터 책을 읽기 시작했다.

그런데 문제가 생겼다. 그 책은 전혀 흥미롭지 않았다는 것이다. 사실은 전혀 이해할 수도 없었다. 무엇보다도 그 책에서는 보통 학생이 떠올릴 수 있는 의문에 대한 답을 찾을 수가 없었다. 어떻게 지구 속에 뜨거운 태양이 존재하게 되었을까? 땅속에서 태양과 같은 것이 불타고 있다면 왜 발밑의 땅이 뜨겁지 않을까? 내부의 다른 물질들은 왜 녹아버리지 않을까? 아니면 녹고 있는 것일까? 그리고 속이 모두 타버리고 나면, 지구는 텅 빈 공간으로 꺼져들어가고, 표면에는 큰 구멍이 생기게 될까? 도대체 그런 사실을 어떻게 알아낼까? 그런 사실을 어떻게 알아냈을까?

그러나 그 책의 저자는 그런 자세한 문제에 대해서는 이상할 정도로 침묵했다. 사실은 배사구조(背斜構造), 향사구조(向斜構造), 축성단층(軸性斷層)과 같은 전문용어를 제외한 다른 모든 것에 대해서는 침묵해버렸다. 마치 모든 것을 비밀로 감추어두면 냉정할 정도로 심오하게 보일 것이라고 믿었던 모양이었다. 세월이 흐르면서 나는 그것이 나만의 생각이 아니라는 사실을 깨닫기 시작했다. 교과서의 저자들은 자신들이 설명하는 내용을 지나칠 정도로 흥미롭게 만들어서는 안 되고, 정말 흥미로운 것으로부터 장거리 전화 정도의 거리를 두어야 한다는 비밀스러운 약속을 했던 것 같았다.

오늘날 나는 명쾌하고 감탄할 만한 수준의 글솜씨를 자랑하는 과학 저술가들이 많다는 사실을 알고 있다. 알파벳 중의 하나인 F만 선택하더라도 티머시 페리스, 리처드 포티, 팀 플래너리 세 사람이 떠오른다(이미 작고했지만 신화와 같았던 리처드 파인만은 말할 필요도 없다). 그러나 불행히도 그 사람들 중 그 누구도 내가 배웠던 교과서를 저술하지 않았다. 내가 배웠던 모든 교과서는, 모든 것을 식으로 표현하면 명백해진다는 재미있는 생각을 가지고 있고, 자신들의 어린 시절에 심사숙고했던 문제들을 보여주는 설명을 해주면 미국 어린이들이 고마워할 것이라는 잘못된 믿음을 가지고 있는 남성들이 만든 것이었다. 그래서 나는 과학은 엄청나게 재미없다고 생각하면서 자라게 되었다. 한편으로는 반드시 그럴 필요가 없을 것이라고 생각하기도 했지만, 사실은 가능하다면 과학에 대해서 생각하지 않게 되어버렸다. 그것도 역시 그동안 과학에 대한 내 입장이었다.

세월이 많이 흐른, 아마도 4-5년 전에 나는 태평양을 가로지르는 비행기에서 달빛이 비치는 바다를 무심하게 바라보고 있었다. 불현듯 내가 살고 있는 유일한 행성에 대해서 내 자신이 그야말로 아무것도 알지 못하고 있다는 불편한 생각이 들기 시작했다. 예를 들면 바닷물은 오대호의 물과는 다르게 짠맛이 나는 이유가 무엇인지 몰랐다. 전혀 알 수가 없었다. 세월이 흐르면 바닷물의 염도(鹽度)가 높아지거나 낮아지는지도 몰랐지만, 바닷물의 염도가 도대체 관심의 대상이 될 수 있는 것인지도 알지 못했다(다행스럽게도 1970년대 말까지는 과학자들도 역시 그런 의문에 대한 답을 알지 못했다. 그래서 그들도 그런 문제에 대해서 큰소리로 이야기를 하지 않았다).

물론 바닷물의 염도는 내가 알지 못했던 많은 것의 극히 작은 부분에 불과했다. 나는 양성자가 무엇이고, 단백질이 무엇인지 몰랐고, 쿼크와 준성(準星, quasar)을 구별하지도 못했고, 지질학자들이 협곡의 바위 층이 얼마나 오래된 것인가를 어떻게 알아내는지도 몰랐다. 사실은 아는 것이 거의 없었다. 나는 그런 문제는 물론이고, 사람들이 그런 사실을 어떻게 밝혀내는가에 대해서 조금이라도 이해하고 싶다는, 조용하지만 예사롭지 않은 충동에 사로잡히기 시작했다. 내가 가지고 있던 관심 중에서 가장 흥미로운 것이 바로 과학자들이 어떻게 문제를 해결하는가라는 문제였다. 도대체 지구가 얼마나 무겁고, 바위가 얼마나 오래되었고, 지구 중심에는 무엇이 있는가를 과연 어떻게 알아낼까? 우주는 언제 어떻게 시작되었고, 우주가 처음 시작되었을 때는 어떤 모습이었을까를 어떻게 이해할까? 원자의 내부에서 일어나고 있는 일을 어떻게 알아낼까? 그리고 가능하다면, 아니 무엇보다도, 거의 모든 것에 대해서 알고 있는 것처럼 보이는 과학자들이 왜 지진을 예측하지 못하고, 다음 수요일 경기에 우산을 가지고 가야 하는가를 말해주지 못할까?

그래서 나는 내 인생의 일부를 책과 잡지를 읽고, 놀라울 정도로 바보 같은 질문에 대해서 대답을 해줄 수 있는 고상하고 인내심을 가진 전문가를 찾아내는 데에 쓰기로 했다. 결국 그 일에 3년이 걸렸다. 과학의 신비로움과 성과에 대해서 너무 기술적이거나 어렵지도 않고, 그러면서도 피상적인 수준을 넘어서서 이해하고 동감할 수 있는 글을 쓸 수는 없는 것일까를 확인해보고 싶었다.

그것이 바로 내 생각이었고 희망이었으며, 이 책은 바로 그런 목적으로 쓴 것이다. 어쨌든 우리에게는 다루어야 할 주제가 엄청나게 많고, 우리에게 주어진 시간은 65만 시간이 채 안 된다. 이제 시작을 해보기로 한다.

제1부

우주에서 잊혀진 것들

모든 행성은 같은 평면에 있다.
모든 행성은 같은 방향으로 회전한다……
알다시피 완벽하다. 찬란하다.
신비롭기도 하다.

—— 천문학자 제프리 마시의 태양계에 대한 설명

제1장

우주의 출발

양성자(陽性子, proton)가 얼마나 작고, 공간적으로 하찮은 것인가는 아무리 애를 써도 제대로 이해할 수 없다. 양성자는 그저 너무나도 작기 때문이다.

양성자는 그 자체가 비현실적으로 작은 원자의 아주 작은 일부분이다. 양성자는 알파벳 i의 점에 해당하는 공간에 5,000억 개가 들어갈 수 있을 정도로 작다.[1] 5,000억이면 1만5,000년에 해당하는 시간을 초 단위로 표시한 것보다도 더 큰 숫자이다. 그러니까 아무리 잘 표현하더라도, 양성자는 지나칠 정도로 작은 셈이다.

물론 불가능한 일이지만, 만약 그런 양성자를 10억 분의 1 정도의 부피로 축소할 수 있다고 생각해보자. 그렇게 하면 원래의 양성자는 거대한 덩어리로 보이게 될 것이다. 이제 그렇게 작고 작은 공간 속에 어떻게 해서든지 대략 30그램 정도의 물질을 채워넣는다고 상상해보자.[2] 훌륭하다. 이제 우주를 만들 준비가 된 셈이다.

우리는 물론 팽창될 우주를 만들고 있는 중이다. 만약 그 대신에 더 오래된 표준 빅뱅(Big Bang) 이론*에 따른 우주를 만들고 싶다면 몇 가지 준비가 더 필요하다. 사실은 우주가 시작된 후로 지금까지 존재했던 모든 티끌과 물질을 구성하는 입자들을 모은 후에, 그것들을 너무나도 작아서 그 크기를 말할 수도 없는 작은 공간에 모두 집어넣어야 한다. 그런 상태를 특이점(特異

* 1920년대에 알렉산더 프리드먼과 조르주 르메트르가 제안했고, 1940년대 조지 가모브에 의해서 정립된 우주의 생성 이론.

點, singularity)이라고 부른다.

어쨌든 이제 우리는 정말 큰 빅뱅(대폭발)을 일으킬 준비를 갖춘 셈이다. 그런 후에 안전한 곳에서 눈앞에 펼쳐지는 장관을 보고 싶어하는 것은 당연하다. 그러나 불행하게도 특이점 바깥에는 아무것도 없기 때문에 안전하게 몸을 피할 곳은 어디에도 없다. 우주가 팽창하기 시작한다고 해서, 비어 있던 공간을 채우게 되는 것이 아니기 때문이다. 우리에게는 폭발이 일어나면서 만들어지는 공간만이 존재할 뿐이다.

그런 특이점을 어둠에 잠긴 끝없는 허공 속에서 잉태한 점으로 나타내고 싶겠지만, 그런 표현은 틀린 것이다. 그런 공간도 없고, 그런 어둠도 없다. 특이점 이외에는 "주위"가 존재하지 않는다. 특이점은 공간을 차지하지도 않고, 존재할 곳도 없다. 그런 특이점이 얼마나 오랫동안 존재했는가를 물어볼 수도 없다. 좋은 생각이 돌연 떠오르듯이 갑자기 존재하게 되었는지, 아니면 적절한 순간을 기다리면서 영원히 그곳에 있었는지도 알 수가 없다. 시간이라는 것도 존재하지 않는다. 특이점이 출현할 수 있는 과거도 없다.

즉 우리의 우주는 아무것도 없는 그야말로 무(無)에서부터 시작되었다.

특이점은 어떤 말로도 표현할 수 없을 정도로 짧고 광대한 영광의 순간에 단 한번의 찬란한 진동에 의해서 상상을 넘어서는 거룩한 크기로 팽창한다. 격동하던 최초의 1초 동안에 물리학을 지배하는 중력과 다른 모든 힘들이 생겨난다(우주론 학자들은 평생을 바쳐서 그 최초의 1초를 더욱 자세한 조각으로 나누어 분석하고 싶어한다). 1분도 지나지 않아서 우주의 지름은 수천조(兆) 킬로미터에 이르게 되지만, 여전히 빠른 속도로 팽창을 계속한다. 이제는 온도가 수백억 도에 이를 정도로 뜨거워서 원자핵 반응을 통해서 가벼운 원소들이 만들어진다. 주로 수소와 헬륨이 만들어지고, (1억 개 중 하나 정도의) 리튬이 생겨난다. 최초의 3분 동안에 우주에 존재하게 될 모든 물질의 98퍼센트가 생성된다. 이제 정말 우리의 우주가 만들어진 것이다. 우주는 가장 신비스럽고 훌륭한 가능성이 존재하고, 아름답기도 한 곳이다. 그런 모든 일들이 샌드위치를 만들 정도의 짧은 시간에 완성되었다.

언제 그런 일이 일어났는가는 논쟁의 대상이었다. 우주론 학자들은 그것이 100억 년 전인가, 200억 년 전인가 아니면 그 중간이었는가에 대해서 오랫동안 논쟁을 벌여왔다. 이제는 대략 137억 년 정도의 숫자로 합의되어가고 있는 것으로 보이지만, 앞으로 살펴보듯이 이런 숫자를 알아내는 일은 엄청나게 어렵다.[3] 실제로 우리가 확실하게 알 수 있는 것은, 아주 오래 전 어느 순간에 알 수 없는 이유로 과학자들에게 t = 0이라고 알려진 순간이 있었다는 것뿐 이다.[4] 그때부터 우리의 길이 시작되었다.

물론 지금도 우리가 알지 못하는 것이 엄청나게 많고, 우리가 알고 있다고 여기는 것들 중에도 사실은 모르고 있거나 또는 알고 있다고 잘못 생각한 것도 많다. 빅뱅의 개념조차도 아주 최근에 알아낸 것이다. 빅뱅의 개념은 1920년대에 벨기에의 성직자이면서 학자였던 조르주 르메트르가 별다른 근거 없이 제안했을 때부터 떠돌던 것이지만, 우주론에서 본격적으로 받아들여지기 시작한 것은 1960년대 중반에 두 젊은 전파천문학자들의 비상하면서도 우연한 발견 때문이었다.

그들이 바로 아노 펜지어스와 로버트 윌슨이었다. 그들은 1965년 뉴저지주의 홈델에 있는 벨 연구소 소유의 대형 통신 안테나를 활용할 방법을 찾고 있었지만, 끊임없이 들려오는 잡음 때문에 실험을 할 수가 없어서 고민을 하고 있었다. 난방용 스팀 파이프에서 나는 것과 같은 고른 잡음 때문에 다른 실험을 할 수가 없었다. 그 잡음은 끊임없이 들려왔고, 일정한 곳에서 오는 것도 아니었다. 하늘의 어느 쪽에서나 똑같이 들렸고, 밤과 낮, 계절에도 상관이 없었다. 1년 동안 두 젊은 천문학자들은 그 잡음의 원인을 찾아내서 제거하려고 온갖 노력을 기울였다. 모든 전기 회로를 점검했다. 측정기구들을 새로 만들면서 회로와 구부러진 전깃줄과 먼지 묻은 플러그까지 모두 점검했다. 접시 안테나에 올라가서 이음새와 나사못에 절연 테이프를 붙여보기도 했다. 빗자루를 들고 올라가서, 훗날 논문에서 "흰색의 유전(誘電)물질"이라고 표현했지만, 더 상식적으로는 새똥이라고 부르는 것까지도 조심스럽게 쓸어냈다.[5] 그래도 아무 소용이 없었다.

당시 두 사람은 전혀 모르고 있었지만, 그곳에서 겨우 50킬로미터 떨어진 프린스턴 대학에서는 로버트 디키의 연구진이 거꾸로 두 사람이 없애려고 열심히 애쓰던 바로 그 잡음을 찾아내려고 혈안이 되어 있었다. 프린스턴의 과학자들은 러시아 태생의 천체물리학자 조지 가모브가 1940년대에 제안했던 주장을 확인하려고 애쓰고 있었다. 가모브는 우주를 자세히 살펴보면 대폭발에서 남겨진 우주 배경 복사(宇宙背景輻射, cosmic background radiation)* 를 발견할 수 있을 것이라고 주장했다. 가모브는 계산을 통해서 그런 빛이 광활한 우주를 가로질러 지구에 도달하게 되면 마이크로파가 될 것이라고 예측했다. 그는 그 후에 발표한 논문에서 그런 실험에 사용할 수 있는 기구를 추천하기도 했는데, 홈델에 있던 벨 안테나가 바로 그런 것이었다.[6] 불행히도 펜지어스와 윌슨은 물론이고, 프린스턴의 과학자들 중에는 가모브의 바로 그 논문을 읽은 사람이 아무도 없었다.

펜지어스와 윌슨을 괴롭히던 잡음은 물론 가모브가 추측했던 바로 그것이었다. 두 사람은 대략 150조 킬로미터의 10억 배나 떨어진 곳에 있는 우주의 경계이거나 또는 그 경계로 보이는 부분을 발견했던 것이다.[7] 다시 말해서 그들은 우주에서 가장 오래된 빛, 즉 최초의 광자(光子, photon)를 "본" 셈이었다. 물론 가모브가 예언했던 것처럼, 그 빛은 오랜 시간 동안 먼 거리를 여행하면서 마이크로파로 바뀌어 있었다. 앨런 구스는 「인플레이션(inflation) 우주론」에서 이 발견의 의미를 이해하는 데에 도움이 될 비유를 제시했다. 만약 우주의 과거를 들여다보는 일을 엠파이어 스테이트 빌딩의 100층에서 아래쪽으로 내려다보는 것에 비유한다면(즉 100층은 현재를 나타내고, 건물의 바닥은 빅뱅이 일어난 시점을 나타낸다), 윌슨과 펜지어스의 발견이 이루어지는 순간에 사람들이 본 은하** 중에서 가장 멀리 있는 것은 대략 60층 정도의 높이에 있고, 가장 멀리 떨어진 준성(準星)***은 20층 정도에 있는 셈

---

* 대폭발에 의해서 우주가 생성될 때 방출되었던 빛으로, 우주가 팽창하면서 식어가기 때문에 지금은 절대온도 2.74도에 해당하는 마이크로파의 형태로 관측된다.

** 수십억 개의 태양과 같은 항성(별)과 성간 물질로 이루어진 거대한 집단.

*** 중심의 작은 영역에서 엄청난 양의 에너지를 방출하기 때문에 100억 광년 이상의 거리에서

이다. 그런데 펜지어스와 윌슨의 발견은 우리가 길바닥에서 1센티미터 정도까지 볼 수 있도록 우리의 시야를 넓혀준 셈이었다.[8)]

그런 잡음이 생기는 이유를 알아내지 못했던 윌슨과 펜지어스는 어느 날 프린스턴의 디키에게 전화를 걸어서 자신들의 문제를 설명하고, 도움을 줄 수 있는가를 물어보았다. 디키는 즉시 두 젊은이가 무엇을 발견했는가를 알아차렸다. "여보게들, 모든 게 끝나버렸네." 전화를 마친 디키는 학생들에게 그렇게 한탄을 했다.

곧바로 「천체물리학 저널」에 두 편의 논문이 발표되었다. 자신들이 경험한 잡음을 설명한 펜지어스와 윌슨의 논문과 그 정체를 규명한 디키 연구진의 논문이었다. 펜지어스와 윌슨은 우주 배경 복사를 찾고 있지도 않았고, 처음에는 그것이 무엇인지도 몰랐으며, 그것을 설명하거나 해석하는 논문을 발표한 적도 없었음에도 불구하고 1978년에 노벨 물리학상을 받았다. 프린스턴의 과학자들은 동정을 받았을 뿐이다. 「우주의 고독」의 데니스 오버바이에 따르면, 펜지어스와 윌슨은 「뉴욕 타임스」의 기사를 읽고 나서야 자신들의 발견이 얼마나 중요한 것인가를 깨달았다고 한다.

그런데 우리도 우주 배경 복사 때문에 생기는 잡음을 언제나 경험하고 있다. 텔레비전 방송이 없는 채널에서 보이는 무질서하게 물결치는 무늬 중에서 약 1퍼센트 정도는 오래 전에 일어났던 대폭발의 잔재 때문에 생기는 것이다.[9)] 다음에 그런 화면을 보면 우주의 탄생 모습을 보고 있다는 사실을 기억하기 바란다.

모두가 빅뱅이라고 부르기는 하지만, 그것이 일반적으로 우리가 생각하는 폭발과는 다르다는 사실을 잘 설명해주는 책도 있다. 빅뱅은 일반적으로 알고 있는 폭발이 아니라 엄청난 규모의 거대하고 갑작스러운 팽창에 더 가까운 것이다. 그렇다면 그런 일이 일어난 이유는 무엇일까?

한 가지 설명은, 어쩌면 그런 특이점이 그 이전에 존재했던 우주가 수축되

도 관측되는 항성체.

어서 생겼을 수도 있다는 것이다. 즉 우주는 산소 공급기의 고무주머니처럼 팽창하고 수축되는 순환 과정을 영원히 반복하고 있다는 것이다. 한편 빅뱅이 "가짜 진공", "스칼라 장(場)" 또는 "진공 에너지"라고 부르는 어떤 것 때문에 일어났다는 주장도 있다. 모두가 아무것도 없는 없음[無]의 세계에서 불안정성이 나타나도록 해주는 무엇을 뜻하는 말들이다. 없음에서 있음[有]이 생겨나는 것이 불가능한 것처럼 보이지만, 한때는 없음의 세계였던 곳에서 오늘날의 우주가 생겨난 것은 그런 일이 실제로 가능하다는 충분한 증거가 될 수 있다. 우리의 우주는 수많은 다른 차원의 우주들 중의 하나에 불과할 수도 있고, 빅뱅은 어느 곳에서나 늘 일어나고 있는 평범한 일일 수도 있다. 어쩌면 빅뱅이 일어나기 전까지의 시간과 공간은 우리가 상상하기에는 너무나도 낯선 전혀 다른 형태였을 수도 있고, 빅뱅은 우리가 도대체 이해할 수 없는 형태의 우주로부터 우리가 대강 이해할 수 있는 모습의 우주로 전환되는 과정을 뜻하는 것일 수도 있다. "이런 의문은 종교적인 문제와 매우 비슷하다."[10] 2001년 「뉴욕 타임스」에 소개되었던 스탠퍼드 대학의 우주론 학자 안드레이 린데 박사의 말이었다.

빅뱅 이론은 폭발 그 자체가 아니라, 폭발이 일어난 후에 대한 것이다. 그러나 아주 오랜 시간이 지난 후에 대한 것은 아니다. 과학자들은 엄청난 양의 계산과 입자 가속기에서 생기는 일을 관찰해서 창조의 순간으로부터 10^{-43}초까지의 상태를 알아낼 수 있다고 믿는다. 우주는 그때까지만 해도 너무 작아서 현미경이 있어야 찾을 수 있을 정도였다. 처음 보는 이상한 숫자에 겁을 낼 필요는 없고, 가끔씩 그런 숫자에 친숙해져서 우리가 상상하기는 어렵지만 얼마나 엄청나게 흥미로운 이야기를 하고 있는가를 이해할 필요가 있다. 10^{-43}초는 0.0000000000000000000000000000000000000000001초, 즉 1초의 1조의 1조의 1조의 1,000만 분의 1이다.[11)†]

† 과학적 표기법 : 과학자들은 10의 거듭제곱을 이용해서, 쓰기도 불편하고 읽기도 어려운 큰 수를 줄여서 나타낸다. 예를 들면 10,000,000,000은 10^{10}으로 나타내고, 6,500,000은 6.5×10^6으로 나타낸다. 이런 표기법은 10×10이 10^2이 되고, $10 \times 10 \times 10$은 10^3으로 나타낼 수 있다는 사실을 근거로 고안되었다. 작게 표시한 위첨자는 앞의 숫자가 곱해지는 횟수를 나타낸다.

우주의 초기 상태에 대해서 우리가 알고 있거나, 또는 그렇게 믿고 있는 것들의 대부분은, 스탠퍼드 대학의 젊은 입자 물리학자였다가 지금은 MIT에 있는 앨런 구스가 1979년에 처음 제시한 인플레이션 이론(inflation theory) 덕분이다. 당시 32세이던 그는 스스로 인정했듯이 별다른 연구 업적을 내놓지 못하고 있었다.[12] 만약 구스가 우연히 다름 아닌 로버트 디키의 빅뱅 이론에 대한 강연에 참석하지 않았더라면, 그는 영원히 그런 훌륭한 이론을 생각해내지 못했을 수도 있다. 디키의 강연에 감명을 받은 구스는 우주론 중에서도 특히 우주의 탄생에 대해서 흥미를 가지게 되었다.[13]

그 결과가 우주가 창조된 바로 직후에 갑자기 굉장한 팽창을 경험하게 되었다는 인플레이션 이론이었다. 우주는 탄생 직후 10^{-34}초마다 그 크기가 두 배로 늘어나면서 정신없이 팽창하기 시작했다.[14] 그런 팽창은 1초의 100만 분의 100만 분의 100만 분의 100만 분의 100만 분의 1에 해당하는 10^{-30}초 이내에 끝나버렸지만, 그 결과로 손바닥에 들어갈 정도의 크기였던 우주가 무려 10,000,000,000,000,000,000,000,000배로 커졌다.[15] 인플레이션 이론에서는 우리 우주가 생겨날 수 있도록 해준 물결과 소용돌이가 어떻게 만들어졌는가를 설명해준다. 만약 그런 것들이 없었더라면, 물질의 덩어리와 별도 생기지 못했을 것이고, 우주에는 그저 떠돌아다니는 가스와 영원한 어둠만이 존재했을 것이다.

구스의 이론에 따르면, 1초의 1조 분의 1조 분의 1조 분의 1,000만 분의 1(10^{-43})초 만에 중력*이 출현했다. 그 직후에 전자기력**과 함께 원자핵에 작용하는 강력***과 약력****이 등장하면서 지금의 물리학이 시작되었다. 그리

위첨자가 음수인 경우는 소수점 아래 표시되는 0의 숫자를 나타낸다(즉 10^{-4}은 0.0001이다). 나는 이런 원칙을 환영하지만, 사람들이 "1.4×10^{9}세제곱킬로미터"를 보고 즉시 "14억 세제곱킬로미터"라고 이해하는 것은 놀랍다. 일반 독자들을 상대로 하는 이 책에서 그런 표기법을 사용하는 것이 어색하기도 하다. 독자들도 그런 수학적인 표현에 익숙하지 않을 것이라고 믿기 때문에 불가피한 경우가 아니면 그런 표기법을 사용하지 않을 것이다. 그러나 우주적 규모의 이야기 이외에도 그런 표기법을 사용할 수밖에 없는 경우들이 있다.

* 질량을 가진 물체들 사이에 작용하는 인력.

** 전하를 가진 물체와 자기 모멘트를 가진 물체들 사이에 작용하는 힘.

고 다시 짧은 순간이 지난 후에 수많은 소립자(素粒子)들이 생겨났다. 아무것도 없던 곳에서 갑자기 수많은 광자와 양성자와 전자와 중성자를 비롯한 온갖 것들이 생겨났다. 빅뱅 이론에 의하면 그런 입자들이 각각 10^{79}에서 10^{89}개 정도씩 생겨났다고 한다.

물론 그런 숫자들은 이해할 수 없는 것들이다. 그저 우리의 우주가 단 한 순간에 만들어졌다는 사실만 알면 충분하다. 그의 이론에 따르면, 그 우주는 지름이 수천억 광년에서 무한 사이의 어떤 값이 될 정도로 광대하고, 별과 은하와 다른 복잡한 계(界)들이 만들어질 준비를 완전히 갖추고 있었다.[16]

우리의 관점에서 놀라운 사실은, 모든 것이 우리에게 얼마나 유리하게 만들어졌는가 하는 것이다. 만약 우주가 아주 조금만 다르게 생성되었더라면, 만약 중력이 아주 조금 더 강했거나 아니면 조금 더 약했거나, 팽창이 조금 더 느리거나 아니면 조금 더 빠르게 일어났더라면, 우리 인간은 물론이고 우리가 서 있는 땅을 구성할 안정한 원소들이 절대 만들어지지 못했을 수도 있었다. 중력이 조금만 더 강했더라면 우주의 크기와 밀도와 성분이 달라져서, 우주 전체가 잘못 세운 텐트처럼 다시 쭈그러들었을 것이다. 만약 중력이 조금만 더 약했더라면, 아무것도 뭉쳐지지 못했을 것이다. 우주는 영원히 무미건조하게 흩어진 빈 공간으로 남아 있게 되었을 것이다.

그런 우연은 불가능한 것처럼 보이기 때문에, 일부 전문가들은 아마도 엄청난 영겁의 시간 동안에 걸쳐서 몇 조의 몇 조에 해당하는 수많은 빅뱅이 일어났고, 우리가 바로 이 우주에 사는 이유는 이 우주가 바로 우리가 존재할 수 있는 곳이기 때문이라고 주장하기도 했다. 컬럼비아 대학의 에드워드 P. 트라이언에 따르면, "왜 그렇게 되었는가라는 질문에 대해서는, 그저 우리의 우주가 가끔씩 만들어지는 우주들 중의 하나이기 때문이라고 대답할 수밖에 없다." 구스는 "트라이언 교수가 주장하는 것은, 우주가 탄생할 가능성은 매

*** 양성자나 중성자 등의 핵자를 구성하는 쿼크들 사이에 작용하는 강한 인력.

**** 원자핵을 구성하는 핵자들 사이에 작용하는 약한 인력.

우 희박하지만 그중에서 얼마나 많은 우주가 실패해버렸는가는 아무도 알 수가 없다는 뜻"이라고 덧붙였다.[17]

영국의 왕립 천문대장 마틴 리스는 어쩌면 무한히 많은 우주가 존재하고, 각각의 우주는 나름대로의 독특한 특성과 구성을 가지고 있으며, 우리가 살고 있는 우주에서는 우리가 존재할 수 있도록 물질이 구성되어 있을 뿐이라고 믿는다. 그는 아주 큰 규모의 옷가게를 예로 들면서, "다양한 종류의 옷이 진열된 옷가게에서는 자신의 몸에 맞는 옷을 찾는 것이 당연하다고 믿는다. 마찬가지로 서로 다른 숫자들의 조합에 의해서 지배되는 다양한 우주가 있다면, 생명이 존재하기에 적당한 특별한 숫자들에 의해서 움직이는 우주가 있는 것도 당연하다. 우리가 바로 그런 우주에 살고 있는 것이다"라고 주장했다.[18]

리스는 여섯 개의 숫자가 우리 우주를 지배하고 있으며, 그 숫자들 중에서 하나라도 조금만 달라지면 모든 것이 지금과 같을 수가 없게 된다고 주장한다. 예를 들어서, 우주가 지금과 같이 존재하기 위해서는 수소가 헬륨으로 변환되는 과정이 정밀하면서도 비교적 잘 정해진 방법으로 이루어져야만 한다. 구체적으로는 수소가 헬륨으로 변환될 때는 질량의 0.007퍼센트가 에너지로 바뀌어야 한다. 만약 그 값이 0.007퍼센트에서 0.006퍼센트로 조금만 바뀌면, 그런 변환은 절대 일어날 수가 없기 때문에 그런 우주에는 수소만이 존재하게 된다. 그 값이 0.008퍼센트로 조금만 커지면, 우주에 존재하는 모든 수소는 사라져버리고 말 것이다. 다시 말해서 우리가 알고 있는 숫자들이 조금만 바뀌면 우리가 알고 있는 우주는 더 이상 존재할 수 없게 된다.[19]

그러니까 지금까지는 모든 것이 적절했다고 말할 수밖에 없다. 만약 중력이 조금 더 컸다면, 장기적으로 볼 때 언젠가는 우주가 팽창을 멈추고 다시 수축되어 결국은 또다른 특이점으로 변해버릴 것이고, 어쩌면 그 후에 다시 모든 과정이 반복될 수도 있을 것이다.[20] 만약 중력이 너무 약했다면, 우리의 우주는 끊임없이 팽창을 계속하게 될 것이고, 결국은 모든 것이 너무 멀리 떨어져서 물질들 사이의 상호작용이 불가능해졌을 것이다. 그런 우주는 공간은 넉

넉하지만 아무런 변화도 없는 죽은 상태일 것이다. 세 번째 가능성으로, 우리의 중력이 우주론 학자들의 용어로 "임계 밀도"를 유지하기에 적절했다면, 현재와 같은 상태가 무한히 계속되기에 적당한 규모가 유지될 것이다. 우주론 학자들이 기분이 좋을 때는, 그런 상태를 모든 것이 적당하다는 뜻에서 골디락스* 효과라고 부른다(여기서 소개한 세 가지 가능한 우주를 각각 닫힌 우주, 열린 우주, 평평한 우주라고 부른다).

이제 모든 독자들이 떠올렸을 의문에 대해서 살펴보기로 하자. 만약 우주의 끝으로 가서 커튼 바깥으로 머리를 내밀면 무슨 일이 일어날까? 그 머리가 우주에 속하지 않는다면 도대체 어디에 속하는 것일까? 그 너머에는 무엇이 있을까? 좀 실망스럽겠지만, 그런 의문에 대한 대답은 절대 우주의 끝까지 갈 수 없다는 것이다. 사실이기도 하지만, 우주의 끝까지 가는 데에 너무 오래 걸리기 때문은 아니다. 직선을 따라서 무한히 오래 가더라도 절대 우주의 끝에 도달할 수 없다. 오히려 처음 출발했던 곳으로 되돌아오게 된다(그때는 정말 완전히 지쳐서 포기해버릴 것이다). 그 이유는 우주가 상상하기는 어렵지만 앞으로 살펴보게 될 아인슈타인의 상대성 이론에 맞도록 휘어져 있기 때문이다. 당분간 우리는 끊임없이 팽창하는 커다란 비눗방울 속에 떠돌고 있지 않다는 사실을 아는 것으로 충분하다. 공간은 유한하지만 경계가 없도록 휘어져 있다. 공간이 팽창한다는 말도 적당하지 않을 수도 있다. 노벨 물리학상 수상자 스티븐 와인버그가 말했듯이, "태양계와 은하가 팽창하는 것도 아니고, 공간 자체가 팽창하는 것도 아니다."[21] 은하들이 서로 멀어져가고 있을 뿐이다. 모든 것이 직관과는 맞지 않는다. 생물학자 J. B. S. 홀데인이 남긴 말이 잘 알려져 있다. "우주는 우리가 생각하는 것보다 조금 더 이상한 것이 아니라, 정말 아주 이상하다."

휘어진 공간이라는 말을 이해하려면, 표면이 평평한 우주에 살고 있어서 둥근 공을 본 적이 없는 사람을 지구로 데려오는 경우를 생각해보면 된다. 그 사람은 지구 표면에서 아무리 멀리 걸어가더라도 지구의 끝을 찾지 못하

* 영국의 동화 "골디락스와 세 마리 곰"에서 유래된 이름.

고 결국은 처음 떠났던 곳으로 되돌아가게 될 것이다. 그 사람에게 그 이유를 설명해주면 무척 혼란스러워할 것이다. 우리의 경우도 차원이 더 높을 뿐이지, 평평한 세상에 살던 사람과 똑같은 혼란을 겪고 있는 셈이다.

우주의 끝을 찾을 수 없는 것과 똑같은 이유 때문에, 우주의 중심에 서서 “이곳에서 모든 것이 시작되었다. 이곳이 바로 모든 것의 중심이 되는 곳이다”라고 말할 수도 없다. 그저 우리는 언제나 우주의 중심에 있을 뿐이다. 실제로는 그런 사실을 확신할 수는 없다. 수학적으로 증명할 수도 없다. 그저 과학자들은 우리가 실제로 우주의 중심에 있을 수는 없지만(그것이 무슨 뜻인가 생각해보자), 우리가 관찰할 수 있는 것은 그 위치에 상관없이 똑같을 것이라고 가정할 뿐이다.[22] 아직도 우리는 진실을 알지 못하고 있다.

우리에게 우주는, 우주가 탄생한 이후로 수십억 년 동안 빛이 진행한 거리만큼만 존재할 뿐이다. 우리가 알고 있고, 이야기할 수 있는 가시적인 우주는 그 지름이 100만 킬로미터의 100만 배의 100만 배의 100만 배(10^{24}킬로미터)이다.[23] 그러나 대부분의 이론에 의하면, 흔히 메타-우주라고 부르는 진짜 우주는 그보다 훨씬 더 크다. 리스에 따르면, 볼 수도 없는 메타-우주의 끝까지의 거리를 광년(光年)*으로 표시하려면 “0을 10개나 100개가 아니라 100만 개 정도 붙여야 할 것이다.”[24] 다시 말해서 더 복잡한 이야기를 하지 않더라도 우주는 사람들이 흔히 생각하는 것보다 훨씬 더 크다.

빅뱅 이론에도 많은 사람들이 오랫동안 의문을 가졌던 문제가 있었다. 즉, 빅뱅 이론은 우리가 지금 이곳에 어떻게 오게 되었는가를 설명해주지 못한다는 것이다. 우주에 존재하는 모든 물질의 98퍼센트가 빅뱅에 의해서 만들어졌지만, 그 물질들은 앞에서 설명한 것처럼 헬륨, 수소, 리튬과 같은 가벼운 원소들일 뿐이다. 탄생 직후에 터져나온 기체 덩어리에서는 우리 존재에 결정적인 역할을 하는 탄소, 질소, 산소와 같은 무거운 원소들이 만들어지지는 않았다. 여기서 문제가 되는 것은, 그런 원소들이 만들어지기 위해서는 빅뱅이 일어날 때와 같은 정도의 열과 에너지가 필요하다는 사실이다. 그럼에도

---

* 빛이 1년 동안에 진행할 수 있는 거리로 9.46053×10^{12}킬로미터에 해당한다.

불구하고, 빅뱅은 한 번뿐이었고, 그 당시에는 그런 원소들이 만들어지지 않았다. 그렇다면 그런 원소들은 어디에서 온 것일까?

그런 의문을 해결한 사람은 흥미롭게도 끝내 빅뱅 이론을 인정하지 않았고, 사실은 그런 주장을 비웃기 위해서 "빅뱅"이라는 표현을 만들었던 우주론 학자였다. 그 문제에 대해서 더 알아보기 전에, 우리가 있는 "이곳"이 정확하게 어디인가에 대해서 먼저 살펴볼 필요가 있다.

제2장

태양계에 대하여

오늘날 천문학자들은 정말 놀라운 일을 할 수 있다. 누군가가 달 표면에서 성냥불을 켜면, 천문학자들은 그 불꽃을 찾아낼 수 있다. 아주 멀리 있어서 눈으로 볼 수도 없는 별의 작은 진동과 흔들림으로부터 그 별의 크기와 특성은 물론이고 생명의 존재 가능성까지도 알아낼 수가 있다.[1] 우주선으로는 50만 년이 걸릴 정도의 거리에 있는 별의 경우에도 그렇다. 전파 망원경을 사용하면 태양계 바깥에서 전해지는 정말 희미한 전파의 속삭임까지도 알아낼 수가 있다. 칼 세이건의 표현에 따르면, 모든 천문학자들이 1951년에 그런 관찰을 시작한 이후로 지금까지 수집했던 전파의 에너지를 모두 합치더라도 그 양은 "눈송이 하나가 땅에 떨어질 때의 에너지보다도 작다."[2]

다시 말해서 천문학자들이 마음만 먹으면 이 우주에서 일어나는 일 중에서 알아내지 못할 것은 그렇게 많지 않다. 그렇기 때문에 1978년까지도 명왕성에 위성이 있다는 사실을 아무도 몰랐다는 사실이 더욱 믿기 어렵다. 그해 여름에 애리조나 주의 플래그스태프에 있는 미국 해군 천문대에 근무하던 제임스 크리스티라는 젊은 천문학자가 평소처럼 명왕성의 사진을 점검하던 중에 틀림없이 명왕성은 아닌 무엇인가 흐릿하고 불확실한 것이 있다는 사실을 알아차렸다.[3] 로버트 해링턴이라는 동료와 상의한 그는, 그것이 명왕성의 위성이라고 확신하게 되었다. 그런데 그것은 보통의 위성이 아니었다. 명왕성과의 상대적인 크기로 볼 때, 그 위성은 태양계에서 가장 큰 위성이었다.

당시에는 명왕성의 정체도 명백하게 밝혀내지 못하고 있었기 때문에 그런 발견은 충격적이었다. 그 전에는 명왕성과 그 위성이 차지하고 있는 공간 전부를 명왕성이라고 생각했기 때문에 그런 발견은 명왕성이 사람들이 생각했던 것보다 훨씬 작다는 뜻이었다. 사실은 가장 작은 행성이라고 여겼던 수성보다도 더 작았다.[4] 실제로 태양계에는 우리의 달을 포함해서 명왕성보다 큰 위성이 일곱 개나 된다.

그렇다면 우리의 태양계에 존재하는 위성을 발견하기까지 왜 그렇게 오랜 시간이 걸렸는가라는 의문이 떠오르는 것은 당연하다. 그 이유는 천문학자들이 망원경으로 어딘가를 보고 있었고, 그들이 사용했던 망원경이 무엇인가를 찾기 위한 것이었으며, 그리고 그것이 우연히도 명왕성이었다는 사실과 관련이 있다. 그중에서도 천문학자들이 어디를 보고 있었는가가 가장 중요했다. 천문학자 클라크 채프먼에 따르면, "사람들은 흔히 천문학자들이 밤에 천문대에 올라가서 하늘을 훑어본다고 생각한다. 그렇지만 사실은 그렇지 않다. 전 세계에 있는 대부분의 망원경들은 하늘의 극히 작은 부분에서 준성을 발견하거나, 블랙홀을 찾아내거나, 멀리 떨어진 은하를 살펴보도록 설치되어 있다. 정말 하늘을 훑어보는 망원경 네트워크는 군사 목적으로 설계되어 설치된 것뿐이다."[5]

그동안 우리는 화가들의 그림 때문에 실제 천문학에서는 존재하지도 않을 정도로 깨끗한 영상을 상상하게 되었다. 그러나 크리스티의 명왕성 사진은 흐릿하고, 애매해서 우주에 떠돌아다니는 보푸라기처럼 보일 뿐이고, 그 위성도 「내셔널 지오그래픽」의 사진에서 볼 수 있는 것처럼 낭만적인 후광(後光)이 비치는 분명한 공 모양은 더욱 아니다. 아주 작고 지극히 불분명한 모습에 불과했다. 사실은 그런 흐릿함 때문에 다른 사람들이 그 위성을 다시 관찰해서 존재를 명백하게 확인하기까지는 무려 7년이 걸렸다.[6]

크리스티의 발견에서 흥미로운 이야기는, 1930년에 명왕성을 처음 관측했던 곳도 역시 플래그스태프 천문대였다는 것이다. 천문학에서 세기적인 사건이었던 그 발견은 천문학자 퍼시벌 로웰의 공로로 인정되고 있다(로웰의 집안은 "로웰 가 사람들은 캐벗 가 사람들과만 이야기를 하고, 캐벗 가 사람들은 신[神]하고만 이야기한다"는 보스턴의 노래가 남아 있을 정도로 유서 깊은 부호였다). 로웰은 자신의 이름이 붙여진 유명한 천문대를 세울 기금을 내기도 했지만, 화성인들이 화성 표면에 운하를 건설했다는 주장으로 더 유명했다. 부지런한 화성인들이, 화성의 극지방에서 건조하지만 생산성이 더 높은 적도 지역으로 물을 끌어오기 위해서 운하를 건설했다는 것이었다.

또한 로웰은 해왕성 바깥의 어느 곳에 아홉 번째 행성이 존재한다고 굳게 믿고, 그것을 행성 X라고 불렀다. 로웰은 자신이 관찰했던 천왕성과 해왕성의 공전 궤도가 불규칙하다는 사실을 근거로 그런 주장을 했고, 말년에는 그 거대한 가스 덩어리를 찾아내려고 무척 애를 썼다. 불행하게도 로웰은 1916년에 갑자기 사망했다. 아마도 행성 X를 찾으려고 무리를 했던 것도 원인이었을 것이다. 그가 사망한 후에는 후손들 사이에 재산 다툼이 일어나면서, 행성을 찾으려는 노력은 완전히 중단되었다. 다행스럽게도 1929년에 로웰 천문대의 관리자들이 다시 행성 X를 찾아보기로 하고, 캔자스 출신의 클라이드 톰보라는 젊은이를 고용했다. 사실은 이미 상당히 부끄러운 이야기가 되어버린 화성의 운하에 대한 소문을 잠재우기 위한 방안이었을 것이다.

정식으로 천문학 교육을 받지는 못했지만 부지런하고 고집스러웠던 톰보는 1년 동안 끈질기게 노력한 끝에 결국은 반짝이는 밤하늘에서 흐릿한 점으로 보이는 명왕성을 찾아내고 말았다.[7] 그것은 기적과 같은 발견이었다. 그러나 더욱 놀라운 사실은, 로웰이 해왕성 바깥에 다른 행성이 존재할 것이라고 믿게 된 근거였던 그의 관찰이 완전한 엉터리였다는 점이었다. 톰보는 자신이 새로 발견한 행성이 로웰이 생각했던 거대한 기체 덩어리와는 비슷하지도 않다는 사실을 곧바로 알아차렸다. 그러나 새로운 행성의 정체에 대한 의문은 당시 쉽게 열광하던 사회 분위기 속에서 묻혀버렸다. 명왕성은 미국인이 발견한 최초의 행성이었고, 그것이 멀리 떨어진 얼음 덩어리에 불과하다는 사실에는 아무도 관심이 없었다. 새 행성을 명왕성(Pluto)이라고 부르게 된 것은 첫 두 글자가 퍼시벌 로웰 이름의 머리글자와 같았기 때문이기도 했다. 로웰은 이미 사망했음에도 불구하고 명왕성을 발견하도록 해준 천재로 추앙되었고, 톰보는 그를 숭배하는 행성 천문학자들을 제외한 일반 사람들의 기억에서 잊혀져버렸다.

그러나 지금도 로웰이 믿었던 행성 X가 정말 존재할 것이라고 믿는 천문학자들이 있다.[8] 목성의 열 배나 될 정도로 거대하지만 너무 멀리 있어서 우리 눈에는 보이지 않을 뿐이라고 믿고 있다(태양에서 도달하는 빛의 양이 워낙 적기 때문에 반사되는 빛도 거의 없을 것이다). 너무 멀리 있기 때문에 목성이나 토성과 같은 보통의 행성은 아닐 것이라고 생각된다. 7조2,000킬로미터나 떨어져 있고, 태양과 비슷하지만 태양처럼 불타지는 않는 상태일 것이라고 짐작하고 있다. 그렇게 믿는 이유는, 우주의 별들이 대부분 두 개의 별들로 된 이중성(二重星)인데 우리 태양만이 홀로 존재하는 특이한 별이기 때문이다.

명왕성의 크기, 구성성분, 대기의 종류에 대해서는 밝혀진 것이 거의 없다. 사실은 명왕성이 도대체 무엇인지도 모르고 있다. 명왕성은 행성이 아니라 은하의 파편들이 많이 모인 카이퍼 벨트라는 곳에 있는 파편들 중에서 가장 큰 것에 불과하다고 믿는 천문학자들도 많다. 카이퍼 벨트는 1930년에 F. C. 레너드라는 천문학자가 이론적으로 제안했지만, 네덜란드 출신의 미국 천문학자 제라드 카이퍼가 그의 주장을 더욱 일반화시켰기 때문에 카이퍼 벨트라고 부르게 되었다.[9] 카이퍼 벨트는 유명한 핼리 혜성*처럼 비교적 정기적으로 되돌아오는 단주기 혜성이 태어나는 곳으로 알려져 있다. 최근에 나타났던 헤일-밥**이나 하쿠다케*** 혜성들처럼 다시 보기 어려운 장주기 혜성들은 더 멀리 있는 오르트 구름****에서 시작되는 것으로 알려져 있다.

명왕성이 다른 행성들같이 움직이지 않는다는 것은 분명한 사실이다. 명왕

---

* 기원전 240년경부터 대략 76년을 주기로 찾아오는 태양계에 속한 혜성으로 1705년에 에드먼드 핼리에 의해서 처음 그 존재가 확인되었다.

** 1995년 7월 22일에 앨런 헤일과 토머스 밥이 독자적으로 발견했던 20세기의 가장 밝은 혜성.

*** 1996년 1월 30일 일본의 유지 하쿠다케에 의해서 발견된 혜성.

**** 은하의 회전을 처음 주장했던 네덜란드의 천문학자 얀 헨드릭 오르트가 1950년에 제안한 혜성운으로 태양 주위를 1광년 거리에서 돌고 있는 작은 천체들로 구성되어 있을 것으로 추측된다.

성 자체가 작고 불확실할 뿐만 아니라, 궤도도 매우 불안정해서 100년 후에 어디에 있을 것인가를 정확하게 예측할 수도 없다. 명왕성의 공전 평면은 멋으로 비스듬히 쓴 모자의 챙처럼 17도 정도 기울어져 있다. 명왕성의 궤도는 아주 불규칙해서 태양을 한 바퀴 공전하는 동안 상당한 기간에는 해왕성보다 태양에 더 가까이 있게 된다. 1980년대와 1990년대에는 실제로 해왕성이 태양계의 가장 바깥에 위치했던 행성이었다. 명왕성은 1999년 2월 11일에 가장 바깥으로 되돌아가서, 앞으로 228년 동안 그 자리를 지키게 될 것으로 보인다.[10)]

그러니까 명왕성이 정말 행성이라고 하더라도, 그것은 아주 독특한 행성이다. 명왕성의 질량은 지구의 1퍼센트에 불과할 정도이고, 크기는 미국 본토의 절반에도 미치지 못한다. 그것만으로도 명왕성은 지극히 비정상적인 행성이라고 할 수 있다. 그것이 사실이라면, 우리 태양계는 안쪽에 위치하면서 암석으로 구성된 네 개의 행성과, 그 바깥에 위치하면서 기체로 구성된 네 개의 행성 그리고 작고 외로운 얼음 덩어리로 구성되어 있는 셈이다. 그리고 명왕성 부근에서 크기가 더 큰 얼음 덩어리들을 발견하게 될 가능성도 아주 높다. 그렇게 되면 문제가 생기게 된다. 크리스티가 명왕성의 위성을 발견한 이후로, 천문학자들은 그 주위를 더욱 자세하게 살펴보기 시작했고, 그 결과 2002년 12월 초까지 해왕성 바깥에서 600개가 넘는 천체들을 발견하게 되었다.[11)] 그 천체들을 소명왕성(Plutinos)이라고 부르기도 한다. 그중에서 바루나라는 이름이 붙여진 천체는 명왕성의 위성 정도의 크기를 가지고 있다. 오늘날 천문학자들은 그런 천체가 수십억 개나 될 것이라고 믿고 있다. 문제는 그런 천체들의 대부분이 관찰하기가 몹시 어렵다는 것이다. 그 천체들의 알베도(반사도)는 석탄 덩어리와 비슷한 4퍼센트 정도에 불과하다. 64억 킬로미터나 떨어진 곳에 있는 그런 검은 덩어리를 찾아내는 일이 쉽지 않은 것은 당연하다.[12)]

태양계는 도대체 얼마나 클까? 상상을 넘어설 정도로 크다. 우주는 그야말로 거대하다. 정말 거대하다. 단순한 재밋거리로, 우주선을 타고 여행하는 경우를 생각해보자. 물론 우리는 그렇게 멀리 가지는 못한다. 겨우 태양계의 가장자리 정도까지 갈 수는 있겠지만, 우주공간이 얼마나 크고, 우리가 차지하고 있는 공간이 얼마나 작은가를 이해하기 위해서는 도움이 필요하다.

내가 걱정하는 나쁜 소식은, 우리가 저녁 식사 시간에 맞추어 돌아오지 못할 것이라는 사실이다. 명왕성에 도착하려면 빛의 속도로 가더라도 일곱 시간이 걸린다. 물론, 우리는 명왕성에 빛의 속도와 비슷하게도 갈 수가 없다. 그래서 우리가 타고 갈 우주선은 비교할 수도 없을 정도로 느릴 수밖에 없다. 인간이 만든 우주선 중에서 가장 빠른 것은 시속 5만6,000킬로미터 정도로 날아갔던 보이저 1호와 보이저 2호였다.[13)]

보이저는 목성형 행성인 목성, 토성, 천왕성, 해왕성이 한 줄로 늘어섰던 1977년 8월과 9월에 발사되었다. 그런 일은 175년에 한 번밖에 생기지 않는다. 그렇게 되면 두 보이저 우주선은 거대한 기체 덩어리 행성들이 "채찍질"을 할 때처럼 우주선을 다음 행성 쪽으로 던져주는 "중력 가속 효과"를 이용할 수 있게 된다. 그런 도움까지 받은 보이저가 천왕성에 도달하기까지는 9년이 걸렸고, 명왕성의 궤도에 도달하기까지는 12년이 걸렸다. NASA의 뉴 호라이즌스 우주선*이 명왕성을 향해 발사될 예정인 2006년 1월이 되면 목성형 행성들이 다시 우주선의 비행에 유리하도록 배열되고, 그동안의 기술 발달 덕분에 이번에는 10년 정도에 명왕성에 도달하게 될 것이다. 다시 지구로 돌아오는 데에는 조금 더 오랜 시간이 걸릴 수도 있을 것이다. 아주 긴 여행이 될 것은 틀림이 없다.

이제 우주공간이 그 구조는 비교적 잘 밝혀졌음에도 불구하고 불쾌할 정도로 평온하다는 사실을 깨달았을 것이다. 몇 조 킬로미터 이내의 공간 안에서는 우리의 태양계가 가장 활발한 곳이다. 그러나 그 속에 있는 태양, 행성

---

* 2006년 1월 19일에 미국 플로리다 주 케이프커내버럴 공군기지에서 발사된 뉴호라이즌스 호는 2015년 7월에 명왕성에 도착하여 다양한 관측 작업을 수행했고, 2019년 1월에는 카이퍼 벨트로 진입할 것으로 보인다.

과 그 위성들, 수십억 개의 암석 덩어리로 채워진 소행성 벨트, 왜행성, 혜성, 떠돌아다니는 다양한 파편들을 모두 모으더라도 그 공간의 10조 분의 1도 채울 수가 없다.[14] 그리고 지금까지 보았던 모든 태양계의 지도에서 상대적인 크기들이 제대로 표시되어 있지 않다는 사실도 깨달았을 것이다. 교실에서 볼 수 있는 대부분의 그림에서는 행성들이 이웃해서 늘어서 있고, 바깥쪽의 행성에 안쪽 행성의 그림자가 드리워져 있는 것처럼 보인다. 그렇지만 그것은 한 장의 종이 위에 모든 것을 그리기 위한 어쩔 수 없는 속임수에 불과하다. 해왕성은 목성 바로 뒤에 있는 것이 아니라, 사실은 아주 멀리 떨어져 있다. 해왕성과 목성 사이의 거리는 목성과 지구 사이의 거리보다 5배나 멀고, 해왕성에 도달하는 태양 빛은 목성에 도달하는 태양 빛의 3퍼센트에 불과하다.

실제로 상대적인 크기까지 고려해서 태양계를 그림으로 나타낼 수 있는 방법은 없다. 교과서에 여러 쪽을 펼칠 수 있는 면을 만들거나, 폭이 넓은 포스터용 종이를 사용하더라도 도저히 불가능하다. 상대적 크기를 고려한 태양계 그림에서, 지구를 팥알 정도로 나타낸다면 목성은 300미터 정도 떨어져 있어야 하고, 명왕성은 2.4킬로미터 정도 떨어져야 한다(더욱이 명왕성은 세균 정도의 크기로 표시되어야만 하기 때문에 눈으로 볼 수도 없다). 태양에서 가장 가까운 별인 프록시마 켄타우루스를 그런 그림에 나타내려면 1만 6,000킬로미터 바깥에 표시되어야만 한다. 목성을 이 문장 끝에 있는 마침표 정도로 표시할 수 있도록 모든 것을 축소하면, 명왕성은 분자 정도의 크기가 되어야 하지만 여전히 10미터나 떨어진 곳에 표시되어야 한다.

그러니까 태양계의 크기는 정말 거대하다. 명왕성 정도의 거리에서 보면, 우리에게 따뜻하고, 포근하며, 피부를 타게 만들어주고, 생명을 주는 태양이 바늘 머리 정도로 작게 보인다. 그런 태양은 그저 조금 밝은 별에 불과하게 보일 것이다. 그렇게 텅 빈 공간을 생각하면, 명왕성의 위성과 같은 중요한 천체들이 최근까지도 관찰되지 않았던 이유를 쉽게 이해할 수 있을 것이다. 그런 면에서는 명왕성이 특별한 경우라고 할 수도 없다. 보이저 탐사가 이루어지기 전까지만 하더라도 해왕성은 두 개의 위성을 가지고 있는 것으로 알고 있었다. 그런데 보이저 덕분에 여섯 개의 위성이 새로 발견되었다. 내가 어렸을 때는 태양계에 30개의 위성이 있다고 배웠다. 오늘날 그 합은 "적어도 90개"이고, 그중에서 30개 정도는 지난 10년 동안에 발견되었다.[15)*]

그러니까 우주 전체를 생각할 때는 우리 태양계에 대해서도 모르는 것이 많다는 사실을 기억해야만 한다.

우리가 명왕성을 스쳐지나갈 때는 빠른 속도로 명왕성을 지나가고 있다는 사실을 인식할 수가 있을 것이다. 여행 계획에 따르면, 태양계의 가장자리까지 도달한 것으로 되어 있지만, 아직도 갈 길이 멀다. 교실의 그림에서는 명왕성이 마지막 천체이지만, 실제로는 그것이 끝은 아니다. 사실은 끝에 가깝지도 않다. 태양계의 끝에 가려면 혜성들이 떠도는 광활한 천체 공간인 오르트 구름을 지나야 하는데, 오르트 구름까지 가려면 대단히 미안하지만 1만 년을 더 여행해야 한다.[16)] 교실의 그림에서 태양계의 끝이라고 당당하게 표시한 것과는 달리 명왕성은 가장자리까지 거리의 5만 분의 1 정도에 불과한 거리에 있을 뿐이다.

물론 우리가 그런 여행을 하게 될 가능성은 전혀 없다. 38만4,000킬로미터나 떨어진 달까지의 여행만 하더라도 우리에게는 엄청난 일이다. 부시 대통령이 경솔하게 제안했던 유인 화성 탐사계획은 4,500억 달러의 비용이 필요하고, 탐사선의 우주인들은 모두 목숨을 포기해야만 할 것이라는 사실이 알려지면서 아무 설명도 없이 폐기되었다(태양에서 방출되는 고에너지 입자들을 막아낼 수가 없기 때문에 우주인들의 DNA는 그런 입자들에 의해서 모두 파괴될 것이다).[17)]

우리가 지금까지 알아낸 정보와 상식에 따르면, 우리 인간 중에서 어느 누구도 태양계의 가장자리까지 갈 수 있는 가능성은 전혀 없다. 그뿐이 아니라, 허블 우주 망원경**을 이용하더라도 오르트 구름을 관찰할 수가 없기 때

---

* 현재는 행성 주위를 돌고 있는 위성은 178개로 알려져 있다.

** 1990년에 발사된 구경이 2.4미터인 반사경을 가진 가시광선-적외선 망원경으로, 지구에 설치

문에 그것이 실제로 존재하는지도 확실하게 알 수가 없다. 그런 구름이 존재할 가능성이 있기는 하지만 가설일 뿐이다.†

오르트 구름에 대해서 확실하게 말할 수 있는 것은, 명왕성 너머의 어느 곳에서 시작되고, 그 폭은 2광년 정도가 된다는 것이 전부이다. 태양계에서 거리를 나타내는 기본 단위는 태양과 지구 사이의 거리*에 해당하는 AU라고 표시하는 천문단위(Astronomical Unit)이다. 명왕성은 지구로부터 40AU 정도 떨어져 있고, 오르트 구름의 중심부까지는 5만 AU가 된다. 간단히 말해서 굉장히 멀리 있는 셈이다.

그럼에도 불구하고 우리가 오르트 구름까지 갔다고 생각해보자. 무엇보다도 그곳이 얼마나 평화로운가를 알게 될 것이다. 그곳은 모든 것으로부터 아주 멀리 떨어진 곳이다. 태양에서 너무 멀리 떨어진 그곳에서는 태양이 하늘에서 가장 밝은 별도 아니다. 그렇게 멀리 떨어진 작은 별이 오르트 구름에 흩어져 있는 혜성들을 붙들고 있기에 충분한 중력을 미치고 있다는 사실이 신기할 정도이다. 물론 그 힘은 그렇게 강하지 않기 때문에 혜성들은 대략 시속 350킬로미터의 안정한 속도로 떠돌아다닌다.[18] 가끔씩 그런 중력에 약간의 변화가 생기면, 외로운 혜성들이 정상적인 궤도를 벗어나게 된다. 스쳐지나가는 별이 그 원인이 될 수도 있다. 텅 빈 공간으로 빠져들어가서 다시는 돌아오지 않는 경우도 있지만, 태양 주위의 긴 궤도를 따라 움직이게 되는 경우도 있다. 장주기 혜성이라고 알려진 이런 혜성들이 1년에 서너 개씩 태양계 내부를 지나간다. 아주 가끔씩, 길을 잃은 방문객들이 지구처럼 단단한 덩어리에 충돌하기도 한다. 이곳에서 이제 막 보이기 시작한 혜성은 방금 태양계의 중심을 향해서 떨어지기 시작한 것이다. 그런 혜성들은 아이오와 주의 맨슨**을 포함해서 모든 곳을 향해 떨어진다. 혜성이 지구에 도달하기까

된 망원경보다 300-400배 먼 곳까지 볼 수 있다.

† 정식 명칭은 외픽-오르트 구름이다. 1932년 에스토니아의 천문학자 에른스트 외픽이 처음 그 존재를 제안했고, 18년 후에 네덜란드의 천문학자 얀 오르트가 새로운 계산으로 그의 주장을 보완했다.

* 1억4,960만 킬로미터.

지는 적어도 300–400만 년이 걸린다. 혜성에 대해서는 나중에 더 이야기하기로 한다.

그것이 태양계이다. 그렇다면 태양계 너머에는 무엇이 있을까? 보기에 따라서 아무것도 없기도 하고, 엄청나게 많은 것이 있기도 하다.

간단히 말하면 둘 중 어느 것도 아니다. 사람이 만든 가장 완벽한 진공도 성간(星間) 공간만큼 비어 있지는 않다.[19] 무엇인가가 있는 곳에 도달할 때까지는 그렇게 텅 빈 공간이 엄청나게 펼쳐져 있다. 우주에서 우리에게 가까이 있는 별자리인 프록시마 켄타우루스 삼중성(三重星)에서도 가장 가까운 알파 켄타우루스까지만 하더라도 4.3광년이나 된다.[20] 천문학에서는 별것 아닌 거리이지만, 달까지의 거리보다는 1억 배나 더 먼 셈이다. 우주선으로 그 별에 가려면 적어도 2만5,000년이 걸리고, 그곳에 가더라도 우리는 여전히 광활하게 텅 빈 별무리 속에 있을 뿐이다. 다음에 있는 시리우스까지 가려면 다시 4.6광년을 더 가야만 한다. 우주를 가로질러 별들 사이를 건너뛰려면 그렇게 멀리 가야 한다. 우리 은하의 중심에 도달하려면 우리가 존재했던 것보다 더 오랜 세월이 걸린다.*

다시 말하지만 우주는 거대하다. 별들 사이의 평균 거리는 100만 킬로미터의 3,000만 배나 된다.[21] 빛의 속도에 가까운 속도라고 하더라도 부담스러운 거리이다. 물론 장난삼아 윌트셔의 밀밭에 자국을 남기거나, 대낮에 애리조나 주의 외딴 길에서 픽업트럭을 몰고 가는 청소년들을 놀라게 하는 외계인들은 수십억 킬로미터를 여행할 수 있겠지만, 우리에게는 그런 일이 절대로 가능하지 않다.

그럼에도 불구하고, 통계적으로 볼 때 어느 곳인가에 지능을 가진 생명체가 존재할 가능성은 있다. 우리 은하계에 몇 개의 별이 있는지는 아무도 모른다. 1,000억에서 4,000억 개에 이를 것이라고 짐작할 뿐이다. 그리고 우리의

** 7,300만 년 전에 운석이 충돌했던 곳.

* 우리 은하(은하수)의 중심은 궁수자리 방향으로 2만3,000광년 떨어진 곳에 있다.

은하는 1,400억 개 정도일 것으로 짐작되는 은하들 중의 하나이고, 그중에는 우리 은하보다 더 큰 것도 많이 있다. 그런 엄청난 숫자에 매혹되었던 코넬 대학의 프랭크 드레이크가 1960년대에 우주에 고등 생물이 존재할 가능성을 추정하는 유명한 식을 만들었다.

드레이크의 식은 우주의 어느 부분에 존재하는 별의 수를 행성을 가지고 있을 가능성이 있는 별의 수로 나누고, 그것을 다시 이론적으로 생명체를 가지고 있을 수 있는 행성의 수로 나누고, 그것을 다시 생명이 고등 생물로 진화할 수 있는 환경을 갖춘 행성의 수로 나누는 식이다. 나누기를 할 때마다 숫자는 빠른 속도로 줄어들지만, 아무리 보수적인 숫자를 쓰더라도 우리 은하계에 존재할 수 있는 고등 문명의 수는 수백만이라는 결과를 얻게 된다.

얼마나 재미있고 신나는 생각인가. 우리는 그 수백만의 문명들 중의 하나에 불과할 수도 있다. 불행하게도 우주의 공간이 너무 커서, 그 문명들 사이의 평균 거리는 적어도 200광년이나 된다. 생각보다 엄청나게 먼 거리이다. 만약 외계인들이 우리가 이곳에 있다는 사실을 알 수 있고, 망원경으로 우리를 볼 수 있다고 하더라도, 그들이 보는 빛은 200년 전에 우리 지구를 떠난 것이다. 그러니까 그들은 지금 우리를 보고 있는 것이 아니다. 그들이 보고 있는 것은 프랑스 혁명과 토머스 제퍼슨 그리고 실크 양말을 신고 분을 바른 가발을 쓴 사람들일 것이다. 그 사람들은 원자가 무엇이고, 유전자가 무엇인지도 모르고, 호박을 털 조각에 문질러서 생기는 전기가 신기하다고 생각했었다. 그들이 외계인들에게 보낸 편지는 옛날식으로 "누구누구 전 상서"로 시작하고, 말[馬]이 얼마나 잘 생겼고, 고래 기름이 얼마나 좋은가에 대해서 감탄하는 내용이 담겨 있을 것이다. 200광년이라는 거리는 우리가 상상도 하지 못할 만큼 먼 거리이다.

그러니까 우리가 실제로는 홀로 존재하는 것이 아니라고 하더라도, 실질적으로는 그런 셈이다. 칼 세이건은 우주 전체에 존재하는 행성의 수는 상상을 넘어서는 1조의 100억 배일 것으로 추산했다. 그러나 그런 행성들이 퍼져 있는 공간의 크기도 역시 상상을 넘어선다. 세이건에 따르면, "만약 우주공간에 우리를 아무렇게나 뿌린다면, 우리가 행성 부근에 떨어질 가능성은 1조의 1조의 10억 분의 1(10^{-33})보다 더 작을 것이다. 우리가 살고 있는 세상은 그렇게 귀중한 것이다."[22]

그래서 1999년 2월에 국제천문연합이 명왕성이 행성이라는 사실을 공식적으로 인정했던 것은 좋은 소식이다. 우주는 크고 외로운 곳이다. 가능하면 많은 이웃과 함께 사는 것이 좋을 것이다.*

---

* 그러나 국제천문연맹(IAU)은 2006년 명왕성을 태양의 행성이 아니라 궤도가 불규칙한 "왜행성(dwarf planet)"으로 분류하기로 결정했다. 국제천문연맹은 명왕성 이외에도 케레스, 에리스, 하우메아, 마케마케 등을 왜행성으로 분류한다. 최근에는 명왕성의 화학적 조성을 근거로 왜행성이 아니라 혜성으로 분류해야 한다는 주장도 제기되고 있다.

제3장

에번스 목사의 우주

오스트레일리아의 시드니에서 서쪽으로 80킬로미터 정도 떨어진 블루 마운틴에 사는 조용하고 쾌활한 성격의 로버트 에번스 목사는 하늘이 맑고, 달빛이 그렇게 밝지 않은 날 밤이면 언제나 커다란 망원경을 뒷마당으로 들고 나가서 특별한 일을 한다. 그는 오랜 과거를 들여다보면서, 죽어가는 별을 찾아내고 있다.

물론 과거를 들여다보기는 쉽다. 그저 밤하늘을 올려다보기만 하면, 보이는 것이 모두 역사이다. 엄청나게 많은 역사를 볼 수 있다. 밤하늘의 별들은 지금 현재 그곳에 있는 것이 아니라, 별빛이 그 별을 떠났던 때에 그곳에 있었을 뿐이다. 우리가 알고 있는 한, 우리가 믿고 따르는 북극성은 지난 1월이나 1854년이나, 아니면 14세기 초에 이미 완전히 타버렸는데도 아직까지 그 소식이 우리에게 전해지지 않았을 뿐일 수도 있다. 우리가 말할 수 있는 것은 680년 전의 오늘까지는 북극성이 그곳에서 불타고 있었다는 사실뿐이다. 별들은 언제나 죽어간다. 로버트 에번스는 천체들의 이별 순간을 찾아내는 데에 다른 사람들보다 월등히 뛰어난 능력을 가지고 있다.

친절한 에번스는 오스트레일리아 연합교회의 목사직에서 반쯤 퇴직한 지금, 낮에는 자유 계약제로 19세기의 종교운동에 대해서 연구를 하고 있다. 그러나 밤에는 겸손한 하늘의 거인으로 변신한다. 그는 초신성(超新星, supernovae)을 사냥한다.

초신성은, 우리 태양보다 훨씬 더 큰 거대한 별이 수축되었다가 극적으로 폭발하면서 1,000억 개의 태양이 가진 에너지를 한순간에 방출하여 한동안 은하의 모든 별을 합친 것보다 더 밝게 빛나는 상태를 말한다.[1] 에번스에 따르면, "초신성은 1조 개의 수소 폭탄이 한꺼번에 터지는 것과 같다."[2] 500 광년 이내의 거리에서 초신성이 폭발하면 우리는 모두 사라져버릴 것이다. 에번스의 장난스러운 표현에 따르면 "모든 쇼가 엉망이 되어버릴 것이다." 그러나 우주는 너무나도 광활해서 초신성이 폭발하는 곳은 우리에게 해를 끼치기에는 너무 먼 곳이다. 사실은 대부분의 초신성이 상상할 수도 없을 정도로 먼 곳에서 폭발하기 때문에 우리에게 도달하는 빛은 희미하게 반짝일 정도로 보인다. 한 달 정도의 기간 동안만 관측되는 초신성이 다른 별들과 구별되는 것은 하늘의 비어 있던 곳에서 갑자기 나타난다는 것뿐이다. 에번스 목사는 밤하늘을 가득 메우고 있는 수많은 별들 중에서 그렇게 비정상적이고, 아주 가끔씩 반짝이는 작은 점을 찾아내려고 애쓰고 있다.

그것이 얼마나 대단한 일인가를 이해하려면, 검은 식탁보를 덮은 식탁 위에 한 줌의 소금을 뿌린 경우를 생각해보면 된다. 흩어진 소금 알갱이들이 은하인 셈이다. 소금이 뿌려진 그런 식탁 1,500개가 월마트 주차장을 가득 채우고 있거나, 4킬로미터에 걸쳐서 늘어서 있다고 생각해보자. 그 식탁 중의 하나에 소금 알갱이 하나를 더 뿌리고 나서, 로버트 에번스 목사에게 그 소금 알갱이를 찾아내도록 하면, 그는 단번에 새로 더해진 소금 알갱이를 찾아낼 것이다. 그 소금 알갱이가 바로 초신성이다.

올리버 색스는 「화성의 인류학자」에서 초신성을 찾아내는 능력이 뛰어난 에번스를 자폐증에 걸린 석학(碩學)으로 비유해서 소개했지만, "그가 자폐증에 걸렸다는 증거는 없다"고 덧붙였다.[3] 색스를 한 번도 만난 적이 없는 에번스는 자신이 자폐증에 걸렸다는 주장과 석학이라는 주장을 모두 웃음으로 받아넘겼다. 그러나 그는 자신의 재능이 어떻게 얻어진 것인가에 대해서는 설명을 할 수가 없었다.

"나는 별들의 밭을 기억하는 재능을 가지고 있는 모양입니다." 오스트레일리아의 끝없는 숲이 시작되는 시드니 외곽의 하젤브룩 마을 가장자리에 있는 그림 같은 에번스의 집으로 가서 그와 그의 부인 일레인을 방문했을 때 그가 수줍은 표정으로 한 말이었다. "저는 다른 일에는 재주가 없습니다. 사람들 이름도 잘 기억하지 못합니다."

"물건을 넣어둔 곳도 기억을 못해요." 부엌에 있던 일레인이 지적했다.

솔직하게 고개를 끄덕이던 그는, 망원경을 보여주겠다고 했다. 나는 에번스의 뒷마당에 윌슨 산이나 팔로마 산의 천문대처럼 미닫이문이 달린 둥근 지붕과 자동으로 움직이는 의자가 설치된 작은 천문대가 있을 것이라고 생각했다. 그런데 뜻밖에도 그는 나를 뒷마당이 아니라 부엌 뒤에 있는 좁은 창고로 데려갔다. 책과 서류 더미가 가득한 창고에는, 가정용 온수 탱크 정도의 크기와 모양을 가진 흰색 원통형 망원경이 그가 직접 합판으로 만든 회전용 받침대 위에 놓여 있었다. 관측을 할 때는 그 망원경을 두 번에 나누어서 부엌 바깥에 있는 마루로 옮겨야 한다. 머리 위의 지붕과 언덕 아래에서 자라는 유칼립투스 나무 때문에 그곳에서 볼 수 있는 하늘은 우편함 크기 정도에 불과했다. 그에게는 그 정도면 충분하다고 했다. 그는 하늘이 맑고 달이 그렇게 밝지 않은 날에는 바로 그곳에서 초신성을 찾아낸다.

초신성이라는 말은 놀라울 정도로 독특했던 천체물리학자 프리츠 츠비키가 1930년대에 처음 만들어냈다. 불가리아에서 태어나서 스위스에서 자란 츠비키는 1920년대에 캘리포니아 공과대학에 부임하면서부터 남과 쉽게 다투는 성격과 엉뚱한 재능으로 유명해졌다. 대부분의 동료들은 뛰어나게 똑똑하지는 않았던 그를 "신경이 쓰이는 익살꾼" 정도로 여겼다.[4] 건장한 체격의 그는 칼텍의 식당 마루로 뛰어내리기도 했고, 자신의 힘을 과시하려고 공공장소에서 한 손으로 팔굽혀펴기를 보여주기도 했다. 그는 지나치게 도전적이어서, 결국은 가장 가까운 동료였던 발터 바데조차도 그와 단둘이 있는 것을 싫어하게 되었다.[5] 무엇보다도 츠비키는 독일인이었던 바데를 나치 동조자라고 모함했었다. 츠비키는 윌슨 산 천문대로 올라간 바데에게, 만약 칼텍 캠퍼스에 다시 나타나면 죽여버리겠다고 협박한 적도 있었다.[6]

그러나 츠비키는 놀라운 총기를 보여주기도 했다. 1930년대 초반에 그는 천문학자들이 오랫동안 해결하지 못했던 문제에 흥미를 가지게 되었다. 그때까지만 하더라도 예상할 수 없는 곳에서 가끔씩 새로운 별이 나타나는 현상을 설명할 수 없었다. 그는 가능성이 낮기는 하지만 중성자(中性子, neutron)가 문제 해결의 핵심일 것이라는 생각을 했다. 얼마 전에 영국의 제임스 채드윅에 의해서 발견되었던 새로운 아원자(亞原子) 입자였던 중성자가 유행에 맞는 것이기도 했다. 그는 만약 별들이 원자핵 정도의 밀도로 수축된다면 상상하기 어려울 정도로 밀집된 상태가 될 것이라는 생각을 했다. 원자들이 문자 그대로 압착이 된다면, 전자들까지도 원자핵에 밀려들어가서 중성자가 만들어질 것이다.[7] 그렇게 되면 중성자별이 생겨난다. 무거운 포탄 100만 개가 조약돌 정도로 압축이 되는 경우를 생각해보면 된다. 물론 그 정도로도 충분하지는 않다. 중성자별의 중심은 밀도가 대단히 커서, 한 숟가락 정도면 대략 900억 킬로그램이나 된다. 한 숟가락이 그 정도라는 말이다! 그뿐이 아니다. 츠비키는 별이 그렇게 수축이 되고 나면, 엄청난 에너지가 남게 되어서 우주에서 가장 큰 폭발이 일어나게 된다는 사실을 인식했다.[8] 그는 그렇게 생기는 폭발을 초신성이라고 불렀다. 사실 그것은 창조의 과정에서 가장 큰 규모의 사건일 것이고, 실제로도 그렇다.

1934년 1월 15일에 발간된 「피지컬 리뷰」라는 학술지에 한 달 전 츠비키와 바데가 스탠퍼드 대학에서 발표했던 내용의 초록이 실렸다. 24줄의 한 문단으로 된 짧은 초록에는 엄청난 새로운 과학이 담겨 있었다. 그들은 초신성과 중성자별에 대한 최초의 논문에서 중성자별의 형성 과정을 확실하게 설명했고, 폭발의 규모도 정확하게 예측했으며, 덧붙여서 당시 우주에 가득 차 있는 것으로 밝혀졌던 우주선(宇宙線)이라고 부르는 신비로운 현상이 초신성 폭발 때문이라는 결론도 얻었다. 그런 주장은 아무리 양보하더라도 혁명적인 것이었다. 중성자별이 실제로 확인된 것은 그로부터 34년이 지난 후였다. 우주선에 대한 주장은 가능성이 있기는 하지만, 아직도 확실하게 확인이 되지 않고 있다.[9] 칼텍의 천체물리학자 킵 S. 손*의 말에 따르면, 그 초록은 “물리학과 천문학의 역사에서 가장 높은 수준의 선견지명이 담긴 논문이었다."[10]

흥미롭게도 츠비키는 그런 일들이 왜 일어나는가에 대해서는 거의 아무것도 이해하지 못했었다. 손에 의하면, "그는 물리학 법칙을 잘 몰랐기 때문에 그 자신의 생각을 증명할 수가 없었다."[11] 츠비키의 재능은 거대한 생각을 해내는 것이었다. 수학적인 문제는 바데와 같은 사람들의 몫이었다.

츠비키는 우주에 존재하는 물질의 양이 지금과 같은 은하들이 존재하기에는 충분하지 못했기 때문에 무엇인가 다른 형태의 중력이 있어야만 한다는 사실을 처음으로 인식했다. 오늘날 우리는 그런 중력이 암흑 물질(dark matter)이라는 것 때문이라고 알고 있다. 그러나 츠비키는 중성자별이 충분히 수축되면 그 밀도가 너무 커져서 빛마저도 그 중력을 빠져나오지 못한다는 사실은 모르고 있었다. 그것이 바로 블랙홀(black hole)이다. 불행하게도 츠비키를 외면했던 동료들은 그의 새로운 주장에 흥미를 보이지 않았다. 5년 후에 중성자별에 대해서 유명한 논문을 발표했던 위대한 로버트 오펜하이머도 츠비키의 업적에 대해서는 한마디도 언급하지 않았다. 츠비키가 몇 년 전부터 같은 건물에서 그 문제와 씨름하고 있었는데도 그랬다. 암흑 물질의 존재를 예측했던 츠비키의 주장에 대해서는 거의 40년 동안 아무도 관심을 가지지 않았다.[12] 그동안 츠비키는 열심히 팔굽혀펴기를 했을 것이라고 짐작할 수 있을 뿐이다.

우리가 머리를 들면 볼 수 있는 하늘은 우주에서 놀라울 정도로 작은 일부에 지나지 않는다. 지구에서 맨눈으로 볼 수 있는 별은 모두 합쳐서 6,000개 정도이고, 그중에서도 한곳에 서서 볼 수 있는 것은 2,000개 정도에 불과하다.[13] 한곳에서 쌍안경을 이용하면 5만 개 정도의 별을 볼 수 있고, 소형 2인치 망원경을 사용하면 30만 개 정도를 볼 수 있다. 에번스가 쓰는 것과 같은 16인치 망원경을 사용하면, 별의 수가 아니라 은하의 수를 세게 된다. 에번스는 집 마당에서 5만에서 10만 개 정도의 은하를 볼 수 있었고, 각각의 은하에

* 라이고(LIGO) 프로젝트로 중력파 검출에 기여한 공로로 2017년 노벨 물리학상을 수상했다. 영화 「인터스텔라」의 이론적 토대를 제공한 것으로도 유명하다.

는 수백억 개의 별들이 있을 것이라고 믿었다. 그런 숫자들은 모두 믿을 만한 것이지만, 그렇다고 해도 초신성은 지극히 드물게 나타난다. 별은 수십억 년 동안 타고 나서 한순간에 빠르게 죽어버리지만, 폭발하는 별은 매우 드물다. 대부분은 새벽에 장작불이 꺼지듯이 조용히 사라진다. 수천억 개의 별로 이루어진 대부분의 은하에서도 초신성 폭발은 200-300년에 한 번 정도 일어난다. 그러므로 초신성을 찾으려는 노력은, 엠파이어 스테이트 빌딩의 전망대에 올라서서 망원경으로 맨해튼을 둘러보면서 스물한 살 생일 케이크에 불을 붙이는 사람을 찾아내는 것과 같다.

그래서 천문학자들이, 초신성을 찾아내는 데에 유용한 지침서를 만들고 싶다는 꿈에 부푼 조용한 말씨의 목사를 정신 나간 사람으로 여겼던 것은 당연했다. 에번스는 당시 아마추어 천문가에게는 상당한 규모였지만, 심각한 관측용으로는 어림도 없었던 10인치 망원경으로 우주에서 아주 드물게 일어나는 현상을 찾아보겠다고 나선 것이다. 에번스가 관찰을 시작했던 1980년에 천문학계에서 알려진 초신성의 수는 채 60개가 안 되었다(에번스는 내가 방문했던 2001년 8월에 자신의 34번째 초신성을 발견했고, 몇 달 후에는 35번째를, 그리고 2003년 초에는 36번째 초신성을 발견했다).

그러나 에번스에게는 장점이 있었다. 대부분의 천문가들도 다른 사람들처럼 북반구에 살고 있었기 때문에, 그는 혼자서 남반부의 하늘을 전부 독차지할 수가 있었다. 적어도 처음에는 그랬다. 더욱이 그는 재빠르게 움직였을 뿐만 아니라 놀라운 기억력도 가지고 있었다. 대형 망원경은 조작하기가 어렵기 때문에 망원경을 제 위치로 고정하려면 많은 시간을 허비해야만 한다. 그러나 에번스는 자신의 16인치 망원경을 결투에 나선 사수처럼 마음대로 돌릴 수 있었기 때문에 몇 초 만에 한 곳을 살펴볼 수 있었다. 그는 하룻밤에 400개의 은하를 관찰할 수가 있었다. 그러나 대형 망원경을 사용하는 경우에는 50-60개를 관찰할 수 있으면 다행이다.

초신성을 찾아내는 일은 그것을 찾지 않으려는 노력과도 비슷하다. 그는 1980년에서 1996년 사이에 한 해 평균 두 개씩의 초신성을 찾아냈다. 수백

일 동안 하늘을 찾아 헤맨 것에 비하면 형편없는 성과라고 할 수도 있다. 15일 동안에 세 개를 찾은 적도 있었지만, 3년 동안 하나도 찾지 못했던 때도 있었다.

"사실 아무것도 찾지 못하는 것도 가치가 있었습니다." 그의 설명이었다. "그런 경험은 은하가 진화하는 속도를 알아내는 데에 도움이 됩니다. 증거가 없는 것이 그대로 증거가 되는 드문 경우랍니다."

그는 망원경 옆에 있는 탁자에 놓아두었던 사진과 논문들을 보여주었다. 먼 곳의 성운들과 정교하고 찬란하게 빛나는 천체를 찍은 유명한 천문학 잡지의 컬러 사진들을 본 적이 있겠지만, 에번스의 자료들은 그런 것과는 비교할 수 없었다. 그저 후광이 비치는 작은 점들이 흩어져 있는 흑백사진에 불과했다. 나에게 보여준 한 장의 사진에는 얼굴을 가까이에 대고 보아야만 구별되는 희미하게 빛나는 별무리들이 찍혀 있었다. 에번스는 그것이 천문학에서 NGC1365라고 알려진 은하의 화로 자리라는 별자리의 모습이라고 설명해주었다(NGC는 그런 정보들이 수록된 "신규 일반 목록"*을 뜻한다. 한때는 더블린에서 두꺼운 책으로 발간되었지만, 오늘날에는 물론 데이터베이스로 되어 있다). 장엄하게 죽어가는 별에서 발생된 빛이 6,000만 년 동안 잠시도 멈추지 않고 고요 속의 우주공간을 달려와서, 2001년 8월 어느 날 밤하늘에 반짝이는 작은 별빛의 형태로 지구에 도달했다. 물론 그것을 발견한 사람은 유칼립투스 향기에 젖은 언덕에 있던 로버트 에번스였다.

에번스에 따르면, "나는 우주공간을 통해서 수백만 년을 지나온 빛이 지구에 도착하는 순간에 누군가가 하늘의 바로 그곳을 쳐다보고 있다가 그것을 발견했다는 것만으로도 아주 만족스럽게 생각합니다. 그런 정도의 사건이라면 당연히 누군가가 지켜보고 있어야 하겠지요."

초신성은 단순히 신기한 것 이상의 가치를 가지고 있다. 초신성에는 (에번스에 의해서 밝혀진 것을 포함해서) 여러 형태가 있고, 그중에서도 Ia형이라고 알려진 특별한 초신성은 언제나 같은 방법, 같은 임계 질량으로 폭발하기 때문에 천문학적으로 매우 중요하다. 이 초신성은 우주의 팽창 속도를 측정

* New General Catalogue, 1888년 덴마크의 천문학자 요한 드레이어가 편집했던 천체 목록.

하는 표준 촛불*로 활용할 수가 있다.

1987년 캘리포니아 주에 있는 로렌스 버클리 연구소의 솔 펄머터는 눈으로 찾아낼 수 있는 것보다 훨씬 더 많은 Ia형 초신성이 필요하다고 생각하고, 초신성을 찾아내는 체계적인 방법을 확립하려는 일을 시작했다.[14] 펄머터는 일종의 최고급 디지털 카메라인 CCD라는 전하 결합 소자와 복잡하게 연결된 컴퓨터로 구성된 멋진 측정장치를 만들었다. 그 장치로 초신성을 발견하는 작업을 자동화하게 되었다. 이제 컴퓨터가 망원경으로 찍은 수천 장의 사진에서 초신성 폭발에 해당하는 밝은 점을 찾아주었다. 버클리의 펄머터 연구진은 새로운 기술을 이용해서 5년 만에 무려 42개의 새로운 초신성을 찾아냈다. 이제는 아마추어도 전하 결합 소자를 이용해서 초신성을 찾아낼 수 있게 되었다. "CCD를 이용하면, 망원경을 맞추어놓고 들어가서 텔레비전을 볼 수도 있게 되었습니다." 에번스가 불만스러운 듯이 말했다. "이제 초신성을 찾아내는 일에서도 낭만이 사라져버렸지요."

그에게 새 기술을 사용할 생각이 없느냐고 물어보았다. "아니요." 그의 대답이었다. "나는 내 방식을 훨씬 더 좋아합니다." 그는 자신이 가장 최근에 발견했던 초신성 사진을 웃음 띤 얼굴로 바라보았다. "아직도 가끔 그들을 이길 수 있답니다."

"만약 가까운 곳에서 별이 폭발하면 어떻게 될까?"라는 의문은 당연한 것이다. 앞에서 살펴본 것처럼, 우리에게 가장 가까이 있는 별은 4.3광년 떨어진 알파 켄타우루스이다. 만약 그 별에서 폭발이 일어난다면, 4.3년 후에는 하늘에서 거대한 통이 쓰러지는 것과도 같은 멋진 장관을 볼 수 있을 것이라고 생각하기 쉽다. 그러나 그런 폭발의 영향이 우리에게 도달하게 되면 살이 모두 타버릴 것이라는 사실을 알면서도 4년 4개월 동안 그런 재앙이 다가오는 모습을 지켜보고 있다면 어떤 기분일까? 그래도 사람들은 여전히 일을 하러 갈까? 농부들은 씨를 뿌릴까? 상점의 점원들이 배달을 해줄까?

몇 주일 후에 뉴햄프셔 주로 돌아온 나는 다트머스 대학의 천문학자인 존

---

* 별까지의 거리를 측정하는 기준이 되는 별.

소스텐센에게 그런 질문을 해보았다. 그는 웃으면서 대답했다. "아닙니다. 그런 소식이 빛의 속도로 전해지는 것처럼 그 파괴력도 역시 빛의 속도로 전해집니다. 그러니까 우리는 그 소식을 알게 되는 순간에 모두 죽게 될 것입니다. 그렇지만 그런 일은 일어나지 않을 테니 걱정할 필요는 없습니다."[15)]

그의 설명에 따르면 초신성 폭발이 우리를 직접 죽일 수 있으려면 "놀라울 정도로 가까운 곳"에서 일어나야 한다. 대략 10광년 이내에서 일어나야만 한다. "우리에게 위험한 것은 우주선을 비롯한 여러 가지 복사선(輻射線)입니다." 그런 복사선은 기막힌 오로라를 만들어서 하늘 전체를 무시무시한 빛으로 가득 채울 것이다. 즐거운 일은 아니다. 그런 장관을 자아낼 정도라면, 자외선을 비롯한 우주의 공격으로부터 지구를 보호해주는 높은 곳의 자기층(磁氣層)을 완전히 파괴할 것이기 때문이다. 자기층이 없어지고 난 후에 햇볕을 쪼이면 곧바로 타버린 피자처럼 될 것이다.

소스텐센의 설명에 의하면, 초신성 폭발이 일어나려면 특별한 종류의 별이 있어야 하기 때문에 우리에게는 그런 일이 일어나지 않을 것이라고 확신할 수 있다. 그런 별은 적어도 우리의 태양보다 10~20배 정도 더 무거워야 하지만, "우리 주변에는 그런 정도의 크기를 가진 별이 없습니다. 우주는 정말 놀라울 정도로 큰 곳이지요." 가장 가까이 있는 후보는 오리온 자리에서 가장 밝은 별인 베텔기우스이다. 지난 몇 년 동안의 관측 결과에 따르면 그곳에서 무엇인가 흥미로울 정도로 불안정한 일이 벌어지고 있는 것으로 보인다. 그러나 베텔기우스는 우리에게서 640만 광년이나 떨어져 있다.

맨눈으로 볼 수 있을 정도로 가까이에서 일어났던 초신성 폭발에 대해서 남아 있는 기록은 대여섯 차례에 불과하다.[16)] 1054년의 폭발로 게 성운이 만들어진 것이 그중 하나였다. 1604년에 일어났던 초신성 폭발은 낮에도 볼 수 있을 정도의 밝은 상태로 3주일 이상 계속되었다. 가장 최근에 일어났던 것은 대마젤란 성운으로 알려진 곳에서 일어났지만, 남반부에서만 겨우 볼 수 있었다. 그 폭발은 16만9,000광년이나 떨어진 곳에서 일어났기 때문에 우리에게는 아무런 영향이 없었다.

초신성은 다른 핵심적인 의미에서 우리에게 매우 중요하다. 그런 폭발이 없었더라면, 우리가 이곳에 존재할 수도 없었을 것이다. 앞에서 수수께끼처럼 설명했던 이야기를 기억해볼 필요가 있다. 즉 빅뱅에서 가벼운 원소들은 많이 생겼지만, 무거운 원소들은 만들어지지 않았다. 그런 원소들은 훨씬 후에 만들어졌지만, 아무도 그런 원소들이 어떻게 만들어지게 되었는지를 알아낼 수가 없었다. 우리가 존재하기 위해서 꼭 필요한 탄소나 철과 같은 원소들이 만들어지기 위해서는 가장 뜨거운 별의 중심보다도 더 뜨거운, 정말 뜨거운 상태가 필요하다. 초신성이 바로 그 해답이었다. 그런 사실을 밝혀낸 사람은 츠비키만큼 독특한 개성을 가지고 있었던 영국의 우주론 학자였다.

그는 요크셔 출신으로 2001년에 사망했을 때 「네이처」에 실린 추모사의 표현처럼 "우주론 학자였으며 논쟁가"였던 프레드 호일이었다.[17] 「네이처」의 추모사에 따르면, 그는 "평생을 논쟁에 휩싸여 살면서 명성을 망쳐버렸다." 예를 들면, 그는 아무런 증거도 없이 자연사 박물관이 귀중하게 소장하고 있던 시조새의 화석을 필트다운 사건*에서처럼 조작된 것이라고 주장했다. 박물관의 화석학자들은 며칠 동안 전 세계에서 걸려오는 기자들의 전화를 받느라고 고생을 해야만 했다. 그는 또한 지구의 생명은 물론이고 독감이나 선(腺)페스트와 같은 질병들도 우주에서 전해졌다고 주장하기도 했다. 사람의 코가 앞으로 튀어나오고, 콧구멍이 아래쪽을 향하게 된 것도 우주에서 떨어지는 병원균을 피하기 위해서라고 주장했다.[18]

1952년의 라디오 방송에서 비웃듯이 "빅뱅(Big Bang)"이라는 말을 처음 만든 사람도 바로 그였다. 그는 우리가 알고 있는 물리학으로는 한곳에 모여 있던 모든 것이 왜 갑자기, 그리고 그렇게 극적으로 팽창하기 시작했는가를 설명할 수 없다는 사실을 지적했다. 호일은 우주가 끊임없이 팽창하고, 그 과정에서 끊임없이 새로운 물질이 생겨난다는 정상상태(steady-state) 이론을 더 좋아했다.[19] 호일은 만약 별들이 속으로 터져버린다면, 핵물리학에서

* 1912년 영국의 필트다운 코먼의 사력층에서 발굴된 유골이 현생 인류의 조상일 것이라고 해서 관심을 모았으나, 1954년에 조작된 것이었음이 밝혀졌던 사건.

밝혀진 과정들 때문에 무거운 원소들의 합성이 시작되기에 충분한 수억 도의 온도에 도달할 수 있는 엄청난 양의 열이 방출될 수 있다는 사실도 지적했다.[20] 호일은 1957년에 다른 사람들과의 공동 연구를 통해서 초신성 폭발에서 어떻게 무거운 원소들이 생성될 수 있는가를 밝혀냈다. 그의 동료였던 W. A. 파울러는 그 업적으로 1983년 노벨상을 받았다. 그러나 안타깝게도 호일은 노벨상을 받지 못했다.

호일의 이론에 의하면 폭발하는 별은 엄청난 양의 열을 방출해서 모든 새로운 무거운 원소들을 만들고, 그렇게 만들어진 원소들이 우주로 튕겨져 나가서 성간 매질(interstellar medium)이라고 알려진 기체 상태의 구름을 형성하게 된다. 그리고 성간 물질은 결국 서로 뭉쳐져서 새로운 태양계들이 태어난다. 그의 새로운 이론 덕분에 마침내 우리가 어떻게 태어나게 되었는가에 대한 가능성 높은 시나리오를 구성할 수 있게 되었다. 우리가 알고 있다고 생각하는 것은 대략 다음과 같다.

약 46억 년 전에 지금 우리가 살고 있는 곳에서 지름이 약 240억 킬로미터 정도인 거대한 기체와 먼지 덩어리의 소용돌이가 뭉쳐지기 시작했다. 태양계에 존재하는 질량의 99.9퍼센트는 함께 뭉쳐져서 태양이 되었다.[21] 그리고 남아서 떠돌아다니던 물질들 중에서 아주 가까이 있던 두 개의 아주 작은 알갱이들이 정전기 힘에 의해서 합쳐졌다. 그것이 우리 행성이 잉태되는 순간이었다. 미완성의 태양계 전체에서 그런 일이 벌어지고 있었다. 서로 충돌한 먼지 입자들은 점점 더 큰 덩어리들로 뭉쳐졌다. 결국 덩어리들은 미행성체(微行星體)라고 부를 정도로 커졌다. 그런 미행성체들이 끊임없이 서로 부딪히고, 충돌하는 과정에서 멋대로 부서지거나 합쳐지기도 했다. 그러나 그런 일이 일어날 때마다 승자와 패자가 생겼다. 승자들은 점점 더 커져서 자신들이 움직이는 궤도를 지배하기 시작했다.

그런 일은 놀라울 정도로 빨리 진행되었다. 작은 먼지 알갱이에서 지름이 수백 킬로미터 정도인 작은 행성이 만들어지기까지는 몇만 년 정도의 시간이 걸렸을 뿐이었다. 대략 2억 년이 채 안 되는 기간에 지구가 만들어졌다. 아직

까지는 녹아 있는 상태의 지구는 주변에 떠다니는 파편들과 끊임없이 충돌하고 있었다.[22]

대략 그런 상태였던 약 45억 년 전에 화성 정도의 크기를 가진 천체가 지구에 충돌하면서 튕겨져 나간 파편에서 달이 만들어지기 시작했다. 떨어져 나간 물질들은 몇 주일 만에 하나의 덩어리로 다시 뭉쳐졌고, 1년도 되지 않아서 지금까지 우리와 함께 지내고 있는 공 모양의 암석 덩어리가 완성되었다. 달을 구성하는 물질의 대부분은 지구의 중심이 아니라 표면에서 떨어져 나간 것으로 생각된다.[23] 그래서 달의 표면에는 지구와는 달리 철이 많지 않다. 이런 이론은 최근에 밝혀진 것처럼 알려져 있지만, 사실은 1940년대에 하버드의 레지널드 데일리가 처음 제안했었다.[24] 유일하게 최근에 일어난 일은, 사람들이 그의 이론에 관심을 가지게 되었다는 것뿐이다.

대부분 이산화탄소, 질소, 메탄, 황으로 된 대기가 처음 만들어지기 시작한 것은 지구가 지금 크기의 3분의 1 정도가 되었을 때였다. 생명과 관련이 있다고 상상하기 어려운 물질들로 만들어진 대기였지만, 실제로 생명은 그런 유독한 혼합물에서 생겨났다. 이산화탄소는 강력한 온실 기체*이다. 그 당시에는 태양이 지금처럼 뜨겁지 않았기 때문에 정말 다행스러운 일이었다. 그런 온실 효과가 아니었더라면 당시의 지구는 영원히 얼어붙었을 것이고, 생명은 발을 붙일 수 없었을 것이다.[25] 그렇게 해서 결국 생명이 시작되었다.

다음 5억 년 동안 어린 지구에는 혜성과 운석과 다른 천체의 파편들이 끊임없이 쏟아졌고, 그 덕분에 바다를 채울 물과 생명이 탄생하는 데에 필요했던 성분들이 생겨나게 되었다. 지독하게 혹독한 환경이었음에도 불구하고, 생명은 시작되었다. 화합물의 작은 덩어리가 꿈틀거리더니 스스로 움직이기 시작했다. 우리가 생겨나기 시작한 것이다.

그로부터 40억 년이 흐른 지금 사람들은, 그런 일들이 어떻게 일어났을까를 궁금하게 여기게 되었다. 다음에는 바로 그 문제에 대해서 알아보기로 한다.

---

* 적외선을 쉽게 흡수해서 행성에서 방출되는 복사열이 바깥으로 빠져나가지 못하게 해주는 대기의 구성 물질.

제2부

지구의 크기

자연과 자연의 법칙은 어둠에 묻혀 있었는데,
하느님이 뉴턴을 보내시니 모든 것이
환하게 드러나게 되었다.

—— 알렉산더 포프

제4장

사물의 크기

지금까지 이루어졌던 과학 탐사작업 중에서 1735년 프랑스 왕립 과학원의 페루 탐사만큼 엉망이었던 경우는 찾기 어려울 것이다. 수문학자(水文學者) 피에르 부게와 군인 출신의 수학자 샤를 마리 드 라 콩다민이 이끌었던 과학자와 탐험가들로 구성된 탐사단은 안데스 지역에서의 삼각측량을 위해서 페루로 파견되었다.

당시 사람들은 지구에 대해서 자세하게 알고 싶다는 강한 욕망에 사로잡혀 있었다. 지구가 얼마나 오래되었고, 얼마나 무거우며, 우주의 어느 곳에 있고, 어떻게 지금의 상태가 되었는가에 대해서 알고 싶어했다. 프랑스 탐사단의 목표는 지구 둘레의 360분의 1에 해당하는 자오선 1도의 길이를 측정하여 지구 둘레에 대한 의문을 해결하는 것이었다. 그들이 측정하고 싶어했던 곳은 키토 부근의 야로키에서 지금의 에콰도르에 있는 쿠엥카에 이르는 직선거리로 대략 320킬로미터 정도의 지역이었다.†

† 삼각형의 한 변과 두 내각으로부터 다른 변의 길이를 알아내는 기하학 법칙을 근거로 한 삼각측량법은 당시에 널리 이용되고 있었다. 예를 들면, 우리가 달까지의 거리를 알고 싶다고 해보자. 삼각측량법을 이용하려면, 우선 한 사람은 파리로 가고, 다른 사람은 모스크바로 가서 같은 시각에 달을 쳐다본다. 두 사람과 달을 직선으로 연결하면 삼각형이 된다. 두 사람 사이의 거리와 함께 달을 바라보는 각도를 측정하면 나머지는 쉽게 계산할 수 있다(삼각형의 내각의 합은 언제나 180도이기 때문에, 두 개의 내각을 알면 나머지 내각의 크기도 바로 알 수 있고, 삼각형의 정확한 모양을 알고 나면, 한 변의 길이로부터 나머지 두 변의 길이도 쉽게 계산할 수 있다). 기원전 150년에 니케아의 천문학자 히파르코스가 바로 이 방법을 이용해서 지구와 달 사이의 거리를 알아냈다. 지구상에서의 삼각측량법에서는 삼각형이 우주공간을 향하지 않고 지도 위에 나란히 놓인다는 점을 제외하면 모든 것이 똑같다. 자오선 1도의 길이를 측정하

작업에 착수하자마자 일이 잘못되기 시작했고, 엄청나게 잘못되기도 했다. 알 수 없는 이유로 키토의 주민들을 자극해서 돌로 무장한 주민들에게 쫓겨나기도 했다. 탐사단의 일원이었던 의사가 여자 문제로 인한 오해 때문에 살해되기도 했고, 식물학자가 미쳐버리기도 했다. 고열과 추락 사고로 사망한 대원들도 많았다. 탐사단에서 서열 3위였던 피에르 고댕은 열세 살의 소녀와 달아난 후에는 설득을 해도 돌아오지 않았다.

라 콩다민이 정부의 허가를 받기 위해서 리마에 가 있는 동안 탐사단이 8개월 동안 작업을 중단했던 적도 있었다. 결국은 서로 말도 하지 않는 사이가 되어버린 라 콩다민과 부게는 함께 일을 할 수 없을 지경에 이르렀다. 지친 탐사단이 가는 곳마다, 그곳의 관리들은 프랑스 과학자들이 지구의 크기를 측정하려고 지구를 반 바퀴나 돌아왔다는 사실을 믿으려고 하지 않았다. 도대체 말이 되지 않는 이야기였다. 250년이나 지난 오늘날에도 상당히 이상하게 보인다. 왜 프랑스에서 그런 측정을 하지 않고, 많은 문제와 불편함을 감수하고 안데스까지 왔다는 말인가?

사실은 두 가지 이유가 있었다. 우선 18세기 과학자들 중에서도, 특히 프랑스 과학자들은 단순한 방법보다는 우스꽝스러울 정도로 힘든 방법을 좋아하기도 했지만, 프랑스 탐사단이 출발하기 훨씬 전에 영국의 천문학자 에드먼드 핼리에 의해서 제기되었던 현실적인 문제도 있었다. 부게와 라 콩다민이 굳이 그래야 할 필요도 없었으면서도 남아메리카로 가야겠다는 꿈을 꾸기 훨씬 전의 일이었다.

핼리는 독특한 사람이었다. 그는 평생 선장, 지도 제작자, 옥스퍼드 대학의 기하학 교수, 왕립 조폐국의 부감사관, 왕립 천문대장, 심해 잠수정 개발자 등의 다양한 일에서 성공을 거두었다.[1] 그는 자기학(磁氣學), 파도, 행성의 움직임, 아편의 효과 등에 대해서 권위 있는 논문을 발표하기도 했다. 그는 최초로 기상도와 보험 통계표를 만들었고, 지구의 나이와 태양으로부터의 거리를 알아내는 방법을 제안하기도 했으며, 제철이 지난 후까지 생선을 신선

려면, 측정 기사들이 땅 위에 삼각형을 사슬처럼 이어서 그려야만 한다.

하게 저장하는 방법을 고안하기도 했다. 흥미롭게도, 그가 하지 않았던 유일한 일이 바로 그의 이름이 붙여진 혜성을 발견한 일이었다. 그는 자신이 1682년에 보았던 혜성이 실제로는 다른 사람들이 1456년, 1531년, 1607년에 관찰했던 혜성과 같은 것이라는 사실을 알아냈을 뿐이었다. 그 혜성에 핼리의 이름이 붙여진 것은, 그가 사망하고 16년이 지난 후인 1758년이었다.

그 자신의 업적도 대단했지만, 핼리가 인류에게 남긴 더욱 위대한 업적은 당시 가장 훌륭했던 두 사람과 과학에 대해서 작은 놀이를 했던 것이다. 한 사람은 처음으로 세포에 대한 설명을 제시한 것으로 널리 알려진 로버트 훅이었고, 다른 한 사람은 유명했던 크리스토퍼 렌 경이었다. 사실 렌은 지금은 잘 알려져 있지 않지만, 건축가로 명성을 얻기 전에 천문학자였다. 1683년 어느 날, 런던에서 저녁 식사를 함께하던 세 사람은 천체의 움직임에 대한 이야기를 하게 되었다. 당시에는 행성들이 타원이라고 알려진 일그러진 궤도를 따라 움직이고 있다는 사실이 알려져 있었지만, 왜 그런 이상한 궤도를 따라 움직이게 되었는가에 대한 이유를 알 수가 없었다. 리처드 파인만은 행성의 그런 궤도를 "아주 특별하고 정밀한 곡선"이라고 불렀다.[2)] 렌은 그 답을 알아내는 사람에게 두 주일 정도의 봉급에 해당하는 40실링의 상금을 주겠다고 제안했다.

남의 아이디어를 마치 자기의 것인 양 주장한 것으로 유명했던 훅은, 자신이 이미 그 문제를 해결했지만, 다른 사람들이 그 문제를 해결하는 만족감을 빼앗기 싫다는 재미있고 창의적인 이유로 그 내용을 밝히기를 거부했다.[3)] 그는 "다른 사람들이 그 가치를 인정할 때까지 당분간 비밀로 해두고 싶다"고 했다. 그가 정말 그 문제에 대해서 생각을 해본 적이 있었는지는 모르겠지만, 어쨌든 그는 아무 흔적도 남기지 않았다. 그렇지만 그 문제에 몰두했던 핼리는 다음 해에 케임브리지까지 가서 과감하게 루카스 수학 교수였던 아이작 뉴턴의 도움을 청했다.

뉴턴은 정말 이상한 인물이었다. 그는 상상도 할 수 없을 정도로 총명했지만, 혼자 있기를 좋아했다. 아무것에도 흥미를 느끼지 못했고, 편집증에 가까울 정도로 과민했으며, 매우 산만했고, 놀라울 정도로 이상한 행동들을 하기도 했다(아침에 갑자기 떠오른 생각을 잊어버리지 않기 위해서 두 발을 흔들면서 몇 시간 동안 침대에 앉아 있었다고도 한다). 그는 케임브리지에 최초로 세워진 실험실이었던 자신의 실험실에서 정말 이상한 실험들을 했다. 한번은 가죽을 꿰맬 때 쓰는 긴 바늘을 눈에 넣고 돌리는 일에 재미를 붙이기도 했다. 그저 "안구와 뼈 사이에 가장 깊숙한 곳까지" 바늘을 넣어서 무슨 일이 생기는가를 보고 싶다는 이유 때문이었다.[4] 아무 일도 일어나지 않았던 것은 기적이었다. 적어도 오래 지속되는 후유증은 생기지 않았다. 또한 자신의 시각(視覺)에 어떤 영향이 생기는가를 알아내려고 태양을 참을 수 있는 한 최대한 오랫동안 똑바로 쳐다본 적도 있었다. 두 경우 모두, 어두운 방에서 며칠을 지낸 후에야 시력을 회복할 수 있었지만, 다행히도 심각한 후유증은 피할 수 있었다.

그런 이상한 믿음과 변덕스러운 행동은 뉴턴이 기막힌 천재였던 탓이라고 하겠지만, 그는 보통 때에도 이상한 습관을 가지고 있었다. 그는, 당시 수학의 한계에 불만을 느낀 학생 시절에 이미 전혀 새로운 형태의 수학이었던 미적분학을 만들었지만 27년 동안 아무에게도 그런 사실을 밝히지 않았다.[5] 마찬가지로 그는 빛에 대한 우리의 이해를 완전히 바꾸어놓았고, 훗날 분광학(分光學)*이라는 새로운 과학 분야의 바탕이 되었던 광학에서도 중요한 성과를 거두었지만 역시 30년 동안 아무에게도 그 내용을 말해주지 않았다.

놀라울 정도로 총명했던 그에게 진정한 과학은 흥미를 가지고 있던 다양한 문제들 중에서 극히 일부에 지나지 않았다. 그는 적어도 반평생 이상을 연금술과 이상한 종교적인 관심을 해결하기 위해서 노력했다. 단순한 장난이 아니라 진심으로 헌신을 했다. 그는 아무도 모르게, 성 삼위일체는 존재하지 않는다는 것을 주된 교리로 삼고 있는 아리우스주의**라는 위험스러울 정도의 이교도 집단을 추종하고 있었다(그런 점에서 뉴턴이 재직했던 케임브리지

---

* 빛의 흡수와 방출을 이용해서 물질의 정체와 성질을 연구하는 분야.

** 4세기 초에 알렉산드리아의 사제 아리우스에 의해서 시작된 그리스도교의 이단설.

의 대학이 트리니티[삼위일체]였다는 사실이 역설적이기도 하다). 그는 솔로몬 왕의 사라져버린 성전의 설계도를 연구하기도 했고, 원서를 이해하기 위해서 스스로 히브리어를 공부하기도 했다. 그는 그런 노력을 통해서 예수 부활의 날짜와 종말의 날짜를 알아낼 수학적 실마리를 찾을 수 있을 것이라고 믿었다. 그는 연금술에도 심취해 있었다. 1936년의 경매에서 뉴턴의 서류 가방을 구입했던 경제학자 존 메이너드 케인스는, 대부분의 서류가 광학이나 행성 운동에 대한 것이 아니라 일편단심으로 비금속(卑金屬)을 귀금속(貴金屬)으로 변화시키려는 연구에 대한 것임을 발견하고 몹시 놀랐다. 1970년대에 뉴턴의 머리카락을 분석한 결과에서는 수은 함유량이 자연 수준의 40배를 넘는다는 사실이 밝혀졌다. 당시의 수은은 연금술사나 모자 또는 온도계 제조공 이외에는 아무도 관심이 없었던 금속이었다. 그가 아침에 떠올린 생각을 기억하지 못한 것도 당연한 일이었던 셈이다.

1684년 8월에 아무 예고도 없이 뉴턴을 방문했던 핼리가 그에게서 어떤 도움을 받으려고 했었는가는 짐작만 할 수 있을 뿐이다. 그러나 훗날 뉴턴의 친구였던 아브라함 드무아브르 덕분에 우리는 과학에서의 가장 역사적인 만남에 대한 기록을 가지게 되었다.

> 1684년 핼리 박사가 케임브리지를 방문했고, 두 사람이 한참을 이야기한 후에 핼리 박사가 그에게, 만약 태양에 의한 힘이 거리의 제곱에 반비례한다면 행성의 궤도가 어떤 모양이 될 것 같으냐고 물어보았다.

이 질문은 핼리가 어떤 이유에서인지 문제를 해결하는 핵심일 것이라고 짐작했던 역제곱 법칙이라는 수학에 대한 것이었다.

> 아이작 경은 즉시 타원이 될 것이라고 대답했다. 감탄했던 핼리 박사는 그것을 어떻게 알아냈느냐고 물어보았다. "왜 그러십니까? 계산으로 얻은 것입니다"라는 대답을 들은 핼리 박사는 즉시 그 계산 결과를 보여달라고 요청했지만 아이

작 경은 서류 더미에서 그 계산 결과를 찾아낼 수가 없었다.

그것은 아주 놀라운 일이었다. 마치 누군가가 암을 고치는 방법을 발견했는데, 그 비법을 적은 서류를 어디에 두었는지 모르겠다고 하는 것과 같았다. 핼리의 추궁을 받은 뉴턴은 다시 계산을 해서 보여주기로 약속을 했다. 그는 약속을 지켰을 뿐만 아니라, 훨씬 더 많은 일을 했다. 그는 2년 동안 칩거하면서 마침내 『프린키피아』로 더 잘 알려진 그의 걸작 『자연철학의 수학적 원리』를 완성했다.

역사에서 인간의 지혜로 찾아내기에는 너무나도 예리하고 예상치 못했던 성과가 이룩된 적이 몇 차례 있었다. 너무 놀라운 성과인 경우에, 사람들은 그렇게 밝혀진 사실과 그런 사실을 알아낸 사람 중에서 어느 쪽이 더 놀라운가를 가려내지 못하기도 한다. 『프린키피아』가 그런 경우였다. 뉴턴은 그 책 때문에 순식간에 유명인사가 되었다. 그는 남은 일생 동안 엄청난 갈채를 받고 명예를 누리게 되었다. 무엇보다도, 영국에서 최초로 과학적 업적으로 작위를 받게 되었다. 뉴턴이 미적분학의 정립에 대해서 오랫동안 치열하게 우선권을 다투었던 독일의 위대한 수학자 고트프리트 폰 라이프니츠마저도, 수학에서 그의 업적은 그 이전의 업적을 모두 합친 것과 같다고 인정했다.[6] "어느 누구보다도 신에게 가까이 간 인물"이라는 핼리의 표현은, 당시 사람들은 물론이고 그 이후로 많은 사람들에 의해서 수없이 인용되었다.

뉴턴의 표현에 따르면 "반거들충이들"을 따돌리기 위해서 의도적으로 어렵게 썼다는 『프린키피아』는, "어느 책보다도 읽기 어려운 책"으로 알려졌지만 그 내용을 이해할 수 있는 사람들에게는 등대와도 같은 책이었다.[7] 그 책은 천체의 궤도를 수학적으로 설명해주었고, 천체들을 그렇게 움직이도록 한 힘이라고 할 중력의 개념을 처음으로 소개한 것이었다. 갑자기 우주의 모든 움직임을 이해할 수 있게 되었다.

간단히 말해서 『프린키피아』에는, 물체는 미는 방향으로 움직이게 되고, 다른 힘에 의해서 속도가 느려지거나 방향이 바뀌기 전까지는 직선을 따라 일정한 속도로 움직이게 되며, 모든 작용에는 크기가 같고 방향이 반대인 반작용이 있다는 뉴턴의 세 가지 법칙과 중력의 보편적인 법칙이 담겨 있다. 우주의 모든 물체들은 다른 것들에 의해서 끌리게 된다는 뜻이다. 그렇게 보이지는 않겠지만, 지금 이곳에 앉아 있는 당신도 아주 약한 중력장을 통해서 벽, 천장, 램프, 애완용 고양이를 비롯해서 주위에 있는 모든 것을 당신 쪽으로 끌어당기고 있다. 물론 주위의 모든 것들도 당신을 끌어당긴다. 파인만의 표현처럼 두 물체가 서로 끌어당기는 정도가 "각각의 질량에 비례하고, 둘 사이의 거리의 제곱에 반비례한다"는 사실을 처음 알아낸 사람이 바로 뉴턴이었다.[8] 다시 말해서 두 물체 사이의 거리를 두 배로 하면, 둘 사이의 인력은 네 배만큼 줄어든다. 그것은 다음과 같은 식으로 표현할 수 있다.

$$F = \frac{Gmm'}{r^2}$$

물론 여러분이 유용하게 사용할 수 있는 식은 아니지만, 그 식이 멋있을 정도로 단순하다는 사실은 인정할 수 있을 것이다. 간단한 곱셈과 한 번의 나눗셈만 하면 중력장에서 당신의 위치를 알아낼 수가 있다. 이 식은 사실 인간이 밝혀낸 최초의 보편적인 자연법칙이고, 뉴턴이 보편적으로 높은 평가를 받는 것도 그 때문이다.

「프린키피아」가 발간되는 과정에 극적인 일이 발생했다. 핼리에게는 뜻밖에도, 연구가 완성되어갈 무렵에 뉴턴과 훅 사이에 역제곱 법칙의 우선권에 대한 논쟁이 시작되었고, 뉴턴은 첫 두 권을 이해하기 위해서 꼭 필요한 제3권의 출판을 거부해버렸다. 핼리는 고약한 교수를 설득하기 위해서 바쁘게 오가며 아첨을 떨어서 겨우 제3권을 출판하도록 설득할 수 있었다.

그러나 핼리의 충격은 거기에서 끝나지 않았다. 출판을 약속했던 왕립학회가 재정 문제를 핑계로 갑자기 약속을 취소해버렸다. 한 해 전에 「어류의 역사」라는 값비싼 실패작을 내놓았던 왕립학회는 수학 법칙에 대한 책이 시장에서 성공할 수 없을 것이라는 판단을 내렸다. 핼리는 재산이 그렇게 많지는 않았지만 어쩔 수 없이 자신의 재산으로 출판 비용을 지불할 수밖에 없었다. 당시의 관습에 따라 뉴턴은 한 푼도 내지 않았다.[9] 더욱 고약하게도, 당시 핼리는 왕립학회의 서기직을 수락했지만 왕립학회로부터 재정 문제 때문에 약속했던 연봉 50파운드를 지급받을 수가 없게 되었다는 통보를 받았다. 왕립학회는 연봉 대신에 「어류의 역사」를 주겠다는 제안을 했다.[10]

파도의 출렁임과 행성의 움직임, 포탄이 지면에 떨어지기까지의 정확한 궤적, 시속 수백 킬로미터의 속도로 돌고 있는 지구 위에 서 있는 우리가 우주로 퉁겨져 나가지 않는 이유[†] 등을 비롯해서 너무나도 많은 문제를 해결해 주었던 뉴턴 법칙의 의미가 완전히 받아들여지기까지는 상당한 시간이 걸렸다. 곧바로 논란이 시작되었다.

바로 지구가 정확하게 둥근 모양이 아니라는 주장 때문이었다. 뉴턴의 이론에 의하면, 지구 회전에 따른 원심력 때문에 극지방은 조금 납작하고, 적도 지방은 약간 부푼 모양이 되어야만 했다. 그렇다면 이탈리아와 스코틀랜드에서 1도 사이의 거리도 조금씩 달라야 했다. 더 구체적으로 말하면, 1도 사이의 거리는 극지방에서 멀어질수록 줄어들어야 한다. 지구가 완전한 공 모양이라는 당시 모든 사람들이 믿고 있던 가정을 근거로 지구의 크기를 측정하려고 애쓰던 사람들에게는 반갑지 않은 소식이었다.

사람들은 이미 반세기 동안 정확한 측정을 통해서 지구의 크기를 알아내려고 노력하고 있었다. 그런 시도를 처음 했던 사람은 영국의 수학자 리처드 노우드였다. 젊은이였던 노우드는 버뮤다에서 핼리의 장치를 본 뜬 잠수정을 이용해서 바다 밑의 진주를 건져 돈을 벌어보려고 했다. 버뮤다에는 진주가 없었기 때문에 그런 시도는 당연히 실패였지만, 그보다도 노우드의 잠수정이 제대로 작동하지 않았다. 그러나 노우드는 그런 경험을 그대로 버릴 사람이 아니었다. 17세기 초의 버뮤다는 선장들에게 정확한 위치를 알아내기 어려운

† 관찰자가 어디에 있는가에 따라서 느끼는 지구의 회전 속도는 달라진다. 지구의 회전 속도는 적도에서는 시속 1,600킬로미터이고, 극지방에서는 0이 된다.

곳으로 유명했다. 넓은 바다에서 작은 버뮤다의 위치를 정확하게 알아내는 일은 당시의 항해기술로는 절망적인 일이었다. 해리(海里)*라는 개념도 정확하게 정립되지 않았던 때였다. 넓은 바다에서 계산을 조금만 잘못하면 버뮤다 크기의 목표물로부터 놀랄 정도로 크게 벗어나버렸다. 평소 삼각함수와 각도에 관심이 많았던 노우드는, 수학적인 방법을 이용해서 항해술을 발전시키기 위해서 1도 사이의 거리를 정확하게 측정하려는 노력을 시작했다.

노우드는 2년에 걸쳐서 런던 탑에서부터 요크까지의 약 330킬로미터를 걸어가면서, 반복적으로 줄의 길이를 측정했다. 물론 지표면의 굴곡과 길의 굽어진 정도까지 아주 정밀하게 보정했다. 마지막 단계는 런던에서 처음 출발했던 날과 같은 날, 같은 시각에 요크에서 태양을 바라보는 각도를 측정하는 일이었다. 그는 그런 자료를 이용하면 지구 자오선 1도 사이의 거리를 측정할 수 있고, 그것으로부터 지구 전체의 둘레를 계산할 수 있을 것으로 믿었다. 그의 작업은 우스꽝스러울 정도로 거창한 것이었다. 조금만 틀리더라도 결과는 몇 킬로미터나 틀리게 되겠지만, 놀랍게도 노우드는 자신의 측정이 "나무 부스러기 정도로 조금" 틀린 정도였다고 자랑스럽게 발표했다.[11] 실제로 약 548미터 정도의 오차가 있었다. 그의 결과를 미터 단위로 표시하면, 1도 사이의 거리가 110.72킬로미터에 해당한다.

노우드의 걸작으로 1637년에 발간되었던 「선원 실무」는 곧바로 큰 인기를 끌었다. 모두 17판이 출판되었고, 그가 사망하고 25년이 지난 후에도 계속 출판되었다. 가족과 함께 버뮤다로 되돌아간 노우드는 농장주로 성공을 했고, 여가시간에는 처음부터 좋아했던 삼각함수를 공부했다. 그는 버뮤다에서 38년을 살았다. 행복하고 즐겁게 살 수도 있었겠지만, 사실은 그렇지 못했다. 영국에서 버뮤다로 오는 배에서 그의 두 아들이 너새니얼 화이트라는 목사와 같은 선실을 사용했는데, 무슨 일이 있었는지 젊은 교구 목사는 평생 동안 가능한 모든 방법으로 노우드 가족을 박해하는 데에 전력을 다했다.

---

* 영국의 천문학자 E. 건터의 제안으로 17세기부터 바다에서의 거리를 나타내기 위해서 사용했던 단위이다. 위도 1분의 평균 거리로, 1929년의 국제 수로회의에서 1,852미터로 통일했다.

노우드의 두 딸도 결혼에 실패해서 아버지에게 고통을 주었다. 사위 중의 한 사람은 목사의 사주를 받았는지, 사소한 일로 끊임없이 노우드에게 소송을 제기해서 그를 힘들게 만들었다. 그는 법정에 출두하기 위해서 버뮤다를 건너다니기를 계속해야 했다. 1650년대의 버뮤다에서는 마녀재판이 성행했다. 말년의 노우드는 비밀스러운 기호가 가득한 삼각함수에 대한 서류들이 마귀와 교신했던 증거가 되어서 처참하게 처형될 것이라는 두려움에 떨면서 살아야 했다. 말년의 불행했던 그의 삶에 대해서는 구체적으로 알려진 사실이 거의 없다. 확실한 것은 노우드가 그들에게 복수를 했다는 것이다.

그런 일이 일어나는 동안에, 지구의 둘레를 측정하려는 열풍은 프랑스로 번져갔다. 그곳에서는 천문학자 장 피카르가 사분의(四分儀),* 추시계, 천정의(天頂儀)** 그리고 (목성에 있는 위성의 움직임을 관측하기 위해서 만든) 망원경을 이용해서 놀라울 정도로 복잡한 삼각측량법을 개발했다. 2년 동안 프랑스를 돌아다니면서 삼각측량을 했던 그는 1669년에 1도 사이의 거리가 110.46킬로미터라는 더 정확한 측정결과를 발표했다. 프랑스 사람들이 매우 자랑스럽게 여겼던 그 결과는 물론 지구가 완전한 공 모양이라는 가정을 근거로 한 것이었다. 그런 상황에서 갑자기 뉴턴이 지구가 완전한 공이 아니라고 주장한 것이다.

그런데 피카르가 사망한 후에 아버지와 아들인 조반니와 자크 카시니가 더 넓은 지역을 이용해서 피카르의 측정을 반복해본 결과, 거꾸로 지구의 적도가 아니라 극지방이 더 불룩한 것으로 밝혀져서 문제는 더욱 복잡하게 되었다. 그들의 결과에 따르면, 뉴턴의 주장은 확실히 틀렸던 것이다. 프랑스 과학원이 부게와 라 콩다민을 남아메리카로 파견해서 새로운 측정을 시도하도록 했던 것은 바로 그런 이유 때문이었다.

그들은 정말 지구의 공 모양에 차이가 있는가를 확인하기 위해서 적도에

---

* 0에서 90도까지의 눈금을 이용해서 별의 위치를 측정하는 기구.

** 수직회전축, 수평회전축, 망원경의 축을 이용해서 별의 위치를 측정했던 기구.

가까운 지역인 안데스 지역을 선택했다. 산악 지역에서는 더 넓은 시야를 확보할 수 있을 것이라고 생각했었다. 그러나 실제로 페루의 산악 지방에는 안개가 끼는 날이 많았기 때문에, 탐사 팀은 몇 주일을 기다려야 겨우 한 시간 정도 측정을 할 수 있었다. 더욱이 그들이 선택했던 곳은 지구상에서 가장 접근하기 어려운 지역이기도 했다. 페루 사람들은 자신들의 땅이 "아주 우연한 사고로 만들어진 곳"이라는 뜻으로 무이 악시덴타도라고 불렀고, 사실이 그랬다. 프랑스 탐사 팀은 지구상에서 가장 험한 산악 지방을 지나야만 했다. 지형이 너무나도 험해서 그 지역의 노새들조차 넘지 못할 정도였다. 그뿐만 아니라, 산에 접근하기 위해서는 위험한 강을 걸어서 건너야 했고, 정글을 헤쳐나가야 했으며, 바위로 덮인 고지대의 황무지를 지나야 했다. 지도에 표시되어 있지도 않았고, 보급품을 구할 수도 없는 지역이었다. 그러나 부게와 라 콩다민은 정말 끈질긴 사람들이어서, 무려 9년 반 동안의 길고, 힘들고, 햇빛에 그을리는 탐사를 계속했다. 그러나 그들은 탐사를 마치기 직전에 북부 스칸디나비아의 질척이는 습지와 위험한 빙하로 고생을 했던 프랑스의 두 번째 탐사 팀이 뉴턴의 예측대로 극지방으로 갈수록 1도 사이의 거리가 실제로 더 멀어진다는 사실을 확인했다는 소식을 들었다. 지구 적도에서의 둘레가 극지방을 연결한 둘레보다 43킬로미터 더 불룩했다.[12)]

부게와 라 콩다민은 자신들이 원하지도 않았고, 이제는 자신들이 처음 밝혀내지도 못한 결과를 얻기 위해서 거의 10년을 보냈던 셈이다. 맥이 풀린 그들은, 결국 프랑스의 다른 탐사 팀의 결과가 옳다는 사실을 확인하는 것으로 임무를 마칠 수밖에 없었다. 여전히 서로 말을 하지 않았던 두 사람은, 해안에 도착한 후에 서로 다른 배를 타고 귀국했다.

뉴턴이 「프린키피아」에서 예측했던 또다른 문제는, 산 부근에 추를 매달아 두면 지구의 중력과 함께 산의 중력 질량이 작용하기 때문에 추가 산 쪽으로 아주 조금 기울어지게 된다는 것이었다. 그것은 단순한 호기심의 문제가 아니었다. 만약 추가 기울어진 정도와 산의 질량을 정확하게 알아낼 수 있다면,

그것으로부터 G라고 표시하는 보편적인 중력상수의 값과 함께 지구의 질량도 알아낼 수 있게 된다.

부게와 라 콩다민은 페루의 침보라소 산에서 실험을 해보았지만, 기술적인 어려움과 두 사람 사이의 다툼 때문에 실패해버렸다. 결국 그 문제는 30년 후에 영국의 왕립 천문대장 네빌 매스켈린이 다시 도전할 때까지 묻혀 있어야만 했다. 데이바 소벨의 잘 알려진 「경도 이야기」에 따르면, 매스켈린은 유명한 시계 제조공 존 해리슨의 능력을 인정해주지 않았던 바보이고 나쁜 사람이었다. 그러나 그는 그의 책에는 소개되지 않은 훌륭한 업적을 남기기도 했다. 지구의 질량을 알아내는 방법을 고안한 사람이 바로 그였다. 매스켈린은 질량을 알아낼 수 있을 정도로 규칙적인 모양을 가진 산을 찾아내야 한다는 사실을 알아차렸다.

그의 주장을 받아들인 왕립학회는 믿을 만한 사람에게 영국 제도를 돌아보면서 그런 산을 찾아내도록 하기로 결정했다. 매스켈린은 그 일에 적합한 사람을 알고 있었다. 천문학자이며 측량기사였던 찰스 메이슨이었다. 매스켈린과 메이슨은 11년 전에 금성이 태양을 지나가는 엄청나게 중요한 천문학적 사건을 측정하는 연구에 함께 참여하면서 친구가 되었다. 지칠 줄 모르던 에드먼드 핼리는 이미 오래 전에 지구상의 선택된 위치에서 그런 현상을 측정하고, 삼각측량법의 법칙을 이용하면 태양까지의 거리를 알아낼 수 있을 뿐만 아니라, 그 결과로부터 태양계의 다른 모든 천체들까지의 거리를 보정할 수 있다고 주장했다.

불행하게도 금성이 지나가는 일은 규칙적으로 일어나지 않았다. 8년 사이에 두 번씩 짝을 지어 일어난 후에는 한 세기 이상 일어나지 않았기 때문에 핼리의 생존에는 그런 일을 다시 볼 수가 없었다.† 그러나 그의 주장이 잊혀지지는 않았다. 핼리가 사망하고 거의 20년이 지난 1761년에 금성이 다시 태양을 지나갔을 때는, 과학계가 모든 준비를 마치고 있었다. 사실은 그 전의

† 금성이 태양을 지나가는 일은 2004년 6월 8일과 2012년 6월 6일에 다시 일어날 예정이다. 그 후 21세기에는 또다시 그런 일이 일어나지 않을 것이다.

다른 어떤 천문학적인 사건보다 더 철저하게 준비를 하고 있었다.

어려운 작업을 견디는 본능을 가지고 있었던 과학자들은 시베리아, 중국, 남아프리카, 인도네시아, 위스콘신의 숲을 비롯해서 전 세계 100여 곳으로 흩어졌다. 프랑스는 32명의 관측대원을 파견했고, 영국은 18명을 파견했으며, 스웨덴, 러시아, 이탈리아, 독일, 아일랜드 등에서도 관측대원을 보냈다.

그것은 과학 분야에서 역사상 최초의 국제 협력 사업이었지만, 거의 모든 곳에서 문제가 생겼다. 많은 관측대원들이 전쟁, 질병, 조난 등으로 임무를 수행하지 못했다. 목적지에 도착했던 사람들도 장비가 부서지거나 열대병에 걸렸다. 역시 이번에도 기억에 남을 정도로 가장 불행했던 참가자는 프랑스 사람이었다. 장 샤프는 몇 달에 걸쳐 정교한 장비가 부서지지 않도록 조심하면서 마차와 보트와 썰매를 타고 시베리아를 헤쳐나갔다. 그러나 그가 목적지 바로 앞에 도착했을 때는 봄비로 엄청나게 불어난 강이 길을 막고 있었다. 지역의 주민들은 하늘을 향하고 있는 그의 관측장비 때문에 재앙이 닥쳐왔다고 비난을 했다. 샤프는 측정을 제대로 해보지도 못하고 겨우 목숨을 건져서 도망을 쳐야 했다.

티머시 페리스가 「은하수에서의 성숙」에서 잘 묘사한 것처럼, 기욤 르 장티의 경우는 더욱 운이 없었다.[13] 르 장티는 인도에서의 관측을 위해서 1년 전에 프랑스를 떠났지만, 여러 가지 문제로 금성이 지나가는 날에도 여전히 바다 위에 있어야만 했다. 출렁이는 배 위에서는 연속적인 관측이 불가능했기 때문에 최악의 장소에 있었던 셈이다.

르 장티는 그래도 포기하지 않고 인도에 도착해서 1769년에 다가올 다음 기회를 기다렸다. 8년이라는 긴 시간을 가지게 된 그는, 최고급 관측대를 세우고 장비를 점검하고 또 점검하면서 모든 것을 완벽하게 준비하고 있었다. 두 번째 통과가 일어났던 1769년 6월 4일의 날씨는 맑았지만, 금성이 통과하기 시작하면서 태양을 가리기 시작했던 구름은 금성이 완전히 통과할 때까지 정확하게 3시간 14분 7초 동안 그대로 남아 있었다.

르 장티는 겨우 냉정을 되찾아서 장비를 챙겨서 부근의 항구로 가던 도중에 이질에 걸렸고, 거의 1년 동안 누워 있어야만 했다. 지친 상태로 겨우 배에 도착하기는 했지만, 이번에는 배가 아프리카 해안에서 만난 허리케인에 의해서 난파되어버렸다. 아무것도 얻지 못한 상태로 돌아왔을 때는, 그의 가족들이 이미 사망신고를 하고 그의 재산을 나누어 가진 후였다.

18명의 영국 관측대원들이 겪었던 어려움은 비교적 괜찮은 편이었다. 메이슨은 함께 갔던 젊은 측량기사 제레미아 딕슨과 잘 지내면서 오랜 친구가 되었다. 그들은 수마트라에 가서 관측을 하라는 지시를 받았지만, 출발한 지 하루 만에 프랑스 구축함의 공격을 받았다(비록 과학자들은 서로 협력을 하고 있었지만, 국가들은 그렇지 못했다). 메이슨과 딕슨은 높은 파도 때문에 너무 위험해서 모든 것을 포기해야겠다는 요청서를 왕립학회로 보냈다.[14] 그러나 왕립학회는 봉급을 이미 지급했고, 정부와 과학계가 모두 그들의 성과를 기대하고 있으며, 일을 중단한다면 그들의 명성에 돌이킬 수 없는 손상이 될 것이라는 냉정한 답변을 보내왔다. 독촉을 받은 그들은 계속 항해를 했지만, 도중에 수마트라가 프랑스에게 함락되었다는 소식을 듣고, 결국은 희망봉에서 항해를 중단할 수밖에 없었다. 영국으로 돌아오던 중에 대서양에 있는 세인트 헬레나에 들렀던 그들은 그곳에서 매스켈린을 만났다. 그도 역시 구름 때문에 관측에 실패한 상태였다. 메이슨과 매스켈린은 곧 친한 친구가 되어서 파도를 즐기며 몇 주일 동안 행복하고, 어느 정도 유용하기도 했던 시간을 보냈다.

매스켈린은 그 직후 영국으로 돌아와서 왕립 천문대장이 되었고, 더욱 성숙해진 메이슨과 딕슨은 윌리엄 펜과 볼티모어 경 사이에 일어난 펜실베이니아와 메릴랜드의 경계선에 대한 분쟁을 해결하기 위해서 미국의 황야에서 4년 동안 390킬로미터를 측량하는 위험한 작업을 해야 했다. 그 결과로 만들어진 유명한 메이슨-딕슨 경계선은 훗날 노예주와 자유주를 구분하는 상징적인 중요성을 가지게 되었다(경계를 측량하는 것이 그들의 주 임무였지만, 그들은 18세기에 측정된 1도 사이의 간격 중에서 가장 정확한 결과를 얻었고,

천문학적으로 중요한 몇 가지 관측을 하기도 했다. 그들은 고약한 귀족들의 경계선 분쟁을 해결한 것보다 그런 성과 때문에 영국에서 더욱 유명해졌다).

한편 유럽에서는 매스켈린을 비롯한 독일과 프랑스의 왕립 천문대장들이 1761년의 금성 통과 관측에 실패했다는 사실을 인정할 수밖에 없었다. 역설적이기는 하지만, 너무 많은 관측을 시도했던 것이 문제였다. 관측결과를 모아본 결과, 너무 상반되는 것이 많아서 도저히 해결할 수가 없었다. 결국 금성 통과에 대한 가장 성공적인 관측의 명예는, 당시까지는 이름이 전혀 알려져 있지 않았던 요크셔 출신의 선장 제임스 쿡에게 돌아가게 되었다. 그는 타히티의 맑은 언덕에서 1769년의 금성 통과를 관측했고, 오스트레일리아를 영국 왕실 지배로 만들기도 했다. 영국으로 돌아온 그의 보고에 따라서, 프랑스의 천문학자 조제프 랄랑드는 지구와 태양 사이의 평균 거리가 1억5,000만 킬로미터가 조금 넘는다는 결과를 얻을 수가 있었다(천문학자들은 19세기에 관측되었던 두 차례의 금성 통과 결과로부터 얻은 1억4,959만 킬로미터를 사용하고 있다. 오늘날 우리가 알고 있는 정확한 거리는 $1.49597870691 \times 10^8$킬로미터이다). 마침내 우주에서 지구의 위치가 결정된 것이다.

영웅 과학자가 되어서 영국으로 돌아온 메이슨과 딕슨은 왠지 사이가 멀어졌다. 18세기 과학의 역사적인 순간에 자주 등장했던 두 사람의 사생활에 대해서는 놀라울 정도로 알려진 것이 없다. 초상이나 기록도 남아 있지 않다. 「영국 인명사전」에도 딕슨에 대해서는 "탄광에서 출생한" 것으로 알려져 있고, 1777년에 더럼에서 사망했다는 것 이외에는 아무 기록이 없다.[15] 오랫동안 메이슨과 함께 일했다는 사실과 이름 이외에는 아무것도 알려져 있지 않은 셈이다.

메이슨의 경우는 조금 나은 편이다. 1772년에 매스켈린의 요청으로 중력 편향 실험에 적당한 산을 찾으러 나섰던 그는 마침내 타이 호수 위쪽의 중부 스코틀랜드 고원에 있는 시할리온이라는 산이 적당할 것 같다는 연락을 보냈다는 사실이 알려져 있다. 그러나 그는 탐사에 대한 흥미를 잃었고, 그 후로 다시는 탐사에 참여하지 않았다. 그 이후의 행적에 대해서 알려진 것으로는, 1786년에 부인과 여덟 명의 아이들과 함께 느닷없이 필라델피아에 나타났다는 것뿐이다. 아마도 매우 궁핍한 상태였던 모양이다. 18년 전에 측량을 마친 후로는 미국에 간 적이 없었던 그가 그곳으로 갈 이유도 없었고, 그를 반겨줄 친구나 후원자도 없었다. 그는 그로부터 몇 주일 후에 사망했다.

메이슨의 거절로, 적당한 산을 측량하는 일은 매스켈린에게 맡겨졌다. 매스켈린은 1774년 여름 넉 달 동안, 스코틀랜드의 외딴 산골짜기에 설치한 텐트에서 모든 가능한 곳에 대해서 수백 번씩의 측정을 반복했던 측량기사들을 지휘하면서 지냈다. 그렇게 얻은 숫자들을 이용해서 산의 질량을 알아내는 복잡한 계산은 찰스 허턴이라는 수학자에게 맡겨졌다. 측량사들은 지도 위에 고도를 표시하는 숫자들을 가득 적어 넣었다. 허턴은 혼란스러워 보이는 숫자들 대신에, 고도가 같은 점들을 연필로 연결하면 산의 모양을 알아보기가 훨씬 쉬워진다는 사실을 발견했다. 실제로 그렇게 하면 산의 전체적인 모양과 경사를 곧바로 알아볼 수 있었다. 허턴이 발명한 것이 바로 등고선(等高線)이었다.

허턴은 시할리온에서의 측정을 근거로 지구의 질량이 대략 5,000조 톤이라고 밝혔고, 그것을 이용해서 태양을 비롯한 태양계에 있는 중요한 천체의 질량을 모두 알아낼 수 있었다. 그래서 한 번의 실험을 통해서 지구, 태양, 달, 다른 행성들과 그들의 위성들의 질량을 모두 알아냈고, 덤으로 등고선을 그리는 방법도 알아냈다. 한여름의 성과로는 그리 나쁘지 않았다.

그러나 그런 결과에 대해서 모두가 만족해하지는 않았다. 시할리온 실험의 단점은 산의 실제 밀도를 알 수 없었기 때문에 정말 정확한 숫자를 얻을 수 없었다는 것이었다. 허턴은 산의 밀도가 물의 2.5배에 해당하는 보통 암석의 밀도와 같을 것이라고 가정했다.[16] 물론 그런 가정은 쉽게 받아들이기 어려웠다.

전혀 어울리지 않았지만, 그 문제에 관심을 가지게 된 사람은 조용한 요크셔 지방의 손힐이라는 마을에 살던 존 미첼이라는 시골 목사였다. 외딴곳에서 평범하게 살기는 했지만, 미첼은 높은 평가를 받았던 18세기의 위대한 과학자였다.

다른 것들은 제쳐두더라도, 그는 지진이 파동의 성질을 가지고 있다는 사실을 밝혔고, 자기학과 중력에 대해서 독창적인 연구를 했으며, 정말 놀랍게도 블랙홀의 존재 가능성을 알아내기도 했다. 그것은 다른 사람들보다 무려 200년이나 앞선 것이었고, 뉴턴조차도 생각하지 못했던 획기적인 주장이었다. 독일 태생의 음악가 윌리엄 허셜이 천문학에 관심을 가지게 되었을 때 망원경 제조법을 가르쳐달라고 부탁했던 사람이 바로 미첼이었고,[17] 그 덕분에 그는 행성의 과학에 획기적인 업적을 남기게 되었다.[†]

그러나 미첼이 남긴 업적 중에서 가장 천재적이고 큰 영향을 남긴 것은 지구의 질량을 측정하는 데에 쓸 장치를 고안해서 제작한 것이었다. 불행하게도 그는 실험에 성공하기 전에 사망했고, 헨리 캐번디시라는 지극히 내성적이었던 런던의 유명한 천재 과학자가 그의 아이디어와 장비를 이어받게 되었다.

캐번디시는 이미 유명한 과학자였다. 데번셔와 켄트 공작의 손자로 훌륭한 귀족 집안에서 태어난 캐번디시는 당시 영국에서 가장 재능 있는 과학자였지만, 가장 독특한 사람이기도 했다. 몇 안 되는 그의 전기 작가들의 말에 의하면 그는 "거의 병적일 정도"로 수줍음을 타는 사람이었다.[18] 그에게는 사람들을 만나는 것 자체가 매우 불편한 일이었다.

하루는 현관을 나서던 그가 자신을 존경해서 빈에서 막 도착한 오스트리아 사람과 마주치게 되었다. 그를 알아본 오스트리아 사람은 흥분해서 찬사를 늘어놓았다. 갑자기 주먹질을 당한 사람처럼 놀라서 그 찬사를 듣고 있던 그는 더 이상 참지 못하고 현관문을 활짝 열어둔 채 마당을 가로질러 대문 밖으로 도망쳐버렸다. 그가 마음을 가라앉히고 집으로 돌아오기까지는 몇 시

† 허셜은 1781년에 행성을 발견한 최초의 현대인이 되었다. 그 행성에 영국 왕 조지의 이름을 붙이려고 했던 그의 시도는 실패하고 말았다. 결국 그 행성은 천왕성(Uranus)이라고 부르게 되었다.

간이 걸렸다. 그는 하인들과도 편지를 통해서만 대화를 했을 정도였다.

위대한 박물학자 조지프 뱅크스가 매주 개최하는 과학 모임을 좋아했던 그는 가끔씩 사교 모임에 참석하기도 했다. 그러나 사람들은 언제나 캐번디시에게 접근하거나 그를 쳐다보아서도 안 된다는 사실을 잘 알고 있었다. 그에게 가까이 가고 싶은 사람은 우연인 것처럼 다가가서 "허공에 이야기하듯이 말을 해야 했다." 만약 과학적으로 의미가 있는 이야기의 경우에는 웅얼거리는 답변을 들을 수 있었다. 그러나 목소리의 음정이 높았던 캐번디시는 신경질적으로 외마디 소리를 지르고는 조용한 곳으로 가버렸기 때문에 진짜 허공에 이야기를 하게 되는 경우가 대부분이었다.[19]

부유하면서도 혼자 있기를 좋아했던 그는 클래펌의 집에서 아무 방해도 받지 않고 전기, 열, 중력, 기체 그리고 물질의 조성을 비롯한 자연과학의 전 분야에 대한 실험에 열중할 수 있었다. 18세기 후반에 과학에 흥미를 가지고 있던 사람들은 기체나 전기와 같은 기본적인 물리적 성질에 대해서 관심을 가지기 시작했고, 아무 의미 없이 단순히 몰두하는 경우도 많았지만 그 결과를 활용할 수 있는 가능성을 인식하는 경우도 생기기 시작했다. 잘 알려져 있듯이, 미국의 벤저민 프랭클린이 목숨을 걸고 번개 속에서 연을 날리기도 했다. 프랑스에서는 필라트르 드 로지에가 입안에 가득 머금은 수소를 불꽃 위로 뿜어서 수소가 정말 폭발적으로 연소된다는 사실을 증명했다. 그는 그 실험 때문에 눈썹을 모두 태웠다. 캐번디시도 역시 더 이상 펜을 잡고 있을 수 없을 때까지 자신의 몸에 점점 더 많은 양의 전류를 흘려보면서 그 느낌을 글로 적었다. 실험을 하다가 의식을 잃기도 했다.

캐번디시는 평생에 걸쳐 획기적인 발견들을 했다. 그는 최초로 수소를 분리했고, 수소와 산소를 결합시켜서 물을 만들었다. 그러나 그는 이상한 버릇을 버릴 수가 없었다. 아무에게도 밝히지 않은 의외의 실험결과가 있다는 암시를 논문에 발표해서 동료 과학자들을 화나게 만들기도 했다. 모든 것을 비밀로 덮어두고 싶어하는 그의 성격은 뉴턴과 비슷한 정도가 아니라 훨씬 심했다. 전기 전도에 대한 그의 실험은 다른 사람보다 한 세기나 앞선 것이었지만, 불행하게도 19세기가 될 때까지는 세상에 알려지지 않았다. 실제로 그가 했던 실험의 대부분은 케임브리지의 물리학자 제임스 클러크 맥스웰이 그의 논문집을 발간했던 19세기 말까지 공개되지 않았다. 이미 다른 사람들에게 대부분의 공로가 돌아간 후였다.

캐번디시가 다른 사람에게 밝히지 않았던 많은 것들이 있었다. 특히 그는 에너지 보존 법칙, 옴 법칙, 돌턴의 부분 압력 법칙, 리히터의 역비례 법칙, 샤를의 기체 법칙, 전기 전도 법칙을 발견했거나 예상했었다. 그것도 일부에 지나지 않는다. 과학사학자 J. G. 크로서에 의하면, 캐번디시는 "조류(潮流)의 마찰에 의한 지구 자전 속도의 감소에 대한 켈빈과 G. H. 다윈의 연구, 지역에 따른 대기 냉각효과에 대한 1915년 라머의 발견……혼합물의 결빙에 대한 피커링의 연구, 불균일계의 평형에 대한 루스붐의 연구 중 일부"를 이미 알고 있었다고 한다.[20] 그리고 그는 비활성 기체로 알려진 원소들의 발견에 직접적인 실마리를 남기기도 했다.* 비활성 기체 원소 중에는 1962년에야 비로소 발견된 것도 있다.** 그러나 우리에게 가장 흥미로운 것은 그가 67세였던 1797년 늦여름에 했던 것으로 알려진 실험이다. 그는 아마도 과학적인 존경심 때문에 존 미첼이 그에게 남겨준 장비상자에 관심을 가지게 되었을 것이다.

조립을 마친 미첼의 장비는 18세기형 노틸러스 체력 단련 기계와 비슷했다. 그 속에는 추, 평형추, 진자, 축, 비틀림 줄들이 장치되어 있었다. 기계의 중심에는 납으로 만든 158킬로그램짜리 공 두 개가 작은 공 두 개 옆에 매달려 있도록 되어 있었다.[21] 큰 공에 의해서 나타나는 작은 공들의 중력편향을

---

* 1785년 대기 중의 질소를 연구하던 중 비활성 성분이 있다는 결론을 얻었지만, 인정을 받지 못했다. 아르곤은 영국의 레일리 경과 윌리엄 램지가 1894년 태양의 스펙트럼을 분석하던 중에 발견되었다.

** 1894년에 아르곤이 발견된 후 1895년에 헬륨이 발견되었고, 1898년에 크립톤, 네온, 제논이 발견되었으며, 1900년에 마지막으로 라돈이 발견되었다. 비활성 기체는 화학적으로 매우 안정하기 때문에 다른 원소들과 결합해서 화합물을 형성하지 않지만, 특별한 경우에는 화합물을 만들기도 한다. 여기에서 인용한 1962년은 비활성 기체인 제논과 플루오린의 화합물이 최초로 발견된 해이다.

측정하면 중력상수를 측정할 수 있을 것이라는 생각이었다. 중력상수를 알면 지구의 무게, 더 정확하게는 질량†을 알아낼 수 있다.

중력 때문에 행성이 궤도를 따라 회전하고, 낙하하는 물체가 충돌하게 되기 때문에 중력이 상당히 큰 힘이라고 생각하기 쉽지만, 사실은 그렇지 않다. 태양과 같은 육중한 물체가 지구와 같은 다른 육중한 물체를 붙들고 있을 때에만 강하게 보일 뿐이다. 그러나 작은 규모에서는 중력이 놀라울 정도로 약하다. 우리는 책상에서 책을 들어 올리거나, 바닥에서 동전을 집어 올릴 때마다 지구가 책이나 동전에 미치는 중력을 이겨내고 있는 셈이다. 캐번디시는 새털처럼 지극히 가벼운 수준에서 중력을 측정하려고 했다.

정교함이 중요했다. 측정장비가 설치된 방에서는 작은 속삭임도 허용할 수 없었기 때문에 캐번디시는 옆방에서 작은 구멍을 통해서 망원경으로 측정을 했다. 그의 실험은 믿을 수 없을 정도로 정교했고, 열일곱 가지의 서로 관련된 측정을 모두 마치기까지는 거의 1년이 걸렸다. 마침내 계산을 끝낸 캐번디시는 지구의 질량이 오늘날의 단위로 표시하면 1.3×10^{22}파운드, 즉 60억 톤의 1조 배에 해당한다고 발표했다(1톤은 1,000킬로그램 또는 2,205파운드에 해당한다).[22)]

오늘날 과학자들은 박테리아의 질량도 측정할 수 있을 정도로 정교하고, 20미터 떨어진 곳에서 하품을 하더라도 결과가 달라질 정도로 민감한 장비를 사용하지만, 1797년 캐번디시의 측정결과보다 훨씬 더 정확한 결과는 얻지 못하고 있다. 오늘날 지구의 질량은 캐번디시의 결과에서 1퍼센트 정도 다른 59억7,250만 톤의 1조 배로 밝혀져 있다. 이런 결과들은 모두 캐번디시가 측정을 하기 110년 전에 뉴턴이 아무런 실험적 증거도 없이 제시했던 값과 거의 같다는 사실도 흥미롭다.

그러니까, 19세기 말에 이르러 과학자들은 지구의 모양과 크기는 물론이

---

† 물리학자들에게 질량과 무게는 서로 다르다. 질량은 어느 곳에서나 똑같지만, 무게는 행성처럼 거대한 물체의 중심에서 얼마나 멀리 떨어져 있는가에 따라서 달라진다. 달에 가면 무게는 줄어들지만, 질량은 변하지 않는다. 지구에서는 질량과 무게가 거의 같기 때문에 물리학 교실에서가 아니라면 질량과 무게가 동의어라고 생각해도 좋다.

고, 태양과 다른 행성으로부터의 거리에 대해서 정확하게 알게 되었다. 또한 집을 한 번도 떠나지 않고서도 지구의 질량을 알아냈다. 이제 지구의 나이를 알아내는 것은 비교적 간단할 것이라고 생각하기 쉽다. 결국 필요한 것들은 모두 발아래 있는 셈이니까 말이다. 그러나 사실은 그렇지 않았다. 인간은 자신이 살고 있는 행성의 나이를 알아내기도 전에 원자를 쪼개고, 텔레비전과 나일론과 즉석 커피를 먼저 만들어냈다.

그 이유를 알아내려면 북쪽의 스코틀랜드에 가서 잘 알려지지는 않았지만 지질학이라는 새로운 과학 분야를 만들어낸 천재를 만나보아야만 한다.

제5장

채석공(採石工)

헨리 캐번디시가 런던에서 실험을 끝낼 무렵에 640킬로미터 떨어진 에든버러에서는 제임스 허턴의 죽음으로 또다른 결정적인 순간이 다가오고 있었다. 물론 허턴에게는 나쁜 소식이었지만, 존 플레이페어라는 사람이 모욕을 당할 걱정 없이 허턴의 결과를 마음대로 수정할 수 있는 길이 열렸기 때문에 과학계에는 좋은 소식이었다.

모든 면에서 예리한 통찰력을 가지고 있고, 활기 넘치는 대화를 할 수 있는 사람이었던 허턴은 함께하기에 좋은 사람이었고, 지구가 만들어지는 이상할 정도로 느린 과정을 이해하는 문제에서는 대적할 사람이 없었다.[1] 그러나 불행하게도 그는 자신의 생각을 다른 사람들이 이해할 수 있도록 정리하지를 못했다. 어느 전기 작가가 크게 한탄했듯이, 그는 "수사학적인 표현을 할 줄 모르는 사람이었다."[2] 그가 남긴 거의 모든 글은 도저히 이해할 수 없는 것들이었다. 1795년에 그가 남긴 걸작인 「지구에 대한 이론」은 다음과 같았다.

> 우리가 살고 있는 세상은 물질로 이루어져 있다. 현재의 선조인 땅이 아니라, 현재로부터 거슬러올라가서 우리가 세 번째라고 생각하고, 바다 표면 위에 있었던 육지보다 앞서 있었던 땅으로 구성되어 있다. 오늘날 우리의 육지는 여전히 바닷물 아래에 있다.

그럼에도 불구하고 뛰어난 재능을 가진 허턴은 거의 혼자서 지질학이라는 과학 분야를 개척함으로써 지구에 대한 우리의 생각을 완전히 바꾸어놓았다. 1726년 유복한 스코틀랜드 가정에서 태어난 허턴은 물질적인 풍요를 누릴 수 있었고, 평생 동안 상당한 비용을 쓰면서 가벼운 일과 학문을 즐길 수 있었다. 처음에는 의학을 공부했지만, 자신이 좋아하는 분야가 아니라는 사실을 깨닫고, 농학으로 관심을 돌려서 베릭셔의 가족 농장에서 편안하게 자신이 원하는 연구를 할 수 있었다. 그러나 결국 들판과 가축에 싫증을 느낀 그는 1768년부터 에든버러로 옮겨가서 석탄재로부터 염화암모늄을 생산하는 사업에 성공을 했다. 그는 여러 가지 과학 연구로 바쁜 생활을 했다. 당시 에든버러는 학문의 중심지였고, 허턴은 그런 분위기를 좋아했다. 그는 오이스터 클럽이라는 사교 모임의 중심인물이 되어서, 경제학자 애덤 스미스, 화학자 조지프 블랙, 철학자 데이비드 흄과 함께 저녁 시간을 보냈고, 가끔씩은 벤저민 프랭클린이나 제임스 와트를 방문하기도 했다.[3)]

당시의 전통이 그랬듯이, 허턴은 광물학에서 형이상학에 이르기까지 거의 모든 것에 흥미를 가지고 있었다. 화학 실험을 하기도 했고, 석탄 채광이나 운하 건설법을 고안하기도 했고, 암염 광산을 둘러보기도 했으며, 유전(遺傳)의 과정에 대해서 연구를 하기도 했고, 화석을 수집하고, 비가 내리는 이유와 공기의 조성, 운동법칙 등에 대한 이론을 제시하기도 했다. 그러나 그가 특별히 관심을 가지고 있었던 것이 바로 지질학이었다.

열광적으로 호기심이 강했던 시기에 사람들의 흥미를 끌었던 의문 중에는 오랫동안 사람들이 궁금해하던 것도 있었다. 오래된 조개껍데기와 같은 해양 생물의 화석이 산꼭대기에서 자주 발견되는 이유가 바로 그런 의문 중의 하나였다. 도대체 그런 화석들이 어떻게 그곳까지 옮겨졌을까? 그 답을 알고 있다고 생각하던 사람들은 두 그룹으로 나누어졌다. 수성론(水成論)을 주장하는 사람들은 높은 곳에 있는 조개껍데기를 비롯해서 지구상의 모든 것은 해수면이 오르내리던 것으로 설명할 수 있다고 확신했다. 그 사람들은 산과 언덕과 다른 모든 것들이 지구 자체만큼이나 오래되었고, 조개껍데기들이 산꼭대기로 올라간 것은 세계적인 홍수 때문일 것이라고 믿었다.

그와는 달리 화성론(火成論)을 주장하는 사람들은, 지구의 표면이 화산이나 지진 때문에 끊임없이 바뀌게 되었을 뿐이고 변덕스러운 물과는 아무 상관이 없다고 주장했다. 화성론자들은 홍수를 일으켰던 물이 모두 어디로 갔는가라는 고약한 의문을 제기하기도 했다. 한때 알프스를 덮을 정도의 물이 있었다면, 그 물이 현재처럼 홍수가 지나간 후에는 도대체 어디에 있는가라는 것이었다. 그들은 지구의 표면뿐만 아니라 내부에도 엄청난 힘이 작용하고 있다고 믿었다. 그렇지만 그들도 조개껍데기가 어떻게 산 위로 올라갔는가를 분명하게 설명하지는 못했다.

허턴은 바로 그런 수수께끼 같은 문제에 대해서 놀라운 통찰력을 가지고 있었다. 그는 자신의 농장에 대한 관찰로부터 바위가 침식되어서 흙이 만들어지고, 그런 흙이 시냇물과 강물에 의해서 끊임없이 씻겨내려가서 다른 곳에 퇴적된다는 사실을 알고 있었다. 그는 만약 그런 과정이 계속 진행된다면 결국 지구는 편평해질 것이라는 사실을 깨달았다. 따라서 새로운 산과 언덕이 생겨나는 과정이 반복되려면, 어떤 형태이건 재생과 융기 과정이 있어야만 한다는 사실을 알아냈다. 마침내 그는 산 위에 있는 해양화석이 홍수 때문에 만들어진 것이 아니라 산이 융기되면서 그렇게 된 것이라는 결론을 얻었다. 또한 그는 새로운 암석과 대륙이 만들어지고 산맥이 융기되는 것은 지구 내부의 열 때문이라는 사실도 유추해냈다. 지질학자들이 그런 이론의 의미를 완전히 이해해서 판 구조론으로 받아들이기까지 200년이 걸렸다는 사실은 그렇게 중요하지 않다. 무엇보다도 허턴이 제기한 이론에 따르면, 지구에서 일어나는 변화는 누구도 상상하지 못할 정도로 엄청나게 느린 속도로 진행된다. 그의 이론은 지구에 대한 우리의 인식을 완전히 바꾸어놓았다.

1785년에 허턴은 자신의 이론을 긴 논문으로 정리해서 에든버러 왕립학회에서 여러 차례에 나누어 발표를 했지만, 어느 누구도 그의 주장에 관심을 가지지 않았다. 그의 설명은 다음과 같았다.

형성 원인이 분리된 구조 안에서 비롯되는 경우도 있다. 구조가 열에 의해서 활성화가 되면 구조를 구성하는 적절한 물질의 반응에 의해서 광맥을 구성하는 틈이 만들어진다. 그 원인이 틈이 만들어지는 구조의 외부에 있는 경우도 있다. 가장 심한 균열과 파열이 일어난 적도 있었다. 그 원인은 아직도 명백하게 밝혀지지 않았지만, 가능성이 전혀 없는 것 같지는 않다. 지구의 단단한 구조에서 나타나는 모든 균열과 단층에서 광물이나 광맥의 적절한 물질이 발견되는 것은 아니기 때문이다.

말할 필요도 없이 그런 설명을 듣는 사람들은 아무도 그가 무엇에 대해서 이야기하고 있는지를 짐작도 할 수 없었다. 어쩌면 더 길게 표현하면 더 분명해질 수도 있을 것이라는 동료들의 격려 덕분에 그는 10년에 걸쳐서 완성한 걸작을 1795년에 두 권의 책으로 출판했다.

모두 1,000쪽에 가까운 그의 책은 회의적으로 여기던 동료들이 예상했던 것보다도 훨씬 더 못했다. 무엇보다도 내용 중에서 거의 절반은 프랑스 책들을 원문 그대로 인용한 것이었다.[4] 더 형편이 없었던 제3권은 허턴이 사망하고 10년이 훨씬 지난 1899년에야 발간이 되었고, 미완성이었던 제4권은 결국 발간되지 못했다.[5] 허턴의 「지구에 대한 이론」은 중요한 과학고전 중에서 읽은 사람이 가장 적은 책이라고 할 수 있다. 19세기의 가장 위대한 지질학자였고, 모든 것을 읽어보았던 찰스 라이엘조차도 그 책을 완전히 이해할 수 없다고 인정했다.[6]

다행스럽게도 허턴에게는 유명한 일기 작가인 보즈웰*과 같은 역할을 해준 존 플레이페어가 있었다. 에든버러 대학의 수학 교수였고 그의 가까운 친구였던 존 플레이페어는 비단결 같은 글을 쓸 줄 알았을 뿐만 아니라, 허턴과 오랜 세월을 함께했던 덕분에 허턴이 주장하고 싶어했던 내용을 제대로 이해하고 있었다. 플레이페어는 허턴이 사망하고 5년이 지난 1802년에 허턴의 이론을 쉽게 해설한 「지구에 대한 허턴 이론의 해설」을 발간했다. 그 책은

* 스코틀랜드 출신으로 「새뮤얼 존슨의 생애」를 저술한 대표적인 일기 작가.

지질학에 관심을 가지고 있던 사람들에게 크게 환영을 받았다. 물론 1802년에는 그런 사람들이 많지는 않았지만, 사정은 곧 바뀌게 되었다. 그 이유는 다음과 같다.

1807년에 런던에서 서로 마음이 통하던 13명이 코벤트 가든의 롱 에이커에 있는 프리메이슨 주점에 모여서 지질학회라는 사교 모임을 결성했다.[7] 한 달에 한 번씩 한두 잔의 독한 마데이라 포도주를 곁들인 즐거운 식사를 하면서 지질학에 대한 의견을 나누는 모임이었다. 형식적으로 참석하는 사람들을 막기 위해서 의도적으로 식사비를 꽤 비싼 15실링으로 정했다. 그러나 사람들이 모여서 새로운 발견에 대해서 이야기를 나눌 수 있는 본부를 가진 정식 기구가 필요하게 되었다. 비록 남성들만의 모임이었지만, 10년이 지나지 않아서 회원 수는 400명을 넘어섰다. 이제 지질학회는 영국의 유명한 과학회였던 왕립학회의 명성을 위협할 지경이 되었다.

회원들은 11월에서 6월 사이에는 한 달에 두 번씩 모임을 가지고, 여름 동안에는 거의 대부분 야외답사를 하러 다녔다.[8] 이들은 광물을 이용해서 돈을 벌거나 학자가 되고 싶어했던 사람들이 아니라, 전문가 수준의 그런 생활을 취미로 삼을 수 있을 만큼의 부와 여유를 가지고 있던 신사들이었다. 1830년에는 회원이 745명으로 늘어났다. 그런 식의 모임은 다시 볼 수 없었다.

오늘날에는 상상하기 어렵지만, 지질학은 19세기 사람들을 흥분하게 만들었고, 사회에도 긍정적인 영향을 주었다. 어떤 과학 분야도 그런 적이 없었고, 그런 일이 다시 생기지도 않을 것이다. 머치슨이 1839년에 경사암(硬砂岩)에 대한 다양한 연구결과를 지루하게 설명했던 「실루리아계(系)」는 한 권에 8기니*일 정도로 비쌌을 뿐만 아니라 허턴의 책처럼 읽기가 어려웠음에도 불구하고 베스트셀러가 되어서 4판까지 발간되었다(머치슨의 후원자들까지도 그 책에서 "문학적 매력은 찾을 수 없다"는 사실을 인정했다[9]). 그리고 위대한 찰스 라이엘이 1841년에 미국으로 건너가서 보스턴에서 몇

---

* 21실링에 해당하는 금화.

차례의 강연을 했을 때에도, 해양 제올라이트*와 이탈리아 남부 캄파니아의 지진운동에 대한 놀라운 이야기를 듣기 위해서 당시로는 놀라운 숫자였던 3,000명의 청중이 로웰 연구소 강당을 가득 메웠다.

지금도 그렇지만 특히 영국의 지식인들은 시골로 가서 그들의 표현처럼 약간의 "돌 깨기" 작업에 빠져들기를 좋아했다. 그런 작업을 매우 진지하게 여겼던 그들은 모자와 검은 옷으로 정장을 하는 것이 관행이었다. 옥스퍼드의 윌리엄 버클랜드 목사는 야외 탐사를 나갈 때 학사복을 입는 버릇이 있었다.

야외답사를 좋아했던 사람들 중에는 특별한 사람들도 있었다. 앞에서 설명했던 머치슨도 그런 사람들 중의 한 명이었다. 30년이 넘도록 여우를 쫓아다니고, 사냥총으로 날아가는 새를 잡는 일에 열중했고, 「더 타임스」를 읽거나 카드 게임을 즐기는 이외에는 다른 취미가 없었던 그가 우연히 암석에 흥미를 가지게 되면서 놀라울 정도로 빠르게 지질학 분야의 거장으로 자리잡게 되었다.

한편, 초창기의 사회주의자였고, "피를 흘리지 않는 혁명"과 같은 도전적인 제목의 글을 발표하기도 했던 제임스 파킨슨이라는 박사가 있었다. 그는 1794년에 극장에서 조지 3세의 목에 독화살 권총을 쏘아 암살하려던 별난 "장난감 총 사건"에 연루되었다는 혐의를 받기도 했다.[10] 파킨슨은 추밀원(樞密院)에 소환되어 심문을 받았지만, 수갑을 차고 오스트레일리아로 추방되기 직전에 소문 없이 혐의를 벗을 수 있었다. 보수적인 생활로 돌아선 그는 지질학에 관심을 가지게 되어 지질학회의 창립 회원이 되었고, 지질학 분야의 고전으로 50년 동안 계속 출판된 「구세계의 유기 유물」을 저술하기도 했다. 그러나 오늘날 그는, 당시에는 "떨리는 마비"라고 불렸고, 그 후에는 파킨슨씨병으로 알려지게 된 질병에 대한 연구를 한 것으로 더욱 유명하다(파킨슨이 유명했던 이유가 하나 더 있다. 그는 역사상 유일하게 1785년에 복권에 당첨되어 자연사 박물관을 얻게 된 사람이었다. 런던의 레스터 광장에 있던 그 박물관을 건립한 애슈턴 레버 경은 무절제한 유물 수집으로 결국은 파산했다. 파킨슨은 1805년까지 그 박물관을 소유했지만, 더 이상 유지를 할 수가

* 비석(沸石)이라고 부르기도 하는 규산 알루미늄 광물로 흡착제나 분리용 분자체로 이용된다.

없어서 소장품을 나누어서 팔아버렸다).[11]

성격이 독특한 사람은 아니었지만, 다른 사람들을 모두 합친 것보다 더 큰 영향을 남긴 사람이 바로 찰스 라이엘이었다. 라이엘은 허턴이 사망한 해에 11킬로미터 떨어진 키노디라는 마을에서 출생했다. 그는 스코틀랜드 집안에서 태어났지만, 술을 많이 마시던 스코틀랜드 사람들을 싫어했던 어머니 때문에 영국 남부 햄프셔 주의 뉴포레스트에서 자랐다.[12] 19세기 신사 과학자들이 일반적으로 그랬듯이, 라이엘도 부유한 집안 출신이었고 강한 지적 호기심을 가지고 있었다. 역시 찰스라는 이름을 가졌던 그의 아버지는 시인 단테와 이끼류에 대한 전문가로 명성을 얻었다(영국의 시골에서 흔히 볼 수 있는 오르토트리키움 리엘리라는 이끼의 이름은 그에게서 유래된 것이다). 아버지의 영향을 받은 라이엘도 자연사에 관심을 가졌지만, 옥스퍼드 대학을 다니던 중에 야외 탐사에서 학사복을 입는 것으로 유명했던 윌리엄 버클랜드 목사에게 매료된 후로는 평생을 지질학에 빠져들었다.

버클랜드도 재미있는 기인(奇人)이었다. 그는 정말 훌륭한 업적을 남기기도 했지만, 괴팍한 버릇으로 기억되기도 한다. 특히 그는 야생동물원을 가지고 있었던 것으로 유명했다. 크고 위험한 짐승들을 집 안이나 정원에 뛰어다니도록 놓아두기도 했다. 그는 또한 생존하는 모든 동물을 먹어보고 싶어한 것으로도 유명했다. 버클랜드는 손님들에게 구운 돼지쥐(기니피그), 반죽을 입힌 쥐, 구운 고슴도치, 삶은 동남 아시아 민달팽이를 내놓기도 했다. 버클랜드는 그런 음식들을 모두 좋아했지만, 집두더지는 역겹다고 싫어했다. 그런 그가 동물의 분뇨가 화석화된 분석(糞石)의 전문가가 된 것은 당연했고, 자신이 키우던 동물로 만든 테이블을 가지고 있기도 했다.

그는 진지한 과학 연구를 할 때도 매우 특이했다. 어느 날 한밤중에 버클랜드 부인은 남편이 갑자기 흥분해서 "여보, 멸종한 파충류 카이로테리움의 발자국은 거북이 발자국처럼 생긴 것이 분명해"라고 소리치는 바람에 잠에서 깨어났다.[13] 두 사람은 잠옷 바람으로 부엌으로 달려갔다. 부인이 급하게 만든 밀가루 반죽을 식탁 위에 펴놓았고, 버클랜드 목사는 집에서 기르던 거북을 잡아왔다. 거북을 밀가루 반죽 위에 올려놓고 막대기로 찔러서 걸어가도록 한 두 사람은 정말 그 발자국이 버클랜드가 연구하던 화석과 일치한다는 사실을 알아냈다. 찰스 다윈은 버클랜드가 어릿광대와 같다고 생각했다. 다윈은 실제로 그렇게 표현했다. 그러나 라이엘은 버클랜드가 통찰력을 가진 사람이라고 여겼고, 그를 좋아했던 라이엘은 1824년에 그와 함께 스코틀랜드를 둘러보기도 했다. 그 여행에서 돌아온 라이엘은 곧 변호사 일을 포기하고 전업으로 지질학 연구를 시작했다.

라이엘은 지독한 근시였고, 사팔뜨기여서 사람들에게 좋은 인상을 주지는 못했다(결국 그는 시력을 완전히 잃었다). 그는 생각에 잠길 때면 이상한 자세를 취하는 특이한 버릇이 있었다.[14] 두 개의 의자에 걸쳐서 앉아 있기도 했고, (다윈의 표현에 따르면) "일어선 자세로 머리를 의자의 앉는 부분에 대고 있는 자세로 쉬기도 했다." 아주 깊은 생각에 빠져들면, 의자에서 엉덩이가 마룻바닥에 닿을 정도로 비스듬히 기대어 앉아 있기도 했다.[15] 라이엘이 유일하게 직장을 가졌던 기간은 런던의 킹스 칼리지에서 지질학 교수로 있었던 1831년부터 1833년까지였다. 그는 1830년에서 1833년 사이에 세 권으로 된 「지질학의 원리」를 발간했다. 그 책의 내용은 한 세대 전에 허턴이 처음 주장했던 내용을 더 구체화하고 다듬은 것이었다(라이엘은 허턴이 쓴 책을 읽어보지는 않았지만, 플레이페어가 다시 쓴 책은 열심히 읽었다).

허턴과 라이엘의 시대 사이에 새로운 지질학적 논쟁이 불거졌다. 오늘날에는 그 논쟁을 과거의 수성론과 화성론 논쟁과 혼동하기도 한다. 격변설(catastrophism)과 동일과정설(uniformitarianism) 사이의 논쟁은 이름과는 달리 오랫동안 심각하게 진행되었다. 이름에서 알 수 있듯이, 격변론을 주장하는 사람들은 지구의 모양이 재앙에 가까운 갑작스러운 사건들에 의해서 만들어졌다고 믿는다. 그런 변화를 일으킨 사건들이 대부분 홍수 때문이었기 때문에 격변론을 수성론과 같은 것이라고 잘못 생각하게 되었다. 버클랜드와 같은 성직자들은 성서에 나오는 노아의 홍수까지도 본격적인 과학 문제로 만들어주는 격변설에 관심이 많았다. 반면에 동일과정설에서는, 지구상에서의 변화가 점진적인 것이고, 거의 모든 과정은 오랜 시간에 걸쳐서 느리게 일어난 것이라고 믿는다. 그런 주장을 처음 한 사람은 허턴이었지만, 라이엘의 책이 더 널리 알려졌기 때문에 당시에는 물론이고 지금도 대부분의 사람들은 라이엘을 현대 지질학의 아버지로 여기게 되었다.[16]

라이엘은 지구상에서의 변화는 균일하고 일정하게 일어난다고 믿었다. 그래서 과거에 일어났던 일은 모두 오늘날 일어나고 있는 현상으로 설명할 수 있다고 생각했다. 라이엘과 그의 추종자들은 격변설을 믿지 않는 정도가 아니라 지극히 싫어했다. 격변설을 믿는 사람들은 지구상에서 동물들이 멸종되고 새로운 종들이 다시 출현하는 일이 반복되었다고 주장했다. 박물학자 T. H. 헉슬리는 그런 주장을 "화가 나서 포커 판을 뒤엎고 새로운 카드를 가져오라고 주장하는 것과 같다"고 장난스럽게 표현했다.[17] 그런 주장은 알 수 없는 것을 설명하는 정말 편리한 방법일 수 있다. 라이엘의 지적처럼 "그런 주장보다 더 무지(無知)를 조장하고, 호기심을 무디게 만드는 것은 없다."[18]

그러나 라이엘은 중요한 사실을 무시하고 있었다. 그는 산맥이 어떻게 만들어지는가를 제대로 설명하지 못했고, 빙하가 변화의 요인이라는 사실도 눈치채지 못했다.[19] 그는 빙하기에 대한 루이 아가시의 주장을 "지구의 냉동"이라는 말로 비웃으면서 받아들이지 않았고, 포유류는 "가장 오래된 화석 지역에서도 발견될 것"이라고 믿었다.[20] 그는 동물과 식물들이 갑작스러운 멸종을 맞이했다는 주장을 거부했고, 포유류, 파충류, 어류와 같은 주요 생물들이 태초부터 함께 존재해왔다고 믿었다.[21] 결국 그런 주장들은 옳지 않은 것으로 밝혀졌다.

그럼에도 불구하고, 라이엘의 영향력은 과소평가할 수가 없었다. 「지질학의 원리」는 라이엘의 생전에 12판까지 발간되었고, 그 책에 소개되었던 개념들은 20세기의 지질학까지 이어져 내려왔다. 다윈은 비글 호 항해에서 초판을 읽은 후에 "「지질학의 원리」의 가장 큰 장점은, 사람들의 마음을 통째로 바꾸어놓아서 라이엘이 한번도 본 적이 없는 것도 부분적으로는 그의 눈을 통해서 볼 수가 있다는 점이다"라고 했다.[22] 다시 말해서 다윈은 당시의 사람들처럼 라이엘을 거의 신(神)이라고 여겼다. 라이엘의 영향력은 정말 대단해서, 1980년대의 지질학자들이 충격에 의해서 멸종이 일어났다는 새로운 주장을 받아들일 때에도 엄청난 부담을 감수해야만 했다. 그 이야기는 다시 설명할 것이다.

한편 지질학에서는 해결해야 할 과제들이 많았지만 모든 문제들이 부드럽게 해결된 것은 아니었다. 처음부터 지질학자들은 암석들을 만들어진 시기에 따라서 분류하려고 했지만, 언제를 경계로 삼을 것인가에 대해서 심각한 논란이 벌어졌다. 그중에서도 데본기 대논쟁*은 오랫동안 계속되었다. 그 논쟁은 케임브리지의 애덤 세지윅 목사가 당초 로더릭 머치슨이 실루리아기**에 만들어졌다고 옳게 주장했던 암석층을 캄브리아기***의 것이라고 잘못 주장하면서 시작되었다. 몇 년 동안 계속되었던 논쟁은 뜨겁게 달아올랐다. 화가 난 머치슨은 친구에게 "드 라 베슈는 더러운 개와 같다"고 적은 편지를 보내기도 했다.[23)]

마틴 J. S. 루드윅의 훌륭하기는 하지만 무미건조한 「데본기 대논쟁」의 소제목들을 훑어보면 당시 사람들의 감정이 얼마나 극단적이었는가를 알 수 있다. 처음에는 "신사적인 논쟁의 무대"와 "경사암(硬砂岩)의 발견"처럼 평범하게 시작하지만, "경사암에 대한 공방", "반증과 반박", "고약한 소문들", "위버의 주장 철회", "관구장의 제자리 찾기", (그 논쟁이 정말 심각한 전쟁이었다는 사실을 의심하는 사람들을 위해서) "머치슨, 라인란트 공격 시작"으로 이어진다. 싸움은 1879년에 캄브리아기와 실루리아기 사이에 오르도비스기****라는 새로운 지질학적 시대를 삽입하는 방법으로 간단하게 해결되었다.

초기에는 영국 사람들이 주로 활동했기 때문에, 지질학 용어 중에는 영국 용어가 압도적으로 많다. 데본기는 영국의 데본이라는 지역에서 유래되었다.

* 1830년대 후반 데번셔 지방에서 발견된 지층의 해석에 대해서 영국 지질학회에서 일어났던 논란.

** 고생대의 3억9,500만-4억3,000만 년 전.

*** 고생대 초기 약 5억7,000만 년에서 5억 년 전.

**** 고생대에 속하며 약 4억3,000만-5억 년 전.

캄브리아기는 웨일스의 로마 이름에서 유래되었고, 오르도비스기와 실루리아기는 고대 웨일스 부족이었던 오르도비스족과 실루리아족의 이름과 관계가 있다. 그러나 다른 지역에서도 지질학 연구가 활발하게 진행되면서 다양한 이름이 쓰이게 되었다. 쥐라기는 프랑스와 스위스 사이에 있는 쥐라 산맥을 뜻한다. 페름기는 옛날 러시아의 우랄 산맥에 있던 페름이라는 지역과 관계가 있다. 라틴어로 "분필"에서 유래된 백악기(Cretaceous)는 J. J. 도말리우스 달로이라는 특이한 이름을 가진 벨기에의 지질학자가 붙인 것이다.[24]

본래 지질학에서는 지질시대를 제1기, 제2기, 제3기, 제4기로 구분했다. 그러나 그런 구분은 너무 단순한 것이었기 때문에 곧바로 수정되기 시작했다. 이제는 제1기와 제2기는 아무도 사용하지 않고, 제4기는 부분적으로 사용된다. 그래서 오늘날에는 제3기만 공통적으로 사용되고 있으나, 세 번째라는 의미는 사라져버렸다.

라이엘은 「지질학의 원리」에서 공룡시대 이후의 시기를 구분하기 위해서 세(世, epoch)와 계(界, series)라는 시간 단위를 도입했다. 홍적세(Pleistocene, "가장 최근"),* 플라이오세(Pliocene, "최근"),** 마이오세(Miocene, "비교적 최근"),*** 그리고 아주 애매하기는 하지만 올리고세(Oligocene, "조금 최근")****가 그것이다. 본래 라이엘은 "Meiosynchronous"나 "Pleiosynchronous"처럼 "-synchronous"라는 어미를 붙이려고 했다. 그렇지만 당시 영향력이 있었던 윌리엄 휴얼 목사가 어원학상의 이유로 반대를 하면서 "Meioneous"나 "Pleioneous"처럼 "-eous"를 붙일 것을 제안했다. 그러니까 "-cene"이라는 어미는 일종의 타협안이었던 셈이다.[25]

오늘날 아주 일반적으로 보면, 지질시대는 우선 크게 선캄브리아대

---

* 대략 1만-160만 년 전의 빙하기로부터 시작된다. 현재까지를 포함시키기도 하고, 대략 1만 년 전의 빙하기 이후 현재까지를 충적세(Holocene)로 다시 구분하기도 한다.

** 약 700만 년 전부터로, 북반부에서 척추동물이 출현했다.

*** 2,600만 년 전부터로, 현재의 포유류가 출현했다.

**** 약 3,800만 년 전부터로, 당시에 출현했던 생물종 중에서 현재까지 남아 있는 생물종은 매우 드물다.

(Precambrian),* 고생대(Paleozoic, 그리스어로 "고대 생물"),** 중생대(Mesozoic, "중간 생물"),*** 그리고 신생대(Cenozoic, "새로운 생물")****를 비롯한 네 개의 "대(代, era)"로 나눈다. 그런 대는 다시 10여 개로부터 20여 개로 나누어져서, 흔히 "기(紀, period)"라고 부르지만, "계(系, system)"라고 부르기도 한다. 이들 중에서 백악기, 쥐라기, 트라이아스기, 실루리아기 등은 비교적 잘 알려져 있다.†

그리고 라이엘이 제안했던 홍적세나 마이오세와 같은 "세(世, epoch)"는 화석학 연구가 활발하게 이루어지고 있는 최근의 6,500만 년만을 대상으로 하는 것이고, 그것을 다시 "절(stage 또는 age)"로 세분하기도 한다. 이 이름들은 광맥의 경우처럼 일리노이세, 디모인세, 크루아세, 키메리지세처럼 고약한 지명을 따라서 붙여진다. 존 맥피에 따르면 그런 이름들을 모두 합치면 "수백 개"나 된다고 한다.[26] 전문적으로 지질학에 종사하지 않는 사람들은 그런 이름들을 들어볼 가능성이 없다는 사실이 다행스럽다.

더욱 혼란스러운 사실은 북아메리카의 절들은 유럽의 절들과 이름이 다르고, 시기적으로도 그저 비슷할 뿐이라는 점이다. 예를 들어서 북아메리카의 신시네티절은 대략 유럽의 아슈질절과 그보다 조금 일찍 만들어진 카라독절이 약간 합쳐진 것에 해당한다.

이뿐만 아니라, 교과서나 사람마다 다른 분류법을 사용하고 있다. 현세를 7개의 세로 구분하는 사람도 있고, 4개의 세로 만족하는 사람들도 있다. 제3기와 제4기 대신에 고제3기와 신제3기라고 부르는 책도 있다. 선캄브리아기를 다시 태고대와 원생대로 나누기도 한다. 고생대, 중생대, 신생대를 모두 합쳐서 현생대라고 부르기도 한다.

---

* 지구가 생성된 이후부터 약 5억7,000만 년 전까지.

** 선캄브리아기로부터 약 2억2,500만 년 전까지.

*** 고생대로부터 약 6,500만 년 전까지.

**** 중생대 이후로부터 현재까지.

† 시험을 볼 것은 아니지만, 지질시대를 기억해야 할 필요가 있다면, 존 윌퍼드가 말했듯이, 선캄브리아, 고생대, 중생대, 신생대는 계절이라고 생각하고, 페름기, 트라이아스기, 쥐라기 등은 달[月]이라고 생각하면 도움이 된다.

더욱이 이런 이름들은 전부 "시대"를 나타내는 것이다. 암석은 전혀 다른 계(系, system), 통(統, series), 기(期, stage)로 분류한다.[27] 또한 암석이 생성된 시기와 암석층의 위치에 따라 구분하기도 한다. 보통 사람에게는 매우 혼란스럽지만, 지질학자들에게는 단순히 유행의 문제일 뿐이다. 영국의 화석학자 리처드 포티는, 캄브리아기와 오르도비스기의 경계에 대한 20세기의 오랜 논란에 대해서 "생명의 역사에서 은유적으로 보면 밀리초에 불과한 기간의 문제에 대해서 성인들이 불같이 화를 내는 것과 같다"고 했다.[28]

오늘날에는 정교한 연대 측정법이 사용되고 있지만, 19세기의 지질학자들은 대부분 희망을 근거로 한 짐작에 의존할 수밖에 없었다. 가장 어려웠던 문제는, 암석과 화석을 연대순으로 늘어놓을 수는 있었지만, 그것들이 얼마나 오랜 시간에 걸쳐서 만들어진 것인지를 알아낼 수 없었다는 것이다. 어룡류(魚龍類)에 속하는 이크티오사우루스의 유골을 살펴본 버클랜드는 그것이 "1만 년 또는 1만 년의 1만 배 전"에 살았을 것이라고밖에는 추정을 할 수가 없었다.[29]

믿을 만한 연대 추정법은 없었지만 연대를 추정해보려는 사람들은 많았다. 아일랜드 교회의 제임스 어셔 대주교가 1650년에 성서의 기록을 비롯한 여러 가지 유물을 신중하게 검토해서 「구약성서 연대기」라는 두꺼운 책을 발간했던 것이 가장 잘 알려져 있다.[30] 역사학자들과 저술가들은 지구가 기원전 4004년 10월 23일 정오에 창조되었다는 그의 주장에 감탄할 수밖에 없었다.†

어셔의 주장이 과학적인 것이라는 미신과도 같은 믿음은 19세기까지도 이어졌고, 많은 책에서 특히 그랬다. 그런 모든 문제를 바로잡은 사람이 바로 라이엘이었다. 스티븐 제이 굴드의 「시간의 화살」에서는 1980년대에 유행하던 책에서 "라이엘이 책을 내기 전까지는 대부분의 학자들은 지구가 젊다는 사실을 인정하고 있었다"는 내용을 소개했다.[31] 사실은 그렇지 않았다. 마틴

---

† 어셔에 대해서 언급한 책은 대단히 많고, 그 내용 또한 매우 다양하다. 그가 그런 주장을 했던 것이 1650년이라는 책도 있고, 1654년 또는 1664년이라는 책도 있다. 지구의 탄생일이 10월 26일이라고 적은 책도 많다. 그의 이름을 "Ussher"가 아니라 "Usher"로 잘못 기록한 책도 있다. 자세한 이야기는 스티븐 제이 굴드의 「여덟 마리 새끼 돼지」에 소개되어 있다.

J. S. 루드윅에 따르면, "지질학계에서 인정을 받는 지질학자들 중에서 국적에 상관없이 창세기의 직해주의적(直解主義的) 해석에 따른 시간 척도를 믿는 사람은 아무도 없었다."[32] 19세기의 가장 독실한 사람이었던 버클랜드 목사마저도, 성서는 하늘과 땅이 첫날에 만들어졌다고 주장하지는 않았고, 단순히 "태초에" 만들어졌다고 했을 뿐이라고 지적했다.[33] 그는 그 태초가 "100만 년의 100만 배 동안" 계속되었을 수도 있다고 했다. 지구가 오래되었다는 사실은 누구나 인정했다. 문제는 얼마나 오래되었는가였다.

처음으로 지구 나이를 추정하려던 사람들 중에는 신뢰할 수 있었던 에드먼드 핼리도 포함된다. 그는 1715년에 바다 전체에 녹아 있는 소금의 총량을 매년 바다로 유입되는 소금의 양으로 나누면 바다가 존재했던 기간을 알 수 있을 것이고, 그것으로부터 지구의 대략적인 나이를 짐작할 수 있을 것이라고 주장했다. 논리적으로는 그럴듯했지만, 바다에 녹아 있는 소금의 총량이나 매년 바다로 유입되는 소금의 양을 알아낼 수 있는 사람은 아무도 없었다. 그런 양을 측정하는 실험은 도저히 불가능했다.

비록 과학적이라고 하기는 어렵지만, 최초의 그럴듯한 측정은 프랑스의 뷔퐁 백작 조르주-루이 르클레르에 의해서 1770년대에 이루어졌다. 탄광 속에 들어가본 사람은 누구나 알고 있듯이, 지구가 상당한 양의 열을 방출하고 있다는 사실은 오래 전부터 알려져 있었지만, 열이 식어가는 속도를 추정할 수 있는 방법이 없었다. 뷔퐁은 하얗게 빛날 정도로 가열한 둥근 공을 만졌을 때 열이 소실되는 속도를 추산하는 실험을 했다(물론 처음에는 아주 가볍게 만졌을 것이다). 그 결과로부터 그는 지구의 나이가 7만5,000년에서 16만 8,000년 사이가 될 것이라고 추정했다.[34] 물론 그것은 엄청나게 작은 값이었지만, 당시로는 획기적인 결과였다. 결국 뷔퐁은 그런 주장 때문에 파문을 당할 위기에 처하게 되었다. 약은 사람이었던 그는 곧바로 자신의 경솔했던 이교적 주장에 대해서 사과를 했지만, 그 후에 쓴 글에서는 아무 거리낌 없이 자신의 주장을 반복했다.

19세기 중엽에 이르러서 대부분의 지식인들은 지구의 역사가 적어도 500

만 년은 될 것이고, 어쩌면 수천만 년이 될 수도 있겠지만 그보다 더 길지는 않을 것이라고 믿게 되었다. 그래서 1859년에 찰스 다윈이 「종의 기원」에서 영국 남부에서 켄트 주, 서리 주, 서식스에 이르는 윌드 지역의 지질학적 변화가 무려 306,662,400년에 걸쳐서 완성되었다고 했던 주장은 더욱 놀라운 것이었다.[35] 그의 주장은 인상적일 정도로 구체적이었을 뿐만 아니라 당시 사람들이 믿고 있던 지구의 나이와 너무나도 차이가 났기 때문에 더욱 놀라웠다.† 다윈은 그런 주장이 극심한 논란이 되자, 제3판에서는 그런 주장을 빼버렸다. 그러나 문제는 여전히 남아 있었다. 다윈을 비롯한 몇몇 지질학자들에게는 지구의 역사가 매우 길어야만 했지만, 아무도 그것을 밝혀낼 방법을 모르고 있었다.

위대한 켈빈 경이 그 문제에 관심을 가지게 된 것은 다윈에게는 물론이고 과학의 발전에도 불행한 일이었다(그는 의심할 나위 없이 위대한 인물이었지만, 당시까지는 평범한 윌리엄 톰슨이었고, 68세였던 1892년이 되어서야 작위를 받았다. 여기에서는 그의 이름을 소급해서 쓰는 관행을 따르기로 한다). 켈빈은 19세기의 가장 훌륭한 사람이었고, 어쩌면 역사상 가장 훌륭한 사람이었을 수도 있다. 역시 평범한 과학자가 아니었던 독일의 헤르만 폰 헬름홀츠는, 켈빈이 자신이 만나본 사람들 중에서 가장 훌륭한, "지혜롭고 명석하며, 유연한 사고력을 가진 사람"이라고 했다.[36] 그는 "그와 함께 있으면 멍하게 느껴질 때도 있다"고 풀이 죽어서 말했다.

켈빈은 빅토리아 시대의 슈퍼맨이었던 것이 사실이기 때문에 그럴 수도 있었을 것이다. 그는 1824년 벨파스트에 있던 왕립 학술연구소 수학 교수의 아들로 태어났고, 그의 가족들은 곧 글래스고로 이사를 했다. 그곳에서 신동으로 소문이 난 켈빈은 열 살에 글래스고 대학에 입학했다. 그는 스무 살이 될 때까지 런던과 파리의 연구소에서 연구를 했고, 케임브리지 대학을 졸업

† 다윈은 정확한 숫자를 아주 좋아했다. 훗날에 발표한 글에서는 영국의 땅 1에이커에 5만3,767마리의 지렁이가 살고 있다고 했다.

했다(그는 조정과 수학에서 우등상을 받았고, 음악회를 개최할 여유도 있었다). 그는 졸업과 동시에 케임브리지 대학의 피터하우스 대학 특별 교수로 임명되었고, 영어와 프랑스어로 순수수학과 응용수학 분야의 논문 수십 편을 발표하기도 했다.[37] 그 논문들은 놀라울 정도로 창의적인 것이었기 때문에 상급자들의 눈을 피하기 위해서 익명으로 발표해야만 했다. 스물두 살에 글래스고 대학으로 되돌아가 자연철학 교수가 된 그는 53년 동안 그곳에 머물렀다.[38]

1907년 83세로 사망할 때까지 그는 661편의 논문을 발표했고, 69건의 특허를 획득해서 부자가 되었으며, 자연과학의 거의 모든 분야에서 명성을 얻게 되었다. 무엇보다도, 그는 냉장법을 가능하게 만들어준 방법을 제안했고, 오늘날 그의 이름이 붙여져 있는 절대온도 척도를 고안했으며, 바다 너머까지 전보를 보낼 수 있는 증폭장치를 발명했고, 해양용 나침반에서 최초의 음파 수심 측정장치에 이르기까지 수많은 선박 항해 기구를 개발하기도 했다. 실용적인 성과만도 그 정도였다.

전자기학, 열역학, 빛의 파동 이론 등의 이론 연구도 역시 혁명적이었다.† 그가 하지 못했던 것이 단 하나 있었는데, 그것이 바로 지구의 정확한 나이를 알아내는 것이었다. 그는 중년이 지난 후에 그 문제에 관심을 가지게 되었지만, 정확한 답을 얻지는 못했다. 그는 1862년 「맥밀란스」라는 대중잡지에 실었던 글에서 처음으로 지구의 나이가 2,000만 년과 4억 년 사이일 것이라

---

† 특히 그는 열역학 제2법칙의 정립에 공헌했다. 이 법칙에 대해서 소개하려면 한 권의 책이 필요하겠지만, 화학자 P. W. 앳킨스의 명료한 설명을 통해서 어렴풋이 이해를 할 수는 있을 것이다. "열역학에는 모두 네 개의 법칙이 있다. 그 세 번째에 해당하는 제2법칙이 가장 먼저 알려졌고, 첫 번째인 제0법칙은 가장 나중에 발견되었다. 제1법칙이 두 번째였다. 제3법칙은 다른 법칙들과는 전혀 다른 의미의 법칙이다." 간단히 말하면, 제2법칙은 언제나 약간의 에너지가 낭비된다는 것이다. 아무리 효율적인 기관을 만들더라도 언제나 에너지 낭비가 있기 때문에 결국은 멈춰 서게 될 것이므로 영구기관을 만들 수는 없다. 제1법칙 때문에 결코 새로운 에너지를 만들어낼 수 없으며, 제3법칙 때문에 절대온도 0도 이하로 내려갈 수가 없다. 언제나 어느 정도의 온기는 남아 있을 것이기 때문이다. 데니스 오버바이가 지적했던 것처럼, 세 개의 열역학 법칙은 (1) 이길 수도 없고, (2) 비길 수도 없으며, (3) 포기할 수도 없다는 뜻이라고 농담처럼 표현되기도 한다.

고 추정하면서, 아마도 9,800만 년일 가능성이 높다고 했다. 대단히 조심스러웠던 그는 만약 "위대한 창조의 과정에서 오늘날 우리에게 알려지지 않은 무엇인가가 있다면" 그의 계산이 틀리게 될 수도 있다고 인정했다. 물론 그런 일은 절대 없을 것이라고 믿었던 것은 확실했다.

세월이 흐르면서 켈빈은 자신의 주장을 점점 더 강하게 밝히기 시작했지만, 계산은 점점 더 부정확해졌다. 그는 끊임없이 자신의 추정치를 줄여나갔다. 처음의 최대 4억 년이 1억 년으로 줄었고, 다시 5,000만 년으로 줄었다가 1897년에는 2,400만 년이 되었다. 의도적인 것은 아니었다. 당시의 물리학으로는 태양과 같은 크기의 물체가 수천 년 이상 연료가 바닥나지 않은 상태로 끊임없이 타오르는 이유를 설명할 수가 없었기 때문이었다. 그래서 어쩔 수 없이 태양과 그 행성들의 역사가 비교적 짧을 것이라고 믿지 않을 수 없었다.

그러나 19세기에 엄청나게 쏟아져 나왔던 거의 모든 화석 증거들이 그런 주장과 맞지 않는다는 것이 문제였다.

제6장

성난 이빨을 드러낸 과학

정확하게 누구였는지는 잊혀졌지만, 1787년 뉴저지 주의 어떤 사람이 우드버리 크릭이라는 지역의 강바닥에 솟아 있던 거대한 대퇴골을 발견했다. 그 유골은 지금까지 알려진 어떤 종에게도 맞지 않았고, 더욱이 뉴저지 주에 살던 생물이 아닌 것은 분명했다. 지금까지도 확인된 것이 거의 없기는 하지만, 그 유골은 큰 오리 부리를 가진 공룡이었던 하드로사우르의 것이라고 여겨지고 있다. 당시에는 공룡의 존재가 알려져 있지 않았다.

그 유골은 미국의 최고 해부학자였던 카스파 위스타 박사에게 보내졌고, 그는 그해 가을 필라델피아에서 개최된 미국 철학회 총회에 그 사실을 보고했다.[1] 불행하게도 위스타는 그 유골의 가치를 전혀 인식하지 못했고, 다만 그것이 정말 거대한 동물의 유골이라는 정도의 사실만을 평범하고 조심스럽게 설명하고 말았다. 결국 그는 다른 사람보다 50년 앞서서 공룡을 발견할 수 있었던 기회를 놓쳐버린 셈이었다. 사실 아무도 관심을 두지 않았던 그 유골은 창고에 처박혀 있다가 어디론가 사라져버렸다. 그러니까 그 유골은 최초로 발견되었지만, 가장 먼저 사라진 공룡 유골이 되었다.

당시 미국은 이미 몸집이 큰 고대 동물의 잔해에 대해서 흥분하고 있었기 때문에 사람들이 새로 발견된 유골에 관심이 없었던 것은 정말 놀랄 일이었다. 그런 유행은 앞에서 소개한 프랑스의 위대한 박물학자 뷔퐁 백작의 이상한 주장 때문이었다.[2] 그는 신세계의 모든 생물은 모든 면에서 구세계의 생물보다 열등하다고 주장했다. 광범위한 문제를 다룬 유명한 「박물지」에서 그는, 아메리카는 물이 한곳에 고여 있고, 땅은 메마르고, 짐승들은 크기도 작고 활기도 없으며, 생물들이 썩어가는 습지와 햇볕이 들지 않는 숲에서 나는 "고약한 냄새" 때문에 약할 수밖에 없는 곳이라고 주장했다. 그런 환경에 사는 아메리카 원주민들이 활기가 없는 것도 당연했다. 뷔퐁의 사려 깊은 표현에 따르면, "그들은 수염이나 체모도 없고, 여성에 대한 관심도 없으며" 그들의 생식기는 "작고 허약하다."

뷔퐁의 그런 주장은 다른 학자들로부터 놀라울 정도로 열렬한 지지를 받게 되었다. 특히 아메리카의 자연을 본 적이 없는 사람들이 더욱 그랬다. 코메유 드 파우는 유명한 「아메리카에 대한 철학적 연구」에서 아메리카 원주민 남성은 생식능력이 보잘것없을 뿐만 아니라 "남성답지 않은 정도가 지나쳐서 가슴에서 젖이 나올 정도"라고 했다.[3] 그런 주장은 믿을 수 없을 정도로 오랫동안 사라지지 않았고, 유럽의 책에서는 19세기 말까지도 반복해서 등장했다.

그런 비방에 대해서 미국 사람들이 분개했던 것은 당연했다. 토머스 제퍼슨은 격노한 반박문을 「버지니아 주 비망록」에 발표했다. 그 내용을 제대로 이해하지 못하면 이상하게 보일 정도였다. 그는 뉴햄프셔 주의 친구 존 설리번 장군에게 20명의 군인을 북부의 숲으로 파견해서 뷔퐁에게 보낼 큰 사슴을 잡아주도록 요청하기도 했다. 아메리카 포유류의 몸집과 위엄을 확실하게 보여주기 위해서였다. 적당한 사슴을 찾아내는 데에는 2주일이 걸렸다. 그러나 잡은 사슴은 제퍼슨이 바라던 멋진 뿔을 가지고 있지 않았다. 사려 깊었던 설리번은 고라니인지 수사슴의 것인지를 알 수 없는 뿔을 함께 보내주었다. 프랑스 사람들이 도대체 어떻게 알 수 있겠는가?

그러는 동안 위스타의 고향인 필라델피아의 박물학자들은 처음에는 "위대한 아메리카 미확인 동물"로 알려졌다가, 훗날 매머드라고 잘못 확인되었던 코끼리를 닮은 동물의 유골을 끼워맞추고 있었다. 그 유골들은 처음에는 켄터키 주의 빅본릭이라는 곳에서 발견되었지만, 곧 이어서 미국 전역에서 발굴되었다. 미국에는 한때 정말 거대한 동물들이 살았던 것처럼 보였고, 그런 사실은 뷔퐁이 퍼트렸던 어리석은 골 지방 사람들의 억지 주장을 반박하는 증거가 될 수 있었다.

미국의 박물학자들은 미확인 동물의 거대함과 난폭함을 보여주고 싶은 욕심에 너무 집착한 나머지 몸집을 여섯 배나 크게 추정했고, 무시무시한 발톱을 가지고 있었다고 주장했다. 실제로 그 발톱은 근처에서 발견된 거대한 육상 공룡인 메갈로닉스의 발톱이었다. 그 짐승이 "호랑이와 같은 정도의 민첩함과 난폭함"을 가지고 있었다고 믿었던 그들은 바위 위에서 먹이를 잡으려고 고양이처럼 날쌔게 달려드는 모습을 보여주는 그림을 그리기도 했다. 그러나 훗날 엄니를 발견한 후에는 온갖 모양의 짐승 머리를 상상해야만 했다. 복원작업에 참여했던 한 사람은 엄니를 거꾸로 세워서 퓨마의 송곳니처럼 붙여서 공격적인 모습이 되도록 만들어보기도 했다. 엄니를 뒤쪽으로 휘어지게 붙인 후에 그 동물이 물속에서 살았다고 하기도 했고, 그 엄니로 나무를 잡은 자세로 잠을 잤을 것이라는 흥미로운 주장을 하기도 했다. 그러나 미확인 동물에 대한 가장 적절한 결론은 그 동물이 멸종되었다는 것이었고, 뷔퐁은 그것이 바로 자연이 퇴화되었음을 확실하게 보여주는 증거라고 즐거워했다.

뷔퐁은 1788년에 사망했지만, 논란은 계속되었다. 촉망받는 화석학자였던 젊고 권위적인 조르주 퀴비에가 1795년 파리에 도착한 유골들을 살펴보았다. 퀴비에는 이미 한 무더기의 흩어진 유골들을 순식간에 복원해서 사람들을 놀라게 했었다. 그는 이빨 한 개나 턱뼈 조각만 보면 그 동물의 모양과 성질을 설명할 수 있고, 덤으로 그 동물의 종과 속을 알아낼 수 있는 경우도 있다고 알려져 있었다. 미국에서는 아무도 육중하게 움직이던 괴물의 모습을 알아낼 수 없었기 때문에 공식적으로 퀴비에가 그 발견자가 되었다. 그는 그 동물에게 놀랍게도 "젖꼭지 이빨"이라는 뜻을 가진 마스토돈이라는 이름을 붙였다.

논란에 흥미를 가지게 된 퀴비에는 1796년에 최초의 정식 멸종 이론을 담은 "현존 코끼리와 화석 코끼리의 종에 대한 기록"이라는 기념비적인 논문을 발표했다.[4] 지구는 가끔씩 전 지구적 재앙을 겪었고, 그 과정에서 일부 생물 종들이 완전히 사라져버렸다는 것이었다. 그런 주장에는 하느님이 무책임했다는 의미가 담겨 있었기 때문에 퀴비에처럼 종교적인 사람들에게는 몹시 불편한 것이었다. 하느님 스스로 창조했던 생물을 멸종시킨 이유는 무엇이었을까? 그런 주장은, 세상에는 정교한 질서가 존재하고, 세상에 살고 있는 모든 생물은 스스로의 위치와 목적을 가지고 있으며, 그런 사실은 과거로부터 변함없이 이어지고 있는 거대한 존재의 사슬이라는 믿음에 맞지 않는 것이었다. 제퍼슨도 역시 모든 생물이 사라져버리거나 또는 진화한다는 생각을 받아들일 수가 없었다.[5] 그래서 제퍼슨은 미시시피 건너로 용감한 탐사 팀을 보내서 풍족한 평원에서 풀을 뜯고 있는 건강한 마스토돈을 비롯한 거대한 짐승 무리를 찾아내는 것이 과학적으로는 물론 정치적으로도 가치가 있는 일이라고 믿게 되었다. 제퍼슨의 개인 비서이면서 신뢰하는 친구였던 메리웨더 루이스가 탐사 팀의 공동 대표 겸 대표 박물학자로 선발되었다. 살아 있거나 죽은 동물에서 무엇을 찾아보아야 할 것인가에 대해서 도움을 줄 조수로 선택된 사람이 다름 아닌 카스파 위스타였다.

권위적인 명사였던 퀴비에가 파리에서 자신의 멸종설을 주장하고 있던 같은 해의 같은 달에, 영국 해협의 건너편에서는 이름이 알려져 있지 않았던 영국인이 화석의 가치에 대해서 훗날까지 큰 영향을 남긴 새로운 통찰력을 키워가고 있었다. 윌리엄 스미스는 서머싯 콜 운하 건설 현장의 젊은 감독이었다. 1796년 1월 5일 서머싯의 여관에 앉아 있던 그는, 그를 유명하게 만들어준 자신의 생각을 글로 쓰고 있었다.[6] 암석을 이해하려면, 상관관계를 밝혀줄 방법이 필요했다. 다시 말해서 데본에서 발굴한 석탄기의 암석이 웨일스에서 발굴한 캄브리아기의 암석보다 더 최근의 것이라는 사실을 밝혀줄 근거가 필요했다. 스미스는 화석에서 그 실마리를 찾을 수 있다는 사실을 알아차렸다. 지층이 바뀔 때마다 화석들이 사라지고, 그다음 층에는 다른 화석들이 발견된다. 어떤 화석이 어떤 지층에서 발견되는가를 살펴보면, 서로 다른 곳에 있는 암석들의 상대적인 연대를 비교할 수 있을 것이다. 탐사원으로 일하면서 그런 생각을 하게 된 스미스가 만든 영국의 암석층에 대한 지도는 여러 차례의 수정을 거친 다음 1815년에 책으로 출판되었다. 그의 지도는 현대 지질학의 초석이 되었다(이 이야기는 사이먼 윈체스터의 유명한 「세계를 바꾼 지도」에 자세하게 소개되어 있다).

그러나 스미스는 그런 통찰력을 가지고 있기는 했지만, 불행하게도 왜 암석들이 그런 방법으로 쌓이게 되었는가를 이해하는 데에는 이상할 정도로 관심이 없었다. 그는 "나는 지층이 어떻게 만들어지게 되었는가에 대해서는 관심이 없고, 다만 지층이 그렇게 되어 있다는 사실을 아는 것으로 만족한다"는 기록을 남겼다. "그런 이유를 밝혀내는 것은 광물 탐사원의 일이 될 수 없다."[7)]

지층에 대한 스미스의 주장은 멸종 이론을 도덕적으로 더욱 불편하게 만들었다. 우선, 하느님이 생물을 가끔씩이 아니라 반복적으로 멸종시킨 것이라는 사실을 확인해주었다. 그렇다면 하느님은 단순히 경솔한 정도가 아니라, 이상할 정도의 적개심을 가지고 있었다는 뜻이기 때문이다. 또한 어떤 종은 멸종이 되었는데 어떻게 다른 종은 다음 지질시대까지 아무 문제없이 생존할 수 있었는가도 설명이 필요하게 되었다. 멸종에는 성서에 나오는 노아의 홍수만으로는 설명할 수 없는 부분이 있는 것이 분명했다. 퀴비에는 스스로의 만족을 위해서 창세기에는 가장 최근에 있었던 홍수만 기록되어 있다고 주장함으로써 문제를 해결하려고 했다.[8)] 하느님은 아무 상관도 없는 그 이전의 멸종소식을 모세에게 알려주고 싶지 않았던 모양이었다.

19세기 초에 이르러서는 결국 화석의 중요성이 인정될 수밖에 없었고, 그래서 공룡 유골의 중요성을 알아차리지 못했던 위스타의 실수는 더욱 아쉽게 여겨졌다. 어쨌든 느닷없이 모든 곳에서 유골들이 등장하고 있었다. 미국인들은 공룡을 발견할 수 있는 기회가 몇 차례 더 있었지만, 모두 놓치고 말았다. 1806년 루이스와 클라크의 탐사 팀은 몬태나 주에 있는 지옥의 계곡을 지나고 있었다.[9)] 훗날 그야말로 온통 공룡 유골들이 널려 있던 곳으로 밝혀진 지역을 지나던 탐사 팀은 바위에 박혀 있는 분명한 공룡 유골을 살펴보기는 했으면서도 아무것도 알아차리지 못했다. 플리니스 무디라는 시골 소년이 매사추세츠 주의 사우스 해들리에 있는 오래된 암석 광산에 몰래 숨어 들어갔던 덕분에 뉴잉글랜드의 코네티컷 강 계곡에서 다른 유골과 화석화된 발자국들이 발견되었다. 안키사우루스의 유골을 비롯해서 그곳에서 발굴된 유골들 중의 일부는 지금까지 보존되어서 예일의 피보디 박물관에 소장되어 있다. 1818년에 발굴되었던 유골들은 처음으로 검사를 거쳐서 보존된 것이었지만, 불행하게도 1855년까지는 그 가치를 인정받지 못했다. 카스파 위스타는 1818년에 사망했지만, 토머스 너탈이라는 식물학자가 멋진 덩굴 관목에 그의 이름을 붙여주어서 기대하지 못했던 불후의 명성을 얻게 되었다.* 일부 청교도적인 식물학자들은 지금도 위스타리아(wistaria)라는 철자를 고집하고 있다.

그러나 이 시기에 이르러서 화석학(고생물학)의 중심은 영국으로 옮겨갔다. 1812년 도싯 해안의 라임 레기스라는 지역에 살던 메리 애닝이라는 아주 특별한 어린이가 영국 해협의 가파르고 위험한 절벽에 묻혀 있던 거대한 바다 괴물의 화석을 발견했다. 당시 그녀의 나이는 11세, 12세 또는 13세였다고 하는데, 길이가 5미터나 되는 그 동물은 오늘날 이크티오사우루스라고 알려지고 있다.

그 발견은 그녀의 놀라운 업적의 시작이었다. 그로부터 35년 동안 애닝은 관광객에게 수집한 화석을 판매했다. ("She sells seashells on the seashore" [그녀는 바닷가에서 바다 조개를 판다]라는 발음하기 어려운 유명한 우스갯소리가 그녀로부터 유래되었다는 이야기가 일반적이다.[10)]) 그녀는 또다른 바다 괴물인 플레시오사우루스도 역시 최초로 발견했고, 최초이면서 가장 완벽한 익수룡(翼手龍)을 발견하기도 했다. 정확하게 말해서, 이들은 모두 공룡은 아니었지만, 당시 사람들은 공룡이 무엇인지 몰랐기 때문에 아무 문제가 되지 않았다. 언젠가 이 세상에 지금 우리가 알고 있는 것과는 전혀 다른

* 등나무 속을 위스테리아(wisteria) 또는 위스타리아(wistaria)라고 한다.

모습의 짐승들이 살고 있었다는 사실을 알아낸 것만으로 충분했다.

화석 찾기에서 애닝을 당할 사람이 없기도 했지만, 화석을 다치지 않도록 정교하게 발굴하는 그녀의 능력이 더욱 중요했다. 만약 런던 자연사 박물관의 고대 해양 파충류관을 찾아볼 기회가 있으면, 그녀가 어려운 조건에서 누구의 도움도 없이 가장 간단한 도구만을 사용해서 이룩했던 업적이 얼마나 굉장한 규모이고, 얼마나 아름다운 것이었는가를 확인해보기 바란다. 플레시오사우루스의 경우에는 그녀가 10년에 걸쳐서 발굴한 것이다.[11] 특별한 교육을 받지도 않았던 애닝이었지만, 학술연구에 충분할 정도의 정교한 그림과 설명을 남기기도 했다. 그러나 그녀의 기술이 뛰어나기는 했지만, 그런 발견을 할 수 있는 기회는 흔치 않았기 때문에 그녀는 평생 가난하게 살아야만 했다.

아마도 메리 애닝은 화석학의 역사에서 가장 인정받지 못한 사람일 것이다. 그러나 그런 사람은 또 있었다. 그 사람은 서식스의 시골 의사였던 기드온 알거논 맨텔이었다.

호리호리했던 맨텔은 허영심이 많고, 자기 생각에만 빠져 있고, 까다롭고, 가족을 돌보지 않는 등의 여러 가지 단점을 가진 사람이었지만, 그보다 더 훌륭한 아마추어 화석학자는 없었을 것이다. 그의 부인이 헌신적이고 세심했던 것도 그에게는 행운이었다. 1822년 어느 날 그가 서식스의 시골로 왕진을 간 사이에 집 근처로 산보를 나갔던 맨텔의 부인은 구멍을 메우려고 쌓아둔 흙무더기 속에서 작은 호두알 크기 정도의 구부러진 갈색 돌을 발견했다. 남편이 화석에 대해서 관심이 많고, 그것이 화석일 수도 있다는 생각을 했던 그녀는 그 돌을 남편에게 가져다주었다. 맨텔은 즉시 그것이 화석화된 이빨이라는 사실을 알아차렸고, 조금 더 살펴본 후에는 그 짐승이 초식 파충류였고, 길이가 수십 미터나 될 정도로 거대했으며, 백악기에 살았다는 사실을 알아냈다.[12] 그가 알아낸 사실들은 모두 정확했지만, 그때까지만 하더라도 누구도 그와 비슷한 것을 보거나 상상해본 적이 없었기 때문에 그의 결론은 대단히 과감한 것이었다.

그는 자신의 발견이 과거에 대해서 알려진 사실들을 전부 뒤엎을 정도로 굉장한 것임을 알고 있었다. 더욱이 이미 인정을 받고 있었고 실험을 좋아했던 그의 친구 윌리엄 버클랜드가 조심하는 것이 좋겠다고 충고를 해주었기 때문에, 맨텔은 3년 동안이나 그의 결론을 뒷받침해줄 증거를 찾아내려고 힘들게 노력해야만 했다. 그는 이빨을 파리의 퀴비에에게 보내서 의견을 물어보기도 했지만, 위대한 프랑스 학자는 그것이 하마의 것이라면서 던져버렸다(훗날 퀴비에는 자신답지 않았던 실수에 대해서 진정으로 사과를 했다). 런던의 헌터 박물관에서 연구를 하던 어느 날, 그는 동료로부터 그 이빨이 자신이 연구하고 있던 남아메리카 이구아나의 이빨과 흡사하다는 이야기를 들었다. 급히 비교해본 결과 정말 비슷했다. 그래서 맨텔이 발견한 동물에게는 아무 관계도 없지만 햇볕을 좋아하는 이구아나라는 도마뱀의 이름을 따라서 이구아노돈이라는 이름이 붙여졌다.

맨텔은 왕립학회에 발표할 논문을 준비했다. 그러나 불행하게도 그때에 옥스퍼드셔의 돌산에서 또다른 공룡이 발견되었다는 사실이 공식적으로 발표되었다. 그 사실을 밝힌 사람은 맨텔에게 서두르지 말라고 주의를 주었던 바로 그 버클랜드 목사였다. 그 공룡에게는 메갈로사우루스라는 이름이 붙여졌는데, 실제로 버클랜드에게 그 이름을 추천해준 사람은 파킨슨씨병을 처음 밝힌 급진주의자 제임스 파킨슨 박사였다.[13] 오늘날 버클랜드는 메갈로사우루스를 연구했던 지질학의 선구자로 기억되고 있다. 「런던 지질학회 회보」에 실린 그의 논문에 따르면, 그 동물의 이빨은 도마뱀처럼 턱뼈에 직접 붙어 있지 않고, 악어처럼 치강(齒腔) 속에 꽂혀 있었다. 버클랜드는 그런 사실을 알아차렸지만 그것이 무엇을 뜻하는지는 몰랐다. 메갈로사우루스는 전혀 새로운 동물이었던 것이다. 그의 논문에서는 예리함이나 통찰력을 찾아보기 힘들었지만 공룡에 대한 최초의 공식적인 설명으로 인정을 받았다. 결국 공룡의 발견 공로는 맨텔이 아니라 그에게 돌아갔다.

당시의 실망스러운 일 때문에 평생 괴로워 할 것이라는 사실을 짐작하지 못했던 맨텔은 계속해서 화석을 찾아다녔다. 1833년에 그는 또다른 거물인 힐라에오사우루스를 찾아냈고, 채석장 인부와 농부들로부터 화석을 구입한 그는 영국에서 가장 많은 화석을 수집한 사람이 되었다. 맨텔은 훌륭한 의사였고 놀라운 유골 수집가였지만, 그의 재능을 널리 인정받지는 못했다. 얼마 지나지 않아서 브라이턴에 있던 그의 집은 화석으로 가득 차게 되었고, 그의 수입은 대부분 화석 구입에 소비되었다. 그 자신을 빼면 아무도 관심을 가지지 않았던 책을 발간하는 데에도 상당한 비용이 들었다. 1827년에 발간된 「서식스 지방의 지질학적 현상들」은 겨우 50부가 판매되었기 때문에 결국 당시에는 놀라울 정도의 금액이었던 300파운드를 자신의 주머니에서 지불해야만 했다.

절망에 빠져 있던 맨텔은 자신의 집을 박물관으로 개조해서 입장료를 받을 생각을 하게 되었다. 그러나 그런 상업적인 활동이 과학자로서는 물론이고 신사로서의 명성도 잃게 만든다는 사실을 알아차린 그는 결국 사람들을 무료로 입장시킬 수밖에 없었다. 수백 명씩 떼를 지어서 끊임없이 찾아오는 관람객들 때문에 그와 가족들의 생활은 완전히 망가졌다. 결국 그는 빚을 갚기 위해서 수집품의 대부분을 팔아버릴 수밖에 없었다.[14)]

놀랍게도 그것은 어려움의 시작에 불과했다.

런던 남부의 시드넘에 있는 크리스털 궁 공원에는, 세계 최초로 세워진 실물 크기의 공룡 모형이 이상한 모양으로 잊혀진 채로 서 있다. 오늘날에는 찾는 사람이 거의 없는 그곳이 런던에서 가장 유명한 곳이던 때도 있었다. 리처드 포티의 지적에 따르면, 사실 그곳은 세계 최초의 테마파크였다.[15)] 엄밀하게 말해서 대부분의 모형은 정확하지도 않았다. 이구아노돈의 엄지발가락은 코에 스파이크처럼 붙어 있고, 네 개의 튼튼한 다리로 버티고 서 있는 모습은 당당하기는 하지만 어쩐지 너무 크게 자라버린 개처럼 보이기도 한다(실제로 이구아노돈은 네 다리로 서지 않는 양족 동물이었다). 오늘날 그 모습을 보면서 당시 사람들이 그렇게 이상하고 쓸데없이 생긴 괴물 때문에 서로 싸우고 으르렁거렸다는 사실을 짐작하기는 어렵다. 그러나 실제로 그런 일이 있었다. 자연사에서 공룡의 경우보다 더 격렬하고 지속적인 논쟁의 대상이 된 고생물은 찾아보기 어렵다.

시드넘은 공룡 모형을 제작할 당시에는 런던의 변두리였고, 넓은 공원은 1851년 대박람회가 열렸던 유리와 철로 만든 유명한 크리스털 궁을 짓기에 적당한 장소였다. 물론 공원의 이름도 그래서 붙여졌다. 콘크리트로 만든 공룡들은 일종의 덤이었던 셈이다. 1853년 새해 전야에는, 미완성의 이구아노돈의 내부에서 21명의 훌륭한 과학자들이 유명한 저녁 만찬을 함께했다. 그러나 이구아노돈을 발견하고 확인했던 기드온 맨텔은 초청을 받지 못했다. 상석에 앉은 사람은 당시 새로 태어난 화석학 분야에서 가장 잘 알려진 스타였다. 그의 이름은 리처드 오언이었고, 지난 몇 년 동안 그가 이룩한 훌륭한 업적 덕분에 기드온 맨텔의 삶은 지옥처럼 변해버렸다.

오언은 영국 북부의 랭커스터에서 자라면서 의사 수련을 받았다. 그는 타고난 해부학자였다. 자신의 일에 너무 빠져들었던 그는 불법으로 해부용 시체에서 팔다리와 장기 등을 몰래 집에 가져와서 여유를 가지고 해부를 해보기도 했다.[16] 어느 날 방금 떼어낸 아프리카 흑인 선원의 머리를 넣은 가방을 메고 집으로 돌아가던 오언은 젖은 자갈에 미끄러져 넘어지면서 가방에 들어 있던 머리가 길 위에 떨어져 어느 집 대문을 지나 현관 앞에 멈추어서는 모습을 놀라서 바라보기도 했다. 떨어진 머리가 굴러와서 자신의 집 현관에 멈추는 것을 본 주인이 무슨 말을 했을지는 짐작만 할 수 있을 뿐이다. 사색이 된 젊은이가 급하게 뛰어들어와서 아무 말 없이 머리를 집어들고 뛰어나가는 모습을 멍하게 바라보고만 있었을 것이다.

오언은 21세였던 1825년에 런던으로 옮겨와서 왕립 외과대학에서 비싼 의학용과 해부학용 표본을 정리하는 일을 하게 되었다. 대부분의 표본은, 유명한 외과의사였고 의학적으로 관심이 될 만한 것이면 지칠 줄 모르고 어떤 것이든지 수집했던 존 헌터의 연구실에서 기증한 것이었다. 그러나 헌터가 사망하면서 표본의 중요성을 설명해주는 서류들이 분실되었기 때문에 목록이 만들어지거나 정리된 적이 없었다.

오언은 탁월한 추론과 정리 능력을 발휘했다. 그는 또한 자신이 유골들을 끼워맞추는 일에서는 파리의 위대한 퀴비에와 필적할 정도의 뛰어난 능력을 가진 해부학자임을 보여주었다. 동물 해부학의 전문가로 소문이 난 그는, 런던 동물원에서 죽은 동물에 대한 우선권을 부여받았다. 그는 언제나 동물의 사체를 직접 살펴볼 수 있도록 자신의 집으로 가져오게 했다. 하루는 집으로 돌아오던 그의 부인이 현관 앞에 방금 죽은 코뿔소의 시체가 놓여 있는 모습을 발견했다.[17] 그는 모든 동물에 대한 전문가가 되었다. 그는 오리너구리와 가시두더지를 비롯한 새로 발견된 유대류(有袋類)에서부터 운 나쁜 도도새와 마오리족에 의해서 잡아먹히기 전까지 뉴질랜드를 휩쓸던 모아라는 멸종된 거대한 새에 이르기까지 살아 있는 동물이나 멸종된 동물을 가리지 않았다. 그는 1861년에 바이에른 지방에서 발견된 시조새의 존재를 처음 보고했고, 최초로 도도새에 대한 비문(碑文)을 쓰기도 했다. 그는 평생에 걸쳐서 600편에 이르는 해부학 논문을 발표했다. 놀라운 성과였다.

그러나 오언은 공룡과 관련된 업적으로 널리 기억되고 있다. 그는 1841년에 공룡(dinosauria)이라는 말을 처음 만들어냈다. "무시무시한 도마뱀"이라는 뜻의 그 이름은 적절하지 않은 것이었다. 오늘날 우리가 알고 있는 것처럼, 모든 공룡이 고약하게 생기지는 않았다. 토끼보다 작고 수줍어하는 종류도 있었다.[18] 그러나 더욱 심각한 문제는 공룡이 3,000만 년이나 일찍 출현했던 도마뱀의 일종이 아니라는 사실이다.[19] 오언은 그 동물이 파충류라는 사실은 알고 있었기 때문에 아주 좋은 그리스어인 헤르페톤(herpeton)이라는 말을 쓸 수도 있었을 텐데 왠지 그렇게 하지 않았다. 모든 공룡이 하나의 목(目)에 속하는 것도 아니다. 그는 공룡에는 새의 꼬리를 가진 조반목(鳥盤目)과 도마뱀의 꼬리를 가진 용반목(龍盤目)의 두 종류가 있다는 사실을 알아차리지 못했다. 그런 실수는 당시 표본이 많지 않았던 사실을 고려하면 이해할 만한 것이기는 했다.[20]

오언은 매력적인 사람은 아니었다. 인물이나 성격이 모두 그랬다. 중년에 찍은 그의 사진을 보면, 길고 곧은 머리카락과 튀어나온 눈을 가진 그는 빅토리아 시대를 그린 연속극에 등장할 것 같은 악한처럼 음흉하게 보인다. 아기들을 놀라게 할 정도였다. 냉정하고 오만했던 그는 자신의 야망을 위해서라면 아무것도 망설이지 않았다. 그는 찰스 다윈이 유일하게 싫어했던 사람이었다.[21] 자살을 한 오언의 아들조차 자신의 아버지를 "유감스러울 정도로 가슴이 차가운 사람"이라고 했다.[22]

해부학에 대한 놀라운 재능 덕분에 뻔뻔스러울 정도로 부정직했던 것도 문제가 되지 않았다. 박물학자 T. H. 헉슬리는 1857년에 우연히 「처칠 의학 인명록」에 오언이 국립광산학교의 비교해부학 및 생리학 교수로 등재되어 있다는 사실을 발견했다.[23] 바로 그 직위에 있었던 헉슬리에게는 놀라운 사실이었다. 처칠 인명록에 어떻게 그런 오류가 생기게 되었는가를 알아보던 그는, 오언 박사 자신이 직접 그런 자료를 제출했다는 사실을 알게 되었다. 오언이 휴 팔코너라는 동료 박물학자의 업적을 자신의 것이라고 주장하기도 했다는 사실도 밝혀졌다. 표본을 빌려간 후에는 그런 사실 자체를 부인한 적도 있었다. 치아의 생리학에 대한 이론의 우선권에 대해서 여왕의 주치의와 심한 논쟁을 벌이기도 했다.

오언은 자신이 싫어하는 사람들은 못살게 굴었다. 젊은 시절에는 몰래 영향력을 발휘해서 로버트 그랜트라는 젊은이를 동물학회에서 쫓아내기도 했다. 그의 유일한 문제는 그가 장래가 촉망되는 해부학자였다는 것이었다. 갑자기 필요한 해부학 표본을 얻을 수 없게 된 그랜트는 매우 놀랐다. 연구를 계속할 수 없게 된 그는 결국 의욕을 잃고 무명의 인물로 전락할 수밖에 없었다.

그러나 오언이 기드온 맨텔보다 더 심하게 괴롭혔던 사람은 없었다. 아내, 아이들, 의사직, 그리고 애써 수집했던 화석들까지 모두 잃어버리는 불운에 빠진 맨텔은 런던으로 이사를 했다. 오언이 공룡의 정체를 밝혀내고 이름을 붙이는 영광을 누리기 시작한 운명적인 1841년에, 맨텔은 런던에서 엄청난 사고를 당했다. 마차를 타고 클래펌 광장을 건너가던 그는 좌석에서 떨어지면서 고삐에 얽혀버렸는데, 말들이 놀라서 달리는 바람에 그는 울퉁불퉁한 길 위로 마구 끌려가게 되었다. 그는 회복이 불가능할 정도로 척추를 심하게 다쳤다. 구부정하고 다리를 절게 된 그는 만성 통증에 시달리게 되었다.

오언은 맨텔의 불행을 그냥 넘기지 않았다. 기록에서 맨텔의 업적을 조직적으로 지우기 시작했다. 맨텔이 몇 년 전에 이름을 붙였던 생물종의 이름을 바꾸어서 마치 자신이 발견한 것처럼 꾸몄다. 오언은 왕립학회에서의 영향력을 이용해서 맨텔의 독창적인 논문의 출판을 거부하기도 했다. 고통과 박해에 지친 맨텔은 1852년에 자살했다. 그의 휘어진 척추는 왕립 외과대학에 기증되었는데, 역설적이게도 그 대학의 헌터 박물관 소장이었던 리처드 오언이 그 관리 책임자가 되었다.[24)]

그러나 맨텔에 대한 모욕은 거기에서 끝나지 않았다. 맨텔이 사망한 직후에 「문예신문」에 놀라울 정도로 냉담한 추모사가 실렸다. 맨텔은 엉터리 해부학자였고, 화석학에 대한 그의 연구는 대부분 "정확한 지식"이 없이 이루어진 것이라는 내용이었다. 이구아노돈을 발견한 것마저도 퀴비에와 오언의 업적이었다고 주장했다. 필자가 밝혀져 있지는 않았지만, 형식으로 보아서 오언이 쓴 것이 분명했다. 자연과학자들 중에 그런 글을 쓸 사람은 없었다.

이미 오언의 사악함은 극에 이르러 있었다. 그러나 자신이 의장으로 있던 왕립학회의 위원회에서 벨렘나이트라는 멸종된 연체동물에 대한 그의 논문을 근거로 그에게 최고의 명예였던 왕실 메달을 수여하기로 하면서 그의 추락은 시작되었다. 이 시기의 역사를 잘 담고 있는 「가공할 도마뱀」을 남긴 데보라 캐드버리에 따르면, "그 논문은 그렇게 독창적인 것도 아니었다."[25)] 채닝 피어스라는 아마추어 박물학자가 이미 4년 전에 벨렘나이트를 발견해서, 지질학회에 공식적으로 보고했었다는 사실이 밝혀졌다. 오언도 지질학회의 바로 그 모임에 참석했었음에도 불구하고, 왕립학회에서 발표한 자신의 논문에는 그런 사실을 언급하지도 않았다. 그는 이름도 벨렘니테스 오어니라고 고쳐버렸다. 오언에게 수여되었던 왕실 메달이 취소되지는 않았지만, 몇 안 되던 추종자들조차도 등을 돌리게 되었다.

결국 헉슬리가 오언으로부터 불이익을 당한 많은 사람들을 대신해서 앙갚음을 해주었다. 헉슬리는 투표를 통해서 오언을 동물학회와 왕립학회에서 축출했다. 헉슬리는 마침내 왕립 외과대학의 헌터 교수 자리까지 차지했다.

오언은 더 이상 중요한 연구를 할 수 없게 되었지만, 우리 모두에게 고마운 일을 해주었다. 영국 박물관의 자연사 부서의 책임자가 되었던 1856년부터 그는 런던 자연사 박물관 건립을 위해서 노력하기 시작했다.[26] 1880년 사우스 켄싱턴에 세워진 웅장하고 사람들에게 사랑받는 고딕 건물은 그의 안목을 잘 보여주고 있다.

당시의 박물관들은 대부분 지식인들이 드나들며 공부하는 곳으로 설계되었고, 지식인들마저도 출입이 쉽지 않았다.[27] 영국 박물관이 처음 세워졌을 때는 관람을 원하는 사람들이 서면으로 신청을 해야 했고, 출입할 자격이 있는가를 심사받기 위한 짤막한 면담을 거쳐야 했다. 면담에 합격을 하면 다시 박물관을 찾아가서 입장권을 받아야 했고, 박물관의 보물을 보기 위해서는 박물관을 세 번째로 방문해야 했다. 그러고 나서도, 관람객들은 무리를 지어 빠르게 이동을 해야 했고, 혼자 남아서 서성거리는 일은 절대 허용되지 않았다. 오언은 모든 사람들을 환영하고, 심지어 직장인들이 저녁에 찾아올 수도 있게 해주고 싶었다. 박물관의 대부분의 공간을 일반 전시에 할애했다. 전시품에 자세한 설명을 붙여서 관람객이 무엇을 보고 있는가를 알 수 있도록 해주겠다는 제안도 했다.[28] 당시로서는 극단적인 주장이었다. 놀랍게도 그의 제안은 T. H. 헉슬리에 의해서 무산되었다. 헉슬리는 박물관이 연구기관이어야 한다고 믿었다. 그러나 오언은 자연사 박물관이 모든 사람을 위한 곳이라고 주장함으로써 박물관에 대한 인식을 완전히 바꾸어놓았다.

남을 위해서 노력하겠다는 그의 새로운 각오가 개인적인 경쟁자에게까지 적용되지는 않았다. 그가 공식적으로 했던 마지막 일은 찰스 다윈의 동상 건립을 반대하는 로비 활동이었다. 그의 노력은 실패하고 말았지만, 완전히 실패한 것은 아니었다. 오늘날 오언의 동상은 자연사 박물관의 중앙 홀의 계단에 세워져 있는 반면에, 박물관 커피숍에 세워져 있어서 쉽게 찾을 수도 없는 다윈과 T. H. 헉슬리의 동상은 차를 마시고 잼 도넛을 먹는 사람들을 엄숙하게 내려다보고 있다.

당연히 리처드 오언의 속 좁은 다툼이 19세기 화석학의 가장 추한 모습이었다고 생각하겠지만, 사실은 바다 건너로부터 최악의 상황이 다가오고 있었다. 세기말이 다가오던 미국에서의 경쟁은 파괴적이라고 해야 할 정도로 악의적이었다. 에드워드 드링커 코프와 오스니얼 찰스 마시라는 괴팍하고 무자비했던 두 사람 때문이었다.

두 사람은 닮은 점이 많았다. 그들은 성질이 고약했고, 집요했으며, 이기적이었고, 걸핏하면 싸우려고 들었고, 샘이 많았으며, 남을 믿지 않았고, 언제나 불행하다고 투덜거리는 사람들이었다. 화석학의 세계는 그런 두 사람의 경쟁으로 완전히 바뀌게 되었다.

처음에는 사이가 좋았던 두 사람은 화석에 상대방의 이름을 붙여줄 정도로 서로를 존경했고, 1868년에는 일주일 동안 함께 일을 하기도 했다. 그러나 두 사람 사이에 알 수 없는 이유로 문제가 생긴 모양이었다. 다음 해부터 적대감을 나타내기 시작했던 그들은 그 후로 30년 동안은 서로를 끔찍하게 증오하는 사이가 되어버렸다. 자연과학 분야에서 두 사람처럼 서로를 경멸한 경우는 없었을 것이다.

여덟 살이나 나이가 많았던 마시는 조용하고 학구적인 사람이었다. 단정한 수염을 기르고 말끔한 성격을 가졌던 그는 탐사 여행을 좋아하지 않았고, 화석을 찾아내는 데에도 능숙하지 못했다. 어떤 역사학자의 말에 따르면, 그는 "공룡 화석들이 나무토막처럼 널려 있는" 와이오밍 주의 코모 블러프에 있는 유명한 공룡 유적지에서조차도 화석을 찾아내지 못했다.[29] 그러나 그는 원하는 것은 무엇이나 구입할 능력이 있었다. 뉴욕 북부에 살던 농부의 아들이었던 그 자신은 넉넉한 편은 아니었지만, 엄청난 부자이면서 너그러운 후원자였던 조지 피보디가 그의 아저씨였다. 마시가 자연사에 관심을 가지게 되었을 때, 피보디는 예일에 짓고 있던 자신의 박물관을 마시가 좋아하는 것으로 채우도록 충분한 자금을 후원해주었다.

아버지가 필라델피아의 부유한 사업가였던 코프는 더 직접적인 특권을 가지고 있었고, 마시보다 훨씬 더 모험을 즐겼다. 조지 암스트롱 커스터의 부대가 몬태나 주 리틀빅혼 강의 전투에서 인디언들에게 참패를 당했던 1876년 여름에, 코프는 그 근처에서 화석을 수집하고 있었다. 코프는 인디언의 땅에서 화석을 수집하기에 적절한 때가 아니라는 이야기를 듣고 나서도 아무 망설임 없이 작업을 계속했다. 작업을 포기하기에는 성과가 너무 좋았다. 틀니를 빼서 보여주어서 크로족(族)을 물리치기도 했다.[30]

10여 년 동안 서로 조용히 적대감을 표시하던 마시와 코프에게 1877년에 일이 터져버렸다. 그해에 친구와 함께 모리슨 근처를 산보하던 아서 레이크스라는 콜로라도의 교사가 화석을 발견했다. 그것이 "거대한 도마뱀"의 화석이라는 사실을 알아차린 레이크스는 몇 개의 표본을 마시와 코프에게 보내주었다. 기분이 좋았던 코프는 레이크스에게 수고비로 100달러를 보내면서, 그 화석을 발견했다는 사실을 마시를 포함한 아무에게도 알리지 말아달라고 부탁했다. 어쩔 줄 몰랐던 레이크스는 마시에게 자신의 표본을 코프에게 전해주도록 요청했다. 마시는 레이크스의 요청을 따랐지만, 그에게는 평생 잊을 수 없는 모욕이었다.[31]

그 사건으로 시작된 두 사람의 전쟁은 더욱 신랄해졌고, 음흉해졌으며, 심지어 터무니없는 경우까지 생겼다. 발굴현장에 숨어서 상대방에게 돌을 던지기도 했다. 마시의 나무 상자를 쇠 지렛대로 열던 코프가 현장에서 잡힌 경우도 있었다. 두 사람은 글을 통해서 서로에게 욕을 하고, 상대방의 결과를 비하하기도 했다. 이 경우를 제외하면, 증오를 통해서 과학이 빠르고 성공적으로 발전한 경우는 찾아보기 어려울 것이다. 두 사람의 노력으로 몇 년 안에 미국에서 발견된 공룡 화석의 수는 9개에서 거의 150개까지 늘어났다.[32] 스테고사우루스, 브론토사우루스,* 디플로도쿠스, 트리케라톱스처럼 오늘날 우리가 알고 있는 대부분의 공룡들은 그 두 사람에 의해서 발견되었다.[33]** 그러나 너무 서두르던 두 사람은 새로 발견한 것이 이미 발견했던 것과 같은 경우가 있다는 사실을 알아차리지 못하기도 했다. 두 사람은 우인타테레스

---

* 아파토사우루스라고도 한다.

** 바넘 브라운이 1902년에 발견했던 티라노사우루스 렉스가 대표적인 예외이다.

안케프스라는 종을 적어도 22차례나 "발견하기도" 했다.[34] 엉망으로 뒤섞인 분류를 정리하는 데에 몇 년이 걸렸다. 아직까지 정리되지 못한 것도 있다.

두 사람 중에서 코프가 과학계에서 훨씬 더 유명했다. 숨이 막힐 정도로 부지런했던 코프는 대략 1,400편의 논문을 통해서 공룡을 포함해서 1,300종의 새로운 화석을 발굴해냈다. 논문의 수와 발굴했던 화석의 수가 모두 마시가 한 것의 두 배에 가까웠다. 코프가 말년에 다른 일에 몰두하지 않았더라면 더 많은 성과를 거둘 수 있었을 것이다. 그러나 1875년에 유산을 물려받은 그는 미련하게도 은(銀)에 투자를 해서 모든 재산을 탕진했다. 그는 책과 논문과 화석으로 가득했던 필라델피아 판자촌의 단칸방에서 지내야만 했다. 반면에 마시는 뉴헤이븐의 화려한 저택에서 말년을 보냈다. 코프는 1897년에 사망했고, 마시는 그로부터 2년 후에 사망했다.

코프는 말년에 또다른 흥밋거리를 찾아냈다. 그는 진심으로 자신이 호모 사피엔스의 기준 표본으로 선정되기를 바랐다. 다시 말해서 자신의 유골이 인류를 대표하는 공식적인 것으로 인정받고 싶었다. 최초로 발견된 유골이 그 종의 기준 표본이 되는 것이 일반적이었지만, 인간의 경우에는 최초로 발견된 유골이 존재하지 않으므로 기준 표본이 설정되어 있지 않았고, 그 자리를 코프 자신이 차지하고 싶었던 것이다. 이상하기도 하고, 쓸데도 없는 희망이었지만, 아무도 반대할 명분을 찾지 못했다. 코프는 자신의 유골을 카스파 위스타의 후손들에 의해서 세워진 필라델피아의 학술단체였던 위스타 연구소에 기증하려고 했다. 그러나 그가 죽은 후에 준비되었던 유골에는 매독의 초기 증상이 발견되었기 때문에 인간의 기준 표본으로 선정될 수가 없었다. 결국 코프의 청원에도 불구하고 그의 유골은 지금까지도 조용히 보관되고 있다. 아직도 현생 인류의 기준 표본은 존재하지 않는다.

이 극적인 이야기의 등장인물이었던 오언은 코프나 마시보다 몇 년 앞선 1892년에 사망했다. 말년에 정신질환을 앓은 버클랜드는 맨텔이 사고를 당했던 곳에서 그리 멀지 않은 클래펌의 정신병원에서 추위에 떨다가 죽었다. 맨텔의 휘어진 척추는 거의 100년 가까이 헌터 박물관에 전시되어 있다가,

다행스럽게도 독일군의 대폭격으로 흔적도 없이 사라져버렸다.[35] 맨텔이 사망한 후에 남아 있던 그의 몇몇 유품들은 자식들에게 상속되었고, 1840년에 뉴질랜드로 이민을 갔던 아들 월터에 의해서 그곳으로 옮겨졌다.[36] 월터는 유명한 키위*로 원주민청의 관리가 되었다. 그는 1865년에 유명한 이구아노돈 이빨을 비롯한 아버지의 유품들을 오늘날 뉴질랜드 박물관이 된 웰링턴의 콜로니얼 박물관에 기증했다. 그 유물들의 대다수는 지금도 그곳에 전시되어 있다. 그러나 모든 것의 시작이었고 화석학에서 가장 중요한 이빨이 되어버린 이구아노돈 이빨은 일반에게 공개되지 않고 있다.

물론 19세기의 위대한 화석 사냥꾼들이 죽었다고 해서 공룡 사냥이 끝난 것은 아니었다. 사실은 놀랍게도 이제 막 시작되고 있었다고 보아야 한다. 코프와 마시가 사망한 해의 중간에 해당했던 1898년에는 당시까지 밝혀졌던 어떤 화석보다도 더 중요한 화석이 발견되었다. 마시가 주로 찾아다녔던 와이오밍 주의 코모 블러프에서 몇 킬로미터 떨어지지 않은 본 캐빈 채석장에서의 일이었다. 주목을 받게 되었다는 표현이 더 적절할 수도 있다. 그곳의 언덕에서는 심하게 풍화된 수많은 화석들이 발견되었다. 사실 그 수가 너무 많아서 어떤 사람은 그것으로 오두막을 짓기도 했기 때문에 "본 캐빈"이라는 이름이 붙여지기도 했다.[37] 첫 두 해 동안에 50톤의 고대 유골이 발굴되었고, 그 후로 5-6년 동안에 수만 톤이 더 발굴되었다.

20세기에 들어서면서 화석학자들은 더욱 많은 양의 고대 화석을 확보하게 되었다. 그러나 그때까지도 그 화석들이 얼마나 오래된 것인가를 확인할 수 없었던 것이 문제였다. 더욱 고약했던 것은, 당시까지 공인되어 있던 지구의 나이로는 과거에 존재했던 것이 확실해 보였던 이언,† 대(代), 기(期) 등을 제대로 설명할 수가 없었다는 점이다. 지구의 나이가 위대한 켈빈 경이 주장했

* "뉴질랜드 사람"이라는 뜻.

† 지질시대 구분에서 가장 큰 단위로, 생물이 나타나기 전을 은생이언, 생물이 나타난 후를 현생이언이라고 한다.

듯이 정말 2,000만 년 정도에 불과하다면, 고대 생물들은 모두 거의 같은 지질학적 순간에 등장했다가 사라졌어야만 했다. 그런 해석은 분명히 앞뒤가 맞지 않았다.

켈빈 이외에 이 문세에 관심을 가졌던 다른 과학자들의 결론은 불확실성을 더욱 심화시켰을 뿐이었다. 더블린의 트리니티 칼리지에서 존경받던 지질학자였던 새뮤얼 호턴은 지구의 나이가 다른 사람의 추정치를 훨씬 뛰어넘는 23억 년이라고 주장했다. 그 수치가 너무 크다는 지적을 받은 그는 똑같은 자료를 이용해서 다시 계산을 했고, 이번에는 1억5,300만 년이라는 결과를 얻었다. 같은 트리니티 칼리지의 존 졸리는 에드먼드 핼리의 바다 소금 이론을 수정했지만, 틀린 가정을 너무 많이 도입했기 때문에 그의 결론은 더욱 절망적이었다. 지구의 나이가 8,900만 년이라는 그의 결과는 켈빈의 주장과 거의 같았지만, 현실적이지 못했다.[38]

19세기가 끝날 때까지도 그런 혼란은 계속되었고, 책에 따라서 캄브리아기의 복잡한 생물이 태어날 때부터 지금까지 300만 년, 1,800만 년, 6억 년, 7억9,400만 년, 24억 년 또는 그 중간의 어떤 숫자에 해당하는 세월이 흘렀다는 결론을 모두 찾을 수 있다.[39] 1910년까지도 미국의 조지 베커의 5,500만 년이라는 추정치가 가장 신뢰할 수 있었던 결과였다.

문제가 극도로 혼란스러웠을 때, 새로운 접근법을 이용한 아주 특별한 숫자가 등장했다. 어니스트 러더퍼드라는 건방지고 똑똑한 뉴질랜드 소년이 지구의 나이가 적어도 수억 년은 될 것이고, 어쩌면 그보다 훨씬 더 오래되었을 것이라는 확실한 증거를 제시했다.

놀랍게도 그가 제시했던 근거는 연금술이었다. 자연적이고, 자발적이고, 과학적으로 믿을 수 있고, 신비술과는 구별되는 것이었지만, 연금술이었음에는 틀림이 없었다. 뉴턴이 아주 틀린 것은 아니었음이 밝혀진 셈이었다. 물론 그것은 또다른 이야기이다.

제7장

근원적인 물질

화학이 정식 과학 분야로 정립되기 시작한 것은 옥스퍼드의 로버트 보일이 화학자와 연금술사를 처음으로 구별했던 「회의적 화학자」를 발간한 1661년부터였지만, 그 이후에도 화학은 엉뚱한 전환을 거듭하면서 느리게 발전했다. 18세기를 지나면서 양측의 학자들은 이상할 정도로 잘 지내고 있었다. 광물학에 대한 「지하의 물리학」이라는 놀라운 저술을 남겼던 독일의 요한 베허조차도 적당한 물질을 찾아내기만 하면 자신을 투명인간으로 만들 수 있다고 믿었다.[1)]

초기의 화학이 이상하고 때로는 우연한 발견에 의해서 정립되기 시작했다는 사실을 가장 잘 보여주는 것은 1675년 독일의 헤니히 브란트의 발견이었다. 무슨 이유 때문인지는 알 수 없지만, 브란트는 사람의 소변을 증류하면 금을 얻을 수 있다고 믿었다(색깔이 비슷하다는 사실도 중요한 이유였던 것 같다). 그는 지하창고에 50통의 소변을 모아서 몇 달 동안 저장했다. 그는 여러 가지 난해한 과정을 거쳐서 소변을 고약한 반죽으로 만든 후에 다시 반투명한 왁스로 변환시켰다. 물론 금을 얻지는 못했지만, 이상하고 흥미로운 일이 일어났다. 시간이 지나면서 그 물질이 빛을 내기 시작했던 것이다. 게다가 공기 중에 놓아두면 저절로 불이 붙기도 했다.

"불을 담고 있는"이라는 뜻의 그리스어와 라틴어 어원으로부터 유래된 인(燐, phosphorus)이라는 이름이 붙여진 그 물질의 상업적 가치는 매우 높았지만, 제조비용이 너무 비싸서 쓸모가 없었다. 인 30그램의 판매가격은 오늘

날의 가치로 환산하면 500달러 정도에 해당하는 6기니로, 금보다 훨씬 더 비쌌다.[2)]

처음에는 군인들로부터 원료를 얻었지만, 그렇게 해서는 산업적인 규모의 대량 생산은 불가능했다. 1750년대에 카를 셸레라는 스웨덴의 화학자가 고약한 냄새가 나는 소변을 사용하지 않고도 인을 생산하는 법을 알아냈다. 오늘날까지도 스웨덴이 성냥 생산의 대국이 될 수 있었던 것은 일찍부터 인에 대한 기술을 개발했기 때문이었다.

셸레는 독특한 사람이기도 했지만, 기막힐 정도로 운이 없었던 사람이기도 했다. 첨단 기구를 구입할 수 없을 정도로 가난한 약사였던 그는 염소, 플루오린, 망가니즈, 바륨, 몰리브데넘, 텅스텐, 질소, 산소의 여덟 가지 원소를 발견했지만, 그 업적을 하나도 인정받지 못했다.[3)] 아무도 그의 발견에 관심을 가지지 않거나, 독립적으로 같은 연구를 했던 다른 사람이 결과를 발표한 후에 그의 논문이 발표되기도 했다. 그는 암모니아, 글리세린, 타닌산처럼 유용한 화합물을 발견했고, 염소를 표백제로 사용할 수 있다는 사실을 알아낸 최초의 과학자였다. 그의 발견으로 엄청난 부자가 된 사람들도 있었다.

셸레의 유일한 단점은 그가 사용하던 모든 물질을 직접 맛보아야 한다는 고집이었다. 수은은 물론이고 자신이 발견했던 사이안산[青酸]도 예외가 아니었다. 사이안산은 독성이 매우 강한 물질로 알려졌고, 150년 후에 에르빈 슈뢰딩거가 자신의 유명한 사고실험(思考實驗)에 쓰기도 했던 물질이었다(제9장 참조). 셸레는 결국 자신의 무분별한 고집에 희생되고 말았다. 1786년에 겨우 43세였던 그는 실험대 앞에서 죽은 채로 발견되었다. 실험대 위에 있던 수많은 물질들이 모두 그를 죽음에 몰아넣기에 충분한 독약들이었다.

세상이 좀더 정의로웠고, 스웨덴어를 쓰는 사람들이 좀더 많았더라면, 셸레는 세계적인 명성을 얻었을 것이다. 그러나 대부분의 성과는 영어를 사용하는 지역의 몇몇 유명한 사람들의 업적이 되고 말았다. 셸레는 1772년에 산소를 발견했지만, 여러 가지 놀라울 정도로 복잡한 이유 때문에 그의 논문은 제때에 발표되지 못했다. 독립적으로 연구를 하기는 했지만, 훨씬 뒤였던

1774년 여름에야 같은 원소를 발견한 조지프 프리스틀리가 그 공로를 인정받았다. 셸레가 염소 발견의 업적을 인정받지 못했던 일은 더욱 놀라웠다. 아직도 거의 모든 교과서는 염소를 발견한 사람을 험프리 데이비라고 소개하고 있다. 데이비가 염소를 발견했던 것은 사실이지만, 그의 발견은 셸레보다 36년이나 늦었다.

18세기 동안 어려운 과정을 거쳐서 뉴턴과 보일로부터 셸레, 프리스틀리, 헨리 캐번디시로 발전하기는 했지만, 아직도 갈 길은 멀었다. 18세기가 끝날 때까지도 모든 지역의 과학자들은 존재하지도 않는 물질을 찾으려고 애를 썼고, 실제로 그런 물질을 발견했다고 믿기도 했다(프리스틀리의 경우에는 더욱 오랫동안 그랬다). 오염된 공기, 플로지스톤(phlogiston)이 제거된 산(酸), 플록스,* 칼스,** 수륙 생물, 그리고 연소의 활성물질이라고 믿었던 플로지스톤과 같은 것이 모두 그런 예였다. 그 이외에도 무생물에게 생명을 불어넣어주는 힘인 엘랑 비탈(élan vital)이 어디엔가 존재할 것이라고 믿기도 했다. 누구도 그런 영묘한 존재가 있는 곳을 알지는 못했지만, 적어도 두 가지 사실은 밝혀냈다고 믿었다. 메리 셸리의 소설 「프랑켄슈타인」에 나오는 것처럼 사람에게 갑자기 전기를 흘려주면 깨어난다는 사실과, 어느 물질에는 존재하지만 다른 물질에는 존재하지 않는 것이 있다는 사실이었다. 그래서 화학은 그런 것을 가진 유기물과 그렇지 않은 무기물을 대상으로 하는 두 분야로 갈라지게 되었다.[4)]

화학을 현대의 수준으로 도약시키기 위해서는 통찰력을 가진 사람이 필요했고, 프랑스 사람이 바로 그런 계기를 마련해주었다. 그의 이름은 앙투안-로랑 라부아지에였다. 1743년에 태어난 라부아지에는 낮은 계급의 귀족 출신이었다(그의 아버지가 돈을 주고 작위를 샀다). 그는 1768년에 사람들이 몹시 싫어했던 페르므 제네랄이라는 징세 청부업 회사의 경영에 참여했다. 정부를 대신해서 세금과 수수료를 징수하는 일을 하는 회사였다. 라부아지에

---

* 물질이 타고 남은 재.

** 금속회(灰).

자신은 어떤 면으로 보더라도 온화하고 공정한 사람이었지만, 그의 회사는 전혀 딴판이었다. 부자에게는 세금을 걷지 않고 가난한 사람들에게만 세금을 부과했고, 그나마도 원칙이 없었다. 그러나 라부아지에의 입장에서는 그런 회사를 통해서 자신이 가장 좋아하던 과학 연구에 필요한 재원을 얻을 수 있었다. 한창 사업이 번성할 때에 그의 개인 수입은 연간 15만 리브르에 이르렀다. 오늘날의 화폐로 거의 2,000만 달러에 이르는 수입이었다.[5]

넉넉한 수입이 보장된 사업을 시작하고 3년 후에 그는 상급자의 열네 살 된 딸과 결혼을 했다.[6] 그 결혼은 진정한 마음과 가슴의 결합이었다. 라부아지에 부인은 예리한 지혜를 가진 여자였고, 남편을 도와서 좋은 결과를 얻도록 해주었다. 바쁜 사업과 사교활동에도 불구하고, 두 사람은 하루에 다섯 시간 이상 과학 연구를 했다. 이른 아침 두 시간과 저녁 세 시간을 실험실에 보냈고, 두 사람이 "행복의 날"이라고 부르던 일요일에는 하루 종일 실험을 했다.[7] 라부아지에는 화약 감독관 일을 하고, 밀수꾼을 막기 위해서 파리 시 주변에 성을 쌓는 일을 감독했으며, 미터법을 제정하는 데에도 참여했고, 훗날 원소의 이름을 합의하는 근거가 되었던 「화학 명명법」을 공동으로 저술하기도 했다.

프랑스 왕립 과학원의 유력한 회원이었던 그는 최면술, 교도소 개혁, 곤충의 호흡, 파리의 수돗물 공급 등 다양한 문제에 대한 상당한 지식과 관심이 필요했다. 전망이 밝은 젊은 과학자가 과학원에 제출한 새로운 연소 이론에 대해서 라부아지에가 부정적인 의견을 발표했던 1780년에 그는 바로 그런 위치에 있었다.[8] 그 이론은 실제로 틀린 것이었지만, 그 사람은 라부아지에를 절대 용서하지 않았다. 그의 이름은 장-폴 마라였다.

라부아지에는 유일하게 원소를 발견하는 일에는 성공하지 못했다.[9] 당시에는 비커와 불꽃과 흥미로운 가루를 가진 사람이라면 누구나 무엇인가 새로운 것을 발견할 수 있었던 것 같았고, 지금 알려진 원소들 중의 3분의 2가 발견되지 않았지만 라부아지에는 단 하나의 원소도 발견하지 못했다. 비커가 모자라서 그랬던 것은 분명히 아니었다. 라부아지에는 파격적으로 훌륭한 개인 실험실에 무려 1만3,000개의 비커를 가지고 있었다.

그 대신 그는 다른 사람들의 발견들을 분명하게 이해했다. 그는 플로지스톤과 독성 공기 이론을 부정해버렸다. 그는 산소와 수소가 무엇인지를 밝혀내고 현대적인 이름을 붙여주었다. 간단히 말해서 그는 화학을 엄밀하고, 분명하게 만들었고, 연구하는 방법을 정립해주었다.

그리고 그의 훌륭한 기구들은 실제로 아주 유용했다. 몇 년에 걸쳐서 그와 라부아지에 부인은 가장 정교한 측정이 필요한 극도로 정확한 실험에 빠져 있었다. 예를 들면 그들은 모든 사람들이 믿었던 것과는 달리 쇠가 녹이 슬면 가벼워지는 것이 아니라 더 무거워진다는 놀라운 사실을 발견했다. 어떻게 그런지는 알 수 없었지만, 녹이 스는 물체는 공기에서 어떤 원소를 흡수하는 것이 확실했다.* 그 결과는 물질이 사라지는 것이 아니라 변환이 된다는 사실을 처음 밝혀낸 것이었다. 이 책을 태우면 책을 구성하는 물질이 재와 연기로 바뀌게 되지만, 우주에 있는 물질의 총량은 언제나 같다. 질량 보존이라고 알려진 그 결과는 혁명적인 것이었다. 그러나 불행하게도 그것은 다른 혁명과 같은 시기에 일어났다. 그것이 바로 프랑스 혁명이었고, 라부아지에는 혁명에서 패배한 쪽에 서 있었다.

라부아지에는 사람들이 증오하던 페르므 제네랄을 운영했을 뿐만 아니라, 파리를 봉쇄하는 성을 쌓는 일에도 열심히 참여했다. 반란을 일으켰던 시민들이 가장 먼저 공격한 것이 바로 그가 쌓은 성이었다. 1791년에 국민의회의 지도자가 된 마라는 그런 사실을 놓치지 않고 라부아지에를 공격했고, 사형에 처해야 한다고 강력하게 주장했다. 그 후 페르므 제네랄은 곧바로 폐쇄되었다. 얼마 지나지 않아서 마라는 그에게 구박을 받았던 샤를로트 코르데라는 젊은 여자에 의해서 목욕탕에서 살해되었지만, 라부아지에의 목숨을 구하기에는 너무 늦었다.

1793년에는 극에 달했던 공포정치가 더욱 극심해졌다. 10월에는 마리 앙

---

* 철이 녹스는 현상은 산소가 발견되면서 과학적으로 설명되었다. 그 이전에는 쇠가 녹슬면, 그 속에 들어 있던 플로지스톤이 빠져나가기 때문에 더 가벼워질 것이라고 예상했다.

투아네트가 단두대에서 사라질 예정이었다. 뒤늦게 스코틀랜드로 도망치려던 라부아지에 부부도 체포되었다. 5월에 라부아지에는 페르므 제네랄의 동료 31명과 함께 마라의 흉상이 걸려 있던 혁명재판소에서 재판을 받았다. 8명은 무죄로 석방되었지만, 라부아지에를 비롯한 나머지 사람들은 프랑스 단두대 처형 장소였던 혁명궁(오늘날의 콩코드 궁)으로 보내졌다. 라부아지에는 장인이 처형당하는 모습을 본 후에 단두대에 올라가서 사형되었다. 그로부터 석 달도 되지 않은 7월 27일에 프랑스 혁명의 지도자였던 로베스피에르도 같은 장소에서 처형당함으로써 공포정치가 막을 내렸다.

라부아지에가 처형당하고 100년이 지난 후에 그의 동상이 파리에 세워졌다. 그 동상은 누군가가 그 모습이 그와 전혀 닮지 않았다는 사실을 지적할 때까지 많은 사람들을 감탄시켰다. 결국 조각가는 자신이 가지고 있던 수학자이며 철학자였던 콩도르세 후작의 초상화를 근거로 동상을 제작했다고 실토했다. 그는 아무도 진실을 모를 것이라고 생각했고, 알더라도 상관하지 않을 것이라고 믿었다. 사실 그의 두 번째 짐작이 옳았다. 그로부터 반세기가 지나도록 콩도르세를 닮은 라부아지에 동상은 그 자리에 그대로 남아 있었다. 그러나 제2차 세계대전 중의 어느 날 아침에 그 동상은 고철로 녹여졌다.[10)]

1800년대 초에 영국에서는 "아주 즐거운 느낌"을 가지게 해주는 것으로 밝혀져서 웃음 기체라고도 부르게 된 산화이질소(N_2O)를 흡입하는 것이 유행했다.[11)] 거의 반세기 동안 웃음 기체는 젊은이들이 가장 좋아하는 약품이었다. 철학 연습회라는 학술 단체는 한동안 그 일에만 빠져 있었다. 극장에서도 "웃음 기체의 저녁"이라는 행사를 열었다.[12)] 관중들은 웃음 기체를 깊이 들이마신 자원자들의 우스꽝스러운 걸음걸이를 보고 즐겼다.

1846년이 되어서야 산화이질소를 마취제로 사용할 수 있다는 사실이 밝혀졌다. 산화이질소 기체를 가장 실용적으로 사용할 수 있는 방법을 찾아내기까지 얼마나 많은 환자들이 외과의사의 칼 때문에 불필요한 고통을 겪었는지 알 수도 없었다.

이런 사실을 소개하는 이유는 길고 힘든 18세기를 지나온 화학이 19세기 초에는 마치 20세기 초의 지질학과 마찬가지로 본연의 의미를 잃고 방황하고 있었음을 보여주기 위해서이다. 제대로 된 조직이 없었다는 것도 이유가 될 수 있었다. 예를 들면 19세기 후반에 원심 분리기가 개발되기 전에 할 수 있는 실험은 아주 제한되어 있었다. 또한 사회적인 이유도 있었다. 일반적으로 말해서 화학은 석탄, 잿물, 염료 등을 다루던 사업가들의 과학이었다. 신사들은 지질학과 자연사와 물리학에 더 많은 관심을 가지고 있었다(영국과 비교해서 유럽의 사정은 조금 달랐지만, 크게 다르지는 않았다). 19세기에 관찰된 가장 중요한 현상들 중의 하나였던 브라운 운동을 발견한 사람은 화학자가 아니라 스코틀랜드의 식물학자 로버트 브라운이었다는 것이 그런 사실을 잘 보여준다. 브라운 운동은 분자의 존재를 밝혀준 현상이었다(브라운이 1827년에 관찰했던 것은 물속에 떠 있는 꽃가루가 아무리 오래 기다려도 가라앉지 않고 무한히 떠서 움직인다는 사실이었다.[13] 그런 영구적인 움직임을 만들어 내는 보이지 않는 분자의 작용은 오랫동안 신비 속에 감추어져 있었다).

럼퍼드 백작이라는 화려할 정도로 기발한 사람이 아니었더라면 사정은 더욱 나빴을 것이다. 멋진 작위에도 불구하고 그는 1753년에 매사추세츠 주의 워번에서 평범한 벤저민 톰슨으로 태어났다. 그는 기세당당하고 야망에 차 있었으며, "멋진 성격과 모습"을 가지고 있었고, 용감하기도 했으며, 놀라울 정도로 총명했지만, 양심의 가책 같은 것에는 아무 관심이 없었다. 그는 열아홉 살에 자신보다 열네 살이나 연상이었던 부유한 미망인과 결혼을 했지만, 미국에서 혁명이 일어났을 때는 영국 편을 들어서 한동안 영국을 위해서 첩보활동을 하기도 했다. 1776년에 "자유에 대해서 열의가 없다"는 이유로 체포될 위기에 처한 그는 부인과 아이들을 버려둔 채로, 뜨거운 기름통과 새털 주머니로 무장한 반군들을 피해서 도망쳐버렸다.[14]

그는 처음에는 영국으로 도망쳤다가, 독일로 가서 바이에른 정부의 군사고문으로 일했다. 관리들에게 좋은 인상을 주었던 그는, 1791년에 신성 로마 제국의 럼퍼드 백작이 되었다. 그는 뮌헨에 영국 정원이라는 유명한 공원을 설계하고 건설하기도 했다.

그런 일을 하는 동안에도 그는 진정한 과학실험을 할 여유를 가질 수 있었다. 그는 열역학 분야의 세계적 권위자가 되었고, 유체의 대류와 해류의 순환 원리를 처음으로 규명했다. 그는 커피 메이커, 보온 내의, 그리고 지금도 사용되는 럼퍼드 난로를 비롯한 몇 가지 유용한 물건을 발명하기도 했다. 프랑스에 체류하고 있던 1805년에는 앙투안-로랑의 미망인이 되었던 라부아지에 부인에게 구혼해서 결국은 결혼했다. 그러나 그 결혼은 실패했고, 두 사람은 곧 이혼을 했다. 럼퍼드는 계속 프랑스에서 그의 전처들을 제외한 다른 모든 사람들의 존경을 받으며 살다가 1814년 그곳에서 사망했다.

그러나 여기에서 그를 소개하는 이유는 영국에 잠깐 동안 머물렀던 1799년에 그가 왕립 연구소를 설립했기 때문이다. 18세기 후반과 19세기 초에 영국에서는 수많은 학술단체들이 설립되고 있었다. 한동안 왕립 연구소는 새로 등장하던 화학을 연구하는 유일한 연구소였다. 연구소가 설립된 직후에 연구소의 화학 교수로 임명되었고, 저명한 강연자이면서 생산적인 연구자로 명성을 얻게 된 험프리 데이비의 많은 기여가 있었다.

데이비는 취임한 직후부터 포타슘, 소듐, 마그네슘, 칼슘, 스트론튬, 알루미늄†을 비롯한 원소들을 발견하기 시작했다. 데이비가 그렇게 많은 원소들을 발견하게 된 것은 그가 특별히 부지런했기 때문이 아니라 용융(溶融)된 물질에 전기를 흘려주는 천재적인 기술인 전기 분해 방법을 개발했기 때문이었다. 그는 모두 합쳐서 당시에 알려졌던 원소들의 20퍼센트에 해당하는 12개의 원소를 발견했다. 만약 젊은 데이비가 웃음 기체에 깊이 빠져들지 않았더라면 더 많은 원소들을 발견했을 수도 있었을 것이다. 그는 웃음 기체에 너무 깊이 중독되어서, 하루에 거의 서너 차례씩 흡입을 해야만 했다. 그가

---

† 알루미늄을 "aluminum" 또는 "alumninium"이라고 쓰게 된 이유는 데이비답지 않은 우유부단함 때문이었다. 그는 1808년에 처음 발견한 알루미늄을 "alumium"이라고 불렀다. 어떤 이유에서인지 그는 마음을 바꾸었고, 4년 후에는 "aluminum"이라고 부르기 시작했다. 미국에서는 그의 의견을 그대로 따랐지만, 영국 사람들은 소듐, 칼슘, 스트론튬처럼 "-ium"이라는 어미와 어긋난다는 이유로 새로운 표기법 대신에 "aluminium"이라는 표기법을 쓰기 시작했다.

1829년에 사망했던 것도 웃음 기체 때문이었던 모양이다.

다행히도 다른 곳에서 제정신으로 일을 하던 사람이 있었다. 1808년에 존 돌턴이라는 완고한 퀘이커 교도가 처음으로 원자의 본질을 알아냈고(뒤에 더 자세하게 설명할 것이다), 1811년에는 쿠아레쿠아와 케레토 백작이었고, 로렌초 로마노 아마데오 카를로 아보가드로라는 멋진 오페라식 이름을 가진 이탈리아 사람이 아주 중요한 법칙을 발견했다. 같은 압력과 온도에서 같은 부피의 통에 들어 있는 기체에는 기체의 종류에 상관없이 같은 수의 분자가 들어 있다는 법칙이다.

아보가드로 법칙이라고 알려지게 된 이 법칙은 두 가지 점에서 주목할 필요가 있다. 첫째, 이 법칙은 원자의 크기와 질량을 정확하게 측정할 수 있는 길을 열어주었다. 화학자들은 아보가드로의 수학을 이용해서 결국 원자의 지름이 정말 작은 0.00000008센티미터라는 사실을 밝혀냈다.[15)] 둘째로는, 거의 50년 동안 아무도 아보가드로의 놀라울 정도로 단순한 법칙을 모르고 있었다는 점이다.†

그렇게 된 것은 아보가드로 자신이 매우 소극적이었기 때문이었다. 그는 혼자 일을 했고, 동료 과학자들과 교류를 하지도 않았고, 논문도 많이 발표하지 않았으며, 학술회의에도 참석하지 않았다. 그러나 사실 당시에는 그가 참석할 만한 회의도 많지 않았고, 화학 분야의 학술지도 많지 않았다. 화학의 발전으로 산업혁명이 일어나게 되었지만, 화학이 수십 년 동안 체계적인 과학으로 자리잡지 못했다는 사실은 매우 특이한 일이다.

---

† 이 법칙 덕분에 아보가드로가 사망하고도 오랜 세월이 흐른 후에 화학 측정의 기본 단위가 된 아보가드로 수가 정립되었다. 아보가드로 수는 수소 기체 2.016그램(또는 그것과 같은 부피를 가진 다른 기체) 속에 들어 있는 분자의 수에 해당한다. 그 값은 엄청나게 큰 6.0221367×10^{23}이다. 화학을 배우는 학생들은 오래 전부터 재미로 그 숫자가 얼마나 큰가를 계산해왔다. 그 숫자는 미국 전체를 14.4킬로미터 두께로 덮을 수 있는 팝콘 알갱이의 수, 태평양에 있는 물을 컵에 담기 위해서 필요한 컵의 수, 또는 지구 전체를 320킬로미터의 두께로 덮을 수 있는 청량음료 캔의 수에 해당한다. 미국의 1페니 동전을 아보가드로 수만큼 모으면 지구상의 모든 사람들이 1조 달러씩을 나누어 가질 수 있게 된다. 정말 큰 숫자이다.('아보가드로 수'라는 이름은 1909년 프랑스의 물리학자 장 페랭의 제안으로 붙여졌고, 국제도량형총회에서는 2019년부터 아보가드로 수를 $6.02214076 \times 10^{23}$의 값을 가진 물리상수로 정의할 예정이다/역주)

런던 화학회는 1841년이 되어서야 조직되었고, 1848년에야 정기적인 학술지를 발간하기 시작했다. 그때는 이미 지질학회, 지리학회, 동물학회, 원예학회, (박물학자와 식물학자들의) 식물분류학회와 같은 영국의 학술단체들은 적어도 20년 이상의 역사를 가지고 있었다. 경쟁 상대였던 화학 연구소도 미국 화학회가 조직된 다음 해인 1877년에야 만들어졌다. 화학이 조직화되는 것이 너무 느렸기 때문에, 1811년의 아보가드로의 중요한 발견이 널리 알려지게 된 것도 1860년에 카를스루에에서 최초의 국제 화학 학술대회가 개최된 후부터였다.

화학자들은 오랫동안 고립되어서 연구를 했기 때문에 공통의 관습도 뒤늦게 만들어졌다. 19세기 말까지만 하더라도, H_2O_2라는 기호가 물을 나타내기도 했고, 과산화수소를 나타내기도 했다.[16] C_2H_4는 에틸렌을 나타내기도 했지만 습지에서 나오는 기체인 메탄이라고 생각하는 화학자도 있었다. 어느 곳에서나 공통으로 사용되는 분자의 이름도 거의 찾아볼 수 없었다.

화학자들은 또한 황당할 정도로 다양한 기호와 약어들을 사용했고, 그 대부분은 스스로 만들어서 자신만이 사용하는 것들이었다. 스웨덴의 J. J. 베르셀리우스가 당시에 꼭 필요했던 일관성 있는 방법을 제안했다. 그리스어나 라틴어의 이름을 근거로 원소를 나타내는 약자를 결정하자는 그의 제안에 따라서 철은 Fe(라틴어의 ferrum), 은은 Ag(라틴어의 argentum)로 결정되었다. 질소(nitrogen)의 N, 산소(oxygen)의 O, 수소(hydrogen)의 H처럼 많은 원소 기호들이 영어 이름에서 유래된 것처럼 보이는 것은 영어가 월등한 위치에 있었기 때문이 아니라 라틴어에서 파생된 언어였기 때문이다. 베르셀리우스는 분자를 구성하는 원자의 수를 나타내기 위해서 H^2O처럼 위 첨자를 쓸 것을 제안했지만, 특별한 이유는 없었다.[17] 결국 H_2O처럼 아래 첨자를 쓰는 것이 유행이 되어버렸다.

가끔씩 정리가 되었음에도 불구하고, 19세기 후반까지도 화학은 매우 혼란스러운 상태로 남아 있었다. 그래서 사람들은 1869년에 드미트리 이바노비치 멘델레예프라는 상트페테르부르크 대학의 독특하고 정신나간 사람처럼 보이는 교수가 명성을 얻게 된 것을 반기게 되었다.

멘델레예프는 1834년에 시베리아 서쪽 끝에 있는 토볼스크에서 출생했다. 그의 집안은 고등교육을 받았고, 상당히 부유했으며, 대가족을 이루고 있었다. 사실은 가족의 규모가 너무 커서 형제가 몇 명이 있었는지조차도 정확하게 알려져 있지 않다. 형제의 수가 14명이라는 기록도 있고, 17명이라는 기록도 있다. 그러나 드미트리가 막내였다는 사실은 확실하다. 멘델레예프 가족이 항상 운이 좋았던 것은 아니었다.[18] 드미트리가 어렸을 때, 지역학교의 교장이었던 그의 아버지는 시력을 잃었고, 어머니는 일자리를 잃어버렸다. 유별난 여성이었음에 틀림없었던 그의 어머니는, 성공적으로 운영되는 유리공장의 감독 자리를 얻을 수 있었다. 그러나 그 공장이 1848년에 화재로 불타버리면서 넉넉한 가정형편은 매우 어려워졌다. 막내를 교육시켜야 한다는 집념이 강했던 불굴의 멘델레예프 부인은 아들 드미트리를 무임승차로 6,400킬로미터나 떨어진 상트페테르부르크로 데리고 가서 그곳의 교육학 연구소에 입학시켰다. 런던에서 적도 기니까지와 맞먹는 거리였다. 피로에 지쳤던 그녀는 곧바로 사망했다.

멘델레예프는 열심히 학업을 마쳤고, 지방대학에 취직을 했다. 그곳에서의 그는, 능력은 있었지만 엄청나게 뛰어난 화학자는 아니었다.[19] 오히려 그는 실험실에서의 능력보다는 1년에 한 번 정도 했던 이발 때문에 헝클어져 있던 머리와 수염으로 더 유명했다.

그는 35세였던 1869년부터 원소를 배열하는 방법에 대해서 연구하기 시작했다. 당시에는 원소들을 아보가드로 법칙을 이용한 원자량이나 금속이나 기체와 같은 공통적인 성질에 따라 두 가지 방법으로 분류했다. 멘델레예프의 획기적인 업적은 두 가지 방법을 통합해서 하나의 표를 만들 수 있다는 사실을 알아낸 것이다.

과학에서 흔히 그렇듯이, 이미 그보다 3년 앞서서 존 뉴런즈라는 영국의 아마추어 화학자가 그런 방법을 예상했었다. 그는 원소들을 원자량에 따라서 나열하면 어떤 성질들이 여덟 번째마다 반복된다고 주장했다. 서로 조화를 이루는 원소들이 있다는 뜻이었다. 아직은 때가 너무 이르다는 사실을 고려하더라도, 뉴런즈가 그런 특성이 피아노 건반의 옥타브 배열을 닮았다고 해서 "옥타브 법칙"이라고 불렀던 것은 현명하지 못했던 일이었다.[20] 어쩌면 뉴런즈의 설명 방법에 문제가 있었을 수도 있겠지만, 당시에 그의 주장은 아주 터무니없는 것으로 여겨져서 웃음거리가 되고 말았다. 모임에 참석했던 사람들 중에서 넉살이 좋은 사람들은 그에게 원소들을 이용해서 짧은 노래를 연주할 수 있는가를 물어보기도 했다. 실망한 뉴런즈는 자신의 주장을 더 이상 펼치지 못했고, 결국은 화학 분야를 완전히 떠났다.

멘델레예프는 조금 다른 방식으로 접근해서 원소들을 7개씩 묶었지만 근본적으로는 같은 법칙을 찾아냈다. 갑자기 그의 주장이 기막힌 것처럼 보였고, 사람들도 놀라울 정도로 잘 이해했다. 원소들의 성질이 주기적으로 반복되기 때문에 그가 발견한 것을 주기율표(週期律表)라고 부르게 되었다.

멘델레예프는 종류와 번호에 따라서 카드를 행과 열로 늘어놓는 솔리테어라고 알려진 미국의 카드 놀이에서 아이디어와 끈기를 얻었다고 알려져 있다. 그는 카드 놀이에서와 비슷한 방법으로 원소들을 늘어놓고, 가로줄을 주기(週期)라고 부르고, 세로줄을 족(族)이라고 불렀다. 원소들의 그런 배열에서는 위-아래와 좌-우로 분명한 규칙성이 드러났다. 구체적으로 말해서, 세로줄에는 비슷한 화학적 성질을 가진 원소들이 들어갔다. 그래서 모두가 금속에 속하는 구리 밑에 은이 오고, 그 밑에는 금이 놓이게 되고, 기체에 속하는 헬륨, 네온, 아르곤이 같은 줄에 들어가게 된다(실제로는 학교에서 배워야 하는 원자가전자(原子價電子)*의 수가 주기율표에서 원소의 위치를 결정한다). 한편, 가로줄에는 원자핵에 들어 있는 양성자의 수에 해당하는 원자번호가 늘어나는 방향으로 원소들이 배열된다.

원자의 구조와 양성자의 중요성에 대해서는 다음 장에서 설명할 것이기 때문에 여기에서는 원소들을 체계적으로 늘어놓는 방법만 이해하면 된다. 수소는 1개의 양성자를 가지고 있기 때문에 원자번호가 1이고, 주기율표의 첫

* 원자의 전자배치 중에서 가장 바깥쪽에 있는 전자로 원자의 화학적 성질을 결정한다.

칸에 들어간다. 우라늄은 92개의 양성자를 가지고 있어서 주기율표의 거의 끝부분에 있는 원자번호 92에 해당하는 칸에 들어간다. 필립 볼이 지적했던 것처럼, 이런 뜻에서 화학은 번호를 세는 것으로 충분하다(원자번호와 원자량은 구별해야 한다. 원자의 질량을 나타내는 원자량은 원소가 가지고 있는 양성자와 중성자의 수에 의해서 결정된다).[21] 물론 그때까지도 알려지지 않았거나, 이해하지 못했던 것들이 많았다. 수소는 우주에서 가장 흔한 원소이지만, 그로부터 30년이 지날 때까지도 수소에 대해서 많이 알아내지는 못했다. 두 번째로 흔한 원소인 헬륨은 주기율표가 발견되기 1년 전에야 그 존재가 확인되었고, 그 전에는 그런 원소가 있을 것이라는 사실을 짐작도 하지 못했다. 이뿐만 아니라, 헬륨은 지구에서가 아니라 일식이 일어나는 동안에 분광기(分光器)*를 이용해서 태양에 그런 원소가 존재한다는 사실이 밝혀졌다. 그래서 그리스의 태양신인 헬리오스를 따라서 헬륨이라는 이름이 붙여졌다. 실제로 헬륨을 처음 분리한 것은 1895년이었다. 그럼에도 불구하고 멘델레예프의 발견으로 이제 화학은 튼튼한 근거를 마련하게 되었다.

주기율표는 대부분의 사람들에게는 추상적으로 그럴듯한 것에 지나지 않지만, 화학자들에게는 가장 훌륭한 질서와 명확함을 뜻하는 것이 된다. 「지구상 원소들의 역사와 용도」의 로버트 E. 크렙스에 따르면, "화학원소의 주기율표는 우리가 찾아낸 가장 정교한 조직표임에 틀림이 없다."[22]

오늘날 대략 "120개 정도"의 원소가 알려져 있다.[23]** 그중에서 92개는 자연에 존재하는 것이고, 나머지는 실험실에서 만들어진 것이다. 합성된 중금속 원소들은 100만 분의 1초 정도 동안만 존재하고, 실제로 그것을 검출했는가에 대해서 이의를 제기하기도 하기 때문에 정확한 숫자는 논란의 가능성이 있다. 멘델레예프의 시대에는 63개의 원소만이 알려져 있었다. 그는 당시에 알려진 원소만으로는 완전한 주기율표를 만들 수 없는 것으로 보아서 아직

---

* 물질에서 방출되거나 흡수되는 빛의 특성을 규명하는 실험 장치.

** 화학 분야의 국제기구인 "국제 순수 및 응용화학 연합(IUPAC)"에서 공식적으로 원소기호와 이름을 붙인 원소는 118종이다. 2018년에는 원자번호 113번 '니호늄(Nh)', 115번 '모스코븀(Mc)', 117번 '테네신(Ts)', 118번 '오가네손(Og)'의 존재를 공식적으로 인정했다.

발견되지 않은 원소가 있을 것이라고 짐작할 정도로 현명했다. 그의 주기율표는 새로 발견되는 원소가 들어갈 위치를 정확하게 예측했다.

아직까지도 원소의 원자번호가 어디까지 커질 수 있는가를 정확하게 알지는 못한다. 다만 원자번호가 168 이상인 것은 "추정에 불과할 뿐"이라고 생각된다.[24] 지금까지 확실한 것은 앞으로 어떤 원소가 발견되거나 상관없이 모두 멘델레예프의 주기율표에 정확하게 맞을 것이라는 사실이다.

19세기에 이루어진 업적 중에서 화학자들에게 놀라웠던 것이 또 있었다. 그 업적은 1896년에 우라늄 염(鹽) 덩어리를 서랍 속에 들어 있던 포장된 사진판 위에 아무렇게나 던져두었던 앙리 베크렐에 의해서 시작되었다. 얼마 후에 사진판을 꺼내본 그는 마치 빛에 노출된 것처럼 우라늄 덩어리의 흔적이 사진판에 새겨져 있는 것을 발견하고 깜짝 놀랐다. 우라늄 염이 알 수 없는 종류의 빛을 방출하고 있었던 셈이었다.

자신의 발견이 중요한 것일 수도 있다고 생각했던 베크렐은 이상한 일을 했다. 대학원 학생에게 그 이유를 알아보도록 맡겨버린 것이다. 다행히도 그 학생은 폴란드에서 얼마 전에 이민을 온 마리 퀴리였다. 갓 결혼한 남편 피에르와 함께 일하던 퀴리는 어떤 종류의 암석은 상당한 양의 에너지를 일정하게 방출하면서도 겉으로 보기에 크기는 물론이고 다른 어떤 성질도 달라지지 않는다는 사실을 발견했다. 부부는, 그 암석들이 아주 효율적인 방법으로 질량을 에너지로 변환시키고 있었다는 사실을 알아낼 수가 없었다. 물론 그런 사실은 10여 년이 지난 후에 아인슈타인이 설명을 하게 될 때까지는 아무도 이해할 수 없었다. 마리 퀴리는 그런 현상을 "방사능(放射能)"*이라고 불렀다.[25] 퀴리 부부는 그 연구를 하던 중에 두 종류의 원소를 발견했다. 하나는 그녀의 조국 이름을 따라서 폴로늄이라고 불렀고, 다른 하나는 라듐이라고 불렀다. 1903년에 퀴리 부부와 베크렐은 노벨 물리학상을 공동으로 수상했

---

* 원자핵이 분열되는 과정에서 알파선(헬륨의 원자핵), 베타선(고에너지 전자), 감마선(고에너지 전자기파 복사)이 방출되는 현상.

다(그 후 마리 퀴리는 1911년에 화학 분야에서 두 번째 노벨상*을 받음으로써 화학과 물리학에서 노벨상을 받은 유일한 과학자가 되었다).

몬트리올의 맥길 대학에 있던 뉴질랜드 출생의 젊은 어니스트 러더퍼드가 새로 밝혀진 방사성 물질에 관심을 가지게 되었다. 그는 프레더릭 소디라는 동료와 함께 작은 양의 물질에 엄청난 양의 에너지가 들어 있다는 사실과 지구가 뜨거운 이유가 대부분 그런 방사성 붕괴 때문이라는 사실을 밝혀냈다. 그들은 또한 방사성 원소가 붕괴되면 다른 종류의 원소가 된다는 사실도 발견했다. 우라늄 원자가 며칠 후에는 납 원자로 변해버릴 수 있다는 것이다. 그것은 정말 놀라운 사실이었다. 그것이 바로 연금술이었다. 아무도 그런 일이 자연에서 저절로 일어날 것이라고는 상상도 하지 못했다.

실용주의자였던 러더퍼드는 그런 현상을 유용하게 활용할 수 있을 것임을 알아낸 최초의 과학자였다. 그는 방사성 물질의 시료가 붕괴되어서 절반으로 줄어드는 데에 일정한 시간이 걸린다는 사실을 발견했다. 그것이 바로 잘 알려진 반감기(半減期)였고, 신뢰할 수 있을 정도로 일정한 속도로 일어나는 붕괴 현상을 일종의 시계로 이용할 수 있다는 사실을 깨달았다. 지금 현재 남아 있는 방사성 물질의 양과 그것이 얼마나 빠르게 붕괴되는가를 알면, 거꾸로 그 시료의 연대를 계산할 수 있다. 그는 우라늄 광석인 역청 우라늄광** 조각을 연구해서 그것이 7억 년이나 된 것이라는 사실을 밝혀냈다. 당시 사람들이 지구의 나이라고 믿었던 것보다 훨씬 오래된 것이었다.

러더퍼드는 1904년 봄에 런던의 왕립 연구소에서 강연을 했다. 105년 전에 럼퍼드 백작이 설립했을 때는 위풍당당한 단체였지만, 모두가 소매를 걷어붙이고 왕성하게 일하던 빅토리아 후기에 이르러서는 그런 전통은 아주 오랜 시절의 이야기처럼 보였다. 러더퍼드는 자신의 새로운 방사성 붕괴 이론에 대해서 강연을 하던 중에 역청 우라늄광 덩어리를 꺼내서 보여주었다. 재치가 있었던 러더퍼드는 그 자리에 켈빈이 졸면서 앉아 있다는 사실을 알

* 순수한 라듐을 분리한 공로로 받았다.

** 50-80퍼센트의 우라늄을 포함하고 있는 산화 우라늄 광물.

아차리고, 켈빈 자신이 지구의 내부에 새로운 종류의 열원(熱源)이 존재한다면 자신의 계산을 수정해야 한다고 주장했던 사실을 상기시켰다. 러더퍼드는 바로 그 새로운 열원을 발견했던 것이다. 방사능 덕분에 지구는 켈빈의 계산에서 얻었던 2,400만 년보다 훨씬 더 오래된 것임이 분명하게 밝혀졌다.

켈빈은 러더퍼드의 예의바른 발표를 주목하고 있었지만, 사실 그 내용을 인정하지는 않았다. 그는 결코 수정된 숫자를 인정하지 않았고, 죽는 날까지도 지구의 나이에 대한 자신의 연구가 가장 정확하고 중요한 과학적 기여라고 믿었다.[26] 자신이 열역학에서 남긴 업적보다 그것이 훨씬 더 위대한 성과라고 믿었다.

가장 과학적인 혁명이었음에도 불구하고 러더퍼드의 새로운 발견을 누구나 인정하지는 않았다. 더블린의 존 졸리는 1930년대에 사망할 때까지도 지구의 나이가 8,900만 년 이상일 수가 없다고 끈질기게 주장했다. 러더퍼드의 추정이 너무 길다고 걱정하는 사람들도 있었다. 붕괴의 정도를 측정하는 방사성 연대 측정법으로 지구의 실제 나이가 10억 년이 넘는다는 사실을 밝혀내기까지는 수십 년이 더 걸렸다. 과학이 올바른 길로 들어서기는 했지만, 아직도 먼 길을 가야만 했다.

켈빈은 1907년에 사망했다. 드미트리 멘델레예프도 같은 해에 세상을 떠났다. 켈빈과 마찬가지로 멘델레예프도 나이가 들면서 쇠퇴하기 시작했지만, 그의 말년은 평온하지 못했다. 멘델레예프는 점점 더 별나고 상대하기 어려운 사람이 되어갔다. 그는 방사선이나 전자를 비롯해서 새로운 것은 거의 대부분 인정하지 않았다. 그는 유럽 전역의 실험실과 강의실을 휘젓고 다니는 것으로 말년을 보냈다. 1955년에는 101번 원소에 그의 이름이 붙여져서 멘델레븀이 되었다. 폴 스트레턴은 그 이름이 "불안정한 원소에 적당한 것"이라고 했다.[27]

방사능은 물론 아무도 예측하지 못했던 방향으로 발전을 계속했다. 1900년대 초에 피에르 퀴리는 뼈에 심한 통증과 만성 피로감을 느끼는 방사선 질병의 징후를 경험하기 시작했고, 병은 계속 깊어만 갔다. 그는 1906년에 파리의 길을 건너던 중에 마차에 치여서 사망했기 때문에 그 병이 어떤 결과로 이어졌을까에 대해서는 확실하게 알 수가 없다.

마리 퀴리는 1914년에 파리 대학에 유명한 라듐 연구소를 설립하는 등의 일을 하면서 유명한 과학자가 되었다. 그녀는 두 번의 노벨상을 받았지만 과학원 회원이 되지는 못했다. 과학원의 회원이었던 나이든 사람들은 물론이고 프랑스 사회에서도 피에르가 사망한 이후에 기혼의 물리학자와 사랑에 빠졌던 그녀의 행동을 용납하기 어려웠던 것이 중요한 이유였을 것이다.

방사능처럼 신비로운 에너지원이라면 무엇인가 좋은 면이 있을 것이라고 생각하는 사람들이 많았다. 그래서 치약과 완하제(緩下劑)에 방사성 토륨을 넣기도 했고, 1920년대 말까지도 뉴욕 주의 핑거 레이크 지역에 있던 글렌 스프링스 호텔은 "방사성 미네랄 온천"으로 유명했었다(다른 곳도 많았을 것이 틀림없다).[28] 생활용품에 방사성 물질의 사용이 금지된 것은 1938년이 되어서였다.[29] 그러나 1934년에 백혈병으로 사망한 마리 퀴리에게는 너무 뒤늦은 조치였다. 방사능의 치명적인 효과가 오래 지속된다는 사실은 1890년대에 마리 퀴리가 사용했던 서류들과 요리 책에서도 밝혀졌다. 그녀의 실험 노트들은 납으로 밀폐된 통 속에 보관되어 있고, 보호복을 입은 사람들만 그것을 볼 수가 있다.[30]

초기 핵 과학자들이 그 위험성을 모른 채로 연구에 몰두했던 덕분에 20세기 초가 되었을 때는 지구가 유서 깊은 행성이라는 사실이 분명해졌다. 그러나 얼마나 오래되었는가에 대해서 확실하게 알게 되기까지는 반세기가 더 필요했다. 그 사이에 과학은 원자의 시대라는 새로운 시대로 접어들고 있었다.

제3부

새로운 시대의 도래

물리학자는 원자들이 원자에 대해서
생각하는 것처럼 생각한다.

— 익명

제8장

아인슈타인의 우주

19세기가 막을 내리던 때의 과학자들은 자신들이 자연계에 숨겨져 있는 신비의 대부분을 알아냈다는 만족감에 젖어 있었다. 몇 가지만 예로 들더라도 전기, 자기, 기체, 광학, 음향학, 속도론, 통계역학 등이 모두 정리가 되었다. X선, 음극선, 전자, 방사선 등을 발견했고, 옴, 와트, 켈빈, 줄과 에르그, 암페어 등의 단위도 만들어냈다.

물체를 진동하게 만들거나, 가속시키거나, 섭동(攝動)을 주거나, 증류를 하거나, 결합을 시키거나, 질량을 측정하거나, 기화시키는 일도 할 수가 있었고, 그 과정에서 여러 가지 보편적인 법칙들을 알아내기도 했다. 빛의 전자기장 이론, 리히터의 상호비례 법칙,* 샤를의 기체 법칙,** 결합 부피의 법칙,*** 열역학 제0법칙,**** 원자가 법칙,***** 질량작용의 법칙****** 등을 비롯해서 수를 헤아리기 어려울 정도로 많은 법칙들 모두가 그 시기에 발견된 중요하고 웅대한 법칙들이다. 세상이 전부 바뀌어버렸고, 천재들이 만들어낸 기계와 기구들 때문에 모든 사람들이 들떠 있었다. 이제 과학에서는 더 이상 알아낼 것이 없다고 믿었던 학자들도 있었다.

---

* 분자를 생성하는 원자들의 질량 사이에 간단한 비례 관계가 존재한다는 법칙.

** 기체의 부피가 온도에 비례한다는 법칙.

*** 분자를 형성하는 원자들의 부피 사이에 간단한 비례 관계가 존재한다는 법칙.

**** 두 물체 사이의 열적 평형을 정의하는 법칙.

***** 원소의 화학적 성질은 원자가 가지고 있는 전자들 중에서 가장 외곽에 있는 원자가전자들에 의해서 결정된다는 법칙.

****** 화학반응이 일어나는 속도는 반응물질 농도의 거듭제곱에 비례한다는 법칙.

1875년에 킬 출신의 젊은 독일인 막스 플랑크는 수학과 물리학 중에서 어느 것을 공부할 것인가를 고민하고 있었다. 사람들은 그에게 물리학 분야에서의 중요한 일은 모두 끝났으니 물리학을 선택하지 말라고 진심으로 조언을 해주었다. 새로 시작되는 세기에는 그런 결과들을 정리하고 수정하는 일이 남아 있을 뿐이고, 더 이상의 혁명이 일어날 가능성은 없다고 했다. 플랑크는 그런 말을 믿지 않았다. 그는 이론물리학을 공부했고, 몸과 마음을 바쳐서 열역학의 핵심인 엔트로피에 대해서 연구하기 시작했다. 야망에 찬 젊은이였던 그에게는 그 문제가 가장 전망이 밝은 것으로 보였다.† 그는 1891년에 자신의 결과를 발표했지만, 실망스럽게도 예일 대학의 윌러드 기브스라는 소심한 성격의 학자가 이미 엔트로피에 대한 중요한 연구를 발표했다는 사실을 알게 되었다.

대부분의 사람들은 그의 이름을 들어본 적도 없겠지만, 기브스는 매우 똑똑한 사람이었다. 그는 유럽에서 공부했던 3년을 제외한 평생을 코네티컷주의 뉴헤이븐의 집과 예일 대학을 연결하는 세 블록 안에서 사람들의 눈에 띄지 않는 조용한 삶을 살았다. 예일 대학에서 처음 10년 동안에는 봉급을 받지도 않았다(그는 다른 생계수단이 있었다). 대학에서 교수생활을 시작한 1871년부터 1903년에 사망할 때까지, 그의 강의에 관심을 가졌던 학생은 학기마다 한 명 정도에 불과했다.[1] 다른 사람들은 이해할 수 없는 자신만의 기호로 가득했던 그의 논문은 매우 어려웠다. 그러나 그의 난해한 수식 속에는 뛰어난 천재적 통찰력이 숨겨져 있었다.

윌리엄 H. 크로퍼의 말을 따르면, 기브스가 1875년부터 1878년까지 "불균일 물질의 평형에 대하여"라는 제목으로 발표했던 몇 편의 논문들은 "기체,

---

† 구체적으로 말해서 엔트로피는 계의 무질서도를 나타내는 척도이다. 대럴 에빙은 그의 「일반 화학」 교과서에서 카드 더미를 이용해서 엔트로피를 설명했다. 포장되어 있는 상태처럼, 그림의 종류에 따라서 A에서 킹까지 순서대로 나열되어 있는 카드는 질서 있는 상태에 해당한다. 카드를 섞으면 무질서한 상태가 된다. 엔트로피는 그런 상태의 무질서한 정도를 표현하는 것으로, 카드를 마음대로 섞을 때 특별한 배열이 얻어질 가능성을 알려주는 양이다. 물론 권위 있는 학술지의 논문을 제대로 이해하려면, 그런 일반적인 특성 이외에도 열적 불균일성, 격자 간격, 화학양론적 관계와 같은 개념들에 대해서도 알아야만 한다.

혼합물, 표면, 고체, 상변화(相變化)……화학반응, 전기화학 전지, 침전, 삼투현상" 등에 관계된 거의 모든 열역학 법칙들을 놀라울 정도로 명백하게 설명해주었다.[2] 기브스의 연구 덕분에 열역학이 크고 시끄러운 증기기관의 열과 에너지에만 적용되는 것이 아니라, 화학반응을 원자 수준에서 이해하는 데에도 핵심적인 역할을 할 수 있다는 사실이 밝혀졌다.[3] 기브스가 발간한 「평형」은 "열역학 분야의 「프린키피아」"라고 알려졌지만, 그는 무슨 까닭에서인지 자신의 기념비적인 업적을 코네티컷 주에서조차도 찾아보기 어려웠던 「코네티컷 예술과학원 회보」에 싣기로 했다.[4] 플랑크가 너무 늦게 그에 대한 소문을 듣게 되었던 것은 당연한 일이었다.

조금은 낙심했겠지만, 플랑크는 개의치 않고 다른 문제에 매달리기 시작했다.[†] 그가 관심을 가졌던 문제들에 대해서 알아보기 전에, 잠시 오하이오 주의 클리블랜드에 있던 당시 케이스 응용과학대학을 살펴보아야 한다. 1880년대에 앨버트 마이컬슨이라는 중년의 물리학자가 친구인 화학자 에드워드 몰리와 함께 그곳에서 실험을 하고 있었다. 실험의 결과는 이상하고 혼란스러운 것이었지만, 앞으로 설명하게 될 문제와 깊은 관계가 있었다.

마이컬슨과 몰리는 전혀 뜻밖에도 가상적인 에테르(ether)의 존재를 부정하는 결과를 얻었다. 오래 전부터 우주에는 안정하고, 눈에 보이지도 않으며, 질량과 마찰도 없으면서 빛을 전달하는 에테르라는 매질이 가득 차 있다고 믿었다. 데카르트가 처음 제안하고, 뉴턴이 인정한 이후로 거의 모든 사람들이 철석같이 믿고 있었던 에테르는 19세기 과학에서도 빛이 텅 빈 공간을 어떻게 지나가는가를 설명하는 절대적이고 핵심적인 개념으로 인정받고 있었다. 특히 빛과 전자기파가 모두 진동의 일종인 파동이라는 사실이 밝혀졌

---

† 플랑크의 사생활은 매우 불행했다. 그가 사랑했던 첫 부인은 1909년에 세상을 떠났고, 두 아들 중 막내는 제1차 세계대전 중에 죽었다. 그는 쌍둥이 딸을 무척 귀여워했다. 그중의 한 딸은 출산 중에 사망했고, 언니의 아기를 돌보아주러 갔던 나머지 딸은 형부와 사랑에 빠져버렸다. 두 사람은 결혼했지만, 2년 후에 그녀도 역시 출산 중에 사망했다. 플랑크가 85세였던 1944년에는 연합군의 폭격으로 집이 파괴되면서, 논문과 일기를 비롯해서 평생 동안 모은 모든 것이 사라졌다. 이듬해에는 그의 막내아들이 히틀러 암살 계획에 참여했다는 죄로 체포되어서 사형을 당했다.

던 1800년대에는 그런 존재가 필수적이었다. 진동이 일어나기 위해서는 매질이 반드시 필요했기 때문에 에테르에 대한 집착은 절대적이었다. 영국의 위대한 물리학자 J. J. 톰슨은 1909년에 "에테르는 사변적(思辨的)인 철학적 논리로 만들어낸 괴상한 존재가 아니다. 그것은 우리가 숨 쉬는 공기처럼 필수적인 것이다"라고 주장하기도 했다. 그가 그런 주장을 했던 때는, 에테르가 존재하지 않는다는 사실이 거의 확실하게 밝혀지고도 4년이 지난 후였다. 사람들은 정말 에테르에 빠져 있었다.

앨버트 마이컬슨의 삶은 19세기의 미국이 기회의 땅이었다는 사실을 보여주는 좋은 본보기였다. 독일과 폴란드의 접경 지역에서 1852년에 가난한 유대 상인의 아들로 태어난 그는 어렸을 때 가족과 함께 미국으로 이주해서, 아버지가 의류 상점을 경영했던 캘리포니아 주의 금광 지역에서 성장했다.[5] 너무 가난해서 대학을 다닐 형편이 안 되었던 그는, 워싱턴 D. C.로 가서 산책을 나가는 율리시스 S. 그랜트 대통령과 함께 걸을 수 있는 기회를 만들기 위해서 매일 백악관의 정문 부근을 서성거렸다(아주 순진한 나이였던 것이 분명하다). 끈질긴 마이컬슨에게 깊은 감명을 받은 그랜트 대통령은 결국 그를 해군사관학교에 무료로 입학시켜줄 것을 약속했다. 마이컬슨이 물리학을 배운 것은 바로 그곳에서였다.

10년 후에 클리블랜드에 있는 케이스 대학의 교수가 된 마이컬슨은 공간을 지나가는 물체가 만들어내는 일종의 맞바람에 해당하는 에테르 편류(偏流)라는 것을 측정하는 일에 관심을 가지게 되었다. 뉴턴 물리학에 따르면, 에테르를 지나가는 빛의 속도는 관찰자가 광원으로 다가가는지 아니면 멀어지는지에 따라서 달라져야만 했다. 그러나 아무도 그 정도를 측정할 수 없었다. 지구가 반 년 동안은 태양을 향해서 움직이고, 나머지 반 년 동안은 태양으로부터 멀어지는 방향으로 움직인다는 사실을 깨달은 마이컬슨은 지구가 서로 반대되는 위치에 있는 계절에 빛의 속도를 정확하게 측정해서 비교하면 그 답을 알아낼 수 있을 것이라고 생각했다.

마이컬슨은 전화를 발명해서 부자가 된 알렉산더 그레이엄 벨을 설득해서, 빛의 속도를 매우 정확하게 측정할 수 있도록 고안한 간섭계(干涉計, interferometer)*라는 독창적이고 민감한 측정장치를 만드는 비용을 지원받았다. 그런 후에 그는 잘 알려지지 않은 천재였던 몰리와 함께 몇 년에 걸쳐서 세심한 측정을 반복했다. 그 작업은 아주 정교하고 힘이 드는 일이었다. 일시적이기는 했지만 지독한 신경쇠약 때문에 한동안 작업을 포기하기도 했으나 마이컬슨은 1887년에 드디어 원하던 결과를 얻게 되었다. 그러나 그 결과는 두 과학자가 처음부터 기대하던 것과는 전혀 다른 것이었다.

칼텍의 천체물리학자 킵 S. 손에 따르면, "빛의 속도는 방향과 계절에 상관없이 언제나 똑같았다."[6] 정확하게 200년 만에 처음으로, 뉴턴의 법칙이 언제나 어느 곳에서나 성립되는 것이 아닐 수도 있다는 사실을 암시해주는 결과였다. 윌리엄 H. 크로퍼의 표현에 따르면, 마이컬슨-몰리의 결과는 "물리학의 역사에서 가장 유명한 부정적인 결과였다."[7] 마이컬슨은 그 업적 덕분에 미국인으로는 최초로 노벨 물리학상을 받았지만, 20년을 기다려야 했다. 그러는 동안 마이컬슨-몰리의 실험은 과학의 뒷전에서 고약한 냄새처럼 불쾌하게 여겨져야만 했다.

마이컬슨은 자신의 놀라운 성과에도 불구하고 20세기 초까지도 과학 연구가 거의 마무리 단계에 이르렀다고 믿은 사람들 중의 한 명이었다는 사실은 놀랍다. 「네이처」에 실린 글에 의하면, 당시의 사람들은 "몇 개의 작은 탑을 더 쌓아올리고, 지붕에 붙일 몇 개의 조각품을 만들면 된다"고 생각했다.[8]

사실 인류는 많은 사람들이 아무것도 이해하지 못하고, 아무도 모든 것을 이해하지 못하는 과학의 세기로 들어서고 있었다. 과학자들은 입자와 반(反)입자들이 떠도는 어리둥절한 영역 속에서 방황하게 되었다. 나노초(10억 분의 1초)가 길고 지루하게 느껴질 정도로 짧은 시간에 물질들이 존재하다가 사라지는 것을 비롯해서 모든 것이 이상하게 보이는 세상이었다. 과학은, 물체를 눈으로 보고, 손으로 만지고, 측정할 수 있는 거시세계로부터 모든 일들이 상상도 할 수 없을 정도로 빠르게 진행되는 미시세계로 들어서고 있었다.

---

* 서로 다른 경로를 지나온 빛이 합쳐질 때 나타나는 간섭무늬를 분석하는 장치.

양자의 시대로 들어서고 있었던 것이다. 그 문을 처음 두드린 사람은 그때까지만 하더라도 불행한 삶을 살고 있던 막스 플랑크였다.

플랑크는 베를린 대학에서 이론물리학 교수로 재직하던, 42세가 되던 1900년에 에너지가 흐르는 물처럼 연속적인 것이 아니라 양자(量子, quantum)라고 부르는 개별적인 입자임을 밝힌 새로운 "양자론(quantum theory)"을 제창했다. 그것은 이전과 전혀 다른 새로운 개념이었고, 훌륭한 것이었다. 그의 이론은 곧바로 마이컬슨-몰리 실험의 수수께끼를 해결해주었다. 빛은 파동이 아니라는 사실을 증명했던 것이다. 그리고 먼 안목으로 보면, 그의 양자론은 현대 물리학 전체의 기초로 자리잡게 되었다. 어쨌든 그것은 세상이 바뀌게 될 것이라는 최초의 증거였다.

그러나 정말 새로운 시대의 시작을 알리는 기념비적인 사건은, 대학의 실험실이 아니라 베른의 국립 특허국 도서관에만 출입할 수 있었던 스위스의 젊은 관리가 「물리학 연보」라는 독일의 물리학 학술지에 몇 편의 논문을 발표한 1905년에 일어났다. 그는 베른의 특허국에서 3급 기술시험사로 일하고 있었다(2급 기술시험사로 승진시켜달라는 요청이 거부된 직후였다).

그의 이름은 알베르트 아인슈타인이었다. 그는 획기적이었던 그해에 「물리학 연보」에 다섯 편의 논문을 발표했다. C. P. 스노에 따르면, 그중의 세 편은 "물리학 역사상 가장 훌륭한 논문"이었다.[9] 한 편의 논문은 플랑크의 새로운 양자론을 이용해서 광전 효과(光電效果)를 검토한 것이었고, 다른 한 편은 부유 입자의 움직임, 즉 브라운 운동에 관한 것이었으며, 나머지 한 편은 특수 상대성 이론(special theory of relativity)에 관한 것이었다.

그의 첫 논문은 빛의 성질을 설명한 것으로 그에게 노벨상을 안겨주었다(그 덕분에 텔레비전이 만들어질 수 있었다).† 두 번째 논문은 원자가 정말

† 아인슈타인의 업적은 "이론 물리학의 발전에 기여한 공로"라고 조금 애매하게 표현되었다. 그는 1921년까지 16년을 기다려서 상을 받게 되었다. 모든 사실을 고려하면 상당히 긴 세월이었지만, 프레데리크 라인스나 독일의 에른스트 루스카와 비교하면 아무것도 아니었다. 1957년에 중성미자(中性微子, neutrino)를 검출한 라인스는 38년이 지난 1995년에 노벨상을 받았고, 1932년에 전자 현미경을 개발한 루스카는 반세기가 넘게 지난 1986년에 노벨상을 받았다. 사망

존재한다는 사실을 증명했다. 놀랍게도 원자의 존재에 대해서는 논쟁이 끊이지 않았다. 세 번째 논문은 세상을 완전히 바꾸어버렸다.

아인슈타인은 1879년에 독일 남부의 울름에서 태어나서 뮌헨에서 성장했다. 잘 알려져 있듯이 그는 세 살이 될 때까지도 말을 배우지 못했다. 1890년대에 아버지의 전기 사업이 실패하면서 가족들은 밀라노로 이사하고, 10대가 된 알베르트는 교육을 위해서 스위스로 갔다. 그는 첫 번째 대학입학 시험에 실패를 하기도 했다. 1896년에는 강제 징집을 피해서 독일 시민권을 포기하고, 고등학교 교사를 양성하는 취리히 공과대학의 4년 과정에 입학했다. 그는 똑똑하기는 했지만 뛰어난 학생은 아니었다.

1900년에 졸업을 한 그는 몇 달 후부터 「물리학 연보」에 논문을 발표하기 시작했다. 빨대에 들어 있는 유체의 물리학에 대한 그의 첫 논문은 플랑크의 양자론과 같은 호에 발표되었다.[10] 1902년부터 1904년까지는 통계역학에 대한 몇 편의 논문을 발표했다. 그러나 그는 자신이 발표한 결과가 미국의 코네티컷 주에서 조용히 연구하고 있던 J. 윌러드 기브스가 이미 1901년에 발간한 「통계역학의 기본 원리」에 실려 있다는 사실을 모르고 있었다.[11]

그는 동료 학생이었던 헝가리 출신의 밀레바 마리치와 사랑에 빠졌다. 그들은 결혼하기 전인 1901년에 딸을 낳았지만 입양을 보냈다. 그 후로 아인슈타인은 그 딸을 한번도 만나지 못했다. 그와 마리치는 2년 후에 결혼을 했다. 한편 아인슈타인은 1902년에 스위스 특허국에 취직해서 7년 동안 그곳에서 근무했다. 그는 그곳에서의 일을 좋아했다. 그 일이 마음에 들기는 했지만, 물리학을 포기할 정도로 매력적이지는 않았다. 특수 상대성 이론을 발표했던 1905년에 그는 그런 형편이었다.

"움직이는 물체의 전기동력학에 대하여"라는 논문은 지금까지 발표되었던 논문들 중에서 가장 뛰어난 것이었다.[12] 논문의 내용뿐만 아니라 형식도 그랬다. 각주나 인용문도 없었고, 수식도 거의 없었으며, 연구에 영향을 주었거

한 후에는 노벨상을 수여하지 않기 때문에 상을 받기 위해서는 천재성과 함께 수명도 중요하다.

나 앞서 이루어졌던 연구에 대한 언급도 없었다. 특허국에서 함께 근무하던 미셸 베소라는 친구가 도움을 주었다는 사실만 언급했을 뿐이다. C. P. 스노에 의하면 아인슈타인이 "누구의 도움을 받지도 않고, 다른 사람의 의견을 듣지도 않은 채로 완전히 자신의 생각에서 그런 결론을 얻은 것처럼 보인다. 실제로 그의 성과는 분명히 그렇게 얻어진 것이다."[13)]

$E=mc^2$이라는 그의 유명한 방정식은 그 논문이 아니라 몇 달 후에 발표된 짤막한 보충자료에 들어 있었다. 학교에서 배운 것처럼 이 식에서 E는 에너지를 나타내고, m은 질량, c^2은 빛의 속도를 제곱한 것이다.

간단히 말해서 이 식은 질량과 에너지가 동등하다는 의미를 담고 있다. 질량과 에너지는 존재의 두 가지 형식으로, 에너지는 물질을 해방시켜주고, 물질은 준비된 상태로 기다리는 에너지라는 뜻이다. 빛의 속도를 제곱한 c^2은 엄청나게 크기 때문에 이 식에 따르면 물질에 갇혀 있는 에너지의 양은 그야말로 엄청나다.[†]

특별히 건장하지 않더라도 평균 체격을 가진 성인이라면 몸속에 적어도 7×10^{18}줄(joule) 정도의 에너지를 가지고 있는 셈이다.[14)] 그것은 대형 수소 폭탄 30개 정도가 터질 때의 에너지와 비슷하다. 물론 그런 에너지를 방출시키는 방법이 필요하겠지만, 비유를 하자면 그렇다는 뜻이다. 세상에 존재하는 모든 것은 그런 정도의 에너지를 가지고 있다. 다만 우리는 그런 에너지를 활용하는 방법을 모르고 있을 뿐이다. 지금까지 만든 것 중에서 가장 큰 에너지를 가진 우라늄 폭탄의 경우에도 그 속에 포함된 총 에너지의 1퍼센트 이하를 방출시킬 수 있을 뿐이다.[15)]

아인슈타인의 이론은 얼음 조각처럼 녹아버리지도 않는 우라늄 덩어리가 어떻게 엄청난 에너지를 일정한 속도로 방출할 수 있는가를 설명해주었

---

† 빛의 속도를 c로 나타내게 된 이유는 정확하게 알 수 없지만, 데이비드 보더니스에 의하면 빠르다는 뜻을 가진 라틴어 켈레리타스(celeritas)에서 유래되었을 것이라고 한다. 아인슈타인의 이론이 제기되기 10년 전에 만들어진 「옥스퍼드 영어 사전」에는 c가 탄소에서부터 크리켓에 이르기까지 여러 가지를 나타내는 기호라는 설명은 있지만, 빛이나 빠르기를 나타내는 기호라는 설명은 없었다.

다($E = mc^2$에 따라서 아주 효율적으로 질량을 에너지로 전환시키기 때문이다). 별들이 수십억 년 동안 불타면서도 연료가 바닥나지 않는 이유도 설명해주었다(같은 이유 때문이다). 아인슈타인은 간단한 식을 통해서 지질학자와 천문학자들이 단번에 수십억 년을 이야기할 수 있도록 해주었다. 무엇보다도, 특수 상대성 이론은 빛의 속도가 일정하고 절대적이라는 사실을 밝혀주었다. 어떤 것도 빛의 속도를 넘어설 수가 없다. 그의 이론 덕분에 빛은 우주의 본질을 이해하기 위한 핵심적인 개념이 되었다(절대 농담이 아니다). 그뿐이 아니다. 빛을 전달해준다는 에테르가 존재하지 않는다는 사실을 명백하게 밝혀서 오랜 숙제를 해결해주었다. 아인슈타인 덕분에 우리는 그런 에테르가 필요 없는 우주를 가지게 된 셈이다.

당시의 물리학자들은 스위스 특허국의 하급 관리의 주장에 관심을 보이지 않는 것을 관행이라고 여겼다. 그래서 아무도 아인슈타인의 논문에 유용한 내용이 많이 담겨 있다는 사실을 알아채지 못했다. 아인슈타인은 우주의 심오한 신비를 밝혀냈음에도 불구하고 대학의 강사직조차 얻을 수가 없었다. 고등학교 교사가 되려던 꿈도 포기했다. 그는 3급 기술시험사의 일을 계속하면서 연구를 할 수밖에 없었다. 당시만 하더라도 그의 연구는 아직 완성 단계에 들어서지도 못하고 있었다.

갑자기 떠오르는 생각을 공책에 적어두느냐는 시인 폴 발레리의 질문에 아인슈타인은 깜짝 놀란 표정으로 그를 쳐다보았다. "아니요. 전혀 그럴 필요가 없습니다. 갑자기 생각이 떠오르는 경우가 거의 없답니다."[16] 아마도 아주 가끔씩 떠오르는 생각들이 정말 훌륭했던 모양이다. 아인슈타인의 다음 생각은 역사상 사람들이 떠올렸던 생각들 중에서도 가장 훌륭한 것이었다. 원자과학의 역사를 정리한 부어스, 모츠, 위버에 따르면 정말 그랬다. 그들에 따르면, "한 사람에 의해서 창조된 그의 이론은 인류가 지금까지 이룩한 가장 높은 수준의 지적 성과임이 틀림없다."[17] 물론 최고의 찬사였다.

기록으로 전해지는 이야기에 따르면, 아인슈타인은 1907년경에 지붕에서 일하던 인부가 땅으로 떨어지는 모습을 보고 중력에 대해서 생각하기 시작했다고 한다. 그런 이야기가 흔히 그렇듯이 그것도 역시 사실이라고 믿기는 어렵다. 아인슈타인에 따르면, 의자에 앉아 있던 중에 우연히 중력 문제를 생각하게 되었다고 한다.[18]

실제로 아인슈타인에게 떠올랐던 생각은 중력 문제에 대한 해답의 시작과도 같았다. 그는 처음부터 자신의 특수 상대성 이론에 무엇인가가 빠진 것이 있고, 그것이 바로 중력이라는 사실을 분명하게 알고 있었다. 특수 상대성 이론이 "특별했던" 이유는 속도가 줄어들지 않은 상태로 움직이는 물체를 대상으로 한다는 것이었다. 그렇다면 움직이는 물체가, 특히 빛이 중력과 같은 장애물을 만나면 어떻게 될까? 거의 10년 동안 그 문제와 씨름을 하던 그는 마침내 1917년 초에 "일반 상대성 이론에 대한 우주론적 고려"라는 논문을 발표했다.[19] 물론 1905년의 특수 상대성 이론도 엄청나게 중요한 업적이었지만, C. P. 스노가 지적했던 것처럼, 만약 아인슈타인이 특수 상대성 이론을 밝혀내지 못했더라도 다른 누군가가 아마도 5년 이내에 같은 결과를 얻었을 것이다. 그런 이론은 밝혀질 수밖에 없었다. 그러나 일반 상대성 이론(general theory of relativity)은 전혀 달랐다. 1979년에 스노는 "그의 이론이 없었더라면, 오늘날에도 우리는 그런 이론이 등장할 날을 기다리고 있었을 것"이라고 했다.[20]

헝클어진 머리에 파이프를 물고 있는 아인슈타인은 수수한 모습이었지만 너무나도 훌륭한 인물이었기 때문에 사람들의 눈에 띌 수밖에 없었다. 그는 전쟁이 끝난 1919년부터 갑자기 세상에 알려지기 시작했다. 그의 상대성 이론은 보통 사람들이 이해조차도 할 수 없는 것이라는 소문이 나돌기 시작했다. 「$E=mc^2$」이라는 훌륭한 책을 쓴 데이비드 보더니스가 지적했던 것처럼, 그에 대한 이야기를 싣기로 한 「뉴욕 타임스」가 골프 특파원이던 헨리 크라우치에게 인터뷰를 맡겼던 것이 사태를 더욱 고약하게 만들었다. 하필이면 그런 사람을 선택한 이유는 지금까지도 의문으로 남아 있다.

절망적일 정도로 전문성이 없었던 크라우치는 거의 모든 것을 엉터리로 보도했다.[21] 그의 엉터리 기사 중에는 아인슈타인이 "세상에서 이해할 수 있는 능력을 가진 사람"이 12명뿐인 자신의 책을 발간해줄 출판사를 찾아냈다는 내용도 있었다. 그런 책도 없었고, 그런 출판사도 없었으며, 그런 학자들도 없었다. 그럼에도 불구하고 그의 기사가 사실인 것처럼 알려졌다. 일반인들에게는 세계에서 상대성 이론을 이해할 수 있는 학자의 수가 훨씬 더 적다고 잘못 알려지기 시작했다. 그런 잘못된 인식을 바로잡기 위해서 과학계가 어떤 노력도 하지 않았던 것은 사실이었다.

어느 기자로부터 세상에서 아인슈타인의 상대성 이론을 이해할 수 있는 세 사람 중의 한 명인가라는 질문을 받은 영국의 천문학자 아서 에딩턴 경은 잠시 깊이 생각한 후에 "누가 세 번째 사람인가를 알아내려고 노력하고 있습니다"라고 대답했다고 한다.[22] 사실 상대성 이론의 문제는 미분 방정식이나 로렌츠 변환과 같은 복잡한 수학 때문이 아니라(사실은 아인슈타인도 그런 수학이 필요하기는 했다), 그것이 완전히 사람들의 직관에 어긋난다는 점이었다.

상대성 이론을 간단히 설명하면, 공간과 시간이 절대적인 것이 아니라 관찰자와 관찰되는 대상 모두에게 상대적인 것이며, 속도가 빨라질수록 그 차이가 더욱 커진다는 것이다.[23] 우리는 절대로 빛의 속도보다 빠른 속도로는 움직일 수가 없고, 우리가 더 빨리 가려고 노력할수록 외부의 관찰자가 보기에는 더욱더 왜곡된 것처럼 보인다.

과학 해설가들은 일반인들에게 그런 개념을 이해시키는 방법을 찾아내기 시작했다. 적어도 상업적으로 볼 때, 수학자이며 철학자였던 버트런드 러셀이 쓴 「상대성의 ABC」라는 책이 비교적 성공한 편이었다. 러셀이 도입한 이미지는 그 이후로 널리 알려지게 되었다. 그는 독자들에게 길이가 100미터인 기차가 빛의 속도의 60퍼센트로 움직이는 것을 상상해보도록 했다. 승강장에 서서 그 기차가 지나가는 것을 보는 사람에게는 그것의 길이가 80미터로 줄어든 것처럼 보이고, 기차 위의 모든 것도 같은 정도로 수축된 것처럼 보인다. 만약 기차 승객의 말을 들을 수 있다면, 녹음기를 느리게 틀어놓은 것처럼 말이 똑똑하게 들리지 않고 느리게 느껴지고, 승객들의 움직임도 마찬가지로 답답하게 느껴질 것이다. 기차에 있는 시계조차도 보통 속도의 5분의 4로 움직이는 것처럼 보일 것이다.

그러나 기차에 타고 있는 사람들은 그런 왜곡을 느끼지 못한다는 것이 핵심이다. 그들에게는 기차 위의 모든 것이 정상으로 보인다. 오히려 그들에게는 승강장에 서 있는 사람들이 이상하게 수축된 것처럼 느껴지고, 느리게 움직이는 것처럼 보인다. 움직이는 물체와 상대적인 관찰자의 위치가 문제라는 사실을 이해할 수 있을 것이다.

실제로 그런 효과는 움직일 때마다 나타난다. 미국을 횡단한 비행기에서 내리는 사람은 출발지에 남아 있는 사람들에 비해서 수천억 분의 1초 정도 젊어지게 된다. 방을 걸어다니더라도 시간과 공간에 대한 경험이 아주 조금씩 달라진다. 계산에 의하면 시속 160킬로미터로 던진 야구공이 홈 플레이트를 지날 때가 되면, 질량이 0.000000000002그램 정도 늘어난다.[24] 그러니까 상대성 효과는 실제로 존재하는 것이고, 그 크기도 측정이 되었다. 문제는 그런 변화가 우리가 알아내기에는 너무나도 작다는 것이다. 그러나 우주에 존재하는 빛, 중력, 그리고 우주 자체의 경우에는 그런 차이가 심각한 결과를 초래한다.

그러니까 상대성 이론이 이상하게 보이는 이유는, 우리가 일상생활에서 그런 경우를 경험하지 못하기 때문이다. 그러나 다시 보더니스의 말을 빌리면, 우리가 일상적으로 경험하는 상대성 효과도 있다.[25] 소리의 경우가 그렇다. 공원에서 누군가가 크게 틀어놓은 음악 소리가 먼 곳에서는 작게 들린다는 사실을 누구나 알고 있다. 음악 소리 자체가 작아졌기 때문이 아니라, 관찰자의 상대적인 위치가 바뀌었기 때문이다. 달팽이처럼 너무 작거나 느리게 움직여서 그런 경험을 하기 어려운 경우에는, 휴대용 라디오의 음량이 관찰자에 따라서 서로 다르게 느껴진다는 사실은 믿기 어렵다.

일반 상대성 이론의 개념들 중에서 우리의 직관에서 벗어나기 때문에 가장 이해하기 어려운 것은 시간이 공간의 일부라는 주장이다. 우리는 본능적으로 시간이 영원하고, 절대적이고, 불변의 것이라고 생각한다. 일정하게 짤까닥거리는 시간은 무엇으로도 방해할 수가 없다. 그런데 아인슈타인의 주장에 따르면 시간은 변화할 수 있는 것일 뿐만 아니라, 실제로 끊임없이 변화하고 있다. 시간은 모양도 가지고 있다. 스티븐 호킹의 표현을 빌리면, 시간은 3차원의 공간과 "풀어헤칠 수 없도록 서로 얽힌" 시공간(時空間)이라는 기묘한 차원을 만들어낸다.

시공간의 개념을 설명하는 일반적인 방법은, 매트리스나 고무판처럼 쉽게 휘어지는 평면 위에 쇠구슬처럼 무겁고 둥근 물체가 올려져 있는 경우를 상상하는 것이다. 쇠구슬이 놓여 있는 평면은 쇠구슬의 무게 때문에 조금 늘어나서 눌린다. 그런 현상이 바로 태양과 같은 무거운 물체(쇠구슬)가 시공간(물질)에 미치는 효과와 비슷하다. 무거운 물체가 시공간을 늘어나고, 휘어지고, 구부러지게 만든다. 만약 훨씬 더 작은 구슬이 같은 평면 위를 굴러간다면, 그 구슬은 뉴턴의 법칙에 따라서 직선으로 움직이려고 하겠지만, 무거운 물체 가까이에서는 아래로 늘어진 평면의 기울기 때문에 아래쪽으로 휘어지면서 무거운 물체 쪽으로 이끌리게 된다. 그것이 바로 시공간의 휘어짐에 의해서 생기는 중력이다.

질량을 가지고 있는 모든 물체는 우주의 평면에 약간의 짓눌림을 만들어낸다. 그래서 데니스 오버바이가 말했던 것처럼, 우주는 "결국 축 늘어진 매트리스와 같다."[26] 그런 관점에서 보면 중력은 결코 결과가 아니다. 물리학자 미치오 카쿠에 따르면 중력은 "'힘'이 아니라 휘어진 시공간의 부산물"이고, "어떤 의미에서는 중력이 존재하지도 않는다. 행성과 별들을 움직이게 만드는 것은 공간과 시간의 뒤틀림일 뿐이다."[27]

물론 늘어진 매트리스에 비유한 설명으로는 시간의 효과를 충분히 고려할 수 없기 때문에 한계가 있다. 그러나 3차원의 공간과 1차원의 시간이 격자 모양으로 짜인 실처럼 서로 얽혀 있는 공간을 상상하는 것이 거의 불가능하기 때문에 우리의 능력으로 이해할 수 있는 것도 그 정도에 불과하다. 어쨌든 스위스 수도에 있는 특허국 사무실의 창문을 내다보고 있던 젊은이가 생각해내기에는 놀라울 정도로 엄청난 것이라는 점에는 모두가 동의할 것이다.

무엇보다도 아인슈타인의 일반 상대성 이론은 우주가 팽창하거나 수축해야만 한다는 주장을 담고 있다. 그러나 우주론 학자가 아니었던 아인슈타인은 우주가 고정되어 있고, 영원하다는 일반적인 믿음을 그대로 인정했다. 그는 거의 반사적으로 자신의 식에 우주상수(宇宙常數, cosmological constant)라는 것을 포함시켰다. 중력의 효과를 의도적으로 상쇄시키는 그 상수는 수학적인 멈춤 버튼과 같은 것이었다. 과학의 역사를 다룬 책에서는 아인슈타인의 그런 실수가 용납되지만, 실제로 그것은 엄청난 실수였고, 아인슈타인도 그런 사실을 알고 있었다. 그는 그것을 "내 인생의 가장 큰 실수"라고 했다.

우연의 일치였지만, 아인슈타인이 자신의 이론에 우주상수를 포함시켰던 비슷한 시기에 애리조나 주의 로웰 천문대에서 일하던 베스토 슬라이퍼라는 우주적인 이름을 가진 인디애나 출신의 천문학자가 먼 곳의 별에서 오는 빛을 분광기로 분석하고 있었다. 그는 별들이 우리로부터 멀어지는 것처럼 보인다는 사실을 발견했다. 슬라이퍼가 관찰하고 있던 별들은 분명히 도플러 이동 현상†을 나타내고 있었다. 도플러 효과는 자동차 경기장에서 자동차가 지나갈 때 소리가 달라지는 것과 같은 현상으로 빛의 경우에도 적용된다. 멀어져가는 은하에서 나타나는 도플러 효과를 적색 편이(red shift)이라고 부른다(우리에게서 멀어져가는 빛은 스펙트럼의 붉은 쪽으로 이동하고, 다가오는 빛은 푸른 쪽으로 이동한다).

슬라이퍼는 최초로 빛에서 그런 효과를 관찰했고, 그것이 우주의 움직임을 이해하는 중요한 단서가 될 수 있다는 사실을 처음으로 인식했다. 기억하겠지만, 화성에 운하가 있다는 주장에 집착했던 퍼시벌 로웰 덕분에 1910년대에 건설된 로웰 천문대는 그 후로 모든 면에서 천문학 연구의 첨단 기지 역할을 하고 있었다. 슬라이퍼가 아인슈타인의 상대성 이론에 대해서 알지 못했

---

† 1842년에 그런 효과를 발견한 오스트리아의 물리학자 요한 크리스티안 도플러의 이름을 따서 붙여졌다. 간단히 설명하면, 움직이는 물체에서 나오는 음파가 사람의 귀처럼 정지해 있는 측정장치에 도달하게 되면, 어떤 물체를 움직이지 않는 벽을 향해 누르는 것과 마찬가지로 압축이 된다. 소리를 듣는 사람에게는 그런 압축 때문에 음정이 높아지는 것처럼 느껴지게 된다. 음원(音源)이 멀어지면 음파가 늘어져서 음정이 낮아진 것처럼 느껴진다.

던 것과 마찬가지로 사람들은 슬라이퍼의 성과를 알지 못했다. 그래서 그의 발견은 아무 영향을 남기지 못했다.

그 대신 영광은 자존심 덩어리였던 에드윈 허블에게 돌아갔다. 허블은 아인슈타인보다 10년 늦은 1889년에 오자크스 호숫가에 있는 미주리 주의 작은 마을에서 태어나서, 그곳과 시카고 외곽에 있는 휘턴에서 성장했다. 부모로부터 건강한 육체를 물려받은 에드윈은 보험회사를 운영하던 아버지 덕분에 넉넉한 생활을 했다.[28] 그는 건강하고 뛰어난 운동선수였고, 매력적이고, 똑똑하고, 아주 잘생겼다. 윌리엄 H. 크로퍼에 따르면, "아주 매력적"이었던 그를 "아도니스"라고 부르는 사람들도 있었다. 그는 자신이 매우 용감하다고 주장하기도 했다. 물에 빠진 수영객을 구하기도 했고, 프랑스의 전쟁터에서는 겁에 질린 사람들을 안전하게 구하기도 했으며, 시범경기에서 세계 챔피언 타이틀을 가진 권투 선수를 한 방에 쓰러트리기도 했다는 것이다. 모두가 사실이라고 믿기 어려운 이야기들이다. 뛰어난 재능을 가지고 있던 허블은 상습적인 거짓말쟁이이기도 했다.

허블이 어렸을 때부터 터무니없을 만큼 화려한 수상 경력을 가지고 있었다는 것은 믿기 어려울 정도였다. 1906년 고등학교 육상경기 대회에 참가한 그는 장대높이뛰기, 투포환, 투원반, 투해머, 제자리높이뛰기, 도움높이뛰기에서 우승을 했고, 1마일 이어달리기에서도 우승을 했다.[29] 7종 경기에서 우승을 했고, 멀리뛰기에서도 3등을 했다. 그해에 그는 높이뛰기에서 일리노이 주 기록을 세우기도 했다.

공부에서도 성공적이었던 그는 아무 어려움 없이 시카고 대학의 물리학과와 천문학과에 진학했다(우연히도 앨버트 마이컬슨이 당시의 학과장이었다). 그는 최초의 옥스퍼드 로즈 장학생으로 선발되었다. 3년 동안의 영국 생활은 그를 완전히 바꾸어놓았던 것이 틀림없다. 1913년에 휘턴으로 돌아온 그는 스코틀랜드의 인버네스 풍의 외투를 걸치고, 파이프 담배를 피우며, 이상할 정도로 허풍스러운 억양을 쓰기 시작했다. 영국식도 아니었지만, 그렇다고 해서 영국식이 아닌 것도 아닌 그의 이상한 버릇은 평생토록 바뀌지 않았다. 그는 훗날 1920년대의 대부분을 켄터키 주에서 변호사로 일했다고 주장했지만, 사실은 뒤늦게 박사학위를 받고 잠시 육군에 근무하기 전까지는 인디애나 주의 뉴올버니에서 고등학교 교사와 야구 코치로 일했다(그는 휴전이 되기 한 달 전에 프랑스에 도착했기 때문에 아마도 진짜 총소리는 한번도 들어본 적이 없었을 것이다).

그는 서른 살이었던 1919년에 캘리포니아 주로 가서 로스앤젤레스 근처의 윌슨 산 천문대에서 일을 하기 시작했다. 그리고 뜻밖에도 그는 20세기의 가장 뛰어난 천문학자가 되었다.

여기서 잠깐 당시 사람들이 우주에 대해서 알고 있던 것이 얼마나 적었는지를 살펴볼 필요가 있다. 오늘날의 천문학자들은 가시적인 우주에 아마도 1,400억 개의 은하가 있을 것이라고 믿고 있다. 엄청난 수이고, 상상보다 훨씬 더 큰 수이다. 만약 은하 하나가 냉동 콩 정도의 크기라고 하더라도, 그 정도의 수라면 옛날의 보스턴 가든이나 로열 앨버트 홀처럼 거대한 공연장을 가득 메울 수 있을 정도이다(브루스 그레고리라는 천체물리학자의 계산 결과이다). 허블이 처음 망원경을 들여다보기 시작한 1919년에 우리에게 알려진 은하는 우리의 은하(은하수) 하나뿐이었다. 별들은 모두 은하의 일부이거나 멀리 떨어진 주변의 기체 덩어리라고 여겼다. 허블은 그런 생각이 틀렸다는 사실을 밝혀냈다.

그로부터 10년 동안 허블은 우주가 얼마나 오래되었고, 얼마나 큰가라는 두 가지 가장 근본적인 문제에 도전했다. 그 문제를 해결하기 위해서는 두 가지 사실을 밝혀내야만 했다. 은하들이 서로 얼마나 멀리 떨어져 있고, 그것들이 우리로부터 얼마나 빨리 멀어져가고 있는가(후퇴 속도)를 말이다. 적색편이는 은하가 멀어져가는 속도를 가르쳐주기는 했지만, 은하가 얼마나 멀리 있는가를 알려주지는 못했다. 그것을 알아내기 위해서는 밝기를 분명하게 알고 있는 "표준 촛불"이 필요했다. 그런 기준이 있어야만 다른 별들의 밝기(와 상대적인 거리)를 정확하게 측정할 수 있다.

허블에게는 얼마 전에 헨리에타 스완 레빗이라는 천재적인 여성이 그 방법을 알아낸 것이 큰 행운이었다. 레빗은 하버드 대학 천문대에서, 그들의 표현처럼 컴퓨터로서 일하고 있었다. 별들의 사진을 보고 계산하는 일을 하는 사람들을 컴퓨터(computer)라고 불렀다. 그 일은 다른 말로 표현하면 고역이었지만, 당시 하버드는 물론이고 대부분의 천문대에서 여성에게 맡겼던 일들 중에서 실제 천문학에 가장 가까운 것이었다. 바람직한 것은 아니었지만, 그런 관행에도 뜻밖의 장점이 있었다. 여성들이 그런 식으로라도 의미있는 일에 참여할 수 있었고, 그 결과 남성들이 압도하던, 우주의 자세한 구조를 밝히는 일에서 여성의 이름을 남길 수 있게 되었다.

역시 컴퓨터로서 일하면서 별들에 대한 오랜 경험을 쌓은 애니 점프 캐넌이 고안한 항성 분류체계는 오늘날에도 사용될 정도로 실용적이다.[30] 레빗의 업적은 그보다 더 중요했다. 그녀는 (처음 발견되었던 케페우스 자리의 이름을 따른) 세페이드 변광성(Cepheid variable)이라고 알려진 형태의 별이 마치 별들의 심장 박동처럼 일정한 리듬으로 진동한다는 사실을 알아냈다. 세페이드 변광성은 많지는 않지만 그중의 하나는 널리 알려져 있다. 북극성이 바로 세페이드 변광성이다.

오늘날에는 세페이드 변광성들이 천문학 용어로 "주계열성"을 지나서 적색 거성(赤色巨星)으로 발전하고 있는 늙은 별이기 때문에 그렇게 진동하고 있다는 사실이 밝혀져 있다.[31] 적색 거성을 이해하려면 1차 이온화된 헬륨 원자의 성질 등을 비롯해서 많은 지식이 필요하기 때문에 여기서 설명하기에는 너무 복잡하다. 그러나 간단히 말하면 남아 있는 연료를 모두 태우는 과정에서 아주 규칙적으로 밝아졌다가 어두워지는 과정을 반복하고 있는 상태이다. 천재였던 레빗은 하늘의 다른 곳에 있는 세페이드 변광성들의 상대적인 크기를 비교하면 서로 얼마나 떨어져 있는지를 알아낼 수 있다는 사실을 깨달았다. 그렇다면 세페이드 변광성들을 "표준 촛불(standard candle)"로 사용할 수 있을 것이다.[32] 그녀가 사용했던 "표준 촛불"이라는 말은 지금도 널리 쓰이고 있다. 그러나 그 방법으로 알아낼 수 있는 거리는 절대적인 것이 아니라 상대적인 거리일 뿐이다. 그렇지만 엄청난 규모의 우주에서 거리를 측정할 수 있는 최초의 방법이었다.

(레빗과 캐넌이 사진판의 흐린 점들로부터 우주의 기본적인 성질을 알아내고 있던 때에 마음대로 최고급 망원경을 들여다볼 수 있었던 하버드의 천문학자 윌리엄 H. 피커링은 달에 나타나는 검은 지역들이 계절에 따라 이동하는 곤충들 때문에 나타나는 것이라는 그야말로 독창적인 이론을 세우고 있었다는 사실을 기억하면 당시의 상황을 더 잘 이해할 수 있을 것이다.[33])

에드윈 허블은 레빗이 고안한 우주 길이의 자와 베스토 슬라이퍼의 적색편이를 함께 사용해서 두 별 사이의 거리를 측정하기 시작했다. 1923년에 그는 M31이라고 알려진 안드로메다 자리의 희미한 점이 가스 구름이 아니라 별들의 덩어리이고, 그 자체가 지름이 10만 광년이나 되고, 적어도 90만 광년이나 떨어져 있는 은하라는 사실을 밝혀냈다.[34] 우주는 누구도 상상하지 못할 정도로 광대하다. 정말 거대할 정도로 광대하다. 1924년에 그는 "나선 성운 속의 세페이드 변광성"(성운[星雲, nebulae]은 '구름'을 뜻하는 라틴어에서 유래된 것으로 은하를 나타내기 위해서 허블이 사용한 말이다)이라는 기념비적인 논문을 발표했다. 결국 그는 우주는 우리의 은하만이 아니라 수많은 독립적인 은하로 구성된 "섬 우주"라는 사실을 밝혔다. 그런 은하들 중에는 우리 은하보다 훨씬 더 크고 먼 곳에 있는 것들도 있다.

허블은 그런 발견만으로도 명성을 얻을 수 있었다. 그러나 그는 도대체 우주가 얼마나 큰가라는 문제에 도전하면서 더욱 놀라운 사실을 발견하게 되었다. 허블은 애리조나 주의 슬라이퍼처럼 먼 곳에 있는 은하들의 스펙트럼을 측정하기 시작했다. 그는 윌슨 산 천문대에 새로 설치된 100인치 후커 망원경과 자신의 재능을 이용해서 하늘에 있는 (우리 자신이 속한 은하를 제외한) 모든 은하가 우리에게서 멀어지고 있다는 사실을 알아냈다. 더욱이 은하가 멀어지는 속도와 거리는 명백하게 서로 비례했다. 즉 멀리 있는 은하일수록 더 빨리 멀어져갔다.

그 결과는 정말 놀라운 것이었다. 우주는 모든 방향으로 빠르고 균일하게 팽창하고 있었다. 그런 사실로부터 우주가 한곳의 점에서 시작되었을 것이라는 사실을 깨닫기는 그리 어렵지 않았다. 그때까지 누구나 상상했던 것처럼 우리의 우주는 안정하고, 고정되어 있고, 영원히 텅 빈 공간이 아니라, 태초가 있었다는 것이다. 따라서 종말이 있을 가능성도 있게 되었다.

스티븐 호킹이 말했듯이, 그 전에는 아무도 팽창하는 우주를 생각해본 적이 없었다는 사실이 오히려 신기하다.[35] 뉴턴을 비롯해서 그 이후의 천문학자들에게 당연한 것처럼 보였던 정적인 우주는 그 스스로 수축되어야만 했다. 그런 정적인 우주에서 별들이 무한히 타고 있다면 그런 우주는 엄청나게 뜨거워져야 할 것이고, 특히 인간과 같은 존재들은 견딜 수 없을 정도로 뜨거워졌어야만 한다는 문제도 있었다. 팽창하는 우주의 개념은 그런 문제들을 모두 해결해주었다.

사상가이기보다는 관측가였던 허블은 자신이 발견한 것의 의미를 완전히 이해하지는 못했다. 그가 아인슈타인의 일반 상대성 이론을 몰랐기 때문이기도 했다. 그러나 당시에는 벌써 아인슈타인과 그의 이론이 세계적으로 널리 알려져 있었기 때문에 놀라운 일이었다. 더욱이 당시 앨버트 마이컬슨은 늙고 쇠약하기는 했지만 아직도 세계에서 가장 뛰어나고 존경받는 과학자들 중의 한 사람이었다. 마이컬슨은 1929년에 윌슨 산 천문대에서 자신이 신뢰했던 간섭계를 이용해서 빛의 속도를 측정할 예정이었다. 그런 그는 허블에게 아인슈타인의 이론을 적용해볼 수 있을 것이라는 이야기를 분명히 해주었을 것이다.

어쨌든 허블은 기회가 있었음에도 불구하고 이론적인 업적을 이룩하지는 못했다. 그 대신 MIT에서 박사학위를 받은 벨기에 출신의 성직자 겸 과학자인 조르주 르메트르가 두 가닥을 서로 합쳐서, 우주가 "원시 원자(primeval atom)"라는 기하학적인 점으로부터의 영광스러운 폭발로 시작되었고, 그 이후로 끊임없이 서로 멀어져가고 있다는 자신의 "불꽃 이론"을 정립했다. 현대의 빅뱅(대폭발)의 개념에 잘 맞는 주장이었지만, 너무 때 이른 주장이어서 르메트르의 업적은 이 책에서처럼 한두 줄로 설명될 뿐이다. 그런 이론이 제대로 인정받기까지는 수십 년이 더 필요했고, 빅뱅 이론은 펜지어스와 윌슨이 뉴저지

주의 안테나에서 들리는 잡음에서 우주 배경 복사를 우연히 발견하면서부터 단순히 흥미로운 이론이 아니라 정립된 이론으로 인정받기 시작했다.

허블과 아인슈타인은 모두 그 큰 이야기에 참여하지 못했다. 당시에는 아무도 짐작하지 못했지만, 두 사람은 자신들의 일을 거의 마친 상태였다.

1936년에 허블은 특유의 형식으로 자신의 굉장한 업적을 자랑하는 「성운의 왕국」이라는 유명한 책을 발간했다.[36] 그는 그 책에서 처음으로 자신이 아인슈타인의 이론을 알고 있었다는 사실을 인정했다. 그러나 200쪽 분량의 책에서 그 부분에 대한 이야기는 4쪽에 불과했다.

허블은 1953년에 심장마비로 사망했다. 그에 대해서 아직도 재미있는 점이 남아 있다. 그의 부인은 어떤 이유에서인지 장례식을 거부했고, 그의 시신을 어떻게 처리했는지를 절대 밝히지 않았다. 20세기의 가장 위대한 천문학자의 행방은 그가 사망하고 반세기가 지난 오늘날까지도 밝혀지지 않고 있다.[37] 그를 추모하려면, 1990년에 발사되어서 지금도 하늘에 떠 있는 그의 이름이 붙여진 허블 우주 망원경을 바라보아야 한다.

제9장

위대한 원자

아인슈타인과 허블이 거대한 우주의 구조를 밝혀내기 위해서 열심히 노력하는 동안에 다른 사람들은 더 가까이 있으면서도 멀기는 마찬가지인 무엇인가를 이해하기 위해서 애를 쓰고 있었다. 언제나 신비로웠던 작은 원자(原子, atom)가 바로 그것이었다.

칼텍의 위대한 물리학자 리처드 파인만은, 만약 과학의 역사를 한 줄로 줄여서 표현한다면 "모든 것이 원자로 되어 있다"는 것이라고 말한 적이 있다.[1] 원자들은 어느 곳에나 존재하고, 모든 것을 구성하고 있다. 주변을 둘러보면 모든 것이 원자들이다. 별이나 탁자나 의자처럼 딱딱한 것만이 아니라, 그 사이를 채우고 있는 공기도 원자로 되어 있다. 더욱이 그런 원자들의 수는 정말 상상을 넘어선다.

원자들의 기본적인 모임이 바로 분자(分子, molecule, "작은 덩어리"라는 뜻의 라틴어에서 유래되었다)이다. 분자는 두 개 이상의 원자들이 안정한 형태로 모인 것이다. 두 개의 수소 원자에 한 개의 산소 원자가 더해지면 물 분자가 된다. 글을 쓰는 사람들이 글자보다는 단어로 생각하는 것처럼, 화학자들도 원자보다 분자로 생각하는 경향이 있다. 그런데 화학자들이 더 중요하게 생각하는 분자들도 역시 수없이 많다. 해수면의 높이(1기압)에서 섭씨 0도의 경우에, 각설탕 한 개 정도에 해당하는 1세제곱센티미터의 공간에는 270억 개의 10억 배(2.7×10^{19}) 정도의 분자가 들어 있다.[2] 우리 주위의 어느 곳이나 1세제곱센티미터 속에는 그 정도의 분자들이 들어 있다. 창밖에 펼쳐진 세상이 몇 세제곱센티미터나 될 것인가 상상해보라. 창밖에 보이는 시야를 각설탕으로 모두 채우려면 각설탕이 몇 개나 필요할까? 우주를 채우려면 몇 개나 필요할까? 간단히 말해서 원자는 정말 엄청나게 많다.

원자들은 신기할 정도의 영속성을 가지고 있기도 하다. 수명이 아주 긴 원자들은 정말 여러 곳을 돌아다닌다. 당신의 몸속에 있는 원자들은 모두 몸속에 들어가기 전에 이미 몇 개의 별을 거쳐서 왔을 것이고, 수백만에 이르는 생물들의 일부였을 것이 거의 분명하다. 우리는 정말로 엄청난 수의 원자들로 구성되어 있을 뿐만 아니라, 우리가 죽고 나면 그 원자들은 모두 재활용된다. 그래서 우리 몸속에 있는 원자들 중의 상당수는 한때 셰익스피어의 몸속에 있었을 수도 있다. 그런 원자의 수가 수십억 개에 이를 것이라는 주장도 있었다.[3] 부처와 칭기즈 칸, 그리고 베토벤은 물론이고 여러분이 기억하는 거의 모든 역사적 인물로부터 물려받은 것들도 각각 수십억 개씩은 될 것이다 (원자들이 완전히 재분배되기까지는 수십 년이 걸리기 때문에 반드시 역사 속의 인물이라야만 한다. 당신이 아무리 원하더라도 엘비스 프레슬리의 몸속에 있던 원자들은 아직 당신의 몸속에 들어가지 못했을 것이다).

그러니까 수명이 상대적으로 짧은 우리는 모두 윤회하고 있는 셈이다. 우리가 죽고 나면, 우리 몸속에 있던 원자들은 모두 흩어져서 다른 곳에서 새로운 목적으로 사용된다. 나뭇잎의 일부가 될 수도 있고, 다른 사람의 몸이 될 수도 있으며, 이슬방울이 될 수도 있다. 그렇지만 원자들은 실질적으로 영원히 존재한다.[4] 원자들이 얼마나 오래 살 수 있는가는 아무도 확실하게 알지는 못하지만, 마틴 리스는 아마도 10^{35}년은 될 것이라고 한다. 보통의 방법으로 나타내기에는 너무나도 큰 숫자이다.

무엇보다도 원자는 작다. 정말 작다. 50만 개의 원자들을 맞대어서 늘어놓더라도 사람의 머리카락 뒤에 숨겨둘 수 있을 정도이다. 그러니까 각각의 원자는 상상도 할 수 없을 정도로 작다. 이제 우리는 그 크기에 대해서 알아볼 것이다.

이 책에 인쇄된 "-"보다도 더 짧은 밀리미터에서 시작해보자. 그것을

1,000개의 조각으로 똑같이 나누면, 한 조각의 길이가 마이크로미터가 된다. 미생물이 그 정도의 크기이다. 대표적인 짚신벌레는 그 폭이 2마이크로미터, 즉 0.002밀리미터 정도이다. 정말 작은 크기이다. 물 한 방울 속에서 헤엄치고 있는 짚신벌레를 맨눈으로 보려면 물방울의 지름을 12미터 정도로 확대해야만 한다.[5] 그런데 같은 물방울 속에 들어 있는 원자를 보려면, 물방울의 지름을 24킬로미터 정도로 확대해야 한다.

다시 말해서 원자들은 전혀 다른 수준에서 작은 존재이다. 원자 수준의 크기로 내려가려면, 1마이크로미터의 조각을 다시 1만 분의 1로 나누어야 한다. 그것이 바로 원자의 크기이다. 1밀리미터의 1,000만 분의 1 정도면 우리의 상상을 완전히 넘어설 정도로 가느다란 것이다. 원자 하나와 1밀리미터의 비율은 종이 한 장의 두께와 엠파이어 스테이트 빌딩의 높이의 비율과 비슷하다는 사실을 기억하면 어느 정도인가를 쉽게 짐작할 수 있을 것이다.

원자들은 수명이 대단히 길고 수가 많아서 유용하지만, 대단히 작기 때문에 그 존재를 알아내고 이해하기가 어렵다. 원자들이 작고 많으며, 거의 파괴할 수 없다는 세 가지 특성과 세상 모든 것이 원자로 만들어져 있다는 사실을 처음 깨달았던 사람은 흔히 짐작하듯이 앙투안-로랑 라부아지에나 헨리 캐번디시나 험프리 데이비가 아니라, 화학을 처음 소개할 때 등장했던 존 돌턴이라는 교육을 제대로 받지도 않은 평범한 퀘이커 교도였다.

돌턴은 1766년에 코커머스 부근의 레이크 디스트릭트 변두리에 살던 열성적인 퀘이커 교도인 가난한 직조공의 아들로 태어났다(4년 뒤에 태어난 시인 윌리엄 워즈워스도 역시 코커머스 출신이었다). 그는 예외라고 할 만큼 뛰어난 학생이었다. 믿기 어렵겠지만, 그는 열두 살 때 시골에 있던 퀘이커 학교의 운영을 맡을 정도로 뛰어났다. 돌턴이 매우 조숙했다는 사실뿐만 아니라 그 학교가 어떤 학교였는가도 짐작할 수 있을 것이다. 그러나 그의 일기에 따르면, 당시의 그는 라틴어로 된 뉴턴의 「프린키피아」 원서를 비롯해서 그 정도 수준의 다른 책들을 읽고 있었다. 역시 학교 책임자로 일하고 있던 열다섯 살에는 근처에 있던 켄들에서 학생들을 가르쳤고, 그로부터 10년 후에는 맨체스터로 옮겨가서 나머지 50년을 그곳에서 보냈다. 맨체스터에서 그는 기상학에서부터 문법에 이르기까지 다양한 분야의 연구를 활발하게 하면서 책과 논문을 발표했다. 색깔을 구별하지 못하는 자신의 증상을 체계적으로 연구하기도 했다. 그래서 오랫동안 색맹을 돌터니즘이라고 부르게 되었다. 그러나 본격적으로 명성을 얻게 된 것은, 1808년에 발간한 「화학원리의 새로운 체계」라는 훌륭한 책 때문이었다.

사람들은 거의 900쪽에 이르는 그 책에서 겨우 5쪽 분량의 짧은 장에서 처음으로 현대적인 개념으로 정립되고 있는 원자를 만나게 되었다. 모든 물질의 근본에는 지나칠 정도로 작고, 더 이상 축소할 수 없는 입자들이 존재한다는 것이 돌턴의 단순한 주장이었다. 그는 "수소 원자를 새로 만들거나 파괴하는 것은 태양계에 새로운 행성을 만들거나 현재 존재하는 행성을 사라지게 만드는 것과 같다"고 주장했다.[6]

원자의 개념과 용어는 새로운 것이 아니었다. 모두가 고대 그리스에서 처음 사용되기 시작했다. 그런 원자들의 상대적인 크기와 특성을 알아내고, 그것들이 서로 어떻게 결합되는가를 알아낸 것이 돌턴의 업적이었다. 예를 들면, 수소가 가장 가벼운 원소라는 사실을 알아낸 그는 수소의 원자량을 1이라고 정했다. 또한 물은 산소와 수소가 7 : 1로 결합된 것이라고 믿었기 때문에 산소의 원자량을 7이라고 정했다. 그는 그런 방법으로 당시에 알려진 원소들의 상대적인 질량을 알아낼 수 있었다. 산소의 원자량은 7이 아니라 16이기 때문에 그의 결과가 모두 정확하지는 않았지만, 그의 원칙은 옳았고, 그것이 현대 화학은 물론이고 현대 과학의 다양한 분야의 기초가 되었다.

돌턴은 비록 지위가 낮은 영국 퀘이커 교도에 지나지 않았지만 그런 업적 때문에 유명해졌다. 1826년에 프랑스의 화학자 P. J. 펠티에가 원자의 영웅을 만나려고 맨체스터를 방문했다.[7] 그가 거창한 연구소에서 일하고 있을 것이라고 생각했던 펠티에는 뒷골목의 작은 학교에서 소년들에게 초급 산수를 가르치고 있던 그를 보고 깜짝 놀랐다. 과학사학자 E. J. 홈야드에 따르면, 위대한 사람을 보고 몹시 당황했던 펠티에는 더듬거리며 말했다고 한다.[8]

어린 소년에게 더하기, 빼기, 곱하기, 나누기를 가르치고 있는 사람이 바로 유럽 전역에 널리 알려진 화학자라는 사실을 믿을 수 없었던 그는 프랑스어로 "댁이 바로 돌턴 씨가 맞습니까?"라고 물어보았다. 퀘이커 교도는 아무렇지도 않게 "그렇습니다"라고 대답한 후에 "이 학생에게 산수를 가르치는 동안 잠시 앉아서 기다려주시겠습니까?"라고 했다.

돌턴은 사회적 명성에는 관심이 없었지만 왕립학회의 회원으로 선임되었고, 온갖 메달과 함께 상당한 연금도 받게 되었다. 1844년에 그가 사망했을 때는 4만 명의 조문객이 몰려들었고, 장례 행렬은 3킬로미터나 되었다.[9] 「영국 인명사전」에 소개된 내용 중에서 그에 대한 것이 가장 긴 편이고, 19세기 과학자들 중에서 그와 비슷한 정도의 분량으로 소개된 사람은 다윈과 라이엘 정도뿐이었다.

그러나 돌턴의 주장은 한 세기가 지난 후까지도 가설로 남아 있었고, 빈의 물리학자 에른스트 마흐(음속의 단위에 그의 이름이 남아 있다)를 비롯한 당시의 몇몇 유명한 과학자들은 원자의 존재를 믿지도 않았다.[10] 마흐는 "원자는 어떤 감각으로도 느낄 수가 없다……단순히 생각 속에서만 존재할 뿐이다"라고 불평을 했다. 특히 독일어를 사용하는 지역의 과학자들은 원자의 존재에 대해서 심한 거부감을 가지고 있었고, 원자의 개념을 열광적으로 추구했던 위대한 이론물리학자 루트비히 볼츠만이 1906년에 자살을 하게 된 것도 그런 이유 때문이라는 주장도 있다.[11]

원자의 존재에 대해서 논란의 여지가 없는 확실한 근거를 제시한 사람은 1905년에 브라운 운동에 대한 논문을 발표한 아인슈타인이었다. 그러나 아인슈타인의 업적은 사람들의 관심을 끌지 못했다. 더욱이 아인슈타인 자신도 일반 상대성 이론을 정립하기 위한 연구에 빠져들었다. 결국 원자 시대의 첫 번째 등장인물은 아니었지만 첫 번째 진짜 영웅으로 떠오른 사람은 어니스트 러더퍼드였다.

러더퍼드는 1871년에 뉴질랜드의 "시골"에서 태어났다. 스티븐 와인버그의 표현에 따르면 그의 부모는 약간의 아마(亞麻)와 많은 자식들을 기르기 위해서 스코틀랜드에서 이민을 갔었다.[12] 그는 멀리 떨어진 나라의 시골에서 성장했기 때문에 과학의 주류와는 아무런 관련이 없었다. 그러나 1895년에 장학금을 받게 된 덕분에, 당시 세계에서 물리학 연구가 가장 활발했던 케임브리지 대학의 캐번디시 연구소로 갈 수 있었다.

물리학자들은 다른 과학 분야를 경멸하는 태도로 악명이 높다. 오스트리아의 위대한 물리학자 볼프강 파울리는 부인이 자신을 버리고 화학자에게 가버린 사실을 알고 깜짝 놀라서 비틀거리기까지 했다. 파울리는 친구에게 "그녀가 투우사에게 갔다면 이해를 하겠는데, 화학자라니……" 하고 놀라워했다고 한다.[13]

러더퍼드도 같은 생각을 가지고 있었던 모양이었다.[14] "물리학을 제외한 다른 과학은 우표 수집에 불과하다"고 했던 그의 말은 널리 알려졌다. 그러나 역설적이게도 그는 1908년에 물리학이 아니라 화학 분야의 노벨상을 받았다.

러더퍼드는 운이 좋은 사람이었다. 천재였던 것도 행운이었지만, 물리학과 화학이 그렇게 재미있고, (그의 생각과는 다르게) 서로 잘 어울리던 시기에 살았던 것은 더욱 큰 행운이었다. 두 분야가 그렇게 많이 겹쳤던 때는 다시는 없었다.

러더퍼드의 엄청난 성공에도 불구하고, 그는 사실 정말 똑똑한 사람은 아니었다. 실제로 그는 수학에 무척 약했다. 강의 중에도 수식을 설명하지 못하고 중간에 포기하면서 학생들에게 스스로 해결해보라고 했던 경우가 많았다.[15] 그의 오랜 동료였고 중성자를 발견한 제임스 채드윅에 따르면, 러더퍼드는 실험을 잘 하지도 못했다고 한다. 다만 그는 끈기가 있었고, 개방적이었다. 그는 총명하다기보다는 약았고, 용감하기도 했다. 어느 전기 작가의 표현에 따르면 그는 "언제나 가능한 한 먼 곳에 있는 첨단을 향해 달려가고 있었다. 다른 사람들보다 훨씬 먼 곳을 지향하고 있었다."[16] 해결하기 어려운 문제에 부딪히면, 그는 대부분의 사람들보다 훨씬 더 오랫동안 더 열심히 노력하고, 정통적이 아닌 설명이라도 수용할 준비가 되어 있었다. 그의 가장 위대한 업적은 엄청나게 긴 시간 동안 실험실에 앉아서 산란되는 알파 입자의 수를 세었기 때문에 얻어진 것이었다. 일반적으로 그런 일은 다른 사람에게 맡기는 경우가 많았다. 그는 원자가 가지고 있는 힘을 활용할 수만 있다면 "이 세상 전부를 연기 속으로 사라지게 할" 폭탄을 만들 수 있다는 사실을 깨달은 사람들 중의 한 명이었다.[17] 어쩌면 그가 최초였을 수도 있다.

러더퍼드는 몸집이 컸고, 소심한 사람을 움츠리게 만드는 목소리를 가지고 있었다. 언젠가 그가 대서양 건너편으로 무선 방송을 할 것이라는 소문을 들은 동료가 "무선을 쓸 필요가 있나?"라고 냉소적으로 말한 적도 있었다.[18] 그는 또한 좋은 의미로 자신감에 넘쳐 있었다. 자신이 언제나 파동의 마루에서 있는 것 같다는 말을 들은 그는 "그렇지요. 내가 만들고 있는 것이 바로 파동이거든요"라고 대답했다고 한다. C. P. 스노는 어느 날 케임브리지의 양복점에서 러더퍼드가 "매일 조금씩 치수가 늘어나는군요. 내 정신도 그렇답니다"라고 말하는 것을 엿들었다고 한다.[19]

그러나 그가 캐번디시†에 도착했던 1895년에는 아직 몸의 치수와 명성은 먼 곳에 있었다. 당시는 과학에서 놀라울 정도로 사건이 많던 때였다. 그가 케임브리지에 도착하던 해에는 독일의 뷔르츠부르크 대학에서 빌헬름 뢴트겐이 X선을 발견했고, 다음 해에는 앙리 베크렐이 방사선을 발견했다. 그리고 캐번디시 연구소도 오랜 기간 동안 빛날 명성을 얻기 시작하고 있었다. 1897년에 그곳에서 J. J. 톰슨과 동료들이 전자를 발견했고, C. T. R. 윌슨은 1911년에 앞으로 살펴볼 입자 검출기를 만들었으며, 1932년에는 제임스 채드윅이 중성자를 발견했다. 더 훗날인 1953년에 제임스 왓슨과 프랜시스 크릭이 DNA의 구조를 발견했던 곳도 바로 캐번디시 연구소였다.

처음에 러더퍼드는 무선 통신에 대한 연구를 했다. 약 1.6킬로미터나 떨어

---

† 이 이름도 역시 헨리 캐번디시의 집안에서 유래되었다. 제7대 데번셔 공작이었던 윌리엄 캐번디시는 뛰어난 수학자였고, 빅토리아 시대 영국의 막강한 귀족이었다. 그는 1870년에 실험실을 짓도록 6,300파운드를 대학에 기증했다.

진 곳까지 깨끗한 신호를 보내는 방법을 찾아낸 것은 당시로는 상당한 성과였다. 그러나 앞으로 무선 통신이 쓸모가 많지 않을 것이라는 선배의 충고를 들은 그는 무선 통신 연구를 포기해버렸다.[20] 그러나 러더퍼드는 전체적으로 볼 때 캐번디시에서 그렇게 성공한 과학자는 아니었다. 그곳에서 3년을 보내고도 별 소득이 없었던 그는 몬트리올의 맥길 대학으로 옮겼고, 그곳에서 비로소 위대한 과학자로 성장했다. 그러나 "원소의 붕괴에 대한 연구와 방사성 물질의 화학"에 대한 업적으로 노벨상을 받게 되었을 때는 맨체스터 대학으로 옮긴 다음이었고, 사실 원자의 구조와 성질을 밝혀낸 그의 가장 중요한 업적을 완성한 것도 바로 그곳에서였다.

20세기 초에 톰슨이 전자를 발견하면서부터 원자가 다른 입자들로 구성되어 있다는 주장이 설득력을 얻게 되었다. 그러나 원자가 과연 어떤 입자들로 구성되어 있고, 그 입자들이 어떻게 모여 있으며, 그 모양이 어떤가에 대한 정보는 밝혀져 있지 않았다. 원자들이 빈틈없이 잘 쌓을 수 있는 육면체 모양일 것이라고 생각했던 물리학자도 있었다.[21] 그러나 당시에는 원자가 양전하를 가진 조밀하고 단단한 덩어리 속에 음전하를 가진 전자가 건포도처럼 들어 있는 건포도 빵이나 푸딩과 같을 것이라는 생각이 더 일반적이었다.

1910년에 러더퍼드는 금 박막에 알파 입자라고 부르는 이온화된 헬륨 원자를 쏘아보냈다(당시 그의 실험을 도와주던 한스 가이거†는 훗날 그의 이름이 붙여진 방사선 검출기를 발명했다). 러더퍼드는 일부 입자들이 뒤로 튕겨져 나온다는 사실을 알고 깜짝 놀랐다. 그것은 마치 종이 한 장을 향해 발사한 15인치 포탄이 튕겨져서 자신의 무릎으로 되돌아오는 것과 같았다. 그는 오랜 생각 끝에 그런 현상에 대해서는 단 한 가지 설명만이 가능하다는 사실을 깨달았다. 뒤로 튕겨져 나오는 입자들은 원자의 중심에 있는 무엇인가 작고 단단한 것에 충돌한 것이고, 나머지 입자들은 아무런 방해도 받지 않고 지나간 것이다. 결국 러더퍼드는 원자의 대부분은 빈 공간이고, 중심에는 밀

---

† 훗날 가이거는 나치 추종자가 되어서, 자신을 도와주었던 사람들을 포함한 유대인 동료들을 배반하는 일에 조금도 주저하지 않았다.

도가 아주 큰 핵이 있다는 사실을 깨달았다. 그것은 매우 훌륭한 발견이지만, 심각한 문제가 있었다. 당시에 알려져 있었던 물리학의 모든 법칙에 따르면 그런 원자는 존재할 수가 없었다.

여기서 잠시 우리가 오늘날 알고 있는 원자의 구조에 대해서 살펴보기로 한다. 모든 원자는 전기적으로 양전하(陽電荷)를 가진 양성자(陽性子), 전기적으로 음전하(陰電荷)를 가진 전자(電子), 그리고 전하를 가지고 있지 않은 중성자(中性子)의 세 종류 입자로 구성되어 있다. 양성자와 중성자는 원자핵에 뭉쳐져 있고, 전자는 그 바깥에 퍼져 있다. 원자의 화학적 정체는 양성자의 수에 의해서 결정된다.[22] 하나의 양성자로 된 원자는 수소이고, 두 개의 양성자로 된 원자는 헬륨이며, 세 개로 된 원자는 리튬이다. 양성자의 수가 늘어날 때마다 새로운 원소가 만들어진다(원자에 들어 있는 양성자의 수는 언제나 전자의 수와 똑같기 때문에 전자의 수에 의해서 원소의 정체가 결정된다고 하기도 한다. 결국 두 숫자가 같기 때문이다. 양성자는 원자의 정체를 결정하고, 전자는 개성을 결정한다고 하기도 한다).

중성자는 원자의 정체에 영향을 주지는 않지만, 질량에는 영향을 미친다. 일반적으로 중성자의 수는 양성자의 수와 대략 같지만, 조금씩 다를 수도 있다. 중성자를 한두 개 더하면 동위원소(同位元素, isotope)가 된다.[23] 고고학의 연대 측정법에서 쓰는 것이 바로 동위원소이다. 예를 들면, 탄소-14는 6개의 양성자와 8개의 중성자를 가진 탄소 원자를 말한다(14는 양성자와 중성자 수의 합이다).

중성자와 양성자는 원자의 핵을 차지하고 있다. 원자의 핵은 매우 작다. 원자 부피의 수십억 분의 100만 분의 1에 불과하다.[24] 그러나 원자 질량의 대부분이 원자의 핵에 집중되어 있기 때문에 그 밀도는 놀라울 정도로 크다. 크로퍼에 따르면, 원자를 성당 크기 정도로 확대하더라도, 원자핵은 파리 한 마리 정도에 불과하다. 그런데 그 파리의 무게는 성당 전체의 무게보다 수천 배나 더 무겁다.[25] 1910년의 러더퍼드가 머리를 긁적일 수밖에 없었던 것이 바로 텅 비어 있는 공간의 문제였다.

원자들이 대부분 빈 공간으로 되어 있다면, 결국 우리가 주변에서 경험하는 단단함이라는 것은 환상에 불과하게 된다. 지금도 상당히 놀라운 사실이다. 진짜 세상에서 두 개의 물체가 가까워지면 실제로 두 개의 단단한 당구공처럼 서로 충돌하는 것이 아니다. 티머시 페리스는 "그런 것이 아니라, 두 공의 음전하 때문에 생긴 전기장(電氣場)이 서로 반발하기 때문이다……만약 그런 입자들이 전하를 가지고 있지 않다면 두 공은 은하들처럼 아무런 방해도 받지 않고 서로 겹쳐서 지나갈 수 있을 것"이라고 설명한다.[26] 의자에 앉아 있는 사람은 실제로 의자에 앉아 있는 것이 아니라, 1옹스트롬(1억 분의 1센티미터) 정도의 높이에 떠 있는 셈이다. 사람과 의자의 전자들이 더 이상 서로 가까워지는 것을 절대 허용하지 않는다.

거의 모든 사람들이 생각하고 있는 원자의 모형은 한두 개의 전자가 태양 주위를 돌고 있는 행성들처럼 핵 주변을 날아다니는 것이다. 그런 이미지는 1904년에 나가오카 한타로라는 일본의 물리학자가 영리하게 고안한 것일 뿐이다. 그런 이미지는 완전히 틀린 것이었음에도 불구하고 원자와 마찬가지로 긴 수명을 가지고 있었다. 아이작 아시모프가 자주 말했듯이, 그런 모형 덕분에 여러 세대의 공상 과학 소설 작가들은 세상 속에 세상이 있는 이야기들을 지어내게 되었다. 원자는 사람이 살고 있는 작은 태양계이고, 우리의 태양계는 훨씬 더 큰 어떤 구조 속의 작은 티끌에 불과하다는 것이다. 오늘날 유럽 입자물리연구소(CERN)의 홈페이지에서도 나가오카의 이미지를 로고로 사용하고 있다. 사실은 물리학자들이 곧바로 밝혀냈던 것처럼, 전자들은 궤도를 돌고 있는 행성들과는 전혀 비슷하지도 않다. 오히려 전자들은 회전하는 선풍기의 날개와 같아서 궤도를 돌면서 모든 공간을 빈틈없이 채워준다(선풍기의 날개는 모든 곳에 있는 것처럼 보일 뿐이지만, 전자들은 실제로 모든 곳에 있다는 점이 근본적으로 다르다).

1910년은 물론이고, 그로부터 몇 년 동안 그런 사실의 대부분이 거의 알려져 있지 않았던 것은 말할 필요가 없다. 러더퍼드의 발견은 궤도를 돌고 있는 전자들이 서로 충돌할 수 없다는 사실을 비롯한 심각한 문제들을 제기했다. 보통의 전기동력학 이론에 따르면 그렇게 날아다니는 전자는 에너지를 모두 잃어버려야만 한다. 전자가 한 순간에 모든 에너지를 잃어버리면 핵으로 휘돌아 들어가게 되고, 그렇게 되면 전자와 원자핵 모두에게 큰 재앙이 된다. 양전하를 가진 양성자들이 서로 튕겨져 나가면서 원자 전체를 폭파시키지 않고 원자핵 속에 안정하게 뭉쳐져 있는 이유도 설명하기 어려웠다. 아주 작은 원자의 세계에서 일어나는 일은 우리가 경험하는 거시세계에 적용되는 법칙에 의해서 지배되지 않는다는 사실은 확실한 것처럼 보였다.

아원자(亞原子)의 세계를 파고들던 물리학자들은 그것이 단순히 우리가 알고 있는 세상과 다를 뿐만 아니라, 우리가 상상할 수 있는 어떤 것과도 다르다는 사실을 깨닫게 되었다. 리처드 파인만은 "원자의 거동은 우리의 경험과 너무나도 다르기 때문에, 초보자는 물론이고 경험이 많은 물리학자들까지도 익숙해지기도 어렵고, 이상하고 신비롭게 보일 수밖에 없다"고 했다.[27] 파인만이 그런 말을 했을 때는 이미 물리학자들이 반세기에 걸쳐서 이상한 원자들의 거동에 익숙해진 후였다. 그러니까 그런 사실들이 처음 밝혀지기 시작했던 1910년 초의 러더퍼드와 그 동료들이 어떻게 느꼈을까를 짐작할 수 있을 것이다.

러더퍼드와 함께 일했던 사람들 중에는 닐스 보어라는 부드럽고 상냥한 덴마크 젊은이가 있었다. 보어는 원자의 구조에 대한 수수께끼를 풀고 있던 1913년에 아주 흥미로운 생각을 해냈고, 기념비적인 논문을 쓰기 위해서 신혼여행까지 연기했다. 물리학자들은 원자처럼 작은 것을 직접 볼 수가 없기 때문에 러더퍼드가 박막에 알파 입자를 충돌시켰던 것처럼 원자에 충격을 주면 무슨 일이 일어나는가를 관찰해서 원자의 구조를 알아내야 했다. 가끔씩 이해할 수 없는 결과가 얻어지기도 했던 것은 놀랄 일이 아니었다. 수소의 스펙트럼도 오랫동안 해결하지 못했던 수수께끼들 중의 하나였다. 수소 원자들은 특정한 파장의 빛만 방출하는 것으로 밝혀졌다. 그것은 마치 철저한 감시를 받고 있는 사람이 특정한 장소에서는 발견되지만, 두 장소 사이를 이동하는 중에는 절대 발견되지 않는 것과도 같은 일이었다. 아무도 그런 일이 어떻게 가능한가를 이해하지 못했다.

바로 그 문제를 해결하려고 애쓰던 보어가 갑자기 그 답을 알아내고, 유명해지게 될 논문을 쓰기 위해서 서두르게 되었다. "원자와 분자들의 구성에 대하여"라는 제목의 그 논문에서 그는 전자들이 핵으로 끌려들어가지 않는 이유가 전자들이 확실하게 정의된 궤도만을 차지할 수 있기 때문이라고 주장했다. 그의 새로운 이론에 따르면, 두 궤도 사이를 움직이는 전자는 한 궤도에서 사라지는 바로 그 순간에 다른 궤도에서 나타나게 되지만, 그 사이의 공간은 절대로 지나갈 수가 없다. "양자 도약(quantum leap)"이라고 알려진 이 유명한 발상은 정말 이상한 것이었지만 믿지 않을 수가 없었다. 그의 이론에 따르면, 전자가 핵으로 휘돌아 들어가는 재앙도 일어날 수 없었을 뿐만 아니라, 수소 원자의 고약한 스펙트럼 문제도 함께 해결되었다. 전자는 특별한 궤도에서만 존재할 수 있기 때문에 그런 궤도에서 나타날 수 있을 뿐이다. 그것은 놀라운 통찰력이었고, 그 덕분에 보어는 아인슈타인이 노벨상을 받은 이듬해인 1922년에 노벨 물리학상을 받았다.

한편 J. J. 톰슨의 뒤를 이어서 캐번디시 연구소의 책임자가 되어 케임브리지로 다시 돌아온 끈질긴 러더퍼드는 원자핵이 왜 폭발하지 않는가를 설명하는 모델을 찾아냈다. 그는 양성자들 사이의 반발력을 상쇄시켜주는 어떤 입자가 있을 것이라고 생각하고, 그것을 중성자라고 불렀다. 이 생각은 단순하고 매력적이었지만, 증명하기는 쉽지 않았다. 러더퍼드의 동료인 제임스 채드윅은 무려 11년이나 걸려서 마침내 1932년에 중성자의 존재를 밝히는 데에 성공했다. 그도 역시 1935년에 노벨 물리학상을 받았다. 이 분야의 역사에 대해서 부어스와 그의 동료들이 지적했던 것처럼, 원자탄을 개발하려면 중성자에 대해서 완전히 이해를 해야 했기 때문에 중성자의 발견이 지연되었던 것은 어쩌면 다행스러운 일이었다(전하를 가지고 있지 않은 중성자는 원자 중심의 전기장에 의해서 밀려나지 않는다. 그래서 원자의 핵을 향해서 중성자를 어뢰처럼 발사하면 핵분열[fission]이라고 알려진 파괴적인 과정이 시작된다).[28] 그들의 주장에 따르면, 만약 중성자가 1920년대에 발견되었더라면, "최초의 원자탄은 유럽, 특히 독일에서 개발되었을 가능성이 매우 높았다."

실제로 유럽의 과학자들은 전자의 이상한 거동을 이해하기 위해서 모든 노력을 기울였다. 그들이 해결해야 했던 가장 중요한 문제는 전자가 입자처럼 행동하기도 하지만, 파동처럼 행동하는 경우도 있다는 것이었다. 도저히 불가능한 것처럼 보였던 그런 이중성 때문에 물리학자들은 거의 미칠 지경이 되었다. 그로부터 10년 동안 유럽 전역의 물리학자들은 그런 현상을 설명하기 위해서 최선을 다해 노력하면서 여러 가지 가설을 제시했다. 프랑스에서는, 공작 집안의 귀공자였던 루이-빅토르 드 브로이 공작이 전자 자체를 파동이라고 생각하면 전자의 비정상적인 거동을 이해할 수 있다는 사실을 발견했다. 오스트리아의 에르빈 슈뢰딩거는 그의 주장을 더욱 발전시켜서 파동역학(波動力學, wave mechanics)이라고 부르는 유용한 물리학 체계를 정립했다. 거의 같은 시기에 독일의 물리학자 베르너 하이젠베르크는 파동 역학과 경쟁할 수 있는 행렬 역학(行列力學, matrix mechanics)을 제안했다. 그러나 행렬 역학은 수학적으로 너무 복잡해서 하이젠베르크 자신을 포함해서 대부분의 사람들이 제대로 그 의미를 이해할 수가 없었다(언젠가 하이젠베르크는 친구에게 "행렬이 무엇인지 모르겠다"고 한탄을 하기도 했다[29]). 그럼에도 불구하고, 행렬 역학을 사용하면 슈뢰딩거가 설명하지 못했던 문제들이 해결되기도 했다.

결국 물리학은 서로 상반되는 전제를 근거로 하면서도 결론은 똑같은 두 가지 이론을 가지게 되었다. 상상도 할 수 없는 상황이었다.

1926년에 이르러 마침내 하이젠베르크는 두 가지 이론을 결합시켜서 양자역학(量子力學, quantum mechanics)이라고 알려지게 된 새로운 분야를 정립했다. 전자는 파동으로도 설명할 수 있는 입자라는 의미를 담고 있는 하이젠베르크의 불확정성 원리(uncertainty principle)가 그 핵심이었다. 양자론의 근거가 되는 불확정성(不確定性)은 전자가 공간에서 움직이는 과정 또는 어느 순간에 존재하는 위치를 알아낼 수는 있지만, 두 가지 모두를 알아낼 수는 없다는 뜻이다.† 어느 하나를 측정하려고 시도하면 반드시 다른 하나를 변화시키게 된다. 더 정밀한 측정기구가 있다고 해결되는 문제가 아니라, 우주가 가지고 있는 불변의 특성 때문에 생기는 문제라는 것이다.[30)]

우리는 불확정성 원리 때문에 전자가 어느 순간에 어디에 있는가를 절대로 정확하게 예측할 수 없게 된다. 전자가 어느 곳에 있을 확률만 이야기할 수 있을 뿐이다. 데니스 오버바이가 말했듯이, 전자는 관찰될 때까지는 존재하지도 않는다. 또는 조금 다르게 표현하면, 전자는 관찰되기 전까지는 "어느 곳에나 있으면서, 어느 곳에도 존재하지 않는 것"으로 여겨야만 한다.[31)]

물리학자들도 역시 그런 설명을 혼란스럽게 여긴다는 사실을 생각하면 여러분이 이런 설명에 혼란스러워하는 것은 당연한 일이다. 오버바이에 따르면 "보어는 양자론에 대한 이야기를 듣고도 불같이 화를 내지 않는 사람은 자신이 무슨 이야기를 들었는지 이해하지 못한 것이라고 말한 적도 있었다."[32)] 원자가 어떤 것이라고 생각해야 하는가라는 질문을 받은 하이젠베르크는 "생각하려고 애쓰지 말아야 한다"고 대답했다.[33)]

그러니까 원자는 대부분의 사람들이 만들어낸 이미지와는 전혀 다른 것이라는 사실이 밝혀졌다. 전자는 행성이 태양 주위를 공전하는 것처럼 핵 주위를 날아다니는 것이 아니라, 특별한 모양을 가진다고 분명하게 말할 수 없는 구름에 더 가깝다고 할 수 있다. 원자의 "껍질"은 많은 그림에서 상상할 수 있는 것처럼 단단하고 반짝이는 상자와 같은 것이 아니라, 애매하게 퍼져 있는 전자 구름의 가장 바깥 모양을 나타낸 것일 뿐이다. 전자 구름 자체도 통계적인 확률로 정의되는 영역에 불과한 것으로, 전자가 그 바깥에서 돌아다닐 가능성이 매우 낮다는 사실을 뜻할 뿐이다.[34)] 즉 만약 원자를 직접 볼

---

† 하이젠베르크의 불확정성 원리와 관련된 불확정성이라는 말 자체에 대해서 약간의 불확정성이 있다. 마이클 프라인은 자신의 희곡 「코펜하겐」의 후기에서 Unsicherheit, Unschärfe, Unbestimmtheit 등의 독일어 단어들이 사용되었지만, 어느 것도 영어의 "uncertainty"와 정확하게 맞지 않는다는 사실을 지적했다. 프라인은 하이젠베르크의 원리를 나타내는 단어로는 "indeterminacy"가 더 적절하고, "indeterminability"가 더욱 적절하다고 제안했다.

수가 있다면 그것은 경계가 분명한 금속성 공이 아니라 껍질이 엉성하게 부풀어 있는 테니스 공에 더 가까울 것이다(물론 실제로는 여러분이 지금까지 보았던 어느 것과도 비슷하지 않다. 지금 여기서 설명하고 있는 세상은 우리가 주변에서 보아왔던 세상과는 모습이 전혀 다르다).

그런 이상한 일들이 끝이 없는 것처럼 보인다. 제임스 트레필에 따르면 과학자들은 이제 "우리의 머리로는 도저히 이해할 수 없는 우주의 영역"을 만나게 된 것이었다.[35] 파인만에 따르면, "크기가 작은 것은 크기가 큰 것들과는 전혀 다르게 행동한다."[36] 미시세계를 더 깊이 파고들던 물리학자들은, 전자가 한 궤도에서 다른 궤도로 건너뛸 때는 그 중간의 공간을 지나가지 않을 뿐만 아니라, 전혀 아무것도 존재하지 않던 곳에서 물질이 갑자기 존재하게 되는 새로운 세상도 발견하게 되었다. MIT의 앨런 라이트먼의 설명에 따르면, 그런 물질은 "갑자기 나타나는 것과 마찬가지로 순식간에 사라질 수도 있다."[37]

양자론에서 가장 인상적인 불가능성은 아마도 1925년 볼프강 파울리가 주장했던 배타 원리(排他原理, exclusion principle)라고 할 수 있다. 아(亞)원자 입자들 중에서 어떤 짝들은 상당히 멀리 떨어져 있더라도 상대방이 무엇을 하고 있는가를 즉시 "알아차린다"는 것이다. 입자들은 스핀(spin)이라고 하는 성질을 가지고 있는데, 양자론에 따르면 한 입자의 스핀이 결정되는 순간에 그와 짝을 이루고 있는 다른 입자는 아무리 멀리 떨어져 있더라도 순식간에 반대의 스핀을 가지게 된다.

과학 저술가 로런스 조지프의 말을 따르면, 오하이오 주에 있는 당구공을 한쪽 방향으로 회전시키면, 멀리 피지에 있는 똑같은 당구공이 반대 방향으로 똑같은 속도로 돌게 되는 것과도 같다.[38] 놀랍게도 그런 사실은 1997년에 제네바 대학의 물리학자들이 서로 반대 방향으로 약 12킬로미터를 쏘아 보낸 광자 중에서 어느 하나를 건드리면 다른 광자도 순간적으로 반응한다는 사실을 밝혀냄으로써 증명되었다.[39]

학술회의에 참석했던 보어는 새로운 이론이 단순히 미친 정도가 아니라 더 이상 그럴 수 없을 정도로 미친 생각이라는 것이 문제라고 말할 정도까지 되어버렸다. 슈뢰딩거는 양자 세계가 얼마나 우리의 직관에서 벗어나는가를 보여주기 위해서 유명한 사고실험(思考實驗)을 제안했다. 상자 속에 가상적인 고양이와 함께 사이안산(靑酸) 병에 연결시켜놓은 방사성 원자 하나를 넣어둔다. 그 원자가 한 시간 이내에 붕괴되면 병이 자동적으로 깨어져서 고양이를 중독시키게 된다. 그러나 원자가 붕괴되지 않으면 고양이는 살아남는다. 우리는 어떤 경우가 될지를 알 수 없기 때문에 과학적으로는 고양이가 100퍼센트 살아 있으면서도, 100퍼센트 죽은 것이라고 여길 수밖에는 다른 선택의 여지가 없다. 스티븐 호킹은 "우주의 현재 상태조차도 정확하게 측정할 수 없다면, 아무도 미래의 사건을 정확하게 예측할 수 없다"고 흥분해서 주장했다.[40)]

양자론의 그런 이상한 특성들 때문에 양자론의 전부 또는 일부를 싫어하는 물리학자들도 많았다. 특히 아인슈타인보다 양자론을 더 싫어한 사람은 없었다. 다망했던 1905년에 광자가 어떤 경우에는 입자처럼 행동하지만, 다른 경우에는 파동처럼 행동한다는 사실을 가장 설득력 있게 설명한 사람이 바로 그였다는 사실을 고려한다면, 그가 양자론을 그렇게 싫어한 것은 역설적이기도 하다. 그런 설명이 바로 새로운 물리학의 핵심이기 때문이다. 그는 "양자론은 충분히 주목받을 가치가 있다"고 외교적으로 말하기는 했지만, 진심으로 양자론을 좋아하지는 않았다. 그는 "신은 주사위 놀이를 하지 않는다"고 주장했다.[†]

아인슈타인은 신이 창조한 우주에서 영원히 알 수 없는 것이 존재한다는 사실을 믿을 수가 없었다. 더욱이 입자가 수조 킬로미터 떨어진 곳에까지 순간적으로 영향을 미친다는 장거리 작용의 개념은 특수 상대성 이론에 완전히 어긋나는 것이었다. 특수 상대성 이론에 따르면 어떤 것도 빛의 속도보다

† 그런 뜻으로 말했던 것으로 알려져 있다. 실제로 그가 했던 말은 "신이 가지고 있는 카드를 훔쳐보기는 어려운 듯싶다. 그러나 신이 텔레파시를 이용해서 주사위 놀이를 한다는 것은 한 순간도 믿을 수가 없는 것이다"였다.

빨리 움직일 수 없음에도 불구하고, 물리학자들은 아원자의 수준에서는 정보가 빛보다 더 빨리 전달될 수 있다고 주장하고 있었던 것이다(입자들이 어떻게 그렇게 할 수 있었는가에 대해서는 아무도 설명을 하지 못했다. 물리학자 야키르 아하라노프에 따르면 과학자들은 이 문제를 "애써 외면하고 있다"[41]).

한편 양자 물리학 때문에 전에는 생각하지 못했던 골치 아픈 문제가 생겼다. 갑자기 우주의 거동을 설명하기 위해서 두 세트의 법칙이 필요하게 되었다. 미시세계를 설명하는 양자론과 더 큰 우주를 위한 상대론이 그것이었다.

상대론에서의 중력은 행성이 태양 주위를 공전하는 이유와 은하들이 뭉쳐지는 경향을 나타내는 이유를 아주 잘 설명해주었지만, 입자 수준에서는 아무 의미가 없었다. 원자들이 존재하는 이유를 설명하려면 다른 종류의 힘을 도입해야만 했다. 결국 1930년대에 강력(强力)과 약력(弱力)이 발견되었다. 강력은 양성자들이 서로 뭉쳐서 원자핵을 만들 수 있도록 해준다. 약력은 일부 방사성 원소의 붕괴 속도를 조절하는 등의 좀더 미묘한 역할을 한다.

약력은 그 이름과는 달리 중력보다 10억 배의 10억 배의 10억 배만큼 더 강하고, 강력은 그보다 훨씬 더 강력하다. 그러나 그 영향은 아주 좁은 범위까지만 미칠 수 있다.[42] 강력이 작용하는 범위는 원자 지름의 10만 분의 1 정도에 불과하다.[43] 원자의 핵이 아주 단단하게 뭉쳐져서 밀도가 큰 이유도 그런 강력 때문이지만, 크고 복잡한 원자핵들이 불안정한 경향을 보이는 이유도 역시 강력이 모든 양성자들을 붙들어줄 수 없기 때문이다.

결국 물리학은 매우 작은 세상을 위한 법칙과 아주 큰 우주를 위한 법칙의 둘로 나누어져서 거의 독립적으로 발전하게 되었다. 아인슈타인은 그런 사실도 좋아하지 않았다. 그는 남은 평생을 대통일 이론을 정립해서 문제를 해결하려고 노력했지만 번번이 실패하고 말았다. 성공했다고 생각했던 적도 있었지만, 결국은 그렇지 않다는 사실이 밝혀졌다. 시간이 지나면서 그는 점차 주류로부터 소외되기 시작했고, 동정을 받기도 했다. 스노에 따르면 "그의 동료들은 모두 그가 일생의 후반부를 낭비했다고 믿었고, 지금도 많은 사람들이 그렇게 생각하고 있다."[44]

그러나 다른 분야에서는 진정한 발전이 이루어지고 있었다. 1940년대 중반에 이르러서 과학자들은 원자를 엄청난 수준까지 이해하게 되었다고 믿게 되었다. 그런 사실은 1945년 8월에 일본에서 두 개의 원자탄이 폭발함으로써 가장 정확하게 증명되었다.

그러나 이때의 물리학자들은 자신들이 원자를 거의 정복했다고 생각했던 것을 후회하게 되었다. 실제로 입자 물리학은 엄청날 정도로 복잡해졌다. 조금 어려운 이야기를 시작하기 전에 우리는 탐욕과 사기와 엉터리 과학과 불필요한 죽음을 통해서 마침내 지구의 나이를 알아내게 된 이야기를 먼저 살펴보기로 한다.

제10장

납의 탈출

1940년대 말에 시카고 대학의 대학원 학생이었던 클레르 패터슨은 지구의 나이를 정확하게 결정할 수 있는 새로운 납 동위원소 측정법을 개발하고 있었다(그의 이름은 귀족처럼 보이지만 사실 그는 아이오와의 농촌 출신이었다). 불행하게도 그가 사용하던 시료들은 엉망으로 오염된 것이었다. 대부분의 시료에는 정상치의 200배에 가까운 납이 포함되어 있었다. 그런 결과가 얻어진 이유가 토머스 미즐리 2세라는 오하이오 주의 가여운 발명가 때문이라는 사실을 알아내기까지 몇 년이 걸렸다.

정식 교육을 받지 않은 기술자였던 미즐리는 평생을 평탄하게 지낼 수 있었던 사람이었다. 그런 그가 화학을 산업적으로 응용하는 일에 관심을 가지게 되었다. 1921년에 오하이오 주의 데이턴에 있는 제너럴 모터스 연구소에 근무하고 있던 그는 테트라에틸 납이라는 화합물을 연구하던 중에 그것이 자동차 엔진의 노킹(knocking) 현상이라는 이상 연소(異常燃燒)를 크게 줄여준다는 사실을 발견했다.

납이 위험한 물질이라는 사실은 이미 널리 알려져 있었지만, 20세기 초에는 거의 모든 소비재에 납이 들어 있었다. 음식물을 넣은 통조림 캔도 납으로 땜질을 했다. 물을 넣어두는 물 탱크도 납으로 도금했다. 살충제인 비소산 납을 과일에 뿌리기도 했다. 치약 튜브에도 납을 사용했다. 일상용품 중에서 납을 사용하지 않는 제품을 찾아보기 어려울 지경이었다. 그러나 휘발유의 첨가제로 사용하는 것만큼 우리 생활에 지속적으로 심각한 영향을 미친 경우는 찾아보기 어렵다.

납은 신경 독성 물질이다. 납을 너무 많이 섭취하면 뇌와 중추신경계에 회복 불가능한 손상이 생긴다. 납에 과다 노출되면 시력 상실, 불면증, 콩팥 기능 상실, 청신경 상실, 암, 마비, 경련 등의 증상이 나타나게 된다.[1] 극단적인 경우에는 갑자기 극심한 환상에 빠져들어서 주변 사람들을 해친 후에 결국은 혼수상태에 빠졌다가 사망하기도 한다. 그러니까 아무도 납을 지나치게 섭취하고 싶어하지 않는다.

반면에 쉽게 추출해서 가공할 수 있는 납은 산업적으로 생산해도 큰 이익을 남길 수 있는 물질이었고, 특히 테트라에틸 납은 엔진의 노킹 현상을 막아주는 것이 틀림없었다. 1923년에 제너럴 모터스와 듀퐁과 뉴저지 주의 스탠더드 오일은 충분한 양의 테트라에틸 납을 생산하기 위해서 합작으로 에틸 가솔린 사(훗날의 에틸 사)를 설립했다. 그 합작은 매우 성공적이었다. 그들은 "납"이라고 부르지 않고 독성이 약한 것처럼 보이도록 "에틸"이라고 부르던 휘발유 첨가제를 1923년 2월 1일부터 (사람들이 흔히 생각하는 것보다 훨씬 다양한 방법으로) 소비자들에게 공급했다.

얼마 지나지 않아서 생산현장의 작업자들이 비틀거리며 걷고, 기억력을 상실하는 등의 납 중독 증상을 나타내기 시작했다. 그와 동시에 에틸 사는 적극적으로 연관성을 부인하는 대책을 시행했고, 수십 년 동안은 그 덕을 볼 수 있었다. 화학 산업의 역사를 흥미진진하게 설명한 샤론 버치 맥그레인의 「화학의 프로메테우스」에 따르면, 회사의 대변인은 공장의 작업자들이 회복 불능의 환각 증상을 나타내기 시작했을 때, 기자들에게 "너무 열심히 일을 했기 때문에 그렇게 된 모양"이라고 냉혹하게 발표하기도 했다.[2] 유연(有鉛) 휘발유를 생산하기 시작했던 초기에 적어도 15명의 작업자들이 사망했고, 심각한 병에 걸린 사람들의 수는 알 수도 없었으며, 대부분이 심각한 병에 걸렸다. 회사는 언제나 누출, 유출, 중독과 같은 부끄러운 사고를 철저하게 덮어버렸기 때문에 정확한 숫자를 알 수가 없다. 그러나 가끔씩은 비밀이 새어나가는 경우도 있었다. 환기시설이 고장난 공장 한 곳에서 며칠 사이에 5명의 작업자가 사망하고 35명이 영원히 걸음을 제대로 걷지 못하는 장애인이 된 1924년의 사고가 그런 경우였다.

새 제품의 위험성에 대한 소문이 알려지자, 에틸을 개발한 원기 왕성했던 토머스 미즐리는 기자들을 안심시키기 위한 실험을 공개하기로 결심했다. 회사의 안전 조치에 대해서 설명을 하던 그는 자신의 손에 테트라에틸 납을 붓기도 하고, 60초 동안 테트라에틸 납이 담긴 비커를 코에 대는 모습을 보여주면서, 그런 일을 매일 반복해도 아무 문제가 없을 것이라고 주장했다. 사실 미즐리는 납 중독의 위험성을 너무나도 잘 알고 있었다.[3] 몇 달 전에 그 자신이 과다 노출로 심각하게 아팠었다. 그는 기자들에게 허풍을 떨기 위해서가 아니었다면 납 근처에 가지도 않았을 것이다.

유연 휘발유의 성공으로 들뜬 미즐리는 당시의 또다른 기술적 문제에 도전했다. 1920년대의 냉장고는 독성이 강한 가스가 새어나올 가능성이 있는 매우 위험한 기계였다. 1929년 오하이오 주의 클리블랜드에 있는 병원의 냉장고에서 일어난 누출 사고로 100여 명이 사망하기도 했다.[4] 미즐리는 안정하고, 불연성이고, 부식성이 없으며, 호흡으로 들이마셔도 괜찮은 가스를 개발하려는 연구를 시작했다. 후회하게 될 일을 해내는 초능력을 가지고 있던 그는 클로로플루오로탄소(CFC)를 발명했다.

산업적으로 생산된 제품이 그렇게 빨리, 그렇게 불행한 결과로 이어졌던 경우는 드물었다. CFC는 1930년대 초부터 생산되기 시작했고, 곧바로 자동차 에어컨에서부터 탈취제 스프레이에 이르기까지 1,000여 종의 제품에 사용되기 시작했다. 그러나 반세기가 지난 후에는 그것이 성층권의 오존층을 파괴한다는 사실이 밝혀졌다. 잘 알려진 것처럼 그것은 좋은 일이 아니었다.

오존은 산소 원자 두 개로 구성된 보통의 산소와는 달리 산소 원자 세 개로 된 산소의 한 형태이다. 지상에서는 오염물질인 오존이 저 높은 곳의 성층권에서는 위험한 자외선을 흡수해주는 좋은 일을 하고 있다는 것은 화학적으로도 신기한 일이다. 그러나 그렇게 유용한 오존은 엄청나게 많은 것이 아니다.

성층권의 오존을 균일하게 분포시키면 그 두께는 겨우 0.3센티미터 정도에 불과하다. 그렇기 때문에 오존의 균형을 깨뜨리기도 쉽고, 순식간에 심각한 문제가 되기도 쉽다.

클로로플루오로탄소도 역시 그렇게 흔한 물질은 아니다. 지구에 있는 CFC를 모두 합쳐도 대기의 10억 분의 1(ppb)에 불과할 정도이지만, 그 파괴력은 놀라울 정도이다. 1킬로그램의 CFC는 대기 중의 오존 7만 킬로그램을 파괴시킬 수 있다.[5] CFC는 대기 중에서 오래 살아남는다. 거의 한 세기 동안 대기 중에 머무르면서 끊임없이 혼란을 일으킨다. CFC는 열을 잘 흡수하기도 한다. CFC는 온실 효과를 일으키는 정도가 이산화탄소의 1만 배나 된다.[6] 물론 온실 효과에서는 이산화탄소도 시시한 편이 아니다. 간단히 말해서 클로로플루오로탄소는 20세기 최악의 발명품 중의 하나로 밝혀졌다.

물론 미즐리는 CFC가 얼마나 파괴적인가가 밝혀지기 전에 사망했다. 그의 죽음도 기억에 남을 만큼 특별했다.[7] 소아마비에 걸려서 다리를 절게 된 미즐리는 여러 개의 도르래에 모터를 연결해서 침대에 누운 자신의 몸을 뒤척여주는 장치를 개발했다. 1944년에 그는 기계가 움직이는 과정에서 엉켜버린 줄이 목에 감겨서 질식했다.

만약 어떤 것이 얼마나 오래된 것인가를 알아내고 싶다면 1940년대의 시카고 대학에 가보아야 한다. 그곳에서는 윌러드 리비가 탄소 연대 측정법을 개발하고 있었다. 그의 탄소 연대 측정법 덕분에 과학자들은 그 전에는 측정할 수 없었던 유골이나 유기물 잔해의 나이를 정확하게 측정할 수 있게 되었다. 그때까지만 하더라도, 신뢰할 수 있는 연대는 기원전 3000년 정도였던 이집트의 제1왕조까지였다.[8] 예를 들면 마지막 대륙빙(大陸氷)이 언제 녹아버렸고, 크로마뇽인들이 언제 프랑스의 라스코 동굴을 장식했었는지는 확실하게 알아낼 수가 없었다.

아주 유용한 방법을 개발한 리비는 그 공로로 1960년에 노벨상을 받았다. 그의 방법은 모든 살아 있는 생물체에 들어 있는 탄소-14라는 동위원소가 죽는 순간부터 정확하게 측정할 수 있는 속도로 붕괴된다는 사실을 근거로 하고 있었다. 탄소-14는 시료의 절반이 붕괴되기까지의 반감기[†]가 대략 5,600년이다. 그래서 리비는 주어진 시료에 들어 있는 탄소 중에서 얼마만큼이 붕괴되었는가를 알아냄으로써 그 시료의 나이를 아주 정확하게 알아낼 수가 있었다. 물론 한계는 있었다. 반감기가 여덟 차례 정도 지나면, 원래의 방사성 탄소 중에서 256분의 1만이 남게 되는데, 그 양이 너무 적어서 신뢰할 수 있는 측정이 불가능했다.[9] 그러니까 방사성 탄소 연대 측정법은 4만 년 정도까지만 사용할 수 있다.

이 방법이 널리 알려지게 되면서, 이상하게도 그것의 문제점이 함께 드러나기 시작했다. 우선, 리비의 식에 포함된 기본적인 붕괴상수의 값이 3퍼센트 정도 틀렸다는 사실이 밝혀졌다. 그러나 이미 세계적으로 수천 번의 측정이 이루어진 후였다. 과학자들은 모든 측정결과를 고치지 않기로 했다. 그래서 팀 플래너리에 따르면, "오늘날 사용되는 탄소 연대 측정의 원자료는 실제보다 3퍼센트 정도 짧아졌다."[10] 문제는 그것만이 아니었다. 탄소-14 시료는 쉽게 오염될 수 있다는 사실도 밝혀졌다. 예를 들면, 시료를 채취할 때 아무도 모르게 묻은 식물성 물질의 조각도 문제가 될 수 있었다. 2만 년 이하의 시료의 경우에는 약간의 오염이 문제가 되지는 않지만, 오래된 시료의 경우에는 남아 있는 원자의 수가 많지 않기 때문에 심각한 문제가 된다. 플래너리의 비유에 따르면, 오래되지 않은 시료의 경우는 1달러짜리 지폐로 1,000달러를 세는 것과 같고, 오래된 시료는 1달러짜리 지폐로 20달러를 세

† 원자들의 어떤 50퍼센트가 붕괴되고, 어떤 50퍼센트가 살아남을 것인지 궁금하게 여길 것이다. 그러나 원소들의 반감기는 보험 통계표처럼 통계적인 것이기 때문에 반감기가 지날 때 원자들 중에서 어느 것이 붕괴되고, 어느 것이 살아남을 것인가를 알아낼 수는 없다. 반감기가 30초인 시료가 있다면, 그 속의 모든 원자들이 정확하게 30초, 60초 또는 90초 동안만 존재하는 것이 아니다. 각각의 원자들은 30의 배수와는 아무런 상관이 없는 전혀 임의적인 기간이 지나면 붕괴된다. 지금부터 2초 후에 붕괴될 수도 있고, 몇 년, 몇십 년 아니면 몇 세기가 지나도록 그대로 남아 있을 수도 있다. 아무도 미리 알아낼 수는 없다. 그러나 우리가 확실하게 알 수 있는 것은 30초마다 시료의 절반이 붕괴되는 속도로 시료 전체가 줄어든다는 사실뿐이다. 다시 말해서 반감기는 크기가 충분히 큰 시료에 적용할 수 있는 평균 속도를 나타내는 것이다. 누군가의 계산에 의하면 10센트짜리 동전은 대략 30년의 반감기를 가지고 있다고 한다.

는 것과 같았다.[11]

더욱이 리비의 방법은 대기 중의 탄소-14의 양과 생물체에 의해서 흡수되는 속도가 역사 이래로 일정하게 유지되어왔다는 가정을 기초로 하고 있었다. 그러나 사실은 그렇지 않았다. 우리가 지금 알고 있는 사실에 의하면, 대기 중에 있는 탄소-14의 양은 지구의 자기장이 우주선(宇宙線)을 얼마나 잘 비껴가게 만드느냐에 따라서 달라지고, 역사적으로 그 변화의 정도는 상당했다. 그것은 탄소-14를 이용한 연대 측정이 언제나 정확한 것은 아니라는 뜻이다. 특히 사람들이 아메리카에 처음 도착한 시기의 연대가 문제시되었고, 그래서 심각하게 논란의 대상이 되었다.[12]

마지막으로, 전혀 기대하지 않았지만, 연대를 측정하는 생물이 무엇을 먹고 살았는지처럼 전혀 상관없는 요인에 의해서 측정값이 크게 차이가 난다는 점이었다. 매독이 신세계에서 처음 등장했는지 아니면 구세계에서 전파된 것인지에 대한 오래된 논란이 그런 경우였다.[13] 고고학자들이 영국 북부의 헐 지방의 수도원 묘지에서 매독에 걸린 수도사의 유골을 발견했다. 처음에는 그 사람이 콜럼버스의 항해 이전에 병에 걸린 것으로 생각되었지만, 당시의 수도사들이 어류를 많이 섭취했기 때문에 그 유골이 실제보다 훨씬 오래된 것처럼 보인다는 사실이 알려졌다. 수도사들이 매독에 걸렸던 것은 확실했지만, 언제 어떻게 그런 병에 걸리게 되었던가는 여전히 알아내지 못하고 있다.

탄소-14를 이용하는 연대 측정법의 여러 가지 어려움 때문에 과학자들은 오래된 유물의 연대를 측정하는 새로운 방법을 개발해야만 했다. 진흙 속에 포획된 전자를 측정하는 열발광법(熱發光法)이나 시료에 전자기 파동을 쪼인 후에 전자의 진동을 측정하는 전자 스핀 공명법(electron spin resonance)이 그런 방법들이다. 그러나 그런 방법도 20만 년 이상 된 유물이나, 지구의 연대를 측정하고 싶을 때 필요한 암석과 같은 무기물의 연대 측정에는 사용할 수가 없었다.

암석의 연대 측정은 너무나도 어려워서 세상의 거의 모든 사람들이 포기해버린 적도 있었다. 굳은 결단력을 가진 아서 홈스라는 영국의 교수가 아니었더라면, 그 일은 영원히 중단된 상태로 남아 있었을 것이다.

홈스는 자신이 성취한 성과뿐만 아니라, 어려움을 극복한 점에서도 영웅적인 인물이었다. 홈스에게 개인적인 전성기였던 1920년대에는 이미 지질학은 유행이 지나버렸고, 물리학이 새로 각광을 받고 있었다. 특히 지질학의 발상지였던 영국에서는 사회적 지원이 거의 중단된 상태였다. 몇 년 동안 홈스는 더럼 대학의 유일한 지질학 교수였다. 암석의 방사분석 연대 측정법 실험을 하려면, 장비를 빌려서 끼워맞춰야 했다. 대학에서 간단한 연산 기계를 마련해주기까지 거의 1년 동안 계산을 중단해야 했던 적도 있었다. 가족을 부양할 수입을 얻기 위해서 대학을 떠나야 했던 적도 있었다. 타인 강변의 뉴캐슬에서 골동품 상점을 운영하기도 했고, 지질학회의 연회비 5파운드를 내지 못했던 적도 여러 번 있었다.

홈스가 사용하려던 방법은 이론적으로는 간단한 것이었다. 1904년에 어니스트 러더퍼드가 관찰했던 것처럼 원자가 다른 원소로 붕괴되는 속도가 시계로 사용할 수 있을 정도로 일정하다는 사실을 이용하는 것이었다. 포타슘-40이 아르곤-40으로 변환되는 데에 얼마나 오래 걸리는가를 알고, 시료 속에 들어 있는 두 원소의 양을 알아내면, 그 시료가 얼마나 오래된 것인가를 알아낼 수 있다. 홈스는 우라늄이 납으로 붕괴되는 속도를 측정해서 암석의 연대를 계산하려고 했다. 궁극적으로 그는 지구의 연대를 측정하고 싶었다.

그러나 여러 가지 기술적인 어려움을 극복해야만 했다. 홈스는 아주 작은 시료에서 정확한 측정값을 얻어내기 위해서 매우 복잡한 장치가 필요했다. 그래서 1946년에 지구의 나이가 적어도 30억 년은 되었고, 어쩌면 그보다도 더 오래되었을 수도 있다고 자신 있게 발표했던 것은 상당한 성과였다. 불행하게도 그는 자신의 결과를 인정하지 않으려는 보수적인 동료들의 저항에 부딪쳤다.[14] 당시의 과학자들은 그의 방법은 인정을 하면서도, 그가 발견한 것은 지구의 나이가 아니라 지구를 생성시킨 물질의 나이라고 믿었다.

그 시기에 시카고 대학의 해리슨 브라운은 (퇴적층에서 만들어진 것이 아니라 열을 받아서 생긴) 화성암에 들어 있는 납 동위원소의 양을 알아내는 새로운 방법을 개발했다. 그 일을 하려면 엄청나게 오랜 시간이 걸린다는 사실을 깨달은 그는 젊은 클레르 패터슨에게 박사학위 과제로 그 일을 맡겨 버렸다. 그가 패터슨에게 새로운 방법으로 지구의 나이를 알아내는 것은 "아주 쉬운 일"이 될 것이라고 설득했던 일은 잘 알려져 있다. 사실 그 일은 몇 년이 걸리는 어려운 것이었다.

패터슨은 1948년부터 연구에 착수했다. 토머스 미즐리의 화려했던 발전의 행로와 비교하면 패터슨이 지구 연대를 측정하는 데에 성공한 과정은 절망적이었다고 느껴지기까지 한다. 그는 시카고 대학에서 시작해서 1952년에 칼텍으로 옮겨가기까지 무려 7년 동안 청정 실험실에서 오래된 암석 시료를 엄격하게 선택해서 납/우라늄 비율을 정확하게 측정해야만 했다.

지구의 나이를 측정하려면 납과 우라늄을 포함하고 있으면서 지구만큼이나 오래된 암석 시료가 필요했다. 그보다 연대가 짧은 암석을 사용하면 잘못된 결론을 얻게 되는 것이 당연했다. 그런데 그렇게 오래된 암석은 지구상에서 쉽게 발견되지 않는다. 1940년대 말까지만 하더라도 오래된 암석이 왜 그렇게 드문가를 이해하지 못했다. 놀랍게도 오래된 암석들이 어디로 갔는가를 제대로 이해하게 된 것은 우주 시대에 들어선 후였다(그 해답은 앞으로 살펴보게 될 판 구조론이었다). 그런 사실을 이해하기까지 패터슨은 지극히 한정된 시료를 이용할 수밖에 없었다. 결국 그는 지구 바깥에서 유래된 암석을 사용함으로써 부족한 시료 때문에 생기는 문제를 해결할 수 있다는 천재적인 생각을 하게 되었다. 그는 운석을 시료로 선택했다.

그는 훗날 사실인 것으로 밝혀지기는 했지만, 당시에는 과감한 가정을 도입했다. 그는 대부분의 운석이 태양계의 초기에 행성을 만들고 남은 것이기 때문에 옛날의 화학적 특성을 비교적 잘 보존하고 있을 것이라고 생각했다. 떠돌아다니던 그런 운석의 연대를 측정하게 되면, 지구의 나이도 정확하게 알 수 있을 것이라고 믿었다.

그러나 언제나 그렇듯이 모든 것이 말처럼 그렇게 간단하지는 않았다. 운석은 흔한 것이 아니었고, 운석의 시료를 얻기는 더욱 힘들었다. 더욱이 브라운의 측정법은 너무 까다로운 것이어서 상당한 개선이 필요했다. 우선 패터슨의 시료는 공기 중에 노출되기만 하면 대기 중의 납에 의해서 끊임없이 오염되어버렸다. 기록에 의하면, 세계 최초의 청정 실험실을 만들게 된 것도 바로 그 문제 때문이었다.[15)]

대단한 인내심을 가진 패터슨이 마침내 시료를 분석할 준비를 마치기까지 무려 7년이 걸렸다. 1953년에 그는 일리노이 주의 아르곤 국립 연구소를 찾아가서 오래된 결정 속에 갇혀 있는 극미량의 우라늄과 납의 양을 측정할 수 있는 최신형 질량 분석기를 사용하기 위한 허가를 받았다. 마침내 결과를 얻은 그는 몹시 흥분해서, 어린 시절을 보낸 아이오와의 고향집으로 차를 몰아 달려갔고, 그의 어머니는 아들이 혹시 심장마비에 걸린 것이 아닌가 싶어서 병원에 데려가서 진단을 받기도 했다.

그 직후 패터슨은 위스콘신에서 열린 학술회의에서 지구의 나이가 정확하게 45억5,000만 년(±7,000만 년)이라고 밝혔다. 맥그레인이 "50년이 지난 후에도 변함없는 숫자"라고 감탄했던 결과였다.[16)] 200년 동안의 노력 끝에 마침내 지구의 나이가 밝혀진 것이다.

어려운 과제를 해결한 패터슨은 이제 대기 중에 떠도는 납의 정체를 밝히는 일을 시작했다. 그는 납이 인체에 미치는 영향에 대해서 알려진 것이 거의 없을 뿐만 아니라, 일부 알려진 사실들도 잘못된 것이거나 오해의 여지가 많다는 사실에 놀라지 않을 수가 없었다. 그리고 놀랍게도 지난 40년 동안에 이루어졌던 납의 영향에 대한 모든 연구는 납 첨가제 생산회사들이 지원한 것이라는 놀라운 사실도 알아냈다.

화학 독성학에 대한 전문 교육을 전혀 받지 않은 의사가 수행한 5년간의 연구에서는 자원자들에게 상당한 양의 납을 흡입하거나 섭취하도록 한 후에 그들의 소변이나 대변을 검사했다.[17)] 연구를 수행한 의사는 불행히도 납이 노폐물과 함께 배출되지 않는다는 사실을 몰랐던 모양이었다. 납은 뼈와 혈액에 축적되기 때문에 위험함에도 불구하고, 뼈와 혈액에 대한 검사는 전혀 이루어지지 않았다. 결국 의사는 납이 인체에 무해하다는 결론을 얻고 말았다.

패터슨은 대기 중에 상당한 양의 납이 존재한다는 사실을 확인했다. 납은 쉽게 사라지지 않으므로 당시에 공기 중으로 배출된 납은 지금까지도 그대로 남아 있을 것이다.[18] 또한 대기 중에 떠 있는 납의 90퍼센트는 자동차 배기구에서 배출된 것으로 보였지만, 그런 사실을 분명하게 증명하지는 못했다. 그런 결론을 내리려면, 당시 대기 중 납의 농도와 테트라에틸 납을 사용하기 시작했던 1923년 이전의 농도를 비교해보아야 했다. 그는 얼음에서 그런 정보를 얻을 수 있을 것이라는 생각을 하게 되었다.

그린란드와 같은 지역에서는 내린 눈이 매년 층을 이루며 쌓인다는 사실이 알려져 있었다(계절에 따른 온도 차 때문에 겨울과 여름에 내린 눈의 색깔이 조금씩 다르다). 눈이 쌓여 있는 층에 따라 납의 농도를 측정하면 지난 수백 년, 심지어는 수천 년 중의 어느 해에 대기 중에 들어 있던 납의 농도를 알아낼 수 있을 것이라고 생각했다. 그것이 바로 현대 기후학 연구의 기초가 된 빙핵(氷核) 연구의 시작이었다.[19]

패터슨이 얻은 결과에 따르면, 1923년 이전에는 대기 중에 납이 거의 존재하지 않았고, 그 후로는 납의 양이 지속적으로 늘어나서 위험수위에까지 이르게 되었다는 것이었다. 이제 그에게는 휘발유에 납을 사용하지 못하게 막는 일이 평생의 목표가 되었다. 그는 큰 목소리로 납 산업계와 그로부터 이익을 얻고 있는 집단을 끊임없이 비판하기 시작했다.

그것은 몸서리쳐지는 일이었다. 에틸 사는 고위직의 많은 후원자를 가진 세계적으로 강력한 기업이었다(이사들 중에는 대법원 판사였던 루이스 파월과 내셔널 지오그래픽 사의 길버트 그로스베너와 같은 사람들도 있었다). 패터슨의 연구비가 갑자기 취소되면서 연구 자금을 확보하기도 어려워졌다. 아메리칸 석유협회는 그와의 연구 계약을 파기했고, 중립적인 정부기관이라고 여겼던 미국 공중보건청도 마찬가지였다.

패터슨은 자신이 재직하던 대학에게도 부담스러운 존재가 되었다. 납 산업계에서는 대학의 이사들에게 그의 활동을 중단시키거나 그를 해임하도록 압력을 행사했다. 제이미 링컨 키트먼이 2000년에 「네이션」에 보도한 내용에 따르면, 에틸의 경영자들은 "패터슨을 해임하면" 칼텍에 석좌 교수직을 위한 기금을 주겠다고 제안하기도 했다.[20] 미국 연구위원회는 1971년에 대기 중의 납에 따른 중독 위험을 조사하기 위한 실무진에서, 대기 중의 납에 대해서는 논란의 여지가 없는 전문가였던 그를 제외시키는 고약한 일도 했다.

패터슨이 절대 흔들리거나 입을 다물지 않았던 것은 그의 위대한 업적이었다. 결국 그의 노력 덕분에 1970년에 청정대기법이 제정되었고, 1986년에는 미국에서 모든 유연 휘발유의 판매가 금지되었다.* 그러자 미국인 혈액의 납 농도는 80퍼센트가 감소했다.[21] 그러나 대기 중에 배출된 납은 영원히 사라지지 않기 때문에 오늘날 살아 있는 사람들은 한 세기 전의 사람들보다 혈액 속의 납 농도가 625배나 더 높다.[22] 그러나 법으로 규제하지 못하고 있는 채광이나 제련을 비롯한 산업 활동 때문에 대기 중으로 배출되는 납의 양은 매년 계속해서 수십만 톤씩 늘어나고 있다.[23] 맥그레인이 지적한 것처럼 미국은 "대부분의 유럽 국가들보다 44년이나 뒤늦게" 실내용 페인트에 납 사용을 금지시켰다.[24] 엄청난 독성에도 불구하고, 미국이 식품 저장 용기에 납을 사용하지 못하게 한 것은 1993년이었다는 사실이 놀랍다.

에틸 사는 지금도 건재하지만, GM, 스탠더드 오일, 듀퐁은 더 이상 지분을 가지고 있지 않다(세 회사는 1962년에 자신들의 지분을 앨버말 제지회사에 매각했다). 맥그레인에 따르면, 2001년 2월까지도 에틸 사는 "유연 휘발유가 인체의 건강이나 환경에 위험하다는 확실한 증거를 발견하지 못했다"고 주장했다.[25] 그러나 에틸 사의 연혁을 설명한 홈페이지에서는 납은 물론이고 토머스 미즐리에 대해서도 찾아볼 수가 없다. 다만 최초의 제품이 "화학적 혼합물"이라고만 설명하고 있다.

---

* 테트라에틸 납의 사용이 금지된 후에는 MTBE(메틸 t-뷰틸에터)라는 유기물질을 첨가제로 사용한 무연 휘발유가 개발되었다. MTBE를 사용하면서 휘발유 자동차의 배기 가스에서 환경 오염 물질인 산화질소와 일산화탄소를 제거해주는 삼중촉매 전환장치도 사용할 수 있게 되었다. 유연 휘발유에 들어 있는 테트라에틸 납은 삼중촉매 전환장치의 금속 촉매 표면을 오염시킨다.

에틸 사는 더 이상 유연 휘발유를 생산하지는 않지만, 2001년에 공개한 회사의 자료에 따르면 2000년도의 테트라에틸 납(상품명 : TEL) 매출액은 (총 매출액 7억9,500만 달러 중에서) 2,510만 달러에 달했다. 1998년의 1억 1,700만 달러보다는 줄었지만, 1999년의 2,410만 달러보다는 늘어난 액수였다. 에틸 사의 보고서에 따르면 "전 세계에서 TEL의 사용이 완전히 금지될 때까지 판매고를 극대화할 것"이라고 한다. 에틸 사는 영국의 어소시에이티드 옥텔 사와 제휴해서 TEL을 판매하고 있다.

토머스 미즐리가 우리에게 남겨준 또다른 골칫거리인 클로로플루오로탄소는 미국에서 1974년에 금지되었지만, 그 이전에 탈취제나 모발용 스프레이 등을 통해서 대기 중으로 새어나간 고약한 작은 악마들은 앞으로도 오랫동안 대기 중에 남아서 오존층을 파괴하게 될 것이 틀림없다.[26)]* 더욱 고약한 일은 지금도 매년 엄청난 양의 CFC가 대기 중으로 배출되고 있다는 사실이다. 웨인 비들에 따르면, 매년 15억 달러에 이르는 3,000만 킬로그램의 CFC가 판매되고 있다.[27)] 누가 CFC를 생산하고 있을까? 바로 미국이다. 다시 말해서 미국의 대기업들이 외국의 공장에서 여전히 CFC를 생산하고 있다. 제3세계 국가에서는 2010년 이후에야 사용이 금지될 예정이다.

클레르 패터슨은 1995년에 사망했다. 그는 자신의 연구로 노벨상을 수상하지는 못했다. 지질학자는 노벨상을 받은 적이 없었다. 반세기 동안 꾸준하게 이타적인 업적을 쌓아왔음에도 불구하고 명성을 얻거나 관심을 끌지도 못했던 것은 더욱 안타까운 일이었다. 그는 20세기에 가장 영향력 있는 지질학자였다고 충분히 주장할 수 있다. 그렇지만 클레르 패터슨이라는 이름을 들어본 사람은 많지 않다. 대부분의 지질학 교과서에서도 그의 이름을 찾아볼 수 없다. 최근에 발간된 지구 연대 측정의 역사를 소개한 두 권의 대중과학서에서는 그의 이름을 잘못 소개하기도 했다.** 2001년 초 「네이처」에

* 다행히 남극의 오존 구멍은 2006년부터 회복되기 시작했다.
** 「육지의 신비」와 「데이팅 게임」에서는 그의 이름을 "클레르(Clair)"가 아니라 "클레어(Claire)"라고 소개했다.

실린 이 책들 중의 한 권에 대한 서평은 패터슨을 여성이라고 소개하는 놀라운 실수를 저지르기도 했다.[28)]

어쨌든 1953년까지의 클레르 패터슨의 업적 덕분에 모든 사람이 지구의 나이에 대해서 합의를 하게 되었다. 이제는 지구가 자신이 들어 있는 우주보다 더 오래되었다는 것이 문제로 등장했다.

제11장

머스터 마크의 쿼크

1911년에 습기가 많기로 유명한 스코틀랜드의 벤 네비스라는 산의 정상을 정기적으로 찾아가서 구름이 형성되는 과정을 연구하던 C. T. R. 윌슨이라는 과학자가 구름을 더 쉽게 연구하는 방법이 있을 것이라는 생각을 하게 되었다.[1] 케임브리지의 캐번디시 연구실로 돌아온 그는 인공적인 구름 상자를 만들었다. 실험실 조건에서 합리적인 구름 모형이 될 수 있도록 공기 중에 있는 수분의 양을 마음대로 조절할 수 있게 만든 간단한 장치였다.

그 장치는 잘 작동했지만, 뜻밖의 쓸모가 있다는 사실이 밝혀졌다. 상자 속에서 가짜 구름을 만드는 씨앗의 역할을 하도록 가속시킨 알파 입자를 통과시켰더니, 마치 공중을 날아가는 비행기가 남기는 비행운처럼 눈에 보이는 흔적이 생기는 것이었다. 그것은 아(亞)원자 입자들이 실제로 존재한다는 확실한 증거였다.

그 결과로부터 캐번디시에 있던 과학자 두 명이 더욱 성능이 좋은 양성자 빔 장치를 만들었고, 캘리포니아 버클리 대학의 어니스트 로런스는 널리 알려진 인상적인 사이클로트론(cyclotron)*을 만들었다. 새로운 장치들은 모두 양성자처럼 전하를 가진 입자를 원형 또는 직선의 궤도를 따라서 충분히 빠른 속도로 가속시킨 후에 다른 입자에 충돌시켜서 어떤 파편이 떨어져서 날아가는가를 살펴보겠다는 점에서는 동일한 원리를 이용한 것이다. 그래서

* 자기장을 이용해서 전하를 가진 입자를 원운동을 하도록 하면서 가속하는 장치로 여기서 나오는 고속 중성자선이나 알파선과 같은 방사선은 의료용으로 사용되기도 한다.

그런 장치를 원자 충돌 장치라고 부르기도 한다. 가장 난해한 과학이라고 할 수는 없었지만, 매우 효과적인 장치였다.

물리학자들은 점점 더 크고 야심찬 기계를 만들어서 뮤온, 파이온, 하이퍼론(중핵자), 중간자, K-중간자, 힉스 보손, 중간 벡터 보손, 중입자, 타키온과 같은 새로운 입자들을 발견하거나 가정하게 되었고, 그런 입자의 종류는 끝이 없어 보였다. 물리학자들조차도 불편한 지경에 이르렀다. 엔리코 페르미는 어느 특정한 입자의 이름을 묻는 학생에게 "여보게, 만약 내가 그런 입자들의 이름을 모두 기억할 수 있었다면 식물학자가 되었을 거라네"라고 대답했다.[2]

오늘날 슈퍼 양성자 싱크로트론, 대형 전자-반전자 가속기, 대형 하드론 가속기, 상대성 중이온 가속기와 같은 가속기들의 이름은 만화영화의 주인공 플래시 고든이 전쟁터에서 쓰는 무기의 이름들처럼 보인다. 그런 가속기들은 엄청난 양의 에너지를 이용해서 입자들을 상상하기 어려울 정도로 가속시킬 수 있다(가속기가 작동할 때 주변 도시들의 전깃불이 깜박이는 불편을 피하기 위해서 밤에만 가속기를 작동하기도 한다). 가속기에서는 전자가 1초에 6.4킬로미터의 터널을 4만7,000바퀴나 돌게 된다.[3] 너무 흥분한 과학자들이 실수를 해서, 블랙홀을 만들거나 또는 이론적으로는 다른 아원자 입자들에 작용하면 그 수가 걷잡을 수 없이 늘어나게 된다는 "스트레인지 쿼크(strange quark)"를 만들어내는 것이 아닐까 하고 두려워하는 사람들도 있다. 지금 이 글을 읽고 있는 사람이 있다면, 그런 일이 아직까지는 일어나지 않았다는 뜻이다.

입자를 발견하려면 상당한 집중력이 필요하다. 그런 입자들은 단순히 작고 빠를 뿐만 아니라 감질날 정도로 순간적으로만 존재하기 때문이다. 입자들은 10^{-24}초 동안만 존재했다가 사라지기도 한다. 아무리 게으른 입자라고 하더라도 10^{-7}초 이상 돌아다니는 경우는 없다.[4]

어떤 입자들은 기가 막힐 정도로 잘 빠져나가기도 한다. 매초 지구에는 1조 개의 1조 배의 1만 배(10^{28})의 작고, 질량도 거의 없는 중성미자들이 쏟아져 들어오지만, 거의 모두가 지구는 물론이고 그 위에 살고 있는 모든 생명체를 아무 일 없이 통과해서 지나가버린다. 지구에 도달하는 중성미자들은 대부분 태양의 내부에서 일어나는 핵분열 반응에서 쏟아져 나온 것들이다. 그중의 몇 개라도 붙잡으려면, 다른 복사의 방해를 받지 않는 폐광과 같은 지하의 방에 5만 리터의 중수(重水, 중수소[D]가 들어 있는 물)를 담은 통을 준비해야 한다.

아주 가끔씩 지나가던 중성미자 하나가 물을 구성하는 원자의 핵에 충돌하여 아주 작은 양의 에너지를 방출하게 된다. 과학자들은 에너지가 방출되는 횟수를 세어서 얻어내는 지식으로 우주의 근본적인 성질을 조금씩 더 이해하게 된다. 1998년에 일본의 관측자들은 중성미자가 질량을 가지고 있기는 하지만, 그 질량은 전자의 1,000만 분의 1에 불과할 정도라고 보고했다.[5)*]

오늘날 새로운 입자를 발견하려면 돈이 필요하다. 그것도 엄청난 금액이 필요하다. 현대 물리학에서 찾으려고 하는 입자의 크기와 그런 일에 필요한 시설 사이에는 이상한 반비례 관계가 있다. 유럽 입자물리연구소(CERN)는 작은 도시와도 같다. 프랑스와 스위스의 경계에 위치한 이 연구소의 부지는 몇 제곱킬로미터에 이르고, 3,000명이 일하고 있다. CERN은 에펠 탑보다 더 무거운 자석들과 25킬로미터가 넘는 지하 터널을 자랑한다.

제임스 트레필에 따르면, 원자들을 쪼개는 일은 아주 쉽다.[6)] 실제로 형광등을 켤 때마다 그런 일이 일어난다. 그러나 원자핵을 쪼개려면 많은 돈과 전기가 필요하다.[**] 원자핵을 구성하는 입자들인 쿼크 수준에 도달하려면 훨씬 더 많은 돈과 전기가 필요하다. 그런 일에 필요한 1조 전자볼트(eV)[***]의 에너지를 만들려면 중앙 아메리카 국가의 1년 예산에 버금가는 비용이 필요하다. CERN에 새로 설치되어 2005년부터 작동될 예정인 대형 강입자 충돌

---

* 일본의 고시바 마사토시(小柴昌俊)는 가미오카의 폐광을 이용한 실험으로 중성미자를 관찰한 공로로 2002년에 노벨 물리학상을 수상했다.

** 여기서 "원자를 쪼갠다"는 것은 원자를 구성하고 있는 전자를 방출시켜서 "이온화"시키는 것을 말하고, "원자핵을 쪼갠다"는 것은 핵분열 반응으로 새로운 원자를 만드는 것을 말한다.

*** 한 개의 전자가 1볼트의 전위차를 가진 전극 사이에서 가속될 때의 운동 에너지로, 1.602×10^{-19}줄(J)에 해당한다.

기는 14조 전자볼트의 에너지와 15억 달러가 넘는 비용이 들어간다.[7)†*]

그러나 그런 숫자들도 지금은 불행하게도 중단된 초전도 슈퍼 가속기에 소비되었던 엄청난 규모의 투자와 그로부터 얻을 수 있었을 결과와 비교하면 아무것도 아니다. 1980년대에 텍사스의 왁사해치 부근에 건설 중이던 초전도 슈퍼 가속기는 미국 의회에서 스스로 거대한 충돌을 일으켜서 사라져버렸다. 과학자들은 이 슈퍼 가속기를 이용해서 우주가 탄생할 당시 처음 10조분의 1초의 조건을 재현함으로써 흔히 "물질의 궁극적인 본질"이라고 부르는 정보를 얻을 수 있을 것으로 믿었다. 길이가 83킬로미터에 이르는 터널을 통해서 입자의 에너지를 정말 놀라운 99조 전자볼트까지 가속시킬 예정이었다. 그 계획은 정말 거대한 것이었다. 80억 달러(결국 100억 달러까지 늘어났다)의 건설비와 매년 수억 달러에 이르는 운영비가 필요한 정말 엄청난 사업이었다.

그런데 20억 달러를 투자해서 22킬로미터의 터널을 완성했던 1993년에 의회가 슈퍼 가속기 사업을 중단시키기로 결정함으로써, 이 사업은 땅에 판 구멍에 쓸데없는 돈을 쏟아부은 역사에 남을 대표적인 사례가 되었다. 결국 텍사스는 우주에서 가장 비싼 구멍을 가지게 되었다. 「포트 워스 스타-텔레그램」의 제프 권에 따르면 그 현장은 "이제는 실의에 빠져버린 작은 마을들이 연결된 원형을 따라 곳곳에 공사장이 널려 있는 넓은 지역"에 불과하다.[8)]

슈퍼 가속기 논란 이후부터 입자 물리학자들은 자신들의 기대 수준을 조금 낮추기는 했다. 그렇지만 아직도 비교적 작은 규모의 연구 프로젝트라고 하더라도 다른 연구와 비교하면 놀랄 정도로 많은 비용이 필요하다. 사우스다코타 주의 리드에 위치한 홈스테이크 폐광에 건설할 예정인 중성미자 관측소는 이미 만들어져 있는 광산의 터널을 이용하는 데에도 불구하고 연간 운영비를 제외하고 5억 달러가 소요될 예정이고, "일반 개조비"로 2억8,100만

† 그런 값비싼 노력의 실용적인 효과도 있다. 인터넷의 월드 와이드 웹(WWW)은 1989년에 CERN의 과학자였던 팀 버너스-리가 발명했다.

* 대형 강입자 충돌기(LHC)는 예정보다 3년 늦은 2008년부터 가동을 시작했고, 2012년에는 세계 최초로 힉스 보손의 존재를 확인하는 성과를 거두었다.

달러가 더 필요하다.[9] 일리노이 주의 페르미 연구소에 있는 입자 가속기는 재정비를 하는 데에만 2억6,000만 달러가 필요하다.[10]

간단히 말해서 입자 물리학은 엄청나게 비싸기는 하지만 생산적인 분야이다. 지금까지 발견된 입자의 수는 150가지를 훨씬 넘고, 아직도 100여 가지를 찾아내려고 노력하고 있다. 그러나 리처드 파인만의 말에 의하면, 불행하게도 "이 모든 입자들 사이의 관계와 자연에서 그것들이 어떤 용도로 사용되고 있고, 서로 어떤 관계를 가지고 있는가를 이해하는 일은 엄청나게 어렵다."[11] 상자를 여는 방법을 찾아낼 때마다, 그 속에 또다른 상자가 들어 있는 것을 발견하게 되는 셈이다. 빛의 속도보다 더 빨리 움직일 수 있는 타키온이라는 입자가 있다고 믿는 사람들도 있다.[12] 중력이 나타나도록 만들어준다는 중력자를 찾아내려는 사람들도 있다. 더 이상 발견할 입자가 없을 때까지 가려면 얼마나 더 가야 하는가는 짐작하기 어렵다. 칼 세이건은 「코스모스」에서 50년대의 공상과학 소설의 이야기처럼, 전자의 수준에 도달하면 그 속에 또다른 우주가 들어 있다는 사실을 발견하게 될 가능성도 있다고 주장했다. "그 속에는 엄청나게 많은 종류의 훨씬 더 작은 소립자들이 은하나 그보다 더 작은 구조들처럼 조직화되어 있을 것이고, 그다음 수준에 도달하면 역시 같은 일이 끊임없이 반복된다. 즉, 우주 속에 우주가 들어 있는 형상이 끝없이 반복된다. 더 큰 규모로 올라가더라도 마찬가지일 것이다."[13]

그런 세상은 우리의 이해 범위를 벗어나는 것이다. 오늘날 입자 물리학의 입문서들조차 "각각 뮤온과 반(反)중성미자, 그리고 반(反)뮤온과 중성미자로 붕괴되는 전하를 가진 파이온과 반(反)파이온의 평균 수명은 2.603×10^{-8}초이고, 두 개의 광자(光子)로 붕괴되는 중성 파이온의 평균 수명은 대략 0.8×10^{-16}초이며, 뮤온과 반(反)뮤온은 각각……"처럼 말장난 같은 이야기들로 가득 차 있다.[14] 그런 식의 이야기가 끝없이 계속된다. 일반인을 위해서 가장 명쾌하게 설명해주었다고 알려진 스티븐 와인버그의 책이 그런 정도이다.

1960년대에 칼텍의 물리학자 머리 겔-만은 이 문제를 조금 쉽게 만들기 위해서 입자들을 분류하는 새로운 방법을 개발했다. 스티븐 와인버그의 말을 빌리면 그것은 "수많은 강입자들을 경제적으로 이해하려는 노력"이었다.[15] 강입자는 물리학자들이 양성자와 중성자들처럼 강력에 의해서 지배되는 입자들을 모두 일컫는 말이다. 겔-만의 이론에 따르면 모든 강입자들은 더 작고, 더 기본적인 입자들로 구성되어 있다. 그의 동료였던 리처드 파인만은 새로운 기본 입자들을 컨트리 송 가수 돌리 파턴의 이름을 따라 파톤(parton)이라고 부르자고 했지만, 받아들여지지 않았다.[16] 결국 그 입자들은 쿼크(quark)라는 이름으로 알려지게 되었다.

겔-만은 제임스 조이스의 소설 「피네건의 경야(竟夜)」에 나오는 "머스터 마크에게 세 개의 쿼크를!(three quarks for Muster Mark!)"이라는 문장에서 쿼크라는 이름을 따왔다(날카로운 물리학자들은 "quark"를 "lark(콰크)"가 아니라 "stork(쿼크)"처럼 발음한다. 그러나 조이스가 의도했던 발음은 전자와 같은 운[韻]이었을 것이 확실하다).* 그러나 쿼크의 단순성도 오래가지 못했다. 쿼크의 정체가 알려지기 시작하면서, 쿼크들을 다시 분류해야 할 필요가 생겼다. 쿼크는 너무 작아서 우리가 알아낼 수 있는 색깔이나 맛이나 또는 다른 물리적인 성질을 나타내지는 않지만, 업(up), 다운(down), 스트레인지(strange), 참(charm), 톱(top), 보텀(bottom)의 여섯 가지 종류로 나누어진다. 물리학자들은 이상하게도 그것들을 "향(香, flavor)"이라고 부르는데, 각각이 다시 적색(red), 녹색(green), 청색(blue)의 세 가지 색깔로 나누어진다(이런 용어들은 당시 캘리포니아 주에서 유행했던 사이키델릭 풍조와 무관하지 않다고 생각할 수도 있다).

결국 이런 모든 것들로부터 아(亞)원자 입자들을 설명하기 위한 원자 표준 모형이라는 것이 등장했다.[17] 표준 모형은 여섯 종의 쿼크와 여섯 종의 렙톤(lepton), 지금까지 알려진 다섯 종의 보손(boson), 그리고 아직까지 확

* 제임스 조이스의 글에서는 "쿼크"가 아니라 "콰크"였겠지만, "코크"처럼 발음하기도 한다는 뜻이다.

인되지 않은 여섯 번째 보손인 힉스 보손(스코틀랜드의 과학자 피터 힉스의 이름을 따서 붙였다),* 그리고 네 가지 물리적 힘 중에서 강력, 약력, 전자기력의 세 가지 힘으로 구성된다.

표준 모형에 따르면 쿼크들이 물질의 기본적인 구성 요소이고, 쿼크들은 글루온(gluon)이라는 입자들에 의해서 결합되어 있으며, 쿼크와 글루온이 합쳐져서 양성자와 중성자를 비롯한 원자의 핵을 구성하는 물질이 된다. 렙톤은 전자와 중성미자를 말한다. 쿼크와 렙톤을 합쳐서 페르미온(fermion)이라고 부른다. 인도의 물리학자 S. N. 보스의 이름을 딴 보손은 힘을 만들고 전달하는 입자들로 광자와 글루온들을 말한다.[18] 힉스 보손은 실제로 존재할 수도 있고, 그렇지 않을 수도 있는 것으로 입자들이 질량을 가질 수 있게 하기 위해서 제안된 것이다.

지금까지 살펴본 것처럼 표준 모형은 쉽게 이해할 수 있는 것은 아니지만, 입자의 세계에서 일어나는 현상들을 모두 설명할 수 있는 가장 단순한 모형이다. 리언 레더먼이 1985년에 PBS 다큐멘터리에서 말했듯이, 대부분의 물리학자들은 표준 모형이 우아하지도 않고 단순하지도 않다고 느낀다. 레더먼은 표준 모형이 "너무 복잡하고, 임의적인 파라미터들이 너무 많다"면서, "창조자가 우리가 알고 있는 우주를 창조하는 과정에서 20개의 파라미터들을 맞추기 위해서 20개의 손잡이를 돌리고 있었다는 사실을 받아들이기 어렵다"고 했다.[19] 물리학은 궁극적인 단순성을 추구해야만 하는데, 지금 현재 우리가 알고 있는 물리학은 겉으로는 우아하게 보이면서도 사실은 매우 너저분한 것이라고 할 수 있다. 레더먼에 따르면, "그런 모형이 아름답지 않다는 심각한 공감대가 형성되어 있다."

표준 모형은 볼품이 없을 뿐만 아니라 완전하지도 않다. 우선 표준 모형은 중력에 대해서 아무것도 설명하지 못한다. 표준 모형을 아무리 살펴보아도

---

* 힉스 보손은 2012년 CERN에 설치된 대형 강입자 충돌기(LHC)를 통해서 그 존재가 확인되었고, 힉스 보손의 존재를 이론적으로 예측했던 피터 힉스와 프랑수아 앙글레르는 2013년 노벨 물리학상을 수상했다.

탁자에 놓인 모자가 천장으로 퉁겨 올라가지 않는 이유를 설명할 수가 없다. 그리고 방금 살펴본 것처럼, 표준 모형은 질량을 설명하지도 못한다. 입자들이 질량을 가지기 위해서는 추상적인 힉스 보손이 도입되어야만 한다.[20)*] 실제로 그런 입자가 존재하는가를 밝혀내는 것이 21세기 물리학의 과제가 되었다. 파인만은 "지금 우리는 이 이론에서 손을 떼지 못하고 있다. 그것이 정말 옳은가는 알 수 없다. 그러나 조금 틀린 부분이 있거나 아니면 적어도 완전하지 않다는 사실은 알고 있다"고 가볍게 말했다.[21)]

물리학자들은 모든 것을 결합시키기 위해서 초끈 이론(super-string theory)이라는 것을 도입했다. 이 이론에서는 우리가 입자라고 생각했던 쿼크와 렙톤과 같은 작은 것들이 사실은 진동하는 에너지의 "끈"이라고 본다.[22)] 그런 끈은 11차원의 공간에서 진동하는데, 우리가 알고 있는 3차원과 시간 그리고 아직 알 수도 없는 7차원을 합친 가상적인 공간이다. 그런 끈들은 점으로 된 입자들도 통과할 수 있을 정도로 충분히 작다.[23)]

물리학자들은 추가적인 차원을 도입한 초끈 이론을 이용해서 양자 법칙과 중력 법칙들을 비교적 깨끗하게 하나로 통일할 수 있었다. 그러나 그런 이론을 이용한 물리학자들의 이야기는 공원 벤치에 앉은 낯선 사람의 이야기처럼 보여서 사람들이 외면할 가능성이 매우 높다. 예를 들면 물리학자 미치오 카쿠는 초끈 이론의 입장에서 우주의 구조를 이렇게 설명한다. "헤테로형 끈은 시계 방향과 반시계 방향으로 진동하기 때문에 다른 방법으로 취급해야 하는 두 가지 진동을 가지고 있는 닫힌 끈으로 구성되어 있다. 시계 방향의 진동은 10차원 공간에서 존재한다. 반시계 방향의 진동은 26차원의 공간에서 존재하는데, 그중에서 16차원은 압축된 것이다(본래 칼루차의 5차원 이론에서 다섯 번째 차원은 원으로 둘러싸는 방법으로 압축되었음을 기억할 필요가 있다)."[24)] 그런 식의 설명이 무려 350쪽이나 이어진다.

끈 이론은 막(membrane)이라고 부르거나 또는 물리학에 빠져버린 사람들이 흔히 "브레인(brane)"이라고 부르는 표면들을 포함시킨 "M 이론"이라는

* 2012년 힉스 보손의 존재가 확인됨으로써 물체가 질량을 가지게 되는 이유는 밝혀졌다.

것을 파생시키기도 했다.[25] 지식의 고속도로에서 이 정도의 막다른 길에 도달했다면, 이제 일반인들은 그 고속도로를 떠나야만 할 것 같다. 일반인들을 위해서 최대한 쉽게 설명했다는 「뉴욕 타임스」의 기사가 이런 정도이다. "에크파이로틱(ekpyrotic, 대충돌) 과정은 무한히 먼 과거에 휘어진 5차원 공간에 서로 평형으로 놓인 한 쌍의 비어 있던 브레인에서 시작되었다……다섯번째 차원의 벽을 형성하는 두 개의 브레인은 그보다 더 먼 과거에 양자 요동에 의해서 아무것도 없는 것으로부터 갑자기 튀어나와서 서로 떨어져 나갔을 수도 있다."[26] 이런 설명에 대한 논쟁은 아무 소용이 없다. 그런 설명을 이해할 수도 없다. 그런데 에크파이로틱이라는 말은 "대화재"를 뜻하던 그리스어에서 유래되었다.

폴 데이비스가 「네이처」의 글에서 말했던 것처럼, 이제 물리학은 "비과학자의 입장에서는 옳지만 이상하게 보이는 것과 완전히 미쳐버린 것을 구별하기가 거의 불가능한 상황"에 이르렀다.[27] 2002년 가을에 프랑스의 쌍둥이 물리학자 이고리 보그다노프와 그리치카 보그다노프가 "허수의 시간"과 "쿠보-슈빙거-마틴 조건" 등의 개념을 도입해서, 물리학과 우주의 성질이 탄생하기 이전이었기 때문에 전혀 알 수 없다고 생각해왔던 빅뱅 이전의 우주에 해당하는 아무것도 없는(nothingness) 우주를 설명하겠다는 야심에 찬 이론을 발표하면서 문제는 더욱 어려워졌다.[28]

보그다노프의 논문을 본 물리학자들은 즉시 그것이 엉터리인지, 천재의 업적인지, 아니면 속임수인지에 대해서 열띤 논쟁을 벌이기 시작했다. 컬럼비아 대학의 물리학자 피터 보이트는 「뉴욕 타임스」 기자에게 "과학적인 면에서는 거의 완벽한 엉터리이지만, 지금은 대부분의 다른 논문들과 구별이 되지 않는다"고 말했다.

스티븐 와인버그가 "현대 과학철학자의 지도자"라고 불렀던 칼 포퍼는 언젠가, 모든 설명이 추가적인 설명을 필요로 하기 때문에 물리학의 궁극적인 이론은 존재하지 않고, "더 근본적인 원리의 무한한 연쇄 고리"가 만들어질 뿐이라고 말한 적이 있었다.[29] 어쩌면 그런 지식은 우리가 닿을 수 없는 곳에 있을 수도 있다. 와인버그는 「최종 이론의 꿈」에서 "지금까지는 다행스럽게도 우리의 지적 자원이 고갈되지 않은 것으로 보인다"고 했다.[30)]

이 분야는 앞으로 더욱 발전하게 되겠지만, 그런 지식도 역시 대부분의 일반인들이 이해할 수 있는 수준을 넘어설 것이 거의 확실하다.

20세기 중반에 물리학자들이 매우 작은 세상을 혼란스러운 눈빛으로 들여다보고 있는 동안, 천문학자들도 역시 우주 전체에 대한 이해가 얼마나 불완전한가를 깊이 인식하게 되었다.

앞에서 설명했듯이 에드윈 허블은 우리 눈에 보이는 거의 모든 은하들이 우리로부터 멀어지고 있으며, 더 멀리 있는 은하일수록 더 빠른 속도로 멀어져가고 있다는 사실을 밝혀냈다. 즉 은하가 멀어져가는 속도가 은하까지의 거리에 거의 비례하기 때문에 Ho = v/d라는 간단한 식으로 표현될 수 있다는 사실도 알아냈다(여기서 Ho는 상수이고, v는 은하의 후퇴 속도, 그리고 d는 우리로부터 은하까지의 거리를 나타낸다). 그래서 Ho를 허블 상수라고 부르고, 그런 관계식을 허블 법칙이라고 부르게 되었다. 허블은 그런 식을 이용해서 은하의 나이가 대략 20억 년 정도일 것이라고 주장했다.[31)] 지구를 비롯한 우주의 많은 것들이 그보다 훨씬 더 오래되었을 것이라는 사실은 이미 1920년대 말부터 거의 확실하게 밝혀져 있었기 때문에 허블의 계산 결과는 이상한 것이었다. 그래서 이 숫자를 더 정확하게 수정하는 일이 우주론의 가장 중요한 과제가 되었다.

허블 상수에 대해서 유일하게 변하지 않는 것은 그 값이 얼마인가에 대한 의견이 매우 다양하다는 사실이다. 천문학자들은 1956년에 세페이드 변광성의 밝기가 생각했던 것보다 훨씬 다양하다는 사실을 알아냈다. 세페이드 변광성은 모두 같은 것이 아니라 두 종류로 나누어진다. 그런 사실을 이용해서 다시 계산한 우주의 나이는 70억 년에서 200억 년 사이가 되었다.[32)] 그 값이 아주 정확하지는 않았지만, 적어도 지구의 생성을 설명할 수 있을 정도로 오래되었다는 사실은 확인이 되었다.

그 후 윌슨 산 천문대에서 허블의 자리를 이어받은 앨런 샌디지와 프랑스 태생의 텍사스 대학 천문학자 제라드 드 보쿨레르 사이에 오랜 논쟁이 시작되었다.[33] 샌디지는 몇 년에 걸친 계산 끝에 허블 상수의 값이 50이고, 따라서 우주의 나이는 200억 년이라는 결과를 얻었다. 그러나 드 보쿨레르는 허블 상수의 값이 100일 것이라고 확신하고 있었다.† 그런 값을 사용하면 우주의 크기와 나이는 샌디지가 얻은 결과의 절반으로 줄어들어서, 우주의 나이는 100억 년이 된다. 1994년에 캘리포니아 주에 있는 카네기 천문대의 연구진이 허블 우주 망원경의 관측자료를 다시 분석해본 결과에 따르면 우주의 나이가 80억 년 정도에 불과할 수도 있다고 밝혀짐으로써 문제는 더욱 불확실해졌다. 그런 주장을 했던 사람들조차도, 그 값은 우주에 존재하는 일부 항성들의 역사보다 더 짧은 것이라는 사실을 인정해야만 했다. 2003년 2월에는 NASA와 메릴랜드의 고더드 우주비행 센터의 연구진이 윌킨슨 마이크로파 비등방성 위성이라는 신형의 최첨단 인공위성으로 얻은 관측자료를 근거로 우주의 나이가 137억 년이고, 오차범위가 1,000만 년이라는 신뢰할 수 있는 결과를 발표했다. 적어도 당분간은 논란이 끝난 것처럼 보인다.

우주에 대해서 정확한 결론을 얻기 힘든 이유는 관측자료의 해석이 쉽지 않기 때문이다. 그런 사정은 밤에 야외에 나가서 멀리 있는 두 개의 전등이 얼마나 멀리 떨어져 있는가를 알아내려고 하는 경우를 생각해보면 쉽게 이해할 수 있다. 천문학에서 사용하는 간단한 방법을 이용하면, 두 전등의 밝기가 같고, 하나가 다른 것보다 50퍼센트 더 먼 곳에 있다는 정도는 쉽게 알아낼

---

† 물론 "상수 값이 50"인 것과 "상수 값이 100"인 것이 정확하게 무슨 뜻인지 궁금할 것이다. 그것은 천문학에서 사용하는 측정 단위와 관련되어 있다. 천문학자들은 대화를 하는 경우를 제외하면 광년이라는 단위를 사용하지 않는다. 그 대신, "parallex(시차[視差])"와 "second(초[秒])"를 합쳐서 만든 "파섹(parsec)"이라는 단위를 사용해서 거리를 나타낸다. 파섹은 항성 시차라고 부르는 보편적인 측정을 근거로 한 것으로 3.26광년에 해당한다. 우주의 크기처럼 정말 큰 거리는 100만 파섹에 해당하는 메가파섹으로 나타낸다. 허블 상수는 "킬로미터 매 초 매 메가파섹"으로 표현된다. 따라서 천문학자들이 허블 상수가 50이라고 하는 것은 "50킬로미터 매 초 매 메가파섹"을 뜻한다. 일반인들에게는 물론 전혀 의미가 없는 것처럼 보이기는 하지만, 본래 천문학적 단위를 사용하는 모든 거리는 워낙 커서 의미가 없는 것처럼 보이는 것이 당연하다.

수 있다. 그러나 가까이 있는 전등이 37미터 떨어진 곳에 있는 58와트짜리 전구인지, 아니면 36미터 떨어진 곳에 있는 61와트짜리 전구인지는 쉽게 알아낼 수가 없다. 더욱이 지구 대기의 변화, 은하들 사이에 존재하는 먼지, 중간에 있는 별들에 의한 왜곡 등의 여러 가지 요인에 의해서 천체 관측의 결과가 달라질 수 있다는 사실도 고려해야 한다. 결국 모든 계산에서는 어쩔 수 없이 끝없이 이어지는 가정들을 도입해야 하고, 그런 가정들이 모두 반박의 가능성을 제공하게 된다. 또한 망원경을 사용하려면 상당한 비용이 필요한데, 적색 편이를 측정하려면 망원경을 엄청나게 오래 사용해야 했다. 밤을 새워 측정해서 겨우 하나의 측정값을 얻을 수도 있다. 그래서 천문학자들은 아주 부족한 근거로부터 결론을 얻어야만 했지만, 그런 문제를 두려워하지도 않았다. 저널리스트인 제프리 카의 표현에 따르면 우주론에서는 "두더지가 파놓은 흙더미 정도의 근거를 바탕으로 산처럼 거대한 이론을 만들어낸다."[34] 마틴 리스도 역시 "(우리의 이해 수준이) 얼마나 만족스러운가를 살펴보면 이론이 훌륭하다는 사실보다는 자료가 얼마나 부족한가를 깨닫게 된다"고 했다.[35]

그런데 그런 불확실성은 우주의 끝에 대한 결론은 물론이고 비교적 가까이 있는 별의 경우에도 마찬가지이다. 도널드 골드스미스가 지적한 것처럼, 천문학자들이 M87 은하가 6,000만 광년 떨어져 있다고 하는 것의 정확한 의미는 그것이 4,000만에서 9,000만 광년 사이에 있다는 뜻이다.[36] 그런 표현이 같은 것이 아님에도 불구하고 천문학자들은 "일반인들에게 그 차이를 정확하게 알려주지 않았다." 우주 전체의 경우에는 문제가 더욱 증폭되는 것이 당연하다. 그런 사실을 염두에 두면, 오늘날 우주의 나이에 대한 가장 정확한 추정값은 120억 년에서 135억 년 사이로 생각되지만, 모두가 동의하기까지는 먼 길이 남아 있다.[37]

최근에 제시된 이론 중에서 흥미로운 것은 우주가 생각했던 것만큼 그렇게 크지 않다는 것이다. 먼 곳에 보이는 은하들 중에는 휘어진 빛에 의한 반사 때문에 생긴 허상에 불과한 것도 있기 때문이다.

우주가 무엇으로 구성되어 있는가처럼 아주 초보적인 수준에서도 우리가 모르고 있는 것이 엄청나게 많은 것이 현실이다. 우주의 모든 것들을 설명하기 위해서 필요한 물질의 양에 대한 과학자들의 계산도 실망스러울 정도이다. 적어도 우주의 90퍼센트, 어쩌면 99퍼센트가 그 본질 때문에 우리에게는 보이지 않는다는 프리츠 츠비키의 "암흑 물질"로 구성되어 있는 것으로 보인다. 우리가 볼 수도 없는 것으로 채워진 우주에 살고 있다고 생각하면 분통이 터지기도 하지만, 우리가 그런 곳에 살고 있는 것은 어쩔 수가 없다. 그러나 적어도 우리의 우주를 그렇게 만들어준 두 주역의 이름은 아주 재미있다. 그 주역들은 빅뱅에서 남게 된 보이지 않는 물질의 작은 알맹이에 해당하는 WIMP(Weakly Interacting Massive Particle) 또는 블랙홀, 갈색 왜성(褐色矮星) 또는 다른 아주 희미한 별을 뜻하는 MACHO(MAssive Compact Halo Object) 중의 하나일 것으로 추정된다.

입자 물리학자들은 WIMP를 이용한 입자적 설명을 선호하고, 천체물리학자들은 MACHO를 이용한 항성적 설명을 좋아한다. 한동안 MACHO가 승리하고 있는 것처럼 보였지만, 충분한 수의 MACHO가 발견되지 않자 여론은 WIMP 쪽으로 기울어지고 있다. 그러나 WIMP는 아직까지도 발견된 적이 없다. WIMP가 존재한다고 하더라도 그것들은 약한 상호작용을 하기 때문에 알아내기 쉽지 않다. 우주선(宇宙線)에는 너무 많은 잡음이 들어 있다. 그래서 과학자들은 땅속 깊은 곳으로 들어가야 한다. 지하로 1킬로미터 들어가면, 우주선의 양은 지표면에서보다 100만 분의 1로 줄어들 것이다. 그러나 어떤 사람의 표현에 의하면, 그런 사실들을 모두 고려하더라도 "우주의 대차대조표에서는 3분의 2가 비어 있다."[38] 지금은 그것을 어느 곳엔가 존재하는 암흑의 알 수 없는 물체로 반사도 하지 않고, 검출도 할 수 없다는 뜻으로 DUNNOS(Dark Unknown Nonreflective Nondetectable Objects Somewhere)라고 불러도 좋을 것 같다.

최근에 밝혀진 증거에 의하면, 우주의 은하들은 우리에게서 멀어지고 있을 뿐만 아니라, 그 속도도 점점 더 빨라지고 있다. 그런 결과는 모든 예상을 벗어나는 것이다. 우주는 암흑 물질뿐만 아니라, 암흑 에너지로도 채워져 있는 것처럼 보인다. 과학자들은 그것을 진공 에너지 또는 더 이국적인 제5원(元)이라고 부르기도 한다. 그것을 무엇이라고 부르거나 상관없지만, 그것이 아무도 설명하지 못하는 것을 설명해주는 방법이 될 것처럼 보인다. 그런 이론에 따르면, 빈 공간은 전혀 비어 있는 것이 아니고, 물질과 반(反)물질이 갑자기 튀어나왔다가 다시 사라지는 일이 끊임없이 이어지며, 그것 때문에 우주는 점점 더 빠른 속도로 바깥쪽으로 밀려나게 된다.[39] 뜻밖에도 이런 모든 것을 한꺼번에 해결해주는 것이 바로 아인슈타인이 우주의 가상적인 팽창을 막기 위해서 일반 상대성 이론에 넣은 후에 "내 인생의 가장 큰 실수"라고 불렀던 바로 그 우주상수이다.[40] 지금 보면 그는 모든 것을 옳게 보았던 모양이다.

결국 우리는 나이를 정확하게 계산할 수도 없고, 거리를 알 수 없는 곳에 있는 별들에 둘러싸여서, 우리가 확인도 할 수 없는 물질로 가득 채워진 채로, 우리가 제대로 이해할 수도 없는 물리법칙에 따라서 움직이는 우주에 살고 있다는 셈이다.

조금은 불안한 수준에서 이야기를 마치고, 다시 지구의 문제로 돌아가서 우리가 이해하고 있는 것에 대해서 살펴보기로 한다. 지금쯤은 우리가 지구마저도 완전히 이해하지 못하고 있으며, 지금 우리가 이해하고 있는 것들을 알아낸 것도 그리 오래 되지 않았다는 이야기를 들어도 놀랍지 않을 것이다.

제12장

움직이는 지구

1955년 알베르트 아인슈타인이 생을 마감하기 전에 전문가로서 마지막으로 했던 일은 찰스 햅굿이라는 지질학자가 쓴 「움직이는 지각(地殼) : 지구 과학의 핵심 문제에 대한 열쇠」라는 책에 짧기는 하지만 열광적인 서문을 쓴 것이었다. 햅굿의 책은 대륙들이 움직이고 있다는 주장을 단호하게 부정한 것이었다. 그와 의견을 같이 할 수 있는 사람들만 따라 읽을 수 있도록 쓴 책을 통해서 그는, 몇몇 멍청한 사람들이 "일부 대륙들의 모양이 일치하는 것처럼 보인다"는 사실에 관심을 가지는 모양이라고 지적했다.[1] 그는 그런 사람들이 "남아메리카가 아프리카와 맞추어지는 것처럼 보이고……대서양의 양쪽 해안의 암석층들이 서로 일치한다고 주장하기도 한다"고 비난했다.

햅굿은 지질학자였던 K. E. 캐스터와 J. C. 멘데스가 대서양의 양쪽을 집중적으로 연구해서 그런 유사성이 없다는 사실을 분명하게 밝혔다면서 그런 주장을 단호하게 부정했다. 그러나 대서양의 양쪽에서 발견되는 암석층들이 아주 비슷한 정도가 아니라 정확하게 일치한다는 사실을 고려하면, 캐스터와 멘데스가 정말 무엇을 살펴보았는지는 아무도 알 수가 없다.

그러나 그것은 햅굿을 비롯한 당시의 지질학자들만의 주장이 아니었다. 햅굿이 언급한 이론은 1908년에 프랭크 버슬리 테일러라는 미국의 아마추어 지질학자가 처음 주장했던 것이었다. 테일러는 부유한 집안 출신이었기 때문에 학계의 간섭을 받지 않고 자신이 원하는 것을 마음대로 연구할 수가 있었다. 그는 다른 사람들과 마찬가지로 아프리카와 남아메리카의 마주보는 해안이 서로 닮아 있다는 사실에 흥미를 가졌고, 그것으로부터 대륙들이 한때는 미끄러지면서 돌아다녔다는 생각을 하게 되었다. 그는 아무런 과학적 근거는 없었지만 대륙들이 서로 충돌하면서 산맥들이 솟아올랐다는 주장도 했다. 그러나 그는 충분한 증거를 제시하지는 못했기 때문에 그의 주장은 심각하게 고려할 필요가 없는 엉터리로 여겨졌다.

그러나 알프레트 베게너라는 독일 마르부르크 대학의 기상학자이며 이론가가 테일러의 주장을 받아들여서 완성시켰다. 베게너는 여러 가지 식물과 화석의 특이점들이 당시에 인정되던 지구 역사의 표준 모형에 잘 맞지도 않아서 도저히 해석할 수 없다는 사실을 깨달았다. 그는 유대류들이 어떻게 남아메리카에서 오스트레일리아로 옮겨갔을까에 대해서 궁금하게 생각했다. 스칸디나비아와 뉴잉글랜드 지방에 똑같은 종류의 달팽이가 살게 된 이유는 무엇일까? 노르웨이에서 북쪽으로 640킬로미터나 떨어진 스피츠베르겐과 같은 얼어붙은 지역의 석탄층과 아열대 유물들은 따뜻한 기후였던 곳에서 그곳으로 옮겨가지 않았다면 도대체 어떻게 설명할 수 있을까?

베게너는 세계의 대륙들이 한때는 판게아(Pangaea)라고 부르는 하나의 대륙이었기 때문에 식물과 동물들이 서로 섞일 수 있었고, 그 후에 대륙들이 서로 떨어져서 지금의 위치로 움직여갔다는 이론을 정립했다. 그는 그런 주장을 모아서 1912년에 독일에서 「대륙과 대양의 기원」이라는 책을 발간했다. 그는 제1차 세계대전의 혼란에도 불구하고 3년 후에 이 책을 영문으로도 발간했다.

베게너의 이론은 전쟁 때문에 관심을 끌지 못했지만, 1920년에 일부를 개정하고 보완한 책을 다시 발간했을 때에는 곧바로 논쟁의 대상이 되었다. 대륙이 움직인다는 사실은 모두가 인정했지만, 옆으로가 아니라 아래위로 움직인다고 생각했었다. 지각 평형설(地殼平衡設, isostasy)이라고 알려진 수직 운동이 일어나는 이유와 구체적인 방법에 대한 적당한 이론은 없었지만, 그런 생각은 몇 세대에 걸쳐서 전해져온 지질학 이론의 기초였다. 그중에서도 20세기 직전에 오스트리아의 에두아르트 쥐스가 제창한 구운 사과 이론은 나의 학창 시절까지도 교과서에 남아 있었다. 그 이론에 따르면, 바다와 산맥은 녹아 있던 지구가 냉각되면서 마치 구운 사과처럼 주름이 생겼기 때문에 만들어졌다. 그런 정적인 구조는, 튀어나온 부분은 침식에 의해서 깎이고, 파인 부분은 메워져서 결국 지구가 특징이 없는 둥근 공 모양이 될 것이라는 제임스 허턴이 오래 전에 했던 주장을 무시한 것이었다. 또한 20세기 초에 러더퍼드와 소디가 밝혀낸 것처럼, 지구는 엄청난 양의 열을 가지고 있어서 쥐스가 제안했던 그런 종류의 냉각과 수축이 불가능하다는 것도 문제였다. 어쨌든 쥐스의 이론이 옳다면, 산악 지방은 지구상에 균일하게 분포해야 할 것이고, 그 생성 연대도 대체로 같아야 할 것이다. 물론 실제로는 그렇지 않다. 1900년대 초반에 이미 우랄이나 애팔래치아 산맥은 알프스나 로키 산맥보다 수억 년 먼저 생겼다는 사실이 명백하게 밝혀졌다. 이제 새로운 이론이 등장할 시기가 다가온 것이 분명했다. 불행하게도 알프레트 베게너는 지질학자들이 바라던 사람은 아니었다.

우선 지질학의 기초에 의문을 제기하는 그의 극단적인 의견은 당연히 관객들로부터 환영을 받지 못했다. 그런 도전이 지질학자로부터 제기된 것이었다면 더욱 고통스러운 것이었겠지만, 베게너는 지질학 배경을 가지고 있지 않았다. 다행스럽게도 그는 기상학자였다. 일기예보 전문가였고, 그것도 독일인이었다. 그 정도면 구제할 수 없는 결격 사유였다.

지질학자들은 최선을 다해서 그가 제시했던 근거를 반박하고, 그의 주장을 비웃었다. 화석 분포의 문제는 필요한 곳에 "육교(陸橋)"가 있었다는 주장으로 해결해버렸다.[2] 거의 같은 시기에 히파리온이라는 고대의 말[馬]이 프랑스와 플로리다에서 살고 있었다는 사실이 밝혀졌을 때는 대서양을 가로질러서 육교를 그려넣었다. 남아메리카와 동남 아시아 지역에서 맥류(貘類)*에 속하는 동물들이 같은 시기에 살고 있었다는 사실이 밝혀졌을 때는 그곳에도 육교를 그렸다. 결국 선사시대의 바다는 대부분 북아메리카와 유럽, 브라질

---

* 중앙 아메리카, 남아메리카, 동남 아시아에 서식하는 기제목의 포유류로, 네 개의 앞발굽과 세 개의 뒷발굽을 가지고 있고, 코와 윗입술이 길게 자란 야행성 초식동물.

과 아프리카, 동남 아시아와 오스트레일리아, 그리고 오스트레일리아와 남극 대륙 등을 잇는 가상적인 육교로 채워졌다. 생물종들이 이동했다고 주장할 필요가 생기면 덩굴손 같은 연결선들은 아무렇게나 그려넣었다가, 아무 흔적도 없이 지워버리기도 했다. 물론 그런 육교의 존재를 밝혀줄 실질적인 근거는 아무것도 없었다. 그보다 더 엉터리일 수가 없었음에도 불구하고, 지질학자들은 반세기 동안 그런 독선에 빠져 있었다.

그러나 그런 육교를 이용하더라도 설명할 수 없었던 문제들이 있었다.[3] 유럽에서 잘 알려진 삼엽충의 일종이 뉴펀들랜드에서도 발견되었는데, 섬의 한쪽 부분에서만 발견되었다. 3,000킬로미터가 넘는 험한 대양을 건너갈 수 있었던 삼엽충이 어떻게 폭이 300킬로미터에 불과한 섬의 반대쪽으로 퍼져 나가지 못했는가를 설득력 있게 설명할 수 없었다. 유럽과 북아메리카의 태평양 북서 해안에서만 발견된 또다른 삼엽충의 일종은 더욱 고약한 경우였다. 그 중간 지역에서는 발견되지 않는 것으로 보면, 육교가 아니라 고가 횡단 도로가 필요했다. 그럼에도 불구하고, 1964년의 「브리태니커 백과사전」마저도, 두 주장 중에서 "심각한 이론적 문제"를 가지고 있는 것은 베게너의 것이라고 지적했다.[4]

정확하게 말하자면, 베게너에게도 실수가 있었다. 그는 그린란드가 매년 1.6킬로미터씩 서쪽으로 움직이고 있다고 주장했지만, 그런 주장은 분명히 말도 안 되는 것이었다(실제로는 1센티미터 정도 움직인다). 무엇보다도 그는 대륙이 어떤 이유로 움직이는가에 대한 확실한 설명을 하지 못했다. 그의 이론을 믿으려면, 거대한 대륙이 쟁기가 밭을 갈 듯이 단단한 지각을 따라서 움직이면서도 아무런 골을 만들지 않는다는 이상한 설명을 인정해야만 했다. 당시에 알려진 사실만으로는 그런 거대한 움직임을 일으킬 수 있는 원인을 제대로 설명할 수가 없었다.

그런 문제를 해결한 사람은 지구의 나이를 알아내는 일에 많은 기여를 했던 영국의 지질학자 아서 홈스였다. 홈스는 지구 내부의 방사성 열 때문에 대류 현상이 일어난다는 사실을 최초로 이해한 과학자였다. 이론적으로는 그런 대류가 지표면의 대륙을 옆으로 미끄러지도록 만들 정도로 충분히 클 수 가 있다. 그는 1944년에 처음 발간된 유명하고 영향력 있는 「자연 지질학 원리」에서 처음으로 대륙 이동설을 밝혔다. 오늘날 우리가 알고 있는 이론은 기본적으로 그의 이론에서 출발한 것이다. 그의 주장은 극단적인 것이어서 광범위한 비판을 받았다. 특히 미국에서는 대륙 이동설에 대한 거부감이 다른 지역보다 훨씬 오래 지속되었다. 미국의 어느 비평가는, 홈스가 자신의 주장을 너무 명백하고 확실하게 밝혀서 학생들이 그것을 사실이라고 믿어버릴 것이 걱정스럽다고 주장하기도 했다.[5]

그러나 다른 지역에서는 새로운 이론을 조심스럽게 받아들이고 있었다. 1950년에 영국 과학진흥협회의 투표에 의하면 참석자들의 과반수 이상이 대륙 이동설을 인정했다(햅굿은 즉시 그 숫자를 인용하면서 영국의 지질학자들이 얼마나 비극적인 오류를 저지르고 있는가를 지적했다).[6] 그러나 이상하게도 홈스는 자신이 없었던 모양이다. 그는 1953년에 "지질학자의 양심으로 생각하면 대륙 이동설은 훌륭한 것이지만, 그에 대한 거부감을 완전히 떨쳐버릴 수가 없다"고 고백했다.[7]

미국에서도 대륙 이동설을 지지한 사람이 전혀 없었던 것은 아니었다. 하버드의 레지널드 달리가 지지를 했지만, 앞에서 설명했듯이 그는 달이 우주의 충돌에 의해서 만들어졌다고 엉터리로 주장했던 사람이었다. 그의 주장은 흥미롭고, 고려할 가치가 있었지만, 심각하게 받아들이기에는 너무 화려한 느낌이 들었다. 대부분의 미국 학자들은 대륙들이 영원히 지금의 위치에 있었고, 그 표면의 특성들은 수평 운동이 아닌 다른 요인에 의해서 생긴 것이라고 믿고 있었다.

그러나 흥미롭게도 석유회사에서 일하는 지질학자들은 석유를 찾아내려면 정확하게 판 구조론에 나오는 표면 운동을 인정해야 한다는 사실을 오래 전부터 알고 있었다.[8] 그러나 석유회사의 지질학자들은 석유를 찾아내는 일에만 관심이 있었고, 학술적인 논문을 쓰는 일에는 흥미가 없었다.

아무도 해결하지 못했고, 해결할 엄두도 내지 못했던 지구 이론의 중요한 문제가 또 하나 있었다. 도대체 그 많은 양의 퇴적물들이 모두 어디로 갔는가라는 것이었다. 매년 지구의 강들은 5억 톤의 칼슘을 비롯해서 엄청난 양의 침식물을 바다로 흘려보낸다. 퇴적의 속도에 그런 퇴적 작용이 계속되었던 기간을 곱하면 바다 밑에 있는 퇴적층의 높이가 대략 20킬로미터나 된다는 믿을 수 없는 숫자가 얻어진다. 다시 말해서 지금쯤이면 바다 밑이 해수면보다 훨씬 높은 곳까지 솟아 있어야 한다는 뜻이 된다. 과학자들은 이런 역설적인 문제를 가장 간단한 방법으로 해결해왔다. 단순히 무시해버렸던 것이다. 그렇지만 결국은 더 이상 무시할 수 없는 상황에 다다르고 말았다.

제2차 세계대전 중에 프린스턴 대학의 해리 헤스라는 광물학자가 케이프 존슨 호라는 공격용 수송선의 책임자로 임명되었다. 이 배에는 해안에 상륙하는 과정에 도움이 될 음향 측심기라는 최신형 수심 측정장치가 설치되어 있었다.[9] 그 장치가 과학적인 목적으로도 유용할 것이라는 사실을 깨달은 헤스는 바다 한가운데에 있을 때는 물론이고 전투 중에도 그 기계를 절대 끄지 않고 놓아두었다. 그가 얻은 결과는 전혀 상상하지 못했던 것이었다. 만약 모든 사람들이 믿는 것처럼 바다 밑바닥이 오래 전에 만들어진 것이라면, 강이나 호수의 바닥에 쌓인 진흙처럼 바다 밑에도 두꺼운 퇴적층이 쌓여 있어야만 했다. 그러나 헤스의 측정결과는 오래된 퇴적층이 멋진 굴곡을 이루고 있을 것이라는 기대와는 전혀 다른 것이었다. 거의 모든 곳이 깊은 계곡, 협곡, 크레바스로 가득했고, 곳곳에 아널드 기요라는 프린스턴의 옛 지질학자의 이름을 따서 기요라고 부르는 화산 활동으로 만들어진 산들이 널려 있었다.[10] 모든 것들이 수수께끼였지만, 전쟁의 임무를 수행해야 했던 헤스는 그런 생각들을 가슴에 묻어두어야 했다.

전쟁이 끝난 후에 프린스턴으로 돌아온 헤스는 강의에 바쁜 중에도 언제나 바다 밑의 신비를 잊지 못했다. 한편 1950년대에 해양학자들은 바다 밑에 대한 더욱 복잡한 탐사를 계속했다. 그런 과정에서 그들은 더욱 놀라운 사실을 발견했다. 지구에서 가장 크고 거대한 산맥은 대부분이 바다 밑에 있었던 것이다. 그런 산맥들이 마치 야구공의 실밥처럼 전 세계의 바다 밑을 따라 연속적으로 이어져 있었다. 그런 산맥은 아이슬란드에서 시작해서 대서양의 한가운데까지 이어지고, 아프리카의 아래쪽을 돌아서, 인도양과 남대양을 지나서, 오스트레일리아의 아래쪽을 돌아서, 멕시코 북부의 바하 칼리포르니아를 향해 태평양을 건너다가 갑자기 미국의 서해안을 지나 알래스카로 이어진다. 대서양의 아조레스나 카나리아 제도 또는 태평양의 하와이와 같은 섬이나 군도들은 해저 산맥 중의 높은 봉우리가 수면 위로 올라와서 만들어진 것이다. 그러나 해저 산맥의 대부분은 수천 길의 소금물 속에 아무에게도 알려지지 않은 채 잠겨 있었다. 가지 친 부분까지 모두 합치면 그 길이는 무려 7만5,000킬로미터에 이른다.

그중에서 아주 작은 부분만이 얼마 전부터 알려져 있었다. 19세기에 해저 케이블을 설치하던 사람들은 대서양의 한가운데에 산처럼 튀어나온 부분이 있다는 사실을 알아냈지만, 그런 산들이 연속적으로 이어져 있다는 사실은 알 수가 없었다. 전체적인 규모는 깜짝 놀랄 정도였다. 더욱이 도저히 설명할 수 없는 물리학적인 특이점들도 발견되었다. 대서양 중심에 있는 산마루의 중간에 폭이 20킬로미터나 되고 전체 길이는 2만 킬로미터나 되는 해구(海溝)라고 부르는 깊은 계곡이 있었다. 그 모습은 마치 지구가, 껍질이 갈라져서 벌어지는 밤송이처럼 실밥을 따라 갈라지면서 벌어지고 있는 것과 같았다. 말도 안 되고 맥 빠지는 상상이었지만, 그 증거는 반박할 길이 없었다.

그 후 1960년에 이루어진 시추 샘플에 의해서 대서양의 해저 산맥은 상당히 최근에 생긴 것이고, 그곳으로부터 동쪽이나 서쪽으로 갈수록 점점 더 오래 전에 만들어졌다는 사실이 밝혀졌다. 그런 정보를 입수한 해리 헤스는 단 한 가지 설명이 가능하다는 사실을 깨달았다. 바다 밑에서 해저 산맥을 중심으로 양쪽으로 새로운 지각(地殼)이 만들어지고 있고, 그 전에 만들어진 지각은 새로 만들어지는 지각에 의해서 양쪽으로 밀려나고 있다는 것이다. 대서양의 바닥은 결국 지각을 북아메리카 쪽으로 옮겨주는 컨베이어 벨트와 지각을 유럽 쪽으로 이동시키는 컨베이어 벨트의 두 대형 컨베이어 벨트로 구성되어 있는 셈이다. 이런 과정은 해저 확장설이라고 알려지게 되었다.

움직이는 지각이 대륙과의 경계에 도달하면, 섭입(攝入)이라고 알려진 과정을 통해서 땅속으로 다시 들어가게 된다. 그것이 바로 퇴적층이 어디로 간 것인가에 대한 설명이다. 결국 지구의 밥그릇 속으로 다시 되돌아가고 있었던 것이다. 그리고 대양의 바닥이 왜 상대적으로 젊은 편인가에 대한 설명도 된다. 대양의 바닥 중에서 1억7,500만 년보다 오래된 곳은 발견된 적이 없었다. 그런 사실은 대륙의 암석들이 수십억 년씩 된 것과 비교하면 수수께끼 같은 일이었다. 그런데 이제 헤스는 그 이유를 알게 되었다. 바다 밑에 있는 암석들은 해변에 도달할 때까지만 존재하기 때문이다. 그의 이론은 상당히 많은 것들을 멋지게 설명해주었다. 헤스는 생각을 정리해서 중요한 논문을 발표했지만, 아무도 거들떠보지 않았다. 정말 좋은 생각이 받아들여지지 않는 경우도 있었다.

한편 서로 독립적으로 연구를 하던 두 사람이, 이미 수십 년 전에 발견된 현상으로부터 지구의 역사에 대한 이상한 사실을 알아내고 있었다. 1906년에 베르나르 브뤼네라는 프랑스의 물리학자는 지구의 자기장이 가끔씩 방향을 바꾸고, 그것이 당시에 만들어진 암석에 영원히 기록된다는 사실을 발견했다. 구체적으로 철광석의 작은 결정들은 생성 당시에 지구 자기장의 방향에 따라서 배향(配向)을 하게 되고, 암석이 식어서 단단해지면 그 방향을 그대로 유지한 채로 남아 있게 된다는 것이었다. 암석들은 그런 식으로 생성 당시 지구 자기의 방향을 "기억하게" 된다. 그런 사실은 오랫동안 단순한 호기심의 대상이었지만, 1950년대에 영국의 암석에 기억된 고대 자기장의 모양을 연구하던 런던 대학의 패트릭 블래킷과 뉴캐슬 대학의 S. K. 렁컨은 그런 자료가 아주 먼 옛날에 영국이 마치 부두에 묶여 있다가 떠내려가는 배처럼 그 축에서 벗어나서 북쪽으로 움직였음을 뜻한다는 사실을 발견하고 정말 깜짝 놀랐다. 더욱이 유럽의 자기장 배열을 같은 시기의 아메리카의 배열과 나란히 놓으면 한 글자를 찢었다 붙인 것처럼 정확하게 들어맞는다는 사실도 발견했다. 그것은 신비로운 결과였다.

그러나 그들의 발견도 역시 무시되고 말았다.

결국 모든 실마리를 꿰는 일은 케임브리지 대학의 드러먼드 매슈스라는 지구물리학자와 그의 대학원 학생이었던 프레드 바인에게 맡겨졌다. 1963년에 두 사람은 대서양 바닥에서 측정한 자기장에 대한 연구를 이용해서 해양의 바닥이 정확하게 헤스가 제안했던 것처럼 확장되고 있으며, 대륙도 역시 움직이고 있다는 사실을 명백하게 밝혀냈다. 운이 나빴던 로런스 몰리라는 캐나다의 지질학자도 거의 같은 시기에 같은 결론을 얻었지만, 자신의 논문을 실어줄 학술지를 찾을 수가 없었다. 결국 "그런 추측은 칵테일 파티에서는 흥미로운 화제가 되겠지만, 심각한 과학 학술지에 발표할 수는 없는 것"이라고 했던 「지구물리학연구」 지(誌) 편집자의 말은 유명한 웃음거리가 되었다. 어느 지질학자는 훗날 그 논문을 "아마도 지구과학 분야에서 게재가 거절된 가장 중요한 논문일 것"이라고 했다.[11]

어쨌든 움직이는 지각이라는 생각이 받아들여질 때가 온 셈이다. 1964년에 왕립학회 주최로 그 분야의 가장 중요한 인물들이 참석하는 심포지엄이 런던에서 개최되었는데, 갑자기 모든 사람들이 개종을 해버린 것처럼 보였다. 그 심포지엄에서 지구는 서로 연결된 부분들로 만들어진 모자이크이고, 그런 조각들의 거대한 충돌들 때문에 지구 표면의 특징이 나타나게 된다는 데에 의견이 모아졌다.

단순히 대륙만이 아니라 지각 전체가 움직이고 있다는 사실이 밝혀지면서 "대륙 이동"이라는 이름은 곧바로 폐기되었지만, 각 부분의 이름이 결정되기까지는 상당한 시간이 걸렸다. 처음에는 사람들이 "지각 블록" 또는 "포장석"이라고 부르기도 했다. 그러나 1968년 말에 세 사람의 미국 지진학자들이 「지구물리학 연구」에 발표한 논문에서부터 지각의 움직이는 각 부분을 판(plate)이라고 부르게 되었다. 판 구조론(plate tectonics)이라는 이름도 같은 논문에서 비롯되었다.

그러나 옛날 개념들은 쉽게 사라지지 않으며, 모두가 서둘러서 신기한 새 이론을 받아들이는 것도 아니다. 1970년대에 들어서서도, 가장 유명하고 영향력 있는 지질학 교과서 중의 하나였던 유명한 해럴드 제프리스의 「지구」에서는, 1924년의 초판에서와 마찬가지로 판 구조론은 물리학적으로 불가능하다고 고집스럽게 주장했다.[12] 그는 대류와 해저 확장설도 역시 인정하지 않았다. 1980년에 발간된 존 맥피의 「분지와 산맥」에 따르면, 당시의 미국 지질학자 여덟 명 중의 한 사람은 판 구조론을 인정하지 않았다고 한다.[13]

오늘날 우리는 지구 표면이 크기를 정의하는 방법에 따라서 8-12개의 대형 판과 20개 정도의 작은 판으로 구성되어 있고, 그런 판들이 모두 서로 다른 방향과 속도로 움직이고 있다는 사실을 알고 있다.[14] 크기가 크고 비교적 활동이 없는 것도 있지만, 작고 에너지가 충만한 것들도 있다. 그런 판들은 그 위에 놓여 있는 대륙과 반드시 특별한 관계를 가지고 있지는 않다. 예를 들면 북아메리카 판은 북아메리카 대륙보다 훨씬 더 크다. 서쪽 경계는 대륙의 서해안과 거의 일치하지만(판 경계에서 생기는 융기와 충돌 때문에 북아메리카의 서부 지역에 지진이 자주 일어난다), 동쪽 경계는 해안선과 전혀 상관없이 대서양의 해저 산맥까지 확장되어 있다. 아이슬란드는 가운데를 중심으로 나누어져서 반쪽은 아메리카에 속하고, 나머지 반쪽은 유럽에 속한다. 한편 뉴질랜드는 인도양과는 멀리 떨어져 있음에도 불구하고 거대한 인도양 판의 일부이다. 대부분의 판들이 그런 식이다.

현재의 대륙과 과거의 대륙 사이의 관계는 상상하던 것보다 훨씬 더 복잡한 것으로 밝혀졌다.[15] 카자흐스탄은 한때 노르웨이와 뉴잉글랜드에 붙어 있었던 것으로 밝혀졌다. 스태튼 아일랜드는 한쪽만이 유럽에 속하고, 대부분은 뉴펀들랜드에 속한다. 매사추세츠 해변의 자갈과 가장 가까운 것은 오늘날의 아프리카에 있다. 스코틀랜드의 고원과 대부분의 스칸디나비아 지역은 아메리카에 속한다. 남극 대륙의 섀클턴 산맥의 일부는 한때 미국 동부의 애팔래치아 산맥에 속했을 수도 있다. 다시 말해서 암석들은 이리저리 돌아다녔다.

끊임없이 일어나는 변화 때문에 판들이 하나의 거대하고 정지된 판으로 뭉쳐지지는 못한다. 모든 것이 현재와 같은 식으로 계속된다면, 대서양은 결국 태평양보다 훨씬 커질 때까지 확대될 것이다. 캘리포니아 주의 대부분은 떨어져 나가서 태평양의 마다가스카르처럼 될 것이다. 아프리카가 북쪽으로 밀려 올라가서 유럽에 붙게 되면, 지중해는 사라져버리고, 파리에서 캘커타에 이르는 지역에는 히말라야와 같은 거대한 산맥이 솟아오르게 될 것이다. 오스트레일리아는 북쪽에 있는 섬들을 모두 삼켜버린 후에 탯줄 같은 해협을 통해서 아시아와 연결될 것이다. 이것은 미래에 일어날 변화가 아니라 미래의 결과일 뿐이다. 변화는 현재 일어나고 있다. 지금 우리가 살고 있는 대륙들은 연못에 떠 있는 나뭇잎처럼 떠다니고 있다. 지구 위치 파악 시스템(GPS)* 덕분에 우리는 유럽과 북아메리카가 달팽이와 같은 속도로 서로 멀어지고 있다는 사실을 알아낼 수 있다. 사람의 평균 일생 동안 대략 2미터 정도씩 멀어지고 있다.[16] 충분히 오래 기다린다면, 움직이는 대륙을 타고 로스앤젤레스에서 샌프란시스코까지도 갈 수 있다. 우리가 그런 변화를 실감하지 못하는 것은 우리의 수명이 너무 짧기 때문이다. 지구본에서 지금 볼 수 있는 모습은 지구 역사의 0.1퍼센트에 해당하는 기간에 만들어진 대륙들의 스냅 사진에 불과할 뿐이다.[17]

지구는 암석으로 된 행성들 중에서 유일하게 판 구조를 가지고 있다. 지구가 그런 구조를 가지게 된 이유는 분명하게 밝혀져 있지 않다. 금성은 크기나 밀도가 지구와 거의 같은데도 불구하고 판 구조를 가지고 있지 않은 것으로 보아서, 지구의 크기나 밀도 때문에 그런 것이 아니라는 사실은 분명하다. 비록 이론적인 추정에 불과하기는 하지만, 판 구조는 지구에 생명체가 살아가는 데에 매우 중요한 역할을 하는 것으로 보인다.[18] 물리학자이면서 과학저술가인 제임스 트레필에 의하면 "지질학적 판들의 연속적인 움직임이 지구 생명체의 발달에 영향을 미치지 않았다고 믿기는 어렵다." 그는 예를 들어서 판 구조에 의해서 나타나는 기후의 변화를 비롯한 변화들이 생물의 지능을 발달시킨 중요한 요인일 것이라고 제안했다. 지구에서 일어났던 몇 차례의

---

* 미국 국방성에서 1978년부터 구축한 시스템으로, 600킬로미터 상공에 떠 있는 24개의 인공위성 중 4개로부터 수신한 신호의 시차를 근거로 경도와 위도 그리고 고도를 알아낼 수 있다.

멸종 사태 중에서 일부는 대륙의 이동 때문이었을 것이라고 주장하는 사람들도 있다. 2002년 11월에 영국 케임브리지 대학의 토니 딕슨은 「사이언스」에 발표한 논문에서 암석의 역사와 생명체의 역사 사이에 깊은 관계가 있을 것이라고 강하게 주장했다.[19] 딕슨이 발견한 것은, 지난 5억 년 동안에 바닷물의 화학적 조성이 갑자기 크게 변했던 적이 있었고, 그런 변화가 일어났던 시기들은 대부분 생물학사의 중요한 사건들과 관계가 있다는 것이다. 작은 생물들이 엄청나게 번성해서 영국 남부 해안에 흰색 암석으로 된 절벽들이 만들어졌던 일과 캄브리아기에 해양생물 중에서 조개류가 번성했던 일 등이 그런 예이다. 가끔씩 바닷물의 화학적 조성이 크게 바뀌는 정확한 이유는 알 수 없지만, 해저 산맥이 열리고 닫혔던 것이 영향을 미쳤을 것임은 분명하다.

어쨌든 판 구조론은 고대의 히파리온이 어떻게 프랑스에서 플로리다로 옮겨갈 수 있었는가를 비롯해서 지구 표면에서 일어나는 동적 현상은 물론이고 내부에서 일어나는 일들도 상당히 설명해주었다. 지진, 군도(群島)의 형성, 탄소 순환 과정, 산의 위치, 빙하기의 시작, 생명의 기원, 이런 모든 일들이 새로 등장한 훌륭한 이론의 영향을 받지 않을 수가 없었다. 맥피가 지적했던 것처럼, 지질학이 "갑자기 지구 전체를 이해할 수 있도록 해주는" 현기증 나는 위치에 서게 되었다.[20]

그러나 한계는 있다. 아직까지도 과거 대륙의 분포에 대해서는 많은 사람들이 생각하는 것만큼 확실하게 이해하지 못하고 있다. 교과서에는 과거의 대륙들을 확실한 것처럼 그려놓고, 로라시아, 곤드와나, 로디니아, 판게아와 같은 이름을 붙이기도 하지만, 대부분은 확실한 증거가 없는 결론을 근거로 한 것이다. 조지 게일러드 심프슨이 「화석과 생명의 역사」에서 지적한 것처럼, 고대 세계의 식물과 동물 종들은 절대 나타나지 말아야 할 곳에 등장하고, 꼭 나타나야 할 곳에서는 나타나지 않는 경향이 있었다.[21]

오스트레일리아, 아프리카, 남극 대륙, 남아메리카를 연결하는 고대의 거대한 대륙이었다는 곤드와나의 형태는 대부분 글로소프테리스(Glossopteris)

라는 고대 고사리의 분포를 근거로 추정한 것이다. 그러나 곤드와나와는 아무런 관련이 없는 것으로 알려진 지역에서도 훨씬 후기에 살았던 글로소프테리스들이 발견되었다. 그런 골치 아픈 문제들은 대부분 무시되어왔고, 지금도 그런 사정은 마찬가지이다. 트라이아스기에 살았던 리스트로사우루스라는 파충류도 역시 남극 대륙에서부터 아시아에 이르는 모든 지역에서 발견됨으로써 그 대륙들이 서로 연결되어 있었던 것으로 짐작할 수 있지만, 같은 시기에 곤드와나의 일부였던 것으로 믿어지는 남아메리카와 오스트레일리아에서는 발견된 적이 없었다.

또한 지표면의 구조들 중에서 판 구조론으로 설명할 수 없는 것들도 있다.[22] 덴버의 경우가 그렇다. 누구나 알고 있듯이 덴버의 고도는 약 1.6킬로미터이지만, 그런 융기는 비교적 최근에 일어났다. 공룡들이 지구를 휩쓸고 다니던 때의 덴버는 수심 수백 미터 아래에 있었다. 그럼에도 불구하고, 덴버의 암석에서는 판들의 충돌이 일어났을 때 예상되는 균열이나 변형을 찾아볼 수 없다. 덴버는 판의 충돌에 따른 영향을 받기에는 그 경계에서 너무 멀리 떨어져 있다. 만약 그런 일이 생겼다면 양탄자의 한쪽 끝을 밀었더니 다른 쪽에 주름이 생겼다는 것과 같은 이야기가 된다. 덴버는 알 수 없는 이유로 지난 수백만 년 동안 빵이 부풀어오르는 것처럼 밀려 올라갔던 셈이다. 아프리카의 남부도 마찬가지이다. 폭이 1,600킬로미터나 되는 지역이 지난 1억 년 동안 거의 1.6킬로미터나 밀려 올라갔지만, 판들의 활동과는 아무런 관련이 없는 것처럼 보인다. 한편, 오스트레일리아는 기울어지면서 가라앉고 있다. 그 지역의 판은 지난 1억 년 동안 아시아를 향해 북쪽으로 움직였고, 앞부분은 180미터나 아래로 꺼져버렸다. 인도네시아는 아주 느리게 가라앉으면서 오스트레일리아를 함께 끌고 들어가고 있는 것처럼 보인다. 이런 것들도 모두 판 구조론으로는 설명할 수가 없다.

알프레트 베게너는 자신의 주장이 인정받는 것을 보지 못했다.[23] 1930년에 그린란드 탐사를 떠났던 그는 쉰 살 생일날 홀로 앉아서 보급품을 챙기고 있었다. 결국 그는 돌아오지 못하고, 며칠 후에 얼음 위에서 얼어 죽은 채로 발견되었다. 그는 현장에 묻혔고, 여전히 그곳에 남아 있다. 물론 그가 사망했을 때보다 1미터 정도 북아메리카 쪽으로 움직여갔을 것이다.

아인슈타인도 역시 자신이 잘못 선택한 말[馬]을 후원했었다는 사실을 알지 못했다. 사실 그는 찰스 햅굿이 대륙 이동설을 쓰레기라고 비난했던 책이 발간되기도 전인 1955년에 뉴저지 주의 프린스턴에서 사망했다.

판 구조론의 출현에 결정적인 기여를 했던 해리 헤스도 역시 같은 시기에 프린스턴에서 여생을 보내고 있었다. 총명했던 월터 앨버레즈라는 그의 학생이 결국 전혀 다른 방법으로 과학계를 완전히 바꾸어버렸다.[24)]

지질학에서 지각 변동이 비로소 시작되었고, 그런 변화가 일어나도록 만든 사람이 바로 젊은 앨버레즈였다.

제4부

위험한 행성

지구상에서 어느 한 지역의 역사는,
병사의 삶과 마찬가지로,
오랜 기간의 권태와
짧은 순간의 공포로 이루어져 있다.

—— 영국의 지질학자 데릭 V. 애거

제13장

충돌!

사람들은 오래 전부터 아이오와 주에 있는 맨슨 지역의 땅 밑에 무엇인가 이상한 것이 있다는 사실을 알고 있었다. 1912년에 마을의 수도 시설을 건설하기 위해서 시추를 하던 인부가 이상하게 변형된 암석들이 쏟아져 나온다는 사실을 보고했다.[1] 훗날 공식 보고서에는 그런 암석들을 "용융(溶融)된 모암(母巖) 속에 들어 있는 결정형(結晶形) 쇄설각력암(碎屑角礫岩)" 또는 "거꾸로 뒤집어진 분출물 덩어리"라고 표현했다. 시추공에서 퍼올린 물의 수질도 이상했다. 빗물과 같은 정도의 단물이었다. 아이오와 주에서는 천연 단물이 발견된 적이 없었다.

맨슨의 이상한 암석과 단물은 호기심의 대상이었지만, 아이오와 대학의 연구진이 당시에도 지금처럼 2,000명 정도의 주민이 살고 있던 아이오와 주 북서쪽의 작은 마을을 찾기까지는 41년이 걸렸다. 1953년에 몇 개의 시험용 시추를 마친 대학의 지질학자들은 그 지역의 지질이 정말 특이하다는 사실을 인정하고, 암석이 변형된 이유는 아마도 알려지지는 않았지만 아주 오래 전에 있었던 화산 활동 때문일 것이라고 추정했다. 그런 결론은 당시의 일반적인 상식에 따른 것이었지만, 지질학적으로는 더 이상 틀릴 수가 없을 정도의 엉터리였다.

맨슨에 생긴 지질학적인 상처는 땅속에서 시작된 것이 아니라, 적어도 1억 6,000만 킬로미터 떨어진 곳에서 시작되었다. 아주 오래된 과거 언젠가 맨슨이 얕은 바다 밑에 있었을 때, 지름이 대략 2.4킬로미터이고 무게가 100억

톤 정도인 암석이 음속의 200배 정도의 속도로 대기권을 뚫고 들어와 지구에 충돌하면서 상상하기 어려울 정도의 갑작스럽고 격렬한 충격이 발생했다. 순식간에 현재 맨슨이 있는 지역에 깊이가 5킬로미터 정도이고 지름이 32킬로미터 정도인 분화구(crater)가 만들어졌다. 아이오와 주의 물을 센물로 만들던 석회암들은 흔적도 없이 사라져버리고, 그 대신 1912년에 시추 인부가 이상하게 생각했던 충격을 받은 암석들로 대체되었다.

맨슨 충돌은 미국 본토에서 일어났던 가장 큰 규모의 충돌이었다. 그 이후로는 어떤 종류의 충돌도 그런 규모는 아니었다. 그때 생긴 분화구는 날씨가 맑아야만 한쪽에서 다른 쪽을 볼 수 있을 정도로 엄청난 규모였다. 그랜드 캐니언도 시시하게 보일 정도이다. 멋진 광경을 좋아하는 사람들에게는 불행한 일이겠지만, 맨슨 분화구는 250만 년이 흐르는 동안 대륙빙(大陸氷)이 지나가면서 빙하에 들어 있던 점토층으로 채워졌고, 오늘날 맨슨을 중심으로 몇 킬로미터에 이르는 지역은 세월이 흐르면서 부드럽게 깎여나가서 탁자처럼 평평해졌다. 물론 맨슨 크레이터 자체도 땅속에 묻혀버렸다.

맨슨의 도서관에 가면 1991-1992년 시추 사업 때의 신문과 시추 샘플이 담긴 상자를 볼 수 있다. 도서관에서 기꺼이 보여주기는 하지만, 보고 싶다고 요청을 해야 한다. 전시물은 없고, 역사적인 기념비도 세워져 있지 않다.

최근에 맨슨 주민들에게 일어났던 가장 큰 일은 메인 스트리트의 상가를 휩쓸고 지나간 1979년의 토네이도였다. 위험이 닥쳐오는 것을 미리부터 알 수 있다는 것이 평평한 지역의 장점이다. 거의 모든 주민이 메인 스트리트의 한쪽에 모여서 토네이도가 옆으로 비켜가기를 바라면서 30분 동안 지켜보았지만 결국은 질겁하고 달아나버렸다.[2] 불행히도 그중의 네 명은 충분히 빨리 달아나지 못해서 사망했다. 현재 맨슨 주민들은 매년 6월에 일주일 동안을 "분화구의 날"로 정하고, 당시의 불행을 잊으려고 애쓰고 있다. 그러니까 그 행사는 사실 분화구와는 아무런 관련이 없는 것이다. 땅속에 묻혀서 볼 수도 없는 충돌 위치를 이용해서 돈을 버는 방법은 누구도 찾아내지 못하고 있다.

"아주 가끔씩 사람들이 찾아와서 분화구를 보려면 어디로 가야 하는지를 물어보지만, 우리가 대답해줄 수 있는 것은 아무것도 볼 것이 없다는 말뿐입니다." 맨슨 도서관의 친절한 사서인 애너 슈랍콜의 말이었다. "그러면 사람들은 실망해서 떠나버리지요."[3] 사실 아이오와 주민들은 물론이고 대부분의 사람들은 맨슨 분화구에 대해서 들어본 적도 없었다. 지질학자들에게조차 각주에 들어갈 정도로 알려져 있을 뿐이다. 그러나 1980년대에 짧은 기간이기는 했지만, 맨슨이 지구상에서 지질학적으로 가장 신나는 곳이었던 적이 있었다.

이야기는 유진 슈메이커라는 총명한 젊은 지질학자가 애리조나 주의 운석 분화구를 방문했던 1950년대 초부터 시작되었다. 오늘날은 운석 분화구가 지구상에 남아 있는 운석 충돌 현장 중에서 가장 유명한 곳으로 알려져 있어서 관광객들이 많이 찾아간다. 그러나 당시에는 방문객들이 많지도 않았고, 1903년에 그곳의 소유권을 주장했던 다니엘 M. 베링거라는 부유한 광산 기술자의 이름을 따라 베링거 분화구라고 알려져 있었다. 베링거는 그 분화구가 철과 니켈이 많이 들어 있는 1,000만 톤짜리 운석에 의해서 만들어진 것이고, 그것을 채굴하면 엄청난 수입을 얻을 수 있을 것이라고 확신하고 있었다. 운석은 물론이고 모든 것이 충돌과 함께 증발해버렸다는 사실을 몰랐던 그는, 26년 동안 터널을 파느라고 엄청난 돈을 퍼부었지만 모두가 헛일이었다.

오늘날의 수준에서 보면 1900년대 초의 분화구 연구는 아무리 좋게 보아도 시시할 정도로 초보적인 것이었다. 초기의 선구자적인 연구자였던 컬럼비아 대학의 G. K. 길버트는 충돌의 효과를 이해하기 위해서 오트밀에 돌을 던져보기도 했다[4](이유는 알 수 없지만, 길버트는 컬럼비아의 실험실이 아니라 호텔 방에서 그런 실험을 했다[5]). 길버트는 그런 실험으로부터 달에 있는 분화구들은 그런 충돌에 의해서 만들어졌지만, 지구상의 분화구는 그렇지 않다는 결론을 얻었다. 당시에는 달에 대한 그의 주장도 매우 이례적인 것이었다. 대부분의 과학자들은 그 정도까지도 가고 싶어하지 않았다. 그들에게 달의 분화구는 고대의 화산 폭발의 증거였을 뿐이었다. 지구에 생긴 분화구들은 대부분 침식되었고, 남아 있는 것들도 모두 다른 이유 때문에 생겼거나 원인을 밝히기에는 너무 예외적인 것이라서 설명할 필요가 없다고 생각했었다.

슈메이커가 등장할 당시의 일반적인 생각은 운석 분화구가 지하의 수증기 폭발에 의해서 생겼다는 것이었다. 슈메이커는 지하 수증기 폭발에 대해서는 아무것도 몰랐다. 그런 것은 어디에도 존재하지 않았기 때문에 슈메이커가 알 수도 없었다. 그러나 그는 폭발에 대해서는 많은 것을 알고 있었다. 대학을 마친 그가 처음 했던 일 중의 하나가 바로 네바다 주에 있는 유카 평원에 있던 핵 시험장의 폭발 현장을 연구하는 것이었기 때문이었다. 그는 베링거와 마찬가지로 운석 분화구에서 어떤 화산 활동의 흔적도 찾아볼 수 없고, 비정상적으로 고운 실리카와 자철광 가루를 비롯한 엄청나게 다양한 물질들이 발견되는 것으로 보아서 우주로부터의 충돌이 있었을 가능성이 높다는 결론을 얻었다. 흥미를 느낀 그는 여가시간을 내서 연구를 시작했다.

처음에는 동료 엘리너 헬린과 함께 일을 했고, 그 후에는 부인 캐롤라인과 조수 데이비드 레비와 함께 일했던 슈메이커는 내태양계*를 체계적으로 살펴보기 시작했다. 그들은 캘리포니아 주의 팔로마 천문대에서 한 달에 일주일씩 지구의 궤도를 가로지르는 소행성과 같은 것들을 찾아보았다.

"우리가 시작했을 때는 천문학 관측의 역사상 모두 합쳐서 10여 개 남짓한 소행성들이 발견되었을 뿐이었습니다."[6] 몇 년 후에 텔레비전 인터뷰에서 슈메이커가 한 말이었다. "20세기의 천문학자들은 결국 태양계를 포기하고, 그 대신 별과 은하로 관심을 돌렸습니다."

슈메이커와 그의 동료들이 찾아낸 것은 누구도 상상하지 못했던 위험이, 그것도 엄청난 위험이 존재한다는 사실이었다.

잘 알려진 것처럼 소행성은 화성과 목성 사이에서 느슨하게 띠를 이루며 공전하고 있는 암석 덩어리들이다. 태양계의 그림에서는 언제나 고리 모양으로 뭉쳐 있는 것처럼 보이지만, 사실 태양계에는 엄청난 공간이 있기 때문에 대부분의 소행성들은 서로 160만 킬로미터 이상 떨어져 있다. 우주에 도대체

---

* 태양계에서 수성, 금성, 지구, 화성처럼 암석으로 이루어진 지구형 행성으로 이루어진 부분. 바깥쪽의 행성들은 외태양계라고 불린다.

얼마나 많은 소행성들이 떠돌아다니고 있는지는 아무도 모르지만, 그 수는 10억 개를 넘을 것으로 추산된다. 소행성들은 목성의 중력 때문에 큰 행성으로 뭉쳐지지 못한 작은 행성들일 것으로 추측된다.

1800년 첫날에 주세페 피아치라는 시칠리아 사람이 최초의 소행성을 발견했다. 1800년대에 소행성들이 처음 발견되었을 때는, 그것들도 역시 행성이라고 여겼었다. 그래서 처음의 두 개는 케레스와 팔라스라고 불렀다. 그것들이 행성과는 비교도 할 수 없을 정도로 작다는 사실이 알려진 것은 윌리엄 허셜이라는 천문학자의 영감 어린 추론 덕분이었다. 그는 "별 모양"이라는 뜻의 라틴어로부터 "asteroid"라는 이름을 붙였지만, 사실 소행성은 별과는 비슷하게 생기지도 않았기 때문에 적절한 이름은 아니었다.[7] 사실은 오늘날 사용되기도 하는 "planetoid"라는 이름이 더 적절하다.

1800년대에는 소행성을 찾아내는 일이 유행이어서 세기말까지 대략 1,000개의 소행성이 발견되었다. 그러나 아무도 그 발견을 체계적으로 기록하지 않았던 것이 문제였다. 그래서 1900년대 초에 이르러서는 새로 등장한 소행성이 정말 새로운 것인지 아니면 그 전에 발견되었지만 제대로 기록되지 않은 것인지를 확실하게 알아낼 수가 없게 되었다. 또한 이 시기에 이르러서는 돌덩어리에 불과한 소행성과 같은 평범한 것에 시간을 쏟고 싶어하는 천체물리학자들도 거의 없었다. 네덜란드 태생의 천문학자인 게라르트 카이퍼를 비롯한 소수의 천문학자들만이 태양계에 대해서 관심을 가지고 있었다. 카이퍼 벨트(제2장 참고)가 바로 그의 이름을 딴 것이다. 텍사스의 맥도널드 천문대에서 그의 관측과, 그뒤를 이어 신시내티의 소행성 센터와 애리조나 주의 우주 경계 계획을 통한 관측 덕분에 20세기 말에는 719 앨버트라고 알려진 소행성을 제외한 거의 모든 소행성들을 추적할 수 있게 되었다. 1911년 10월에 마지막으로 관측되었던 719 앨버트는 89년 동안 행방불명이었다가 2000년에 다시 발견되었다.[8]

그러니까 소행성 연구의 입장에서 보면 20세기는 오랜 노력으로 장부 정리를 위한 연습을 했던 셈이다. 천문학자들이 나머지 소행성들을 관측하기 시작한 것은 20세기의 마지막 몇 년 동안이었다. 2001년 7월까지 2만6,000개의 소행성들이 확인되어 이름이 붙여졌고, 그중의 절반은 마지막 2년 동안에 발견된 것이다.[9] 소행성의 수는 아마도 10억 개에 가까울 것으로 예상되므로 이제 겨우 시작인 셈이다.

어떤 의미에서는 그것이 문제가 아니다. 소행성을 확인한다고 안전해지는 것은 아니기 때문이다. 태양계에 존재하는 모든 소행성들에 이름을 붙이고, 그 궤도를 확인한다고 해도, 소행성들이 궤도를 벗어나서 지구로 날아오게 되는 이유에 대해서는 아무도 모르고 있다. 우리는 지구에서 암석이 교란되는 이유조차도 이해하지 못하고 있다. 하물며 우주공간에 떠도는 돌덩어리에 대해서는 아무것도 짐작할 수 없는 것이 당연하다. 우주에 떠도는 소행성에 대해서는 우리가 붙인 이름 이외에는 아무것도 모르고 있다.

지구의 공전궤도가 일종의 고속도로라고 한다면 그 길을 달리는 자동차는 우리뿐이다. 그러나 보행자들이 살펴보지도 않고 길을 건넌다고 생각해보자. 우리는 그런 보행자들 중에서 90퍼센트에 대해서는 아무것도 알지 못한다. 그들이 어디에 살고 있고, 어떤 생활주기를 가지고 있으며, 얼마나 자주 길을 건너는지에 대해서 아무것도 모른다. 우리가 알고 있는 것은, 그런 보행자들이 시속 10만 킬로미터의 속도로 달리고 있는 우리 앞에서 알 수 없는 빈도로 길을 건너다니고 있다는 사실뿐이다.[10] 제트 추진연구소의 스티븐 오스트로의 표현에 따르면, "만약 버튼을 눌러서 지구의 궤도를 가로지르는 소행성들 중에서 크기가 10미터가 넘는 것에 불이 켜지게 할 수가 있다면, 하늘에서 1억 개가 넘는 소행성들을 볼 수 있을 것이다." 다시 말해서 멀리서 반짝이는 수천 개의 별이 아니라, 가까이에서 아무렇게나 움직이는 소행성들이 엄청나게 많다는 뜻이다. "그런 소행성들 모두가 지구와 충돌을 할 가능성이 있고, 모두가 하늘에서 조금씩 다른 길과 속도로 움직이고 있다. 아주 걱정스러운 일이다."[11] 소행성들이 존재한다는 것 자체가 걱정스러운 일이다. 다만 우리가 그것들을 보지 못하고 있을 뿐이다.

달에 만들어진 분화구를 근거로 추정한 것에 불과하기는 하지만, 우리의 궤도를 정기적으로 가로지르는 소행성들 중에서 우리의 문명 전부를 폐허로 만들 수 있는 소행성만 하더라도 대략 2,000개는 될 것으로 생각된다. 그러나 집채 정도의 작은 소행성이라고 하더라도 도시 정도는 파괴할 수 있다. 비교적 작은 소행성들 중에서 지구의 궤도를 가로지르는 소행성의 수는 수십만에서 수백만 개가 될 것이 분명하고, 그것들을 모두 추적하는 일은 도저히 불가능하다.

그런 소행성을 처음 관측했던 것은 1991년이었고, 그나마도 이미 지나간 후였다. 1991 BA라고 이름 붙여진 그 소행성은 17만 킬로미터 떨어진 곳을 지나가는 과정에서 관측되었다. 우주에서 그런 정도의 거리를 지나가는 것은 총알이 소매를 스치는 것과도 같은 일이다. 2년 후에는 조금 더 큰 소행성이 14만 킬로미터 떨어진 곳을 지나갔다. 지금까지 기록된 것들 중에서 가장 가까운 거리였다. 그것도 역시 지나간 후에야 발견되었기 때문에 아무런 예고도 없이 지구에 충돌할 수도 있었던 셈이다. 티머시 페리스가 「뉴요커」에 기고한 글에 의하면, 소행성이 그렇게 가까이 지나가는 일은 일주일에 두세 차례씩 일어날 것이라고 한다.[12] 물론 대부분은 아무도 모른 채 지나가버린다.

지구상의 망원경으로는 지름이 100미터 정도인 물체를 지구에 도달하기 며칠 전부터 관측할 수가 있고, 그나마도 그런 물체를 추적하는 전용 망원경이 있을 때에만 가능한 일이다. 오늘날은 그런 물체를 추적하는 사람들의 수가 많아졌지만, 아직도 그런 물체를 미리 발견하기는 불가능하다. 흔히 사용되는 비유로, 전 세계에서 적극적으로 소행성을 추적하는 사람들의 수는 어느 맥도널드 상점에서 일하는 점원의 수보다도 적다(지금은 조금 더 많아졌다. 그러나 훨씬 많지는 않다).

유진 슈메이커가 사람들에게 내태양계의 위험성에 대한 경각심을 일깨우려고 노력하는 동안에, 이탈리아에서는 컬럼비아 대학 라몬트 도허티 실험실 출신의 젊은 지질학자에 의해서 아무 상관도 없는 것처럼 보이는 다른 일이 조용하게 진행되고 있었다. 1970년대 초에 움브리아 지역의 구비오라는 산골 마을 부근에 있는 보타치오네 계곡이라는 멋진 협곡에서 탐사를 하던 월터 앨버레즈는 고대의 백악기와 제3기의 석회석층 사이에 있는 붉은색의 얇은 점토층에 관심을 가지게 되었다. 지질학에서 KT 경계†라고 알려진 두 지질 시대의 경계는 화석 기록에서 공룡을 비롯해서 지구상의 동물 중에서 거의 절반이 갑자기 사라진 6,500만 년 전에 해당한다. 앨버레즈는 0.6센티미터에 불과한 얇은 점토층과 지구 역사에서 그런 극적인 순간이 어떤 관계가 있는 것이 아닌가 하는 의문을 가졌다.

당시에 공룡의 멸종에 대한 일반적인 생각은 한 세기 전 찰스 라이엘의 주장 그대로였다. 공룡들이 수백만 년에 걸쳐서 서서히 멸종되었다는 것이었다. 그러나 얇은 점토층은 다른 곳에서는 몰라도 적어도 움브리아 지역에서는 어떤 갑작스러운 일이 있었다는 사실을 분명하게 암시하고 있었다. 그러나 불행하게도 1970년대에는 그 정도의 퇴적이 일어나려면 얼마나 걸리는가를 알아낼 수 있는 방법이 없었다.

보통의 경우라면 앨버레즈는 그 문제를 그대로 던져두었겠지만, 다행히도 그는 다른 분야의 전문가로부터 전폭적인 도움을 받을 수가 있었다. 바로 그의 아버지 루이스였다. 루이스 앨버레즈는 노벨 물리학상을 받은 유명한 핵물리학자였다. 그는 아들이 암석을 좋아하는 것을 별로 마음에 들어하지 않았지만, 이번 문제는 그에게도 흥미로웠다. 우주에서 날아온 먼지에 그 답이 있을 수도 있다는 생각이 떠올랐기 때문이었다.

매년 지구에는 대략 3만 톤의 "우주 소구체(小球體)", 즉 우주 먼지가 날아와서 쌓인다.[13] 한곳에 모아놓으면 상당한 양이 되겠지만, 지구 전체에 흩트려놓으면 아주 적은 양이다. 그런 먼지 속에는 지구에서는 쉽게 발견할 수 없는 이국적인 원소들이 들어 있다. 이리듐도 그런 원소들 중의 하나로,

---

† C는 캄브리아기를 나타내기 때문에 CT가 아니라 KT라고 부르게 되었다. 사람들에 따라서 다르지만, K는 그리스어의 "kreta" 또는 독일어의 "Kreide"에서 유래되었다고 하기도 한다. 두 단어가 모두 백악질(白堊質)과 마찬가지로 "분필"을 뜻한다.

우주에는 지구에서보다 1,000배 이상 더 흔하게 존재한다(그 이유는 지구가 만들어지던 초기에 대부분의 이리듐은 지구의 중심으로 가라앉았기 때문이라고 생각된다).

앨버레즈는 프랭크 아사로라는 캘리포니아 주의 로렌스 버클리 실험실 동료가 중성자 방사화(放射化) 분석법이라는 방법을 이용해서 진흙의 화학적 조성을 아주 정밀하게 결정하는 기술을 개발했다는 사실을 알고 있었다. 작은 원자로에서 나오는 중성자를 시료에 쪼인 후에 방출되는 감마선의 양을 측정하는 방법으로 매우 까다로운 기술이었다. 앨버레즈는 아사로가 도자기 조각을 분석하던 방법으로 아들의 진흙 속에 들어 있는 이국적인 원소의 양을 측정한 후에 연평균 퇴적 속도와 비교하면 그 진흙 층이 만들어지기까지 얼마나 오랜 시간이 걸렸는가를 알아낼 수 있을 것이라고 생각했다. 1977년 10월 어느 날 오후에 루이스 앨버레즈와 월터 앨버레즈는 아사로를 찾아가서 실험을 해줄 수 있는지를 물어보았다.

그것은 사실 상당히 뻔뻔스러운 요청이었다. 그 두께로 보아서 아주 짧은 기간에 만들어졌을 것이 자명했다. 지질학 샘플을 가지고 가서 몇 달이 걸리는 아주 힘든 실험으로 뻔한 사실을 확인해달라는 부탁을 한 셈이었다. 그런 실험을 통해서 정말 극적인 결과를 얻을 것이라고는 짐작조차도 할 수가 없었다.

"글쎄요. 두 사람은 아주 매력적이고, 설득력이 있었습니다." 2002년 인터뷰에서 아사로가 한 말이다. "그리고 흥미로운 문제인 것 같기도 해서 시도를 해보기로 약속을 했지요. 그러나 다른 할 일이 워낙 많았기 때문에 8개월이 지난 후에야 시작하게 되었습니다."[14] 그는 당시의 실험 노트를 살펴본 후 말했다. "1978년 6월 21일 오후 1시 45분에 샘플을 기계에 넣었습니다. 224분이 지난 후에는 아주 흥미로운 결과가 얻어지고 있다는 사실을 알 수 있었기 때문에 기계를 멈추고 결과를 살펴보았습니다."

사실 그 결과는 너무나도 의외의 것이어서 세 사람은 무엇이 잘못된 것이라고 생각했다. 앨버레즈의 샘플에 들어 있던 이리듐의 양은 보통 값의 300배가 넘는 것으로 예상보다 훨씬 많았다. 그로부터 몇 달 동안 아사로와 그의 동료 헬렌 미셸은 한 번에 30시간이 넘게 걸리는 실험을 반복했지만(아사로는 "일단 시작하면 멈출 수가 없었다"고 했다), 언제나 같은 결과를 얻었다. 덴마크, 스페인, 프랑스, 뉴질랜드, 남극 대륙 등에서 가져온 다른 샘플들을 분석해본 결과, 이리듐은 전 세계적으로 분포하고 있었고, 거의 모든 곳에서 상당히 많은 양이 검출되었다. 심지어 보통 값의 500배가 넘는 경우도 있었다. 그렇게 급격한 상승이 있었다는 것은 무엇인가 엄청나고, 갑작스럽고, 어쩌면 재앙에 가까운 일이 있었음을 뜻하는 것이었다.

오랜 심사숙고 끝에 앨버레즈는 지구에 운석이나 혜성이 충돌했다는 것이 가장 가능성이 높은 설명이라는 결론을 얻었다. 적어도 그들에게는 그렇게 보였다.

지구에 가끔씩 엄청난 규모의 충돌이 있었다는 주장은 생각처럼 그렇게 새로운 것은 아니었다. 이미 1942년에 노스웨스턴 대학의 천체물리학자 랠프 B. 볼드윈이 「포퓰러 애스트로노미」라는 잡지에 실린 글에서 이미 그런 가능성을 주장했다(다른 학술지에서는 그의 논문을 실어주지 않았기 때문에 어쩔 수 없이 그런 잡지에 투고할 수밖에 없었다).[15] 천문학자 에른스트 외픽과 노벨 화학상 수상자 해럴드 유리도 그런 주장을 지지한다는 사실을 여러 차례 공개적으로 밝혔다. 심지어 그것은 화석학자들에게도 새로운 주장이 아니었다. 1956년에 오리건 주립 대학의 M. W. 드 로벤펠스 교수는 「화석학」 지에 발표한 논문에서 마치 앨버레즈의 이론을 미리 예측이나 했던 것처럼 우주로부터의 충돌에 의해서 공룡이 멸종했다고 주장했고,[16] 1970년에는 미국 화석학회의 회장이었던 듀이 J. 매클래런은 연례 정기 학회에서 데본기의 프라스니아 멸종이 어쩌면 외계로부터의 충돌 때문이었을 것이라고 주장했다.[17]

이 시기에 이르러서는 그런 주장이 얼마나 일반화되었는가를 강조라도 하듯이 할리우드의 영화사가 1979년에 실제로 헨리 폰다, 나탈리 우드, 칼 말든이 아주 큰 바위 덩어리와 함께 출연한 「운석」이라는 영화를 제작하기도 했다(운석은 지름이 8킬로미터였고……시속 5만 킬로미터로 충돌했다. 어디에도 숨을 곳이 없었다).

그렇기 때문에 1980년 첫 주에 미국 과학진흥협회의 모임에서 앨버레즈 부자가 공룡의 멸종이 느리게 진행되던 냉혹한 과정 때문에 수백만 년에 걸쳐 일어난 것이 아니라, 단 한번의 폭발적인 사건에 의해서 일어난 것이라는 주장은 전혀 놀라운 소식일 수가 없었다.

그럼에도 불구하고, 그들의 주장은 충격적이었다. 모든 분야에서 그랬지만, 특히 화석학계의 학자들에게는 엄청나게 이단적인 주장이었다.

아사로의 회고에 따르면, "글쎄요, 당시 우리는 그 분야의 아마추어였다는 사실을 기억해야 합니다. 월터는 고지자기학(古地磁氣學)을 전공하는 지질학자였고, 루이스는 물리학자였고, 저는 방사화학자였습니다. 그런 우리가 화석학자들에게 그들이 한 세기가 넘도록 고민하고 있었던 문제를 해결했다고 주장하고 있었습니다. 그 사람들이 우리의 주장을 곧바로 받아들이려고 하지 않았던 것은 전혀 놀랄 일이 아니었습니다." 루이스 앨버레즈는 농담처럼 말했다. "우린 면허도 없이 지질학을 연구하다가 들통이 나버린 셈이었죠."

그러나 충돌 이론에는 훨씬 더 심각하고 근본적으로 끔찍한 의미가 담겨 있었다. 라이엘 이후의 자연사에서는 천문학적인 현상들은 점진적으로 일어난다는 것이 일반적인 생각이었다. 1980년대에 이르러서 오래 전에 잊혀졌던 격변설은 더 이상 상상도 할 수가 없었다. 대부분의 지질학자들에게 재앙에 가까운 충돌은 유진 슈메이커의 표현처럼 "그들의 과학적 종교"에 어긋나는 것이었다.

루이스 앨버레즈가 화석학자들과 그들의 과학적 지식을 공개적으로 비하했던 것도 도움이 되지 못했다. 그가 「뉴욕 타임스」의 글에서 "그들은 훌륭한 과학자들이 아니라, 우표 수집가에 더 가깝다"고 했던 것은 지금도 거부감이 느껴지는 표현이다.[18]

앨버레즈 이론을 반대하던 사람들은 이리듐 축적을 설명하기 위해서 온갖 대안을 제시했다. 예를 들면 인도 지역에서 장기간에 걸쳐 일어났던 데칸 트랩이라는 화산 폭발 때문에 생성되었다고 주장하기도 했다. 그러나 더 중요한 것은, 화석 기록에서는 이리듐 축적이 이루어지던 시기에 공룡이 갑자기 사라졌다는 증거를 찾을 수 없다고 고집을 부렸던 것이다. 다트머스 대학의 찰스 오피서가 가장 극렬하게 반대를 했다. 그는 이리듐이 화산 활동으로 축적된 것이라고 주장했지만, 신문 인터뷰에서는 그에 대한 확실한 증거를 가지고 있지는 않다고 실토했다.[19] 설문 조사에 따르면, 1988년까지도 미국 화석학자들의 절반 이상이 공룡의 멸종은 소행성이나 혜성의 충돌과는 아무런 관련이 없다고 믿고 있는 것으로 밝혀졌다.[20]

앨버레즈 부자의 이론을 가장 확실하게 밝혀줄 증거는 충돌 현장이었지만, 그들은 그런 장소를 파악하지 못하고 있었다. 그런 상황에서 유진 슈메이커가 등장했다. 슈메이커는 사위가 아이오와 대학에서 교수로 있었기 때문에 아이오와 주에 대해서 잘 알고 있었고, 특히 자신의 연구를 통해서 맨슨 분화구에 대해서도 많은 것을 알고 있었다. 그의 노력 덕분에 이제는 모든 사람들이 아이오와를 바라보게 되었다.

지질학의 중요성은 지역에 따라서 크게 다르다. 평평하고, 지층구조학적으로 아무런 특징이 없는 아이오와와 같은 곳에서는 비교적 할 일이 많지 않다. 알프스 산봉우리나 흘러내리는 빙하도 없고, 거대한 원유나 귀금속이 매장된 곳도 없으며, 화산쇄설류의 흔적조차도 없다. 아이오와 주에 고용된 지질학자에게 맡겨진 가장 큰 업무는 양돈업자를 비롯한 "동물 사육업자"들이 정기적으로 제출하는 분뇨 관리 계획을 평가하는 것이다.[21] 아이오와 주에서는 1,500만 마리의 돼지를 사육하고 있기 때문에 관리해야 할 분뇨의 양도 엄청나다. 그것은 웃을 일이 아니라 필수적이고 중요한 일이다. 그 덕분에 아이오와 주는 수질을 깨끗하게 유지할 수 있다. 그러나 아무리 좋은 일이라고 하더라도 그것이 피나투보 화산에서 흘러내리는 용암을 피해서 달아나거나, 그린란드 대륙빙의 갈라진 틈에서 고대 생명체가 들어 있는 석영을 긁어모으는 것과는 비교할 수는 없었다. 그러니까 1980년대 중반에 세계의 모든 지질학적 관심이 맨슨과 그곳의 분화구에 집중되었을 때, 아이오와 주의 자연자원부를 휩쓸었던 흥분이 어느 정도였을까를 쉽게 짐작할 수 있을 것이다.

세기말에 붉은 벽돌로 지은 아이오와 시티의 트로브리지 홀에는 아이오와 대학의 지구과학과가 있었고, 아이오와 주 자연자원부의 지질학자들은 그 건물의 다락방에서 일하고 있었다. 주 정부의 지질학자들이 언제부터 대학에서 일하기 시작했고, 왜 그렇게 되었는가를 알고 있는 사람은 없지만, 천장도 낮고 출입하기도 어려운 사무실이 꽉 차 있는 것을 보면 대학이 그런 공간을 선뜻 제공하지는 않았다는 사실은 쉽게 알 수 있다. 그곳으로 가는 길은 마치 지붕으로 나갔다가 창문을 통해서 들어가는 것과도 같다.

레이 앤더슨과 브라이언 위츠크는 서류, 잡지, 차트 뭉치, 무거운 암석 샘플 더미로 가득한 그곳에서 평생을 지내고 있었다(지질학자들은 서류 작업에 능숙하다). 의자나 커피 잔이나 벨이 울리는 전화를 찾아내려면 문서 더미를 옮겨야만 하는 그런 곳이었다.

비가 내리던 6월의 어느 날 아침에 그들의 사무실에서 위츠크와 함께 만난 앤더슨은 즐겁게 당시의 기억을 떠올리면서 "갑자기 우리는 중심에 서 있게 되었지요"라고 말해주었다.[22] "그때는 멋진 시절이었습니다."

나는 그들에게 누구나 존경하게 된 유진 슈메이커에 대해서 물어보았다. 위츠크는 주저 없이 말했다. "그는 그저 훌륭한 분이었습니다. 그분이 아니었으면 모든 일이 시작되지도 못했을 것입니다. 그분의 적극적인 지원에도 불구하고 일이 본 궤도에 오르기까지는 2년이 걸렸습니다. 시추는 비용이 많이 드는 일이지요. 당시에는 30센티미터를 시추하는 데에 35달러가 들었고, 지금은 더 비쌉니다. 우리는 900미터를 파내려가야 했습니다."

"그보다 더 깊이 파기도 했어요." 앤더슨이 덧붙였다.

"그랬지요." 위츠크도 동의했다. "몇 군데에서는 말입니다. 그러니까 엄청난 비용이 필요했지요. 우리 예산으로는 도저히 감당할 수가 없었습니다."

그래서 아이오와 지질조사소와 미국 지질조사소의 공동사업이 시작되었다.

"적어도 우리는 그것이 공동사업이라고 생각했어요." 조금 고통스러운 웃음을 띠면서 앤더슨이 말했다.

"우리에게는 정말 많은 것을 배울 수 있었던 기회였습니다." 위츠크가 말을 이었다. "당시에는 엉터리 과학도 흔했습니다. 사람들은 신중하게 검토해 보지도 않고 성급하게 결론을 내리기도 했습니다." 1985년 미국 지질학회연합의 연례 학술회의가 그런 경우였다.[23] 미국 지질조사소의 글렌 이젯과 C. L. 필모어는 맨슨 분화구가 공룡 멸종이 일어나던 시기에 만들어진 것이라고 밝혔다. 그런 주장은 언론의 집중적인 관심을 끌었지만, 불행히도 너무 성급한 주장이었다. 자료를 더 분석해본 결과에 따르면, 맨슨은 그 크기도 너무 작았고, 공룡 멸종보다 900만 년이나 먼저 만들어진 것이었다.

앤더슨과 위츠크가 그런 문제에 대해서 처음 알게 된 것은 사우스 다코타에서 열렸던 학술회의에서였다. 사람들은 동정 어린 눈길로 그들을 바라보면서, "분화구를 잃어버렸다면서요"라고 물어왔다. 그들은, 이젯을 비롯한 미국 지질조사소의 과학자들이 새로운 숫자를 공개했고, 맨슨 분화구가 멸종을 일으킨 원인이 될 수 없다고 주장했다는 사실도 그곳에서 처음 알게 되었다.

"정말 기절할 소식이었지요." 앤더슨의 기억이었다. "우린 정말 중요한 것을 발견했다고 생각했는데, 갑자기 모든 것이 사라져버린 것입니다. 그러나 그보다 더 고약했던 것은 우리가 함께 일하고 있었다고 생각했던 사람들이 새로 발견한 사실들을 우리에게 알려주지도 않았다는 것이었습니다."

"왜 그랬나요?"

그는 어깨를 으쓱했다. "누가 알겠습니까? 어쨌든 과학이 어떤 경우에는 얼마나 형편없어질 수가 있는가를 알게 된 경험이었습니다."

결국 멸종의 원인을 찾으려는 노력은 다른 곳으로 옮겨갔다. 1990년에 애리조나 대학의 앨런 힐데브란트는 우연히 「휴스턴 크로니클」의 기자를 만났다. 그 기자는 뉴올리언스 남부쪽으로 1,000킬로미터 정도 떨어진 멕시코 유카탄 반도의 프로그레소라는 도시 인근의 칙술루브에 생성 원인을 알 수 없는 지름이 190킬로미터이고 깊이가 50킬로미터나 되는 거대한 구덩이가 있다는 사실을 알고 있었다. 그 구덩이는 유진 슈메이커가 애리조나 주의 운석 분화구를 처음 방문했던 해인 1952년에 멕시코의 석유회사 페멕스에 의해서 처음 발견되었지만, 회사의 지질학자들은 당시의 일반적인 생각처럼 화산에 의해서 생긴 것이라고 믿었다.[24] 그곳을 찾아간 힐데브란트는 곧바로 그곳이 바로 자신이 찾고 있던 곳임을 알아차렸다. 1991년 초가 되었을 때, 칙술루브가 충돌 현장이라는 사실은 거의 모든 사람들이 만족할 수 있을 정도로 확실해졌다.

아직도 많은 사람들은 충돌에 의해서 생길 수 있는 일을 확실하게 이해하지 못하고 있다. 스티븐 제이 굴드의 글에 의하면, 그 자신도 "나는 그런 일의 영향에 대해서 처음에는 큰 의문을 가지고 있었던 것으로 기억한다……지름이 10킬로미터에 불과한 덩어리가 어떻게 1만3,000킬로미터나 되는 지구에 그렇게 엄청난 혼란을 가져올 수 있다는 말인가?"라고 생각했다.[25]

다행스럽게도 슈메이커와 목성을 향해서 날아가고 있던 슈메이커-레비 9 혜성을 발견함으로써 그런 이론을 자연스럽게 시험해볼 수 있게 되었다. 우리 인간은 역사상 처음으로 혜성의 충돌 모습을 직접 목격할 수 있게 되었다. 그것은 새로운 허블 우주 망원경 덕분이었다. 커티스 피블스에 따르면, 대부분의 천문학자들은 아무런 기대도 하지 않았다. 더욱이 그 혜성은 하나의 둥근 덩어리가 아니라 21개의 조각으로 나누어진 것이었다. 어느 천문학자는 "목성이 아무 일도 없이 혜성을 삼켜버릴 것"이라고 믿었다고 했다.[26] 충돌이 일어나기 일주일 전에 「네이처」는 "커다란 쉿 소리가 다가오고 있다"는 제목의 글을 실었다. 충돌의 결과는 유성우(流星雨)에 불과할 것이라는 예측이었다.

1994년 7월 16일에 시작된 충돌은 일주일 동안 계속되었고, 아마도 유진 슈메이커를 제외한 모든 사람들이 예상했던 것보다 훨씬 더 큰 규모였을 것이다. G핵이라고 알려진 파편은 현재 지구에 존재하는 모든 핵무기를 합친 것보다도 75배나 되는 600만 메가톤 정도의 힘으로 충돌했다.[27] G핵은 작은 산 정도의 크기에 불과한 것이었지만, 목성의 표면에 지구 정도 크기의 상처를 남겼다. 그 충돌은 앨버레즈 이론을 비판하던 사람들에게 최후의 일격이었다.

루이스 앨버레즈는 칙술루브 분화구나 슈메이커-레비 혜성의 발견을 보지 못하고 1988년에 사망했다. 슈메이커도 역시 일찍 세상을 떠났다. 슈메이커-레비 충돌 3주년이 되던 때에 그는 부인과 함께 매년 충돌 현장을 찾으러

가던 오스트레일리아의 오지에 있었다. 지구에서 가장 한적한 곳 중의 하나인 타나미 사막의 비포장 도로를 달리던 그들은 언덕을 넘어가던 중에 마주오던 자동차와 충돌했다. 슈메이커는 현장에서 사망했고, 그의 부인은 부상을 당했다.[28] 그의 유해 중 일부는 우주선 루나 프로스펙터에 실려서 달로 보내졌다. 나머지 유해는 운석 분화구 부근에 뿌려졌다.

앤더슨과 위츠크는 더 이상 분화구가 공룡을 죽게 만들었다고 주장하지는 않았지만 앤더슨의 말처럼, "미국 본토에서 가장 큰 충돌 분화구는 지금까지도 가장 완벽하게 보존되어 있다"(맨슨의 중요성을 강조하려면 약간의 말장난이 필요하다. 1994년에 충돌 현장으로 확인되었던 체서피크 만의 분화구처럼 더 큰 것도 있지만, 모두 해안에서 떨어진 곳에 있거나 변형이 되어버렸다). 앤더슨에 따르면 "칙술루브는 2-3킬로미터의 석회석 밑에 있고, 다른 분화구들은 대부분 해안에서 멀리 떨어져 있어서 연구하기가 어렵지만, 맨슨은 쉽게 접근할 수가 있습니다. 더욱이 땅속에 묻혀 있었기 때문에 비교적 원래의 모습이 그대로 남아 있는 편입니다."

만약 비슷한 크기의 돌덩어리가 다시 우리를 향해서 돌진해온다면 어떤 경보를 받을 수 있는가에 대해서 물어보았다.

앤더슨은 가볍게 대답했다. "아마도 아무런 경보도 받을 수 없을 것입니다. 돌덩어리가 뜨겁게 달구어지기 전에는 맨눈으로는 볼 수가 없을 것이고, 그런 일은 대기권에 진입한 후에야 일어납니다. 지구에 충돌하기 대략 1초 전에 말입니다. 우리가 이야기하고 있는 것은 가장 빠른 총알보다도 수십 배나 빨리 날아옵니다. 누군가가 망원경으로 발견하는 수밖에 없지만, 그것도 가능성이 매우 낮습니다. 그렇지 않다면 정말 마른하늘에 날벼락처럼 떨어질 것입니다."

충돌의 영향이 어느 정도일 것인가는 지구로 다가오는 각도, 속도, 궤적, 정면 충돌인가 측면 충돌인가, 그리고 충돌하는 물체의 질량과 밀도 등의 여러 요인들에 의해서 크게 달라진다. 충돌이 일어나고 수백만 년이 지난 오늘날에는 그중의 어느 것도 정확하게 알아낼 수가 없다. 다만 앤더슨과 위츠크가 했던 것처럼, 과학자들은 충돌 현장을 측정해서 어느 정도의 에너지가 방출되었는가를 알아낼 수는 있다. 과학자들은 그런 자료를 근거로 당시에 실제로 어떤 일이 일어났는가를 짐작할 수 있을 뿐이다. 더욱 소름끼치는 일이지만, 오늘날 그런 일이 일어난다면 어떻게 될 것인가도 짐작할 수가 있다.

우주적인 속도로 날아오는 소행성이나 혜성이 지구 대기권에 진입하면, 그 속도가 너무 빨라서 그 앞쪽에 있는 공기가 비켜날 틈이 없기 때문에 자전거 펌프 속에서처럼 압축이 된다. 그런 펌프를 써본 사람들은 누구나 알고 있는 것처럼, 공기가 압축되면 곧바로 뜨거워진다. 그래서 대기에 진입한 소행성의 앞쪽에 있는 공기의 온도는 태양 표면 온도의 열 배에 가까운 6만 도까지 올라가기 때문에 운석이 지나가는 길에 있는 사람, 집, 공장, 자동차를 비롯한 모든 것은 순간적으로 불 속에 던져진 셀로판 판처럼 찌그러진다.

대기권에 진입한 운석은 1초 이내에 지표면에 충돌한다. 한순간 전까지만 하더라도 맨슨의 사람들처럼 아무것도 모르고 일상생활을 하고 있던 곳에 말이다. 운석 자체는 순간적으로 기화해버리지만, 그 충격으로 수천 세제곱 킬로미터의 돌이나 흙과 함께 엄청날 정도로 뜨겁게 가열된 가스가 바깥쪽으로 분출된다. 충돌 현장에서 240킬로미터 이내에서는, 진입 당시의 열로부터 살아남은 모든 생물들이 이제는 그런 폭발에 의해서 죽게 된다. 초기의 충격파는 거의 빛의 속도에 가까운 속도로 바깥으로 퍼져나가면서 그 앞에 있는 모든 것들을 휩쓸어버린다.

직접적인 영향권 바로 바깥에서 가장 먼저 나타나는 재앙은 인간의 눈으로는 본 적이 없는 엄청나게 눈부신 빛이다. 그 순간부터 1-2분 이내에 상상도 할 수 없는 규모의 종말과 같은 광경이 펼쳐지게 된다. 하늘 끝까지 닿는 무시무시한 어둠이 시속 수천 킬로미터로 퍼져나가면서 시야를 완전히 막아버린다. 그런 어둠은 소리의 속도보다 훨씬 빠르게 다가오기 때문에 소름끼치는 세상은 엄청난 적막 속에 빠져버린다. 오마하나 디모인의 고층 건물에서 우연히 그 광경을 목격하는 사람들은 놀라운 혼란 직후에 짧은 망각의 순간이 다가오는 것을 보게 될 것이다.

몇 분 이내에 시카고, 세인트루이스, 캔자스 시티, 트윈 시티를 포함한 덴버에서 디트로이트에 이르는 거의 모든 중서부 지역에 서 있던 모든 것들이 쓰러지거나 불길에 휩싸이게 되고, 거의 모든 살아 있는 생물들은 죽어버릴 것이다.[29] 1,600킬로미터 이내에 있는 사람들은 바람에 넘어지고, 날아오는 파편에 사정없이 얻어맞게 될 것이다. 1,600킬로미터 이상 떨어진 곳에서는 충돌에 의한 파괴의 정도가 조금 줄어들 것이다.

그런데 그것은 초기의 충격파에 불과하다. 그 이후에 나타나게 될 피해가 엄청난 전 세계적 규모라는 것을 짐작할 수 있을 뿐이다. 엄청난 규모의 지진들이 연속해서 일어날 것은 틀림이 없다. 전 세계의 화산들이 우르릉거리면서 터질 것이다. 엄청난 해일이 멀리 떨어진 해안을 향해 덮쳐갈 것이다. 한 시간 이내에 시커먼 구름이 전 세계를 덮어버릴 것이고, 시뻘겋게 달아오른 돌덩어리와 파편들이 날아다니면서 전 세계가 불길에 휩싸이게 될 것이다. 하루 만에 적어도 15억 명 이상이 사망할 것으로 추정된다. 전리층(電離層)이 심하게 교란되면서 모든 통신시설이 작동하지 않을 것이기 때문에 생존자들은 무슨 일이 생겼는지도 알 수가 없고, 어디로 몸을 피해야 하는지도 알 수가 없게 된다. 사실 그런 것은 문제가 되지도 않는다. 어느 사람이 말했듯이, 도망치는 일은 "죽는 순간을 조금 늦추는 것에 불과할 뿐이다. 지구가 생명을 유지할 수 있는 능력은 어느 곳에서나 똑같은 정도로 줄어들 것이기 때문에 어떠한 피난(避難) 노력으로도 사망자를 크게 줄이지는 못할 것이다."[30]

충돌과 그 이후의 화재에 의해서 생기는 그을음과 떠다니는 재가 햇볕을 차단할 것이다. 그런 상태가 몇 달 또는 몇 년 동안 계속되면 식물의 성장 사이클이 파괴된다. 2001년에 칼텍의 연구진이 KT 충돌에서 생긴 퇴적층의 헬륨 동위원소를 분석해본 결과에 따르면, 지구의 기후가 1만 년 이상 영향을 받았던 것으로 밝혀졌다.[31] 그런 분석자료에서 공룡의 멸종이 순식간에 엄청난 규모로 일어나게 되었다는 주장이 확인됨으로써 이제는 지질학 용어로 정착이 되었다. 인류가 그런 충돌을 얼마나 잘 견뎌낼 수 있는가 또는 과연 견뎌낼 수 있기나 한 것인가는 짐작만 할 수 있을 뿐이다.

그런 일이 맑은 하늘에서 느닷없이 일어나게 될 가능성이 매우 높다는 사실을 기억해두기 바란다.

그런데 우리가 다가오는 운석을 발견했다고 가정해보기로 하자. 과연 우리가 무엇을 할 수 있을까? 우리가 핵무기를 발사해서 그것을 산산조각 낼 수 있을 것이라고 생각하는 사람들이 많다. 그렇지만 그런 주장에는 문제가 있다. 존 S. 루이스가 지적한 것처럼, 우리의 미사일은 우주에서 작동하도록 개발된 것이 아니다.[32] 미사일은 지구의 중력을 벗어날 수가 없고, 만약 벗어난다고 하더라도 우주에서 수백만 킬로미터를 날아갈 수 있는 조정장치가 붙어 있지 않다. 「아마겟돈」이라는 영화에서처럼 우주선에 한 무리의 카우보이들을 태워 보내서 그런 일을 맡길 수도 없다. 우리는 인간을 달까지 보낼 수 있을 정도로 강력한 로켓을 더 이상 가지고 있지 않기 때문이다. 그런 능력이 있었던 마지막 로켓인 새턴 5호는 몇 년 전에 폐기되었고, 그 이후로 그것을 대체할 로켓을 개발하지 못했다. 더욱이 NASA의 구조조정 과정에서 새턴 발사장치 개발사업이 폐기되었기 때문에 가까운 시일 안에 새로운 장치를 개발하는 것도 불가능해졌다.

어떤 방법으로 핵무기를 소행성에 충돌시켜서 그것을 조각으로 파괴시킨다고 하더라도, 그 결과는 목성에 슈메이커-레비 혜성이 충돌했던 경우처럼 작은 암석 덩어리들이 차례로 지구에 충돌하게 만드는 것에 불과할 것이다. 더욱이 이제는 그 돌덩어리들이 방사성 물질로 심하게 오염되었다는 차이가 생긴다. 애리조나 대학에서 소행성을 추적하고 있는 톰 게럴스는 1년 전에 사태를 파악한다고 하더라도 충분한 준비를 갖추기는 어려울 것이라고 믿고 있다.[33] 그러나 우리가 그런 물체가 다가오고 있다는 것을 미리 알 수 있는 것은 기껏해야 6개월 전이 될 가능성이 훨씬 더 높다. 혜성의 경우에도 마찬가지이다. 그렇게 되면 너무 늦다. 1929년부터 분명하게 목성의 주위를 돌고 있었던 슈메이커-레비 9 혜성을 발견하기까지는 반세기가 넘게 걸렸다.[34]

어떤 물체가 지구를 향해서 다가오고 있다는 사실을 알고 있다고 하더라도, 그 정확한 궤적을 계산하는 것이 너무 어렵고, 오차범위가 크기 때문에 충돌이 일어나기 몇 주일 전이 되어야만 그 궤적을 확실하게 알 수 있게 된다. 물체가 다가오는 동안에 우리는 불확실성의 범위 안에 들어 있을 뿐이다. 세상의 역사에서 가장 흥미로운 몇 달이 될 것이 확실하다. 그런 후에 그 물체가 안전하게 지나간다면 어떤 일이 일어날 것인지 상상이 될 것이다.

"맨슨 충돌과 같은 일이 도대체 얼마나 자주 일어납니까?" 나는 앤더슨과 위츠크에게 마지막으로 물어보았다.

"아마도 평균 수백만 년에 한 번 정도일 것입니다." 위츠크가 대답했다.

"그것은 비교적 작은 규모의 사건이었다는 것을 기억해야 합니다. 맨슨 충돌로 멸종된 생물종이 얼마나 되는지 아세요?" 앤더슨이 물었다.

"모르겠군요"라고 내가 대답했다.

"하나도 없었습니다." 그는 묘한 분위기를 풍기면서 말했다. "단 하나도 없었지요."

물론 위츠크와 앤더슨은 모두 지구의 상당한 부분에 걸쳐서 앞에서 설명한 것과 같은 엄청난 파괴가 일어났을 수 있다는 사실에는 동의했다. 지면에서 수백 킬로미터 범위는 완전히 파괴되었을 것이다. 그러나 생명은 끈질긴 것이어서, 연기가 사라지고 난 후에는 거의 모든 생물종 중에 다행스럽게 생존한 것들이 남아 있었기 때문에 영원히 사라진 것은 없었다.

어떤 생물종을 완전히 멸종시키기는 매우 힘들다는 것이 그나마 좋은 소식인 것 같다. 그렇지만 그런 좋은 소식이 사실은 믿을 것이 못 된다는 사실은 나쁜 소식이다. 더욱 고약한 사실은, 그런 끔찍한 위험이 하늘에서만 다가오는 것이 아니라는 점이다. 앞으로 살펴보는 것처럼, 지구 자체도 충분히 심각한 위험 요소를 가지고 있다.

제14장

땅속에서 타오르는 불

1971년 여름에 마이크 부르히스라는 젊은 지질학자는 자신이 자란 오처드라는 작은 마을에서 그리 멀지 않은 네브래스카 주의 풀숲을 살펴보고 있었다. 가파른 협곡을 지나던 그는 숲속에서 이상하게 반짝이는 것을 살펴보기 위해서 언덕을 기어올라갔다. 그곳에는 완벽하게 보존된 어린 코뿔소의 두개골이 얼마 전에 내린 폭우에 깨끗하게 씻겨져 있었다.

그 위로 몇 미터 떨어진 곳은 북아메리카에서 발견된 가장 특별한 화석층이라는 사실이 밝혀졌다. 지금은 물이 말라버렸지만 동물들이 물을 마시던 샘이었던 그곳은 코뿔소, 얼룩말을 닮은 말, 뾰족한 이빨을 가진 사슴, 낙타, 거북을 비롯한 다양한 동물의 공동묘지가 되었다. 모두가 지질학에서 마이오세라고 알려진 대략 1,200만 년 전에 일어났던 알 수 없는 재앙에 의해서 죽은 것이었다. 네브래스카 주는 오늘날 아프리카의 세렝게티와 같은 드넓고 뜨거운 평원이었다. 동물들의 잔해는 3미터가 넘은 화산재에 묻혀 있었다. 그런데 네브래스카 주에는 화산이 있었던 적이 없었다는 것이 수수께끼였다.

오늘날 부르히스에 의해서 발견된 지역에는 멋진 안내소와 함께 지질정보와 화석층의 역사가 잘 전시된 박물관을 갖춘 "주립 화산재 화석층 공원"이 조성되어 있다. 안내소에는 방문객들이 큰 창문을 통해서 화석을 손질하고 있는 화석학자들의 모습을 볼 수 있도록 만든 실험실도 있다. 내가 그곳을 방문했을 때는, 푸른 작업복을 입은 유쾌한 반백의 인물이 혼자서 작업에 열중하고 있었다. 그가 출연한 BBC의 다큐멘터리를 보았던 나는 그가 바로 마이크 부르히스임을 알아보았다. 주변에 아무것도 없는 그곳을 찾는 사람은 많지 않았던 탓인지, 부르히스는 기꺼이 나에게 이곳저곳을 소개해주었다. 그는 자신이 화석을 처음 발견했던 곳을 보여주려고 나를 계곡 위 6미터 높이에 있는 곳까지 데려다주기도 했다.

"이곳은 유골을 찾기에는 적당한 곳이 아니랍니다."[1] 그는 즐거운 듯이 말했다. "그런데 나는 유골을 찾으려고 했던 것이 아니었습니다. 당시에 나는 네브래스카 동부의 지질학 지도를 만들려고 생각하고 있었지요. 그러려면 이곳저곳을 살펴보고 다녀야 했지요. 내가 이 계곡에 올라가지 않았거나, 두개골이 빗물에 씻기지 않았더라면, 나는 그냥 이곳을 지나쳤을 것이고, 이곳은 눈에 띄지 않았을 것입니다." 그는 발굴현장이었던 곳에 만들어진 지붕이 덮인 구조물을 가리켰다. 그곳에는 대략 200마리의 동물 유골이 뒤섞여 있었다.

나는 그곳이 유골을 찾기에 적당한 곳이 아닌 이유를 물어보았다. "글쎄요. 유골을 찾으려면 노출된 암석을 살펴보아야 합니다. 그래서 대부분의 화석학자들은 뜨겁고 건조한 지역을 찾아다니지요. 그런 곳이라고 특별히 유골이 더 많은 것은 아닙니다. 다만 그런 곳에서 유골을 발견할 확률이 더 높기 때문이지요." 그는 아무 변화도 기대할 수 없는 넓은 초원을 손으로 가리키면서 말했다. "이런 곳에서는 어디에서부터 시작해야 하는지를 알 수가 없지요. 이런 곳에도 정말 훌륭한 유골이 있을 수는 있지만, 겉으로 드러나는 실마리를 찾을 수 없답니다."

처음에 그들은 동물들이 산 채로 파묻혔다고 생각했다. 실제로 부르히스는 1981년 「내셔널 지오그래픽」에서 그렇게 주장했다.[2] "그곳을 '선사시대 동물의 폼페이'라고 불렀지요." 그의 말이었다. "그러나 우리는 곧바로 그 동물들이 갑자기 죽은 것이 아니라는 사실을 깨달았어요. 그러니까 그렇게 불렀던 것은 잘못이었습니다. 그 동물들은 자극성이 강한 재를 많이 흡입하면 걸리게 되는 폐비대 골이영양증(骨異營養症)을 앓고 있었습니다. 그 동물들은 이 부근 수백 킬로미터에 이르는 지역에 30센티미터가 넘게 쌓여 있던 재를 흡입했던 것입니다." 그는 회색의 진흙 같은 흙덩어리를 집어서 내 손바닥 위에 부스러뜨려 보여주었다. 가루였지만 모래처럼 보이기도 했다. 그는 설명을 계속했다. "곱지만 강한 독성을 가지고 있기 때문에 흡입하기에는 고약한 것이었죠. 그래서 동물들이 안식처를 찾아 샘으로 왔지만 결국은 비참하게 죽어갔습니다. 재가 모든 것을 망쳐버린 것이죠. 재는 풀과 잎을 덮었고, 물은 더 이상 마실 수 없는 잿빛의 진흙 덩어리가 되었습니다. 조금도 유쾌한 광경일 수가 없었지요."

BBC 다큐멘터리에서는 네브래스카 주에 그렇게 많은 화산재가 있었다는 사실이 놀랍다고 했다. 그러나 네브래스카 주에 거대한 화산재 층이 있었다는 사실은 오래 전부터 알려져 있었다. 거의 한 세기에 가깝도록 화산재를 캐내서 코메트와 아작스와 같은 가정용 세척 분말로 사용해왔다. 그러나 신기하게도 아무도 그런 화산재가 어디로부터 온 것인가를 의심해본 적이 없었다.

"말씀드리기가 조금 부끄럽기는 합니다." 부르히스가 웃음을 지으며 말했다. "화산재가 어디서 온 것이냐는 「내셔널 지오그래픽」 편집자의 질문을 받고 나서야 그런 문제를 처음 생각하게 되었고, 모른다고 대답할 수밖에 없었습니다. 아무도 몰랐지요."

부르히스는 미국 서부의 동료들에게 화산재의 샘플을 보내서 비슷한 것을 본 적이 있는가를 물어보았다. 몇 달 후에 아이다호 지질조사소의 빌 보니크센이라는 지질학자가, 그 샘플이 아이다호 남서부의 부르너-야비지라는 곳의 화산 퇴적층과 일치한다고 알려주었다. 네브래스카 평원의 동물들을 죽음에 몰아넣었던 것은, 화산 폭발 장소로부터 1,600킬로미터나 떨어진 네브래스카 동부에 3미터가 넘는 화산재가 쌓일 정도로 상상을 넘어서는 엄청난 규모로 일어났던 화산 폭발이었다. 그 후 미국 서부에는 지하에 엄청난 규모의 마그마 덩어리가 있는 거대한 화산 위험 지역이 있어서 60만 년마다 재앙에 가까운 규모의 화산 폭발이 일어난다는 사실이 밝혀졌다. 그런 폭발이 마지막으로 일어났던 것이 바로 60만 년 전이었다. 지금도 화산 위험 지역은 그곳에 그대로 남아 있다. 오늘날 우리는 그곳을 옐로스톤 국립공원이라고 부르고 있다.

우리는 우리의 발밑에서 무슨 일이 일어나는가에 대해서 놀라울 정도로 아는 것이 없다. 포드가 자동차를 만들고, 월드 시리즈 야구를 시작했던 때에도 우리가 지구에 핵이 있다는 사실조차도 모르고 있었다는 것은 정말 놀라운 일이다. 대륙이 물 위에 떠 있는 백합처럼 지구 표면을 움직여 다닌다는 사실이 상식이 된 것도 한 세대가 되지 않았다. 리처드 파인만에 따르면, "이상하게 보이겠지만, 우리는 지구의 내부보다는 태양 내부의 물질이 어떻게 분포하고 있는가에 대해서 더 잘 알고 있다."[3)]

지구 표면에서 중심까지의 거리는 그렇게 멀지 않은 6,370킬로미터이다.[4)] 계산에 의하면, 지구의 중심까지 우물을 파고 벽돌을 떨어뜨리면 바닥에 닿기까지 겨우 45분이 걸릴 뿐이다(그러나 벽돌이 지구의 중심에 도달하면 중력장이 아래쪽이 아니라 위쪽을 비롯한 모든 방향을 향하게 될 것이기 때문에 무게가 없어질 것이다). 지구의 중심을 뚫고 들어가보려는 우리의 노력은 정말 미미했었다. 한두 곳의 남아프리카 금광이 3킬로미터까지 들어갔지만, 대부분의 광산은 지표에서 겨우 400미터를 넘지 않는다. 만약 지구가 사과였다면, 우리는 아직 껍질도 벗겨보지 못한 셈이다. 정말 우리는 지구 중심의 근처에 가보지도 못하고 있다.

한 세기 전까지만 하더라도, 가장 많이 알고 있던 과학자라고 해도 지구의 내부에 대해서 아는 것은 석탄 광부의 수준을 벗어나지 못했다. 땅속을 파고 들어가다가 암석에 부딪히면 그것이 전부였다. 그러던 1906년에 과테말라의 지진 기록을 살펴보던 아일랜드의 지질학자 R. D. 올덤은 지구 내부 깊숙한 곳까지 침투한 충격파가 어떤 장벽을 만난 것처럼 비스듬한 각도로 튕겨진다는 사실을 발견했다. 3년 후에 자그레브의 지진 기록을 검토하던 크로아티아의 지진학자 안드리야 모호로비치치도 역시 비슷한 반사파를 발견했지만, 이번에는 훨씬 얕은 곳에서 생긴 것이었다. 그는 지각과 그 밑에 있는 층인 맨틀 사이의 경계면을 발견했던 것이다. 맨틀의 존재는 모호라고 줄여서 부르는 모호로비치치 불연속면(不連續面)이 발견되었을 때부터 알려져 있었다.

우리는 그때부터 여러 층으로 된 지구의 내부에 대해서 희미하게나마 알아내기 시작했다. 정말 희미한 수준이었다. 뉴질랜드의 지진에서 얻은 기록을 연구하던 덴마크의 잉게 레만이 지구에는 두 개의 핵이 있다는 사실을 발견한 것은 1936년이었다. 오늘날 밝혀진 사실에 따르면, 내부의 핵은 단단한 고체이지만, (올덤이 발견했던) 외부의 핵은 액체 상태이고 지구 자기가 나타나는 곳으로 보인다.

레만이 지진 기록으로부터 지구 내부에 대한 지식을 쌓아가던 동안에, 캘리포니아 주 칼텍의 지질학자 두 사람은 연속적으로 일어나는 지진을 비교할 수 있는 방법을 고안하고 있었다. 그들은 찰스 리히터와 베노 구텐베르크였지만, 공정성과는 아무 상관이 없는 이유 때문에 그들이 함께 고안한 척도에는 곧바로 리히터의 이름만 붙여졌다(그 척도는 사실 리히터와도 상관이 없었다. 그것을 자신의 이름을 붙여서 부른 적이 한 번도 없을 정도로 겸손했던 리히터는 언제나 "크기 척도"라고 불렀다[5]).

과학자가 아닌 사람들은 언제나 리히터 규모(Richter magnitude)를 잘못 이해해왔다. 리히터의 사무실을 방문한 사람들이 그 유명한 규모가 일종의 기계라고 생각하고 그것을 보여달라고 했던 초창기보다는 사정이 나아지기는 했다. 물론 규모는 기계가 아니라 개념이었다. 규모는 지표면에서 측정한 지진의 정도를 임의의 잣대로 표현한 것으로, 지수 함수적으로 증가한다. 그래서 규모 7.3인 지진은 6.3인 지진보다 50배나 더 크고, 5.3인 지진보다는 2,500배나 더 강력하다.[6]

적어도 이론적으로는 지진의 상한은 없고, 마찬가지로 하한도 없다. 규모는 단순히 힘의 크기를 나타내는 것으로 그 피해의 정도와는 상관이 없다. 땅속 640킬로미터에 있는 맨틀에서 발생한 규모 7의 지진은 지표면에 아무런 피해도 주지 않는다. 그러나 지표에서 6킬로미터 아래에서 발생하는 훨씬 더 규모가 약한 지진은 넓은 지역을 폐허로 만들 수 있다. 또한 하층토의 성질, 지진의 지속 시간, 여진(餘震)의 횟수와 정도, 그 지역의 물리적인 환경 등도 영향을 준다. 그렇기 때문에 지진의 세기가 중요한 것은 사실이지만, 규모가 크다고 해서 반드시 지진의 피해가 커지는 것은 아니다.

규모가 고안된 후에 일어난 지진들 중에서 가장 큰 지진은 (논란의 여지가 있기는 하지만) 1964년 3월 알래스카의 프린스 윌리엄 만에서 일어났던 리히터 규모 9.2의 지진이거나, 1960년 칠레 해안의 태평양에서 있었던 지진이었다. 칠레 지진은 당초 리히터 규모 8.6으로 기록되었지만, 훗날 (미국 지질조사소를 비롯한) 몇몇 기관에 의해서 그야말로 엄청난 규모 9.5로 밝혀졌다. 그런 사실에서 알 수 있는 것처럼, 규모를 측정하는 일은 엄밀한 과학이라고 할 수가 없다. 특히 사람이 살지 않는 외딴곳에서 일어나는 지진의 경우에는 더욱 그렇다. 어쨌든 두 지진은 놀라운 것이었다. 1960년의 지진은 남아메리카의 해안지방 전체에 피해를 주었을 뿐만 아니라, 그 결과로 생긴 해일은 태평양을 건너 9,600킬로미터 떨어진 하와이 힐로의 중심가를 덮쳐서 건물 500채와 60명의 인명 피해를 냈다. 해일은 일본과 필리핀까지 영향을 미쳐서 더 많은 희생자가 생겼다.

그러나 순전히 한곳만을 집중적으로 파괴한 지진들 중에서 역사상 가장 강력했던 것은 아마도 1755년 모든 성인의 축일인 11월 1일에 포르투갈의 리스본을 갈가리 찢어놓은 지진이었을 것이다. 아침 10시 직전에 도시를 덮친 지진은 오늘날의 규모로는 9.0 정도였을 것으로 짐작되고, 강력한 수평진동이 7분 동안 지속되었다. 강력한 진동으로 항구의 물이 솟아오르면서 15미터 높이의 파도가 일어서 피해는 더욱 커졌다. 진동이 멈추고 3분이 지난 후에는 처음보다 조금 약해지기는 했지만, 두 번째 지진이 또 밀어닥쳤다. 마지막이었던 세 번째 지진은 두 시간 후에 일어났다. 결국 6만 명의 사망자가 발생했고, 몇 킬로미터에 걸친 지역의 건물들이 모두 무너져버렸다.[7] 1906년의 샌프란시스코 지진은 리히터 규모 7.8이었고, 30초 동안 지속되었을 뿐이었다.

지진은 상당히 흔한 일이다. 지구에서는 하루 평균 두 차례 정도 규모 2.0 이상의 지진이 발생한다. 그 정도의 지진이면 사람들을 놀라게 만들기에 충분하다. 주로 태평양 연안을 비롯한 특정 지역에서만 일어나는 경향이 있기는 하지만, 지진은 거의 모든 곳에서 일어날 수 있다. 미국에서는 플로리다와 텍사스 동부 그리고 중서부의 북쪽 지방만이 비교적 지진이 드문 곳으로 알려져 있다. 뉴잉글랜드 지역에서는 지난 200년 동안에 규모 6.0 이상의 지진이 두 차례 일어났다. 2002년 4월에는 뉴욕 주와 버몬트 주의 경계에 있는 샘플레인 호 근처에서 규모 5.1의 지진이 발생해서 상당한 피해를 주었고, 뉴햄프셔 주 지방에서도 벽에 걸어둔 그림이 떨어지고 침대에 누워 있던 아이들이 놀라는 일이 생겼다.

지진의 가장 흔한 형태는 캘리포니아 주의 산앤드레아스 단층처럼 두 개의 판이 서로 만나는 곳에서 일어나는 것이다. 두 개의 판이 서로 충돌하면, 한쪽이 밀려날 때까지 압력이 높아진다. 일반적으로 지진이 일어나는 간격이 길어지면, 그렇게 쌓인 압력이 높아져서 지진의 강도가 훨씬 커진다. 그런 면에서 도쿄의 경우가 특히 걱정스럽다. 그래서 런던 유니버시티 칼리지의 재난 전문가 빌 맥과이어는 도쿄를 "죽음을 기다리는 도시"라고 부른다(물론 자동차에 붙이는 구호가 아니다).[8] 일본은 지진이 자주 일어나는 국가로 잘 알려져 있지만, 그중에서도 도쿄는 세 개의 지질학적인 판들이 만나는 근처에 있다. 모두가 기억하듯이, 1995년에는 서쪽으로 400킬로미터 떨어진 고베에서 규모 7.2의 지진이 일어나서 6,394명이 사망했다. 피해 규모는 990억 달러에 이르렀다. 그러나 도쿄에서 일어날 것으로 예상되는 지진의 피해와 비교하면 그 정도는 아무것도 아니다.

도쿄는 이미 현대 역사상 가장 파괴적인 지진을 경험했다. 1923년 9월 1일 정오 직전에 고베 지진보다 열 배나 더 강력했던 관동대지진이 일어났다. 20만 명이 사망했다. 그 이후로 지금까지 도쿄 지역은 두려울 정도로 조용했기 때문에 땅속에서는 80년 동안 음력이 쌓여왔을 것이다. 그런 음력은 결국은 터져버릴 것이다. 1923년의 도쿄 인구는 300만 정도였으나, 오늘날에는 3,000만에 다다르고 있다. 얼마나 많은 사람들이 죽게 될 것인가는 아무도 짐작할 수 없지만, 경제적 손실은 7조 달러에 이를 것으로 추산되고 있다.[9]

잘 이해하지 못하고 드물면서도 어느 곳에서나 일어날 수 있기 때문에 더욱 두려운 것이 바로 판 내부에서 일어나는 지진이다. 판 경계에서 멀리 떨어진 곳에서 일어나는 지진은 전혀 예측할 수가 없다. 그리고 그런 지진은 더 깊은 곳에서 발생하기 때문에 더 넓은 지역에 영향을 주게 된다. 미국에서 일어난 그런 지진들 중에서 가장 심했던 것은 1811년과 1812년에 미주리 주의 뉴마드리드에서 세 차례에 걸쳐서 일어난 것이었다. 지진은 12월 16일 자정 직후에 시작되었다. 사람들은 농장에서 키우던 가축들이 놀라서 부르짖는 소리에 잠을 깼다(지진이 일어나기 전에 짐승들이 불안한 모습을 보이는 것은 단순히 옛날부터 전해오는 이야기가 아니라, 정확한 이유는 밝혀져 있지 않지만 잘 알려진 사실이다). 그러고 나서는 땅속 깊은 곳에서 엄청난 파열음이 들려왔다. 집을 뛰쳐나온 사람들은 땅이 1미터 높이까지 출렁거리고, 몇 미터 깊이로 갈라지는 모습을 발견했다. 강한 황 냄새가 가득했다. 4분 동안 지속된 진동은 엄청난 재산 피해를 가져왔다. 우연히 그 지역에 머무르던 화가 존 제임스 오듀본이 그 광경을 목격했다. 강력한 지진은 사방으로 퍼져나가서 640킬로미터 떨어진 신시내티의 굴뚝을 쓰러뜨렸고, "동부 해안의 보트를 파괴하고……워싱턴 D. C.의 의사당에 세워져 있던 발판을 쓰러뜨렸다"는 보고도 있었다.[10] 비슷한 강도의 지진이 1월 23일과 2월 4일에도 일어났다. 그 이후로 뉴마드리드는 조용했지만, 같은 장소에서 그런 지진이 다시 일어나는 경우는 흔하지 않기 때문에 놀라운 일은 아니다. 지금 우리가 알고 있기로는 그런 지진은 벼락이 치는 경우처럼 아무렇게나 일어난다. 다음에는 그런 지진이 시카고, 파리 또는 킨샤사에서 일어날 수도 있다. 아무도 짐작조차 할 수가 없다. 판 내부의 지진이 무슨 이유로 일어날까? 땅속 깊은 곳의 무엇 때문일 것이다. 그 이상은 알 수가 없다.

1960년대에 들어서서, 지구의 내부에 대해서 알고 있는 것이 너무 적다는 사실을 깨달은 과학자들은 새로운 노력을 시작했다. 구체적으로는, 너무 두꺼운 대륙의 지각을 피해서 해저 바닥으로부터 모호로비치치 불연속면까지 구멍을 뚫어서 채취한 지구의 맨틀 샘플을 분석해보겠다는 계획을 세웠다.

지구 내부에 있는 암석의 성질을 이해할 수 있다면, 그것들이 서로 어떻게 작용하는가를 알게 될 것이고, 그렇게 되면 지진이나 다른 불행한 재앙을 예측할 수 있을 것이라고 생각했다.

모홀(Mohole) 계획이라고 불렀던 그 작업은 당연히 실패하고 말았다.[11] 멕시코 연안의 태평양 4,200미터 밑에 있는 비교적 얇은 지각에 5,100미터 깊이까지 구멍을 뚫으려고 했다. 그러나 해양학자의 말에 따르면, 바다 위에 떠 있는 배에서 하는 시추 작업은 "엠파이어 스테이트 빌딩의 꼭대기에서 스파게티 가닥으로 뉴욕의 보도에 구멍을 뚫으려고 하는 일과 같은 것이다."[12] 작업은 번번이 실패하고 말았다. 가장 깊이 파내려갔던 경우가 180미터였다. 모홀 계획은 "노 홀(No Hole)" 계획이 되고 말았다. 아무런 결과도 없이 비용만 늘어나자, 의회는 1966년에 작업을 중단시켰다.

소련 과학자들은 4년 후에 육지에서 자신들의 운을 시험해보기로 했다. 그들은 핀란드 국경 근처에 있는 러시아의 콜라 반도에 있는 한 지점을 선택해서 15킬로미터의 구멍을 뚫는 일을 시작했다. 작업은 생각보다 어려웠지만, 소련 사람들은 놀라울 정도의 인내심을 발휘했다. 19년 후에 작업을 포기할 때까지 12,262미터, 즉 대략 7.6마일까지 시추를 했다. 지각의 부피는 지구 전체 부피의 0.3퍼센트에 불과하고, 콜라에 뚫은 시추공은 지각의 3분의 1에도 미치지 못한다는 점을 고려하면, 우리가 결코 지구의 내부를 정복했다고 할 수는 없다.[13]

흥미롭게도, 비록 구멍의 깊이는 깊지 않았지만, 그것으로부터 알아낸 모든 것은 놀라웠다. 과학자들은 지진파의 연구를 통해서 지층의 구조에 대한 상당한 확신을 가지고 있었다. 4,700미터까지는 퇴적암이 있고, 그다음 2,300미터까지는 화강암이 있으며, 그 밑에는 현무암이 있을 것이라고 믿었다. 그러나 실제로는 퇴적암은 예상했던 것보다 50퍼센트나 깊은 곳까지 퍼져 있었고, 현무암 층은 찾을 수가 없었다. 더욱이 땅속은 예상보다 훨씬 뜨거웠다. 지하 1만 미터에서의 온도는 예상치의 두 배에 가까운 섭씨 180도나 되었다. 그러나 가장 놀라웠던 사실은 깊은 곳의 암석들이 물로 포화가 되어 있다는 사실이었다. 당시에는 그런 일이 불가능하다고 생각했었다.

지구의 내부를 볼 수가 없게 되자, 다른 방법을 동원하기 시작했다. 대부분은 내부를 통해서 전달되는 파동을 이용하는 방법이었다. 우리는 이미 다이아몬드가 만들어지는 킴벌라이트 광관(鑛管)을 통해서 맨틀에 대한 정보를 얻고 있었다.[14] 지구 깊은 곳에서 폭발이 일어나면, 마그마 탄환이 초음속의 속도로 표면을 향해서 발사된다. 그런 일은 완전히 멋대로 일어난다. 이 책을 읽는 동안에 뒷마당에서 킴벌라이트 광관이 폭발할 수도 있다. 지하 200킬로미터나 되는 깊은 곳에서 일어나는 폭발에 의해서 만들어지는 킴벌라이트 광관을 통해서 지표면이나 그 근처에서는 쉽게 볼 수 없는 것들이 솟아오를 수도 있다. 감람암(橄欖岩)과 감람석(橄欖石) 결정이 발견되기도 하고, 그리고 100군데 중의 한 곳 정도에서는 다이아몬드가 발견되기도 한다. 킴벌라이트 분출물에는 엄청난 양의 탄소가 들어 있지만, 대부분은 기화되거나 흑연으로 바뀐다. 그런 분출물이 아주 가끔씩 적당한 속도로 분출되어서 적당한 속도로 식으면 다이아몬드가 된다. 요하네스버그가 세상에서 다이아몬드가 가장 많이 생산되는 도시가 된 것은 바로 그런 광관 때문이다. 우리가 아직은 모르고 있지만 어느 곳엔가 더 큰 광관이 존재할 수도 있다. 지질학자들은 인디애나 북부 지역에 그야말로 엄청난 규모의 광관이나 광관 집단이 있을 것이라는 증거를 알고 있기는 하다. 부근에서 20캐럿 이상의 다이아몬드가 발견되었다. 그러나 아무도 광관을 찾아내지는 못하고 있다. 맥피가 지적한 것처럼, 아이오와의 맨슨 분화구처럼 빙하에 의해서 퇴적된 흙 밑이나 오대호 밑에 그런 광관이 숨겨져 있을 수도 있다.

그렇다면 우리는 지구의 내부에 대해서 얼마나 알고 있을까? 아주 조금 뿐이다. 대부분의 과학자들은, 우리 발밑의 세상은 암석으로 이루어진 바깥쪽의 지각, 뜨겁고 끈적끈적한 암석으로 된 맨틀, 액체 상태의 외핵(外核) 그리고 고체 상태의 내핵(內核)의 네 층으로 이루어졌다는 사실은 인정한다.[15]† 지

† 지구의 내부 구조는 평균적으로 다음과 같다. 0-40킬로미터까지는 지각, 40-400킬로미터까

표면에 많이 있는 규산염(硅酸鹽)은 비교적 가벼운 것이기 때문에 그것만으로는 지구 전체의 밀도를 설명할 수 없다. 즉 지구의 내부에는 무엇인가 더 무거운 것이 있어야 한다. 또한 지자기(地磁氣)가 만들어지려면 액체로 된 지구 내부의 층에 금속 원소가 집중되어 있는 띠가 있어야 한다는 사실도 알고 있다. 일반적으로 알려진 사실은 이 정도이다. 그 이상을 넘어서, 그런 층들이 어떻게 서로 작용하고 있고, 왜 그런 성질을 가지고 있으며, 앞으로 그런 층들이 어떤 거동을 보일 것인가에 대해서는 적어도 어느 정도의 불확실성이 있다. 일반적으로 그 불확실성의 정도는 대단히 크다.

우리가 직접 볼 수 있는 부분인 지각에 대해서도 상당한 논란이 있다. 거의 모든 지질학 교과서에 따르면, 대륙 지각의 두께는 바다 밑에서는 5-10킬로미터 정도이고, 대륙 밑에서는 대략 40킬로미터이며, 높은 산맥 지역에서는 65-100킬로미터까지 된다고 하지만, 그런 일반적인 설명으로는 이해하기 어려운 수수께끼들이 많다. 예를 들면 시에라 네바다 산맥 밑에 있는 지각은 30-40킬로미터에 불과하지만, 아무도 그 이유를 모른다. 만약 그것이 사실이라면, 모든 지구물리학 법칙에 따라 시에라 네바다는 젖은 모래 위에 서 있는 것처럼 밑으로 가라앉아야만 한다(실제로 그렇다고 생각하는 사람들도 있다).[16]

지구의 지각이 언제, 어떻게 만들어졌는가에 대해서 지질학자들은, 초기에 갑자기 만들어졌다는 그룹과 상당한 시간이 흐른 후에 서서히 만들어졌다는 그룹으로 나누어진다. 두 그룹 사이에는 상당히 깊은 골이 존재한다. 1960년대에 초기 폭발 이론을 제안했던 예일의 리처드 암스트롱은 남은 평생을 자신의 의견을 인정하지 않는 사람들과 싸워야만 했다. 1998년 「지구」라는 잡지의 보도에 따르면, 그는 1991년에 암으로 사망하기 직전까지도 "오스트레일리아의 지구과학 학술지를 통한 논쟁에서 자신의 주장을 비판하는 사람들

지는 상부 맨틀, 400-650킬로미터는 상부와 하부 맨틀의 전이대(轉移帶), 650-2,700킬로미터는 하부 맨틀, 2,700-2,890킬로미터는 "D"층, 2,890-5,150킬로미터는 외핵, 5,150-6,378킬로미터는 내핵이다.

이 미신을 퍼트리고 있다고 심하게 나무랐다." 그의 동료에 따르면, "그는 결국 화병으로 죽었다."

지각과 상부 맨틀의 일부를 "암석"을 뜻하는 그리스어 "lithos"를 따서 암석권(岩石圈, lithosphere)이라고 부르고, 그 밑을 받치고 있는 약한 암석층은 "힘이 없는"이라는 뜻의 그리스어에서 유래된 연약권(軟弱圈, asthenosphere)이라고 부르지만, 그런 이름은 전혀 만족스럽지 못하다. 암석권이 연약권 위에 떠 있다는 설명은 연약권이 정말 부력을 나타내는 것 같은 잘못된 인식을 줄 수 있다. 암석이 지표면에서 흐르는 물질과 같다고 생각하는 것도 역시 잘못되었다. 암석도 점성을 가지고 있기는 하지만, 유리와 같은 의미에서의 점성일 뿐이다.[17] 그렇게 보이지 않을 수도 있지만, 지구상의 모든 유리는 끊임없이 작용하는 중력 때문에 아래쪽으로 흐르고 있다. 유럽 성당의 아주 오래된 유리를 살펴보면 아래쪽이 위쪽보다 눈에 띄게 두꺼운 것을 볼 수 있다. 그것이 바로 여기서 이야기하는 "흐름"이다. 시계의 작은 바늘이 움직이는 속도조차도 맨틀에서 암석이 흐르는 속도보다 만 배나 더 빠르다.

그런 움직임이 지구의 판처럼 옆으로만 움직이는 것이 아니다. 대류라고 알려진 뒤섞임 과정으로 암석이 아래위로 움직이기도 한다.[18] 18세기 말의 별난 과학자 럼퍼드 백작이 최초로 그런 대류 현상이 있을 것이라고 주장했다. 비과학적이기는 했지만 60년 후에 오즈먼드 피셔라는 영국의 교구 목사가 지구의 내부에 움직일 수 있는 유체가 있다고 주장했다.[19] 그러나 그런 주장이 받아들여지기까지는 오랜 시간이 걸렸다.

1970년경에 땅속에서의 움직임이 어느 정도인가를 알게 된 것은 지구물리학자들에게 큰 충격이었다. 쇼나 보겔이 「벌거벗은 지구 : 새로운 지구물리학」에서 말했듯이, "그것은 마치 수십 년에 걸쳐서 지구 대기가 대류권과 성층권 등의 층으로 이루어져 있다는 사실을 알아낸 과학자들이 갑자기 바람의 존재를 인식한 것과 같았다."[20]

맨틀에서의 대류 현상이 얼마나 깊은 곳에서 일어나는가에 대해서는 논란이 계속되고 있다. 640킬로미터부터라는 사람도 있고, 3,200킬로미터부터라는 사람도 있다. 도널드 트레필이 지적했듯이, 그런 차이가 있는 이유는 "서로 다른 두 분야에서 얻어진 두 세트의 자료가 서로 일치하지 않기 때문이다."[21] 지구화학자들은 지구 표면에서 발견되는 원소들 중에는 분명히 상부 맨틀보다 훨씬 더 깊은 곳에서 올라온 것이 있다고 주장한다. 따라서 상부와 하부 맨틀의 물질이 가끔씩 섞이는 것이 분명하다. 그러나 지진학자들은 그런 주장을 뒷받침해줄 증거가 없다고 주장한다.

그러니까 우리가 말할 수 있는 것은, 지구의 중심을 향해서 가는 중간의 어느 곳에서부터는 연약권이 끝나고 완전한 맨틀이 시작된다는 것뿐이다. 맨틀은 지구 부피의 82퍼센트나 되고, 질량의 65퍼센트를 차지하고 있다. 그러나 지자기처럼 더 깊은 곳에서 나타나는 현상과 지진처럼 표면에 가까운 곳에서 일어나는 일에만 관심을 가진 지구과학자와 일반 독자들은 맨틀에 대해서는 별로 신경을 쓰지 않고 있다.[22] 160킬로미터 정도까지의 맨틀은 주로 감람석(橄欖石)으로 이루어져 있다는 사실은 알려져 있지만, 더 깊은 곳이 무엇으로 되어 있는가에 대해서는 불확실하다. 「네이처」에 따르면, 감람석은 아닌 것으로 보인다. 그러나 그 이상은 아무도 모른다.

맨틀의 아래쪽에는 고체로 된 내핵과 액체로 된 외핵이 있다. 물론 우리가 핵에 대해서 알고 있는 것은 간접적으로 밝혀진 것뿐이지만, 어느 정도의 합리적인 가정을 할 수는 있다. 지구 중심의 압력은 지표면보다 300만 배 이상 높기 때문에 모든 암석은 단단한 고체로 존재한다.[23] 다른 실마리도 있다. 지구의 역사로부터 알아낸 사실에 따르면 내핵은 열을 저장하는 능력이 탁월하다. 비록 짐작에 불과하기는 하지만, 지난 수십억 년 동안 핵의 온도는 110도 이상 떨어지지 않았다. 지구의 핵이 얼마나 뜨거운가는 정확하게 알 수는 없지만, 대략 태양 표면의 온도와 비슷한 섭씨 4,000-7,000도 정도일 것으로 짐작된다.

여러 면에서 외핵에 대해서 알려진 것은 더 적다. 그러나 외핵은 유체이고 지자기가 발생하는 곳이라는 점에는 모두가 동의한다. 1949년 케임브리지 대학의 E. C. 불러드는, 지구 핵의 액체 부분이 결과적으로 전기 모터와 같은 방식으로 회전하기 때문에 지구의 자기장이 생겨난다는 이론을 주장했다. 지구 내부의 유체에서 일어나는 대류가 마치 전선에 흐르는 전류와 같은 역할을 한다는 것이었다. 지자기가 정확하게 어떤 이유로 생기는지는 확실하게 알 수 없지만, 지구의 핵이 회전하고, 그것이 액체라는 사실과 깊은 관련이 있는 것으로 보인다. 예를 들면 달이나 화성처럼 액체로 된 핵을 가지고 있지 않은 천체에서는 자기장이 나타나지 않는다.

지구 자기장의 세기는 가끔씩 변한다는 사실이 알려져 있다. 공룡이 살던 때에는 지금보다 세 배나 더 강했다.[24] 그리고 변화가 심하기는 하지만 대략 평균적으로 50만 년마다 지자기의 방향이 바뀌는 것도 알려져 있다. 마지막 반전은 75만 년 전에 일어났다. 때로는 수백만 년 동안 같은 방향으로 유지되기도 한다. 3,700만 년 동안 같은 방향으로 유지되었던 것이 가장 긴 기록이었던 것 같다.[25] 그러나 2만 년 만에 반전이 일어난 적도 있었다. 지난 1억 년 사이에 대략 200번 정도의 반전이 있었지만, 그 진짜 이유는 알 수가 없다. 지자기의 반전은 "지질학에서 가장 중요한 문제"로 알려져 있다.[26]

바로 지금 그런 반전이 일어나고 있을 수도 있다. 지난 한 세기 동안만 하더라도 지구 자기장의 세기는 6퍼센트 정도가 감소했다. 자기장이 더 이상 감소하면 나쁜 소식이 된다. 냉장고에 메모를 붙여두고, 나침반의 바늘이 북쪽을 가리키도록 해주는 자기장은 우리의 생존에 필수적인 역할을 하고 있다. 자기장에 의한 보호막이 없으면, 우주에 가득한 우주선(宇宙線)이 우리 몸속으로 쏟아져 들어와서 DNA를 못쓰게 만들어버릴 것이기 때문이다. 자기장이 존재하면, 지구 표면으로 향하던 우주선들은 밴앨런 대(帶)라는 영역으로 들어가게 된다. 우주선이 대기권 상층부의 입자들과 충돌하면 오로라로 알려진 황홀한 빛을 발산하기도 한다.

흥미롭게도 우리가 지구의 내부에 대해서 무지한 가장 큰 이유는 전통적으로 지구에서 일어나는 일과 그 내부에서 일어나는 일을 연관시키려는 노력이 거의 없었기 때문이다. 쇼나 보겔에 의하면, "지질학자와 지구물리학자들은 같은 학술회의에 참석하지도 않고, 같은 문제를 해결하기 위해서 공동으로 노력하지도 않는다."[27]

우리가 지구 내부의 동력학에 대해서 전혀 이해하지 못하고 있다는 사실을 가장 잘 보여주는 것이 바로 지구가 움직이기 시작할 때이다. 우리가 알고 있는 것이 얼마나 제한적인가를 가장 잘 보여주는 예가 1980년 워싱턴의 세인트 헬렌스 화산 폭발이었다.

그때까지 미국 본토의 48개 주는 65년 이상 화산 폭발을 경험한 적이 없었다. 세인트 헬렌스의 상태를 관찰하기 위해서 불려온 화산학자들이 경험했던 것은 하와이의 화산 폭발뿐이었다. 그러나 훗날 밝혀진 사실에 따르면 두 화산은 전혀 다른 종류였다.

세인트 헬렌스는 3월 20일부터 불길하게 흔들리기 시작했다. 일주일도 지나지 않아서, 양이 많지는 않았지만 하루에 최고 100차례에 걸쳐서 용암이 터져나오기 시작했고, 지진이 끊임없이 계속되었다. 주민들은 안전한 거리라고 생각했던 13킬로미터 바깥으로 피했다. 세인트 헬렌스는 우르릉거림이 심해지면서 세계적인 관광명소가 되었다. 신문에서는 가장 좋은 광경을 볼 수 있는 장소를 소개해주었다. 헬리콥터를 탄 텔레비전 기자들이 거듭해서 산 정상 위로 날아다녔고, 심지어 등산을 하는 사람들도 있었다. 어느 날은 70대 이상의 헬리콥터와 경비행기가 산 정상을 맴돌기도 했다. 그러나 시간이 흘러도 더 극적인 광경이 보이지 않자 사람들은 불안해했지만, 화산이 폭발하지 않으리라는 것이 일반적인 견해였다.

4월 19일에는 산의 북쪽 측면이 눈에 띄게 부풀어올랐다. 놀랍게도 책임 있는 위치에 있던 사람들 중에서 아무도 그것이 측면 폭발의 징조임을 알아차리지 못했다. 지진학자들은 여전히 옆으로 폭발한 적이 한번도 없었던 하와이 화산의 거동을 근거로 분석을 하고 있었다.[28] 무엇인가 끔찍한 일이 벌어질 것이라고 믿었던 사람은 타코마에 있는 전문대학의 지질학 교수인 잭 하이드뿐이었다. 그는 세인트 헬렌스에는 하와이의 화산과는 달리 열린 분출구가 없기 때문에 내부에 압력이 쌓이면 엄청난 규모로 터져나올 것이고, 그렇게 되면 큰 재앙이 될 것이라고 지적했다. 그러나 아무도 공식 조사단의 일원이 아닌 하이드의 주장에 관심을 기울이지 않았다.

그 후에 무슨 일이 있었는가는 잘 알려져 있다. 일요일이던 5월 18일 아침 8시 32분에 화산의 북쪽 측면이 붕괴되면서 엄청난 양의 흙과 암석들이 시속 250킬로미터로 경사면을 따라 쏟아졌다. 인류 역사상 가장 큰 규모의 산사태였고, 흘러내린 토사의 양은 맨해튼 전체를 120미터 두께로 덮을 수 있을 정도였다.[29] 1분도 지나지 않아서, 북쪽 측면은 더욱 약화되었고, 세인트 헬렌스는 히로시마 원자탄의 500배에 해당하는 에너지로 폭발하면서, 살인적으로 뜨거운 먼지를 시속 1,000킬로미터로 쏟아냈다.[30] 근처에 있던 사람들이 도망치기에는 너무 빠른 속도였음이 분명했다. 화산이 보이지도 않아서 안전하다고 믿었던 곳에 있던 사람들조차도 피할 수가 없었다. 결국 57명이 사망했고, 그중에서 23구의 시신은 찾을 수도 없었다.[31] 일요일이 아니었더라면 희생은 훨씬 더 컸을 것이다. 주중에는 많은 수의 벌목 인부들이 위험지역에서 일을 하고 있었을 것이기 때문이다. 30킬로미터 떨어진 곳에서 사망한 사람도 있었다.

그날 가장 운이 좋았던 사람은 해리 글리켄이라는 대학원 학생이었다. 그는 산에서 10킬로미터 떨어진 곳에 있는 관측소에서 일을 할 예정이었지만, 5월 18일에 캘리포니아 주에서 있을 대학 면접 때문에 폭발이 일어나기 전날 현장을 떠났다. 그를 대신해서 일하게 된 사람이 데이비드 존스턴이었다. 존스턴은 화산 폭발을 처음 보고했지만, 곧바로 사망했다. 그의 시신은 찾을 수가 없었다. 그러나 글리켄의 행운도 오래가지는 않았다. 11년 후에 그는 역시 잘못된 예측을 한 경우였던 일본의 운젠 산(雲仙岳)에서 터져나온 과열된 화산재와 가스와 녹은 화쇄암(火碎岩)에 희생된 43명의 과학자와 기자들 중의 한 사람이었다.

화산학자들이라고 해서 예측력이 세계에서 가장 나쁜 사람들은 아니겠지만, 자신들의 예측이 얼마나 틀린 것인가를 깨닫는 능력은 형편없는 것이 분명하다. 운젠 산의 비극이 일어나고 2년이 지나지 않아서, 애리조나 대학의 스탠리 윌리엄스를 단장으로 하는 화산 관측단이 콜롬비아의 갈레라스라는 활화산을 내려오고 있었다. 얼마 전의 사고에도 불구하고, 윌리엄스 관측단의 16명 중에서 단 2명만이 안전 헬멧을 비롯한 보호장비를 갖추고 있었다. 화산이 폭발하면서 과학자 6명과 그들을 따르던 관광객 3명이 사망했고, 윌리엄스를 비롯한 몇 사람은 심한 부상을 입었다.

자신의 실수를 인정하지 않았던 윌리엄스는 훗날 「갈레라스에서의 생존」이라는 책에서 중요한 지진 신호를 무시하고 위험하게 행동했다는 화산학계의 지적에 대해서 "부당한 지적에 놀라서 머리를 흔들었을 뿐"이라고 했다.[32] 그는 "우리가 지금 알고 있는 지식을 1993년의 일에 적용하는 것은 마치 일이 끝난 후에 총격을 가하는 것처럼 쉬운 일"이라고 주장했다. 그는 자신이 운이 없었다는 것 이상의 죄책감을 느낄 필요가 없다고 믿었다. "자연이 늘 그렇듯이 갈레라스도 변덕스럽게 행동했다. 나는 그런 자연에 속았고, 그 부분에 대해서는 책임을 지겠다. 그러나 내 동료들의 죽음에 대해서는 죄책감을 느끼지 않는다. 아무도 죄를 지은 사람은 없다. 다만 화산 폭발이 일어났을 뿐이다."

다시 워싱턴의 경우를 살펴보자. 세인트 헬렌스 산은 정상이 390미터가 낮아졌고, 600제곱킬로미터의 숲이 사라졌다. (일부 보도에서는 30만이라고 하지만) 15만 채의 집을 지을 목재가 날아갔다. 피해액은 27억 달러로 추산되었다. 10분 이내에 거대한 연기와 화산재가 1만8,000미터 높이까지 솟아올랐다. 50킬로미터 떨어진 곳을 지나던 비행기에도 돌이 날아갔다고 한다.[33]

인구 5만 명의 야키마는 130킬로미터 떨어진 곳에 있었다. 폭발이 일어나고 90분 후부터 그곳에도 화산재가 떨어지기 시작했다. 화산재 때문에 낮이 밤으로 변했고, 자동차, 발전기 전기 스위치 장치 등 모든 기계에 이상이 생겼으며, 보행자는 숨을 쉴 수가 없었고, 공기 정화 장치가 막히면서 결국 모든 것이 멈춰서게 되었다. 공항은 폐쇄되었고, 도시로 통하는 고속도로도 막혔다.

모든 일이 두 달 동안이나 위협적으로 으르렁거리던 화산에서 바람이 불어가는 쪽에서 일어났다. 그러나 야키마는 화산 폭발에 대한 비상계획을 갖추고 있지 않았다.[34] 재난이 닥쳤을 때 작동하도록 되어 있던 도시의 긴급 방송 시스템은 "일요일 근무자들이 기계 작동법을 몰랐기 때문"에 작동하지 못했다. 야키마는 13일 동안 마비되었고, 외부세계로부터 고립되었다. 공항은 폐쇄되었고, 도로를 통한 접근도 불가능했다. 그러나 세인트 헬렌스의 폭발 이후로 쏟아진 화산재는 1.5센티미터에 불과했다. 그런 것을 염두에 두고, 옐로스톤 폭발이 어느 정도일까를 생각해보기 바란다.

제15장

위험한 아름다움

1960년대에 옐로스톤 국립공원에서 화산의 역사를 연구하던 미국 지질조사소의 밥 크리스티안센은 이상하게도 다른 사람들은 한번도 의심하지 않았던 문제에 대해서 의문을 가지게 되었다. 그는 공원 안에서 화산을 발견할 수 없다는 사실을 깨달았다. 간헐천과 증기 분출구가 널려 있는 옐로스톤이 화산 지역의 특성을 가지고 있다는 사실은 오래 전부터 알려져 있었고, 그런 지역이라면 당연히 화산을 비교적 쉽게 알아볼 수 있어야 했다. 그럼에도 불구하고 크리스티안센은 공원 안의 어느 곳에서도 화산을 찾을 수가 없었다. 특히 화산의 폭발에 의해서 만들어지는 함몰 구조인 칼데라를 찾을 수 없었다.

대부분의 사람들은 화산이라고 하면, 터져나온 마그마가 대칭적인 모양으로 쌓여서 만들어지는 고전적인 원뿔 모양의 후지 산이나 킬리만자로를 생각한다. 그런 화산은 놀라울 정도로 순식간에 만들어진다. 멕시코의 파리쿠틴에 사는 농부는 1943년에 자신의 땅에서 연기가 피어오르는 것을 보고 깜짝 놀랐다.[1)] 일주일이 지나자 놀랍게도 그의 땅에는 150미터나 되는 원뿔 모양의 산이 만들어졌다. 2년이 채 되지 않아서 그 산은 420미터의 높이와 지름이 800미터가 넘는 규모로 커졌다. 지구상에는 쉽게 눈에 띄는 그런 관입형(貫入型) 화산이 1만 개 정도 있다. 그러나 산이 형성되지 않아서 잘 알려지지 않은 종류의 화산도 있다. 그런 화산은 단 한번의 강력한 폭발에 의해서 만들어진 것으로, 거대하게 함몰된 칼데라(가마솥을 뜻하는 라틴어 cauldron에서 유래되었다)라는 구덩이가 생긴다. 크리스티안센은 바로 그런 종류의 화산

지역임이 틀림없는 옐로스톤에서 칼데라를 찾을 수가 없었다.

마침 그 당시에 NASA에서 새로 개발한 고공 카메라를 시험하기 위해서 옐로스톤 국립공원의 사진을 찍었고, NASA의 한 관리가 그 사진을 확대하여 공원의 안내소에 걸어두면 좋을 것이라고 생각해서 사본을 국립공원에 보내주었다. 그 사진을 본 크리스티안센은 칼데라를 찾지 못했던 이유를 바로 알 수 있었다. 890만 제곱미터에 이르는 공원 전체가 하나의 칼데라였다. 폭발에 의해서 생긴 분화구의 지름은 64킬로미터가 넘어서, 지표면에서는 도저히 그 모양을 알아볼 수가 없었다. 과거 어느 시기에 옐로스톤에서는 어느 누구도 상상할 수 없는 엄청난 규모의 폭발이 일어났던 것이 틀림없다.

결국 옐로스톤은 초대형 화산으로 밝혀졌다. 그 화산은 지하 200킬로미터보다 더 깊은 곳에서 솟아오른 뜨겁고 거대한 용암이 모여 있는 열점(熱點) 위에 올라앉아 있다. 옐로스톤의 분출구와 간헐천과 온천 그리고 뜨거운 진흙 구덩이가 모두 그 열점에서 방출되는 열 때문에 생긴 것이다. 지하에 있는 마그마 덩어리의 지름은 공원의 크기와 비슷한 72킬로미터 정도이고, 가장 두꺼운 곳의 두께는 약 13킬로미터나 된다. 그러니까 옐로스톤을 찾는 사람들은 크기가 로드아일랜드 주 정도이고, 권운(卷雲)의 높이에 해당하는 13킬로미터까지 쌓아놓은 TNT 덩어리 위를 돌아다니고 있는 셈이다. 그런 마그마 덩어리에서 생긴 압력 때문에 옐로스톤을 중심으로 480킬로미터에 이르는 지역이 520미터 높이로 솟아오르게 되었다. 만약 폭발이 일어난다면, 상상을 넘어서는 재앙이 될 것은 틀림이 없다. 런던의 유니버시티 칼리지의 빌 맥과이어 교수에 따르면, 폭발이 일어나는 동안에는 "1,000킬로미터 이내에는 다가갈 수도 없을 것이다."[2] 그 결과는 더욱 엄청날 것이다.

옐로스톤의 밑에 있는 불안정한 마그마의 거대 상승류(플룸)는 마그마가 마티니 잔과 비슷하게 아래쪽은 가늘고, 지표면 가까이에서는 넓게 퍼진 모양을 이루고 있다. 지름이 1,900킬로미터나 되는 곳도 있다. 이론에 따르면 그런 용암은 항상 폭발적으로 터져나오는 것이 아니다. 6,500만 년 전에 인도의 데칸 트랩(데칸은 지명이고, 트랩은 용암의 종류를 가리키는 스웨덴 말이다)이 만들어지던 때처럼 엄청난 양의 용암이 연속적으로 흘러나오게 되는 경우도 있다. 흘러내린 용암은 50만 제곱킬로미터를 뒤덮었고, 그때 뿜어져 나온 독성 가스가 공룡 멸종의 원인이 되기도 했을 것이다. 거대한 상승류는 대륙이 갈라지게 만든 원인이 될 수도 있다.

그런 상승류는 드문 것이 아니다. 지금 현재 지구상에는 30개 정도의 상승류가 활성 상태로 존재하고 있으며, 아이슬란드, 하와이, 아조레스 제도, 카나리아 제도, 갈라파고스 제도 그리고 남태평양 한가운데에 있는 작은 핏케언 섬을 비롯한 세계에서 잘 알려진 섬이나 제도들이 모두 그런 상승류 때문에 생긴 것이다. 그러나 옐로스톤을 제외한 다른 상승류들은 모두 바다에 있다. 옐로스톤의 상승류가 어떤 이유로 어떻게 대륙 판 밑에 들어가게 되었는가는 아무도 짐작조차 하지 못한다. 다만 옐로스톤 지역의 지각이 매우 얇고, 그 밑이 매우 뜨겁다는 두 가지 사실만 확실하게 알고 있다. 그러나 열점 때문에 지각이 얇아진 것인지 아니면 지각이 얇기 때문에 그곳에 열점이 생긴 것인지에 대해서는 오래 전부터 열띤 논쟁이 계속되고 있다. 지각의 대륙적 특성에 따라서 폭발의 양상이 크게 달라진다. 비교적 온화하게 거품으로 사라지는 다른 초대형 화산들과는 달리 옐로스톤은 폭발적으로 터져버렸다. 그런 폭발이 자주 일어나는 것은 아니지만, 그런 경우에는 멀리 물러서 있고 싶을 것이다.

1,650만 년 전에 있었던 것으로 보이는 최초의 폭발 이후로 100여 차례에 걸친 폭발이 이어졌지만, 그중에서 가장 최근에 있었던 세 차례의 폭발에 대해서는 기록이 남아 있다. 마지막 폭발은 세인트 헬렌스의 1,000배 정도였고, 그 전의 것은 280배였으며, 그 전의 것은 그 규모를 짐작하기도 어려울 정도로 큰 것이었다. 세인트 헬렌스보다 적어도 2,500배에서 8,000배의 규모였을 것으로 추산된다.

그런 폭발과 비교할 만한 것은 아무것도 없다. 최근에 있었던 가장 큰 폭발은 1883년 8월에 인도네시아의 크라카타우에서 일어난 것이었다. 9일 동안 계속된 폭발은 영국 해협의 해류에도 영향을 미쳤다.[3] 그렇지만 크라카타우에서 분출된 물질의 부피가 골프 공 정도라고 하면, 옐로스톤에서 있었던 가장 큰 폭발에서 분출된 물질을 뭉치면 사람이 몸을 숨길 수 있을 정도로 큰 공이 될 것이다. 그런 잣대로 보면, 세인트 헬렌스의 경우는 완두콩 정도에 불과하다.

옐로스톤에서 200만 년 전에 있었던 폭발에서 뿜어져 나온 화산재의 양은 뉴욕 주를 20미터의 깊이로 묻어버리거나, 캘리포니아 주를 6미터의 깊이로 묻어버릴 수 있을 정도였다. 마이크 부르히스가 네브래스카 동부에서 발견한 화석 유적에 쌓여 있던 화산재도 바로 그 폭발에서 발생한 것이었다. 폭발이 일어난 곳은 오늘날의 아이다호 주에 해당하지만, 지각이 연평균 2.5센티미터 정도씩 움직였기 때문에 수백만 년이 지난 오늘날은 와이오밍 주의 서부 바로 밑이 되었다(열점은 위를 향하고 있는 아세틸렌 토치처럼 그 자리에 그대로 남아 있다). 폭발이 시작되었을 때 쏟아져 나온 화산재가 쌓이면, 아이다호 농부들이 오래 전부터 감자를 재배하던 풍요로운 땅이 만들어진다. 지질학자들의 농담에 따르면, 앞으로 200만 년이 더 흐르면, 옐로스톤에서는 맥도널드에서 판매할 감자튀김을 생산하게 될 것이고, 몬태나 주의 빌링스에 사는 사람들은 간헐천 주위를 걸어다니게 될 것이라고 한다.

옐로스톤의 마지막 폭발에서 뿜어진 재는 미국 미시시피 서부의 거의 전부에 해당하는 19개 주의 전부 또는 일부와 캐나다와 멕시코 일부까지를 뒤덮었다. 그 지역이 바로 전 세계 곡물의 거의 절반이 생산되는 미국의 곡창지대라는 점을 기억해야 한다. 그러나 화산재는 봄이 되면 녹아버리는 폭설과는 다르다. 작물을 다시 재배하려면 화산재를 어디론가 치워야 한다. 뉴욕의 세계 무역 센터가 서 있던 6만4,750제곱미터의 부지에서 18억 톤의 잔해를 치우는 데에 여덟 달 동안 1,000여 명의 인부가 필요했다. 캔자스 주에 쌓인 화산재를 치우는 일이 어느 정도일까 상상해볼 수 있을 것이다.

그것도 기후에 미치는 영향은 고려하지 않은 것이다. 지구상에서 가장 마지막에 일어난 초대형 화산의 폭발은 7만4,000년 전에 터진 수마트라 북부의 토바 산이었다.[4] 당시의 폭발이 엄청났다는 사실 이외에는 그 규모가 어느 정도였는지는 알 수가 없다. 그린란드의 빙핵(氷核) 분석에 의하면 토바의 폭발 이후로 6년 동안 "화산 겨울"이 계속되었다는 사실은 확인되었지만, 흉작이 얼마나 오랫동안 계속되었는지는 아무도 알 수가 없다. 그 폭발로 인류는 멸종 직전의 위기에 처하게 되었고, 전 세계에서 살아남은 사람의 수는 수천 명에 불과했던 것으로 짐작이 된다. 결국 현대의 인류는 극히 적은 수의 집단에서 비롯되었고, 인간이 유전학적 다양성을 갖추지 못한 것도 바로 그런 이유 때문이다. 어쨌든 그로부터 2만 년 동안 지구의 인구가 수천 명을 넘지 못했었다는 증거가 있다.[5] 단 한번의 화산 폭발로부터 회복하기까지 매우 오랜 시간이 걸렸음은 확실하다.

가설에 불과했던 그런 주장들이 갑자기 심상치 않게 받아들여지기 시작한 것은 1973년에 일어난 이상한 일 때문이었다. 알 수 없는 이유로 공원의 중심에 있는 옐로스톤 호수의 물이 갑자기 남쪽의 둑 위로 넘쳐흘러서 초원이 물에 잠기고, 북쪽에서는 물이 사라져버렸다. 급히 조사에 나선 지질학자들은 공원의 상당한 지역이 불길하게도 불룩 솟아오르고 있다는 사실을 발견했다. 그래서 아동용 장난감 물통의 한쪽을 들어올렸을 때와 마찬가지로 호수의 한쪽이 위로 솟아오르면서 반대쪽으로 물이 넘쳐흐르게 되었던 것이다. 1984년이 되자, 공원 중심부의 20여 제곱킬로미터에 이르는 지역은 마지막으로 공식적인 지질 조사를 했던 1924년보다 무려 90센티미터나 높아져 있었다. 1985년에는 공원의 중심부가 20센티미터나 낮아졌다. 지금은 다시 부풀어오르는 것처럼 보인다.

지질학자들은 그런 일을 일으킬 수 있는 것이 불안정한 마그마 덩어리뿐이라는 사실을 알게 되었다. 옐로스톤은 옛날에 끝나버린 초대형 화산이 아니라 현재 활동 중인 지역이었다. 옐로스톤에서는 대략 60만 년마다 엄청난 폭발이 일어났었다는 사실을 알게 된 것도 이때였다. 흥미롭게도 마지막 폭발은 63만 년 전에 일어났었다. 옐로스톤이 다시 폭발할 시기가 다가온 것처럼 보인다.

"그렇게 느껴지지는 않겠지만, 우리는 지금 세계에서 가장 규모가 큰 활화산 위에 서 있답니다."[6] 6월 어느 날의 상쾌한 이른 아침에 매머드 온천에 있는 공원 사무실 앞에서 만난 옐로스톤 국립공원의 지질학자 폴 도스는 거대한 할리-데이비드슨 오토바이에서 내려 악수를 하면서 그렇게 말했다. 인디애나 출신의 도스는 부드러운 말씨의 상냥하고 지극히 사려 깊은 사람으로 국립공원의 안내원처럼 보이지는 않았다. 그는 희끗희끗한 수염을 기르고 있었고, 긴 머리를 뒤로 묶은 꽁지머리를 하고 있었다. 한쪽 귀에는 작은 사파이어 귀걸이를 하고 있었다. 빳빳한 공원 안내원 제복을 입은 그는 배가 약간 나와 있었다. 그는 공무원이라기보다는 블루스 가수처럼 보였다. 실제로 그는 하모니카로 블루스를 연주하는 연주자였다. 그렇지만 그는 정말 지질학을 잘 알고, 또 좋아했다. 올드페이스풀 간헐천이 있는 쪽을 향해서 낡았지만 힘센 사륜구동차를 함께 타고 가던 그는 "지질학을 연구하기에는 세상에서 가장 좋은 곳에 있는 셈"이라고 했다. 그는 공원의 지질학자가 매일 하는 일을 나에게 보여주기로 했다. 그날 첫 임무는 새로 들어온 관광 안내원들에게 강의를 하는 것이었다.

둥글고 장엄한 산과 아메리카 들소가 풀을 뜯는 초원과 굽이치는 냇물과 하늘빛 호수와 수를 셀 수 없을 정도로 많은 야생생물을 가진 옐로스톤은 말할 필요도 없이 눈부시게 아름답다. 도스는 "지질학자로서 이보다 더 좋은 곳을 찾을 수는 없을 것"이라고 한다. "베어투스 협곡에는 지구 역사의 4분의 3까지 거슬러올라가는 30억 년이나 된 암석이 있고, 그곳에는 광천(鑛泉)도 있습니다." 그는 황 냄새가 나는 온천을 가리키며 말했다. "이곳에서는 암석이 만들어지는 과정을 볼 수가 있지요. 그 중간의 상상할 수 있는 모든 것을 볼 수가 있습니다. 이곳보다 지질학적으로 더 명백하고, 더 아름다운 곳은 본 적이 없습니다."

"그래서 이곳을 좋아하시는 모양이군요?" 내가 물었다.

"아니요. 그 정도가 아니라 이곳을 사랑합니다." 그는 정말 신중하게 대답했다. "저는 이곳을 정말 사랑한답니다. 겨울에는 힘들고 봉급은 많지 않지만, 좋을 때는 정말……"

그는 말을 멈추고 언덕 위로 보이기 시작한 서쪽의 산 사이에 멀리 있는 협곡을 가리켰다. 그는 그 산이 갤러틴으로 알려져 있다고 말해주었다. "저 협곡은 길이가 100 또는 110킬로미터 정도 될 겁니다. 저 협곡이 어떻게 저곳에 만들어졌는가를 아무도 몰랐답니다. 그런데 밥 크리스티안센은 산들이 터져서 날아가버렸기 때문에 만들어진 것이라는 사실을 알아냈습니다. 100킬로미터에 이르는 산들이 사라졌다면, 무엇인가 엄청난 일이 있었다는 사실을 짐작할 수 있을 겁니다. 크리스티안센은 6년에 걸쳐서 모든 사실을 알아낼 수 있었지요."

나는 옐로스톤이 폭발한 이유가 무엇인지 물어보았다.

"모르지요. 아무도 모릅니다. 화산은 아주 이상한 겁니다. 우리는 화산에 대해서 제대로 이해하지 못하고 있습니다. 이탈리아의 베수비오 화산은 1944년에 폭발할 때까지 300년 동안 활화산 상태로 유지되다가 갑자기 죽어버렸습니다. 그 후로는 조용했지요. 더 큰 폭발을 위해서 에너지를 비축하고 있는 중이라고 생각하는 화산학자들도 있지만, 그것이 사실이라면 그 주변에 200만 명이 살고 있는 오늘날에는 좀 걱정스러운 일이지요. 그렇지만 아무도 모른답니다."

"그런데 만약 옐로스톤이 다시 폭발한다면 그런 사실을 어느 정도 빨리 알아낼 수 있습니까?"

그는 어깨를 으쓱하면서, "지난번에 폭발할 때에는 그 주위에 아무도 없었습니다. 그러니까 어떤 징조가 있었는지를 아는 사람은 아무도 없지요. 아마도 지진이 계속 이어지고, 일부 지역이 솟아오르고, 간헐천이나 수증기 분출구에서 물이나 수증기가 뿜어져 나오는 방법이 조금 바뀌겠지요. 그렇지만 사실은 아무도 모릅니다."

"그러니까 아무런 경고도 없이 갑자기 폭발하겠군요."

그는 신중하게 고개를 끄덕였다. 그런데 문제는 옐로스톤에서는 경고의 징후라고 여겨지는 거의 모든 현상이 이미 나타나고 있다는 것이다. "화산이 폭발하기 전에 지진이 나는 것이 일반적인 현상인데, 이 공원에서는 이미 지진이 자주 일어나고 있습니다. 작년에만 1,260차례의 지진이 있었습니다. 대부분은 느낄 수도 없을 정도로 미약한 것이지만, 그런 것들도 지진임이 틀림없습니다."

그는 간헐천의 분출방식이 바뀌는 것도 실마리가 될 수 있지만, 그것도 역시 예측이 불가능하다고 했다. 한때는 엑셀시어 간헐천이 공원에서 가장 유명한 곳이었다. 그 간헐천은 일정한 주기로 90미터까지 장엄하게 물을 분출했었는데, 1888년에 갑자기 분출이 중단되었다. 그 후 1985년부터 갑자기 분출이 재개되었지만, 그 높이는 24미터에 불과했다. 지금은 공중 120미터까지 물이 뿜어져 올라가는 스팀보트 간헐천이 세계에서 가장 큰 것이지만, 그 주기는 4일에서 50년에 이르기까지 예측을 할 수가 없다. "오늘과 다음 주에 분출된다고 하더라도, 그다음 주나 지금으로부터 20년 후에 어떻게 될 것인가를 알려주지는 않는답니다." 도스가 말했다. "공원 전체가 끊임없이 변화하기 때문에 이곳에서 일어나는 현상으로는 어떤 결론도 내릴 수 없답니다."

옐로스톤에서 사람들을 대피시키는 일도 쉽지 않다. 공원을 찾는 사람들은 연간 약 300만 명이나 되고, 대부분은 여름의 석 달 동안에 집중되어 있다. 공원 안에는 도로가 많지도 않고, 그나마도 의도적으로 좁게 만들어져 있다. 차량의 속도를 줄이고, 경관을 보호하기 위해서이기도 하지만, 지형적으로 그럴 수밖에 없는 경우도 있다. 사람들이 많이 찾아오는 여름에는 공원을 가로지르는 데에 반나절이 걸리고, 공원에서 움직이는 데에 몇 시간씩 걸리는 경우가 대부분이다. "사람들이 짐승을 발견하면 어디에서건 상관없이 멈춰버립니다." 도스가 말했다. "곰에 의한 정체, 들소에 의한 정체, 늑대에 의한 정체가 생기지요."

2000년 가을에 미국 지질조사소와 국립공원 관리소의 대표단과 학자들이 참여하는 옐로스톤 화산활동 감시단(YVO)이 구성되었다. 하와이, 캘리포니아, 알래스카, 워싱턴에서도 이미 그런 단체가 활동하고 있었지만, 세계에서 가장 큰 화산 지역에 그런 조직이 없었던 것이 이상한 일이었다. YVO는 실제로 단체라기보다는 공원에서 다양한 지질을 공동으로 연구하고 분석하기 위한 협정에 더 가까운 것이다. 도스에 따르면 YVO의 첫 임무는 비상사태가 발생하는 경우의 대처방안에 해당하는 "지진과 화산 위험 대처방안"을 마련하는 것이었다.

"그런 것이 없었습니까?" 내가 물었다.

"없었습니다. 정말 없었지요. 그렇지만 곧 만들어질 겁니다."

"너무 늦은 게 아닙니까?"

그는 웃으면서 "글쎄요. 너무 이른 것은 아니라고 해두지요."

그 계획이 마련되면, 캘리포니아 주의 멘로 파크의 크리스티안센과 유타 대학의 로버트 B. 스미스 교수, 옐로스톤 국립공원의 도스, 이렇게 세 사람이 위험 가능성을 평가해서 국립공원 관리자에게 통보를 해주게 된다. 통보를 받은 관리자는 실제로 공원 내의 사람들을 대피시킬 것인가를 결정해야 한다. 옐로스톤이 정말 큰 규모로 폭발한다면, 공원 문을 나선 후부터 사람들은 각자 알아서 대피해야만 한다.

물론 그런 일이 수만 년이 지난 후에 일어날 수도 있다. 그러나 도스는 그런 날이 오지 않을 수도 있다고 생각한다. "과거에 그런 패턴이 있었다고 해서, 앞으로도 그럴 것이라는 뜻은 아닙니다." 그의 설명이었다. "몇 번의 엄청난 폭발이 이어진 후에는 오랜 휴면기가 이어졌다는 증거가 있습니다. 지금이 그런 휴면기에 해당할 수도 있지요. 대부분의 마그마가 식으면서 결정화되고 있다는 증거가 있답니다. 휘발성 물질은 빠져나가고 있지요. 폭발이 일어나려면 그런 휘발성 물질이 어느 곳에 갇혀 있어야만 합니다."

한편 옐로스톤 공원의 내부는 물론이고 그 부근에도 다른 위험 요소들이 널려 있다. 공원 바로 바깥에 있는 헤브젠 호수라는 곳에서 1959년 8월 17일 밤에 일어났던 일이 대표적인 예이다.[7] 그날 자정 20분 전에 헤브젠 호수에서는 비극적인 지진이 일어났다. 규모 7.5의 그 지진은 아주 강한 지진은 아니었지만, 갑자기 생긴 뒤틀림으로 산허리가 전부 무너졌다. 그때는 지금처럼 많은 사람들이 옐로스톤을 찾지는 않았지만, 여름의 절정이었다. 산에서는 8,000만 톤의 암석들이 시속 160킬로미터 이상의 속도로 굴러내렸고, 엄청난 힘과 모멘텀(momentum)으로 쏟아진 산사태는 언덕 반대편에 있는 산의 120미터까지 밀어닥쳤다. 그 중간에 록 크릭 캠프장이 있었다. 캠핑을 하던 사람들 중에서 28명이 사망했고, 그중에서 19명은 너무 깊이 묻혀서 시신도 찾을 수가 없었다. 재앙은 순식간에 찾아왔고, 가슴 아플 정도로 변덕스러웠다. 같은 텐트에서 자던 세 형제는 살아남았다. 그런데 그 옆의 텐트에서 자고 있던 그들의 부모는 쓸려가버려 시신조차 찾을 수 없었다.

"언젠가 큰 지진이, 정말 큰 지진이 일어날 겁니다." 도스가 말했다. "믿어도 좋습니다. 이곳은 지진이 일어날 수 있는 큰 단층 지역입니다."

헤브젠 호수의 지진을 비롯한 여러 위험 요소에도 불구하고, 옐로스톤에는 1970년대가 되어서야 지진계가 설치되었다.

지질학적 현상이 얼마나 거대하고 냉혹한가를 알고 싶으면, 옐로스톤 국립공원 바로 남쪽에 위치한 거대한 톱니처럼 생긴 티턴 산맥을 살펴보는 것이 가장 적당하다. 900만 년 전에는 티턴 산맥이 존재하지도 않았다. 잭슨 홀 부근의 땅은 그저 약간 높은 곳에 위치한 풀이 많은 평야였다. 그러다가 64킬로미터의 단층이 갈라져서 열렸고, 그로부터 티턴 지역에는 900년마다 정말 큰 지진이 일어났으며, 그때마다 산의 높이가 1.8미터씩 높아졌다. 영겁에 걸쳐 일어난 그런 지진 때문에 티턴 산맥은 오늘날과 같은 2,100미터의 엄청난 높이까지 솟구쳐 오르게 되었다.

900년이라는 숫자는 오해하기 쉬운 평균 값에 불과하다. 그 지역의 지질학 역사를 담은 로버트 B. 스미스와 리 J. 시겔의 「지구로 통한 창문」에 따르면, 티턴 산맥에서 마지막으로 대규모 지진이 일어난 시기는 대략 5,000-7,000년 전이었다. 그러니까 티턴 산맥은 지구에서 기한이 가장 오래 지난 지진 지역인 셈이다.

열수(熱水) 폭발도 중요한 위험 요소이다. 그런 폭발은 때와 장소를 가리지 않고, 아무 예고도 없이 일어날 수 있다. "아시다시피, 우리는 의도적으로 방문객들을 열 지대로 유도하고 있습니다." 올드페이스풀의 분출 광경을 보고 난 후에 도스가 말했다. "사람들이 보고 싶어하는 것이 바로 그것이지요. 옐로스톤에 있는 간헐천과 온천의 수가 전 세계에 있는 것을 합친 것보다 많다는 사실을 알고 계시나요?"

"몰랐습니다."

그는 고개를 끄덕이면서 말했다. "1만 개나 있기 때문에 새로운 분출구가 생기더라도 아무도 알 수가 없습니다." 우리는 차를 타고 지름이 수백 미터에 불과한 덕 호수라는 곳으로 갔다. "이 호수는 아무런 문제도 없을 것처럼 보이지요." 그가 말했다. "그저 큰 연못입니다. 그런데 이 큰 구멍은 그 전부터 이곳에 있었던 것이 아닙니다. 지난 1만5,000년 전의 어느 순간에 큰 분출이 시작되었습니다. 수천만 톤의 흙과 암석과 과열된 물이 초음속으로 뿜어져 나왔지요. 올드페이스풀의 주차장이나, 방문객 안내소 밑에서 그런 일이 일어났다고 상상을 해보세요." 그가 얼굴을 찌푸리면서 말했다.

"어떤 경고의 징후가 있나요?"

"아니요. 1989년 포크 춥 간헐천이라는 곳에서 상당한 규모의 폭발이 일어났습니다. 지름 5미터 정도의 분출구가 생겼습니다. 그렇게 크다고 할 수는 없지만, 만약 그곳에 서 있었다면 충분히 큰 것이었겠지요. 다행히 주변에는 아무도 없었기 때문에 아무도 다치지는 않았습니다. 그런데도 아무런 경고가 없었습니다. 아주 오랜 옛날에는 지름이 2킬로미터가 넘는 폭발이 일어났었지요. 그런 일이 언제 어디에서 생길지는 아무도 예측할 수 없습니다. 그저 그런 일이 일어날 때에 그곳에 있지 않기를 바라는 수밖에 없습니다."

거대한 낙석(落石)도 역시 위험 요소이다. 1999년에 가디너 캐니언에서 큰 낙석이 떨어졌지만, 다행히 아무도 다치지는 않았다. 오후 늦게 도스와 나는 사람들이 많이 지나다니는 공원 도로 위로 바위가 걸려 있는 곳에 서 있었다. 갈라진 틈이 분명하게 보였다. 도스는 사려 깊게 말했다. "어느 때라도 떨어질 수가 있지요."

"농담이시겠지요." 내가 말했다. 즐겁게 캠핑을 하려는 사람을 가득 태운 차가 한순간도 지나지 않는 때가 없었다.

"그래요. 그럴 가능성은 높지 않습니다." 그가 덧붙였다. "그럴 수도 있다는 뜻일 뿐이지요. 앞으로 수십 년 동안 그대로 남아 있을 수도 있어요. 아무 징조도 없을 뿐이에요. 이곳에 오는 사람들은 위험을 감수하는 수밖에 없어요. 그게 전부입니다."

매머드 온천으로 돌아가기 위해서 차로 걸어가던 도스가 덧붙였다. "그러나 대부분의 경우에 나쁜 일은 일어나지 않습니다. 바위가 떨어지지도 않고, 지진이 일어나지도 않지요. 새로운 분출구가 갑자기 만들어지지도 않습니다. 모든 것이 불안정하면서도 정말 놀랍고 신기할 정도로 조용하지요."

"지구처럼 말이에요." 내가 지적했다.

"맞습니다." 그가 동의했다.

옐로스톤의 위험은 방문객이나 공원 직원들에게 모두 적용된다. 도스는 5년 전에 근무를 시작했던 첫 주에 무시무시한 경험을 했다. 어느 날 밤에 젊은 하계 임시 직원 세 명이 따뜻한 연못에서 수영을 하거나 햇볕을 쬐는 "열탕"이라는 불법행위를 하고 있었다. 분명한 이유 때문에 공개적으로 밝히지는 않지만, 옐로스톤의 연못이 모두 위험스러울 정도로 뜨거운 것은 아니다. 들어가서 누워 있기에 적당한 곳도 있으며, 하계 임시 직원들 중에는 규정에 어긋나는 줄 알면서도 그런 연못에 들어가는 경우도 있었다. 어리석게도 세 직원은 손전등을 가지고 가지 않았다. 따뜻한 연못 주변의 흙은 얇은 껍질 같은 곳이 많아서 뜨거운 분출구로 미끄러져 떨어질 수가 있기 때문에 매우 위험한 행동이었다. 어쨌든 세 사람은 기숙사로 돌아오던 중에 작은 개울을 건너야 했다. 가는 길에 그랬던 것처럼 건너뛰어가기 위해서 뒤로 몇 걸음 물러선 그들은 서로 손을 잡고 하나, 둘, 셋을 센 후에 도움닫기를 해서 멀리 뛰기를 했다. 그런데 실제로 그곳은 보통 개울이 아니라 펄펄 끓는 연못이었다. 그들은 어둠 속에서 그 연못을 알아보지 못했다. 세 사람 모두 목숨을 잃었다.

다음날 아침 공원을 떠나는 길에 잠깐 들른 상부 간헐천 분지에 있는 에메랄드 연못에서 그 생각이 떠올랐다. 그 전날에는 도스와 함께 그곳을 찾아갈 시간이 없었지만, 역사적인 장소인 에메랄드 연못을 한 번은 보고 가야 할 것이라고 생각했다.

1965년에 부부 생물학자였던 토머스 브록과 루이즈 브록은 여름 채집여행 중에 정신 나간 실험을 했다. 두 사람은 연못가에 있는 황갈색의 찌꺼기를 떠가지고 가서 생명체가 있는가를 살펴보았다. 그 찌꺼기 속에 살아 있는 미생물이 가득했다는 사실은 두 사람을 비롯해서 세상의 많은 사람들에게 깜짝 놀랄 일이었다. 생물이 살기에는 너무 뜨겁거나, 너무 산성이거나, 아니면 너무 많은 양의 황이 들어 있다고 생각했던 물속에서 살 수 있는 호극성(好極性) 미생물이 처음 발견된 것이었다. 놀랍게도 에메랄드 연못이 바로 그런 곳으로, 설폴로부스 아시도칼다리우스와 테르모필루스 아쿠아티쿠스로 알려진 두 가지 미생물이 살고 있는 것으로 밝혀졌다. 섭씨 50도 이상에서는 아무것도 살아남지 못할 것이라고 생각했지만, 그보다 두 배나 더 뜨겁고 산성인 물속에서 줄지어 햇볕을 쬐고 있는 미생물들이 있었던 것이다.

브록이 새로 발견한 박테리아 중의 하나인 테르모필루스 아쿠아티쿠스의 정체는 거의 20년 동안 의문에 싸여 있었다. 그러다가 캐리 B. 멀리스라는 칼텍의 과학자가 그 속에 들어 있는 내열 효소를 이용해서 중합효소 연쇄반응(polymerase chain reaction, PCR)이라고 알려진 화학적 마술을 일으킬 수 있다는 사실을 알아냈다. 그 방법을 사용하면 아주 적은 양의 DNA에서 많은 양을 복제할 수가 있다. 이상적인 조건에서는 단 하나의 분자로부터 시작할 수도 있다.[8] 그것은 일종의 유전학적 복사법으로 학술연구에서부터 경찰의 법의학 작업에 이르기까지 모든 유전과학의 기본적인 수단이 되었다. 멀리스는 그 공로로 1993년에 노벨 화학상을 수상했다.

한편 섭씨 80도 이상에서 사는 초고온성 미생물들도 발견되었다.[9] 프랜시스 애슈크로프트의 「극한에서 사는 생물」에 따르면, 지금까지 발견된 생물 중에서 가장 뜨거운 곳에서 사는 것은 섭씨 113도에 이르는 해저 분출구의 벽에 붙어서 사는 피롤로부스 푸마리이다. 아무도 정확하게 알 수는 없지만, 생물이 살 수 있는 가장 높은 온도는 대략 섭씨 120도일 것으로 추정된다. 어쨌든 브록의 발견은 생물세계에 대한 우리의 인식을 완전히 바꾸어놓았다. NASA의 과학자 제이 버그슈트랄에 따르면, "지구상에서 생명이 살기에 가장 혹독한 환경을 가진 곳이라고 하더라도 액체의 물과 약간의 화학 에너지가 있는 곳이라면 생명체를 발견할 수 있다."[10]

생명은 생각했던 것보다 훨씬 더 총명하고 환경에 잘 적응하는 것으로 밝혀졌다. 앞으로 살펴보겠지만, 우리가 살고 있는 세상은 전체적으로 우리를 반기지 않는 것 같기 때문에 우리에게는 아주 좋은 소식이다.

제5부

생명, 그 자체

우주와 그 구조를 자세히 살펴볼수록,
어떤 의미에서는 우주가 우리의 출현을 미리부터
알고 있었던 것이 틀림없다는 확신을 가지게 된다.

—— 프리먼 다이슨

제16장

고독한 행성

생물로 존재하는 것은 쉬운 일이 아니다. 지금까지 알고 있기로는, 우주 전체에서 생물이 존재하는 곳은 우리 은하에서도 별로 드러나지 않는 지구뿐이고, 그나마도 지구는 아주 인색한 곳이다.

저 깊은 바닷속의 해구에서부터 가장 높은 산 정상까지 생물이 살고 있는 지역은 겨우 20킬로미터 남짓에 불과하다. 우주 전체의 공간과 비교한다면 정말 작은 공간이다.

인간에게 주어진 공간은 더욱 작다. 우리는 4억 년 전에 바다에서 육지로 올라와서 산소를 호흡하면서 살기로 한 성급하고 위험스러운 결정을 내렸던 생물종들에 속했기 때문이다. 인간은 그런 결정으로 지구상에서 생물이 살 수 있는 공간의 99.5퍼센트로 추정되는 공간을 포기해야만 했다.[1]

우리는 물론 물속에서 호흡을 할 수 없다. 그러나 그 압력을 견디지 못한다는 것이 더 큰 문제이다. 물은 공기보다 1,300배나 더 무겁기 때문에 물속으로 들어가면, 압력이 10미터마다 1기압 정도씩 급격하게 높아진다.[2] 육지에서는 150미터 높이의 쾰른 성당이나 워싱턴 기념비에 올라가더라도 압력의 변화를 느끼기가 어렵다. 그러나 물속에서 같은 깊이로 들어가면, 혈관이 막히고, 폐는 대략 콜라 캔 정도로 압축된다.[3] 신기하게도, 사람들은 호흡 보조장치도 없이 그런 깊이까지 잠수하는 스킨 다이빙(skin diving)을 스스로 즐기기도 한다. 아마도 사람들은 내장이 마구 비틀어지는 것으로부터 상당한 쾌감을 느끼기도 하는 모양이다(표면으로 떠오를 때 내장이 원상태로 회복되는 과정은 그렇지 않을 것으로 보인다). 그러나 그런 깊이까지 도달하기 위해서는 추를 써서 아래쪽으로 심하게 끌어내려야만 한다. 보조장비 없이 가장 깊은 곳까지 잠수했다가 살아남아서 그 경험을 이야기해준 사람은 1992년에 72미터까지 잠수해서 아주 잠깐 머무른 후에 되돌아나왔던 움베르토 펠리차리라는 이탈리아 사람이었다. 육상에서 72미터는 뉴욕 시에서 한 블록의 거리보다 조금 더 길다. 그러므로 가장 훌륭한 묘기라고 하더라도 우리가 심해를 정복했다고 할 수는 없다.

물론 그 방법은 정확하게 알 수 없지만, 깊은 곳의 압력을 견딜 수 있는 생물도 있다. 바다에서 가장 깊은 곳은 태평양에 있는 마리아나 해구(海溝)이다. 깊이가 대략 11.2킬로미터 정도인 그곳의 압력은 제곱센티미터당 1,123킬로그램이 넘는다. 사람은 아주 단단한 잠수정을 타고 잠깐 동안 그곳까지 들어갔던 적이 있을 뿐이다. 그런데 그곳에는 새우와 닮았지만 투명한 갑각류와 비슷한 단각류(端脚類)들이 아무런 보호장비도 없이 살고 있다. 물론 대부분의 바다는 그보다는 얕지만, 평균 깊이인 4킬로미터 정도에서의 압력만 하더라도 짐을 가득 실은 시멘트 트럭 14대를 쌓아놓은 것에 해당할 정도이다.[4]

해양학 분야의 교양서 작가들을 포함한 거의 모든 사람들은, 인간의 몸이 깊은 바다의 엄청난 압력을 받으면 부스러져버릴 것이라고 믿는다. 그러나 사실은 그렇지 않은 것 같다. 우리 몸은 대부분 물로 되어 있다. 옥스퍼드 대학의 프랜시스 애슈크로프트에 따르면, 물은 "거의 압축할 수 없기 때문에 우리 몸은 주변과 같은 압력을 유지하게 되고, 그래서 깊은 곳에 들어가더라도 부스러지지는 않는다."[5] 그러나 몸속, 특히 그중에서도 폐에 들어 있는 기체가 문제가 된다. 그 기체는 압축되는데, 어느 정도까지 압축되면 치명적인가에 대해서는 정확하게 밝혀져 있지 않다. 극히 최근까지도 100미터 정도까지 잠수하면 폐나 흉벽이 파괴되어서 고통스럽게 죽게 된다고 알려졌지만, 스킨다이빙을 하는 사람들은 그것이 사실이 아님을 수없이 보여주었다. 애슈크로프트에 따르면, "인간은 생각했던 것보다 고래나 돌고래에 더 가까운 것 같다."[6]

그러나 다른 문제들도 많다. 긴 호스를 통해서 수면으로 연결된 잠수복을 입던 시절의 잠수부들은 "압착"이라는 무시무시한 경험을 하기도 했다. 수면에 있는 펌프가 고장이 나서 잠수복 내부의 압력이 떨어지면 나타나는 현상이다. 잠수복 속의 공기가 격렬하게 빠져나가버리면, 불운한 잠수부는 문자 그대로 헬멧과 호스 속으로 빨려들어간다. 생물학자 J. B. S. 홀데인이 1947년에 쓴 글에 의하면, 수면 위로 끌어올린 "잠수복 속에 남아 있는 것은 뼈와 몇 점의 살점뿐"이었다.[7] 자신의 말을 믿지 않은 사람들을 위해서 그는 "그런 일이 실제로 일어났었다"고 덧붙였다.

(그런데 1823년에 찰스 딘이라는 영국 사람이 처음 고안한 최초의 잠수용 헬멧은 사실은 잠수용이 아니라 화재 진압용으로 만든 것이었다. 그래서 "연기 헬멧"이라고 불렀지만 금속으로 만들었기 때문에 너무 뜨겁고 불편했다. 딘은 소방관들이 어떤 옷을 입느냐와 상관없이 불타는 건물에 들어가는 것을 꺼리지만, 특히 주전자처럼 뜨겁게 달아오르고, 쉽게 움직일 수 없는 옷을 입으면 더욱 그렇다는 사실을 깨달았다. 자신의 발명품을 수중에서 시험해보았던 딘은 그것이 침몰선을 인양하는 작업에 유용하다는 사실을 알게 되었다.)

그러나 깊은 곳에 들어갈 때에 가장 무서운 것은 "벤드(bend)"라는 잠수병이다. 그런 증상이 불쾌해서가 아니라, 그런 증상이 일어날 가능성이 크기 때문에 더욱 두렵다. 우리가 호흡하는 공기의 80퍼센트는 질소로 되어 있다. 인체에 압력을 가하면, 질소가 작은 기포로 변해서 혈액과 조직 속으로 들어가게 된다. 그런데 잠수부가 너무 급하게 수면으로 올라올 때처럼 압력이 급격하게 변하면, 몸속에 갇혀 있던 기포가 샴페인 뚜껑을 열 때처럼 끓어올라서 작은 혈관을 막아버리게 된다. 세포에 산소 공급이 끊기면, 극심한 통증이 생겨서 잠수부가 몸을 비틀게 되기 때문에 벤드라는 이름이 붙여졌다.

그런 벤드는 아주 오래 전부터 해면이나 진주를 채취하는 사람들의 직업병이었지만, 서양에서는 큰 관심을 끌지 못했다. 그러나 19세기부터는 물에 들어가지 않는 사람들에게서도 그런 증상이 나타나기 시작했다. 그들은 잠함(潛函)에서 일을 하던 사람들이었다. 잠함은 교각을 건설하기 위해서 강바닥에 설치한 밀폐된 상자를 말한다. 그 속에 압축공기를 넣었다. 그런 잠함 속에서 오랫동안 작업을 하던 사람이 바깥으로 나오면 피부가 조금씩 따끔거리고 가려운 증상이 나타났다. 어떤 사람들은 관절에 지속적인 통증을 느끼게 되고, 심지어는 고통 때문에 쓰러져서 다시는 일어나지 못하는 경우도 있었다.

그런 증상은 매우 이상한 것이었다. 아무렇지도 않게 잠자리에 들었던 사람들이 마비가 되는 경우도 있었다. 아주 깨어나지 못하는 사람도 있었다. 애슈크로프트는 템스 강 밑에 새로 건설 중이었던 터널 공사의 감독이 공사의 마무리를 축하하기 위해서 열었던 연회에서의 이야기를 전해주었다.[8] 놀랍게도 터널 속에서 뚜껑을 연 샴페인 병에서는 거품이 솟아나지 않았다. 그러나 한참 후에 터널에서 나와서 런던의 상쾌한 저녁 바람을 쐬자 거품이 갑자기 끓어올라서 소화에 큰 도움이 되었다.

고압 환경을 피하는 것 이외에 벤드를 예방하는 데에는 두 가지 전략이 알려져 있다. 첫째는 압력 변화에 노출되는 시간을 최소화하는 것이다. 앞에서 예를 들었던 스킨 잠수부가 150미터나 잠수를 한 후에도 아무런 문제가 없었던 것도 그런 이유 때문이었다. 그 사람들은 질소가 조직 속으로 스며들어갈 정도로 오랫동안 물속에 머물지 않는다. 둘째는 조심스럽게 물 위로 올라오는 것이다. 그렇게 하면 질소 거품들이 아무런 문제없이 사라지게 된다.

극한 상황에서 생존하는 방법을 알게 된 것은 대부분 존 스콧과 J. B. S. 홀데인 부자의 남다른 노력 덕분이다. 홀데인 부자는 영국 지식인들의 유별난 기준으로 보더라도 정말 별난 사람들이었다. 홀데인 1세는 1860년에 스코틀랜드의 귀족 집안에서 태어났다(그의 형은 홀데인 자작이었다). 그렇지만 그는 일생의 대부분을 옥스퍼드의 생리학 교수로 비교적 평범하게 지냈다. 그는 건망증으로 유명했다. 저녁 만찬을 위해서 옷을 갈아입고 오라는 부인의 말을 듣고 위층으로 올라가서는 잠옷을 입은 채로 잠들어버린 적도 있었다. 잠을 깬 홀데인은 자신이 옷을 벗고 있는 것을 보고 잘 시간이 된 것으로 믿었다고 변명을 했다.[9] 콘월 지방으로 가서 광부들의 십이지장충을 연구하는 것이 그에게는 휴가였다. 한동안 홀데인 가족과 함께 살았던, T. H. 헉슬리의 손자이며 소설가인 올더스 헉슬리가 그의 소설 「연애 대위법」에 등장시킨 과학자 에드워드 탄타마운트는 홀데인을 조금은 무자비하게 빗대어서 묘사한 인물이었다.

홀데인은 수면으로 올라오면서 얼마나 자주 쉬면 벤드를 피할 수 있는가를 알아냄으로써 잠수기술의 발전에 크게 기여했다.[10] 그러나 그는 등반가들이 겪는 고공병에서부터 사막 지역에서 나타나는 심장병에 이르기까지 생리학의 다양한 분야에 관심을 기울였다. 그는 독성 가스가 인체에 미치는 영향에 대해서 특별한 관심을 가지고 있었다. 광부들이 일산화탄소에 노출되어 사망하는 현상을 정확하게 이해하고 싶었던 그는 자신을 조직적으로 일산화탄소에 노출시킨 후에 혈액을 채취해서 분석해보기도 했다. 모든 근육이 완전히 마비되기 직전에 멈추었을 때 혈액의 포화 수준은 56퍼센트였다.[11] 다이빙의 역사를 재미있게 소개한 「바다 밑의 별」을 쓴 트레버 노턴에 의하면, 그것은 정말 치명적인 수준에 가까운 정도였다.

후세에 J. S. B.라고 알려진 홀데인의 아들 잭은 어려서부터 아버지의 일에 관심이 많았던 놀라운 신동이었다. 세 살 때에 이미 아버지의 이야기를 듣고 "그것이 옥시헤모글로빈인가 아니면 카복시헤모글로빈인가?"에 대해서 까다롭게 물어보곤 했었다.[12] 그는 어릴 때부터 아버지의 실험을 도와주었다. 잭이 10대가 되었을 때는 두 사람이 함께 가스 마스크를 서로 돌려가면서 쓰고, 기절을 하기까지 얼마나 시간이 걸리는가를 실험하기도 했다.

옥스퍼드에서 고전을 공부한 J. S. B. 홀데인은 과학 분야의 학위를 취득하지는 않았지만, 스스로의 노력으로 케임브리지에서 똑똑한 과학자로 일하게 되었다. 평생을 그와 함께 지냈던 생물학자 피터 메더워는 그를 "내가 알던 사람들 중에서 가장 총명한 사람"이라고 했다.[13] 헉슬리는 「어릿광대 춤」에서 홀데인 2세도 풍자했고, 「멋진 신세계」에서는 인간의 유전자를 조작한다는 그의 주장을 줄거리로 삼기도 했다. 홀데인은 여러 업적을 남겼지만, 그중에서도 다윈의 진화론과 그레고르 멘델의 유전 이론을 통합해서 현대의 종합적인 유전학 이론을 정립한 과학자로 알려져 있다.

아주 특이하게도 젊은 홀데인은 제1차 세계대전을 "아주 즐거운 경험"이라고 여겼고, "사람들을 죽일 수 있는 기회를 즐겼다"고 스스로 인정하기도 했다.[14] 그 자신이 두 차례나 부상을 입기도 했다. 전쟁이 끝난 후에 그는 과학 대중화를 위해서 노력했고, 400여 편의 과학 논문을 비롯해서 23권의 책을 썼다. 오늘날 그의 책을 찾아보기는 어렵지만, 아직도 읽을 수 있고 유용한 책이 있다. 홀데인은 열렬한 마르크스주의자였다. 아주 냉소적이라고 할 수는 없지만, 그가 그렇게 된 것은 진보주의자의 본능 때문이었다는 지적도 있었다. 그가 만약 소비에트 연방에서 태어났더라면 열렬한 제국주의자가 되었을 수도 있다. 어쨌든 그의 글은 대부분 공산당의 「데일리 워커」에 먼저 실렸다.

홀데인 1세는 주로 광부와 독가스에 관심이 많았지만, 젊은 홀데인은 잠수함 승무원과 잠수부에게 나타나는 직업병을 해결하는 일에 매달렸다. 해군본부의 지원을 받은 그는 "압력 용기"라고 부르던 감압장치를 구입했다. 금속으로 만든 원통에 한꺼번에 세 사람이 들어가면 밀폐를 한 후 고통스럽고 매우 위험스럽기도 했던 여러 가지 실험을 했다. 얼음물 속에 앉아 있는 자원자들에게 "이상한 공기"로 숨 쉬게 하거나 급격하게 압력을 변화시키기도 했다. 위험할 정도로 빠르게 부상(浮上)을 시키면 무슨 일이 생기는가를 알아보기도 했다. 놀랍게도 이빨에 끼워놓았던 충전재(充塡材)가 폭발해버렸다. 노턴에 따르면, "거의 모든 실험에서 사람들은 마비되거나, 피를 흘리거나, 구토를 했다."[15] 그 장치는 거의 완벽하게 방음이 되어 있었기 때문에 원통 속에 앉아 있는 사람이 불편이나 위험을 느끼게 되면 벽을 끊임없이 두드리거나, 작은 창문을 통해서 글을 적은 쪽지를 보여주어야만 했다.

산소의 독성을 스스로 시험해보던 중에 너무 심한 경련이 일어나서 척추를 다친 경우도 있었다. 폐에 문제가 생기는 일은 흔히 있었다. 고막에 구멍이 생기는 일도 흔했다.[16] 그러나 홀데인이 확신에 차서 말했듯이, "고막은 저절로 나았다. 구멍이 그대로 남아 있으면 귀가 조금 어두워지기는 하지만,

그 구멍을 통해서 담배 연기를 불어넣을 수 있는 것만으로도 충분히 사람들의 관심을 끌 수 있다."

정말 특이했던 것은, 홀데인이 과학 연구를 위해서 스스로 그런 위험과 불편함을 감수할 의향이 있었을 뿐만 아니라, 동료들과 사랑하는 사람들에게 그 장치 속으로 들어가도록 설득하는 데에 아무런 가책도 느끼지 않았다는 사실이었다. 잠수과정의 실험에 참여한 그의 부인은 13분 동안 경련을 일으킨 적도 있었다. 마루 위를 떼굴떼굴 구르던 그녀는 경련이 멈추자 스스로 일어나서 저녁 준비를 하러 부엌으로 가야만 했다. 홀데인은 실험을 할 때 주변에 있는 사람이면 누구나 가리지 않고 도움을 청했다. 스페인의 수상을 지냈던 후안 네그린의 도움을 받은 적도 있었다. 네그린 박사는 실험이 끝난 후에 피부가 조금 따끔거리고 "이상하게 입술이 벨벳처럼 느껴진다"고 불평을 했지만 다른 문제는 없었던 것 같았다. 그는 자신이 행운아라고 생각했을 수도 있었을 것이다. 비슷한 방법으로 산소 결핍증에 대한 실험을 마친 홀데인은 6년 동안 엉덩이와 척추 아랫부분의 감각을 잃어버린 경우도 있었다.[17]

홀데인이 집착했던 문제들 중에는 질소 중독도 있었다. 아직도 그 이유가 정확하게 밝혀지지는 않았지만, 대략 수심 30미터 이하에서는 질소가 강한 독성을 나타낸다. 질소에 중독된 잠수부들은, 자신의 공기 호스를 지나가는 물고기에게 주거나, 그 자리에서 쉬면서 담배를 피우고 싶어하는 것으로 알려져 있다. 심한 감정 변화를 일으키기도 한다.[18] 홀데인은 실험에 참여했던 사람이 "우울한 상태에서 기쁨에 넘치는 상태로 감정이 쉽게 바뀌는 것을 보았다. 한 순간에는 '피를 토할 정도로 괴롭다'면서 압력을 줄여줄 것을 간청하다가, 다음 순간에는 크게 웃으면서 옆에서 민첩성을 시험하는 동료에게 장난을 치려고 애를 쓰기도 했다." 실험 대상자가 약해지는 속도를 측정하기 위해서 과학자가 함께 장치 속에 들어가서 간단한 산수 문제를 풀게 해보기도 했다. 훗날 홀데인의 기억에 따르면, 몇 분이 지난 후에는 "두 사람 모두 중독되어서 초시계의 단추를 누르거나 기록을 하는 일을 잊게 된다."[19] 질소에 취하게 되는 이유는 아직도 밝혀지지 않고 있다.[20] 알코올에 취하는 것과 같은 이유일 것이라고 짐작은 되지만, 정확하게 무엇 때문에 그런 증상이 나타나는가에 대해서는 아무도 모르고 있다. 어쨌든 땅을 떠나기만 하면 아주 조심하지 않는 한 위험에 빠지기가 아주 쉽다.

결국 우리는 지구가 생물이 살 수 있는 유일한 곳이기는 하지만 살기에 가장 쉬운 곳은 아니라는 사실을 다시 확인한 셈이다. 지표면에서 생물이 서 있을 수 있을 정도로 말라 있는 얼마 안 되는 면적 중에서도 놀라울 정도로 많은 부분은 우리에게는 너무 덥거나, 너무 춥거나, 너무 메마르거나, 너무 가파르거나, 너무 높다. 부분적으로는 우리의 실수라는 점을 인정할 수밖에 없다. 적응성에 관한 한, 인간은 정말 놀랄 정도로 형편없다. 대부분의 동물들처럼 우리도 정말 더운 곳을 싫어하지만, 땀을 많이 흘리고 넘어지기 쉬운 우리는 특별히 더위에 약하다. 물도 없이 무더운 사막에 서 있는 것과 같은 최악의 상황에서 대부분의 사람들은 6-7시간 이내에 정신 착란을 일으켜서 졸도한 후에 다시는 깨어나지 못할 수도 있다. 추위에 대해서도 마찬가지로 대책이 없다. 모든 포유류가 그렇듯이 인간도 열을 발생시키는 데에는 뛰어나지만, 털이 거의 없기 때문에 그 열을 제대로 지키지는 못한다. 비교적 온화한 날씨라고 하더라도 우리가 소비하는 열량의 거의 절반은 체온을 유지하는 데에 허비된다.[21] 물론 우리는 옷이나 집을 이용해서 그런 약점을 보완하지만, 그렇게 하더라도 지구에서 우리가 살 수 있는 면적은 정말 얼마 되지 않는데, 전체 육지 면적의 12퍼센트 또는 바다를 포함한 지구 전체 면적의 4퍼센트에 불과하다.[22]

그렇지만 우리가 알고 있는 우주의 다른 곳의 상태를 알고 나면, 우리가 지구상의 면적 중에서 아주 조금만 사용하는 것이 문제가 아니라, 우리가 활용할 수 있는 면적이 조금밖에 없기는 하지만 그런 행성을 찾아낼 수 있었다는 것이 신기한 일임을 이해하게 된다. 우리 태양계를 살펴보거나, 아니면 지구 스스로의 역사 중에서 어떤 기간을 보기만 해도, 우주의 다른 지역은 온화하고 푸른 물을 가진 오늘날의 지구보다 생명에게 얼마나 더 혹독한가를 인정하게 될 것이다.

지금까지 우주 과학자들은 우주에 있을 것으로 짐작되는 100억 개의 100억 배에 이르는 행성들 중에서 70개 정도의 행성을 발견했다. 그러므로 아직까지 확실하게 말할 수는 없겠지만, 생명이 살 수 있는 행성을 찾으려면 엄청나게 운이 좋아야 한다는 사실은 분명하다. 고등 생물이 살 수 있으려면 더욱 운이 좋아야 한다. 여러 사람들이 지구에 생명이 살 수 있게 된 이유를 20가지 정도 밝혀냈지만, 여기서는 그중에서 중요한 네 가지만 살펴보도록 한다.

훌륭한 위치 : 우리는, 충분한 양의 에너지를 방출할 수 있을 정도로 크지만, 지나치게 커서 짧은 시간에 완전히 타버리지는 않을 정도의 적당한 크기를 가진 항성(별)에서 신비스러울 정도로 적당한 거리에 위치하고 있다. 별이 더 클수록 더 빨리 타버린다는 것이 물리학의 이상한 결론이다. 만약 우리 태양의 질량이 지금의 열 배였다면, 100억 년이 아니라 1,000만 년 동안에 완전히 타버렸을 것이고, 그렇다면 지금 우리는 이곳에 존재할 수도 없었을 것이다.[23] 우리가 지금과 같은 궤도를 공전하게 된 것도 다행스러운 일이다. 너무 가까이 있었으면 지구상의 모든 것들이 끓어서 사라졌을 것이고, 너무 멀리 있었으면 모든 것이 얼어붙었을 것이다.

마이클 하트라는 천체물리학자가 1978년에 했던 계산에 따르면 지구가 태양에서 1퍼센트 더 멀리 떨어져 있었거나 아니면 5퍼센트 더 가까이 있었으면, 생물이 살지 못했을 것이라고 한다. 그렇게 굉장한 차이는 아니지만, 사실 그것만으로 충분하지는 않았다. 그 후로 더 정교한 계산에 의해서 생물이 존재할 수 있는 범위가 5퍼센트 더 가까운 곳에서부터 15퍼센트 더 먼 곳까지인 것으로 밝혀졌지만, 여전히 아주 좁은 띠에 불과하다.†

금성을 생각해보면 그 범위가 얼마나 좁은가를 이해할 수 있다. 금성은

† 과학자들은 옐로스톤의 뜨거운 진흙 연못에서 발견된 호극성 미생물이나 다른 곳에서 발견된 비슷한 생물체 때문에 실제 생물이 살 수 있는 지역은 훨씬 더 넓을 것이라고 믿게 되었다. 어쩌면 명왕성의 얼음 같은 껍질 밑에서도 생물이 살 수 있을 것이다. 여기서는 어느 정도 복잡한 생물이 행성의 표면에 살 수 있는 조건을 이야기하고 있다.

태양으로부터 우리보다 4,000만 킬로미터 가까울 뿐이다. 태양의 열기는 지구보다 2분 먼저 금성에 도달한다.[24] 금성의 크기와 성분은 지구와 매우 비슷하다. 그러나 우리가 알고 있는 엄청난 차이는 모두 궤도의 크기가 조금 작은 것에서 비롯되는 것이다. 태양계가 생성되던 초기의 금성은 지구보다 조금 더 뜨거웠을 뿐이고, 바다도 있었을 것이다.[25] 결국 금성이 조금 더 많은 열기를 받게 되었던 탓에 금성은 표면의 물을 잡고 있을 수가 없었고, 그 결과로 금성의 기후는 재앙에 가까운 상태가 되어버렸다. 금성의 물이 증발하면서, 수소 원자들은 우주공간으로 날아갔고, 남아 있던 산소 원자는 탄소와 결합해서 이산화탄소라는 온실 기체로 된 두꺼운 대기가 만들어졌다. 결국 금성은 숨막히는 곳이 되었다. 아마도 내 나이 정도의 사람들은, 천문학자들이 금성의 두꺼운 구름 아래에 생물이 살고 있을 것이고, 어쩌면 열대의 푸르름이 있을 수도 있다고 믿었던 시절을 기억할 것이다. 그러나 오늘날 우리는 우리가 합리적으로 상상할 수 있는 종류의 생물이 살기에는 금성의 환경이 너무 극한적이라는 사실을 알고 있다. 금성 표면의 온도는 펄펄 끓는 섭씨 470도로 납이 녹아버릴 정도이며, 표면에서의 대기압은 지구보다 90배나 더 커서 인체가 도저히 견딜 수 없는 정도이다.[26] 우리는 금성을 방문하는 데에 필요한 우주복이나 우주선을 만들 수 있는 기술도 가지고 있지 않다. 금성 표면에 대한 지식은 장거리 레이더로 얻은 영상과 1972년 금성의 구름 속으로 떨어뜨린 소련의 무인 탐사선이 보내준 놀라운 정보를 바탕으로 한 것이다. 무인 탐사선은 겨우 30분 동안 작동하다가 영원히 작동을 멈춰버렸다.

그것이 바로 빛의 속도로 2분 정도의 거리에 해당하는 만큼 태양에 가까이 있을 때 일어나는 일이다. 화성의 추위에서 알 수 있는 것처럼, 태양으로부터 멀어지는 경우에는 열이 아니라 추위가 문제가 된다. 화성도 역시 한때는 훨씬 좋은 곳이었겠지만, 쓸모 있는 대기를 붙잡고 있을 수가 없었고, 결국은 완전히 얼어붙은 불모지로 바뀌어버렸다.

그러나 태양으로부터 적당한 거리에 떨어져 있다는 것만이 전부일 수는 없다. 만약 그렇다면, 달에도 숲이 있어야 하고, 생명이 살기에 적당해야 하겠지만 분명히 그렇지는 않다. 그래서 다른 조건들이 필요하다.

적당한 행성: 지구 물리학자들에게 지구에 생물이 살게 된 이유를 물어보면, 내부가 뜨겁게 녹아 있는 행성에 살고 있다는 사실을 지적할 사람은 그렇게 많지 않을 것이라고 생각된다. 그러나 우리의 발밑에서 움직이고 있는 마그마가 없었더라면 지금 우리가 이곳에서 살고 있을 수 없다는 것이 확실하다. 다른 것은 제쳐두더라도, 살아 움직이는 지구의 내부에서 쏟아져 나오는 기체 덕분에 대기가 유지되고, 우주선(宇宙線)을 막아주는 자기장도 그곳에서 만들어진다. 그뿐만이 아니라 지구 표면을 끊임없이 바꿔주고, 주름지게 만들어주는 판 구조를 제공하기도 한다. 만약 지구가 완벽하게 편평하다면, 지구의 모든 곳은 4킬로미터 깊이의 물로 덮여버릴 것이다. 그런 외로운 바다에도 생물이 살 수는 있겠지만, 그런 곳에는 야구와 같은 흥미로운 일은 없을 것이다.

뜨겁게 녹아 있는 내부가 도움이 될 뿐만 아니라, 우리는 적당한 비율로 혼합된 적당한 원소들을 가지고 있기도 하다. 문자 그대로 우리는 적당한 것으로 만들어져 있다. 이 문제는 매우 중요한 것이기 때문에 다시 살펴보겠지만, 우선 나머지 두 요인을 살펴보기로 한다. 지나치기 쉬운 것부터 먼저 살펴본다.

짝을 가진 행성: 우리는 달을 우리의 동반자라고 생각하지 않는 경향이 있지만, 사실 달은 우리의 동반자이다. 대부분의 위성은 중심의 행성과 비교해보면 아주 작다. 예를 들면, 화성의 위성인 포보스와 데이모스는 지름이 10킬로미터에 불과하다. 그러나 우리의 달은 지구 지름의 4분의 1 이상이나 되어서, 지구는 태양계에서 유일하게 자신과 비슷한 크기의 위성을 가지고 있는 행성이다(행성 자체가 매우 작은 명왕성은 제외한다). 바로 그런 사실이 우리에게 매우 중요하다.

달이 안정화시켜주는 역할을 하지 못한다면, 지구는 멈춰가는 팽이처럼 비틀거릴 것이고, 그런 움직임이 기후나 날씨에 어떤 영향을 주게 될 것인가는 하늘만이 알 수 있을 것이다. 달이 중력을 이용해서 지구를 안정화시켜주는 덕분에 지구는 오랜 기간에 걸쳐서 생물이 성공적으로 탄생할 수 있도록 적당한 속도와 적당한 기울기를 유지하고 안정적으로 자전을 계속할 수 있었다. 물론 그런 일이 영원히 계속되지는 않을 것이다. 달은 매년 약 3.8센티미터씩 우리의 손아귀에서 벗어나고 있다.[27] 달은 20억 년이 지나면 너무 멀리 떨어져버려서 더 이상 지구를 안정화시켜주지 못할 것이다. 그렇게 되면 우리는 다른 대책을 마련해야 할 것이다. 그때까지만이라도 달을 밤하늘에 떠 있는 보기 좋은 것 이상으로 여겨야 한다.

천문학자들은 오랫동안 달과 지구가 함께 만들어졌거나 아니면 지구가 지나가는 달을 붙잡은 것이라고 생각했다. 그러나 앞에서 살펴본 것처럼 이제 우리는 달이 45억 년 전에 화성 크기의 천체가 지구에 충돌하면서 튕겨져 나간 파편들이 모여서 만들어진 것이라고 알고 있다. 우리에게는 분명히 좋은 일이었지만, 그런 일이 아주 오래 전에 일어났다는 것이 더욱 다행스럽다. 만약 그런 일이 1896년이나 지난 수요일에 일어났더라면, 우리는 그 일을 그렇게 즐겁게 여기지는 못했을 것이다. 이제 마지막이면서 가장 핵심적인 요인을 소개할 순서이다.

적절한 시기: 우주는 놀라울 정도로 변덕스럽고 일이 많은 곳이고, 그 속에서 우리가 존재한다는 사실은 기적과도 같은 일이다. 만약 46억 년이나 되는 길고 상상할 수도 없을 정도로 복잡한 일의 순서가 특별한 시기에 특별한 방법으로 일어나지 않았더라면, 예를 들면 공룡이 바로 그때에 운석에 의해서 멸종되지 않았더라면, 당신은 수염과 꼬리가 달리고 키가 15센티미터에 불과한 존재가 되어서 동굴 속에서 이 글을 읽고 있을 수도 있다.

우리의 존재를 비교할 수 있는 것은 아무것도 없기 때문에 확실하게 알 수는 없지만, 어느 정도 수준의 사고력을 갖춘 사회로 발전하기 위해서는 안정한 기간이 얼마간 지속된 후에 적당한 양의 압력과 도전(특히 빙하기가 유용했다)이 이어지는 일이 오랜 기간에 걸쳐 적절하게 반복되면서도, 진짜 재앙은 없었어야 한다는 것이 분명하다. 앞으로 살펴보겠지만 우리는 바로 그런 위치에 서게 될 정도로 운이 좋았다.

그 정도로 이야기를 마치고, 이제부터 우리를 구성하는 원소들에 대해서 잠깐 살펴보기로 한다.

지구에는 92종의 천연 원소가 있다. 그밖에도 실험실에서 만들어진 원소가 20여 종이 있지만, 그중의 일부는 옆으로 밀쳐두어도 된다. 사실 화학자들은 그런 원소에는 관심이 없다. 천연 원소들 중에서도 놀라울 정도로 잘 모르는 원소도 적지 않다. 예를 들면, 아스타틴은 거의 연구된 적이 없었다. 주기율표에서 마리 퀴리가 발견한 폴로늄 옆에 자리잡고 있다는 것 이외에는 알려진 것이 거의 없다. 과학적으로 무관심해서가 아니라, 희귀하기 때문이다. 아스타틴은 그렇게 많지 않다. 그러나 가장 희귀한 원소는 프랑슘인 모양이다.[28] 지구 전체에 존재하는 프랑슘은 모두 합쳐도 20개가 안 될 정도라고 알려져 있다. 지구에 흔히 존재하는 천연 원소는 모두 합쳐서 30종 정도이고, 그중에서도 생물에게 중요한 것은 10여 종에 불과하다.

이미 알고 있겠지만, 지각의 50퍼센트가 조금 안 될 정도를 차지하고 있는 산소가 가장 흔한 원소이다. 그다음으로 많이 존재하는 원소는 뜻밖일 것이다. 예를 들면, 두 번째로 많이 존재하는 원소가 규소(실리콘)이고, 타이타늄(티탄)이 10위라는 사실을 짐작이라도 하겠는가? 지구에 많이 존재한다고 해서 반드시 우리에게 잘 알려져 있고, 유용한 것은 절대 아니다. 우리에게 낯선 원소들이 훨씬 더 많이 존재하는 경우도 많다. 지구에는 구리보다 세륨이 더 많고, 코발트나 질소보다 네오디뮴과 란타넘이 더 많다. 겨우 50위에 들어가는 주석은 프라세오디뮴, 사마륨, 가돌리늄, 디스프로슘보다 더 찾아보기 어렵다.

자연에 얼마나 많은가는 얼마나 쉽게 검출할 수 있는가와도 상관이 없다. 발밑에 있는 것들의 10퍼센트 정도를 차지하고 있어서 지구에서 열 번째로 흔한 원소인 알루미늄은 19세기에 들어 험프리 데이비에 의해서 처음으로 발견되었고, 그 후로도 알루미늄은 아주 희귀한 원소로 취급되었다. 의회에서는 미국이 크게 발전하고 번영하고 있다는 사실을 과시하기 위해서 워싱턴 기념비의 꼭대기를 알루미늄 박막으로 덮기로 결정할 뻔했고, 같은 시기에 프랑스의 왕족들은 공식 만찬에서 은 그릇 대신에 알루미늄 그릇을 사용하기도 했다.[29] 첨단 소재는 칼에 쓸모가 없더라도 위험하기 마련이었다.

천연 원소의 양은 중요성과도 아무 상관이 없다. 탄소는 겨우 지각의 0.048퍼센트를 구성하는 15위의 원소이지만, 우리는 그런 탄소가 없으면 존재할 수도 없다.[30] 탄소가 다른 원소와 구별되는 것은 부끄러움을 모를 정도로 무차별적인 성질 때문이다. 탄소는 원자세계의 핵심 구성원으로 자신을 포함한 다양한 종류의 원소들과 단단하게 결합해서 정말 튼튼한 분자들을 만들어낸다. 그것이 바로 단백질과 DNA를 만드는 데에 필요한 자연의 비밀이다. 폴 데이비스가 말했듯이, "탄소가 없었더라면 우리가 알고 있는 생명은 존재할 수도 없다. 어쩌면 어떤 형태의 생물도 존재할 수가 없을 것이다."[31] 그럼에도 불구하고, 결정적으로 탄소에 의존하고 있는 인간의 경우에도 탄소를 그렇게 많이 가지고 있지는 않다. 인체를 구성하는 원자 200개 중에서 126개는 수소이고, 51개는 산소이며, 탄소는 겨우 19개에 불과하다.[32]†

생명의 탄생이 아니라 생명의 유지에 꼭 필요한 원소들도 있다. 우리는 헤모글로빈을 만들기 위해서 철이 필요하다. 철이 없으면 우리는 죽는다. 비타민 B_{12}를 만들려면 코발트가 필요하다. 포타슘(칼륨)과 약간의 소듐(나트륨)도 신경에 좋다. 몰리브데넘, 망가니즈, 바나듐도 몸속의 효소를 만드는 데에 꼭 필요하다. 아연이 알코올을 산화시켜주는 것도 다행스러운 일이다.

우리는 그런 원소들을 활용하거나 허용하도록 진화해왔다. 만약 그렇지 못했으면 우리가 지금 존재할 수 없었을 것이다. 그럼에도 불구하고, 우리가 받아들일 수 있는 범위는 매우 좁다. 셀레늄은 우리 모두에게 필수적이지만, 조금만 많이 섭취하면 치명적이다. 생물이 어떤 원소들을 필요로 하거나 허

---

† 나머지 네 개 중에서 세 개는 질소이고, 한 개는 다른 원소들이다.

용하는 정도는 진화의 흔적에 의해서 결정된다.[33] 오늘날 양과 소는 함께 풀을 뜯어 먹지만, 그들이 필요로 하는 광물질의 양은 전혀 다르다. 현대의 소는 구리가 풍부하게 존재하는 유럽과 아프리카 지역에서 진화했기 때문에 상당한 양의 구리를 필요로 한다. 그러나 양은 구리가 결핍된 소아시아에서 진화했다. 우리가 허용할 수 있는 원소의 양이 지각에 존재하는 원소의 양에 직접 비례한다는 사실은 전혀 놀랍지 않은 법칙이다. 우리는 섭취하는 살코기나 섬유소에 축적되어 있는 소량의 희귀 원소들을 당연하게 받아들이도록 진화했고, 어떤 경우에는 그런 원소들이 반드시 필요한 경우도 있다. 그러나 섭취량이 너무 늘어나면 경계를 넘어서게 된다. 어떤 경우에는 아주 조금만 늘어도 그렇게 된다. 대부분의 경우에는 그런 한계가 완벽하게 밝혀져 있지 않다. 예를 들면, 소량의 비소가 우리의 건강에 좋은지 나쁜지는 아무도 모른다. 그렇다고 주장하는 사람도 있지만, 그렇지 않다고 주장하는 사람도 있다. 확실한 사실은 너무 많이 먹으면 죽는다는 것뿐이다.

그런 원소들이 서로 결합하면 그 성질은 더욱 신기해진다. 예를 들면, 산소와 수소는 주변에서 가장 쉽게 타는 원소들이다. 그렇지만 그 둘을 결합시키면 전혀 타지 않는 물이 된다.† 더욱 신기한 결합의 예는 원소들 중에서 가장 불안정한 소듐(나트륨)과 독성이 가장 강한 염소의 경우이다. 순수한 소듐의 작은 덩어리를 보통의 물에 떨어뜨리면 사람을 죽일 정도의 힘으로 폭발한다.[34] 염소는 그보다 더 지독한 독성을 가지고 있다. 표백제처럼 아주 낮은 농도로 사용하면 미생물을 죽이는 데에 유용하지만, 많은 양을 사용하면 치명적이다. 염소는 제1차 세계대전에서 사용했던 여러 가지 독가스 중에서 가장 많이 쓰였다. 더욱이 수영장에서 눈에 통증을 느끼는 사람들의 경우에서 알 수 있듯이 인체는 아주 묽은 경우도 허용하지 않는다. 그럼에도 불구하고, 두 종류의 고약한 원소를 서로 결합시키면 무엇이 얻어질까? 염화소듐

† 산소 자체는 가연성 원소가 아니다. 다른 물질이 타는 것을 도와줄 뿐이다. 정말 다행스러운 일이다. 만약 산소가 가연성이라면 성냥을 켤 때마다 주위에 있는 공기 중의 산소가 불타버릴 것이다. 그러나 수소 기체는 가연성이다. 1937년 5월 6일에 뉴저지 주의 레이크허스트에서 비행선 힌덴부르크 호의 수소 연료가 폭발하여 36명이 사망했던 사고가 그런 사실을 잘 보여주었다.

(나트륨), 즉 식용 소금이 얻어진다.

대체로 우리는 물에 녹는 등의 방법으로 자연스럽게 인체로 흡수되지 않는 원소들은 허용하지 않는 경향이 있다. 음식을 담는 그릇이나 수도관에 납을 사용하는 것이 유행이 되기 전에 우리는 납에 노출된 적이 없었기 때문에 납은 인체에 강한 독성을 나타낸다(납을 나타내는 기호인 Pb는 라틴어의 plumbum에서 유래된 것이고, 현대 영어의 plumbing[수도관]도 같은 말에서 유래되었다는 것은 우연이 아니다). 로마 사람들은 납이 포함된 물질을 포도주의 향료로 사용했고, 로마인들이 전과는 달리 힘을 잃었던 것도 그 때문이었을 수도 있다.[35] 다른 경우에서 살펴보았듯이, (우리가 일상적으로 흡입하는 수은이나 카드뮴을 비롯한 여러 가지 산업 오염물질은 말할 것도 없이) 납에 대한 우리의 적응 범위는 그리 넓지 않다. 우리는 지구상의 자연에 존재하지 않는 원소들은 허용하지 않도록 진화해왔기 때문에 그런 원소들은 플루토늄의 경우처럼 우리에게 매우 강한 독성을 나타낸다. 플루토늄에 대한 우리의 허용 한계는 0이다. 즉 아무리 조금만 섭취하더라도 죽음에 이른다.

아주 간단한 사실을 길게 설명했다. 지구가 기적같이 우리를 받아들이는 것처럼 보이는 가장 중요한 이유는, 우리가 지구가 제공하는 환경에 적응하도록 진화했기 때문이다. 우리가 신기하게 여기는 것은, 그저 지구의 환경이 생명에게 적당하다는 것이 아니라 특별히 "우리"의 생명에게 적당하다는 사실이다. 정말 놀랄 일이 아니다. 적당한 크기의 태양, 지나치게 사랑스러운 달, 사교적인 탄소, 엄청난 양의 마그마를 비롯해서 우리에게 훌륭하게 보이는 많은 것들은 단순히 우리가 그런 것들을 의존해서 태어났기 때문에 멋지게 보이는 것일 수도 있다. 물론 아무도 확실하게 밝힐 수는 없다.

다른 행성에서는 은빛으로 빛나는 수은과 암모니아 구름이 떠다니는 환경에 적응한 생명이 있을 수도 있다. 그런 생물들은 자신들의 행성에서는 서로 충돌하는 판 때문에 지진이 일어나거나, 엄청난 양의 용암 덩어리를 뱉어내지 않는 영원한 정적 속에 존재하게 된 것을 즐거워하고 있을 것이다. 먼 곳에서 지구를 찾아오는 방문객은 우리가 아무것과도 반응하려고 하지 않는 질소와 우리 자신을 보호하기 위해서 도시 곳곳에 소방서를 설치해야만 할 정도로 연소에 집착하는 산소로 이루어진 대기 속에서 살고 있다는 사실에 놀랄 것이 확실하다. 만에 하나, 우리를 찾아오는 방문객이 산소를 호흡하고, 쇼핑센터 액션 영화를 좋아하는 이족(二足) 보행 동물이라고 하더라도, 그들이 우리 지구를 이상향이라고 생각하게 될 가능성은 거의 없다. 우리 음식에는 그들에게 독성을 나타낼 수도 있는 망가니즈, 셀레늄, 아연을 비롯한 여러 가지 원소들이 들어 있기 때문에 그들에게 점심을 대접할 수도 없을 것이다. 그들에게는 지구가 절대 유쾌한 곳이 아닐 것이다.

물리학자 리처드 파인만은 소위 그런 후시적 결론을 비웃었다. "여보게, 오늘 밤 나에게 있었던 가장 놀라웠던 일은 ARW 357이라는 번호판을 가진 차를 보았다는 것이라네. 자네는 상상이라도 할 수 있겠나? 현재 운행 중인 수백만 개의 번호판 중에서 오늘 밤에 보았던 바로 그 번호판을 보게 될 확률이 얼마나 되겠나? 놀랍지 않은가!"[36] 물론 그가 지적하는 것은 평범한 것이라도 그것을 운명이라고 생각하면 아주 특별하게 보일 수 있다는 사실이다.

그러니까 지구에서 생명이 나타나게 된 사건과 조건들이 우리가 생각했던 것만큼 특별한 것이 아닐 수도 있다. 그럼에도 불구하고 그런 사건과 조건들은 여전히 특별한 것이었다. 한 가지 확실한 사실은, 우리가 다른 이유를 찾게 될 때까지는 그렇게 생각할 수밖에 없다는 것이다.

제17장

대류권 속으로

대기는 무척 고마운 존재이다. 대기는 우리를 따뜻하게 해준다. 대기가 없었다면, 지구의 평균 온도는 섭씨 영하 50도로 생물이 존재할 수 없는 얼음 덩어리였을 것이다.[1] 더욱이 대기는 쏟아져 들어오는 우주선, 전하를 가진 입자들, 그리고 자외선과 같은 것들을 흡수하거나 비껴가게 만들기도 한다. 기체로 채워진 대기는 모두 합쳐서 두께가 4.5미터나 되는 콘크리트 보호막과도 같은 역할을 한다. 만약 대기가 없으면 눈에 보이지도 않는 우주의 방문객들이 작은 단검들처럼 우리 몸을 난도질해버릴 것이다. 대기에 의한 감속 효과가 없다면, 빗방울마저도 우리를 기절시킬 것이다.

우리의 대기에 대해서 가장 놀라운 사실은 그것이 그리 많지 않다는 것이다. 대기는 위쪽으로 200킬로미터까지 올라간다. 지표에서 보면 상당한 높이처럼 보이겠지만, 지구를 책상 위에 놓는 지구 모형 정도로 축소한다면, 대기는 그 표면에 칠해진 니스칠 정도에 불과하다.

과학적인 이유 때문에, 대기는 불균등하게 대류권, 성층권, 중간권 그리고 열권이라고도 부르는 전리권의 네 부분으로 나누어진다. 대류권은 우리에게 가장 소중한 부분이다. 그 자체만으로도 우리가 살아가기에 충분한 양의 온기와 산소를 가지고 있다. 물론 조금만 위로 올라가면 생물에게는 불편한 환경이 된다. 지면에서 꼭대기까지 대류권의 두께는 적도에서는 16킬로미터 정도이고, 대부분의 사람들이 살고 있는 온대 지방에서는 10-11킬로미터 정도에 불과하다. 대기 질량의 80퍼센트와 거의 모든 수분, 그리고 거의 모든 기후 변화가 이렇게 얇고 희박한 층에 포함되어 있다. 우리와 하늘 사이에는 정말 별것이 없다.

대류권 바깥에는 성층권이 있다. 태풍 구름의 꼭대기가 옛날에 쓰던 모루처럼 편평하게 퍼지는 곳이 바로 대류권과 성층권의 경계이다. 눈에 보이지 않는 이 천장이 바로 1902년 기구를 타던 프랑스의 레온-필리프 테스랑 드 보르에 의해서 발견된 대류권 계면(對流圈界面, tropopause)이다.[2] 여기에서 "pause"는 잠깐 멈춘다는 뜻이 아니라 완전히 끝난다는 뜻으로, 폐경기(menopause)에서도 사용하는 그리스 어원에서 비롯되었다.[3] 가장 높은 곳에 있는 대류권 계면도 사실은 그렇게 높지 않다. 현대 고층 건물에서 사용하는 엘리베이터를 이용한다면 20분 정도에 도달할 수 있는 거리이다. 물론 그런 여행은 바람직하지 않다. 가압 장치를 사용하지 않고 그렇게 빨리 올라가면 뇌와 폐에 위험할 정도로 많은 양의 체액이 모이는 부종이 생길 가능성이 크다.[4] 더욱이 전망대의 문이 열리면, 그 속에 있는 사람은 이미 죽었거나 죽어가고 있을 것이다. 아무리 조심스럽게 올라가더라도 상당한 불편을 감수해야만 한다. 10킬로미터 높이에서의 기온은 섭씨 영하 60도이고, 산소 공급 장치도 꼭 필요하다.[5]

대류권을 벗어나면 기온은 다시 섭씨 5도 정도까지 올라간다. 1902년에 기구를 타고 용감하게 올라가본 드 보르가 발견한 오존의 흡열 효과 때문이다. 중간권에 이르면 온도는 다시 영하 90도로 떨어지고, 이름이 제대로 붙여지기는 했지만 아주 변덕이 심한 열권에서는 섭씨 1,500도까지 올라간다. 그런 고도에 이르면 "온도"의 의미가 애매해지기는 하지만, 밤과 낮의 기온은 섭씨 550도 이상 차이가 난다. 온도는 실제로 분자의 활동 정도를 나타내는 것이다. 해수면에서는 공기 분자들이 너무 많아서 분자들은 다른 분자와 충돌하기까지 100만 분의 1센티미터 정도밖에 움직이지 못한다.[6] 수억 개의 분자들이 끊임없이 서로 충돌하는 과정에서 서로 열을 교환하게 된다. 그러나 80킬로미터 정도의 높이에 있는 열권에서는 공기가 너무 희박하기 때문에 분자들 사이의 간격이 몇 킬로미터씩이나 되고, 거의 서로 충돌하지 못한다.

그렇기 때문에 각각의 분자들은 매우 뜨겁다고 하더라도 서로 충돌하지 못해서 서로 열을 교환할 수가 없다. 만약 열 교환이 효율적으로 일어난다면, 그런 고도에서 돌고 있는 인공물체들은 곧바로 녹아버릴 것이기 때문에 분자들이 서로 충돌하지 않는 것은 인공위성이나 우주선에게는 좋은 소식이다.

그렇다고 해도, 외계로 나가는 우주선에는 특별한 보호장치가 필요하다. 특히 2003년 2월 우주 왕복선 컬럼비아 호의 비극적인 사고에서 보았던 것처럼 지구로 귀환하는 경우에는 더욱 그렇다. 대기가 희박하기는 하지만, 우주선이 대략 6도 이상의 가파른 각도로 진입하거나, 너무 빠른 속도로 진입하게 되면 공기 분자와의 충돌 횟수가 늘어나면서 우주선을 녹여버릴 정도의 열이 발생하게 된다. 반대로, 진입하는 우주선이 열권을 너무 작은 각도로 스치게 되면, 우주선은 물 위에서 튕겨지는 조약돌처럼 우주로 튕겨져 나가게 된다.[7)]

그러나 우리가 절망적으로 땅에 붙어서 살아야 하는 존재인가를 인식하기 위해서라면, 대기의 끝까지 나갈 필요도 없다. 고도가 높은 지역에서 지내본 사람들은 누구나 바다로부터 수천 미터를 올라가기 전에 이미 몸에 이상이 생긴다는 사실을 잘 알고 있다. 적당한 복장을 입고 산소 탱크를 지고 충분한 훈련을 받은 경험 많은 등반가들조차 너무 높은 곳에 올라가면 의식장애, 어지러움, 피로, 동상, 탈수증, 편두통, 식욕 저하를 비롯한 수많은 기능장애를 겪게 된다. 인간의 몸은 해수면에서 너무 높은 곳에서는 제대로 작동하지 못하도록 만들어져 있다는 사실을 수백 가지의 명백한 방법으로 주인에게 알려준다.

등반가 페터 하벨러에 따르면, 에베레스트 정상에서는 "아무리 좋은 조건에서라도 한 걸음을 옮기려면 어마어마한 의지력이 필요하다. 잡을 곳을 향해서 손을 뻗는 움직임마저도 억지로 해야만 한다. 나른하고 죽을 것 같은 피로가 끊임없이 목숨을 위협한다." 영국의 등반가이며 영화 제작자였던 매트 디킨슨은 「에베레스트의 이면」에서 1924년 영국의 에베레스트 등반 팀을 이끌던 하워드 서머벨이 "감염된 고기 조각 때문에 기도가 막혀서 죽을 뻔했던 경험"을 소개했다.[8] 서머벨은 엄청난 노력으로 기침을 해서 그 고기 조각을 뱉어낼 수 있었다. 그러나 "그의 후두 점막 전부"가 떨어져 나와버렸다.

등반가들에게 죽음의 영역이라고 알려진 7,500미터 이상에서는 신체장애가 심각해진다. 그러나 많은 사람들은 4,500미터 부근에서도 심하게 약해지고, 위험스러울 정도의 고통을 느낀다. 높은 지역에서의 적응력은 신체의 건장함과는 거의 아무런 관련이 없다. 높은 곳에서 할머니들은 아무렇지도 않은데도 그들보다 더 건장한 손자들은 낮은 곳으로 내려올 때까지 힘이 빠지고 숨을 헐떡이는 경우도 많다.

사람이 계속해서 살 수 있는 고도의 한계는 대략 5,500미터인 것 같지만, 높은 곳에서 살았던 사람들조차도 그런 높이에서는 오랫동안 견디지 못한다.[9] 프랜시스 애슈크로프트는 「극한에서 사는 생물」에서 안데스 지역에는 해발 5,800미터에 황 광산이 있지만, 광부들은 그곳에서 살지는 않고, 매일 저녁 460미터를 내려왔다가 다음날 아침 다시 올라가는 것을 더 좋아한다고 했다. 높은 곳에서 사는 사람들은 수천 년을 그런 곳에서 지내면서 가슴과 폐가 비정상적으로 커지고, 산소를 운반하는 적혈구의 수가 3분의 1 가까이 늘어나도록 진화해왔다. 물론 혈관계가 견뎌낼 수 있는 적혈구의 수에는 한계가 있다. 더욱이 5,500미터의 높이에서는 아무리 잘 적응한 여성이라고 하더라도 임신한 아이가 완전히 자랄 수 있을 정도의 산소를 흡입할 수가 없다.[10]

1780년대에 유럽에서 실험용 기구를 타고 높은 곳으로 올라가보았던 사람들은 온도가 급격하게 떨어진다는 사실에 놀랐다. 300미터를 올라갈 때마다 온도가 섭씨 1.5도 정도씩 떨어진다. 논리적으로는 열원에 더 가까이 갈수록 더 뜨겁게 느껴져야 하겠지만, 높은 곳으로 올라간다고 해서 실제로 태양에 더 가까워지는 것은 아니다. 태양까지의 거리는 1억5,000만 킬로미터나 되기 때문이다. 그렇게 멀리 떨어진 태양을 향해서 300미터 정도 다가가는 것은 오하이오 주에 있는 사람이 오스트레일리아에서 일어난 산불을 향해 한 걸음 다가서서 연기 냄새를 맡으려고 하는 것과 크게 다르지 않다. 대답은 다시 대기를 구성하는 분자의 밀도의 문제로 되돌아간다. 태양은 분자들에게 에너지를 준다. 그 결과 분자들은 더 바쁘게 움직이며 다니게 되고, 그런 상태에서 서로 충돌하면서 열을 교환한다. 여름날 햇볕 때문에 등이 뜨겁게 느껴지는 것은 사실 피부에 충돌하는 분자 때문이다. 그런데 높은 곳으로 올라가면 분자들이 적어지고, 따라서 충돌도 줄어든다.

공기는 속기 쉬운 물질이다. 우리는 해수면에서도 공기가 아주 가벼워서 질량이 없는 것이라고 생각하기 쉽다. 그러나 사실 공기는 상당한 질량을 가지고 있고, 그 무게가 스스로에게 영향을 미치기도 한다. 한 세기도 더 전에 와이빌 톰슨이라는 해양과학자의 말에 의하면, "아침에 일어나서 기압계가 2.5센티미터 올라가 있는 것을 발견하면, 그것은 밤사이에 거의 0.5톤의 무게가 우리를 짓누르고 있었다는 뜻이다. 그러나 우리는 아무런 불편도 느끼지 못할 뿐만 아니라, 오히려 부력 때문에 우리 몸을 더 쉽게 움직일 수 있어서 더 상쾌하게 느끼게 된다."[11] 0.5톤의 무게가 짓누르는 것을 느끼지 못하는 이유는 바다 밑에서 몸이 압착되지 않는 것과 같은 이유 때문이다. 압축이 불가능한 액체로 되어 있는 우리 몸이 같은 세기로 밀어내기 때문에 내부와 외부의 압력이 같아진다.

그러나 태풍이나, 심지어 조금 강한 바람이 불 때처럼 공기가 움직이기 시작하면, 공기가 상당한 질량을 가지고 있다는 사실을 곧바로 알아차릴 수 있다. 모두 합쳐서 우리 주위에는 52억 톤의 100만 배의 공기가 있다. 지구상에서 1제곱킬로미터당 1,000만 톤에 해당하는 양으로 결코 적은 양이 아니다. 수백만 톤의 공기가 시속 50-60킬로미터의 속도로 지나가면 굵은 나뭇가지가 부러지고, 지붕의 기와가 날아가는 것은 조금도 놀랄 일이 아니다. 앤서니 스미스가 지적했던 것처럼, 일기예보에서 볼 수 있는 전선은 7억 5,000만 톤의 차가운 공기 덩어리가 10억 톤의 따뜻한 공기 덩어리 밑에 짓눌려서 만들어진다.[12] 기상학적으로 흥미로운 일이 일어나는 것은 놀랄 일이 아니다.

우리의 머리 위의 세계에서는 에너지가 부족한 경우가 생기지 않는다. 추산에 의하면, 뇌우(雷雨)는 미국 전체가 4일 동안 쓸 수 있는 전기에 해당하는 에너지를 가지고 있다.[13] 적당한 조건이 되면, 뇌운(雷雲)은 10-16킬로미터까지 올라가고, 시속 160킬로미터에 해당하는 상승 및 하강 기류를 만들어낸다. 그런 기류들이 서로 붙어 있는 경우가 많기 때문에 비행기 조종사들은 뇌우 속을 비행하고 싶어하지 않는다. 구름 속에서 마구 움직이는 입자들은 전하를 가지게 된다. 확실한 이유를 알 수는 없지만, 가벼운 입자는 양전하를 가지게 되고, 기류를 따라 구름의 위쪽으로 올라가게 된다. 아래쪽에 남는 무거운 입자들은 음전하를 가지게 된다. 음전하를 가진 입자들은 엄청난 힘으로 양전하를 가진 땅을 향해 날아가면서 그 사이에 있는 모든 것을 파괴해버린다. 시속 43만 킬로미터로 움직이는 번개는 그 주변의 공기들을 놀랍게도 태양의 표면 온도보다도 몇 배나 더 뜨거운 섭씨 3만 도 정도로 가열할 수 있다. 지구에서는 어느 순간이나 1,800번 정도의 번개가 발생해서, 하루에 약 4만 번 정도의 번개가 친다.[14] 밤낮을 가리지 않고, 지구에서는 매초 100번 정도의 벼락이 떨어진다. 하늘은 활발하게 움직이는 곳이다.

하늘에서 일어나는 일에 대한 지식은 놀라울 정도로 최근에 얻어진 것이다.[15] 대략 9,000-1만 미터 상공에 있는 제트 기류는 시속 300킬로미터까지 움직이면서 대륙 전체의 날씨에 영향을 준다. 그러나 제2차 세계대전 중에 비행사들이 그곳까지 올라가기 전에는 그런 것이 있다는 사실조차도 모르고 있었다. 오늘날에도 대기에서 일어나는 현상들은 겨우 이해하고 있는 실정이다. 흔히 청천난류(晴天亂流)라고 부르는 파동운동은 비행기 승객들을 긴장시키기도 한다. 매년 20회 정도는 보고를 해야 할 정도로 심각한 경우가 생긴다. 그런 난류는 시각(視覺)이나 레이더로 미리 알아볼 수 있는 구름이나 다른 어떤 것과도 상관없이 일어난다. 아주 조용한 하늘에서 놀랄 정도로 심한 난류가 생기는 것이다. 싱가포르에서 시드니로 향하던 비행기가 오스트레일리아 중부를 조용히 지나다가 그런 난류를 만나서 갑자기 100미터 정도 급강하했다. 안전 벨트를 하고 있지 않으면 머리를 천장에 부딪히기에 충분한 사고였다. 12명이 부상을 입었고, 그중의 1명은 중상이었다. 왜 그렇게 파괴적인 공기 흐름이 만들어지는가는 아무도 모른다.

대기에서 공기가 움직이며 다니는 과정은 지구의 내부 엔진을 움직이는 것과 동일한 대류현상이다. 적도 지방에서 만들어진, 습기가 많고 따뜻한 공기는 대류권 계면까지 올라가서 옆으로 퍼지게 된다. 그러다가 적도 지방에서 멀어지면 식는다. 그런 공기 덩어리가 바닥에 닿으면, 퍼져서 들어갈 수 있는 저기압 지역으로 이동한 후에 다시 적도로 움직여가서 순환 과정이 완성된다.

적도 지방에서는 대류 과정이 비교적 안정하기 때문에 대개 맑은 날씨가 유지된다. 그러나 온대 지방에서는 그 양상이 훨씬 더 복잡해서, 계절과 지역에 따라서 다르고, 공통적인 특징도 없기 때문에 고기압과 저기압 사이에 끊임없는 경쟁이 나타나게 된다. 상승하는 공기에 의해서 만들어지는 저기압은 물 분자들을 하늘로 끌고 올라가서 구름을 만들고 결국은 비가 내리게 해준다. 따뜻한 공기는 차가운 공기보다 더 많은 양의 수증기를 포함할 수 있다. 그래서 열대 지방이나 여름에 더 많은 비가 내린다. 결국 저기압 지역은 구름과 비가 많고, 고기압 지역은 햇볕이 쪼이고 맑은 날씨가 된다. 저기압과 고기압이 만나면 구름이 만들어지는 경우가 많다. 예를 들면, 아무런 특징도 없이 하늘을 두껍게 뒤덮는 층운(層雲)은 습기를 머금은 상승기류가 그 위에 있는 안정한 층을 뚫고 올라갈 힘이 없어서 천장에 닿은 담배 연기처럼 옆으로 퍼지면서 만들어진다. 실제로, 바람이 불지 않는 방에서 담배 연기가 어떻게 피어오르는가를 관찰하면, 대기에서 일어나는 많은 현상을 이해할 수 있게 된다. 처음에는 연기가 곧바로 위로 올라간다. 그런 움직임을 층상(層狀) 흐름이라고 부른다. 그런 후에는 연기가 옆으로 퍼지면서 굴곡이 있는 층을 만든다. 세계에서 가장 강력한 슈퍼컴퓨터와 정확하게 통제된 환경에서 얻은 측정값을 사용하더라도 그 물결무늬의 형태를 정확하게 알아낼 수는 없다. 그러니까 회전하면서 바람이 불고 있는 엄청나게 큰 세상에서 그런 움직임을 예측하려는 기상학자의 일이 얼마나 어려운 것인가를 짐작할 수 있을 것이다.

우리가 알고 있는 것은 태양에서 오는 열이 균일하게 분배되지 않기 때문에 지구상에서 대기압의 차이가 생기게 된다는 사실뿐이다. 공기는 그런 불균형의 상태로 남아 있을 수가 없기 때문에 이곳저곳으로 돌아다니면서 다시 평형을 이루려고 한다. 바람은 단순히 공기가 균형을 회복하려는 노력일 뿐이다. 공기는 언제나 고기압 지역에서 저기압 지역으로 움직인다(풍선이나 공기 탱크 속에 들어 있는 고압의 공기가 다른 곳으로 빠져나가려고 얼마나 애쓰는가를 생각해보면 쉽게 이해가 될 것이다). 그리고 고기압과 저기압의 압력 차이가 클수록 바람이 더 세게 불게 된다.

한편, 한곳에 축적되는 것들이 대부분 그렇듯이 풍속도 지수 함수적으로 증가한다. 그래서 시속 300킬로미터로 부는 바람은 시속 30킬로미터로 부는 바람보다 단순히 10배 더 강한 것이 아니라 100배나 더 강하게 느껴지고, 피해도 그만큼 더 커진다.[16] 수백만 톤의 공기에 의해서 나타나는 그런 가속 효과는 엄청난 에너지를 가지게 된다. 적도 지방의 태풍은 24시간 동안에 영국이나 프랑스와 같은 중간 크기의 부유한 국가가 1년 동안에 쓸 수 있는 에너지를 방출한다.[17]

대기가 평형을 되찾으려는 경향이 있다는 사실을 처음 알아낸 사람은 다른 곳에서도 이름이 등장하는 에드먼드 핼리였다.[18] 그런 주장은 18세기에 그의 동료인 브리턴 조지 해들리에 의해서 더욱 발전되었다. 그는 상승하고 하강하는 공기가 "세포(cell)"를 형성한다는 사실을 밝혔고, 훗날 그것은 "해들리 세포"로 알려지게 되었다. 변호사였으면서도 영국 사람답게 날씨에 깊은 관심을 가졌던 해들리는 세포들 사이의 관계, 지구의 자전 그리고 공기의 편향 때문에 무역풍이 생긴다고 주장했다. 그러나 그런 상호작용의 구체적인 내용을 정확하게 밝혀낸 사람은 1835년 파리의 에콜 폴리테크닉의 공학 교수인 귀스타브-가스파르 드 코리올리였기 때문에 우리는 그것을 코리올리 효과라고 부른다(코리올리의 또다른 업적은 지금도 코리오스라고 알려진 물 냉각기를 개발한 것이다.[19]) 지구의 회전 속도는 적도 지방에서는 시속 1,666킬로미터 정도로 매우 빠르고, 극지방으로 가면 점차 느려진다. 예를 들면 런던이나 파리에서는 시속 960킬로미터 정도가 된다. 그러니까 조금만 생각해보면 그런 효과가 나타나는 이유는 분명해진다. 적도에서는 똑같은 자리로 되돌아오려면 자전하는 지구가 약 4만 킬로미터라는 먼 거리를 회전해야만 한다. 그러나 북극에 있는 경우에는 한 바퀴를 자전하더라도 몇 미터만 움직이면 된다. 물론 두 경우 모두 다시 제자리로 돌아오기까지는 24시간이 걸린다. 따라서 적도에 가까이 갈수록 자전 속도가 빨라진다.

공중에서 지구의 자전에 대해서 수평으로 움직이는 물체가 충분히 멀리 날아가게 되면, 지구가 자전하기 때문에 북반구에서는 오른쪽으로 휘어지고, 남반구에서는 왼쪽으로 휘어지는 것처럼 보이는 것이 바로 코리올리 효과이다. 일반적으로 이런 효과를 이해하려면 대형 회전목마의 중심에 서서 바깥쪽에 서 있는 사람에게 공을 던져주는 경우를 생각해보면 된다. 공이 바깥쪽에 도달할 때가 되면 이미 목표였던 사람이 움직여갔기 때문에 공은 옆으로 지나가게 된다. 공을 받으려고 했던 사람의 입장에서는 마치 공이 휘어져서 지나간 것처럼 보인다. 그것이 바로 코리올리 효과이다. 고기압이나 저기압이 비틀어지고, 태풍이 팽이처럼 회전하는 것도 바로 그런 효과 때문이다.[20] 함포 사격을 할 때 왼쪽이나 오른쪽을 겨냥해야 하는 것도 코리올리 효과 때문이다. 함포에서 발사된 포탄은 24킬로미터마다 약 90미터 정도씩 휘어져서 바다로 떨어진다.

날씨가 거의 모든 사람에게 생활이나 정신적으로 영향을 미친다는 점을 생각하면, 기상학이 19세기 말이 되어서야 과학으로 인식되기 시작했다는 사실은 놀랍기도 하다(기상학[meteorology]이라는 말은 1626년 T. 그랑저의 논리학 책에서 처음 사용되었다).

기상학이 성공하려면 온도를 정확하게 측정해야 하는데, 온도계를 만드는 일이 생각처럼 쉽지 않았던 것이 문제였다. 정확한 온도계를 만들려면 유리관에 일정한 크기의 구멍을 뚫어야 하지만, 그것이 쉽지 않았다. 문제를 처음으로 해결한 사람이 바로 1717년에 정확한 온도계를 만들었던 네덜란드의 기기 제작자 다니엘 가브리엘 파렌하이트였다. 그런데 그는 알 수 없는 이유로 물의 어는점을 32도, 끓는점을 212도로 표시한 온도계를 만들었다. 처음부터 사람들은 이상한 숫자에 대해서 부담을 느끼기 시작했고, 그래서 스웨덴의 천문학자 안데르스 셀시우스는 1742년에 다른 온도 표시 방법을 제안했다. 발명가들이 언제나 일을 제대로 하는 것은 아니어서, 셀시우스는 물의 끓는점을 0도로 하고, 어는점을 100도로 제안했다.[21] 물론 얼마 후에 그 값들은 서로 바뀌게 되었다.

흔히 현대 기상학의 아버지로 인정되는 사람은 19세기 초에 이름이 알려지기 시작한 루크 하워드라는 영국의 약사였다. 오늘날 하워드는 1803년에 구름의 모양에 따라서 이름을 붙인 사람으로 기억되고 있다.[22] 린네 학회의 활동적이고 존경받는 회원이었던 그는 구름을 분류하는 데에도 린네의 원칙을 활용했다. 그러나 하워드는 잘 알려지지 않은 철학 연습회에서 자신의 분류체계를 발표했다(이미 앞에서 소개했던 것처럼 즐기기 위해서 산화이질소를 들이마시던 철학 연습회의 회원들이 하워드의 중요한 발표를 맑은 정신으로 들었기를 바랄 뿐이다. 그러나 이 부분에 대해서는 하워드 학파들이 이상할 정도로 조용하다).

하워드는 구름을 층 모양의 층운(層雲, stratus), 굴뚝 모양의 적운(積雲, cumulus, "쌓아올린"이라는 뜻의 라틴어), 그리고 추위가 다가오기 전에 나타나는 높고 얇은 깃털 모양을 가진 권운(卷雲, cirrus, "소용돌이"라는 뜻)의 세 종류로 분류했다. 그는 나중에 비구름을 뜻하는 난운(亂雲, nimbus, "구름"을 뜻하는 라틴어)을 추가했다. 하워드 분류체계의 장점은 층적운, 권층운, 적란운처럼 기본 이름들을 마음대로 결합시켜서 어떠한 모양과 크기를 가진 구름도 설명할 수 있다는 것이다. 그의 분류체계는 널리 알려지게 되었다. 영국에서만이 아니었다. 독일의 시인 요한 폰 괴테는 그의 분류체계에 매혹되어서 하워드를 위해서 네 편의 헌시를 쓰기도 했다.

세월이 흐르면서 하워드의 분류체계는 계속 보완되었다.[23] 그 정도가 너무 심해져서, 거의 보는 사람이 없는 「국제 구름 도해(圖解)」라는 백과사전은 두 권이나 되지만, 흥미롭게도 하워드 이후에 추가된 계란운, 갓운, 성운, 뇌운, 모운, 와운과 같은 구름의 이름들은 기상학자가 아니면 사용하는 경우가 거의 없다. 기상학자들이 그렇게 많은 것도 아니다. 한편, 1896년에 발간된 그 도해의 훨씬 더 얇은 초판에서는 구름을 열 가지로 분류했다. 그중에서 가장 포동포동하고 푹신하게 보이는 것이 아홉 번째로 소개된 적란운†이었다. 아마도 "구름을 탄 것같이 기분이 좋은"이라는 뜻으로 사용하는 "to be on cloud nine"이라는 표현은 거기에서 유래된 것으로 보인다.[24)]

모루의 머리 모양을 하기도 하는 무겁고 광포하게 보이는 먹구름의 대부분은 실제로는 온화하고 놀라울 정도로 특징이 없다. 여름철에 생기는 몇 백 미터 정도의 폭을 가진 포동포동한 적운에는 "욕조를 채울 수 있을 정도"라는 제임스 트레필의 표현처럼 90-100리터의 물이 포함되어 있을 뿐이다.[25)] 구름이 얼마나 텅 비어 있는 것인가를 알아보려면 안개 속을 걸어보면 된다. 안개는 높이 날아가지 못했을 뿐이지 구름과 다를 것이 없다. 다시 트레필의 표현을 빌리면, "보통 안개 속을 90미터 정도 걸으면, 마시기에도 충분하지 않은 대략 3세제곱센티미터의 물을 만나게 된다." 구름은 그렇게 많은 양의 물을 저장하고 있지는 않다. 일반적으로 지구상의 민물 중에서 대략 0.035퍼센트가 하늘 위에 떠 있을 뿐이다.[26)]

어느 곳에 떨어지는가에 따라서 물 분자의 운명은 크게 달라진다.[27)] 비옥한 땅에 떨어진 물은 식물에 의해서 흡수되거나, 몇 시간이나 며칠 이내에 다시 증발된다. 그러나 지하수로 흘러들어가게 되면 몇 년, 아주 깊은 곳이라면 수천 년 동안은 다시 햇빛을 보지 못하게 된다. 호수는 평균적으로 대략 10여 년 동안 그곳에 고여 있는 물 분자들의 집합이다. 바다에 있는 물 분자들은 100여 년 동안 그곳에 머무르게 된다. 전체적으로 빗물에 들어 있는 물 분자들 중에서 약 60퍼센트는 하루나 이틀 사이에 다시 대기 중으로 돌아간다. 일단 증발하고 나서, 물 분자들이 하늘에 머물다가 다시 빗물로 떨어지

† 경계가 흐릿한 다른 구름들과는 달리 적운의 경우에는 습기가 많은 구름 내부와 건조한 외부 사이에 명백한 경계가 있어서 아름다울 정도로 분명하게 느껴지기도 한다. 구름의 경계에 있는 물 분자들은 바깥에 있는 건조한 공기에 의해서 낚아채이기 때문에 적운의 경계면은 언제나 깨끗하게 보인다. 더 높은 고도에 있는 권운은 얼음 조각으로 되어 있지만, 구름의 끝과 바깥의 공기 사이의 경계면이 분명하게 구별되지는 않기 때문에 흐릿하게 보이는 경향이 있다.

게 되는 기간은, 지질학자 스테판 드루리는 12일이라고 주장하지만, 대략 일주일 정도이다.

여름날 물웅덩이가 말라버리는 것으로부터 알 수 있는 것처럼 증발은 아주 빠른 현상이다. 지중해 정도의 큰 바다라고 하더라도 물을 계속 공급해주지 않으면 대략 1,000년 정도가 지나면 말라버린다.[28] 실제로 그런 일이 대략 600만 년 전에 일어나서, 소위 메시아 염분 사태가 벌어졌다.[29] 대륙의 움직임에 의해서 지브롤터 해협이 막혀버렸다. 지중해가 마르게 되면서 증발된 수분이 다른 바다에 민물로 떨어지면서 그곳의 염도가 조금 낮아지게 되었다. 사실은 아주 조금 묽어져서 겨울에 얼어붙은 바다의 면적이 보통 때보다 조금 더 넓어졌다. 더 넓은 면적을 덮은 얼음이 햇빛을 반사하게 되면서 지구는 빙하기로 접어들게 되었다. 적어도 이론적으로는 그랬다.

우리가 알 수 있는 한 확실한 것은, 지구의 역학적인 관계에 약간의 변화만 생겨도 상상을 넘어서는 결과가 나타날 수 있다는 것이다. 앞으로 살펴보겠지만, 그런 사건이 우리를 탄생하도록 해주었을 수도 있다.

바다는 지구 표면에서 일어나는 일에 필요한 에너지를 공급하는 발전소이다. 실제로 기상학자들 사이에서는 바다와 대기를 하나로 보려는 경향이 점점 더 강해지고 있다. 그래서 여기에서 바다를 살펴볼 필요가 있다. 물은 열을 저장하고 옮겨주는 역할을 아주 잘 한다. 걸프 해류는 매일같이 전 세계에서 10년 동안 생산되는 석탄에 해당하는 양의 열을 유럽으로 운반해준다.[30] 영국과 아일랜드의 겨울이 캐나다나 러시아보다 따뜻한 것도 그 덕분이다.

그러나 물은 천천히 뜨거워지기 때문에 아무리 더운 날에도 호수와 수영장의 물은 차갑다. 공식적으로 천문학적 계절이 시작되는 시기보다 실제로 느껴지는 계절의 시작이 조금 늦은 것도 그 때문이다.[31] 북반구에서는 3월에 공식적으로 봄이 시작되지만, 대부분의 지역에서는 아무리 빨라도 4월은 되어야 봄처럼 느낄 수가 있다.

바다는 하나의 균일한 물의 덩어리가 아니다. 온도, 염도, 깊이, 밀도 등의 차이가 바다를 통해서 운반되는 열의 양에 지대한 영향을 미치고, 결국은 기후에도 영향을 주게 된다. 예를 들면, 대서양은 태평양보다 염도가 더 높다. 다행스러운 일이다. 염도가 높을수록 밀도가 더 크고, 밀도가 큰 물은 아래로 가라앉는다. 만약 대서양의 염도가 지금보다 낮았더라면, 대서양의 해류가 극지방까지 올라가서 북극은 더 따뜻해졌겠지만, 유럽의 따뜻한 겨울은 사라졌을 것이다. 지구에서의 열 순환에서 가장 중요한 역할을 하는 것이 바로 아주 깊은 곳의 느린 해류에 의해서 시작되는 열염 순환(熱鹽循環)[†]이다. 1797년에 그런 순환 과정을 처음 밝혀낸 사람은 과학자이며 모험가였던 럼퍼드 백작이었다. 표면의 물이 유럽에 가까이 도착하게 되면 밀도가 커져서 아주 깊은 곳으로 가라앉으면서 남반구를 향해 아주 느리게 움직이기 시작한다. 그런 해류가 남극에 도달하면, 남극 순환 해류에 의해서 태평양으로 떠오르게 된다. 해류의 움직임은 매우 느리기 때문에, 북대서양의 물이 태평양 가운데까지 가려면 대략 1,500년이 걸린다. 그러나 그런 해류에 의해서 옮겨지는 열과 물의 양은 상당하기 때문에 기후에 미치는 영향도 대단하다.

(한 방울의 물이 바다의 한곳에서 다른 곳으로 옮겨가는 데에 걸리는 시간을 측정하려면, 물에 녹아 있는 클로로플루오로탄소[CFC]와 같은 화합물의 양으로부터 그 물질이 물에 녹아 들어간 후의 시간을 추정해야 한다.[32)] 여러 지역과 수심에서 측정한 결과들을 비교해보면 물의 움직임을 비교적 정확하게 알아낼 수 있다.)

열염 순환은 열을 옮겨줄 뿐만 아니라 해류가 오르내리게 만들어서 영양분을 휘저어주기도 한다. 그 덕분에 어류를 비롯한 해양생물들이 아주 넓은 지역의 바다에서 살 수 있게 된다. 그러나 불행하게도 그런 순환은 변화에 매우 민감한 것으로 밝혀지고 있다. 컴퓨터 모의실험에 의하면, 그린란드의

---

† 이 말은 여러 의미로 사용되고 있는 것 같다. MIT의 칼 분시가 2002년 11월에 「사이언스」에 발표했던 "열염 순환이란 무엇인가?"라는 논문에 따르면 주요 학술지에서 그 말이 심해 순환, 밀도나 부력의 차에 의한 순환, "남북 역전 순환" 등을 비롯한 적어도 일곱 가지 현상을 나타낸다고 한다. 모두가 바다에서의 순환과 열전달과 관련된 것이지만, 여기에서는 넓은 의미의 애매한 뜻으로 사용하기로 한다.

빙하가 녹아서 바다의 염분 농도가 조금만 낮아져도 순환 과정이 비극적으로 중단될 수 있다.

바다가 우리에게 주는 혜택은 또 있다. 바다는 엄청난 양의 탄소를 빨아들여서 안전하게 묶어놓는 역할을 한다. 우리 태양계의 이상한 점 중의 하나가 바로 오늘날의 태양이 태양계가 처음 생겼을 때보다 25퍼센트나 더 밝게 불타고 있다는 사실이다. 그렇다면 지구는 훨씬 더 뜨거워졌어야만 한다. 실제로 영국의 지질학자 오브리 매닝의 지적처럼, "그런 엄청난 변화는 분명히 지구에 비극적인 결과를 초래했을 것임에도 불구하고 우리 지구는 거의 아무런 영향을 받지 않은 것처럼 보인다."

그렇다면 무엇이 이 세상을 안정하고 시원하게 지켜주었을까?

생명이 그 모든 역할을 했다. 유공충류(有孔蟲類), 인편모충류(鱗鞭毛蟲類), 석회해면류(石灰海綿類)처럼 대부분의 사람들은 들어본 적도 없는 수없이 많은 작은 해양생물들이 대기 중에 존재하다가 빗물에 섞여서 떨어지는 이산화탄소를 흡수해서 단단한 껍질을 만드는 데에 사용한다. 결국 그런 해양생물들은 껍질에 탄소를 가두어둠으로써 탄소가 대기 중으로 다시 증발해서 위험한 온실기체로 축적되는 것을 막아준다. 작은 유공충류나 인편모충류들이 죽어서 바다 밑으로 가라앉으면 압력에 의해서 석회석이 된다. 영국의 화이트 클리프와 같은 자연의 풍경을 바라보면서, 그것이 작은 해양생물이 죽어서 만들어진 것이라는 사실을 생각해보는 것도 놀랍지만, 그 속에 얼마나 많은 양의 탄소가 축적되어 있는가를 생각해보면 더욱 놀라게 된다. 15센티미터짜리 도버 석회석에는 우리에게 전혀 도움이 되지 않았을 이산화탄소 1,000리터가 압축되어 있다. 전체적으로 대기 중에 있는 것보다 2만 배나 되는 탄소가 지구의 바위 속에 갇혀 있는 것으로 추산된다.[33] 그런 석회석이 화산에 들어가게 되면, 그 속에 들어 있던 탄소가 다시 대기 중으로 방출되었다가 빗물과 함께 땅으로 떨어질 것이다. 그런 전체 순환 과정을 장기적인 탄소 순환 과정이라고 부른다. 탄소 원자의 입장에서 보면 그런 순환 과정은 50만 년 정도의 아주 오랜 세월에 걸쳐서 진행된다. 그럼에도 불구하고 다른 장애요인이 없다면 그것만으로도 기후를 안정적으로 유지시켜줄 수 있다.

그러나 불행하게도 경솔한 인간들은 유공충류가 흡수할 수도 없을 정도로 엄청난 양의 탄소를 대기 중으로 방출해서 탄소 순환 과정을 방해하는 일을 아주 좋아한다. 우리는 1850년 이후로 1,000억 톤의 탄소를 공기 중으로 방출했고, 지금도 그 양은 매년 70억 톤씩 늘어나고 있는 것으로 추산된다. 전체적으로는 그렇게 많은 양은 아니다. 자연은 주로 화산 폭발이나 식물의 부패를 통해서 매년 2,000억 톤의 이산화탄소를 대기 중으로 방출한다. 우리가 자동차나 공장을 통해서 배출하는 양의 거의 30배가 넘는 양이다. 그러나 도시에 뿌옇게 끼어 있는 연무(煙霧)를 보면 우리가 이산화탄소를 마구 방출해버린 결과가 어떤 것인가를 쉽게 알 수 있다.

아주 오래된 얼음을 분석해보면, 인간의 산업 활동이 시작되기 전의 대기 중에 있던 이산화탄소의 "자연" 수준이 대략 280ppm이라는 사실을 알 수 있다.[34] 실험복을 입은 과학자들이 관심을 가지기 시작한 1958년에는 그 값이 315ppm으로 높아졌다. 오늘날은 360ppm 정도이고, 매년 0.25퍼센트씩 증가하고 있다. 21세기 말이 되면 560ppm이 될 것으로 예상된다.

지금까지는 지구의 바다와 많은 양의 탄소를 처리해주는 숲이 우리를 우리 자신으로부터 구해주는 역할을 했다. 그러나 영국 기상대의 피터 콕스에 따르면, "자연의 생물권이 우리가 방출하는 이산화탄소의 영향을 완충시켜줄 수 있는 데에는 결정적인 한계가 있기 때문에, 그 수준을 넘어서면 그 효과가 더욱 증폭되게 된다." 지구 온난화가 걷잡을 수 없이 일어나게 되는 것은 두려운 일이다. 적응을 하지 못하는 많은 나무와 식물이 죽으면서 그 속에 갇혀 있던 탄소가 다시 방출되면 문제는 더욱 심각해진다. 인간이 활동하지 않았던 아주 먼 옛날에도 그런 일이 가끔씩 일어났다. 그런 경우에도 자연은 정말 신비하다는 것이 좋은 소식이다. 결국은 탄소 순환 과정이 다시 회복되어서 지구가 안정하고 행복한 상태로 돌아올 것이 분명하다. 마지막으로 그런 일이 일어났을 때는 겨우 6,000만 년 만에 모든 것이 회복되었다.

제18장

망망대해

맛이나 냄새도 없고, 성질도 심하게 변해서 온화하기도 하지만 때로는 치명적이기도 한 "산화 이수소"가 지배하는 세상에 적응해서 살려고 애쓰는 경우를 생각해보자.[1] 산화 이수소는 경우에 따라서 당신을 익혀버리기도 하고, 얼려버리기도 한다. 유기분자와 함께 섞여 있으면, 아주 고약한 탄산(炭酸) 거품을 만들어서 나뭇잎을 떨어뜨리기도 하고, 동상의 표면을 손상시키기도 한다. 엄청난 양이 한꺼번에 밀어닥치면 인간이 만든 어떤 건물도 견뎌내지 못한다. 그 물질과 함께 사는 데에 익숙한 사람에게도 때로는 살인적인 물질이 되기도 한다. 우리는 그것을 물이라고 부른다.

물은 모든 곳에 있다. 감자의 80퍼센트, 소의 74퍼센트, 박테리아의 75퍼센트가 물이다.[2] 95퍼센트가 물로 된 토마토는 물을 빼고 나면 아무것도 아닌 셈이다. 심지어 65퍼센트가 물로 되어 있는 인간의 경우에도 액체가 고체보다 거의 두 배나 더 많다. 물은 이상한 물질이다. 우리는 형태도 없고 투명한 물과 오래 전부터 함께 지내왔다. 물은 아무런 맛도 없지만, 우리는 그 맛을 좋아한다. 햇볕 속에서 물을 보려고 엄청난 비용을 치르고 먼 곳까지 가기도 한다. 물이 위험하고, 매년 수만 명의 사람들이 물에 빠져 죽는다는 사실을 알고 있으면서도, 우리는 물속에서 뛰놀고 싶어서 안달을 한다.

물은 어디에나 있기 때문에 우리는 그것이 얼마나 특별한 물질인가를 잊어버리는 경향이 있다. 물의 성질을 이용해서 다른 액체의 성질을 예측할 수도 없고, 거꾸로 하는 것도 불가능하다.[3] 만약 물에 대해서 아무것도 모르는 상태에서 셀레늄화 수소(H_2Se)나 황화수소(H_2S)처럼 화학적으로 비슷한 화합물의 성질을 근거로 판단한다면, 물은 섭씨 영하 95도에서 끓어서 상온에서는 기체로 존재할 것으로 예상하게 된다.

대부분의 액체는 식으면 부피가 10퍼센트 정도 줄어든다. 물도 마찬가지이지만, 어느 정도까지만 그렇다. 물이 어는 상태에 아주 가까워지면, 오히려 부피가 늘어나는 상상할 수 없는 일이 일어난다. 얼음이 되고 나면, 부피가 거의 10퍼센트 정도 늘어난다.[4] 얼음이 되면서 부피가 늘어나기 때문에 얼음이 물에 뜨는 것은, 존 그리빈의 말처럼 "정말 괴상한 성질"이다.[5] 만약 물이 그런 기막힌 성질을 가지고 있지 않았다면, 얼음은 물속으로 가라앉을 것이고, 호수와 바다는 바닥에서부터 얼어붙게 될 것이다. 물속의 열을 붙잡아줄 얼음이 수면을 덮고 있지 않다면, 물이 가지고 있던 온기가 그대로 방출되면서 점점 더 차가워지고, 결국은 더 많은 얼음이 생기게 될 것이다. 바다도 곧장 얼어버릴 것이고, 아주 오랫동안, 어쩌면 영원히 그런 상태로 남아 있게 될 것이다. 생명체가 살아가기에는 힘든 조건이다. 우리에게는 감사하게도, 물은 화학의 규칙이나 물리법칙을 모르는 모양이다.

큰 산소 원자 하나에 두 개의 작은 수소 원자가 결합되어 있는 물의 화학식이 H_2O라는 사실은 누구나 알고 있다. 수소 원자는 주인인 산소 원자에 단단하게 붙어 있으면서도 다른 물 분자와 우발적인 결합을 만들기도 한다. 그런 특성을 가진 물 분자는 다른 물 분자들과 함께 일종의 춤을 추게 된다. 로버트 쿤직의 멋진 표현을 빌리면, 물 분자들은 끊임없이 짝을 바꾸어가면서 추는 카드리유*를 추고 있는 셈이다.[6] 유리잔에 들어 있는 물은 생동적으로 보이지 않겠지만, 그 속에 들어 있는 물 분자들은 매초 수십억 번씩 짝을 바꾸고 있다. 물 분자들이 모여서 웅덩이나 호수를 만드는 것도 물 분자들이 서로 달라붙기 때문이다. 그러나 엄청나게 단단히 달라붙어 있는 것은 아니라서, 물속으로 다이빙을 하면 쉽게 서로 갈라지기도 한다. 어느 한순간을 보면 15퍼센트의 물 분자들만이 서로 짝을 이루고 있다.[7]

---

* 남녀 네 쌍이 정사각형으로 서서 짝을 바꾸어가면서 추는 춤.

어떤 의미로는 그런 결합이 매우 강하기 때문에 관을 통해서 빨아올리면 위로 함께 흘러가고, 자동차에 떨어진 물방울이 서로 뭉쳐서 독특한 모양을 만들기도 한다. 물이 표면장력을 가지고 있는 것도 그 때문이다. 표면에 있는 분자들은 그 위에 있는 공기 분자들보다는 아래나 옆에 있는 똑같이 생긴 물 분자들에게 더 강하게 끌린다. 곤충이 물에 떠 있거나, 조약돌이 튕겨나갈 수 있는 막이 만들어지는 것도 그런 이유 때문이다. 다이빙을 할 때, 배가 먼저 물에 닿으면 심한 통증을 느끼게 되는 것도 마찬가지이다.

우리가 물이 없으면 살 수 없다는 사실은 말할 필요도 없다. 물이 없으면 인간의 몸은 빠른 속도로 무너져버린다. 며칠 사이에 입술은 "마치 도려낸 것처럼 사라지고, 잇몸은 검게 변하고, 코는 절반으로 시들어버리고, 피부는 눈을 깜박일 수 없을 정도로 수축된다."[8] 물은 우리의 생명에 너무나도 중요하다. 그래서 우리는 지구상에 존재하는 물 중에서 아주 적은 양을 제외한 대부분의 물에 우리에게 치명적인 독성을 나타내는 소금이 들어 있다는 사실을 잊어버리기도 한다.

우리는 살아가기 위해서 소금이 필요하기는 하지만, 아주 적은 양만 필요하다. 바닷물에는 우리가 안전하게 소화시킬 수 있는 양의 70배가 넘는 양의 소금이 들어 있다. 보통 바닷물 1리터에는 우리가 음식에 넣어서 먹는 보통의 소금이 2.5티스푼 정도 들어 있다. 그리고 우리가 그냥 염(鹽)이라고 부르는 수용성의 다른 물질들도 많이 들어 있다.[9] 우리 조직 속에 들어 있는 그런 염과 광물질의 비율은 바닷물에서의 비율과 놀라울 정도로 비슷하다. 그러니까 마굴리스와 세이건이 말했듯이, 우리가 흘리는 땀이나 눈물은 바닷물과 비슷한데도 이상하게 우리는 바닷물을 마시지는 못한다.[10] 소금을 너무 많이 먹으면 몸속의 대사 과정에 위기 상황이 벌어진다. 갑자기 섭취한 과량의 소금을 묽혀서 제거하려면 모든 세포에서 물 분자들이 마치 화재 현장으로 달려가는 소방관들처럼 쏟아져 나와야 한다. 그렇게 되면, 세포는 정상적인 기능을 하기 위해서 꼭 필요한 물이 위험할 정도로 부족해진다. 세포들은 말 그대로 탈수가 되어버린다. 극단적인 상황에서는 탈수 때문에 마비, 의식

불명 또는 뇌 손상이 일어난다. 그렇게 되기까지는, 과부하가 걸린 혈관세포들이 소금을 신장으로 옮겨야 하고, 결국은 신장도 압도되어서 기능을 상실할 수밖에 없게 된다. 신장이 기능을 잃으면 우리 몸은 죽게 된다. 우리가 바닷물을 마시지 못하는 것은 그런 이유 때문이다.

지구상에는 13억1,000만 세제곱킬로미터의 물이 있는데, 그것이 전부이다.[11] 아무것도 더해지거나 사라질 수도 없도록 닫혀 있다. 마시는 물은 지구가 생겼을 때부터 끊임없이 그런 일을 해왔던 것이다. 바다는 38억 년 전부터 대체로 지금과 같은 부피를 가지게 되었다.[12]

물의 세계를 수권(水圈)이라고 하는데 대부분은 바다로 이루어져 있다. 지구상의 물 중에서 97퍼센트는 바다에 있고, 그중의 상당한 부분은 지구 표면의 절반 이상을 덮고 있고, 모든 육지를 합친 것보다도 더 큰 태평양에 들어 있다. 태평양에는 바닷물의 절반 이상(정확하게는 51.6퍼센트)이 있다.[13] 대서양에는 23.6퍼센트, 인도양에는 21.2퍼센트가 있으며, 나머지 바다에 3.6퍼센트가 분포되어 있다. 바다의 평균 깊이는 3.8킬로미터이고, 태평양은 대서양이나 인도양보다 300미터 정도 더 깊다. 지구 표면의 60퍼센트는 1.6킬로미터 이상의 깊이를 가진 바다로 되어 있다. 필립 볼이 지적한 것처럼, 우리가 살고 있는 행성은 "지구(地球)"가 아니라 "수구(水球)"라고 부르는 것이 더 적절할 수도 있다.[14]

지구에 있는 물의 3퍼센트에 불과한 민물의 대부분은 빙하로 존재한다.[15] 아주 적은 양, 정확하게는 0.036퍼센트만이 호수, 바다, 저수지 등에 들어 있고, 더 적은 양, 겨우 0.001퍼센트만이 구름이나 수증기로 존재한다. 지구에 있는 얼음의 거의 90퍼센트는 남극에 있고, 나머지의 대부분은 그린란드에 있다. 남극에서는 얼음의 두께가 거의 3킬로미터나 되고, 북극에서는 겨우 4.5미터에 불과하다.[16] 남극 대륙만 하더라도 2,500만 세제곱킬로미터의 얼음으로 되어 있어서, 모두가 녹아버리면 바다의 높이가 60미터나 상승한다.[17] 그러나 대기 중에 있는 수증기가 모두 비가 되어서 모든 곳에 균일하게 내리더라도 바다는 겨우 2.5센티미터 정도 올라갈 뿐이다.

한편 해발은 거의 완전히 추상적인 개념이다. 바다에는 높이가 없다. 파도, 바람, 코리올리 힘을 비롯한 다른 효과들 때문에 수면의 높이는 바다에 따라서 다르고, 같은 바다에서도 위치에 따라서 다르다. 태평양은 지구의 자전에 의해서 생기는 원심력 때문에 서쪽이 약 45센티미터 정도 더 높다. 욕조에 손을 넣어서 물을 한쪽으로 잡아당기면, 물이 반대쪽으로 흘러가는 경우를 보게 된다. 그래서 동쪽으로 자전하는 지구에서는 물이 바다의 서쪽 가장자리에 모여서 쌓이게 된다.

바다가 우리에게는 아주 옛날부터 중요했다는 사실을 고려하면, 우리가 바다를 과학적으로 연구하기 시작한 것이 얼마 되지 않는다는 사실은 놀랍다. 19세기에 들어서서도, 우리가 바다에 대해서 알고 있던 것의 대부분은 해변으로 밀려오는 것이나 고기 잡는 그물에 걸려 올라오는 것으로부터 알아낸 것이었고, 바다에 대한 글들도 거의 대부분 물리적인 증거보다는 비화와 상상을 근거로 한 것이었다. 1830년대에 영국의 박물학자 에드워드 포브스는 대서양과 지중해의 바닥을 탐사한 후에 수면에서 600미터 이하에는 생물이 전혀 살지 않는다고 주장했다. 그 정도의 깊이에는 빛이 없기 때문에 식물이 살 수가 없고, 물의 압력도 극단적인 것으로 알려져 있었다. 그러므로 1860년에 3킬로미터 이상의 깊이에 있던 최초의 대서양 횡단 전신 케이블을 수리하려고 끌어올렸을 때, 산호와 조개를 비롯한 유기 퇴적물이 잔뜩 붙어 있는 모습은 놀라운 광경이었다.

바다에 대한 조직적인 연구는 영국 박물관, 왕립학회, 영국 정부의 합동 탐사단이 퇴역한 전함 챌린저 호를 타고 출항했던 1872년에 처음으로 시작되었다. 그들은 3년 반 동안 전 세계를 항해하면서 물 시료를 채취하고, 고기를 잡아보고, 퇴적층을 준설했다. 그런 작업은 당연히 지루한 일이었다. 240명의 과학자와 승무원들 중에서, 네 명 중 한 명은 하선했고, 여덟 명은 죽거나 미쳐버렸다. 역사학자 서맨사 와인버그의 말에 따르면, "몇 년 동안 계속된 준설 작업으로 정신이 마비되어 미쳐버렸다."[18] 그럼에도 불구하고, 그들은 거의 7만 해리를 항해하면서, 4,700종이 넘는 새로운 해양생물 시료를 채취했으며, 19년에 걸쳐서 50권으로 된 보고서를 낼 수 있을 만큼의 정보를 수집했다.[19] 그 결과 세상에는 해양학이라는 새로운 과학 분야가 생겨나게 되었다. 그들은 또한 수심 측정을 통해서 대서양 한가운데에 물에 잠긴 산맥이 있는 것 같다는 사실을 알아냄으로써, 잃어버린 대륙 아틀란티스를 발견했을지도 모른다고 사람들을 흥분시키기도 했다.

대부분의 제도권 학자들은 바다를 무시했기 때문에, 바닷속에 대한 탐사는 아주 가끔씩 등장했던 헌신적인 아마추어들의 손에 맡겨질 수밖에 없었다. 현대적인 심해 탐사는 1930년 찰스 윌리엄 비브와 오티스 바턴에 의해서 시작되었다. 두 사람은 동등한 동료였지만, 언제나 비브가 더 많은 관심을 끌었다. 1877년에 뉴욕 시의 유복한 가정에서 태어난 비브는 컬럼비아 대학에서 동물학을 공부한 후에 뉴욕 동물원의 사육사로 일하기 시작했다. 자신의 일에 싫증을 느낀 그는 탐험가가 되기로 결심했고, 그로부터 25년 동안 아시아와 남아메리카를 집중적으로 여행했다. "역사학자와 기술자" 또는 "어류 문제 조수" 등의 창의적인 직함을 가진 매력적인 여성 조수들을 차례로 동반했다.[20] 그는 경비를 조달하기 위해서 「밀림의 가장자리」나 「밀림의 날들」과 같은 대중서적을 발간하기도 했지만, 야생동물과 조류학에 대한 훌륭한 학술서를 저술하기도 했다.

1920년대 중반에 갈라파고스 제도를 여행하던 그는 심해 잠수를 뜻하는 "매달리는 즐거움"을 발견했다. 그 직후부터, 그는 더 부유한 집안 출신으로 역시 컬럼비아 대학에서 공부했고 탐험에 참가할 수 있는 기회를 기다리고 있던 바턴과 팀을 이루게 되었다.[21] 거의 언제나 비브의 업적이라고 소개가 되기는 하지만, 사실 최초의 구형 잠수구(bathysphere, "deep"이라는 그리스어에서 유래)를 고안하고, 1만2,000달러를 부담한 것은 바턴이었다. 4센티미터 두께의 무쇠로 만든 작고 단단한 잠수구에는 7.6센티미터 두께의 수정판으로 만든 두 개의 작은 창문이 있었다. 두 사람이 탈 수는 있지만, 아주 친한 사람들이어야만 했다. 당시의 기준으로도 복잡한 기술은 아니었다. 긴 줄에 매달려 있는 잠수구는 조정을 할 수도 없었고, 아주 초보적인 호흡장치를 갖추고 있을 뿐이었다.[22] 소다회 상자를 이용해서 이산화탄소를 제거하고, 작은 통에 넣은 염화칼슘으로 수분을 제거했다. 화학반응을 촉진시키기 위해서 가끔씩 야자나무 잎으로 상자에 부채질을 해주어야만 했다.

그러나 이름도 없었던 구형 잠수구는 훌륭한 임무를 수행했다. 1930년 바하마에서의 첫 잠수에서 바턴과 비브는 180미터를 잠수해서 세계기록을 세웠다. 1934년에는 908미터까지 잠수해서 다시 세계기록을 세웠고, 그 기록은 전쟁이 끝날 때까지도 깨지지 않았다. 바턴은 자신의 잠수구로 1,350미터까지 잠수할 수 있다고 확신했지만, 한 길 더 내려갈 때마다 볼트와 리벳에서는 삐거덕거리는 소리가 분명하게 들려왔다. 어떤 깊이까지 들어가는지와 상관없이 용감하고 위험스러운 일이었다. 900미터에서는 작은 창문에 제곱센티미터당 3톤의 압력이 작용했다. 비브는 그런 깊이에서는 사람이 즉사할 것이라는 사실을 여러 권의 책과 글은 물론이고 라디오 방송에서도 잊지 않고 밝혔다. 그러나 잠수구와 2톤이나 되는 철 케이블을 지탱하고 있는 선상의 권양기가 고장이 나서 두 사람이 바다 밑으로 가라앉게 되는 것이 더 두려웠다. 그런 경우에는 아무런 대책이 없었다.

그러나 그들은 잠수를 통해서 중요한 과학적 업적을 이룩하지는 못했다. 두 사람은 전에 보지 못했던 생물들을 보았지만, 시야가 한정되어 있었다. 더욱이 두 사람이 모두 용감한 해저 탐험가이기는 했지만 해양학자로 교육을 받지 못했기 때문에 자신들이 발견한 것들을 과학자들이 필요로 하는 것만큼 자세하게 기록하지 못했다. 잠수구에는 외부 조명은 없었기 때문에 250와트 전구로 창문을 통해서 비추어야만 했다. 그러나 150미터 이하의 깊이에서는 빛이 거의 투과하지 못했을 뿐만 아니라, 7.6센티미터 두께의 수정판을 통해서 보아야만 하는 그들이 자세하게 볼 수 있는 것은 거의 없었다. 결국 그들이 보고할 수 있었던 것은 깊은 곳에도 흥미로운 것이 많다는 사실뿐이었다. 1934년에 비브는 "6미터가 넘고 매우 넓적한" 거대한 뱀을 보고 깜짝 놀랐지만, 너무 빨리 스쳐갔기 때문에 그림자만 볼 수 있었다. 그것이 무엇이었는지는 알 수가 없다. 그 후로는 아무도 그런 것을 다시 보지는 못했다.[23] 그런 애매함 때문에 대부분의 학자들은 그들의 보고를 무시했다.

1934년에 심해 잠수 기록을 세운 비브는 더 이상 흥미를 잃어버리고, 다른 일에 몰두했지만, 바턴은 끈기 있게 매달렸다. 다행히도 비브는 사람들이 물어보면, 바턴이 모든 일을 해낸 일꾼이라고 말해주기는 했다. 그러나 바턴은 그늘에서 나올 능력이 없었던 모양이었다. 그도 역시 바다 밑의 탐험에 대해서 훌륭한 글을 남겼고, 잠수구와 함께 공격적인 대형 오징어처럼 재미있기는 하지만 가상적인 생물이 등장하는 「심해의 타이탄」이라는 할리우드 영화에 출연하기도 했다. 그는 "마음을 진정시켜줍니다"라는 카멜 담배 광고에 출연하기도 했다. 1948년에는 캘리포니아 주의 태평양에서 세계기록을 50퍼센트나 넘긴 1,370미터까지 잠수하는 기록을 세웠지만, 아무도 관심을 보이지 않았다. 신문에 "심해의 타이탄"에 대한 평을 쓴 어느 평론가는 이번에도 비브가 주인공이라고 생각했다. 오늘날 바턴의 이름이 남아 있는 것조차 행운이다.

어쨌든 그는, 심해 잠수정(bathyscaphe, "심해 보트"라는 뜻)이라는 새로운 형태의 탐사선을 만들어낸 스위스의 오귀스트와 자크 피카르 부자의 그늘에 완전히 가려지게 되었다. 잠수정을 건조한 이탈리아의 도시 이름을 따서 "트리에스테"라고 불렀던 새로운 잠수정은 비록 오르내리는 정도였기는 하지만 독립적으로 조정할 수가 있었다. 1954년 초의 첫 잠수에서는 6년 전에 바턴의 기록보다 거의 세 배에 가까운 4,000미터까지 잠수를 했다. 그러나 심해 잠수에는 상당한 양의 고가 장비가 필요했기 때문에 결국 피카르 부자는 파산하고 말았다.

1958년에 그들은 미국 해군과의 협상을 통해서 잠수정의 소유권을 미국 해군에게 주는 대신 자신들이 사용할 수 있는 권리를 얻었다.[24)] 이제 충분한 후원금을 확보한 피카르 부자는 벽의 두께 12.7센티미터에 작은 틈에 불과한 지름 5센티미터의 창을 가진 새로운 잠수정을 만들었다. 이제 새 잠수정은 정말 엄청난 압력을 견딜 수 있을 정도로 튼튼했다. 1960년 1월에 자크 피카르와 미국 해군의 돈 월시 대위는 서태평양의 괌으로부터 400킬로미터 떨어진 곳에서 가장 깊은 계곡인 마리아나 해구(해리 헤스가 자신이 고안한 음향 측심기로 발견한 곳)로 서서히 잠수해 들어갔다. 거의 7마일에 가까운 1만917 미터까지 들어가는 데에 네 시간이 채 걸리지 않았다. 그곳에서의 압력은 제곱센티미터당 1,200킬로그램에 가까웠지만, 바닥에 닿는 순간에 놀랍게도 가자미가 놀라서 도망치는 모습을 볼 수 있었다. 그들은 사진을 찍을 수 있는 장비를 가지고 있지 않았기 때문에, 그 사건에 대한 사진기록은 남아 있지 않다.

그들은 세계에서 가장 깊은 곳에서 겨우 20분을 체류한 후에 다시 수면으로 올라왔다. 인간이 그렇게 깊은 곳에 들어갔던 것은 그때뿐이었다.

40년이 지나고 나서는, 그 이후로 왜 아무도 다시 가보지 않았는가라는 질문이 자연스럽게 제기되었다. 우선, 강한 성격과 고집을 가진, 무엇보다도 해군의 예산을 관리하고 있던 하이만 G. 리코버 중장이 격렬하게 반대를 했다. 그는 해저 탐사는 자원 낭비일 뿐이라고 생각했고, 해군은 연구기관이 아니라는 점을 강조했다. 더욱이 미국은 우주 탐험과 인간을 달에 보내는 데에 집착하게 되었다. 이제 심해 탐사는 하찮은 구식활동으로 인식되었다. 그러나 가장 결정적인 요인은 트리에스테를 통해서 실질적으로 얻은 것이 많지 않았다는 점이었다. 몇 년 후 해군관리의 설명에 따르면, "우리가 심해 잠수를 할 수 있다는 사실을 확인한 것 이외에는 얻은 것이 없었다. 다시 그런 일을 반복할 이유가 무엇인가?"[25] 다시 말해서, 가자미를 보러가는 길은 멀기도 하고, 돈이 많이 들기도 했다. 오늘날 그런 실험을 반복하려면 적어도 1억 달러가 필요할 것으로 추산된다.

해군이 약속했던 탐사작업을 계속할 뜻이 없다는 사실을 깨달은 심해 연구자들은 고통스러운 비명을 질렀다. 해군은 비판적인 여론을 무마하기 위해서 매사추세츠 주의 우즈 홀 해양 연구소가 운영하는 훨씬 진보된 잠수정을 만드는 비용을 제공했다. 해양학자 알린 C. 바인을 기리는 뜻으로 "알빈"이라고 이름 붙여진 새 잠수정은 트리에스테만큼 깊은 곳에는 들어갈 수 없지만 마음대로 조정할 수 있는 소형 잠수함이었다. 그러나 한 가지 문제가 있었다. 아무도 그 잠수정을 건조해주려고 하지 않았다.[26] 「밑에 있는 우주」의 윌리엄 J. 브로드에 따르면, "해군에게 잠수함을 건조해주는 제너럴 다이내

믹스와 같은 대기업은 해군의 신이라고 할 수 있는 선박청과 리코버 제독이 반대하는 사업에 참여하고 싶어하지 않았다." 결국 식품회사인 제너럴 밀스가 아침 식사용 시리얼을 제조하는 데에 쓰는 기계를 만들던 공장에서 알빈을 건조하게 되었다.

저 깊은 곳에 무엇이 있는가에 대해서는 정말 알려진 것이 없다. 1950년대 말까지도 해양학자들은 1929년부터 산발적으로 이루어졌던 탐사결과와 바다만큼의 추측을 합친 것에 불과한 지도를 사용해야 했다. 해군은 잠수함이 해협과 기요(guyot)*를 지나가는 데에 필요한 훌륭한 지도를 가지고 있었지만, 그런 정보가 소련으로 새어나가는 것을 막기 위해서 비밀로 분류했다. 결국 학자들은 엉성한 스케치나 낡아빠진 탐사자료, 또는 희망적인 짐작에 의존해서 일을 할 수밖에 없었다. 오늘날까지도 바다 밑에 대한 지식은 놀라울 정도로 낮은 수준에 머물러 있다. 뒤뜰에 놓고 쓰는 평범한 망원경으로도 알아볼 수 있는 프라카스토리우스, 블란카누스, 자크, 플랑크와 같은 달의 중요한 분화구들이 만약 우리 바다 밑에 있었다면 우리는 지금까지도 그 존재조차 모르고 있었을 것이다. 우리가 가지고 있는 화성의 지도가 우리의 바다 밑 지도보다 더 나을 정도이다.

해수면에서의 연구기술도 역시 시시한 임기응변에 지나지 않는다. 1994년에 태평양에서 태풍을 만난 한국의 화물선에서 아이스하키용 장갑 3만4,000켤레가 바다로 떨어졌다.[27] 그 장갑은 밴쿠버에서 베트남에 이르기까지 거의 모든 곳으로 떠밀려갔다. 그 덕분에 해양학자들은 작은 해류들에 대해서 과거 어느 때보다 정확한 정보를 얻게 되었다.

알빈은 건조된 후 40년이 지났지만, 지금도 미국에서 가장 훌륭한 연구용 선박으로 활용되고 있다. 아직도 마리아나 해구 깊이까지 들어갈 수 있는 잠수정은 없고, 지구 표면의 절반 이상을 차지하고 있는 심해 바닥인 "심해 평원"**까지 들어갈 수 있는 잠수정은 알빈을 포함해서 다섯 척뿐이다. 잠수

---

* 바닷속에 있는 정상이 평탄한 산.

** 수심 3,000-7,000미터에 있는 평탄한 지역.

정을 운영하려면 보통 하루에 약 2만5,000달러가 들기 때문에 아무렇게나 바닷속에 들여보내지도 않고, 우연히 무엇인가 흥미로운 것을 찾게 될 것이라는 희망으로 내려보내는 경우는 더욱 드물다. 우리가 살고 있는 지구 표면에 대한 직접적인 정보는 해가 진 후에 정원용 트랙터를 타고 탐사를 했던 다섯 명의 연구에 의존하고 있는 셈이다. 로버트 쿤직에 따르면, 인간은 "바다 밑의 어둠 중에서 100만 분의 1 또는 10억 분의 1 정도를 탐사했을 뿐이다. 아마도 그보다도 더 적을 것이다. 훨씬 더 적을 것이다."[28)]

그러나 부지런해야만 했던 해양학자들은 한정된 자원으로도 몇 가지 중요한 발견을 했다. 1977년에는 20세기의 가장 중요하고 놀라운 생물학적 발견을 이룩했다. 그해에 알빈은 갈라파고스 제도 근처에 있는 심해 분출구와 그 부근에서 대형 생물이 군락을 이루고 있다는 사실을 알아냈다. 3미터가 넘는 갯지렁이와 폭이 30센티미터가 넘는 조개를 비롯해서 다양한 새우와 홍합, 그리고 국수 가락처럼 생긴 꿈틀거리는 지렁이들이 발견되었다.[29)] 그들은 분출구에서 끊임없이 쏟아져 나오는 황화수소로부터 에너지와 영양분을 얻고 있는 엄청난 박테리아 군락 덕분에 그곳에서 살고 있었다. 황화수소는 수면에 사는 생물들에게는 치명적인 독성을 나타내는 물질이다. 그곳은 햇빛이나 산소를 비롯해서 일반적으로 생명과 관계되는 어떤 것도 존재하지 않는다. 그들은 광합성이 아니라 화학합성을 근거로 살아가고 있었다. 아마도 상상력이 풍부한 사람이 그런 가능성을 제시했다면 생물학자들은 터무니없다고 쳐다보지도 않았을 것이다.

분출구에서는 엄청난 양의 열과 에너지가 흘러나온다. 그런 분출구 20여 개에서 흘러나오는 에너지는 대형 발전소에 버금가는 정도이고, 그 부근에서의 온도 차이도 엄청나다. 분출구의 중앙에서는 온도가 섭씨 440도 정도이지만, 몇 미터 떨어진 곳의 물은 물이 어는 섭씨 0도 정도에 불과하다. 알비넬리드라고 부르는 지렁이들은 바로 그런 경계에서 살고 있어서 머리 부분과 꼬리 부분의 온도 차이가 거의 80도에 이른다. 그 전에는 70도보다 더 뜨거운 물에서는 고등 생물이 살 수 없을 것이라고 믿었지만, 이 생물은 그보다 훨씬 뜨거울 뿐만 아니라 몸의 끝 쪽은 끔찍할 정도로 차가운 곳에서 살고 있었다.[30] 그런 발견은 생명이 존재하기 위한 조건에 대한 우리의 이해를 완전히 바꾸어놓았다.

그 발견은 해양학의 가장 큰 수수께끼도 해결해주었다. 대부분의 사람들은 수수께끼라고 생각하지도 않았지만, 왜 바다가 시간이 지나면서 점점 더 짜지지 않는가라는 것이 바로 그것이다. 두말할 필요도 없이 바다에는 많은 양의 소금이 있다. 지구상의 모든 육지를 대략 150미터 정도로 덮을 수 있을 정도의 소금이 들어 있다.[31] 매일 수백만 리터의 민물이 바다에서 증발하지만, 소금은 그대로 바다에 남기 때문에 논리적으로는 해가 갈수록 바다의 염도는 점점 더 높아져야 하지만, 실제로는 그렇지 않다. 무엇인가가, 늘어나는 만큼의 소금을 바다로부터 제거해주고 있는 것이다. 아주 오랫동안 아무도 그 이유를 밝혀낼 수가 없었다.

심해 분출구에 대한 알빈의 발견은 그 해답을 제공했다. 지구물리학자들은 바닷속의 분출구들이 어항 속의 필터와 같은 역할을 하고 있다는 사실을 깨달았다. 물이 지각 속으로 스며들 때는 소금이 걸러진다. 결국 바닷속의 굴뚝을 통해서 깨끗한 민물이 다시 바다로 흘러들어가고 있는 셈이다. 그런 과정은 빠른 속도로 일어나지는 않는다. 바다를 청소하려면 수천만 년이 걸리지만, 서두르지 않는다면 놀라울 정도로 효과적인 방법이다.[32]

해양학자들은 국제 지구물리학의 해인 1957-1958년에 자신들의 목표가 "심해를 방사성 폐기장으로 활용하는 가능성"을 연구하는 것이라고 밝혔었다. 우리가 심해에 대해서 심리적으로 멀게 느끼고 있다는 사실을 이보다 더 확실하게 보여주는 예는 없었을 것이다.[33] 그런 목표를 감추려고 하는 것은커녕 오히려 자랑스럽게 공개적으로 주장했던 것이었다. 사실 널리 알려지지는 않았지만, 1957-1958년에는 이미 10년 이상 상당히 많은 양의 방사성 물질을 바다에 버리고 있었다. 미국은 1946년부터 55갤런(200리터)짜리 드럼에 넣은 방사성 폐기물을 캘리포니아 주의 샌프란시스코에서 약 50킬로미터 정도 떨어진 파랄론 제도로 싣고 가서 바닷속으로 던져버렸다.

정말 놀라울 정도로 엉망이었다. 아무런 보호막도 없었던 대부분의 드럼은 주유소 뒷마당이나 공장 바깥에서 녹슬고 있는 것과 똑같은 것이었다. 흔히 그랬던 것처럼 드럼이 가라앉지 않으면 해군 병사들이 총을 쏘아서 물이 스며들도록 해버렸다(물론 플루토늄, 우라늄, 스트론튬 등이 새어나왔을 것이다).[34] 1990년대에 그런 일을 그만둘 때까지, 미국은 대략 50여 곳의 바다에 수십만 개의 드럼의 폐기물을 버렸고, 파랄론 지역에만 거의 5만 개의 드럼을 폐기했다. 미국만 그랬던 것이 아니었다. 러시아, 중국, 일본, 뉴질랜드 그리고 유럽의 거의 모든 국가들이 그런 식으로 폐기물을 버려왔다.

그런 일들이 바다 밑에 사는 생물들에게 어떤 영향을 주었을까? 별 영향이 없기를 바라지만, 실제로 우리는 아무것도 알 수가 없다. 우리는 바다 밑의 생명에 대해서는 어안이 벙벙할 정도로 화려하고 찬란하게 모르고 있다. 데이비드 애튼버러의 표현을 빌리면 "혀의 무게가 코끼리만큼 나가고, 심장은 자동차만 하며, 혈관은 사람이 수영을 할 수 있을 정도"로 거대한 바다 생물인 흰긴수염고래를 비롯한 대형 바다 생물에 대해서조차도 우리는 거의 아는 것이 없다. 가장 큰 공룡보다도 더 큰 이 고래는 지구에 출현한 가장 거대한 짐승이다. 그럼에도 불구하고, 흰긴수염고래의 생활에 대해서는 거의 아무것도 알려져 있지 않다. 어디에서 살고, 어디에서 번식을 하고, 어떤 경로로 이동을 하는가에 대해서는 아는 것이 없다. 그나마 조금 알고 있는 것도 거의 전부 그들의 노래를 엿들어서 알아낸 것이지만, 그런 노래조차도 우리에게는 신비일 뿐이다. 흰긴수염고래는 노래를 멈추었다가, 6개월 후에 같은 곳에서 노래를 다시 이어서 부르기도 한다.[35] 때로는 다른 고래들이 한번도 들어보지 못했지만 모두가 이미 알고 있는 새로운 노래를 부르기도 한다. 그 고래들이 어떻게 그렇게 하는지는 조금도 알지 못하고 있다. 그런 고래들은 숨을 쉬기 위해서 자주 수면으로 올라오는 데에도 불구하고 말이다.

그러니까 물 위로 올라올 필요가 없는 경우에는 더욱 놀라울 정도로 아는 것이 없다. 전설적인 자이언트 오징어의 경우를 생각해보자.[36] 자이언트 오징어는, 흰긴수염고래와 비교할 수는 없지만, 눈이 축구공만 하고, 18미터까지 닿을 수 있는 꼬리 촉수를 가진 정말 큰 대형 동물이다. 거의 1톤이나 되는 이 오징어는 지구상에서 가장 큰 무척추동물이다. 가정용 수영장에 한 마리만 넣어도 남는 공간이 거의 없을 정도이다. 그럼에도 불구하고, 과학자는 물론이고 어느 누구도 살아 있는 자이언트 오징어를 본 적이 없다. 살아 있는 자이언트 오징어를 잡거나 한번 슬쩍 보기라도 하려고 평생을 바쳐서 노력했던 동물학자들도 모두 실패하고 말았다. 해변으로 떠밀려오는 죽은 오징어를 보고 그런 동물이 존재한다는 사실을 확인할 수 있을 뿐이다. 이유는 모르겠지만 특히 뉴질랜드 사우스 섬의 해변에 주로 떠밀려온다. 자이언트 오징어는 엄청난 양을 먹어대는 향고래가 주로 먹이로 삼기 때문에 그 수가 상당히 많을 것이 확실하다.†

바닷속에는 많게는 3,000만 종의 동물이 살고 있을 것이라고 추산되지만, 대부분은 아직도 발견되지 않은 상태이다.[37] 심해에도 생물이 풍부하다는 사실을 처음 알게 된 것은 그리 오래되지 않은 1960년대에 바다 밑바닥이나 근처뿐만 아니라 퇴적층 밑에 살고 있는 생물까지 채취할 수 있는 해저생물 채취 장치가 개발되면서부터였다. 우즈 홀의 해양학자 하워드 샌들러와 로버트 헤슬러는 수심 1.6킬로미터 정도의 대륙붕에서 한 시간 만에 지렁이, 불가사리, 해삼 등을 비롯한 365종의 생물 2만5,000마리를 채취할 수 있었다. 수심 5킬로미터에서도 거의 200종에 달하는 생물 3,700마리를 발견했다.[38] 그러나 바닥을 긁어내는 그런 채취 방법으로는 굼뜨거나 도망을 칠 수도 없을 정도로 멍청한 생물들만 잡을 수 있다. 1960년대 말에는 존 이삭스라는 해양생물학자가 미끼를 단 카메라를 이용하는 방법을 개발해서, 원시적인 뱀장어처럼 생긴 꿈틀거리는 먹장어와 모래 속에 큰 무리를 지어서 사는 민태류를 비롯한 더 많은 종류의 생물을 발견했다. 죽어서 바닥으로 가라앉은 고래처

---

† 자이언트 오징어의 부리처럼 소화되지 않은 부분들이 향고래의 내장에 축적된 것이 바로 향수의 고정제로 사용되는 용연향(龍涎香)이다. 다음에 샤넬 No. 5 향수를 사용할 때에는 한번도 본 적이 없는 괴물의 잔재를 몸에 뿌리고 있다는 생각을 하게 될 것이다.

럼 갑자기 좋은 먹잇감이 나타난 곳에서는 390여 종의 해양생물들이 몰려드는 것으로 밝혀졌다. 흥미롭게도 그중에는, 1,600킬로미터 정도 떨어진 분출구에서 온 생물종들도 많이 있었다. 잘 움직이는 생물이라고 할 수 없는 홍합이나 대합과 같은 종도 포함되어 있다. 그런 경우는 조류를 따라 떠다니던 애벌레들이 아직까지는 확인되지 않은 화학적인 방법으로 적당한 먹거리를 발견했다는 사실을 알아내고 그 위에서 성장하는 것으로 보인다.

바다가 그렇게 거대함에도 불구하고, 왜 그렇게 쉽게 혹사를 당하게 되는 것일까? 우선 세계의 바다에는 어디에나 같은 정도로 생물이 풍부하게 살고 있지는 않다. 자연적으로 생산성이 있는 바다는 전체의 10퍼센트 이하일 것으로 생각된다.[39] 대부분의 수중생물들은 온기와 빛, 그리고 먹이사슬의 기초가 되는 유기물이 풍부한 얕은 물에 살기를 좋아한다. 예를 들면 산호초는 바다 면적의 1퍼센트 이하를 차지하고 있지만, 바다에 사는 어류의 25퍼센트 정도가 그 부근에서 살고 있다.

다른 곳의 바다는 그렇게 풍족하지 않다. 오스트레일리아의 경우를 살펴보자. 3만 킬로미터가 넘는 해안선과 거의 2,300만 제곱킬로미터에 이르는 해역을 가지고 있는 오스트레일리아는 다른 어떤 나라보다도 넓은 바다가 있음에도 불구하고, 팀 플래너리의 지적처럼 세계 50대 어업국에도 들지 못한다.[40] 오히려 오스트레일리아는 세계 1위의 수산물 수입국이다. 오스트레일리아 자체도 그렇지만, 그 바다의 대부분은 거의 불모지이기 때문이다(퀸즐랜드 가까이에 있는 그레이트 배리어 리프가 예외적으로 풍요로운 해역이다). 비옥하지 않은 땅에서 흘러들어가는 물에는 영양분이 많지 않기 때문이다.

생물이 번성하는 곳이라도 변화에 극도로 민감한 경우가 많다. 1970년대에 오스트레일리아의 어부들과 소수의 뉴질랜드 어부들은 수심 800미터 정도의 대륙붕에서 잘 알려지지 않은 물고기 떼를 발견했다. 오렌지 러피라고 알려지게 된 이 물고기는 맛이 좋을 뿐만 아니라 엄청나게 많았다. 어선들은 지체 없이 연간 4만 톤의 러피를 잡아올리기 시작했다. 그런 후에 해양생물학자들은 놀라운 사실을 알아내기 시작했다. 러피는 아주 오래 살고, 아주 느리게 성장하는 고기였다. 150세까지 사는 경우도 있었다. 식탁에 오른 러피들은 빅토리아 여왕 시대에 태어난 것들이었다. 러피가 살고 있는 바다는 자원이 거의 없는 곳이었기 때문에 그렇게 느린 생활습관에 적응했던 것이다. 그런 바다에서는 고기들이 평생에 단 한번만 알을 낳는다. 그런 집단이 큰 변화를 견뎌내지 못할 것은 분명했다. 불행하게도 그런 사실을 알아냈을 때는 이미 러피가 거의 멸종단계에 있었다. 아무리 잘 관리를 하더라도 러피를 구해내려면 수십 년이 걸릴 것이다. 성공을 하더라도 말이다.

그러나 다른 곳에서는 바다를 오용하는 정도가 단순히 부주의한 수준을 넘어서 무자비하기도 했다. 많은 어부들이 상어의 지느러미만을 잘라낸 후에 바다로 던져서 죽게 만든다.[41] 1998년에 동아시아에서 상어 지느러미의 판매가격은 킬로그램에 500달러가 넘었다. 도쿄에서 판매되는 상어 지느러미 수프 한 그릇은 100달러가 넘었다. 세계 야생생물 보호기금은 1994년에 매년 그렇게 잡히는 상어의 수가 4,000-7,000만 마리가 될 것으로 추산했다.

1995년 약 3만7,000여 척의 대형 어선과 100만여 척의 중형 어선들이 25년 전의 두 배가 넘는 양의 고기를 잡아올렸다. 오늘날의 트롤 선은 유람선 정도이고, 그들이 사용하는 그물은 10여 대의 점보 여객기를 넣을 수 있을 정도로 크다.[42] 공중에서 고기 떼를 찾기 위해서 어군 탐지 비행기를 사용하기도 한다.

그물로 잡는 물고기 중의 25퍼센트 정도는 너무 작거나, 원하지 않는 어종이거나, 금어기에 잡힌 "부수 어획"에 해당한다. 「이코노미스트」에 보도된 어느 분석가의 말에 따르면, "우리는 아직도 암흑기에 살고 있다. 그저 그물을 내려서 어떤 고기가 올라오는가를 볼 뿐이다."[43] 많게는 2,200만 톤의 원하지 않는 고기들이 죽은 채로 바다에 다시 던져지고 있다.[44] 새우 1킬로그램을 잡는 과정에서 대략 4킬로그램의 고기를 비롯한 해양생물들이 쓸모없이 낭비된다.

북해의 대부분은 매년 일곱 차례까지 전자 트롤 선에 의해서 깨끗하게 청소가 되기 때문에 생태계가 완전히 파괴된다.[45] 북해에서는 적어도 3분의 2 이상의 어종들이 과도하게 어획되고 있는 것으로 추정되고 있다. 대서양 건너편의 사정도 크게 다르지 않다. 뉴잉글랜드 수역에서는 광어가 풍부했기 때문에 어선 한 척이 하루에 9,000킬로그램을 잡을 수 있었다. 그러나 오늘날 북아메리카의 동북 해안에서는 광어가 거의 사라져버렸다.

그러나 어느 것도 대구의 운명과 비교할 수는 없다. 15세기 말에 탐험가 존 캐벗은 북아메리카 동부 해안의 퇴(堆)에서 믿을 수 없을 정도로 많은 대구 떼를 발견했다. 그곳의 얕은 바다는 대구처럼 바닥에서 사는 고기들에게 좋은 곳이었다. 어장이 엄청나게 큰 곳도 있었다. 매사추세츠 해안의 조지 퇴는 옆에 있는 주(州)보다도 더 넓다. 뉴펀들랜드 해안에 있는 그랜드 퇴는 그보다 더 크고, 몇 세기 동안 대구로 가득 차 있었다. 대구가 너무 많아서 도저히 다 잡을 수가 없을 것처럼 보였다. 물론 지금은 모두 사라져버렸다.

1960년에 이르러서 북대서양에서 알을 낳은 대구의 수는 160만 톤으로 줄어든 것으로 추산되었다. 1990년에는 2만2,000톤으로 줄어들었다.[46] 상업적인 면에서 대구는 이미 멸종한 셈이다. 「대구」라는 흥미로운 역사책을 쓴 마크 쿨란스키에 따르면, "어부들이 모두 잡아버렸다."[47] 대서양의 서쪽에서는 대구가 영원히 사라진 모양이다. 그랜드 퇴에서의 대구 잡이는 1992년부터 완전히 사라졌지만, 「네이처」의 보고에 따르면 지난 가을까지도 대구의 수는 늘어나지 않고 있다.[48] 쿨란스키에 의하면, 생선살이나 생선 스틱은 원래 대구로 만들었지만, 점차 해덕으로 바뀌었다가, 붉은 볼락으로 바뀌었고, 최근에는 태평양 폴록으로 대체되었다. 그는 오늘날의 "생선"은 "생선 찌꺼기"에 불과하다고 냉혹하게 말했다.[49]

다른 해산물의 경우도 비슷하다. 로드 아일랜드 해안의 뉴잉글랜드 어장에서는 한때 9킬로그램이 넘는 바닷가재를 흔히 볼 수 있었다. 14킬로그램에 이르는 경우도 있었다. 잡지 않고 그대로 두면, 바닷가재는 수십 년을 살 수 있다. 70년까지 살 수 있는 것으로 알려져 있다. 바닷가재는 성장을 멈추지 않는다. 오늘날은 1킬로그램이 넘는 바닷가재도 잘 잡히지 않는다. 「뉴욕 타임스」에 따르면, "생물학자들은 6년이 지나서 법적으로 잡을 수 있는 크기가 되는 바닷가재 중의 90퍼센트는 1년 이내에 잡혀버린다고 추정한다."[50] 어획량이 감소하고 있음에도 불구하고, 뉴잉글랜드의 어부들은 주와 연방정부의 지원을 받아서 점점 더 큰 어선을 구입하여 더 집요하게 바닷가재를 잡도록 강요당하고 있다. 오늘날 매사추세츠 주의 어부들은 동아시아로 수출할 수 있는 고약한 먹장어를 잡고 있지만, 그 숫자도 줄어들고 있는 실정이다.

우리는 바다에서 생물의 삶을 지배하는 역학에 대해서 놀라울 정도로 모르고 있다. 남획으로 해양생물이 정상보다 훨씬 줄어든 수역이 있는 반면에, 자연적으로 빈약했던 수역에 훨씬 더 많은 해양생물이 번성하고 있는 곳도 있다. 남극 대륙 부근의 바다는 세계 식물성 플랑크톤의 약 3퍼센트가 자라고 있어서, 복잡한 생태계가 존재할 수 없을 것처럼 보였지만, 사실은 그렇지 않다. 크랩-이터 바다표범은 우리에게 잘 알려지지 않은 동물이지만, 사실은 지구상에서 인간 다음으로 숫자가 많은 동물종이다. 남극 대륙의 얼음 위에는 최대 1,500만 마리가 살고 있다.[51] 대략 200만 마리의 웨델 바다표범과 50만 마리의 황제 펭귄 그리고 400만 마리의 아델리 펭귄도 살고 있다. 따라서 남극의 먹이사슬은 위쪽이 비정상적으로 큰 데에도 불구하고 문제없이 유지되고 있다. 놀랍게도 어떻게 그런 먹이사슬이 유지되는가는 아무도 모른다.

우리가 지구에서 가장 큰 부분에 대해서 거의 알고 있지 못하다는 사실을 아주 어렵게 설명했다. 그러나 지금부터 살펴보겠지만, 생명에 대해서 이야기를 하면, 우리가 어떻게 출현했는가는 물론이고, 생명 그 자체에 대해서도 모르는 것이 엄청나게 많다는 사실을 알게 될 것이다.

제19장

생명의 기원

1953년 시카고 대학의 대학원 학생이던 스탠리 밀러는 원시의 바다를 나타내는 약간의 물이 담긴 플라스크와 초기 지구 대기에 해당하는 메탄, 암모니아, 황화수소 기체의 혼합물이 담긴 플라스크를 고무관으로 연결한 후에 번개를 대신할 수 있도록 전기 방전을 일으켰다. 며칠이 지나자 플라스크 속의 물은 아미노산, 지방산, 당(糖)을 비롯한 여러 가지 유기물이 뒤섞인 녹황색으로 바뀌었다.[1] 밀러의 지도교수인 노벨상 수상자 해럴드 유리는 기뻐하면서 "만약 신(神)이 이 방법을 쓰지 않았다면 엄청난 실수를 한 셈이다"라고 소리쳤다.

당시 언론보도들은 이제 누군가가 잘 흔들어주기만 하면 플라스크 속에서 생명이 기어나올 것처럼 야단들이었다. 그러나 세월이 증명해주었듯이 문제는 그렇게 간단하지 않았다. 반세기 동안 연구를 했음에도 불구하고, 생명을 만드는 데에는 1953년보다 조금도 가까이 가지 못했을 뿐만 아니라, 오히려 그런 날이 더 멀어진 것처럼 보인다. 오늘날의 과학자들은 초기의 대기가 밀러와 유리의 기체 혼합물과 비슷하기는커녕 질소와 이산화탄소가 혼합된 반응성이 훨씬 낮은 상태였을 것으로 짐작하고 있다. 지금까지 훨씬 더 복잡한 기체 혼합물을 이용해서 밀러의 실험을 반복해서 얻을 수 있었던 것은 아주 원시적인 아미노산뿐이었다.[2] 어쨌든 아미노산을 만들어내는 것이 문제가 아니다. 문제는 단백질을 만드는 것이다.

단백질은 아미노산을 길게 연결한 것으로 우리는 많은 종류의 단백질을 필요로 한다. 아무도 정확하게 알고 있지는 않지만, 인체에는 100만 가지 정도의 단백질이 들어 있고, 그런 단백질 하나하나가 작은 기적이다.[3] 모든 확률법칙에 따르면 단백질은 존재할 수가 없는 것이다. 단백질을 만들려면, 마치 알파벳을 특별한 순서로 연결해서 단어를 만드는 것처럼 전통적으로 "생명의 기본 재료"라고 부르던 아미노산을 특별한 순서에 따라서 연결해야 한다. 문제는 아미노산 알파벳으로 구성되는 단어들이 엄청나게 길다는 것이다. 흔한 단백질의 하나를 뜻하는 콜라겐(collagen)*이라는 단어는 8개의 알파벳을 제대로 나열하기만 하면 된다. 그러나 실제로 콜라겐이라는 단백질을 만들려면 1,055개의 아미노산을 정확한 순서로 연결시켜야 한다. 그런데 우리가 그런 것을 만들 수 없다는 사실이 분명하고 핵심적인 문제이다. 단백질은 아무런 지시도 없이 자발적으로 스스로 만들어진다. 바로 그렇기 때문에 단백질을 만드는 것이 불가능하다.

콜라겐처럼 1,055개의 순서를 가진 분자가 자발적으로 스스로 조직화될 가능성은 솔직히 말해서 0이다. 그런 분자가 존재하는 일이 얼마나 어려운가를 이해하려면, 라스베이거스의 슬롯 머신을 개조해서 보통 3-4개 대신에 1,055개의 회전판을 붙이는 경우를 생각해보면 된다. 기계의 폭이 27미터는 되어야 할 것이고, 각각의 회전판에는 아미노산의 수에 해당하는 20개의 기호를 새겨야 한다.† 1,055개의 기호가 제대로 된 순서로 나열되려면 손잡이를 얼마나 오랫동안 잡아당겨야 할까? 무한히 오래 당겨야만 할 것이다. 회전판의 수를 실제로 대부분의 단백질에 들어 있는 아미노산의 수에 해당하는 200개로 줄인다고 하더라도, 200개의 기호가 제대로 된 순서로 나열될 수 있는 확률은 10^{260}(1 다음에 260개의 0이 붙는다)분의 1에 불과하다.[4] 그것은 우주 전체에 있는 원자의 숫자보다도 더 큰 것이다.

---

* 동물의 힘줄, 인대, 진피의 결합조직층, 상아질, 연골조직 등을 구성하는 단백질.

† 실제로는 지구상에 자연적으로 존재하는 아미노산은 22종류이고, 아직도 더 발견될 것이다. 그러나 인간을 비롯한 대부분의 생물을 만드는 데에는 20종류만이 필요하다. 파이롤리신이라는 22번째 아미노산은 2002년에 오하이오 주립대학의 연구원이 발견한 것으로, 조금 후에 설명하게 될 메타노사르키나 바르케리라는 시생대 생물 한 종류에만 들어 있다.

간단히 말해서 단백질은 복잡한 것이다. 146개의 아미노산으로 구성되어 있는 헤모글로빈은 단백질 중에서는 꼬마에 해당하지만, 아미노산을 배열하는 방법은 10^{190}에 이른다.[5] 그래서 케임브리지 대학의 화학자 막스 페루츠는 그 배열순서를 밝히는 데에만 거의 학자 생활의 전부라고 할 수 있는 23년을 보냈다. 아무렇게나 일어나는 사건에 의해서 단백질 분자 하나를 만드는 일도 불가능하다. 천문학자 프레드 호일의 별난 비유처럼, 회오리바람이 폐차장을 휩쓸고 간 후에 완전히 조립된 점보 제트기가 남아 있는 것과도 같은 일이다.

그럼에도 불구하고, 우리는 수십만, 어쩌면 수백만 종류의 단백질을 이야기하고 있다. 각자가 독특하고 또 각자가 목소리를 유지하고 행복하게 살기 위해서 반드시 필요한 것이다. 세상은 거기에서부터 비롯된다. 단백질이 쓸모가 있으려면, 아미노산들이 정확한 순서에 의해서 연결되어야 할 뿐만 아니라, 일종의 화학적 종이 접기에 따라서 아주 특별한 모양으로 접혀져야만 한다. 그런 구조적 복잡성을 만족하더라도 스스로 복제를 하지 못하면 크게 쓸모가 없다. 그런데 단백질은 자기 복제를 하지 못한다. 복제를 위해서 필요한 것이 바로 DNA이다. DNA는 복제의 귀재로, 몇 초 만에 스스로를 복제할 수는 있지만, 다른 일은 별로 하지 못한다.[6] 그래서 우리는 역설적인 입장에 놓이게 된다. 단백질은 DNA가 없이는 존재할 수가 없고, DNA는 단백질이 없으면 존재의 목적이 사라진다. 그렇다면 단백질과 DNA가 서로를 돕기 위한 목적으로 동시에 탄생했다고 생각해야만 할까? 그렇다면 어떻게 그렇게 되었을까?

그뿐이 아니다. DNA와 단백질을 비롯해서 생명에 필요한 다른 성분들은 그것들을 담아둘 일종의 막이 없으면 번성을 할 수가 없다. 원자나 분자들이 독립적으로는 생명을 만들어낼 수 없다. 몸에서 뜯어낸 원자는 모래알과 마찬가지로 죽어 있는 상태이다. 그런 원자들은 세포 속의 풍요로운 환경에 들어가야만, 우리가 생명이라고 부르는 놀라운 춤을 추는 데에 참여할 수 있는 것이다. 세포가 없으면 그런 물질은 흥미로운 화학물질 이상이 될 수 없다. 그러나 그런 화학물질이 없으면 세포는 아무런 목적도 가질 수가 없다. 물리학자 폴 데이비스가 말했듯이, "모든 것이 다른 모든 것을 필요로 한다면 그렇게 다양한 종류의 분자들이 어떻게 만들어질 수 있었을까?"[7] 마치 부엌의 모든 음식 재료들이 스스로 합쳐진 후에 스스로 구워져서 케이크가 만들어지는 것과 같은 일이다. 더욱이 케이크가 더 필요하게 되면 스스로 나누어져서 더 많은 케이크가 생긴다. 우리가 그것을 생명의 기적이라고 부르는 것은 전혀 놀랄 일이 아니다. 또한 우리가 그런 생명을 겨우 이해하기 시작했다는 것도 놀랄 일이 아니다.

그렇다면 그런 신기한 복잡성은 어떻게 생겨났을까? 어쩌면 모든 것이 처음 보았을 때만큼 그렇게 신비로운 것이 아닐 수도 있다. 놀라울 정도로 불가능하게 보이는 단백질의 경우를 살펴보자. 단백질의 조직화가 신기하게 보이는 이유는, 우리가 그런 조직화가 완전히 끝난 상태를 보고 있기 때문이다. 그렇지만 단백질 사슬 전부가 한꺼번에 조직화된 것이 아니라면 어떨까? 몇 개의 딸기 기호를 고정시켜놓는 경우처럼, 위대한 창조의 슬롯 머신의 회전 바퀴 중에서 일부를 고정시켜두었다면 어떻게 될까? 다시 말해서, 단백질이 한순간에 존재하게 된 것이 아니라 진화한 것이라면 어떨까?

신체를 구성하는 탄소, 수소, 산소와 같은 모든 성분을 물과 함께 통에 넣어서 심하게 흔들면 완성된 사람이 등장하게 되는 경우를 상상해보자. 그런 일은 정말 놀라울 것이다. 어쩌면 호일을 비롯해서 집요한 창조론자들이 모든 단백질이 한꺼번에 저절로 만들어졌다고 주장하는 것은 그런 경우를 뜻하는 것일 수도 있다. 그러나 실제로 그렇게 되지는 않았다. 그렇게 될 수가 없었다. 리처드 도킨스가 「눈먼 시계공」에서 주장했듯이, 아미노산이 한 덩어리로 조직화되는 데에는 일종의 누적적인 선택 과정이 필요했다.[8] 어쩌면 어떤 이유 때문에 두세 개의 아미노산이 서로 연결이 되었고, 상당한 시간이 지난 후에 비슷하게 생긴 다른 덩어리와 만나게 되었으며, 그런 과정에서 더 좋은 점이 "발견되었을" 수 있다.

생명과 관련된 화학반응은 실제로 아주 흔한 것들이다. 비록 스탠리 밀러와 해럴드 유리가 흉내를 냈다고 하더라도 우리가 실험실에서 그런 반응을 모두 흉내낼 수는 없다. 하지만 우주는 충분히 그런 일을 해낼 수 있다. 자연에서도 많은 분자들이 합쳐져서 폴리머(polymer)라고 하는 긴 사슬이 만들어진다.[9] 당이 모이면 녹말이 된다. 결정(結晶)들도 생명처럼 복제를 하고, 주변의 자극에 반응하며, 정형화된 복잡성을 나타낼 수 있다. 물론 그런 것들이 생명으로 발전하지는 못하지만, 그런 사실은 복잡성이 자연적인 것이고, 저절로 만들어지기도 하며, 아주 흔한 사건이라는 사실을 반복해서 보여주고 있다. 우주 전체에는 많은 종류의 생명체가 존재할 수도 있고, 그렇지 않을 수도 있다. 그러나 눈송이의 고정된 대칭성에서 토성의 멋진 고리에 이르기까지 규칙적인 자기 조직화 현상은 흔히 볼 수 있는 것이다.

스스로 조직화하려는 자연적인 충동이 상당하기 때문에 이제 과학자들은 생명이 출현하게 된 것은 우리가 생각했던 것보다 훨씬 더 필연적이었을 것이라고 믿게 되었다. 즉 노벨상을 수상한 벨기에의 생화학자 크리스티앙 드 뒤브의 말처럼 생명은 "조건이 적당하기만 하면 어느 곳에서나 출현할 수밖에 없는 물질의 의무적인 발현"이다.[10] 드 뒤브는 은하에서 그런 조건이 만족되는 행성은 100만 개가 넘을 것이라고 믿었다.

우리가 살아 움직이도록 해주는 화학물질이 놀라울 정도로 특별하지 않다는 것은 확실하다. 금붕어나, 상추나, 인간처럼 살아 있는 것을 만들어내는 데에는 탄소, 수소, 산소, 질소의 네 가지 주된 원소들과, 주로 황, 인, 칼슘, 철을 비롯한 몇 가지 다른 원소들이 조금씩 필요할 뿐이다.[11] 이런 원소들을 30여 가지의 방법으로 조합하면 당(糖)이나 산(酸)과 같은 기본적인 화합물들을 만들 수 있고, 그것들을 이용해서 생명도 만들 수 있다. 도킨스가 지적했듯이 "생물을 구성하는 물질에는 특별한 점이 아무것도 없다. 살아 있는 생물도 다른 모든 것과 마찬가지로 분자들의 집합일 뿐이다."[12]

가장 중요한 사실은 생명이 놀랍고 기쁜 것일 뿐만 아니라 어쩌면 신기한 것이기도 하지만, 우리의 소박한 존재를 통해서 반복적으로 증명된 것처럼 전혀 불가능한 것은 아니라는 점이다. 더 정확하게 말하자면, 생명이 어떻게 시작되었는가에 대한 구체적인 사항들은 여전히 확실하게 알아낼 수가 없다. 그러나 생명의 탄생에 필요한 조건에 대한 모든 시나리오에는 물이 들어 있다. 생명이 처음 시작되었던 곳이라고 다윈이 믿었던 "따뜻하고 작은 연못"에서부터 오늘날 가장 유력하게 꼽히고 있는 거품이 일고 있는 바다 밑의 분출구에 이르기까지 모두가 그렇다. 그러나 지금까지의 모든 시나리오에서는 단량체(monomer)*를 중합체로 변환시켜서 단백질을 만드는 데에는 생물학에서 "탈수 결합(dehydration linkage)"**이라는 반응이 필요하다는 사실을 무시하고 있다. 약간 어려워 보이기는 하지만, 유명한 생물학 교과서에 따르면, "그런 반응이 원시 바다나 산성의 매질에서는 질량작용의 법칙*** 때문에 에너지적으로는 가능성이 높지 않다는 점은 모두가 인정한다."[13] 잔에 들어 있는 물에 녹인 설탕이 다시 뭉쳐지는 일과 같다는 뜻이다. 그런 일은 저절로 일어날 수 없지만, 자연에서는 어쩐 일인지 그런 일이 일어난다. 이런 사실에 대한 화학적 설명은 우리에게 조금 어렵지만, 여기에서는 단량체를 물에 넣는다고 해서 중합체로 바뀌지는 않지만, 지구상에서 생명이 탄생할 때는 달랐다는 사실만 이해하면 된다. 당시에 바로 그런 일이 어떻게, 왜 일어났는가를 이해하지 못한 것은 생물학에서의 가장 난해한 문제 중의 하나이다.

지난 수십 년 동안 지구과학에서 가장 놀라웠던 일 중의 하나는 지구의 역사에서 생명이 얼마나 일찍 출현했는가를 알아낸 것이었다. 1950년대가 한참 지날 때까지도, 생명의 역사는 6억 년이 채 되지 않았을 것으로 생각했다.[14] 1970년대에 들어서는 몇몇 모험심 강한 사람들이 생명의 역사가 25억 년까지 거슬러올라가야 한다고 주장하기 시작했다. 그러나 오늘날 우리가 알고 있는 38억5,000만 년은 놀라울 정도로 길다고 생각했다. 참고로 지구의 표면이 딱딱하게 굳어진 것은 39억 년 전의 일이었다.

---

* 고분자 중합체를 구성하는 기본 단위가 되는 분자.

** 두 개의 아미노산이 결합될 때처럼, 두 분자에서 각각 OH와 H가 떨어져 나와서 물(H_2O)이 되면서 두 분자가 결합되는 반응.

*** 화학반응의 속도가 반응물질 농도의 거듭제곱에 비례한다는 법칙.

"생명이 그렇게 일찍 출현했다는 것으로부터 우리는 지구상에서 적당한 조건만 주어지면 박테리아 수준의 생명이 진화하는 것은 그리 '어렵지' 않다는 사실을 추정할 수 있다"고 스티븐 제이 굴드는 1996년 「뉴욕 타임스」에서 주장했다.[15] 그의 다른 표현을 빌리면, "생명이 그렇게 일찍 출현했다는 것은 생명이 화학적으로 필연적"이라는 결론과 크게 다르지 않을 것이다.[16]

실제로 생명이 그렇게 빨리 출현했다면, 외부의 도움, 그것도 상당한 도움이 있었기 때문이라고 주장하는 사람들도 있다. 지구상의 생명이 외계로부터 왔을 것이라는 주장은 놀라울 정도로 오래되었고, 때로는 실제로 그렇게 믿기도 했다. 위대한 켈빈 경은 이미 1871년 영국 과학진흥협회의 학술대회에서 "어쩌면 생명의 씨앗이 운석으로부터 지구에 떨어졌을 수도 있다"면서 그런 가능성을 제기했다. 그러나 1969년 9월의 어느 일요일에 수만 명의 오스트레일리아 사람들이 엄청난 폭음과 함께 하늘을 동쪽에서 서쪽으로 가로지르는 불덩어리를 볼 때까지는 그런 주장은 소수 사람들의 생각일 뿐이었다.[17] 그 불덩어리가 지나가면서 찢어지는 듯한 소리를 냈고, 어떤 사람은 그 후에 변성 알코올* 같은 냄새가 났다고 하기도 하고, 어떤 사람은 그저 고약한 냄새가 났다고 했다.

불덩어리는 멜버른 북쪽의 골번 계곡에 있는 600명의 주민이 사는 머치슨이라는 마을 위에서 폭발해서 작은 조각으로 떨어져 내렸다. 그중에는 5.5킬로그램이나 되는 조각도 있었다. 다행히 아무도 다치지는 않았다. 떨어진 운석은 탄소가 주성분인 구립운석(球粒隕石, chondrite)이라는 희귀한 종류였다. 마을 사람들은 자발적으로 모두 90킬로그램의 운석 조각을 채집했다. 운석이 떨어진 것은 정말 적절한 때였다. 바로 두 달 전에 아폴로 11호의 우주인들이 달에서 암석을 가져왔고, 전 세계의 실험실은 외계에서 만들어진 암석을 분석하기에 바빴다.

머치슨 운석은 45억 년이나 되었고, 그 속에는 아미노산이 잔뜩 들어 있었다. 모두 74종의 아미노산이 발견되었고, 그중에서 8종은 지구상의 단백질에

* 냄새가 심한 황화 메틸 등을 넣어서 마실 수 없고, 램프나 난방용으로만 쓰도록 만든 알코올.

쓰이는 것이었다.[18] 충돌 후 30년 이상이 지난 2001년 말에 캘리포니아 주에 있는 에임스 연구소의 연구진은 머치슨 암석으로부터 지구에서는 발견된 적이 없었던 폴리올(polyol)이라는 복잡한 구조의 당(糖)이 발견되었다고 발표했다.

그 이후로 몇 개의 탄소질 구립운석들이 지구의 궤도에 발을 들여놓았다.[19] 2000년 1월에 캐나다 유콘의 타기시 호수에 운석이 떨어지는 모습은 북아메리카의 거의 전 지역에서 볼 수 있었다. 그런 운석들도 역시 우주에 실제로 유기화합물이 많이 있다는 사실을 확인시켜주었다. 이제는 핼리 혜성의 약 25퍼센트가 유기분자라고 믿고 있다. 그런 것이 지구처럼 적당한 곳에 떨어지게 되면, 생명이 출현하기에 필요한 기본 요소가 모두 갖추어지게 된다.

포자설(胞子說)로 알려진 외계 기원설에는 두 가지 문제가 있다. 첫째는 생명이 어떻게 시작되었는가에 대해서는 책임을 다른 곳으로 떠넘겼을 뿐, 아무런 해답도 제공하지 않는다는 것이다. 둘째는 포자설이 아주 훌륭한 사람들까지도 너무 흥분시켜서 경솔하다고 해야 할 정도의 추측을 하도록 만들었다는 것이다. DNA 구조를 함께 발견했던 프랜시스 크릭과 그의 동료 레슬리 오겔은 "지능을 가진 외계인들이 의도적으로 지구에 생명의 씨앗을 뿌렸다"고 주장했고, 그리빈은 그런 주장은 "과학적으로 존중받을 수 있는 범위의 경계선에 있는 것"이라고 평가했다.[20] 다시 말하면, 그런 주장이 노벨상 수상자의 것이 아니라면 정말 어리석기 짝이 없는 것으로 여겨졌을 것이라는 뜻이었다. 프레드 호일과 그의 동료 찬드라 위크라마싱은, 생명뿐만 아니라 독감과 선(腺)페스트와 같은 전염병도 외계에서 전해졌다고 주장해서 포자설의 신빙성을 더욱 떨어뜨렸다. 그런 주장은 생화학자들에 의해서 쉽게 부정되었다. 앞에서 설명했듯이, 20세기의 가장 위대한 과학자 중의 한 사람인 호일은, 우리의 콧구멍이 아래를 향하도록 진화한 것은 외계의 병균이 직접 떨어지지 않고 아래로 흘러내리도록 하기 위해서라고 주장하기도 했었다.[21]

무엇 때문에 생명이 시작되었는가는 알 수 없지만, 생명의 출현은 단 한번만 일어났다. 그것은 생물학적으로도 아주 특이한 사실이고, 어쩌면 우리가 알고 있는 것 중에서도 가장 특별한 것일 수도 있다. 지금까지 살았던 모든 식물과 동물들은 모두 동일한 원시생물에서 시작되었다. 상상을 할 수도 없을 정도로 먼 옛날에 약간의 화학물질이 생명이 되기 위해서 안달을 하고 있었다. 그 생명은 약간의 영양분을 흡수해서 부드러운 숨을 쉬면서 아주 잠깐 동안 삶을 유지했다. 그 정도의 일은 과거에 여러 차례 일어났을 것이다. 그런데 그런 원형질(原形質) 덩어리가 그 이상의 특별한 일을 했다. 스스로 갈라져서 후손을 만들어낸 것이다. 한 생명으로부터 아주 적은 양의 유전물질이 다음 생명에게로 전해졌고, 그 이후로는 그런 일이 한 번도 멈춘 적이 없었다. 그것이 바로 우리 모두가 창조되는 순간이었다. 생물학자들은 그 순간을 대탄생(Big Birth)이라고 부르기도 한다.

매트 리들리에 따르면, "지구상에서 볼 수 있는 동물이나 식물이나 벌레나 심지어 물방울까지도, 살아 있는 것은 모두가 똑같은 사전의 똑같은 코드를 이해하고 있다. 모든 생명은 하나이다."[22] 우리 모두는 거의 40억 년 전에 시작된 단 한번의 유전적 마술이 세대를 통해서 끊임없이 이어진 결과이다. 그래서 인간의 유전 정보의 일부를 잘라서 잘못된 효모 세포에 넣어주면, 그 효모 세포는 그 유전 정보가 마치 자기 것인 양 착각을 한다. 진정한 의미에서 생명은 생명, 그 자체이다.

생명의 새벽 또는 그것과 비슷한 것이 캔버라에 있는 오스트레일리아 국립대학의 지구과학과 건물에 있는 친절한 빅토리아 베넷이라는 동위원소 지구화학자 사무실의 실험대 위에 놓여 있다. 미국인인 베넷 양은 1989년에 2년 계약으로 캘리포니아 주에서 오스트레일리아 국립대학으로 간 후에 계속 그곳에 남게 되었다. 내가 2001년 말에 그곳에 찾아가자 그녀는 투명한 수정과 클리노피록신이라고 부르는 녹회색의 물질이 번갈아서 얇은 띠 모양을 이루고 있는 제법 묵직한 암석을 보여주었다. 그 암석은 1997년에 오래된 암석이 많이 발견되었던 그린란드의 아킬리아 섬에서 채취한 것이었다. 그 암석은 38억5,000만 년이나 된 것으로, 지금까지 발견된 해양 퇴적암 중에서 가장 오래된 것이었다.

"지금 손에 들고 있는 것에 정말 언젠가 생물이 살았는가를 확실하게 알아낼 수는 없습니다. 그러려면 그 돌을 완전히 가루로 만들어야 하기 때문이지요."[23] 베넷이 말해주었다. "그러나 그 돌은 가장 오래된 생물이 발굴된 퇴적층에서 나온 것이기 때문에 그 속에 생물이 살았을 가능성은 있습니다." 아무리 조심스럽게 살펴보아도 미생물의 화석은 절대 발견할 수가 없다. 바다 밑의 진흙이 바위로 변화되는 과정에서 단순한 생물체들은 모두 사라졌다. 그러나 돌을 가루로 만들어서 살펴보면 생물들이 남기고 간 화학물질의 찌꺼기를 발견할 수는 있다. 탄소 동위원소와 인회석(燐灰石)이 발견되면 그 돌 속에 생물군락이 살았다는 충분한 증거가 된다. 베넷의 말에 따르면, "그 생물이 어떻게 생겼는가는 추측할 수밖에 없습니다. 아마도 생명체 중에서 가장 단순한 것이겠지만, 그래도 생명체임이 틀림없어요. 삶을 살았고, 후손에게 전해지기도 했습니다."

그리고 결국 그 삶은 우리에게까지 전해졌다.

베넷처럼 고암석에 관심을 가지고 있는 사람들에게는 오래 전부터 오스트레일리아 국립대학이 최고였다. 그 명성은 주로 빌 콤프스턴이라는 천재 덕분에 생긴 것이었다. 지금은 은퇴한 그는 1979년대에 첫 글자들을 모아서 SHRIMP라고 알려지게 된 세계에서 가장 뛰어난 고분해능 이온 마이크로 검출장치(sensitive high resolution ion micro probe)를 만들었다. 그것은 지르콘이라는 작은 광물질에 들어 있는 우라늄의 붕괴 속도를 측정하는 장치였다. 지르콘은 현무암을 제외한 대부분의 암석에 들어 있고, 특별히 빼내지 않는다면 어떠한 자연현상에 의해서도 부서지지 않을 정도로 아주 견고하다. 지각의 대부분은 언젠가 땅속에 있는 오븐 속으로 미끄러져 들어갔지만, 지질학자들은 오스트레일리아 서부와 그린란드와 같은 일부 지역에서 언제나 지표면에 남아 있었던 암석들을 가끔씩 발견할 수 있었다. 콤프스턴의 기계는 그런 암석의 연대를 아주 정밀하게 측정해주었다. 지구과학과의 기계실에서 직접 깎아서 조립되었던 SHRIMP의 원형은 남은 예산으로 구입한 예비부

품으로 만든 것처럼 보였지만 훌륭하게 작동했다. 1982년의 첫 공식시험에서 서부 오스트레일리아에서 채취한 암석의 나이를 당시로서는 가장 오래된 43억 년이라고 밝혀냈다.

"당시에 새 기계로 그렇게 중요한 결과를 그렇게 빨리 알아낸 것은 상당히 놀라운 일이었습니다." 베넷이 말해주었다.

그녀는 아래층에 있는 최신 기계인 SHRIMP II를 보여주었다. 그것은 스테인리스 스틸로 만들어진 길이 3.6미터, 높이 1.5미터의 거대한 장치로 심해 탐사선처럼 튼튼하게 만들어졌다. 기계 앞에 있는 콘솔에 앉아서 화면에 끊임없이 나타나는 숫자를 보고 있던 사람은 뉴질랜드 캔터베리 대학의 밥이라는 남자였다. 그는 새벽 4시부터 그곳에 있었다고 했다. SHRIMP II는 하루 24시간 작동된다. 그만큼 연대를 측정할 암석이 많다. 아침 9시가 막 지난 시간이었고, 밥은 12시까지 그 기계를 쓸 수 있었다. 두 지구화학자에게 그 기계의 작동 원리를 물어보았더니, 둘 다 모두 동위원소의 존재비와 이온화 에너지 등에 대해서 열심히 설명해주었지만, 모두가 이해할 수 없는 수준이었다. 그러나 결론은, 그 기계가 암석 샘플에 전하를 가진 원자들을 쏘아보냄으로써 지르콘 속에 들어 있는 납과 우라늄 양의 작은 차이를 알아낼 수 있고, 그 차이로부터 암석의 정확한 나이를 알아낼 수 있다는 것이었다. 밥에 의하면 지르콘 하나에서 결과를 얻으려면 17분이 걸리고, 신뢰할 수 있는 결과를 얻으려면 그런 측정을 10여 차례 반복해야만 한다. 실질적으로는 그런 과정은 유료 자동 세탁소를 왔다갔다하는 정도의 활동과 자극이 필요한 것처럼 보였다. 그러나 밥은 아주 행복해 보였다. 뉴질랜드 사람들은 대체로 그랬다.

지구과학과 건물은 사무실과 실험실과 기계실이 뒤엉킨 이상한 곳이었다. "우리는 모든 것을 여기에서 만들어서 씁니다"라고 베넷이 말해주었다. "유리 세공을 해주던 사람도 있었는데 지금은 은퇴를 했습니다. 아직도 돌을 깨는 일을 하는 사람이 두 명 있답니다." 나의 놀라는 표정을 본 베넷은 더 설명을 해주었다. "우리는 엄청난 양의 암석을 처리해야 합니다. 그런 암석은 아주 조심스럽게 다루어야 하고요. 다른 샘플에 의해서 오염이 되지 않도록 조심해야 합니다. 먼지 같은 것이 묻어도 안 되지요. 아주 정교한 일이랍니다." 돌을 깨는 사람은 커피를 마시러가고 없었지만, 돌을 깨는 기계는 정말 깨끗하게 관리되고 있었다. 기계 옆에는 온갖 모양과 크기의 돌들이 담겨 있는 상자들이 쌓여 있었다. 오스트레일리아 국립대학에서 엄청난 양의 암석을 처리하고 있는 것이 분명했다.

구경을 마치고 베넷의 사무실로 돌아온 나는 그녀의 사무실 벽에 붙여놓은 어느 화가가 35억 년 전 지구의 모습을 상상해서 화려하게 그려놓은 포스터를 보았다. 지구과학에서 시생대(始生代, hadean)라고 부르는 고대의 시기로 생명이 처음 생겨날 때의 모습이었다. 포스터에 그려진 폭발하고 있는 거대한 화산과 붉은색의 거친 하늘 밑에 펄펄 끓고 있는 구릿빛 바다의 모습은 아주 낯설게 보였다. 앞쪽의 얕은 곳에는 일종의 박테리아 암석인 스트로마톨라이트가 채워져 있었다. 생명이 탄생하고 번성하기에 적당한 곳처럼 보이지는 않았다. 나는 그녀에게 그림이 정확한 것인가를 물어보았다.

"글쎄요. 당시에는 태양이 훨씬 약하게 빛났기 때문에 사실은 더 차가웠을 것이라고 주장하는 사람들도 있습니다."(생물학자들이 농담을 할 때에는 "어두운 태양[dim sun]"이라는 뜻으로 "중국 식당 문제"라고 한다는 사실을 나중에 알게 되었다.*) "대기가 없으면, 태양이 아무리 어둡더라도, 태양에서 오는 자외선 때문에 분자들의 결합이 끊어집니다." 그녀는 스트로마톨라이트를 가리키면서 말했다. "그럼에도 불구하고, 여기처럼 표면에 노출된 곳에는 생명체가 있었습니다. 수수께끼지요."

"그러니까 우리는 아직도 당시의 세상이 어떤 모습이었는지 잘 모르는군요."

"음……" 그녀는 조심스럽게 동의했다.

"어쨌든 생명에게는 큰 도움이 되지 않았을 것 같군요."

그녀는 가볍게 끄덕였다. "그렇지만 생명에게 적당한 무엇이 있었겠지요. 그렇지 않다면 지금 우리가 이곳에 있지 못했을 겁니다."

---

* 미국의 중국 식당에서 파는 만두를 "dim-sum(點心)"이라고 한다.

당시의 환경이 우리에게는 적당하지 않았던 것이 분명하다. 만약 타임 머신을 타고 시생대로 되돌아간다면, 당시 지구상에 있던 산소의 양은 오늘날 화성에 있는 것보다 더 적기 때문에 급히 안으로 달려 들어와야만 할 것이다. 또한 옷을 녹이고, 피부에 물집이 생기도록 만드는 염산과 황산 같은 독가스가 가득했었다.[24] 또한 빅토리아 베넷의 사무실에 있던 포스터에 그려진 것처럼 깨끗하고 빛나는 광경도 볼 수가 없었다. 당시의 대기 중에 가득했던 화학물질들 때문에 지표면에 도달하는 햇빛은 거의 없었을 것이다. 자주 치던 번개의 밝은 빛을 통해서 잠시 동안 주위를 살펴보는 것이 전부일 것이다. 간단히 말해서, 지구는 지구이지만 우리가 알아볼 수 있는 모습은 아니었다.

태고의 세계에서는 축하할 일도 많지 않았다. 20억 년 동안에 박테리아 정도의 생물체가 유일한 생명이었다. 그런 생물들이 살면서, 번식하고, 돌아다녔지만, 더욱 도전적인 수준의 존재로 발전할 뜻은 전혀 가지고 있지 않았다. 생명이 태어나고 10억 년이 지나는 사이에 언젠가 시아노박테리아(cyanobacteria), 즉 남조류가 물속에 엄청난 양으로 녹아 있어서 마음대로 활용할 수 있는 자원이었던 수소를 이용하는 방법을 알아냈다. 그들은 물을 빨아들여서 수소를 섭취하고, 폐기물인 산소를 뱉어냈다. 그런 과정에서 그들은 광합성 방법을 발명했다. 마굴리스와 세이건이 지적했듯이, 광합성의 출현은 "지구 생명의 역사에서 가장 중요하고 유일한 대사 과정의 발명임이 틀림없다."[25] 광합성을 발명한 것은 식물이 아니라 박테리아였다.

남조류가 번성하게 되면서 세상은 산소로 가득 채워졌고, 당시 세상에 살고 있던 다른 생물들은 산소의 독성에 깜짝 놀랄 수밖에 없었다. 산소를 사용하지 않는 무산소성 생물의 세계에서 산소는 독성이 매우 강한 물질이다. 실제로 우리의 백혈구는 산소를 이용해서 박테리아를 죽인다.[26] 산소가 우리의 생존에 필수적이라고 믿었던 사람들에게는 산소가 독성을 가지고 있다는 것이 놀랍게 들리겠지만, 그렇게 된 것은 우리가 산소를 활용하도록 진화했기 때문이다. 다른 생명체들에게 산소는 두려운 존재이다. 버터가 상하고,

쇠가 녹이 스는 것도 모두 산소 때문이다. 우리도 어느 정도까지의 산소만을 견뎌낼 수 있다. 우리 세포 속에서의 산소 농도는 대기 중의 산소 농도의 10퍼센트 정도에 불과하다.

새로 출현한 산소를 사용하는 생물체는 두 가지 이점을 가지고 있었다. 산소는 에너지를 생산하는 더 효율적인 수단이기도 했지만, 경쟁 상대가 되는 생물체를 제거해주기도 했다. 습지와 호수 바닥의 질퍽거리고 산소가 없는 세상으로 되돌아간 생물체도 있었다. 다른 것들도 마찬가지였지만, 아주 먼 훗날에는 우리 인간과 같은 생물체의 소화관 속으로 옮겨가기도 했다. 지금도 상당히 많은 수의 그런 원시적인 생물체들이 아주 적은 양의 산소마저도 무서워서 우리 몸속으로 숨어들어 음식물의 소화를 돕고 있다. 수를 알 수도 없을 정도로 많은 생물들은 적응에 실패해서 죽어버렸다.

남조류는 대단한 성공을 거두었다. 처음에는 그들이 만들어내는 여분의 산소가 대기 중에 축적되는 대신에 철과 결합하여 산화철이 되어 원시 바다 밑으로 가라앉았다. 세상은 수백만 년에 걸쳐서 문자 그대로 녹이 슬었다. 그런 역사는 오늘날 세계의 철광석을 제공하고 있는 띠 모양의 철 광상(鑛床)에 생생하게 기록되어 있다. 수천만 년 동안 그 이상의 일은 일어나지 않았다. 초기 원생대로 되돌아가보면, 지구상에 살게 될 미래의 생물이 출현할 것이라는 징조는 찾아보기 어려울 것이다. 아마도 이곳저곳에 있는 물웅덩이에서 살아 있는 거품을 보거나, 해안의 바다에 반짝이는 녹색이나 갈색 생물들을 볼 수 있을 뿐이고, 다른 생물들은 찾아볼 수가 없을 것이다.

그러다가 약 35억 년 전에 무엇인가 획기적인 일이 일어났다.[27] 얕은 바다에서는 어느 곳에서나 눈에 보이는 구조가 나타나기 시작했다. 일상의 화학적 변화를 일으키는 과정에서 남조류들은 아주 조금 더 끈적끈적해졌고, 그래서 먼지와 모래처럼 작은 입자들이 달라붙어서 흉측하게 보이기는 하지만 좀더 단단한 구조를 만들게 되었다. 그것이 바로 빅토리아 베넷의 사무실 벽에 있던 포스터의 얕은 곳에 그려져 있던 스트로마톨라이트이다. 때로는 거대한 컬리플라워처럼 보이기도 하고, 부풀어오른 매트리스(스트로마톨라이트는 "매트리스"라는 뜻의 그리스어에서 유래되었다)처럼 보이기도 하고, 기둥처럼 만들어져서 수면에서 수십 미터, 심지어 100미터에 이르는 높이를 가지게 되기도 했다. 그 모양에 상관없이 그들은 일종의 살아 있는 돌이었고, 세상에서 최초로 협동에 의한 삶을 보여주었던 예였다. 표면에 노출되어서 살거나, 그 속에서 사는 다양한 종류의 원시생물체들이 서로에 의해서 만들어진 조건을 이용해서 살아가고 있었다. 세상에 처음으로 생태계가 나타난 것이다.

과학자들은 오래 전부터 화석을 통해서 스토로마톨라이트에 대해 알고 있었다. 그러나 1961년에 오스트레일리아의 외딴 북서 해안에 있는 샤크 만에서 살아 있는 스트로마톨라이트를 발견한 것은 정말 놀라운 일이었다. 그것은 정말 뜻밖의 발견이었다. 사실은 너무나도 뜻밖이었기 때문에 과학자들이 무엇을 발견했는가를 이해하기까지 몇 년이 걸렸다. 그러나 오늘날 샤크 만은 관광지가 되었다. 그 주변의 수백 킬로미터 이내에는 다른 관광지가 없고, 그나마도 크기가 10여 킬로미터에 불과하다. 방문객들이 만으로 걸어가서 수면 바로 밑에서 조용하게 숨 쉬고 있는 스트로마톨라이트를 잘 볼 수 있도록 산책로도 만들었다. 회색으로 광택도 없는 그것은 다른 책에서 설명했듯이 아주 커다란 쇠똥처럼 보인다. 그럼에도 불구하고 35억 년 전에 살았던 생물이 지금까지 살고 있는 모습을 보고 있다는 사실은 이상할 정도로 아찔한 느낌을 준다. 리처드 포티의 표현에 따르면, "이것이야말로 진정한 시간여행이다. 사람들이 진정한 신비를 찾는다면 이것이야말로 기자의 피라미드만큼 잘 알려졌어야 한다."[28] 상상도 하지 못하겠지만, 이렇게 무디게 보이는 돌들은 생명으로 가득 차 있고, 제곱미터당 36억 마리의 생명체가 있는 것으로 추정된다. 아주 자세히 보면, 산소를 배출하는 과정에서 생기는 작은 기포를 볼 수도 있다. 20억 년 동안에 그렇게 배출된 산소가 지구 대기의 산소를 20퍼센트로 끌어올림으로써, 다음 단계의 더욱 복잡한 생명의 역사가 시작될 수 있었다.

샤크 만의 남조류가 지구상에서 가장 느리게 진화한 생물체라는 주장도 있었지만, 지금 현재는 가장 희귀한 생물 중의 하나임이 틀림없다.[29] 더 복잡한 생명체가 나타날 수 있는 길을 열어준 그들은 바로 자신들을 통해서 존재하게 된 바로 그 생물체들에 의하여 거의 모든 곳에서 멸종되었다(그들이 샤크 만에서 지금까지 살아남을 수 있었던 것은 그곳의 염도가 너무 높아서 남조류를 먹고사는 생물들이 살 수가 없었기 때문이다).

생명이 복잡하게 진화하는 데에 그렇게 오랜 시간이 걸렸던 한 가지 이유는, 단순한 생물체들이 대기 중에 충분한 양의 산소를 불어넣을 때까지 기다려야 했기 때문이었다. 포티에 따르면, "동물들은 움직이기에 충분한 양의 에너지를 얻을 수가 없었다."[30] 대기 중의 산소 농도가 대체로 오늘날의 수준으로 늘어나는 데에는 지구 역사의 40퍼센트에 해당하는 20억 년 정도가 걸렸다. 그러나 산소의 농도가 그런 수준에 이르게 되자, 아주 갑작스럽게 전혀 새로운 형태의 세포가 등장하기 시작했다. 핵(nucleus)과 세포소기관(organelle, "작은 도구"라는 뜻의 그리스어에서 유래)이라고 부르는 작은 몸을 가진 세포가 출현했다. 그런 과정은, 서투르거나 모험심이 강한 박테리아가 다른 박테리아에 의해서 침략을 당하거나 포획되었는데, 그렇게 된 것이 양쪽 모두에게 적절했기 때문에 생겨나게 되었을 것이다. 포획된 박테리아는 미토콘드리아가 되었을 것으로 생각된다. 생물학자들이 내공생(內共生)이라고 부르는 미토콘드리아 침략에 의해서 복잡한 생명이 가능하게 되었다(식물에서도 비슷한 방법으로 엽록체[葉綠體, chloroplast]가 만들어져서 광합성을 할 수 있는 식물이 생겨났다).

미토콘드리아는 산소를 이용해서 영양분으로부터 에너지를 방출시킨다. 그런 매력적이고 훌륭한 마술이 없었더라면, 오늘날 지구상의 생명은 단순한 미생물의 진흙탕에 불과했을 것이다.[31] 미토콘드리아는 모래알 정도의 공간에 10억 개 정도가 들어갈 수 있을 정도로 아주 작지만, 아주 굶주린 상태이다.[32] 생물체가 흡수하는 거의 모든 영양분은 미토콘드리아를 먹여 살리는 데에 사용된다.

우리는 미토콘드리아가 없으면 2분 이상 살 수가 없다. 그러나 10억 년이 지났음에도 불구하고, 미토콘드리아는 우리와는 함께 살 수 없다고 생각하는 것처럼 행동해왔다. 미토콘드리아는 그 자신만을 위한 DNA를 가지고 있다. 미토콘드리아는 주인 세포와는 다른 시기에 번식을 한다. 그들은 박테리아처럼 생겼고, 박테리아처럼 분열되고, 때로는 항생제에 대해서 박테리아처럼 반응하기도 한다. 간단히 말해서, 그들은 자기 보따리를 따로 챙겨두고 살고 있다. 그들은 자신들이 살고 있는 세포가 사용하는 유전언어도 함께 쓰지 않는다. 마치 집 안에 손님을 모셔둔 것 같지만, 그 손님은 10억 년 동안 함께 살아왔다.

새로운 형태의 세포는 "진짜 핵을 가지고 있다"는 뜻으로 진핵세포(眞核細胞, eukaryote)라고 부른다. 구식의 세포는 "핵이 생기기 전"이라는 의미로 원핵세포(原核細胞, prokaryote)라고 한다. 화석 기록에 의하면 진핵세포는 갑자기 나타난 것처럼 보인다. 지금까지 알려진 것 중에서 가장 오래된 그리파니아라고 부르는 진핵세포는 단 한번 발견되었고, 그로부터 5억 년 동안은 발견된 적이 없다.[33]

지질학자 스티븐 드루리의 말에 따르면, 옛날의 원핵세포는 새로운 진핵세포와 비교하면 "한 줌의 화학물질"에 불과했다.[34] 진핵세포는 원핵세포보다 더 크다. 결국은 1만 배나 더 커졌고, 1,000배나 더 많은 DNA를 가지고 있다. 세상은 점점 식물처럼 산소를 배출하는 생물체와 인간처럼 산소를 소비하는 생물체의 두 종류가 지배하게 되었다.

한동안 단세포 진핵생물을 "동물 이전의 생물"이라는 뜻으로 "원생생물(protozoa)"이라고 불렀지만, 그런 용어는 점차 사라지고 이제는 "protist"라고 부르고 있다. 원생생물은 그보다 먼저 태어났던 박테리아와 비교해보면 디자인과 정교함이 놀라울 정도로 달라졌다. 하나의 세포로 되어 있고, 사는 것 이상의 아무런 야망도 없는 간단한 아메바조차 DNA 속에 4억 개의 유전 정보를 가지고 있다. 칼 세이건이 지적했던 것처럼, 그 정도면 500쪽짜리 책 80권을 채울 수 있는 양이다.[35]

결국 진핵생물은 더욱 독특한 마술을 배우게 되었다. 10억 년 정도의 오랜 세월이 걸리기는 했지만, 일단 배우고 난 후에는 아주 좋은 마술이었다. 함께 모여서 복잡한 다세포 생물을 만드는 것이 바로 그것이었다. 그런 혁신 덕분에 크고, 복잡하고, 눈으로 볼 수도 있는 우리와 같은 생물이 태어날 수 있게 되었다. 행성 지구는 야망에 찬 다음 단계로 나아갈 준비를 마친 것이다.

그러나 그런 일에 너무 흥분하기 전에, 앞으로 살펴보듯이 세상은 아주 작은 것들이 소유하고 있다는 사실을 기억해둘 필요가 있다.

제20장

작은 세상

미생물에 대해서 너무 많은 관심을 가지지 않는 것이 좋을 수도 있다. 프랑스의 위대한 화학자이며 세균학자인 루이 파스퇴르는 미생물에 너무 집착해서, 앞에 놓인 음식 접시를 확대경으로 꼼꼼하게 살펴보기도 했다.[1] 그런 버릇 때문에 그를 만찬에 초청하지 않았던 사람들도 많았을 것이다.

실제로 박테리아(세균)는 당신의 몸은 물론이고 우리 주위에 상상도 할 수 없을 정도로 엄청나게 많이 존재하기 때문에 박테리아로부터 도망가려고 애를 쓸 필요도 없다. 상당히 건강하고, 보건에 신경을 쓰는 사람이라고 하더라도, 평야와 같은 피부 전체 면적에는 대략 1조 마리의 박테리아 군단이 살고 있다.[2] 적어도 피부 1제곱센티미터에 10만 마리를 상회하는 숫자이다. 피부에 붙어서 사는 박테리아는 매일 떨어져 나오는 100억 개 정도의 피부 조각과 땀구멍과 갈라진 틈으로 새어나오는 맛있는 기름과 힘을 북돋워주는 미네랄 성분을 먹고산다. 그들에게 사람은 가장 이상적인 음식창고인 셈이다. 이뿐만 아니라 온기도 제공받고, 편리하게 움직일 수도 있다. 박테리아는 당신에게 외상으로 보답을 해준다.

그런데 피부에 살고 있는 박테리아만 있는 것이 아니다. 내장과 콧구멍에 숨어 있는 것과 머리카락과 눈썹에 붙어 있는 것, 눈의 표면에서 수영을 하고 있는 것, 그리고 이빨의 에나멜에 구멍을 뚫어놓고 사는 박테리아들도 엄청나게 많다. 소화기관에 살고 있는 것만 해도 적어도 400종에 100조 마리가 넘는다.[3] 당(糖)을 먹는 것도 있고, 녹말을 먹는 것도 있으며, 다른 박테리아를 공격하는 것도 있다. 어디에나 있는 내장 스피로헤타처럼 아무런 이유도 없이 그곳에 살고 있는 것도 놀라울 정도로 많다.[4] 그저 사람과 함께 사는 것을 좋아하는 모양일 뿐이다. 사람의 몸은 1경(京, 10^{16}) 개의 세포로 구성되어 있는데, 그 속에 살고 있는 박테리아는 10경(10^{17}) 마리나 된다.[5] 간단히 말해서 박테리아는 사람의 중요한 구성요소인 셈이다. 물론 박테리아의 입장에서 보면 사람은 그들의 작은 일부에 불과할 것이다.

우리 인간은 덩치가 크고, 항생제와 소독약을 만들어서 쓸 만큼 똑똑하기 때문에 우리가 박테리아를 멸종 위기에 몰아넣었을 것이라고 생각하기 쉽다. 그러나 절대 그렇지 않다. 박테리아는 도시를 건설하고, 흥미로운 사회생활을 하지는 않지만, 태양이 폭발하기 시작했을 때부터 이곳에 있었다. 지구는 그들의 행성이고, 우리가 이곳에 살 수 있는 것은 그들이 허용을 해주었기 때문이다.

박테리아는 우리가 존재하지 않았을 때에도 수십억 년을 스스로 살아왔다는 사실을 잊어서는 안 된다. 그러나 우리는 박테리아가 없으면 하루도 살 수 없다.[6] 박테리아는 우리가 버린 것들을 처리해서 다시 쓸 수 있도록 해준다. 박테리아가 부지런히 씹어먹지 않으면 아무것도 썩을 수가 없다. 박테리아는 물을 깨끗하게 해주고, 토양을 비옥하게 만들어준다. 내장 속에 있는 박테리아는 비타민을 합성해주기도 하고, 우리가 섭취한 것을 쓸모 있는 당과 다당류로 바꾸어주며, 우리 영토로 몰래 숨어들어온 외래 미생물과 싸워서 물리쳐주기도 한다.

공기 중에서 질소를 빼앗아서 우리가 사용할 수 있는 유용한 뉴클레오타이드와 아미노산으로 변환시켜주는 일도 전적으로 박테리아가 맡아서 하고 있다. 그것은 경이롭고 감사한 일이다. 마굴리스와 세이건이 지적했듯이, 우리가 비료를 만들 때처럼 공장에서 그런 일을 하려면, 원료를 섭씨 500도로 가열한 후에 보통의 300배 이상의 압력으로 짜내야 한다. 박테리아는 그런 일을 아무 어려움 없이 늘 해오고 있다. 박테리아보다 더 큰 생물은 그들이 전해주는 질소가 없으면 생존할 수도 없다. 그러나 무엇보다도, 미생물은 우리가 숨 쉬는 공기를 제공하고, 안정하게 만들어준다. 현대판 남조류를 포함한 미생물들은 지구상에서 우리가 호흡할 수 있는 산소의 대부분을 공급한다. 바다 밑에서 기포를 올려보내는 조류(藻類)를 비롯한 작은 생물체들이 매년 1,500억 킬로그램의 산소를 생산하고 있다.[7]

그리고 박테리아는 놀라울 정도로 번성하고 있다. 가장 멋진 박테리아는 10분 이내에 새로운 세대를 만들 수 있다. 조직을 곪게 만드는 클로스트리디움 페르프린겐스라는 불쾌한 미생물은 9분 이내에 번식을 할 수 있다.[8] 그런 속도라면, 이론적으로 하나의 박테리아가 이틀 동안에 우주에 있는 양성자의 수보다도 많은 자손을 퍼트릴 수 있다.[9] 노벨상을 받은 벨기에의 생화학자 크리스티앙 드 뒤브에 따르면, "충분한 영양분을 공급해주기만 하면, 하나의 박테리아가 단 하루 만에 280조 마리로 번식할 수 있다."[10] 인간의 세포는 하루에 겨우 한 번의 분열을 할 수 있을 뿐이다.

100만 번 정도 분열을 할 때마다 돌연변이가 일어난다. 생물체에게 변화는 언제나 위험한 것이기 때문에 대부분의 돌연변이체들은 나쁜 운을 맞이하게 된다. 그러나 아주 가끔씩은 우연히 항생제를 속이거나 공격을 막아낼 수 있는 능력을 가지게 되는 경우도 있다. 빠르게 진화할 수 있는 능력을 가진 박테리아는 더욱 두려운 무기를 만들어내기도 한다. 박테리아는 서로 정보를 공유한다. 즉 박테리아는 다른 박테리아의 유전 정보의 일부를 사용할 수 있다. 특히 마굴리스와 세이건이 지적하는 것처럼, 모든 박테리아는 하나의 유전자 정보의 마당에서 헤엄치며 함께 살고 있다.[11] 박테리아 세계의 한 곳에서 일어나는 적응성 변화는 다른 곳으로 전파될 수 있다. 그런 일은 곤충의 유전 정보를 흡수한 인간에게 날개가 돋아나오고, 천장에 매달려 있게 되는 것과 같다. 유전적 입장에서 보면, 박테리아가 작기는 하지만, 넓게 퍼져 있으면서 절대 정복할 수 없는 하나의 슈퍼 생물체를 이루고 있다는 뜻이 되기도 한다.

박테리아는 사람이 쏟거나, 떨어뜨리거나 아니면 느슨해져서 떨어져 나온 것이라면 무엇이나 상관없이 붙어서 번성하면서 살게 된다. 책상을 젖은 수

건으로 닦을 때처럼 약간의 수분만 공급해주면 박테리아는 마치 아무것도 없는 곳에서 창조된 것처럼 번성하게 된다. 박테리아는 나무, 벽에 붙어 있는 풀, 굳어진 페인트 밑에 있는 금속도 먹어치운다. 오스트레일리아의 과학자들이 발견한 티오바실루스 콘크레티보란스라는 미생물은 금속을 녹일 정도로 진한 황산 속에서 사는데 만약 그런 황산이 없으면 죽어버린다.[12] 미크로콕쿠스 라디오필루스라는 미생물은 원자로의 폐기물 탱크 속에서 플루토늄을 비롯한 방사성 물질들을 먹고산다. 우리가 보기에는 아무런 이득도 얻을 수 없는 화학물질을 분해하는 박테리아도 있다.[13]

펄펄 끓는 진흙 연못이나 소다회 또는 바위 속 깊은 곳에서 살고 있는 박테리아도 있고, 바다 밑이나 남극 대륙의 맥머도 건(乾)계곡에 숨겨져 있는 차가운 연못 속이나, 수면보다 압력이 1,000배나 더 높아서 점보 여객기 50대 밑에 깔려 있는 것과도 같은 수심 11킬로미터나 되는 태평양 바닷속에 살고 있는 박테리아도 있다. 현실적으로 도저히 죽일 수 없는 것처럼 보이는 것도 있다. 「이코노미스트」의 보도에 따르면, 데이노콕쿠스 라디오두란스는 "방사선에도 면역을 가지고 있다." 그런 박테리아의 DNA에 방사선을 쪼이면, 잘라진 조각들이 "공포영화에서 불사의 생물에서 떨어져 나온 팔다리들이 다시 붙는 것처럼" 재조합된다.[14]

아마도 지금까지 알려진 박테리아의 부활 중에서 가장 놀라웠던 것은, 달 표면에 2년 동안 놓아둔 카메라의 밀폐된 렌즈 속에서 남아 있다가 되살아난 연쇄상구균일 것이다.[15] 간단히 말해서 박테리아가 살 수 없는 환경은 거의 없다. 빅토리아 베넷의 말에 따르면, "탐침이 녹을 정도로 뜨거운 해저 분출구에서 살고 있는 박테리아도 발견되고 있다."

1920년대에 시카고 대학의 과학자 에드슨 바스틴과 프랭크 그리어는 지하 600미터의 유전(油田)에 살고 있던 박테리아를 발견했다고 발표했다. 당시에는 지하 600미터에서 살 수 있는 것은 아무것도 없다고 믿었기 때문에 그들의 주장은 터무니없다고 여겨졌다. 50년 동안 그들의 샘플이 지표의 미생물에 의해서 오염된 것으로 생각되었다. 오늘날 우리는 지구 깊숙한 곳에도 많은 미생물들이 살고 있고, 그 대부분은 우리의 유기물 세계와는 아무런 상관없이 살고 있다는 사실을 알고 있다. 그런 생물들은 돌, 좀더 정확하게는 돌 속에 들어 있는 철, 황, 망간 등을 먹고산다. 그리고 철, 크로뮴, 코발트, 심지어는 우라늄 같은 이상한 것들을 호흡하고 산다. 그런 생물들이 금이나 구리를 비롯한 귀금속들을 농축시키거나 또는 석유나 천연 가스 매장에 결정적인 역할을 하기도 했다. 그런 생물들이 지칠 줄 모르고 갉아먹은 덕분에 지각이 만들어졌다는 주장도 있다.[16)]

오늘날은 땅속에 SLiME라고 줄여서 부르는 "지하 암석 자가(自家) 미생물 생태계"를 구성하고 있는 박테리아가 무려 100조 톤이나 된다고 주장하는 과학자들도 있다. 코넬의 토머스 골드의 추산에 의하면, 땅속에 있는 박테리아를 모두 꺼내서 지표를 덮으면 그 높이가 1.5미터는 될 것이라고 한다.[17)] 그런 추산이 정확하다면, 지구의 땅속에는 지표면에 살고 있는 것보다 더 많은 생물이 살고 있는 셈이다.

땅속에 사는 미생물은 크기가 작고 아주 게으르다. 가장 활발한 것이라고 하더라도 한 세기에 한 번 정도 분열하거나, 500년에 한 번 이상은 분열하지 않는 것도 있다.[18)] 「이코노미스트」에 따르면, "장수의 비결은 아무 일도 하지 않는 것인 모양이다."[19)] 사정이 나빠지면, 박테리아는 모든 것을 닫아버리고, 좋은 시절이 돌아오기를 기다린다. 1997년에 과학자들은 80년 동안 노르웨이의 트론헤임 박물관에 동면 상태로 전시되어 있던 탄저균 포자를 다시 살려내는 데에 성공했다. 118년 묵은 고기 통조림과 166년 된 맥주병에서 다시 살려낸 미생물도 있었다.[20)] 1996년에는 러시아 과학원의 과학자들이 300만 년 동안 시베리아 동토층 밑에 얼어 있던 박테리아를 살려냈다고 주장했다.[21)] 그러나 지금까지 박테리아의 내구성에 대한 세계기록은 2000년에 펜실베이니아 주에 있는 웨스트체스터 대학의 러셀 브릴랜드와 그의 동료들이 발표했던 뉴멕시코 주에 있는 칼즈배드의 지하 600미터에 있는 소금 광산에 갇혀 있던 바실루스 페르미안스라는 2억5,000만 년 된 박테리아를 되살려낸 것이었다.[22)] 만약 그것이 사실이라면, 그 박테리아는 북아메리카 대륙보다도 더 오래된 것이다.

그들의 주장이 의심스럽게 여겨졌던 것은 당연했다. 대부분의 생화학자들은 박테리아가 중간에 가끔씩 깨어나지 않았더라면 그렇게 오랜 세월 동안에 박테리아를 구성하는 성분들이 쓸모없을 정도로 부서져버렸을 것이라고 주장했다. 또한 박테리아가 가끔씩 살아났다고 하더라도, 그렇게 오랫동안 살아 있도록 해줄 내부 에너지는 없었을 것이다. 샘플을 채취하는 동안이 아니라, 그 속에 묻혀 있는 동안에 오염이 되었을 가능성을 주장하는 사람들도 있었다.[23] 텔아비브 대학의 연구진은 2001년에 바실루스 페르미안스가 사해(死海)에서 발견된 현대 박테리아인 바실루스 마리스모르투이와 거의 동일하다는 사실을 밝혀냈다. 염기서열 중에서 두 곳만 약간 다를 뿐이었다.

이스라엘의 연구진은 "바실루스 페르미안스가 2억5,000만 년 동안에 실험실에서라면 3일에서 7일 정도에 나타날 수 있을 정도의 유전적 변화만을 축적했다는 사실을 믿기 어렵다"고 했다. 브릴랜드는 "박테리아는 야생에 있을 때보다는 실험실에서 훨씬 더 빨리 진화한다"고 대답했다.

어쩌면 그럴 수도 있을 것이다.

오래 전에 우주시대가 시작되었음에도 불구하고, 아직도 대부분의 교과서들이 생물을 단순하게 식물과 동물의 두 종류로 구분하고 있는 것은 놀라운 일이다. 미생물은 거의 다루지 않는다. 아메바와 같은 단세포 생물은 원시동물로 취급하고, 조류(藻類)는 원시식물로 취급한다. 박테리아도 역시 식물로 취급하지만, 박테리아가 식물이 아니라는 사실은 누구나 알고 있다.[24] 박물학자 에른스트 헤켈과 같은 사람들은 19세기 말에 이미 박테리아를 별도의 생물로 취급해야 한다고 주장했다. 그는 "모네라(Monera)"라는 이름을 제시했지만, 1960년대까지도 생물학자들은 관심이 없었고, 그 후에도 그런 이름에 관심을 보인 학자는 많지 않았다(1969년의 「아메리칸 헤리티지 사전」에도 수록되어 있지 않았다).

눈으로 볼 수 있는 세상의 생물들도 그런 전통적인 분류에는 맞지 않는 것들이 있다. 버섯, 사상균(絲狀菌), 곰팡이, 효모, 말불버섯과 같은 진균류(眞菌類)는 거의 언제나 식물로 취급되지만, 번식과 호흡 방법은 물론이고 자손을 만드는 방법에 이르기까지 어느 것도 식물과 일치하지 않는다. 구조적으로 보면, 진균류는 특유의 질감을 주는 키틴(chitin)으로 되어 있기 때문에 오히려 동물과 공통되는 점이 더 많다. 사슴벌레가 포토벨로 버섯만큼 맛있지는 않지만, 곤충의 껍질이나 포유류의 발톱들이 모두 같은 물질로 만들어진다. 무엇보다도 식물과는 달리 광합성을 못하는 진균류는 엽록소를 가지고 있지 않기 때문에 녹색이 아니다. 그 대신 진균류는 먹을 것 위에서 직접 성장한다. 진균류는 거의 모든 것을 먹을 수 있다. 콘크리트 벽에서 황을 섭취하기도 하고, 발가락 사이를 짓무르게 만들기도 한다. 식물들은 그런 일을 할 수 없다. 유일하게 식물과 닮은 점은 뿌리가 있다는 것뿐이다.

전통적인 분류가 더욱 적당하지 않은 예는, 공식적으로 진점균류(眞粘菌類)라고 부르지만, 흔히 점균류(粘菌類)라고 부르는 이상한 생물군이다. 이름 때문에 잘 알려지지 않은 것은 분명히 아니다. 오히려 하수구에 살고 있는 생물이라는 사실을 고려하면, "이동성 자기 활성 원형질"보다는 조금 더 멋있게 보이는 이름 때문에 많은 관심을 끌게 되었다. 정말 진균류는 자연에 살고 있는 가장 흥미로운 생물 중의 하나이다. 환경이 좋을 때에는 아메바와 비슷하게 단세포 상태로 지낸다. 그러나 환경이 나빠지면, 중앙의 집합장소로 모여들어서 기적처럼 민달팽이가 된다. 민달팽이는 멋지지도 않고, 멀리 움직이지도 못한다. 기껏해야 낙엽 더미의 밑에서 조금 더 노출된 위로 올라갈 뿐이지만, 그런 움직임은 수백만 년 동안 우주 전체에서 볼 수 있었던 가장 재치 있는 행동이었다.

그곳에서 멈추는 것은 아니다. 더 나은 환경에 자리를 잡고 나면, 진균류는 다시 한번 변환을 해서 식물의 모습을 갖춘다. 세포들이 작은 행군악대처럼 질서정연하게 재배열되면서 위쪽에는 자실체(子實體)라고 부르는 둥근 모양의 구조물이 달린 자루가 만들어진다. 자실체 속에 들어 있는 수백만 개의 포자들은 적당한 순간에 터져서 다시 전체 과정을 반복할 단세포 생물이 되어 다른 곳으로 날려간다.

오랫동안 동물학자들은 진균류를 원생동물이라고 주장했고, 균류학자들은 균류로 분류해왔다. 그러나 그것이 사실은 어느 쪽에도 속하지 않는다는 사실은 누구나 알고 있었다. 그러나 유전공학 기술이 개발되면서 실험실의 연구자들은 진균류가 아주 명백하고 독특해서 자연에 있는 어떤 것과도 관계를 짓기가 어렵고, 어떤 경우에는 진균류들 사이의 연관성도 찾아보기 어렵다는 사실을 발견하고 무척 놀랐다.

지금까지 사용하던 생물의 분류가 적절하지 않다는 인식이 확산되면서, 1969년에 코넬 대학의 생태학자 R. H. 휘태커는 「사이언스」에 발표한 논문을 통해서 생물을 동물계(Animalia), 식물계(Plantae), 진균계(Fungi), 원생생물계(Protista), 모네라계(Monera)의 다섯 가지 "계(界, kingdom)"로 분류할 것을 제안했다.[25] "Protista(원생생물계)"는 한 세기 전에 스코틀랜드의 식물학자 존 호그가 제안했던 "Protoctista"를 수정한 것으로, 식물도 아니고 동물도 아닌 생물을 나타내기 위한 것이다.

휘태커의 새로운 분류는 훨씬 개선되었지만, 원생생물계는 여전히 잘못 정의되었다. 그 이름을 큰 단세포 생물인 진핵세포에 사용하는 분류학자도 있지만, 다른 영역에 맞지 않는 모든 생물을 쓸어넣는 생물학의 짝 잃은 양말을 넣어두는 통처럼 쓰는 사람들도 있다. 교과서에 따라서는, 진균류와 아메바, 심지어는 해초류까지도 그 속에 포함시키기도 한다. 지금까지 알려진 생물들 중에서 20만 종이 여기에 속한다는 추산도 있다.[26] 정말 짝을 잃은 양말이 엄청나게 많은 셈이다.

역설적이게도, 다섯 개의 계로 구성된 휘태커의 분류체계가 교과서에서 사용되기 시작할 무렵에 일리노이 대학에서 은퇴 직전의 학자가 거의 모든 것을 뒤집어놓을 사실을 발견하고 있었다. 칼 우즈는 유전자 연구가 처음 시작되던 1960년대 중반부터 조용히 박테리아의 유전자 서열을 연구해왔다. 초기에는 정말 힘든 일이었다. 한 종류의 박테리아를 연구하는 데에 1년이 걸리기도 했다. 우즈에 따르면, 당시에는 500종의 박테리아가 알려져 있었다.[27] 보통 사람의 입속에 사는 박테리아의 종 수보다도 적은 수였다. 오늘날 그 수는 10배나 되지만, 생물학 도감의 채우고 있는 조류(藻類) 2만6,900종, 진균류 7만 종, 아메바 3만800종보다는 훨씬 적은 수이다.

박테리아의 종 수가 적은 것은 무관심 때문이 아니다. 박테리아를 분리해서 연구하는 것은 화가 치밀 정도로 어렵다. 실험실에서 배양할 수 있는 것은 1퍼센트 정도에 불과하다.[28] 자연에서는 야생적일 정도로 잘 적응을 하는 박테리아들이 살기 싫어하는 유일한 곳이 아마도 페트리 접시*인 모양이다. 우뭇가사리에 넣고 나면 아무리 다독거려도 꼼짝도 하지 않고 그대로 있는다. 실험실에서 잘 번성하는 박테리아는 그야말로 예외적이다. 미생물학자들이 주로 연구하는 것은 바로 그런 박테리아들이다. 우즈의 말에 따르면, 그런 연구는 "동물원을 찾아가서 동물에 대해서 공부하는 것과도 같다."[29]

그러나 우즈는 유전자를 이용함으로써 미생물을 전혀 다른 각도에서 살펴볼 수가 있었다. 연구를 계속하던 우즈는 미생물의 세계는 누구도 짐작하지 못했던 더욱 근본적인 분류가 필요하다는 사실을 알아냈다. 박테리아처럼 생겼고, 박테리아처럼 행동하는 작은 미생물들 중에 상당수가 사실은 전혀 다른 생물이라는 사실을 알아냈다. 아주 오래 전에 박테리아로부터 갈라진 전혀 다른 것이었다. 우즈는 그런 생물을 고세균(archaebacteria)이라고 불렀고, 나중에는 "archaea"라고 줄여서 불렀다.

고세균과 박테리아를 구분하는 특성은 생물학자 이외에는 아무도 관심이 없는 것이라는 말이 있다. 중요한 차이는 지질(脂質)의 종류가 다르다는 점과 펩티도글리칸(peptidoglycan)이라는 것이 없다는 점이다. 그러나 실질적으로 두 생물은 전혀 다르다. 고세균과 박테리아의 차이는 인간과 가재나 거미의 차이보다도 더 크다. 우즈는 오로지 혼자서 전혀 예상하지 못했던 생물 분류를 찾아낸 것이었다. 그런 분류는 너무나도 근본적인 것이어서 약간 경건한 이름으로 부르는 "보편적 생명의 나무"의 정점에 있는 계(界)보다도 더 높은 수준에 위치하게 된다.

---

* 실험실에서 세균을 배양할 때 사용하는 유리 그릇.

1976년에 우즈는 5개가 아니라 23개의 주요 분류를 가진 계통수를 발표해서 세계를 놀라게 했다. 적어도 관심을 가진 몇몇 사람들에게는 그랬다. 이제 생물은 박테리아(Bacteria), 고세균(Archaea), 진핵생물(Eukarya, Eucarya라고 쓰기도 한다)의 세 가지 "영역(domain)"으로 분류되었다.

우즈의 새로운 분류법은 생물학계에 태풍을 몰고 오지는 않았다. 어떤 사람들은 그의 분류가 너무 미생물 중심으로 되어 있다고 싫어했고, 대부분은 그냥 무시해버렸다. 프랜시스 애슈크로프트에 따르면, 우즈는 "아주 실망했었다."[30] 그러나 점차 미생물학자들 사이에서 그의 분류체계가 받아들여지기 시작했다. 그러나 식물학자와 동물학자들은 그 가치를 알아차리지 못했다. 그 이유는 쉽게 알 수 있다. 우즈의 분류에서 식물과 동물에 속하는 생물들은 진핵생물 영역의 가장 바깥쪽에 있는 작은 가지에 불과했다. 대부분은 단세포 생물이 차지했다.

"사람들은 겉으로 드러나는 형태학적으로 닮은 점이나 차이점을 근거로 분류하는 방법에 익숙해 있었다." 우즈는 1996년의 인터뷰에서 말했다. "분자의 순서에 따라서 분류를 한다는 생각은 대부분의 사람들이 받아들이기 어려웠다." 간단히 말해서, 사람들은 자신의 눈으로 직접 차이점을 볼 수 없는 분류를 좋아하지 않았다. 그래서 사람들은 여전히 5개의 계로 된 전통적인 분류법을 사용하고 있다. 우즈는 기분이 좋을 때는 그런 분류를 "별로 유용하지 않은 것"이라고 했지만, 대부분의 경우에는 "확실히 잘못된 것"이라고 했다. 우즈의 말에 따르면, "그 전의 물리학과 마찬가지로 생물학도 관심의 대상과 그들 사이의 상호작용을 직접적인 관찰을 통해서 인식할 수 없는 수준에 이르게 되었다."[31]

1998년에 당시 94세였고, 지금 100세에 가까우면서도 여전히 활동적인 위대한 하버드의 동물학자 에른스트 마이어*는 생물을 두 가지 "왕국(empire)"으로 분류해야 한다고 해서 더 큰 논쟁을 일으켰다. 마이어는 「미국 과학원 회보」에 발표한 논문에서 우즈의 결과가 흥미롭기는 하지만 결국은 잘못된

* 마이어는 101세였던 2005년에 사망했다.

것이라고 하면서, "우즈는 정통 생물학자가 아니었기 때문에 분류의 원칙을 충분히 알고 있지 못했다"고 주장했다.[32] 존경받는 과학자의 점잖은 표현이기는 하지만, 그의 지적은 우즈가 자신이 무슨 일을 하고 있는지도 몰랐다는 뜻이었다.

마이어가 지적한 내용은, 감수분열적 성(性), 헤니히의 계통분류법,* 논란이 많았던 메타노박테리움 테르모아우트로피쿰 유전체의 해석을 비롯해서 여기에서 설명하기에는 너무 기술적인 이유 때문에 근본적으로는 우즈의 계통수가 균형을 잃었다는 것이었다. 마이어는 박테리아가 수천 종을 넘을 수 없고, 고세균은 175종이 알려져 있을 뿐이고, 앞으로 발견될 수 있는 것도 수천 종 수준일 뿐이며, "그 이상이 될 가능성은 없다"고 주장했다. 그와 비교해서, 우리처럼 핵을 가진 세포로 이루어진 복잡한 생물인 진핵생물의 경우에는 그 종의 수가 이미 수백만을 넘어섰다. 마이어는 "균형의 원칙"을 위해서라도 단순한 박테리아 생물을 "원핵생물국(Prokaryota)"으로 합쳐야 하고, 더 복잡하고 "고도로 진화한" 나머지를 "진핵생물국(Eukaryota)"에 넣어서 둘을 대등하게 놓아야 한다고 주장했다. 다시 말해서, 그는 모든 것을 전과 다름없이 두고 싶어했다. 단순한 세포와 복잡한 세포로 구분하는 것이 "생물 세계에서 가장 큰 구분"이라는 것이다.

호염성(好鹽性) 고세균과 메타노사르시나의 구분이나 또는 플라보박테리아와 그람-양성 균**의 구분은 우리에게는 별것 아니지만, 그들 각각은 동물과 식물의 차이만큼 크게 다르다는 사실을 기억할 필요가 있다. 우즈의 새로운 분류법에서 확인할 수 있는 것은 생물은 정말 다양하고, 다양한 생물의 대부분은 작고, 단세포이고, 낯선 것이라는 점이다. 인간의 입장에서는 진화가 더 크고 복잡한 것, 즉 우리를 향해서 끊임없이 발전하는 개선의 긴 사슬이라고 생각하는 것이 당연하다. 우리가 우리에게 아첨하고 있는 꼴이다. 그러

---

* 계통관계를 강조하는 분지계통학.

** 그람 법으로 염색하면 자주색이 되는 균으로, 아미노산과 비타민을 필요로 하는 포도상구균, 연쇄상구균, 폐렴균, 나병균, 디프테리아균, 파상풍균, 탄저균, 방선균 등이 포함된다.

나 진화에서의 진정한 다양성은 작은 규모에서 존재한다. 우리와 같은 큰 생물은 곁가지에 불과하다. 흥미로운 가지이기는 하지만 말이다. 생물의 23개 분류 중에서 식물, 동물, 진균류의 세 가지만이 인간의 눈으로 볼 수 있을 정도로 크고, 그중에도 미시적인 규모의 종이 들어 있다.[33] 실제로 우즈에 따르면, 지구상에 살고 있는 식물을 포함한 모든 생물자원(바이오매스)의 총량을 합치면, 미생물이 적어도 80퍼센트 또는 그 이상을 차지할 것이다.[34] 세상은 아주 작은 것들의 소유이고, 아주 오랫동안 그런 상태로 지내왔다.

그런데 언젠가는 왜 그런 미생물이 우리를 해치려고 하는지를 알고 싶어질 것이다. 우리를 열에 들뜨게 하거나, 오한에 떨게 하거나, 흉하게 염증을 일으키거나 아니면 우리를 죽게 만드는 과정에서 미생물은 어떤 만족을 느끼게 될까? 어쨌든 죽은 숙주는 장기적인 은신처가 되기 어렵다.

우선, 대부분의 미생물은 인간의 생존에 대해서 중립적이거나 심지어 긍정적인 태도를 보인다는 사실을 기억할 필요가 있다. 지구상에서 가장 사나운 감염을 일으키는 미생물인 올바키아라는 세균은 실제로 사람은 물론이고 어떤 척추동물도 해치지 않는다.[35] 그러나 새우나 지렁이나 초파리였다면 태어난 사실조차 후회할 정도가 되도록 만들어버린다. 「내셔널 지오그래픽」에 따르면, 전체적으로 1,000종의 미생물 중 1종 정도가 인간에게 독성을 나타낸다.[36] 그러나 그런 세균이 어떤 일을 할 수 있는가를 알게 되면, 그 정도인 것이 정말 다행이라는 사실을 이해하게 된다. 대부분은 해를 끼치지 않음에도 불구하고, 서양에서는 아직도 미생물이 사망원인 3위를 차지하고 있고, 훨씬 독성이 강한 미생물들도 많다.[37]

숙주를 불편하게 하는 것이 미생물에게 도움이 되기도 한다. 질병의 증상이 병을 확산시키는 데에 도움이 되는 경우도 있다. 구토, 재채기, 설사 등은 미생물이 숙주에서 벗어나서 다른 숙주로 옮겨가는 아주 좋은 수단이다. 가장 효율적인 전략은 이동성이 있는 제3의 숙주를 활용하는 것이다. 감염성 미생물은 모기를 아주 좋아한다. 희생자의 방어 메커니즘이 자신들의 정체를 확인하기도 전에 모기의 바늘을 통해서 직접 혈액 속으로 들어갈 수 있기 때문이다. 말라리아, 황열, 뎅기열, 뇌염과 같은 A급 질병을 비롯해서 100여 가지의 덜 유명하지만 역시 치명적인 질병들이 모두 모기에 물리는 것으로부터 시작된다. AIDS를 옮겨주는 HIV가 적어도 지금까지는 그중의 하나가 아니라는 사실은 우리에게 정말 다행스러운 일이다. 모기가 빨아들인 HIV는 모기 자신의 대사 과정에서 녹아버린다. 만약 바이러스가 그런 길을 피해가는 방법을 알아내게 된다면 우리는 심각한 문제에 직면하게 될 것이다.

그러나 미생물은 이해득실을 따지는 존재가 아니기 때문에 논리적인 입장에서 너무 조심스럽게 생각하는 것은 잘못이다. 우리가 비누로 샤워를 하거나 탈취제로 닦아내는 과정에서 수백만의 세균을 몰살시키면서도 아무 부담을 느끼지 않는 것처럼, 세균들도 사람에게 어떤 해를 끼치는가에 대해서 아무런 관심도 없다. 사람이 계속 살아 있는 것이 병원균에게 중요한 관심사가 되는 유일한 경우는 사람을 너무 잘 죽이는 세균뿐이다. 세균이 다른 사람에게로 옮겨가기도 전에 숙주가 죽어버리면, 세균도 함께 죽을 수밖에 없다. 실제로 그런 일이 일어난다. 재레드 다이아몬드에 따르면, 역사는 "무시무시한 전염병이 등장했다가, 나타날 때와 마찬가지로 신비롭게 한순간에 사라져버린" 질병에 대한 이야기로 가득하다.[38] 사납기는 했지만 다행스럽게도 짧은 기간에만 유행했던 영국의 발한병(發汗病)이 그런 예이다. 1485년부터 1552년까지 등장한 발한병은 수만 명을 죽게 만들었지만, 갑자기 사라졌다. 감염성 미생물에게는 너무 효율이 좋은 것이 도움이 되지 않는다.

미생물이 사람에게 해를 끼쳐서가 아니라, 사람의 몸이 미생물에게 해를 끼치려고 하는 과정에서 질병이 나타나는 경우도 많다. 면역체계는 병원균을 제거하려는 과정에서 세포를 파괴하기도 하고, 중요한 조직에 피해를 주기도 한다. 그래서 몸이 불편할 경우에 감각을 통해서 느껴지는 것은 병원균이 아니라 자신의 면역반응인 경우가 많다. 어쨌든 몸이 아픈 것은 감염에 대한 현명한 반응이다. 몸이 아픈 사람이 잠을 자게 되면, 다른 사람들에게 전염시킬 가능성이 낮아진다. 휴식을 취하면, 더 많은 체내의 자원이 감염을 퇴치하는 데에 사용될 수 있게 된다.

사람을 해칠 가능성이 있는 미생물은 아주 다양하기 때문에, 몸은 여러 종류의 방어적인 백혈구를 가지고 있다. 특별한 종류의 침입자를 확인해서 파괴하도록 고안된 1,000만여 종의 백혈구가 존재한다. 그러나 1,000만여 종의 서로 다른 현역부대를 유지하는 것은 매우 비효율적이기 때문에 각 종류의 백혈구들은 소수의 보초병만을 세워둔다. 항원(抗原)이라고 알려진 감염체가 침입하면, 적당한 보초병이 침입자를 확인한 후에 적절한 형태의 후원병을 요청한다. 몸에서 그런 후원병을 생산하는 동안에는 아픈 증상을 느끼게 될 가능성이 높다. 후원병이 행동에 들어가게 되면 회복이 시작된다.

잔인한 백혈구는 발견할 수 있는 마지막 병원균까지 찾아내서 죽여버린다. 침입자들은 멸종을 피하기 위해서 두 가지 기본적인 전략을 갖추도록 진화했다. 독감과 같은 일반적인 감염성 질병처럼 아주 신속하게 공격을 한 후에 새로운 숙주로 옮겨가거나, 아니면 AIDS를 일으키는 HIV처럼 백혈구가 자신들을 찾아내지 못하도록 위장하고, 아무 피해도 주지 않은 채로 세포의 핵 속에 숨어 있다가 한꺼번에 튀어나와서 활동을 시작한다.

뉴햄프셔 주의 레버넌에 있는 다트머스-히치콕 메디컬 센터의 감염성 질병 전문가인 브라이언 마시 박사의 말처럼 보통은 아무런 해를 끼치지 않는 미생물이 가끔씩 몸의 잘못된 부분에 들어가서 "미친 듯이 변해버리는" 경우는 감염성 질병의 이상한 측면 중의 하나이다. "자동차 사고로 내장에 부상을 입는 경우에 흔히 그런 일이 나타난다. 내장 속에서는 아무런 해를 끼치지 않던 미생물들이, 예를 들면 혈관 속으로 들어가면 엄청난 혼란을 일으킨다."

오늘날 가장 끔찍하고 통제할 수 없는 세균성 질병은 박테리아가 희생자를 속에서부터 먹어치우는 괴사성 근막염이라는 것이다.[39] 내부의 조직을 게걸스럽게 먹어치우고 나면 과일 껍질 같은 찌꺼기만 남게 된다. 처음에는 피부 발진이나 열처럼 가벼운 증상을 나타내지만, 급격하게 악화된다. 해부를 해보면, 속이 완전히 사라졌다는 사실을 발견하게 된다. 유일한 치료방법은 감염된 부위를 잘라내는 "극단적 절제 수술"뿐이다. 환자 중에서 70퍼센트는 사망하고, 살아남은 경우에도 심한 손상을 입게 된다. 감염의 원인은 보통 패혈성 인두염 정도의 질병을 일으키는 A형 연쇄상구균이라는 평범한 세균이다. 이유는 알 수 없지만, 아주 가끔씩 일부 세균이 목 안의 점막을 통해서 인체로 들어가 치명적인 파괴현상을 일으킨다. 그런 세균들은 항생제에 대해서도 완벽한 내성을 나타낸다. 미국에서 매년 1,000명 정도의 환자가 발생하지만, 더 악화될 것인가에 대해서는 아무도 알 수가 없다.

수막염의 경우에도 똑같은 일이 벌어진다. 유아의 10퍼센트와 청소년의 30퍼센트 정도는 치명적인 수막염 세균을 가지고 있지만, 목 안에서 아무런 문제도 일으키지 않는다. 10만 명 중의 1명 정도가 세균이 혈관 속으로 침투해서 정말 심한 병을 앓는다. 최악의 경우에는 12시간 안에 사망하기도 한다. 그 속도는 정말 충격적이다. 마시에 따르면, "아침에는 완벽하게 건강하던 사람이 저녁에 사망하는 경우도 있다."

세균에 대한 가장 좋은 무기인 항생제를 마구 남용하지 않았더라면 사정이 훨씬 나았을 것이다. 놀랍게도, 선진국에서 사용되는 항생제의 약 70퍼센트 정도는 가축에게 쓰이는 것으로 추정된다. 성장을 촉진시키거나 감염을 예방하기 위해서 사료에 섞어서 먹이는 경우도 많다. 그런 남용 때문에 세균들이 항생제에 내성을 가지도록 진화하게 되었다. 이제는 세균들이 마음 놓고 공격할 수 있게 되었다.

1952년까지는 페니실린이 모든 포도상구균에 대해서 완벽한 효과를 보였다. 그래서 1960년대 초까지만 하더라도, 미국의 공중위생국장 윌리엄 스튜어트는 자신 있게 "감염성 질병(전염병)의 시대는 끝나가고 있다. 미국에서는 감염을 완전히 쓸어서 없애버렸다"고 선언을 했다.[40] 그러나 그 순간에도 90퍼센트의 균주들은 페니실린에 대한 내성을 키우고 있었다.[41] 얼마 되지 않아서, 메티실린 내성 포도상구균(MRSA)이라는 새로운 균주 중의 하나가 병원에 등장하기 시작했다. 반코마이신이라는 항생제 하나만이 효과가 있었다. 그러나 1997년에 도쿄의 병원에서 그 항생제에도 내성을 가진 세균이 출현했다.[42] 새로운 세균은 몇 달 만에 일본의 병원 여섯 곳으로 퍼졌다. 결국 미생물이 싸움에서 다시 이기기 시작한 것이다. 미국의 병원에서만 하더라도 매년 1만4,000명이 병원에서 감염된 질병으로 사망하고 있다. 제임스 서로위키가 지적했듯이, 제약회사들은 2주일 동안 매일 먹어야 하는 항생제와 평생 동안 매일 먹어야 하는 항우울증제 중에서 선택을 하라면, 당연히 후자를 개발하고 싶어한다. 1970년대 이후로 제약회사들은 몇몇 항생제의 성능을 강화시키기는 했지만, 완전히 새로운 항생제는 개발하지 못하고 있다.

다른 질병들도 근본 원인이 세균성이라는 사실이 밝혀지면서 우리의 경솔한 태도는 더욱 심각한 문제가 되고 있다. 1983년에 사우스 오스트레일리아의 퍼스에서 일하던 배리 마셜 박사는 몇 가지 위암과 대부분의 위궤양이 헬리코박터 파일로리라는 박테리아에 의해서 생긴다는 사실을 발견했다. 그의 주장은 쉽게 확인이 되었지만, 워낙 파격적이어서 10년이 지난 후에야 일반적으로 인정을 받게 되었다. 예를 들면, 미국의 국립보건원은 1994년까지도 그런 주장을 인정하지 않았다.[43] 마셜은 1999년에 「포브스」의 기자에게 "수백 명, 어쩌면 수천 명의 환자들이 불필요하게 희생되었을 것"이라고 말했다.[44]

그 후에 이루어진 연구에 의하면 심장병, 천식, 관절염, 다발성 경화증, 몇몇 정신질환, 다양한 암 등을 비롯한 거의 모든 종류의 질병이 세균과 관련이 있는 것으로 밝혀지고 있다.[45] 「사이언스」처럼 권위 있는 잡지는 심지어 비만까지도 그렇다고 주장하고 있다. 꼭 필요한 항생제를 찾을 수 없게 될 날이 그리 멀지 않은 것 같다.

세균들이 스스로 병에 걸리기도 한다는 사실이 조금 위안이 될 것이다. 세균들도 가끔씩 바이러스의 일종인 박테리오파지(bacteriophage, 단순히 파지라고도 한다)에 감염되기도 한다. 바이러스는 이상하고 반갑지 않은 존재로, 노벨상 수상자 피터 메더워의 멋진 표현에 따르면 "나쁜 소식들이 담겨 있는 핵산 조각"이다.[46] 박테리아보다 더 작고 단순한 바이러스는 그 스스로 살아 있는 것은 아니다. 고립된 바이러스는 활성도 없고 해를 끼치지도 않는다. 그러나 적당한 숙주에 들어가면 번성해서 바쁜 생명을 되찾는다. 대략

5,000종의 바이러스가 알려져 있고, 독감과 감기에서부터 우리 건강에 치명적인 질병까지 수백 가지의 질병을 일으키는 천연두, 공수병(광견병), 황열, 에볼라, 소아마비, AIDS를 일으키는 인체면역결핍 바이러스(HIV) 등이 모두 그런 바이러스들이다.[47]

바이러스는 살아 있는 세포의 유전물질을 훔쳐서 더 많은 바이러스를 만들어내는 방법으로 번성한다. 바이러스는 미친 듯이 번식을 한 후에는 더 많은 세포를 공격하기 위해서 터져나온다. 그 자체가 살아 있는 생물이 아니기 때문에 지극히 단순하다. HIV를 비롯한 많은 바이러스들은 10개 이하의 유전자를 가지고 있다. 그러나 가장 간단한 박테리아의 경우에도 수천 개의 유전자가 필요하다. 또한 바이러스들은 크기가 너무 작아서 보통의 현미경으로는 볼 수도 없다. 1943년에 전자 현미경이 개발된 후에야 처음으로 그 모습을 볼 수가 있게 되었다. 그렇게 작은 바이러스들이 엄청난 피해를 발생시킨다. 소아마비 바이러스는 20세기에만 하더라도 3억 명을 희생시킨 것으로 추산된다.[48]

바이러스는 또한 완전히 새롭고 놀라운 형태로 느닷없이 세상에 출현했다가, 나타날 때처럼 갑자기 사라지는 기막힌 능력도 가지고 있다. 1916년 유럽과 미국에서 기면성(嗜眠性) 뇌염으로 알려진 이상한 수면병이 나타난 경우가 그렇다. 희생자들이 잠이 들면 다시는 깨어나지 않았다. 깨우면 일어나서 음식을 먹거나, 화장실에 가기도 하고, 간단한 질문에 대답을 하기도 했다. 자신이 누구이고, 어디에 있는가도 알고 있었지만, 언제나 잠에 취해 있는 것처럼 보였다.

그러나 쉬도록 해주기만 하면, 곧바로 깊은 잠에 빠져들어서 다시 깨울 때까지 그대로 잠들어 있었다. 몇 달 동안 그런 상태로 잠들어 있다가 죽는 경우도 있었다. 몇 사람은 다시 회복해서 의식을 찾기도 했지만, 옛날의 활기는 되찾지 못했다. 의사의 표현에 의하면 "사화산(死火山)"과 같은 무감각의 상태로 남아 있었다. 10년 동안 500만 명이 희생된 후에 그 병은 조용히 사라졌다.[49] 그러나 기면성 뇌염이 퍼지고 있던 중에 역사상 최악의 전염병이 세계를 휩쓸었기 때문에 큰 관심의 대상이 되지는 못했다.

돼지 독감 또는 스페인 독감이라고 불렸던 그 병은 이름과는 달리 치명적이었다. 4년 동안의 제1차 세계대전에서 희생된 사람의 수는 2,100만 명이었다.[50] 돼지 독감은 처음 넉 달 동안에 같은 수의 사람들을 희생시켰다. 제1차 세계대전에서 사망한 미국인의 80퍼센트는 적군의 총이 아니라 독감 때문에 죽었다. 치사율이 80퍼센트에 이른 부대도 있었다.

돼지 독감은 1918년 봄에 평범하고 치명적이지 않은 독감으로 시작되었다. 그러나 몇 달 안에 아주 심한 것으로 돌연변이를 일으켰다. 어디에서 어떻게 그런 돌연변이가 일어났는가는 아무도 모른다. 희생자의 5분의 1은 아주 약한 증세만 나타냈지만, 나머지는 심하게 앓았고, 죽기도 했다. 몇 시간 만에 악화된 경우도 있었지만, 며칠 동안 잠복해 있는 경우도 있었다.

미국에서 처음 기록된 희생자는 1918년 8월 말에 발병한 보스턴의 선원이었다. 그러나 곧바로 전국으로 퍼져나갔다. 학교와 공연장이 문을 닫았고, 사람들은 마스크를 착용했다. 그러나 전혀 도움이 되지 않았다. 1918년 가을에서 다음 해 봄까지, 미국에서 54만8,452명이 독감으로 사망했다. 영국에서는 22만 명이 희생되었고, 프랑스와 독일에서도 비슷한 수의 희생자가 발생했다. 제3세계의 통계는 정확하지 않기 때문에 전 세계적으로 얼마나 많은 사람들이 희생되었는가는 알 수 없지만, 적어도 2,000만 명은 넘을 것이고, 어쩌면 5,000만 명 정도가 될 수도 있을 것으로 추정된다. 1억 명이 희생되었다는 주장도 있다.

의료 당국은 백신을 만들기 위해서 보스턴 항의 디어 섬에 있던 군용 감옥의 지원자들을 대상으로 실험을 했다.[51] 죄수들에게는 실험에서 살아남으면 사면을 해주겠다고 약속을 해주었다. 그들에게 했던 실험은 아무리 좋게 말해도 혹독한 것이었다. 우선, 희생자에게서 채취한 감염된 허파 조직을 주입한 후에, 눈, 귀, 입에 감염된 에어로졸을 뿌렸다. 그래도 발병을 하지 않으면 병에 걸려서 죽어가고 있는 사람들의 배설물을 목 안에 발라주었다. 그래도 안 되면, 입을 벌리고 앉아 있게 한 후에 증상이 심한 환자에게 그 얼굴 앞에서 기침을 하도록 했다.

의사들은 놀랍게도 300명이나 되는 지원자 중에서 62명을 선정해서 실험을 했다. 그런데 단 한 명도 독감에 걸리지 않았다. 병에 걸린 유일한 사람은 병실을 지키던 의사였고, 그는 곧 사망했다. 아마도 몇 주일 전에 전염병이 그 감옥을 지나갔고, 지원자들은 모두 전염병을 이겨내면서 자연적으로 면역능력을 가지게 되었다는 것이 그런 결과에 대한 가능한 설명이 될 것이다.

1918년에 유행했던 독감에 대해서는 아직도 제대로 이해하지 못하고 있다. 바다나 산맥을 비롯한 지형적 장애물을 사이에 둔 모든 지역에서 어떻게 한꺼번에 그런 질병이 유행하게 되었는가도 의문이다. 숙주의 몸 바깥에서는 몇 시간을 견디지 못하는 바이러스가 도대체 어떻게 마드리드와 봄베이와 필라델피아에 동시에 나타날 수 있을까?

한 가지 가능한 설명은 바이러스들이 약한 증상을 나타내거나 전혀 아무런 증상도 없는 사람들의 몸속에서 잠복하고 있으면서 확산되었다는 것이다. 보통의 경우에도 독감에 걸린 사람들 중에서 약 10퍼센트 정도는 아무런 증상이 없기 때문에 자신이 독감에 걸린 사실도 모르고 지나간다. 그런 사람들은 계속 활동을 하기 때문에 질병을 가장 잘 퍼트리는 매개체의 역할을 하게 된다.

1918년의 경우에 넓은 지역에 확산이 된 것은 그런 이유 때문이라고 하더라도, 몇 달 동안 조용하게 잠복해 있던 바이러스들이 전 세계에서 거의 같은 시기에 한꺼번에 폭발적으로 발병하게 된 이유는 아직도 설명할 수 없다. 더욱 이상한 사실은 장년기의 사람들에게 더욱 치명적이었다는 사실이다. 독감은 일반적으로 어린이와 노인들에게 더 치명적이지만, 1918년의 경우에 가장 많은 희생자는 20대와 30대였다. 나이 든 사람들은 과거에 같은 균주에 노출되어서 면역능력을 가지게 되었을 수도 있지만, 아주 어린 아이들도 역시 독감에 희생되지 않은 것은 이해하기 어렵다. 가장 이상한 점은 대부분의 독감과는 달리 왜 1918년의 독감이 유독 치명적이었는가라는 점이다. 아직도 우리는 그 이유를 모른다.*

---

* 미국 국립보건원(NIH)은 2007년 알래스카의 동토 지역에 매장되었던 여성의 시신의 부검을

가끔씩 바이러스들이 되돌아오기도 한다. 논란이 많은 H1N1이라는 러시아 바이러스는 1933년에 넓은 지역에서 퍼진 후에 1950년대에 다시 등장했고, 1970년대에 또다시 나타났다. 그 사이에는 바이러스들이 어디에 있었는가는 확실하지 않다. 바이러스들이 야생동물에 숨어 있다가 가끔씩 인간에게 전염이 된다는 주장이 있다. 돼지 독감 대유행이 다시 한번 고개를 들 가능성은 배제할 수 없다.

바로 그 바이러스가 다시 찾아오지 않더라도, 다른 바이러스가 찾아올 수도 있다. 언제나 무시무시한 바이러스들이 새로 등장한다. 에볼라, 라사 열, 마르부르크 열이 모두 다시 살아났다가 사라질 수도 있다. 그런 바이러스들이 돌연변이를 일으켜서 영원히 사라지거나, 아니면 다시 살아나서 비극적인 질병을 퍼트리게 될 것인지는 아무도 알 수 없다. 이제 AIDS가 생각했던 것보다 훨씬 오래 전부터 존재했다는 사실은 확실해졌다. 영국의 왕립 맨체스터 소아병원에서 치료법을 알 수 없는 이상한 병에 걸려서 1959년에 사망한 선원이 사실은 AIDS 환자였다는 사실이 밝혀졌다.[52] 그러나 이유는 모르겠지만 AIDS는 그로부터 20년 동안 아무런 문제도 일으키지 않고 조용하게 지냈다.

그런 병이 마구 퍼지지 않은 것은 기적이었다. 1969년에 서아프리카에서 처음 밝혀진 라사 열은 아주 지독한 병이지만 아직도 원인은 제대로 밝혀지지 않고 있다. 1969년에 코네티컷 주의 뉴헤이븐에 있는 예일 대학 실험실의 의사가 라사 열을 연구하다가 그 병에 걸렸다.[53] 그는 살아남았지만, 더욱 놀라웠던 사실은 아무런 접촉이 없었던 옆 실험실의 기술자가 같은 병에 걸려서 사망했다는 것이다.

다행스럽게도 전염은 그 정도에서 멈추었지만, 언제나 그런 행운을 바랄 수는 없다. 우리의 생활습관이 전염병을 불러온다. 비행기 여행 덕분에 감염체들이 놀라울 정도로 손쉽게 전 세계를 돌아다닐 수 있게 되었다. 그래서

통해서 1918년에 시작된 스페인 독감이 H1N1형의 인플루엔자 A 바이러스에 의한 것이었음을 밝혀냈다.

어느 날 베닌에서 시작된 에볼라 바이러스가 뉴욕이나 함부르크나 나이로비 또는 그 세 곳 모두에 등장할 수도 있다. 그렇기 때문에 오늘날의 의료진들은 전 세계에 퍼지고 있는 모든 전염병에 대해서 잘 알고 있어야만 한다. 물론 사정은 그렇지 못하다. 1990년에 시카고에 살고 있던 나이지리아 사람이 모국을 다녀오면서 라사 열에 노출되었다.[54] 그러나 증상은 미국에 돌아온 후에야 나타나기 시작했다. 그는 시카고 병원에서 무슨 병에 걸렸는지도 모른 채로 사망했다. 이뿐만 아니라 그 환자가 지구상에서 가장 치명적이고 전염성이 강한 병에 걸렸다는 사실도 몰랐기 때문에 치료하는 과정에서도 아무런 예방조치도 취하지 못했다. 다른 사람에게 전염되지 않았던 것은 정말 기적이었다. 다음에도 그렇게 운이 좋을 수는 없을 것이다.

그런 냉정한 말로 이야기를 마치고, 다시 눈으로 볼 수 있는 생물의 세계로 돌아가기로 한다.

제21장

생명의 행진

화석이 되기는 쉽지 않다. 거의 모든 생물체의 운명은 무(無)로 분해되는 것이다.[1] 99.9퍼센트 이상이 그렇게 된다. 생명의 불꽃이 꺼지고 나면, 생명체가 소유하고 있던 모든 분자들은 다른 생물들이 사용할 수 있도록 떨어져 나가거나 흩어진다. 그것이 바로 세상의 이치이다. 작은 집단을 이룬 생물의 경우에도 다른 생물에 의해서 먹히지 않고 남아서 화석이 될 수 있는 확률은 0.1퍼센트 이하로 지극히 낮다.

화석이 되기 위해서는 여러 가지 일이 일어나야만 한다. 우선 적당한 곳에서 죽어야 한다. 암석 중에서 15퍼센트만이 화석을 보존해줄 수 있다.[2] 그러므로 화강암 위에 쓰러지면 아무 소용이 없다. 사체(死體)가 퇴적층 속에 묻혀야 한다. 그래야만 젖은 진흙 위에 떨어진 나뭇잎처럼 자국이 남거나 아니면 산소가 없는 상태에서 분해되면서 뼈처럼 단단한 부위가 남고 그 속에 용해된 광물질이 채워져서 석질화(石質化)된 사본이 만들어질 수가 있다. 그런 후에는 화석이 들어 있는 퇴적층이 지각현상에 의해서 무자비하게 눌리고, 접히고, 옮겨지는 일이 일어나더라도 그 모양을 유지해야만 한다. 마지막으로 수천만 년이나 수억 년이 흐른 후에 누군가에 의해서 발견되어서 귀중하게 보관되어야 한다.

10억 개의 뼈 중에서 하나 정도만이 화석이 되는 것으로 추정된다. 그렇다면 오늘날 미국에 살고 있는 2억7,000만 명은 각자 206개의 뼈를 가지고 있으므로 그중에서 화석으로 남게 될 것은 겨우 50개 정도이다. 한 사람이 가지고 있는 뼈의 4분의 1에 불과한 숫자이다. 그나마도 모두가 실제로 발견될 것이라는 뜻은 아니다. 그 뼈들은 920만 제곱킬로미터가 넘는 지역의 어느 곳에나 묻힐 수 있지만, 거의 대부분은 파헤쳐지지도 않을 것이다. 더욱이 후세의 사람들이 자세하게 살펴보게 될 면적은 더욱 적다는 사실을 생각한다면, 우리 뼈의 화석이 하나라도 발견된다는 것 자체가 기적이다. 그러니까 화석은 어떤 면에서 보더라도 정말 희귀한 것이다. 지구에 살았던 거의 대부분의 생물은 아무런 흔적도 남기지 못했다. 1만 종의 생물 중에서 겨우 1종 이하가 화석 기록에 남아 있을 것으로 추정된다.[3] 그것 자체만으로도 놀라울 정도로 낮은 확률이다. 그러나 지금까지 지구에 살았던 생물종이 3,000억 종에 이르고, 리처드 리키와 로저 르윈이 「제6의 멸종」에서 주장했듯이 화석으로 남아 있는 생물이 25만 종이라면, 그 확률은 12만 분의 1에 불과하다.[4] 어느 경우이거나 우리가 오늘날 확보하고 있는 화석은 지구가 탄생시켰던 생물종 중에서 극히 일부에 지나지 않는다.

더욱이 우리가 가지고 있는 기록은 절망적일 정도로 왜곡되어 있다. 물론 대부분의 육상동물은 퇴적층 속에서 죽지 않는다. 육상동물이 들판에 쓰러지고 나면, 다른 동물에 의해서 먹히거나, 썩거나 아니면 오랜 세월에 걸쳐서 바람에 날아가버린다. 따라서 화석 기록의 대부분은 거의 언제나 해양생물들이다. 오늘날 우리가 가지고 있는 화석의 약 95퍼센트는 물속에서, 그것도 얕은 바다에서 살던 동물의 것이다.[5]

이런 이야기를 하는 이유는 2월의 어느 흐린 날 런던의 자연사 박물관에서 리처드 포티라는 상냥하고, 구김살 없고, 아주 사교적인 화석학자를 만난 이야기를 하기 위해서이다.

포티는 엄청나게 많은 것에 대해서 엄청나게 많이 알고 있다. 그는 모든 생물의 출현을 다룬 풍자적이면서도 훌륭한 「생명 : 40억 년의 비밀」이라는 책을 쓰기도 했다. 그러나 그가 가장 좋아하는 것은, 오르도비스기의 바다를 휩쓸었지만 그 후로는 화석의 형태로만 남게 된 삼엽충이라는 해양생물이다.

삼엽충의 화석은 머리, 꼬리, 흉곽의 세 부분, 즉 엽(葉)으로 되어 있다. 삼엽충이라는 이름도 그래서 붙여졌다. 그는 웨일스의 세인트 데이비드 만에 있는 바위를 기어오르던 어린 시절에 처음으로 삼엽충 화석을 발견했다. 그 후로 평생 그는 삼엽충에 매혹되었다.

그는 금속으로 만든 높은 벽장으로 채워진 전시장을 보여주었다. 벽장은 작은 서랍으로 가득 채워져 있었고, 그 서랍에는 돌 모양의 삼엽충이 가득 들어 있었다. 모두 합쳐서 2만 점이 있었다.

"많은 것은 사실입니다." 그가 고개를 끄덕이면서 말했다. "그러나 고대의 바다에는 엄청나게 긴 세월 동안 엄청나게 많은 수의 삼엽충이 살았다는 사실을 기억해야 합니다. 그렇게 생각하면 2만 점은 절대 많은 것이 아니지요. 더욱이 이 화석들은 대부분 완전한 것이 아닙니다. 화석학자들에게는 아직도 완전한 삼엽충 화석을 찾아내는 것이 대단한 일이랍니다."[6]

삼엽충이 어딘지 알 수 없는 곳으로부터 완전한 형태를 갖추고 처음 나타난 시기는, 고등 생물들이 갑자기 터져나와서 일반적으로 캄브리아 폭발(Cambrian explosion)이라고 알려진 대략 5억4,000만 년 전이었다. 그러고 나서 삼엽충은 3억 년 정도 지난 후에 아직도 신비에 싸여 있는 페름기의 대멸종기에 다른 많은 생물들과 함께 사라졌다. 삼엽충도 다른 멸종 생물들과 마찬가지로 실패한 생물종이라고 생각하기 쉽지만, 사실은 지금까지 지구에서 살았던 생물들 중에서 가장 성공했던 셈이다. 삼엽충이 살았던 기간은, 역시 역사상 가장 성공한 생물이었던 공룡이 생존한 기간의 두 배에 해당하는 3억 년이나 된다. 포티에 따르면, 인간이 존재한 기간은 그것의 0.5퍼센트에 불과하다.[7]

그렇게 오랜 세월 존재했던 삼엽충은 경이로울 정도로 번성했다. 대부분은 오늘날의 딱정벌레 정도로 작은 크기였지만, 큰 접시 정도로 큰 것도 있었다. 적어도 5,000속(屬)과 6만 종이 있었던 것으로 보이고, 지금도 새로운 종이 계속 발굴되고 있다. 최근에 남아메리카의 학술회의에 참석했던 포티는 아르헨티나의 시골 대학에서 일하는 학자를 만났다. "그녀는 아주 흥미로운 샘플이 가득 들어 있는 상자를 가지고 있었습니다. 남아메리카는 물론이고 세계 어느 곳에서도 발견된 적이 없는 삼엽충을 비롯한 여러 종류의 화석이 들어 있었습니다. 그녀는 그런 화석을 분석할 연구시설도 없었고, 다른 화석을 찾아나설 연구비도 없었습니다. 세상의 많은 부분이 아직도 그대로 남아 있는 셈이지요."

"삼엽충에 대해서 말입니까?"

"아니요. 모든 것에 대해서 말입니다."

사람들은 19세기가 끝날 때까지도 고대의 고등 생물 중에서 유일하게 알려져 있었던 삼엽충을 부지런히 수집하고 연구했다. 삼엽충에 대해서 가장 신비로운 사실은 그들의 갑작스러운 출현이었다. 포티가 지적했듯이, 암석층에서 영겁에 해당하는 기간 동안 아무런 생물의 흔적이 눈에 띄지 않다가 갑자기 "게 정도로 큰 프로팔로타스피스나 엘레넬루스가 완벽한 형태로 나타나는 것"은 지금 생각해도 놀라운 일이다.[8] 삼엽충은 팔다리와 아가미와 신경계와 탐침 그리고 포티의 표현에 따르면 "일종의 뇌"도 가지고 있었다. 그리고 삼엽충의 눈은 지금까지 알려진 것 중에서 가장 특이하다. 석회암의 주성분과 같은 방해석 막대기로 된 삼엽충의 눈은 지금까지 알려진 것 중에서 가장 원시적이다. 그러나 더욱 신비로운 사실은, 가장 원시적인 삼엽충이 단순히 한 종류가 아니라 10여 종이 있었고, 그것도 한두 장소에서만 나타났던 것이 아니라 전 세계의 모든 곳에서 한꺼번에 등장했다는 것이다. 19세기의 지식인들 중에는 그것이 바로 신의 창조물이라는 증거이고, 다윈의 진화론을 부정하는 근거라고 생각하던 사람들도 있었다. 그들은 느리게 일어나는 진화에서 완벽한 형태의 고등 생물이 갑자기 나타난 것을 어떻게 설명할 수 있느냐고 물었다. 진화론으로 설명할 수 없었던 것이 사실이었다.

문제는 영원히 해결될 수 없을 것처럼 보였다. 그러나 다윈의 「종의 기원」 출판 50주년을 석 달 앞두고 있던 1909년 어느 날 찰스 둘리틀 월컷이라는 화석학자가 캐나다 로키 산맥에서 굉장한 사실을 발견했다.

월컷은 1850년에 뉴욕 주의 유티카 부근의 중산층 가정에서 태어났지만, 월컷이 아주 어렸을 때 아버지가 갑자기 사망해서 집안이 어려워졌다. 그러나 소년 시절부터 화석, 특히 삼엽충 화석을 찾아내는 재능을 가지고 있었던 월컷은 상당한 양의 삼엽충 화석을 수집했다.[9] 그는 훗날 그것들을 하버드 대학에 박물관을 건립 중이던 루이 아가시에게 오늘날의 금액으로 약 7만 달러에 해당하는 돈을 받고 팔았다. 고등학교를 겨우 졸업한 월컷은 삼엽충의 전문가가 되었고, 삼엽충이 오늘날의 곤충과 갑각류를 포함하는 절지동물에 속한다는 것을 처음으로 밝혀낸 사람이 되었다.

1879년에 그는 당시 새로 설립되었던 미국 지질조사소의 탐사원으로 들어가서 15년 만에 소장이 될 정도로 뛰어난 능력을 발휘했다.[10] 그는 1907년에 스미스소니언 박물관의 관장으로 임명되었고, 1927년 사망할 때까지 그곳에서 일을 했다. 많은 행정 업무에도 불구하고, 그는 여전히 탐사작업에 참여했고, 많은 글을 남겼다. 포티에 따르면, "그의 책은 도서관 서가를 가득 채울 정도였다."[11] 미국 항공우주국(NASA)의 전신인 미국 항공자문위원회의 초대 의장이기도 했던 그는 우주 시대의 할아버지라고 알려져 있다.

그러나 오늘날까지도 알려진 그의 가장 유명한 업적은 1909년 늦여름에 브리티시 컬럼비아 주에 있는 필드라는 작은 마을 위의 언덕에서 운좋게 찾아낸 것 때문이다. 흔히 전해오는 이야기에 따르면, 월컷 부부가 말을 타고 버제스 산이라는 곳의 산길을 지나던 중에 부인이 타고 있던 말이 돌에 채어 미끄러졌다. 그녀를 돕기 위해서 말에서 내리던 월컷은 말발굽에 채였던 이판암(泥板巖, shale)* 조각에 아주 오래되고 특이한 갑각류 화석이 들어 있는 것을 발견했다. 그러나 겨울이 일찍 찾아오는 캐나다 로키 산맥에는 눈이 내리고 있어서 더 오래 지체할 수는 없었다. 월컷은 이듬해 봄에 날씨가 풀리자 곧바로 그곳을 다시 찾아갔다. 그는 바위가 미끄러져 내려왔던 흔적을 따라 산 정상 쪽으로 230미터를 올라갔다. 그는 해발 2,400미터인 곳에서, 고등 생물이 놀라울 정도로 번성하기 시작했던 캄브리아 폭발 직전의 화석

* 고운 모래나 진흙이 층 모양으로 쌓여서 만들어진 퇴적암으로 셰일이라고 부르기도 한다.

들이 가득한 이판암을 발견했다. 그는 실제로 화석의 성지를 발견했던 것이다. 버제스 이판암으로 알려지게 된 그곳은, 스티븐 제이 굴드가 그의 유명한 책 「생명, 그 경이로움에 대하여」에서 말했듯이, "현대 생물의 출현을 완벽하게 보여주는 유일한 전시장"이 되었다.[12)]

꼼꼼한 굴드는 월컷의 일기를 읽어보고, 버제스 이판암 발견에 대한 이야기가 조금은 과장되었다는 사실을 밝혀냈다.[13)] 월컷의 일기에는 말이 미끄러졌다거나 눈이 왔다는 이야기는 없었다. 그러나 그의 발견이 놀라운 것이라는 데에는 논란의 여지가 없다.

지구에서 눈 깜짝할 사이에 불과한 수십 년을 살 뿐인 우리는 캄브리아 폭발이 얼마나 오래 전이었는가를 도저히 이해할 수가 없다. 과거를 향해서 1초에 1년씩 되돌아간다고 하더라도, 예수의 시대로 돌아가는 데에는 30분이 걸리고, 인간이 출현한 시기까지는 약 3주일이 걸린다. 그런데 캄브리아기까지 돌아가려면 무려 20년이 걸린다. 다시 말해서, 캄브리아기는 엄청나게 오래 전이었고, 당시의 세상은 지금과는 정말 다른 곳이었다.

우선 버제스 이판암이 생성되던 5억 년 전에 그곳은 산 정상이 아니라 산 밑이었다. 더 구체적으로 그곳은 아주 가파른 절벽 아래에 있던 얕은 바다 밑이었다. 당시의 바다는 생물로 가득했었지만, 대부분의 동물들은 몸체가 부드러워서 죽은 후에 그대로 부패되었기 때문에 아무런 흔적도 남기지 못했다. 그러나 버제스에서는 생물들이 무너진 절벽의 진흙더미 밑에 묻혀서 책 속에 넣어둔 꽃잎처럼 짓눌렸기 때문에 놀라울 정도로 자세한 흔적을 남기게 되었다.

월컷은 1910년부터 작업을 시작해서 자신이 75세가 되던 1925년까지 매년 그곳을 찾아가서, 수만 종의 화석을 채취하여 워싱턴으로 가져와 분석을 했다(굴드는 8만 종이라고 했지만, 사실 확인에서 놀라운 실력을 발휘하는 「내셔널 지오그래픽」은 6만 종이라고 주장했다). 버제스는 단순히 그 규모와 다양성만으로도 필적할 상대가 없었다. 버제스의 화석에는 단단한 껍질을 가진 것도 있었지만, 대부분은 그렇지 않았다. 눈을 가진 것도 있었고, 그렇지 않은 것도 있었다. 엄청나게 다양해서 발견된 생물의 종류만 하더라도 140종이 넘는다고 추산되기도 했다.[14] 굴드에 따르면, "버제스 이판암에서 발견되는 해부학적 다양성은 필적할 상대가 없고, 오늘날 전 세계의 해양생물의 다양성과도 비교할 수가 없다."[15]

굴드에 따르면, 월컷은 불행하게도 자신이 얼마나 중요한 것을 발견했는가를 인식하지 못했다. 굴드는 「여덟 마리 새끼 돼지」에서 "월컷은 그런 훌륭한 화석의 의미를 끔찍할 정도로 잘못 해석함으로써 승리의 문턱에서 주저앉고 말았다"고 했다. 그는 그 화석을 현대 생물로 분류해서, 오늘날의 지렁이나 해파리와 같은 생물들의 선조라고 생각함으로써 그 가치를 알아보지 못했다. 굴드는 한탄했다. "그런 해석에 따르면, 생명은 원시의 단순한 형태로부터 명백하게 예측 가능한 길을 따라 더 발전되고 복잡한 형태로 발전했다는 뜻이 된다."[16]

1927년에 월컷이 사망한 이후로 버제스 화석은 잊혀졌다. 그 화석들은 거의 50년 동안 워싱턴의 미국 자연사 박물관의 서랍 속에 처박혀 있었고, 아무도 꺼내어 살펴보지 않았다. 그러던 1973년에 사이먼 콘웨이 모리스라는 케임브리지 대학의 대학원 학생이 그 화석들을 보게 되었다.[17] 그는 깜짝 놀랐다. 화석은 월컷이 자신의 책에서 설명했던 것보다 훨씬 더 다양하고 훌륭했다. 분류학에서는 모든 생물의 기본적인 체형을 문(門, phylum)으로 구별한다. 그런데 콘웨이 모리스는 수없이 많은 서랍에 가득한 화석들이 전혀 새로운 문에 속하는 것이라는 사실을 알아챘다. 그 화석을 발견한 사람이 그런 점을 알아차리지 못했다는 사실은 정말 놀랍고 이해할 수 없는 일이었다.

콘웨이 모리스는 지도교수 해리 휘팅턴과 동료 대학원생 데릭 브리그스와 함께 몇 년에 걸쳐서 수집된 화석 전체를 체계적으로 연구했고, 끊임없이 새로운 발견이 이어지면서 많은 책을 발간했다. 상당수는 그 전에는 물론이고, 그 이후에도 본 적이 없는 정말 놀라울 정도로 이상한 신체구조를 가지고 있었다. 오파비니아라는 것은 눈이 다섯 개였고, 코처럼 생긴 주둥이 끝에는 집게발이 달려 있었다. 판처럼 생긴 페이토이아는 파인애플을 잘라낸 것처럼 우습게 생겼다. 또다른 종은 기둥처럼 생긴 발로 비틀거리면서 걸어다녔던 것처럼 보여서 할루키게니아라는 이름을 붙였다. 알아볼 수 없을 정도로 신기한 것이 너무 많아서, 한번은 새 서랍을 열던 콘웨이 모리스가 "제기랄, 또 새로운 문(門)이라니!"라고 중얼거렸다는 유명한 이야기가 남아 있다.[18)]

영국 연구진의 새로운 연구에 따르면, 캄브리아기는 동물의 신체구조에 전례 없는 혁신과 실험이 이루어진 시기였다. 거의 40억 년에 걸쳐서, 생물들은 특별한 방향의 복잡성을 추구하지도 않고 빈둥거렸다. 그러다가 500만 년에서 1,000만 년의 짧은 기간 동안에 오늘날까지도 사용되고 있는 모든 기본적인 신체의 디자인이 한꺼번에 만들어졌다. 오늘날 선충류에서부터 캐머런 디아즈에 이르는 모든 생물들이 캄브리아기의 잔치에서 처음 만들어진 구조를 사용하고 있다.[19)]

그러나 가장 놀라운 사실은, 말하자면 예선을 통과하지 못해서 후손을 남기지 못했던 체형을 가진 생물이 대단히 많았다는 점이었다. 굴드에 따르면, 버제스 생물 중에서 적어도 15종, 많게는 20종은 어떤 문(門)에도 속하지 않았다(항간에는 케임브리지 연구진이 밝혀냈던 문의 수보다도 훨씬 많은 100여 개의 문이 있다는 주장도 있다).[20)] 굴드에 따르면 "생명의 역사는 우월성과 복잡성과 다양성이 점진적으로 증가한 것이 아니라 대량으로 제거해 버린 후에 살아남은 몇 종이 다시 분화되는 과정으로 이루어져왔다." 진화에서의 성공은 제비뽑기에 의해서 결정되는 것 같다.

틈새를 빠져나오는 데에 성공한 생물 중에 피카이아 그라킬렌스라는 작은 지렁이처럼 생긴 생물은 원시적인 척추를 가지고 있었던 것으로 밝혀져서, 훗날 출현한 인간을 비롯한 모든 척추동물의 가장 오래된 선조가 되었다. 버제스 화석 중에서 피카이아가 그렇게 많지는 않았기 때문에 그런 생물이 멸종 위기에 얼마나 가까이 갔었는가에 대해서는 알 수가 없다. "생명의 역사를 담은 테이프를 버제스 이판암까지 되감은 후에 똑같은 출발점에서부터 다시 돌리면, 인간과 같은 지능을 가진 생물이 출현하게 될 확률은 놀라울 정도로 낮다"는 유명한 말을 남긴 굴드는 조상 대대로 이어온 우리의 성공은

정말 운좋은 요행이라고 믿고 있다는 사실을 분명하게 밝혔다.[21]

1989년에 발간된 굴드의 책은 대단한 갈채를 받았고, 상업적으로도 큰 성공을 거두었다. 그러나 일반에게 잘 알려지지 않았지만, 사실 굴드의 그런 결론에 동의하지 않는 과학자들도 많았기 때문에 문제는 아주 고약해졌다. 캄브리아기의 "폭발"은 고대의 생리학적 사실이 아니라 현대적 해석에 불과할 수도 있다는 것이다.

실제로 오늘날 우리는 고등 생물이 캄브리아기보다 적어도 5억 년 전에도 존재했다는 사실을 알고 있다. 우리는 그런 사실을 훨씬 일찍부터 알고 있어야 했다. 캐나다에서 월컷의 발견으로부터 거의 40년이 지난 후에, 지구의 반대편인 오스트레일리아에서는 레지널드 스프리그라는 젊은 지질학자가 훨씬 더 오래된 것을 찾아내는 역시 놀라운 일에 성공했다.

1946년에 사우스 오스트레일리아 주 정부의 젊은 보좌 지질학자인 스프리그에게 애들레이드에서 북쪽으로 약 500킬로미터 떨어진 광대한 오지인 플린더스 산맥의 에디아카라 구릉지대에 있는 폐광을 탐사하는 임무가 주어졌다.[22] 새로운 기술로 다시 활용할 가치가 있는 폐광이 있는가를 살펴보아야 했던 그는 표면에 노출된 암석은 살펴보지 않았고, 더욱이 화석은 전혀 생각하지도 않았다. 그러나 어느 날 점심을 먹던 스프리그는 심심풀이로 옆에 있던 사암(砂岩) 조각을 들춰보다가 돌 표면이 진흙에 남겨진 무늬처럼 새겨진 정교한 화석으로 덮여 있는 것을 보고 깜짝 놀랐다. 부드럽게 표현해서 그랬다. 그 암석은 캄브리아 번성기 이전의 것이었다. 그는 최초로 눈으로 볼 수 있는 생물이 출현하던 모습을 보고 있었던 것이다.

스프리그는 「네이처」에 논문을 제출했지만, 그의 논문은 받아들여지지 않았다. 그는 오스트레일리아와 뉴질랜드의 과학진흥협회 연례 학술회의에서 논문을 발표했지만, 협회 회장은 에디아카라 무늬는 단순히 바람이나 빗물 혹은 파도에 의해서 만들어진 "우연히 생긴 무기물의 흔적"일 뿐이고, 생물에 의해서 만들어진 것은 아니라고 반박했다.[23] 희망을 버리지 않았던 스프리그는 런던으로 가서 1948년에 국제 지질학회에서 그 내용을 다시 발표했지만, 이번에도 역시 그의 주장에 관심을 가지거나 믿어주는 사람은 아무도 없었다. 결국 그는 자신의 논문을 「사우스 오스트레일리아 왕립학회 회보」에 발표했다. 그런 후에 그는 정부 일을 그만두고 석유 탐사 일을 시작했다.

9년이 지난 1957년에 영국 미들랜즈의 찬우드 숲을 걸어가던 존 메이슨이라는 학생이 이상한 화석을 발견했다.[24] 그것은 해양 무척추동물인 바다조름과 비슷했고, 스프리그가 발견해서 사람들에게 알려주려고 애쓰던 화석들 중 몇몇과 정확하게 일치했다. 메이슨으로부터 화석을 전해 받은 레스터 대학의 화석학자는 즉시 그것이 선캄브리아기의 것이라는 사실을 알아차렸다. 신문에 사진이 실렸던 어린 메이슨은 귀한 영웅 대접을 받았다. 지금도 그의 사진이 실린 책들이 많다. 그 화석에는 그를 기리기 위해서 차미아 마소니라는 이름이 붙여졌다.

오늘날 스프리그가 발굴했던 에디아카라 화석 진품들 중 몇 종이 그 후로 플린더스 산맥 전역에서 발굴된 1,500여 점의 화석들과 함께 애들레이드에 있는 튼튼하고 멋진 사우스 오스트레일리아 박물관 2층 전시실의 유리 전시대에 놓여 있지만, 그곳을 찾는 사람들은 그리 많지 않다. 정교하게 새겨진 무늬는 아주 희미해서 비전문가의 눈에는 그렇게 매력적으로 보이지 않는다. 대부분은 작은 판 모양이고, 몇몇은 꼬리 쪽에 띠가 희미하게 남아 있다. 포티는 그 화석들을 "부드러운 몸을 가진 이상한 생물"이라고 불렀다.

아직도 이 생물의 정체와 그들이 어떻게 살았는가에 대해서는 합의를 하지 못하고 있다. 지금까지 알려진 바에 의하면, 그 생물은 소화할 먹거리를 먹고 뱉어낼 입이나 항문을 가지고 있지도 않았고, 그것을 소화시킬 내장도 없었다. 포티에 따르면 "대부분은 살아 있는 동안에도 모래로 된 퇴적층 위에 연하고, 구조도 없고, 움직이지도 못하는 가자미처럼 가만히 누워 있었을 것이다." 그 생물은 가장 활발하게 활동했을 때에도 해파리보다 더 복잡하지는 않았을 것이다. 에디아카라 생물들은 모두 두 층의 조직으로 만들어진 이배엽성(二胚葉性)이었다. 해파리를 제외한 오늘날의 모든 생물은 삼배엽성

(三胚葉性)이다.*

그것이 결코 동물은 아니었고, 식물이나 진균류에 가까웠을 것이라고 주장하는 과학자들도 있다. 오늘날에도 동물과 식물의 구분이 명백하지 않은 경우가 있다. 현대의 해면은 일생을 한곳에 붙어서 살고, 눈이나 뇌나 고동치는 심장이 없음에도 불구하고 동물로 분류된다. 포티에 따르면, "선캄브리아기에는 동물과 식물의 구분이 더욱 애매했을 것이다. 그러나 동물과 식물을 분명하게 구별할 수 있어야 한다는 법은 어디에도 없다."

에디아카라 생물이 일부 해파리를 제외한다면 오늘날 살고 있는 어떤 생물의 선조인가에 대해서도 합의하지 못하고 있다. 그 생물들은 진화에 실패해버렸다고 주장하는 과학자들도 많다. 고등 생물로 진화하려고 시도했던 둔한 에디아카라 생물들이 더 민첩하고 세련된 캄브리아기의 다른 생물들에게 잡아먹혔거나, 단순히 경쟁에서 뒤처져서 살아남지 못했다는 것이다.

"오늘날 살고 있는 생물과 비슷한 점은 아무것도 없다." 포티의 주장이었다.[25] "그 후에 출현한 생물들의 선조라고 해석하는 것에는 심각한 어려움이 있다."[26]

그 생물들은 지구상 생명의 발전에 그렇게 중요하지 않았다는 것이 일반적인 생각이다. 많은 과학자들은 선캄브리아기와 캄브리아기 사이의 경계에 생물의 대량 멸종이 있었고, 그래서 확인할 수 없는 몇몇 해파리를 제외한 에디아카라 생물들이 다음 단계로 발전하지 못했다고 생각한다. 다시 말해서 고등 생물이 본격적으로 출현한 것은 캄브리아 폭발에서부터였다. 어쨌든 굴드는 그렇게 보았다.

버제스 이판암 화석에 대한 그런 재해석에 대해서 많은 사람들이 이의를 제기하기 시작했고, 특히 굴드의 해석에 대해서는 더욱 그랬다. 포티는 「생명」이라는 책에서 "스티븐 굴드가 감탄할 정도로 잘 설명했던 해석에 대해서

---

* 정자에 의해서 수정되어 만들어지는 배(胚)는 분할과정에서 피부와 신경계가 될 외배엽, 결합조직, 순환계, 근육, 골격 등이 될 중배엽, 그리고 소화계, 허파, 배설계가 될 내배엽을 형성한다.

처음부터 의문을 가지고 있던 과학자들이 있었다"고 주장했다.

"스티븐 굴드가 자신의 글만큼 명백하게 생각할 수 있었으면 얼마나 좋겠는가!" 옥스퍼드의 리처드 도킨스는 런던의 「선데이 텔레그래프」에 발표한 굴드의 「생명, 그 경이로움에 대하여」에 대한 서평의 첫머리에서 그렇게 외쳤다.[27] 도킨스는 그 책이 "무척 재미있는 걸작"이라는 사실은 인정했지만, 굴드가 버제스 화석의 재해석이 화석학계를 뒤흔들었다고 한 것은 진실을 "거의 음흉하다고 할 정도로 과장한" 것이라고 주장했다. 도킨스는 "그는 진화가 인간과 같은 정점을 향해서 일방적으로 진행되어왔다는 주장을 비판하고 있지만, 지난 50년 동안에 그의 그런 주장을 믿었던 사람은 거의 없었다"라고 격렬하게 반박했다.

그럼에도 불구하고 여전히 그런 주장을 하는 사람들이 많은 것이 사실이다. 「뉴욕 타임스 북리뷰」에는 굴드의 책 때문에 과학자들은 "몇 세대 동안에 제대로 살펴보지 못했던 편견을 내던지게 되었다. 인간이 규칙적인 진화에 의해서 생긴 것이 아니라 우연에 의해서 출현한 것일 수도 있다는 생각을 마지못해 받아들이는 사람들도 있었지만, 열광적으로 믿는 사람들도 있다"고 가볍게 주장하는 글이 실리기도 했다.[28]

그러나 굴드의 주장이 단순히 잘못되었거나 무책임하게 과장된 것이라고 믿는 사람들은 굴드를 격렬하게 반박했다. 「진화」라는 학술지에서 도킨스는 "캄브리아기의 진화가 오늘날의 진화와는 다른 종류"라는 굴드의 주장을 반박하면서, "캄브리아기는 진화 '실험', 진화적 '시행착오', 진화의 '부정 출발'의 기간이었고……'기본적인 체형'이 모두 만들어진 비옥한 시기였으며, 오늘날의 진화는 그때에 만들어졌던 체형이 조금씩 수정되는 수준에 불과하다. 캄브리아기는 새로운 문(門)과 강(綱)이 만들어지던 시기였고, 오늘날은 기껏해야 새로운 종(種)이 생겨날 뿐이다"라는 굴드의 반복적인 주장에 심한 분노를 표현했다.[29]

도킨스는 더 이상 새로운 체형이 나타나지 않았다는 굴드의 주장이 얼마나 널리 확산되고 있는가를 지적한 후에, "그런 주장은 정원사가 떡갈나무를 보면서 '지난 몇 년 동안에 큰 가지가 새로 생겨나지 않은 것이 참 이상하지 않은가? 요즘 새로 자라는 것은 모두 잔가지들뿐인 모양이다'라고 말하는 것과 같다"고 했다.

"아주 이상한 때였습니다." 포티의 말이었다. "5억 년 전에 일어났던 일에 대해서 그렇게 감정적으로 논쟁을 했다는 것은 정말 이상한 일이지요. 그래서 나는 내 책에서 캄브리아기에 대해서 이야기하려면 안전모를 써야만 할 것 같다고 농담처럼 이야기했지만, 정말 그렇게 느껴지기도 했습니다."

가장 이상했던 것은 「생명, 그 경이로움에 대하여」의 영웅인 사이먼 콘웨이 모리스가 자신의 「창조의 도가니」에서 느닷없이 굴드를 비난함으로써 화석학계 사람들을 놀라게 만든 일이었다.[30] 포티의 말에 따르면, 그 책에서 콘웨이 모리스는 굴드를 "경멸스럽고, 혐오스럽다"고 표현했다. "나는 전문가의 책에서 그렇게 심한 표현을 본 적이 없었습니다."[31] 훗날 포티의 지적이었다. "그런 이야기를 모르고 심심풀이로 「창조의 도가니」를 읽는 사람들은 한때 저자의 생각이 굴드의 주장과 똑같거나 아주 비슷했었다는 사실을 짐작도 할 수 없을 것입니다."

그 문제에 대한 질문을 받은 포티는 이렇게 대답했다. "글쎄요. 그에 대한 굴드의 표현은 정말 아첨에 가까운 것이었기 때문에 정말 이상하고, 사실은 충격적이기도 했지요. 내 생각에는 사이먼이 수치스럽게 느꼈던 모양이에요. 아시다시피 과학은 바뀌기도 하지만, 책은 그렇지 않습니다. 내 생각에 사이먼은 자신이 더 이상 믿지 않는 주장에 대해서 그렇게 확실하게 관련되어 있는 것처럼 표현되어서 기분이 무척 상했을 것 같아요. 그 책에는 '제기랄, 또 새로운 문인가'라고 여겨지는 부분이 굉장히 많은데, 사이먼은 그런 것으로 유명해진 것이 싫었을 겁니다."

한편 초기 캄브리아기의 화석에 대한 비판적인 재평가가 이루어졌다. 굴드의 책에 등장하는 또다른 영웅인 데릭 브리그스와 포티는 분지학(分枝學, cladistics)이라는 방법으로 여러 버제스 화석들을 비교해보았다. 분지학은 간단히 말해서 생물들을 공통적인 특성에 따라 분류하는 방법이다. 포티는 땃쥐*와 코끼리를 비교하는 예를 들어서 설명해주었다.[32] 코끼리의 거대한 몸집과 코를 생각해보면, 작은 몸집에 킁킁거리는 땃쥐와 코끼리가 아무런 관련이 없다고 할 수 있다. 그러나 도마뱀과 비교해보면, 땃쥐와 코끼리가 같은 체형을 가지고 있다고 생각할 수도 있다. 포티의 주장에 따르면, 결국 사람들은 포유류를 생각하고 있는데, 굴드는 코끼리와 땃쥐를 비교하고 있었던 것이다. 사람들은 버제스 생물들이 처음 보았을 때만큼 그렇게 이상하지도, 다양하지도 않다고 믿게 되었다. 이제 포티는 이렇게 주장한다. "그 생물들은 삼엽충보다 더 낯설지 않았습니다. 우리가 삼엽충에 익숙해지는 데에 한 세기 정도가 걸렸습니다. 아시다시피, 지나치게 허물이 없어지면, 업신여김을 당하게 되지요."

일을 엉터리로 했거나 관심이 없어서 생긴 결과가 아니라는 점을 이해해야 한다. 왜곡되기도 하고, 완전하지도 못한 증거를 근거로 고대 동물들 사이의 관계를 밝혀내는 일은 아주 어려운 일이다. 에드워드 O. 윌슨의 지적에 따르면, 현대의 곤충들 중에서 일부를 선택해서 버제스 화석 수준으로 보여주면 체형이 너무나도 다르게 보여서 같은 문(門)에 속한다고 짐작할 수 있는 사람은 아무도 없을 것이다. 또한 그린란드와 중국에서 초기 캄브리아기의 화석들이 대량으로 발견되었고, 다른 곳에서도 산발적으로 비슷한 화석들이 발굴되면서 더 많은 정보와 종이 밝혀진 것이 재해석을 가능하게 한 결정적인 요인이 되기도 했다.

결국 버제스 화석들은 서로 엄청나게 다른 것이 아니라는 사실이 밝혀졌다. 할루키게니아의 모형은 완전히 거꾸로 재구성되어야 했음이 밝혀졌다. 기둥처럼 생긴 발이라고 여겨진 것이 실제로는 등에 나 있던 침이었다. 파인애플 조각처럼 생긴 이상한 동물인 페이토이아는 완전한 동물이 아니라 아노말로카리스라는 큰 동물의 일부였을 뿐이었다. 오늘날 대부분의 버제스 화석들은 월컷이 처음에 추정했던 것처럼 하나의 문(門)으로 분류된다. 할루키게니아를 비롯한 몇몇 종은 쐐기벌레와 비슷한 유조동물(有爪動物)에 속하

* 북반부와 남아메리카 북서 산지에 서식하는 쥐와 비슷한 290여 종의 포유류.

는 것으로 보고 있다. 나머지는 현대 환형동물(環形動物)의 선조로 재분류 되었다. 사실 포티에 따르면, "캄브리아기에 등장했던 정말 새로운 체형을 가진 동물은 그리 많지 않았다. 대부분은 이미 알려진 체형이 흥미롭게 변형된 경우였다." 그의 책 「생명」에 의하면, "오늘날의 따개비처럼 낯설거나, 여왕 흰개미처럼 괴기하게 생긴 것도 없었다."[33)]

그러니까 결국 버제스 이판암 화석들은 그렇게 굉장한 것이 아니었다. 포티가 주장했듯이, 그 화석들은 '덜 흥미롭거나 이상한 것이 아니라 더 분명하게 이해할 수 있게 되었다.'[34)] 이상한 체형은 뾰족한 털이나 혀처럼 진화의 과정에서 나타나는 풍요로움일 뿐이었다. 결국은 그런 체형이 변하지 않는 안정한 중년으로 접어들게 되었다.

그렇다고 하더라도, 그런 생물들이 어디에서 나타나게 되었는가에 대한 의문은 여전히 남는다. 도대체 그런 생물들이 어떻게 느닷없이 출현하게 되었을까?

그런데 기막히게도 캄브리아 폭발은 그렇게 폭발적이 아니었던 것으로 밝혀졌다. 오늘날 알려진 사실에 의하면, 캄브리아기의 동물들은 오래 전부터 존재했지만, 너무 작아서 볼 수가 없었을 뿐이었다. 역시 실마리를 제공한 것은 삼엽충이었다. 특히 거의 같은 시기에 전 세계의 넓은 지역에 신비로운 모습을 한 서로 다른 삼엽충들이 분포하고 있었던 것이 실마리였다.

겉보기에는 완전한 형태를 갖춘 엄청나게 다양한 생물종이 갑자기 등장한 것이 캄브리아 폭발의 기적처럼 보이지만, 사실은 그 반대였다. 고립된 곳에서 완전한 모양을 갖춘 삼엽충과 같은 생물들이 갑자기 나타나는 것은 신기한 일이다.[35)] 그러나 완전히 구별이 되면서도 분명히 관련된 다양한 종류가 중국과 뉴욕처럼 엄청나게 떨어진 곳의 화석 기록에 동시에 나타나는 것은 전혀 다른 문제였다. 다만 우리가 그 역사의 상당한 부분을 파악하지 못하고 있다는 사실을 분명하게 보여줄 뿐이다. 공통의 선조가 훨씬 더 오래 전에 존재하고 있었다는 사실을 그보다 더 확실하게 보여주는 증거는 있을 수가 없기 때문이다.

오늘날 우리는 그런 종들이 화석으로 보존되기에는 너무 작았기 때문에 찾을 수가 없는 것이라고 믿고 있다. 포티에 따르면, "완전한 기능을 가진 고등 생물이라고 해서 반드시 크기가 커야 할 필요는 없다. 오늘날 바다에 살고 있는 다양한 종류의 작은 절지동물들도 화석 기록이 남아 있지 않다." 그는 작은 요각류(橈脚類)*를 예로 들었다. 오늘날 요각류는 얕은 바다를 전부 검은색으로 보이게 만들 정도로 엄청나게 많은 수가 떼를 지어 살고 있지만, 유일하게 알려진 요각류의 선조는 화석화된 고대 물고기의 몸속에서 발견된 한 종이 알려져 있을 뿐이다.

"굳이 그런 용어를 써야만 한다면, 캄브리아 폭발은 새로운 체형이 갑자기 나타난 시기가 아니라 몸집이 커졌던 시기를 뜻합니다." 포티의 주장이다. "그리고 그런 일은 아주 신속하게 일어날 수 있었고, 그런 뜻에서 폭발했다고 해도 좋을 것입니다." 포유류가 공룡이 사라질 때까지 수억 년 동안 기다렸다가 지구의 모든 곳에서 갑자기 번성하기 시작했던 것처럼, 어쩌면 절지동물을 비롯한 다른 삼배엽성 동물들이 에디아카라 생물의 때가 오기까지 이름도 없는 작은 미생물로 기다려야 했을 것이라는 주장이다. 포티에 따르면, "우리는 공룡이 사라진 후에 포유류의 몸집이 놀랍도록 커졌다는 사실을 알고 있다. 물론 갑자기라는 말은 지질학적인 의미에서 그렇다는 것으로 수백만 년을 뜻하는 것이다."

한편 레지널드 스프리그는 결국 뒤늦게라도 자신의 공로를 인정받았다. 그를 기리는 뜻으로 가장 중요한 속(屬)에 스프리기나(Spriggina)라는 이름이 붙여졌고, 다른 몇 종의 동물에도 그의 이름이 붙여졌다. 당시의 생물 전체는 그가 화석을 발견했던 언덕의 이름을 따서 에디아카라 동물군(Ediacara fauna)이라고 불린다. 그러나 그때는 이미 스프리그의 화석 채집은 끝난 후였다. 지질학에 관심을 잃은 그는 석유회사를 설립해서 크게 성공을 했고, 결국 은퇴한 후에는 자신이 좋아했던 플린더스 산맥에 있는 소유지에 야생동물 보호구역을 만들었다. 대단한 부자가 된 그는 1994년에 사망했다.

---

* 담수나 바다에 살고 있는 물벼룩을 비롯한 7,500여 종의 동물로 물고기의 중요한 먹이가 된다.

제22장

모두에게 작별을

다른 관점에서 생각하기는 어렵겠지만, 인간의 관점에서 보면 생명은 정말 이상한 것이다. 새로운 생물이 출현하는 것도 어렵지만, 일단 출현한 후에는 절대 더 발전하려고 애쓰지 않는 것처럼 보인다.

지의류(地衣類)를 생각해보자. 지의류는 지구에 살고 있는 생물들 중에서 눈으로 찾아보기 가장 어려우면서도, 가장 욕심이 없는 생물 중의 하나이다. 지의류는 햇볕이 잘 드는 교회 마당에서도 자라지만, 다른 생물들은 살고 싶어하지 않는 바람이 거센 산꼭대기나, 북극의 불모지처럼 바위 이외에는 아무것도 없고 비가 내리고 추워서 아무 경쟁 상대가 없는 곳에서는 더욱 잘 번성한다. 거의 아무것도 살지 않는 남극 대륙에서도 바람이 거센 바위라면 어느 곳이나 단단하게 달라붙어 살고 있는 400여 종의 지의류를 발견할 수 있다.[1]

사람들은 오랫동안 지의류들이 어떻게 사는지 이해할 수가 없었다. 지의류는 아무런 영양분도 없는 바위에 붙어살고, 씨앗도 만들지 않기 때문에 상당한 학식이 있는 사람들조차도 돌들이 식물로 변화하고 있는 과정이라고 믿었다. 1819년에 홈슈크 박사는 "무기질의 돌이 저절로 살아 있는 식물이 되고 있다!"라고 탄성을 질렀다.[2]

그러나 자세히 살펴보면, 지의류는 신비로운 것이 아니라 아주 흥미로운 생물이다. 지의류는 사실 진균류와 조류(藻類)의 연합체이다. 진균류는 산(酸)을 분비해서 암석을 녹이고, 조류는 그때 녹아나온 미네랄을 먹이로 변환시켜서 함께 살아간다. 아주 멋진 상황은 아니지만 성공적인 협동임이 틀림없다. 세상에는 2만 종이 넘는 지의류가 있다.[3)]

거친 환경에서 사는 모든 생물들이 그렇듯이 지의류도 느리게 성장한다. 지의류가 셔츠의 단추 크기 정도로 자라려면 반세기 이상이 걸리는 경우도 있다. 데이비드 애튼버러에 따르면, 큰 접시 크기 정도의 지의류는 "수백 년 어쩌면 수천 년 동안" 자란 것일 수도 있다.[4)] 지의류보다 더 힘들게 사는 생물은 찾아보기 어려울 것이다. 애튼버러에 따르면, "지의류는 가장 단순한 수준의 생명이라고 하더라도 그저 자신만을 위해서 존재한다는 감동적인 사실을 보여주는 예가 된다."

생명이라는 것이 그저 존재한다는 사실을 간과하기 쉽다. 인간으로서 우리는 생명에 어떤 의미가 있을 것이라고 생각하는 경향이 있다. 우리는 미래에 대한 계획과 소망과 욕망을 가지고 있다. 우리는 우리에게 부여된 존재라는 스스로의 믿음을 끊임없이 이용하고 싶어한다. 그렇지만 지의류에게 생명이란 무엇일까? 지의류가 존재하고 싶어하는 충동은 우리만큼 강하거나 어쩌면 더 강할 수도 있다. 만약 내가 숲속의 바위에 붙어서 수십 년을 지내야만 한다면 절망할 것이 분명하다. 그러나 지의류는 그렇지 않다. 거의 모든 생물들과 마찬가지로 이끼류는 자신의 존재를 이어가기 위해서 어떤 어려움도 이겨내고, 어떤 모욕도 참아낸다. 간단히 말해서 생명은 그저 존재하고 싶어할 뿐이다. 그러나 대부분의 생물은 그것만으로 만족하지 못한다는 사실이 아주 흥미롭다.

생명은 야망을 가지기에 충분한 기간 동안 존재해왔기 때문에 그런 사실이 조금은 이상하게 보일 수도 있다. 만약 45억 년에 이르는 지구의 역사를 하루라고 친다면, 최초의 단순한 단세포 생물이 처음 출현한 것은 아주 이른 시간인 새벽 4시경이었지만, 그로부터 16시간 동안은 아무런 발전을 보여주지 못했다.[5)] 하루의 6분의 5가 지나간 저녁 8시 30분이 될 때까지도 지구는 불안정한 미생물을 제외하면 우주에 자랑할 만한 것은 아무것도 가지고 있지 못했다. 그런 후에 마침내 해양식물이 처음 등장했고, 20분 후에는 최초의 해파리와 함께 레지널드 스프리그가 오스트레일아에서 처음 발견했던 수수께끼 같은 에디아카라 동물군이 등장했다. 밤 9시 4분에 삼엽충이 헤엄치며 등장했고, 곧이어 버제스 이판암의 멋진 생물들이 나타났다. 밤 10시 직전에 땅 위에 사는 식물이 느닷없이 출현했다. 그리고 하루가 두 시간도 남지 않았던 그 직후에 최초의 육상동물이 나타나기 시작했다.

지구는 10분 정도의 온화한 기후 덕분에 밤 10시 24분이 되면서 거대한 석탄기의 숲으로 덮였고, 처음으로 날개가 달린 곤충이 등장했다. 그 숲의 잔재가 오늘날 우리에게 석탄을 제공해주고 있다. 공룡은 밤 11시 직전에 무대에 등장해서, 약 45분 정도 무대를 휩쓸었다. 그들이 자정을 21분 남겨둔 시각에 갑자기 사라지면서 포유류의 시대가 시작되었다. 인간은 자정을 1분 17초 남겨둔 시각에 나타났다. 그런 시간 척도에서 기록으로 남아 있는 우리의 역사는 겨우 몇 초에 해당하는 기간이고, 사람의 일생은 한순간에 불과하다. 이렇게 가속화된 하루에서 보면, 대륙은 잇따라서 불안정하게 미끄러지면서 서로 충돌한다. 산들이 솟았다가 사라지고, 바다가 등장했다가 말라버리고, 빙하가 커졌다가 줄어들기도 한다. 그리고 대략 1분에 세 차례 정도씩 맨슨 크기나 그보다 더 큰 운석이나 혜성이 충돌하면서 끊임없이 불꽃이 번쩍인다. 그렇게 찧어대고 불안정한 환경에서 도대체 생명이 생존할 수 있었다는 사실이 신기할 뿐이다. 사실 오랫동안 견뎌내는 생물은 많지 않다.

지구의 45억 년 역사에서 우리의 존재가 얼마나 최근에 등장한 것인가를 더 잘 이해하려면, 두 팔을 완전히 펴고, 그것이 지구의 역사 전체를 나타낸다고 생각해보는 것이다.[6] 맥피의 「분지와 산맥」에 따르면, 그런 잣대에서 한 손의 손톱 끝에서부터 다른 손의 손목까지가 선캄브리아기에 해당한다. 고등생물은 모두 손바닥 안에서 생겨났고, "인간의 모든 역사는 손톱줄로 손톱을 다듬을 때 떨어져 나오는 중간 크기의 손톱 부스러기 하나에 들어간다."

다행히 재앙의 순간은 아직 다가오지 않았지만, 그런 순간이 다가올 가능성은 높은 편이다. 이 시점에서 우울한 사실을 밝히고 싶지는 않지만, 지구에 살고 있는 생명에게는 아주 중요한 특성이 있다. 바로 멸종이다. 멸종은 비교적 정기적으로 찾아온다. 생물종들은 지구상에 출현해서 자신을 지키기 위해서 애를 쓰지만, 쓰러져서 죽어가는 일도 역시 일상적인 것이다. 그리고 더 복잡하게 발전한 생물일수록 더 빨리 멸종하는 모양이다. 대부분의 생물들이 큰 야망을 가지지 못하는 것도 아마도 그런 이유 때문일 것이다.

그러니까 생물이 무엇인가 용감한 일을 할 때마다 그것은 상당히 중요한 사건이다. 그러나 생명이 바다에서 튀어나온 것보다 더 중대한 사건은 없었을 것이다.

육지의 환경은 끔찍하다. 덥고, 건조하고, 강한 자외선이 내리쬐고, 몸을 쉽게 움직이도록 해주는 부력도 존재하지 않는다. 생물은 육상에서 살기 위해서 해부학적으로 엄청난 변화를 겪어야 했다. 척추가 약한 물고기는 양쪽 끝을 잡고 있으면 몸무게를 지탱하지 못하기 때문에 중간이 처져버린다. 물이 없는 곳에서 해양생물이 생존하려면 새로운 내부 구조를 갖추어야만 하는데, 그런 변화는 하룻밤 사이에 일어날 수 없다. 육상생물은 무엇보다 산소를 물에서 걸러내지 않고 직접 공기 중에서 흡입하는 방법이 필요했다. 그것은 쉽게 극복할 수 있는 일이 아니었다. 그러나 물에서 벗어나야 할 확실한 이유가 있었다. 바닷속에서의 삶이 점점 위험해지고 있었기 때문이었다. 대륙들이 서서히 판게아라는 하나의 거대한 대륙으로 합쳐짐에 따라서 해안선이 엄청나게 줄어들었고, 따라서 해안의 서식지도 대부분 사라져버렸다. 경쟁은 더욱 치열해졌다. 그리고 무엇이나 먹어치우는 난폭한 포식동물이 출현했다. 그 포식자는 처음부터 다른 생물들을 너무 잘 공격했기 때문에 영겁이 지나는 동안에도 거의 변화할 필요도 없었다. 바로 상어였다. 그때보다 물 바깥에서 살 곳을 찾아야 할 필요가 더 절실했던 때는 없었다.

4억5,000만 년 전부터 식물들이 땅을 점령하기 시작했다. 그와 함께 식물을 위해서 죽은 유기물을 분해하여 재활용할 수 있도록 해주는 진드기를 비롯한 다른 생물들이 나타났다. 큰 동물들은 육상으로 올라오기 위해서 더 많은 시간이 필요했지만, 대략 4억 년 전부터는 그들도 물 밖으로 뛰쳐나오기 시작했다. 흔히 알려진 상상도에 따르면, 육상으로 모험을 떠났던 첫 생물은 오늘날의 말뚝망둥어류처럼 건조기에 연못들 사이를 건너뛰는 용감한 물고기들이거나 아니면 완전한 모양을 갖춘 양서류일 것으로 생각된다. 그러나 물이 마른 땅에서 처음 살기 시작한 눈으로 볼 수 있을 정도의 이동성 동물은 공벌레 또는 유럽 쥐며느리라고도 부르는 오늘날의 쥐며느리류 같은 것이었을 가능성이 더 크다. 이들은 바위나 통나무를 뒤집을 때마다 떼를 지어 기어 나오는 갑각류의 작은 벌레들이다.

공기 중의 산소를 호흡할 수 있는 방법을 찾아낸 동물들에게는 좋은 시절이었다. 육상생물이 번성했던 데본기와 석탄기의 산소 농도는 오늘날의 20퍼센트보다 훨씬 높은 35퍼센트 정도였다.[7] 그래서 육상동물들은 놀라울 정도로 빠른 시간에 놀라울 정도로 크게 자랄 수 있었다.

그렇다면 과학자들이 수억 년 전 공기 중의 산소 농도를 어떻게 알아낼 수 있을까 궁금할 것이다. 잘 알려지지는 않았지만 독창적인 동위원소 지구화학이라는 분야 덕분이다. 석탄기와 데본기의 바다에는 작은 보호막을 가진 플랑크톤이 살고 있었다. 지금도 그렇듯이, 그때의 플랑크톤들도 공기 중의 산소를 흡입한 후에 탄소와 같은 다른 원소와 결합시켜서 탄산칼슘처럼 내구력이 있는 물질을 생산해서 껍질을 만들었다. 그런 과정은 다른 곳에서도 설명했던 장기적인 탄소 순환 과정에서 계속되고 있는 화학적 변화이다. 탄소 순환 과정은 재미있게 설명할 수 있는 것은 아니지만, 생물이 살 수 있는 지구를 만드는 데에는 필수적인 것이다.

이런 과정에 참여하는 생물들은 결국 죽어서 바다 밑으로 가라앉은 후에 오랜 시간이 걸려서 석회석으로 압축된다. 플랑크톤이 무덤으로 가져가는 작은 구조 속에는 산소-16과 산소-18이라는 매우 안정한 동위원소가 들어 있다(동위원소는 중성자의 숫자가 정상이 아닌 것이지만, 기억을 하지 못해도 상관은 없다). 지구화학자들은 그런 구조가 생성될 때에 대기 중에 얼마나 많은 산소나 이산화탄소가 들어 있는가에 따라서 동위원소가 축적되는 속도가 다르다는 점을 이용한다.[8] 지구화학자들은 고대의 비율을 비교함으로써 교묘하게 산소의 농도, 공기와 바다의 온도, 빙하기의 범위와 시기를 비롯한 고대 세계의 정보를 읽어낸다. 과학자들은 동위원소의 측정결과와 꽃가루의 양을 비롯한 화석자료를 활용해서 인간의 눈으로는 전혀 본 적이 없었던 완전한 모습을 상당히 확실하게 재현할 수 있다.

육상생물이 처음 출현한 기간 동안에 산소의 농도가 확실하게 증가할 수 있었던 가장 중요한 이유는 당시 육지를 뒤덮고 있던 거대한 나무 고사리류와 광활한 습지가 그 특성 때문에 정상적인 탄소 재활용 과정을 중단시켜주었기 때문이었다. 떨어진 잎을 비롯한 죽은 식물성 물질들이 완전히 부패되지 않고 축축한 퇴적층으로 쌓여서 결국은 오늘날의 경제 활동을 가능하게 해준 거대한 석탄층으로 압축되었다.

높은 산소 농도 덕분에 육상동물의 몸집이 커지게 된 것은 분명하다. 지금까지 발견된 가장 오래된 육상동물의 증거는 스코틀랜드 바위에서 발견된 3억5,000만 년 전의 노래기와 비슷한 동물의 흔적이다. 그 크기는 1미터나 되었다. 결국 일부 노래기류는 몸길이가 두 배가 될 정도로 커졌다.

그런 동물이 어슬렁거리게 되면서 당시의 곤충들이 그런 동물의 공격을 피할 수 있는 방법을 찾아내도록 진화했던 것은 놀라운 일이 아니다. 그래서 곤충들은 날아다니는 방법을 배우게 되었다. 곤충들은 새로운 생존방법을 신비한 것으로 받아들여서 그 후로도 변함없이 사용하게 되었다. 지금과 마찬가지로 당시의 잠자리도 시속 50킬로미터까지 날아가다가, 순간적으로 멈추고, 한곳에 떠 있다가, 뒤로 날아가기도 하고, 상대적으로 볼 때 인간이 만든 어떤 비행기보다도 더 멀리 날아갈 수 있었다. 누군가의 지적에 따르면, "미국 공군에서는 곤충들이 어떻게 그런 능력을 발휘하는가를 알아내려고 곤충들을 풍동(風洞)에 넣어보고는 포기해버렸다."[9] 잠자리들은 풍요로운 공기도 게걸스럽게 먹어치웠다. 석탄기의 숲에 살던 잠자리들은 까마귀 정도의 크기로 자랐다.[10] 나무와 다른 식물들도 마찬가지로 엄청난 크기로 자랐다.

속새*나 나무 고사리류는 15미터 높이까지 자랐고, 석송류(石松類)**는 40미터까지 자랐다.

우리의 선조라고 할 수 있는 최초의 육상 척추동물이 어떤 것이었는지는 아직까지 확실히 밝혀져 있지 않다. 적당한 화석 정보가 없기 때문이기도 하지만, 에리크 야르비크라는 독특한 스웨덴 학자의 이상한 해석과 신비주의적인 행동 때문에 이 문제에 대한 발전이 거의 반세기 이상 뒤처졌기 때문이었다. 야르비크는 1930년대와 1940년대에 어류의 화석을 찾아내기 위해서 그린란드로 갔던 스칸디나비아 학자들 중의 한 사람이었다. 그들은 오늘날 사족동물(四足動物)이라고 알려진 걸어다니는 모든 동물들의 선조일 것으로 생각되는 엽상형(葉狀型) 어류***를 찾고 있었다.

대부분의 동물은 사족동물이고, 현재 살고 있는 모든 사족동물은 네 개의 다리 끝에 최대 다섯 개의 손가락이나 발가락이 붙어 있다는 공통된 특징을 가지고 있다. 공룡, 고래, 새, 인간, 그리고 어류까지도 모두 사족동물이기 때문에 하나의 공통된 선조로부터 유래되었을 가능성이 높다. 그런 선조에 대한 실마리는 대략 4억 년 전이었던 데본기에서 찾을 수 있을 것이라고 추정되었다. 그 이전에는 육상동물이 없었다. 그런데 그 이후에는 많은 동물들이 육지에서 걸어다녔다. 다행스럽게도 탐사단은 이크티오스테가라는 1미터 길이의 동물 화석을 찾아냈다.[11] 야르비크가 그 화석을 분석하는 임무를 맡게 되었고, 1948년부터 시작된 그의 분석은 48년 동안 계속되었다. 불행하게도 야르비크는 아무에게도 자신이 가지고 있는 사족동물 화석을 보여주지 않았다. 전 세계의 화석학자들은 야르비크가 발표한 두 편의 논문을 통해서 그 동물이 네 개의 다리에 다섯 개의 발가락을 가지고 있었다는 사실을 알려준 것으로 만족해야만 했다. 그렇다면 그 동물은 오늘날 살고 있는 모든 사족동물의 선조일 수도 있었다.

---

* 골풀처럼 생기고 마디가 있는 300여 종의 다년생 식물.

** 열대 지방이 원산인 바늘 모양의 잎을 가진 상록초.

*** 경골어강(硬骨魚綱)에 속하는 어류로 총기어류라고도 한다.

야르비크는 1998년에 사망했다. 그러나 그 후에 화석을 살펴본 다른 화석학자들은 야르비크의 연구가 크게 잘못된 것이었음을 밝혀냈다. 실제로 그 화석의 다리에는 여덟 개의 발가락이 붙어 있었고, 화석으로 남은 물고기가 육지에서 걸을 수도 없었을 것으로 보였다. 지느러미의 구조는 자신의 몸무게도 지탱할 수 없을 것 같았다. 결국 그 물고기는 최초의 육상동물에 대하여 어떤 정보도 제공하지 못했다. 오늘날 세 종류의 초기 사족동물의 화석이 발굴되었지만, 어느 것도 다섯 개의 발가락을 가지고 있지는 않다. 간단히 말해서 우리는 아직도 어디에서 왔는가를 확실하게 알지 못하고 있다.

현재의 수준에 도달하는 길이 쉽지는 않았지만, 결국 우리는 해내고야 말았다. 육상동물은 처음 등장한 이후로 네 개의 거대 왕조를 이루어왔다. 첫 왕조는 터벅터벅 걸어다니던 원시적이면서도 거대한 양서류와 파충류로 구성되어 있었다. 이 시기에 가장 잘 알려진 동물은 등지느러미를 가지고 있고, 공룡과 혼동되는 경우가 많은 디메트로돈이다(칼 세이건의 「혜성」에도 그림이 등장한다). 실제로 디메트로돈은 단궁형(單弓型)의 파충류이다. 그러니까 먼 옛날에 우리도 그랬었다. 단궁형은 초기 파충류의 네 가지 유형 중의 하나이다. 나머지는 무궁형(無弓型), 광궁형(廣弓型), 이궁형(二弓型)이다. 그런 이름들은 두개골의 옆면에 있는 작은 구멍의 수와 위치를 나타내는 것이다.[12] 단궁형은 아래쪽 관자놀이에 한 개의 구멍을 가지고 있었고, 이궁형은 두 개의 구멍을 가지고 있었으며, 광궁형은 더 위쪽에 하나의 구멍을 가지고 있었다.

시간이 지나면서, 각 그룹들은 더욱 작게 분화되었고, 그중에서 어떤 것은 번성하고, 어떤 것은 사라졌다. 무궁형 파충류에서 거북이 등장했다. 믿기 어렵지만, 거북은 한동안 가장 진보한 무서운 종으로 지구를 지배할 듯했으나, 진화의 방향이 갑자기 바뀌면서 지배적인 종이 아니라 오래 사는 종으로 자리를 잡게 되었다. 단궁형은 네 개의 줄기로 갈라졌지만, 페름기 이후에는 그중의 하나만 살아남게 되었다. 다행스럽게도 우리가 속하게 된 그 줄기는 수궁형(獸弓型)으로 알려진 원시 포유류로 진화했다. 그렇게 해서 제2의 거대 왕조가 시작되었다.

수궁형 파충류에게는 불행한 일이었지만, 사촌이라고 할 수 있는 이궁형도 생산적으로 진화를 해서 공룡 등이 되어 심각한 위협이 되었다. 지나치게 공격적이던 새로운 동물과 직접 경쟁할 수 없었던 수궁형 파충류는 거의 대부분 기록에서 사라져버렸다. 그러나 아주 적은 수의 수궁형 파충류는 작고, 털을 가지고, 굴을 파고 살도록 진화해서 아주 오랜 세월 동안 숨어 있다가 작은 포유류로 태어나게 되었다. 그중에서 가장 큰 것도 애완용 고양이 정도에 불과했고, 생쥐보다 큰 것은 거의 없었다. 결국 그런 특성이 구원의 힘이 되었지만, 공룡의 시대였던 제3의 거대 왕조가 갑자기 끝나고, 우리 포유류의 시대인 제4의 거대 왕조가 시작되기까지 거의 1억5,000만 년을 기다려야만 했다.

그런 거대한 변환은 물론이고, 그 사이와 그 이후에 있었던 작은 규모의 변환들도 모두 역설적이게도 발전의 원동력으로 작용했던 멸종에 의해서 일어났다. 지구의 생물에게 죽음이 문자 그대로 생활의 일부라는 사실은 이상한 일이다. 생명이 시작된 이후로 얼마나 많은 종이 존재했었는가는 아무도 모른다. 300억 종이라고 흔히 인용되기는 하지만, 4조 종이라는 주장도 있다.[13] 실제 총 숫자가 얼마건 상관없이, 지구에 존재했던 생물종 중에서 99.99퍼센트는 우리와 함께 살고 있지 않다. 시카고 대학의 데이비드 라우프가 즐겨 이야기하듯이, "모든 생물종은 멸종한다고 생각하는 것이 옳다."[14] 고등 생물의 경우에 종의 평균 수명은 약 400만 년에 불과하다.[15] 우리 인간도 대략 그 정도 존재했다.

물론 멸종은 희생자에게는 나쁜 소식이지만, 역동적인 지구에게는 도움이 되는 것처럼 보인다. 미국 자연사 박물관의 이언 태터솔에 따르면, "멸종의 대안은 침체이지만, 어느 왕국에서도 침체가 좋은 결과를 가져왔던 적은 거의 없었다(여기서 말하는 멸종은 장기간에 걸쳐서 자연적으로 일어나는 것을 말한다. 인간의 부주의에 의해서 생기는 멸종은 완전히 다른 문제이다)."[16]

지구 역사에서의 위기는 언제나 역동적인 진보로 이어졌다.[17] 에디아카라 동물상이 사라지면서 창조적인 캄브리아기가 시작되었다. 4억4,000만 년 전의 오르도비스기 멸종은 바다에서 엄청나게 많은 종류의 붙박이 여과섭식자들을 제거함으로써 포식성 어류와 거대 해양 파충류들이 선호하는 환경이 만들어졌다. 그것은 다시 데본기에 있었던 또다른 멸종 사건으로 생물계가 흔들렸을 때, 물이 없는 육지에 생물이 출현할 수 있는 여건이 되었다. 지구 생물의 역사에서는 그런 일들이 산발적으로 일어났다. 그런 사건들이 그런 시기에 일어나지 않았더라면, 우리는 오늘날 존재하지 못했을 것이 확실하다.

지구 역사에는 순서대로 오르도비스기, 데본기, 페름기, 트라이아스기, 백악기의 다섯 차례에 걸친 대규모 멸종과 수를 헤아리기 어려운 소규모 멸종 사건이 있었다. 오르도비스기의 멸종(4억4,000만 년 전)과 데본기 멸종(3억6,500만 년 전)에서는 각각 80-85퍼센트의 생물종이 사라졌다. 트라이아스기의 멸종(2억1,000만 년 전)과 백악기 멸종(6,500만 년 전)에서는 각각 70-75퍼센트가 사라졌다. 그러나 정말 규모가 컸던 것은 오랜 공룡 시대의 막을 열어준 2억4,500만 년 전의 페름기 멸종이었다. 페름기에는 화석 기록으로 확인되는 동물종 중에서 95퍼센트가 다시 돌아오지 못했다.[18] 곤충의 3분의 1도 사라졌는데, 곤충이 그렇게 대량으로 사라진 것은 그때가 유일했다.[19] 당시의 멸종은 완전한 소멸에 가장 가까이 갔던 경우였다.

리처드 포티에 따르면, "그것은 지구에서 전에 본 적이 없었던 엄청난 규모의 대량 멸종이었다."[20] 페름기 멸종 사건은 특히 해양생물에게 치명적이었다. 삼엽충은 완전히 사라져버렸다. 대합과 성게도 거의 사라졌다. 거의 모든 해양생물들이 침체에 빠졌다. 육지와 바다 모두 합쳐서 지구는 52퍼센트의 생물을 잃어버렸다. 다음 장에서 살펴보겠지만, 생물 전체로 보면 속(屬)보다는 많고, 목(目)보다는 적은 수의 종이 사라졌다. 생물종으로는 96퍼센트가 없어졌다. 종의 총수가 회복되는 데에는 8,000만 년이라는 긴 세월이 걸렸을 것이라는 추산도 있다.

두 가지 사실을 기억할 필요가 있다. 첫째, 이런 이야기들은 모두 제한된 정보를 근거로 한 추정에 불과하다는 것이다. 페름기 말에 살고 있던 생물종의 수에 대한 추정치는 적게는 4만5,000종에서부터 많게는 24만 종에 이르기도 한다.[21] 얼마나 많은 종이 살고 있었는가를 확실하게 알지 못하기 때문에 멸종 비율도 정확하게 밝힐 수가 없다. 더욱이 여기서 이야기하는 것은 개체의 죽음이 아니라 생물종의 죽음이다. 개체 수준에서 희생자의 규모는 훨씬 더 클 것이고, 많은 경우에는 거의 전부가 죽은 경우도 있었을 것이다.[22] 생물종이 제비뽑기를 통해서 다음 단계까지 생존하게 된 것은 상처입고 절룩거리는 소수의 생존자 덕분일 것이다.

대량 멸종의 중간에는 규모가 작아서 잘 알려지지 않은 멸종 사건들도 많았다. 헴필리아기, 프라스니아기, 파메니아기, 란콜라브리아기를 비롯한 10여 번의 그런 멸종 사건들은 전체 종의 수에는 큰 영향을 미치지 않았지만, 일부 생물종에게는 치명적인 사건들이었다. 말[馬]을 비롯한 초식동물들은 약 500만 년 전의 헴필리아기의 멸종으로 거의 사라질 뻔했다.[23] 겨우 한 종의 말이 살아남았고, 그나마도 화석 기록에는 아주 드물게 나타나는 것으로 보아서 거의 완전히 소멸되기 직전까지 이르렀던 모양이었다. 말을 비롯한 초식동물이 없는 인간의 역사는 상상하기 어렵다.

우리는 대형 멸종 사건을 비롯한 거의 모든 멸종 사건의 원인에 대해서는 부끄러울 정도로 아는 것이 없다. 말도 안 되는 주장들을 제외하더라도, 멸종이 왜 일어나게 되었는가에 대한 주장은 실제 멸종 사건의 수보다도 더 많다. 멸종의 원인이거나 주된 이유로 알려진 것만 하더라도 20여 가지에 이른다.[24] 지구 온난화, 지구 냉각, 해수면의 변화, 바다에서의 산소 고갈(산소 결핍), 전염병, 해저에서 대량으로 방출된 메탄 가스, 운석이나 혜성 충돌, 하이퍼케인이라는 초대형 태풍, 거대한 화산 폭발에 의한 바닷물의 상승, 비극적인 태양 플레어* 등이 그런 원인으로 꼽히고 있다.

* 태양의 백반이나 흑점 부근에서 갑자기 강한 자외선, 우주선, X선을 동반한 섬광이 나타나는 현상.

마지막에 나온 태양 플레어는 특히 흥미로운 가능성 중의 하나이다. 우주 시대가 시작된 이후부터 태양 플레어를 관측해왔기 때문에 그것이 얼마나 커질 수 있는가는 아무도 모른다. 그러나 태양은 거대한 엔진이기 때문에 태양에서 일어나는 폭풍도 역시 거대하다. 지구에서는 관측조차도 할 수 없는 보통의 태양 플레어마저도 10억 개의 수소 폭탄에 해당하는 에너지를 방출하고, 수천억 톤의 치명적인 고에너지 입자들을 우주 속으로 쏟아낸다. 보통은 지구의 자기권과 대기권이 그런 입자들을 우주로 다시 쫓아버리거나 안전하게 극지방으로 향하도록 만든다(극지방의 멋진 오로라가 그래서 만들어진다). 그러나 예를 들면 보통의 규모보다 100배 정도 큰 대형 플레어가 생기면 지구의 방어망은 무너져버릴 것으로 보인다. 빛의 잔치는 찬란하겠지만, 그 밝은 빛 속에서 엄청나게 많은 생물들이 불타 죽을 것이다. 더욱 두려운 사실은 NASA 제트 추진 연구소의 브루스 츠루타니의 말처럼 "그런 재앙은 역사에 아무런 흔적도 남기지 않는다"는 사실이다.

어느 연구자의 표현처럼, 그런 폭풍은 우리에게 "확실한 증거를 찾을 수 없는 엄청난 양의 추측만 남길 뿐"이다.[25] 오르도비스기, 데본기, 페름기의 멸종 사건을 비롯해서 적어도 세 번의 멸종 사건은 지구 냉각과 관련이 있는 것으로 추정되지만, 그런 변화가 갑자기 일어났는지 아니면 서서히 일어났는지를 비롯한 거의 모든 것에 대해서는 확실하게 밝혀진 것이 없다. 예를 들면 육상의 척추동물이 출현하게 된 데본기 말의 멸종이 100만 년에 걸쳐서 일어난 것인지, 수천 년 동안에 일어난 것인지, 아니면 하루 만에 일어난 것인지도 알아낼 수가 없다.

멸종에 대한 확실한 설명을 찾아내기가 그렇게 어려운 이유들 중의 하나는 생물을 대규모로 죽이기가 매우 어렵기 때문이다. 맨슨 충돌의 경우에서 본 것처럼, 지독한 충격을 받은 후에도 조금 불안정하기는 하더라도 완전한 회복이 가능하다. 그렇다면 지구가 견뎌냈던 수천 번의 충돌 중에서 유독 KT 충돌만이 그렇게 특별히 파괴적이어야만 했을까? 글쎄, 우선 그 충돌은 확실히 엄청난 규모였다. 그 충격은 1억 메가톤 정도였다. 그런 정도의 충격은 쉽게 상상할 수가 없다.[26] 그러나 제임스 로런스 파월이 지적한 것처럼, 오늘날 지구에 살고 있는 사람들 각자에게 히로시마 크기의 원자폭탄을 터트린다고 하더라도, KT 충돌에 버금가려면 아직도 10억 개의 폭탄이 더 필요하다. 그러나 그것만으로는 공룡을 포함해서 지구의 생물 중에서 70퍼센트를 쓸어버리기에는 충분하지 않다.

KT 운석은 다른 특징이 있었다.[27] 포유류에게는 다행스럽게도, 그 운석은 깊이가 10미터에 불과한 얕은 바다에 적당한 각도로 충돌했다. 당시 대기 중의 산소 농도는 지금보다 10퍼센트 정도 더 높았고, 그래서 세상은 훨씬 더 불타기 쉬웠다. 무엇보다도 충돌 지점의 바다 밑은 황이 풍부한 암석으로 되어 있었다. 그래서 충돌의 결과로 벨기에 크기 정도의 바다가 황산 에어로졸로 변해버렸다. 그로부터 몇 달에 걸쳐서 지구는 피부를 태워버릴 정도로 강한 산성비에 시달려야만 했다.

어떤 의미에서는 무엇이 당시에 존재하던 생물종의 70퍼센트를 사라지게 만들었는가라는 의문보다는 나머지 30퍼센트가 어떻게 살아남았는가가 더 큰 의문일 수도 있다. 당시에 살고 있던 모든 공룡들에게 그렇게도 치명적이었던 사건이 어떻게 뱀이나 악어와 같은 파충류들에게는 아무런 피해도 주지 않았을까? 지금까지 밝혀진 사실로 보면, 북아메리카에 살던 두꺼비, 영원,* 도롱뇽을 비롯한 양서류들은 멸종을 면할 수 있었다. 아메리카의 역사 이전 시대를 흥미롭게 파헤친 「영원한 변경」의 저자 팀 플래너리는 “예를 찾아볼 수도 없는 대재앙에도 불구하고 이런 연약한 생물들이 조금도 다치지 않은 이유가 무엇일까?”라는 의문을 제기했다.[28]

바다에서도 사정은 마찬가지였다.[29] 암모나이트는 모두 사라졌지만, 그 사촌으로 비슷한 생활을 했던 노틸로이드는 살아남았다. 플랑크톤 중에서도 일부 종은 완전히 멸종했다. 예를 들면 92퍼센트의 유공충류는 죽었다. 그러나 체형도 비슷했고 인접한 곳에서 살고 있던 규조류(硅藻類)는 비교적 아무런 피해도 입지 않았다.

* 도롱뇽목에 속하면서 분포가 가장 넓은 40여 종의 양서류.

그런 사실은 이해하기 어려운 것이다. 리처드 포티에 따르면, “어쩐지 살아남은 종들이 ‘운이 좋은 것’이었다고 치부하는 것으로는 부족하다.”[30] 충분히 가능한 이야기이지만, 만약 사건이 일어난 후 몇 달에 걸쳐서 어둠과 숨막히는 연기가 가득했었다면, 많은 곤충들이 살아남게 된 것도 설명할 수 없게 된다. 포티의 지적에 따르면, “딱정벌레와 같은 일부 곤충들은 나무 속과 같은 곳에서 살아남을 수가 있었을 것이다. 그러나 햇빛을 이용해서 날아다니고 꽃가루를 필요로 하는 벌과 같은 곤충들은 어떻게 살아남을 수 있었을까? 그런 곤충들이 살아남은 사실을 설명하기는 쉽지 않다.”

그리고 산호의 경우도 있다. 산호는 살아가기 위해서 조류가 필요하고, 조류는 햇빛이 필요하며, 둘 다 최저 온도가 안정되게 유지되어야 한다. 지난 몇 년 동안 언론 보도를 통해서 널리 알려졌던 것처럼 바다 온도가 몇 도만 변해도 산호는 죽어버린다. 산호가 작은 변화에도 그렇게 민감하다면, 충돌 후에 이어진 오랜 겨울을 어떻게 이겨낼 수 있었을까?

설명하기 어려운 지역적인 차이도 있다. 남반구에서의 멸종은 북반구에서보다 훨씬 덜 심했던 것 같다. 특히 뉴질랜드에는 땅굴을 파고 사는 동물이 거의 없는데도 불구하고 대부분 영향을 받지 않았던 것 같다. 식물들도 놀라울 정도로 보존이 되었다. 그러나 다른 곳에서 확인되는 재앙의 규모로 보아서 피해는 전 세계적이었을 것이다. 간단히 말해서 우리가 아직도 이해하지 못한 것이 아주 많은 셈이다.

몇몇 동물들은 그야말로 번성을 했다. 조금 놀랍지만 거북도 그런 경우였다. 플래너리가 지적한 것처럼, 공룡이 멸종한 직후의 시기는 거북의 시대라고 불러도 좋을 정도였다.[31] 북아메리카에서만 16종이 살아남았고, 그 후에 3종이 더 출현했다.

그러나 물에서 사는 것이 도움이 되었던 점은 분명하다. KT 충돌로 육상 생물은 거의 90퍼센트가 멸종되었지만, 민물에 사는 생물은 10퍼센트만 영향을 받았다. 물은 확실히 열이나 불에 대한 보호막이 되었을 것이고, 아마도 그 이후에 이어졌던 어려운 시기에 더 쉽게 생존할 수 있는 환경을 제공했을 것이다. 살아남은 육상동물들은 모두 위험이 닥쳐오면 물속이나 땅속처럼 안전한 데로 피하는 습성을 가지고 있었다. 두 곳 모두 상당히 좋은 피난처가 되었을 것이다. 살아 있는 것을 잡아먹는 동물들에게도 좋은 기회가 되었을 것이다. 지금도 그렇지만 과거의 도마뱀도 썩은 고기 속에 살고 있는 세균류에는 거의 아무런 영향을 받지 않는다. 실제로는 그런 세균류를 좋아하기도 한다. 아주 오랜 기간 동안 부패한 먹이가 엄청나게 많았을 것이다.

KT 충돌에서 작은 동물들만 살아남았다고 잘못 알려지기도 했다. 그러나 살아남은 동물들 중에는 단순히 큰 정도가 아니라, 오늘날의 악어보다 세 배나 더 큰 악어도 있었다. 그러나 작고 털을 가진 동물들이 많이 살아남았던 것은 사실이었다. 실제로 어둡고 적대적인 세상에서는 작고, 온혈이고, 야행성이고, 아무것이나 먹을 수 있고, 조심성이 많은 동물들이 훨씬 유리하다. 그것이 바로 우리 포유류 선조의 대표적인 특성이었다. 우리가 조금 더 진화했더라면, 어쩌면 우리도 완전히 사라졌을 수도 있었다. 포유류는 다른 어떤 동물보다도 잘 적응할 수 있는 세상에 살게 되었던 것이다.

그러나 포유류가 빠른 속도로 생태계를 차지하게 된 것은 아니었다. 고생물학자 스티븐 M. 스탠리가 지적했듯이, "진화는 공백을 싫어할 수도 있지만, 그런 공간을 채우는 데에는 오랜 시간이 걸린다."[32] 포유류는 아마도 1,000만 년 동안에 작은 체구를 조심스럽게 유지했을 것이다.[33] 제3기 초에는 살쾡이 크기 정도면 동물의 왕이 될 수 있었을 것이다.

그러나 포유류의 번성은 일단 시작되고 나서는 놀라울 정도가 되었다. 때로는 거의 비정상적인 수준에 이르기까지 했었다. 코뿔소 정도로 큰 돼지쥐(기니피그)와 이층집 정도로 큰 코뿔소가 살았던 적도 있었다.[34] 먹이사슬에 빈틈만 있으면 그곳을 채울 포유류가 등장했다. 남아메리카로 이주한 초기의 너구리종은 그런 틈새를 발견하고 곰처럼 크고 사나운 종으로 진화했다. 새들도 지나칠 정도로 번성했다. 타이타니스라는 거대하고, 두려움을 모르는 육식성 새가 수백만 년 동안 북아메리카에서 가장 사나운 새였을 것이다.[35]

지금까지 살았던 새 중에서 가장 위압적인 새였음이 확실하다. 높이는 3미터에 이르렀고, 몸무게는 400킬로그램이나 되었으며, 어떤 동물이라도 머리를 찢어버릴 수 있는 부리를 가지고 있었다. 그 과(科)의 새들은 5,000만 년 동안 무시무시한 존재를 과시했지만, 1963년에 플로리다에서 그 뼈를 발견할 때까지 우리는 그런 새가 존재했다는 사실조차 모르고 있었다.

이제 멸종 원인을 확실하게 알지 못하는 또다른 이유를 설명할 순서가 되었다. 바로 화석 기록이 완전하지 못하다는 사실 때문이다. 뼈들이 화석화될 가능성이 매우 희박하다는 사실은 이미 설명했다. 그러나 화석 기록은 생각보다 훨씬 더 불완전하다. 공룡의 경우를 생각해보자. 박물관의 전시물을 보면 공룡의 화석이 전 세계적으로 많이 발견되는 것 같은 느낌을 받는다. 그러나 박물관의 전시물들은 거의 대부분이 인위적으로 만든 것들이다. 런던 자연사 박물관의 입구 홀에 버티고 서서 수많은 방문객들을 즐겁게 해주는 거대한 디플로도쿠스는 석고로 만들어진 것으로, 1903년에 피츠버그에서 제작되어서 앤드루 카네기가 박물관에 기증했다.[36] 뉴욕에 있는 미국 자연사 박물관의 입구 홀에는 더욱 웅장한 작품이 있다. 거대한 바로사우루스의 뼈가 큰 이빨을 가진 육식성의 알로사우루스로부터 자신의 새끼를 지키고 서 있다. 바로사우루스의 높이가 9미터에 가까운 이 전시물은 놀라울 정도로 인상적이지만, 완전한 모조품이다. 수백 개에 이르는 모든 뼈들이 거푸집을 이용해서 만들어진 것이다. 파리, 빈, 프랑크푸르트, 부에노스아이레스, 멕시코시티를 비롯한 전 세계의 거의 모든 대형 자연사 박물관에서 관람객을 반겨주는 것은 실제로 옛날의 뼈들이 아니라 모조 골동품들이다.

사실 우리는 공룡에 대해서 많은 것을 알고 있지 않다. 공룡의 시대 전체를 통틀어서 지금까지 확인된 종은 1,000종에도 미치지 못한다(그중에서 거의 절반은 하나의 샘플에서 확인된 것들이다). 그 정도면 오늘날 살고 있는 포유류의 4분의 1 정도에 불과하다. 공룡이 지구를 지배한 기간이 포유류가 지배한 기간보다 대략 세 배나 된다는 점을 고려한다면, 공룡이 놀라울 정도로 생산적이지 못했거나, 아니면 이제 우리는 겨우 껍질을 벗겨내고 있다는 것이 적절한 표현일 것이다.

공룡의 시대를 통틀어 수백만 년의 기간 동안에 단 하나의 완벽한 화석도 발견되지 않았다. 오래 전부터 공룡과 그 멸종에 대해서 흥미를 가지고 있었음에도 불구하고 선사시대 중에서도 가장 많이 연구했던 백악기 말에 생존했던 종들 중에서 4분의 3은 아직도 발견하지 못하고 있다. 디플로도쿠스보다 더 크거나 티라노사우루스보다 더 무시무시한 동물들이 수천 마리씩 떼를 지어서 지구를 휩쓸고 다녔음에도 불구하고, 우리는 아직 그런 사실조차 모르고 있을 수도 있다. 극히 최근까지만 하더라도, 이 시기의 공룡에 대해서 알려진 사실들은 모두 기껏해야 16종 약 300점의 화석에서 찾아낸 것들이다.[37] KT 충돌이 일어났을 때는 이미 공룡들이 멸종되고 있었다는 주장이 널리 퍼지게 된 것은 바로 화석 기록이 그만큼 희귀하기 때문이다.

1980년대 말에 밀워키 공공 박물관의 피터 시핸이라는 화석학자가 실험을 해보기로 했다. 그는 200명의 자원봉사자를 동원해서 이미 발굴이 끝난 몬태나 주에 있는 지옥의 계곡을 샅샅이 살펴보기로 했다. 자원봉사자들은 꼼꼼하게 채로 걸러서 과거의 탐사 팀이 찾아내지 못했던 이빨이나 척추나 작은 뼈 조각들을 모두 찾아냈다. 작업은 3년이 걸렸다. 그 결과 전 세계적으로 발견된 백악기 말의 공룡 화석의 수는 세 배가 늘어났다. 그 탐사의 결과로 KT 충돌이 일어날 때까지도 공룡들은 번성하고 있었음이 확인되었다. 시핸의 보고에 따르면, "백악기의 마지막 300만 년 동안 공룡들이 서서히 죽어가고 있었다고 믿을 이유는 없다."[38]

우리는 우리 스스로가 필연적으로 생물 중에서 가장 뛰어난 종이라는 생각에 빠져 있기 때문에, 우리가 적절한 순간에 있었던 외계로부터의 충돌과 다른 어떤 요행 때문에 존재하게 되었다는 주장을 선뜻 받아들이지 못한다. 그러나 우리도 다른 모든 생물들과 마찬가지로 지난 40억 년에 가까운 세월 동안 우리의 선조가 끊임없이 멸종의 위기를 겨우 피할 수 있었기 때문에 오늘날 지구에 존재하게 되었다는 사실은 분명하다. 스티븐 제이 굴드의 잘 알려진 표현이 그런 사실을 간결하게 설명해준다. "오늘날 인간이 존재할 수 있는 것은 우리의 혈통이 한 번도 끊어지지 않았기 때문이다. 수십억에 이르는 점에서 단 한번이라도 끊어졌더라면 우리의 존재는 역사에서 완전히 지워졌을 것이다."[39]

우리는 이 장을 생명은 존재하고 싶어하고, 생명이 언제나 다양한 것을 원하는 것은 아니며, 생명은 가끔씩 멸종하기도 한다는 사실로부터 출발했다. 이제 생명은 계속된다는 네 번째 사실을 더할 수 있게 되었다. 그리고 앞으로 살펴보듯이 생명은 정말 흥미로운 방향으로 계속된다.

제23장

존재의 풍요로움

런던 자연사 박물관의 흐릿한 조명이 켜진 복도나, 광물이나 타조 알이 전시된 유리 전시장 사이나 또는 한 세기 정도 묵은 것들 사이의 이곳저곳에는 비밀의 문들이 있다. 적어도 그런 문들이 방문객의 관심을 끌 만한 아무런 이유가 없다는 뜻에서 비밀스럽게 보인다. 아주 가끔씩 학자들의 대표적인 상징인 정신 나간 듯한 습성과 재미있을 정도로 괴팍스러운 머리 모양을 한 사람이 문을 열고 나와서 복도를 급하게 걸어가서 다른 문으로 다시 사라지는 것을 보게 된다. 그러나 그런 일은 아주 드물다. 대부분의 경우에 그 문들은 굳게 닫혀 있다. 그 문 안에 일반 관람객들이 알고 감탄하는 것만큼이나 거대하고 어떤 면에서는 훨씬 더 훌륭한 또다른 자연사 박물관이 존재한다는 흔적은 전혀 찾아볼 수가 없다.

자연사 박물관은 지구상의 모든 곳에서 수집된 모든 생물종에 대한 약 7,000만 점의 표본을 소장하고 있고, 표본의 수는 매년 수십만 점씩 늘어나고 있다. 그러나 그곳이 얼마나 굉장한 보물창고인가를 이해하려면 무대 뒤에 감추어진 것을 보아야만 한다. 벽장이나 캐비닛이나 밀폐된 선반들이 가득한 긴 방에는 병에 담긴 수만 종의 동물들, 사각형 카드에 못 박힌 수백만 마리의 곤충들, 서랍에 가득한 반짝이는 연체동물, 공룡의 뼈, 초기 인류의 두개골, 그리고 잘 압축된 식물을 담은 수없이 많은 서류철이 보관되어 있다. 그곳을 돌아보는 것은 마치 다윈의 머릿속을 살펴보는 것 같기도 하다. 표본실만 하더라도 변성 알코올에 보존된 동물이 담긴 병들이 있는 선반의 길이가

24킬로미터나 된다.[1)]

이곳에는 조지프 뱅크스가 오스트레일리아에서 수집한 것, 알렉산더 폰 훔볼트가 아마존 유역에서 수집한 것, 다윈이 비글 호 항해에서 수집한 것을 비롯해서 아주 희귀하거나, 또는 역사적으로 중요하거나, 아니면 두 가지 모두 때문에 수집된 것들이 모여 있다. 많은 사람들이 이 소장품을 손에 넣고 싶어한다. 그러나 그럴 수 있는 사람은 극히 적다. 1954년에 박물관은 「아라비아의 새들」을 비롯한 학술적 업적을 남긴 리처드 마이너츠하겐이 헌신적으로 수집했던 훌륭한 조류학(鳥類學) 표본을 확보했다. 마이너츠하겐은 몇 년 동안 거의 매일 박물관을 찾아와서 자신의 책이나 글을 쓰기 위해서 노트를 해가던 충실한 관람자였다. 도착한 상자들을 지렛대로 열고 내용물을 살펴본 박물관의 관리자들은 깜짝 놀랐다. 엄청나게 많은 표본에 박물관의 표식이 붙어 있었다. 마이너츠하겐은 몇 년에 걸쳐서 박물관의 표본들을 가져갔던 것으로 밝혀졌다. 날씨가 더울 때도 큰 오버코트를 입고 왔던 이유도 밝혀졌다.

몇 년 후에는 연체동물실을 정기적으로 찾아오던 점잖은 노인이 값비싼 바다 조개껍데기를 자신의 짐머 안경테 다리 속에 감추다가 적발이 되었다. 그는 "아주 눈에 띄는 신사"였다고 들었다.

"이곳에 있는 것 중에서 어디에 누구라도 탐내지 않을 것은 하나도 없을 겁니다." 조금도 지루하지 않은 박물관의 감추어진 세계를 소개해주던 리처드 포티가 심각하게 던진 말이었다. 우리는 큰 탁자에 앉은 사람들이 절지동물이나 야자 잎이나 누렇게 변한 뼈들을 열심히 살펴보고 있는 여러 방들을 돌아보았다. 어느 곳에서나, 영원히 끝나지 않을 것이고 절대 서둘러서도 안 되는 거대한 노력에 참여하고 있는 사람들의 침착한 분위기를 느낄 수 있었다. 박물관이 인도양을 탐사했던 존 머리 탐사단의 탐사가 끝나고 44년이 지난 1967년이 되어서야 보고서를 발간했다는 이야기를 읽은 적이 있었다.[2)] 이곳은 모든 것이 스스로의 속도로 움직이는 세상이었다. 포티가 학자처럼 보이는 노인과 친절하고 반갑게 이야기를 나누었던 작은 승강기가 올라가는 속도마저도 마치 퇴적물이 쌓이는 속도처럼 느렸다.

그 노인과 작별을 한 포티의 말에 의하면, 그는 "42년 동안 성요한의 풀*이라는 한 가지 식물만 연구한 노먼이라는 훌륭한 분으로, 1989년에 은퇴하신 후에도 매주 박물관에 오십니다."

"어떻게 한 종의 식물을 연구하면서 42년을 보낼 수가 있습니까?" 내가 물었다.

"굉장하지 않습니까?" 포티도 고개를 끄덕이며 말하고 나서 잠시 생각한 후에 말했다. "그는 정말 완벽한 사람입니다." 승강기의 문이 열리자 벽돌로 막힌 입구가 나타났다. 포티는 혼란스러운 듯이 "이상하군요. 식물과가 여기에 있었는데……"라고 중얼거렸다. 다른 층으로 가서, 뒷 계단을 통해서 언젠가 살아 있었던 것들을 사랑스러운 듯이 열심히 연구하고 있는 사람들을 지나서 겨우 식물과를 찾아낼 수 있었다. 그곳에서 우리가 흔히 이끼라고 부르는 선태류(蘚苔類)의 조용한 세계와 렌 엘리스를 소개받았다.

나무의 북쪽 면을 더 좋아한다는 사실을 "숲속의 나무에 붙어 있는 이끼는 / 어둔 밤의 북극성"이라고 시적으로 표현한 에머슨이 묘사했던 것은 사실 지의류였다. 19세기까지는 이끼류와 지의류를 구분하지 못했다. 진짜 이끼들은 아무 곳에서나 자라기 때문에 자연의 나침반으로는 쓸모가 없다. 사실 이끼류는 쓸모가 있는 경우가 거의 없다. "그렇게 흔한 식물군 중에서 이끼류만큼 상업적으로나 경제적으로 쓸모가 없는 것도 드물 것"이라고 조금은 안타깝게 표현했던 헨리 S. 코너드가 1956년에 발간한 「이끼류와 태류(苔類)에 대하여」라는 책은 지금도 여러 도서관에서 이끼류를 일반적으로 소개하는 거의 유일한 책이다.[3)]

그러나 이끼류는 번성하고 있다. 지의류를 제외하더라도, 선태류는 700여 개의 속(屬)에 1만 가지가 넘는 종(種)이 포함된 성공적인 식물이다. A. J. E. 스미스의 충실하고 잘 쓰인 「영국과 아일랜드의 이끼 식물상」은 700쪽이

* 우울증을 비롯한 여러 질병 치료에 쓰이던 약초로 서양 고추나물이라고 부르기도 한다.

넘는다. 그렇다고 영국과 아일랜드가 결코 이끼의 왕국인 것도 아니다. "열대 지방에서 다양한 이끼류들을 찾을 수 있답니다."[4] 렌 엘리스가 알려주었다. 말수가 적고 마른 체구를 가진 그는 27년 동안 자연사 박물관에서 일을 해왔고, 1990년부터는 식물과의 과장으로 일하고 있었다. "말레이시아의 우림에 가보면 비교적 쉽게 새로운 종을 찾아낼 수 있습니다. 저도 얼마 전에 그랬습니다. 아래를 내려다보았더니 한 번도 기록된 적이 없는 새로운 종이 있었답니다."

"그러니까 우리는 아직도 얼마나 많은 종이 살고 있는지 모르는군요?"

"그렇지요. 전혀 모른답니다."

평생을 바쳐서 분명히 하찮은 것을 연구하는 사람이 많지는 않을 것이라고 생각하겠지만, 사실은 이끼류를 연구하는 사람들은 수백 명이나 되고, 그들은 자신들이 연구하는 대상을 매우 소중하게 여긴다. 엘리스가 말해주었다. "정말 그렇습니다. 그들의 학술회의에서는 열띤 토론이 벌어지기도 한답니다."

그에게 논쟁이 되는 예를 보여달라고 했다.

"글쎄요. 미국 사람들이 우리를 괴롭히고 있는 것이 하나 있습니다." 그는 가벼운 미소를 지으면서, 이끼류의 그림들이 가득한 두꺼운 책을 펼쳐서 보여주었다. 전문가가 아닌 사람의 눈에 그 그림들의 가장 두드러진 특징은 서로 구별할 수 없을 정도로 모두가 비슷하다는 것이었다. 그는 이끼 하나를 손가락으로 가리키면서, "이것은 드레파노클라두스라는 하나의 속으로 분류되었습니다. 그런데 이제는 드레파노클라두스, 왐스토르피아, 하마타쿨리스의 셋으로 분류되고 있습니다."

"그것이 큰일입니까?" 약간은 희망적으로 물었다.

"글쎄요. 그렇게 하는 것도 의미는 있습니다. 분명히 그렇지요. 그러나 표본을 다시 분류하려면 많은 일이 필요하고, 모든 책들도 한동안 쓸모없어집니다. 그래서 짐작하시겠지만 약간의 불평이 있습니다."

이끼류에는 신비한 점도 있다고 그가 말해주었다. 비록 이끼류 전문가들에 대한 이야기이기는 하지만, 이제는 사라져가고 있는 하이오필라 스탄포르덴

시스에 대한 이야기가 유명하다. 캘리포니아 주에 있는 스탠퍼드 대학의 캠퍼스에서 발견된 후에 영국 남쪽 끝에 있는 콘월의 오솔길에서도 발견된 그 이끼류는 그 중간의 어느 곳에서도 발견된 적이 없었다. 같은 이끼류가 어떻게 아무런 관련이 없는 두 곳에서 살게 되었는가는 누구도 알 수가 없다. "이제 그것은 헨네디엘라 스탄포르드텐시스로 재분류되고 있습니다. 재분류의 또 다른 예이지요."

우리는 심각하게 고개를 끄덕였다.

새로운 이끼류를 찾아내면, 이미 기록된 것이 아닌가를 확인하기 위해서 다른 모든 이끼류와 비교를 해보아야만 한다. 그런 후에 공식적인 설명문을 작성하고, 그림을 그려서 유명한 학술지에 결과를 발표해야 한다. 그런 과정은 적어도 6개월 이상 걸린다. 20세기는 이끼류 분류학의 세기는 아니었다. 20세기에 이루어진 연구의 대부분은 19세기의 연구에서 발견되는 혼란과 중복을 찾아내서 수정하기 위한 것이었다.

19세기는 이끼류 채집의 황금기였다(찰스 라이엘의 아버지가 위대한 이끼류 전문가였다). 조지 헌트라는 멋진 이름을 가진 이 영국 사람이 영국의 이끼류를 너무 열심히 채집하는 와중에 멸종시킨 종도 있었을 것이다. 그러나 그런 노력 덕분에 렌 엘리스의 소장품이 세계에서 가장 완벽한 것이 될 수 있었다. 그가 관리하고 있는 78만여 점의 표본들은 모두 두꺼운 종이 사이에 압축되어 있다. 아주 오래되어서 빅토리아 시대의 글씨가 적혀 있는 것도 있다. 로버트 브라운의 손때가 묻은 것도 있을 것이다. 위대한 빅토리아 시대의 식물학자였고, 브라운 운동과 세포핵을 찾아낸 브라운은 박물관에 식물과를 만들어서 1858년에 사망할 때까지 31년 동안 관리했다. 표본들은 윤택이 나는 오래된 마호가니 캐비닛 속에 보관되어 있다. 캐비닛이 너무 훌륭해서 감탄을 하지 않을 수 없었다.

"그 캐비닛들은 소호 광장에 있던 조지프 뱅크스 경 댁에서 가져온 것입니다." 엘리스는 마치 이케아 가구점에서 최근에 구입한 것인 양 태연하게 알려주었다. "그 캐비닛은 그의 인데버 항해에서 가져온 표본들을 보관하기 위해서 만든 것이었습니다." 그는 오랜만에 캐비닛을 다시 본 것처럼 신중하게 살펴보았다. "이 캐비닛들이 어떻게 선태학실에 들어오게 되었는지는 모르겠습니다."

그것은 흥미로운 사실이었다. 조지프 뱅크스는 영국의 가장 위대한 식물학자였고, 쿡 선장이 이끌었던 인데버 항해에서 1769년에 금성이 태양을 통과하는 모습을 관측했고, 오스트레일리아를 영국령으로 만드는 등의 훌륭한 업적을 남기기도 했지만, 역사상 가장 훌륭한 식물 탐사가이기도 했다. 뱅크스는 3년에 걸친 세계 탐험에 자신을 포함해서 박물학자와 비서 한 명과 세 명의 화가와 네 명의 하인으로 구성된 아홉 명이 참여하는 조건으로 오늘날의 화폐로 약 100만 달러에 해당하는 1만 파운드를 지불했다. 허풍쟁이였던 쿡 선장이 그런 욕심나는 계약을 어떻게 처리했는가는 아무도 모르지만, 어쨌든 쿡 선장도 뱅크스를 아주 좋아했고, 후세 사람들과 마찬가지로 식물학에 대한 그의 재능에 감탄을 했다.

식물학자가 그렇게 훌륭한 성과를 거두었던 것은 전무후무한 일이었다. 항해 도중에 티에라 델 푸에고,* 타히티, 뉴질랜드, 오스트레일리아, 뉴기니처럼 전혀 알려져 있지 않았던 새로운 지방을 방문한 덕분이기도 했지만, 그보다는 뱅크스가 빈틈없고 독창적인 수집가였기 때문이었다. 검역 때문에 상륙할 수 없었던 리우 데 자네이루에서는 배에 태운 가축에게 먹이려고 실었던 사료에서 새로운 식물을 찾아내기도 했다.[5] 아무것도 그의 눈을 비켜갈 수는 없었던 모양이었다. 그는 모두 합쳐서 3만 점의 식물 표본을 가져왔고, 그중에서 1만4,000점은 처음 발견된 것이었다. 그 결과 세상에 알려진 식물의 종류는 약 25퍼센트 정도 늘어나게 되었다.

그러나 뱅크스의 그런 훌륭한 소득도, 거의 말도 안 될 정도로 많은 것을 끌어모으던 시대의 전체 소득에 비하면 작은 일부에 지나지 않는 것이었다. 18세기에는 식물 표본을 수집하는 일이 국제적인 광기처럼 되어버렸다. 새로운 종을 찾아낸 사람에게는 영광과 부(富)가 모두 기다리고 있었고, 새로운

* 남아메리카 남단에 있는 제도.

식물을 보고 싶어하는 사람들을 만족시키기 위해서 식물학자들과 탐험가들은 믿을 수 없을 정도의 모험을 감수했다. 등나무(wisteria)에 카스파 위스타*의 이름을 붙여준 토머스 너톨은 아무런 교육도 받지 않은 인쇄공으로 미국에 왔지만, 식물에 매력을 느껴서 미국의 절반을 도보로 왕복하면서 그 전에는 본 적도 없었던 수백 종의 식물 표본을 채집했다. 프레이저 전나무에 이름을 남긴 존 프레이저는 예카테리나 여제를 위해서 몇 년 동안 미개지에서 식물을 채집했다. 그가 마침내 일을 끝내고 돌아왔을 때, 새로 등극한 러시아의 차르는 그를 미친 사람으로 여겨서 계약 이행을 거부했다. 그는 모든 수집품을 영국의 첼시로 가져와 종묘장을 열어서 진달래, 철쭉, 목련, 양담쟁이, 과꽃을 비롯한 식민지의 이국적인 식물로 영국의 상류층을 즐겁게 해주면서 부유한 삶을 누렸다.

제대로 찾기만 하면 엄청난 돈을 벌 수 있었다. 아마추어 식물학자인 존 라이언은 2년 동안 힘들고 위험한 채집 생활의 결과로 오늘날의 금액으로 거의 20만 달러에 가까운 돈을 벌었다. 그러나 단순히 식물을 좋아해서 그런 일을 했던 사람들도 많았다. 너톨은 자신이 발견한 거의 모든 것을 리버풀 식물원에 기증했다. 결국 그는 하버드의 식물원 원장이 되었고, 「북아메리카 식물의 종류」라는 책을 남기기도 했다(그는 그 책의 편집도 직접 맡았다).

식물의 경우만 하더라도 그랬다. 신세계에는 그밖에도 캥거루, 키위, 너구리, 살쾡이, 모기를 비롯해서 상상을 넘어서는 이상한 모양의 생물들이 있었다. 지구에 살고 있는 생물의 종류는 무한한 것처럼 보였다. 조너선 스위프트는 이렇게 표현했다.

박물학자가 벼룩 한 마리를 찾아냈다.
그 벼룩 위에는 더 작은 벼룩들이 피를 빨아 먹고 있었다.
그리고 그보다도 더 작은 벼룩들이 붙어 있었다.
그렇게 무한히 계속되었다.

---

* 18세기 말에 필라델피아에서 활동하던 해부학자.

새로운 정보를 모두 기록하고, 분류한 후에 이미 알려진 것들과 비교를 해야만 했다. 실용적인 분류체계가 절실하게 필요했다. 다행히도 스웨덴 사람이 그런 방법을 준비하고 있었다.

그의 이름은 칼 린네였고, 후에는 허가를 받아서 보다 귀족적인 폰 린네로 이름을 바꿨지만, 오늘날은 라틴식인 카롤루스 린나이우스로 기억되기도 한다. 그는 1707년에 남부 스웨덴의 라슐트라는 마을에서 가난했지만 야망을 품었던 루터교 목사의 아들로 태어났다. 그는 아주 게으른 학생이어서 화가 난 그의 아버지가 그를 구두 수선공의 도제로 보내버렸다(그렇게 하려고 했었다는 기록도 있다). 가죽에 못질을 하면서 평생을 보내게 될 것이라는 사실에 질려버린 어린 린네는 아버지에게 다시 한번 기회를 줄 것을 간청했고, 그 후로는 우등상을 한 번도 놓치지 않았다. 그는 스웨덴과 네덜란드에서 의학을 공부했지만, 자연세계에 더 많은 관심을 가지게 되었다. 1730년대에 20대였던 그는 자신이 고안한 분류체계를 이용해서 세계의 식물과 동물을 분류한 목록을 발표하기 시작하여 점차 명성을 얻었다.

자신의 위대함에 만족하는 사람은 그렇게 많지 않다. 그러나 그는 시간이 날 때마다 자신의 위대함을 찬양하는 긴 글을 썼다. 그는 "역사상 더 훌륭한 식물학자나 동물학자는 없었다"고 선언했고, 그의 분류법은 "과학에서 가장 위대한 업적"이라고 주장했다. 그는 자신의 묘비에 "식물학의 왕자"라는 뜻으로 프린케프스 보타니코룸(Princeps Botanicorum)이라고 새겨줄 것을 요구하기도 했다. 그의 자신감에 대해서 거부감을 표시하는 것처럼 어리석은 일도 없었다. 그런 사람들은 훗날 잡초에 자신의 이름이 붙여진 사실을 발견해야만 했다.

린네의 놀라운 점 중에는 끊임없이, 때로는 열병처럼 성(性)에 집착했다는 것이다. 그는 특히 일부 쌍각 조개류와 여성 외음부의 유사성에 집착했다. 그래서 그는 대합 조개류의 일부에 불바(vulva, 외음부), 라비아(labia, 음순), 푸베스(pubes, 음부), 아누스(anus, 항문), 히멘(hymen, 처녀막)과 같은 이름을 붙이기도 했다.[6] 그는 식물을 생식기의 특징에 따라 분류한 후에 놀라울 정도로 의인화된 호색적인 이름을 붙였다. 그가 남긴 식물과 그 거동에 대한 설명에는 "난교성 성교", "불임의 첩", "신부의 침대"와 같은 표현들이 쉽게 발견된다. 그가 봄에 대해서 설명한 글은 널리 알려져 있다.

> 식물에게도 사랑이 찾아온다. 수컷과 암컷이……혼인식을 하면서……자신들의 성기 중에서 수컷의 것과 암컷의 것을 보여준다. 꽃잎은 조물주가 영광스럽게 만들어준 신부의 침대로 쓰인다. 고상한 침대 커튼으로 치장되고, 여러 가지 부드러운 향수로 가득 찬 침대에서 신랑과 신부는 더욱 장엄하게 자신들의 혼례식을 거행한다. 침대가 완성되면 신랑이 그의 사랑스러운 신부를 포옹하고 자신을 그녀에게 바칠 시간을 맞이한다.[7)]

그는 식물의 속에 클리토리아(Clitoria, 음핵)라는 이름을 붙이기도 했다. 많은 사람들이 그를 이상하게 생각했던 것은 당연했다. 그럼에도 불구하고 그의 분류체계를 거부할 수가 없었다. 린네 이전에는 식물의 이름들이 놀라울 정도로 서술적이었다. 흔히 볼 수 있는 땅꽈리는 피살리스 암노 라모시시메 라미스 앙굴로시스 글라브리스 폴리스 덴토세라티스라고 불렸다. 린네는 그 이름을 피살리스 앙굴라타로 줄였고, 지금도 그 이름이 쓰이고 있다.[8)] 식물의 세계는 일관성 없는 이름 때문에 무질서했다. 식물학자들은 로사 실베스트리스 알바 쿰 루보레 또는 폴리오 글라브로가 다른 사람들이 로사 실베스트리스 이노도라 세우 카니나라고 부르는 식물과 같은 것인가를 쉽게 확신할 수가 없었다. 린네는 그런 수수께끼를 로사 카니나(들장미)라는 이름으로 해결해버렸다. 간단하게 줄여서 부르는 이름을 누구에게나 유용하고, 누구나 동의할 수 있도록 만들려면 단순한 결단력 이상의 무엇이 필요했다. 종의 두드러진 특징을 알아내는 천재적인 직관이 필요했다.

린네 분류법은 너무 일반화되어서 다른 분류법이 있다는 사실을 짐작도 하기 어렵다. 린네 이전의 분류법은 변덕이 아주 심했다. 동물은 야생인가 가축인가, 육상동물인가 해양동물인가, 몸집이 큰가 작은가, 심지어는 멋있고 고상하게 생겼는가 아니면 평범하게 생겼는가에 따라서 분류하기도 했다. 뷔퐁은 인간에게 얼마나 유용한가에 따라서 동물을 분류했다. 해부학적인 고려는 거의 사용되지 않았다. 린네는 살아 있는 모든 것들을 육체적인 특징에 따라 분류함으로써 분류학의 결점을 보완하는 것을 평생의 과제로 삼았다. 분류의 과학이라고 할 분류학에서는 절대 과거를 돌아보지 않는다.

물론 그런 모든 일에는 시간이 필요했다. 1735년에 발간된 그의 걸작 「자연의 체계」 초판은 14쪽에 불과했다.[9] 그러나 그 부피는 점점 늘어나서, 린네의 생전에 마지막으로 출간된 20판은 무려 세 권으로 2,300쪽에 이르렀다. 결국 그는 1만3,000종의 식물과 동물에 이름을 붙이거나 기록을 했다. 다른 책들은 더욱 포괄적이었다. 한 세대 전에 영국에서 발간된 세 권으로 된 존 레이의 「식물의 일반 역사」에는 식물만 1만8,625종이 수록되어 있었다.[10] 그러나 다른 사람들이 흉내조차 낼 수 없었던 린네의 특징은 일관성, 질서, 단순성 그리고 시의적절함이었다. 그의 작업은 1730년대부터 시작되었지만, 영국에 널리 알려지게 된 것은 1760년대부터였고, 그때부터 린네는 영국 박물학자들의 아버지와 같은 인물이 되었다.[11] 영국보다 그의 분류법을 더 열정적으로 받아들였던 나라는 없었다(그래서 린네 학회가 스톡홀름이 아니라 런던에 본부를 두게 되었다).

린네라고 해서 결점이 없지는 않았다. 그는 선원들이나 상상력이 풍부한 여행자들에게서 들은 허풍을 따라서 신비의 괴물이나 "괴물 같은 인간"에도 이름을 붙였다.[12] 네 발로 걸어다니고 언어를 배우지 못한 야생의 인간을 호모 페루스라고 했고, "꼬리가 달린 인간"은 호모 카우다투스라고 했던 것이 그런 예들이다. 당시는 사람들이 남의 말에 잘 속아 넘어가던 때였음을 잊지 말아야 한다. 심지어 위대한 조지프 뱅크스마저 18세기 말에 스코틀랜드 해안에서 여러 차례 관찰되었다는 인어 이야기에 깊은 관심을 가졌다. 그러나 린네의 결점은 대부분 완전하고 훌륭한 분류법으로 상쇄되었다. 그의 여러 업적들 중에는 고래를 소나 쥐를 비롯한 일반적인 육상동물들과 함께 쿼드루페디아목(후에 포유강으로 바뀌었다)에 속하도록 분류했던 것도 포함된다.[13] 그 전에는 아무도 그렇게 분류하지 않았다.

당초 린네는 각 식물에 속(屬) 이름을 붙이고, 나팔꽃속 1과 나팔꽃속 2처럼 번호를 붙이려고 했었다. 그러나 그는 곧 그런 방법이 만족스럽지 못하다는 사실을 깨닫고, 오늘날까지 널리 쓰이고 있는 이명식(二名式) 분류체계를 고안하게 되었다. 원래는 암석, 광물질, 질병, 바람을 비롯해서 자연에 존재하는 것이라면 무엇이나 이명식 이름을 붙이려고 했다. 그러나 모든 사람들이 그런 명명법을 환영하지는 않았다. 린네 명명법이 저속한 표현을 많이 쓰는 경향이 있다고 반대하는 사람들도 있었다. 그러나 사실 그 이전에 쓰던 식물이나 동물의 이름들 중에도 정말 천박한 것들도 많았다. 이뇨 효과가 있다고 알려진 민들레를 "오줌싸개(pissabed)"라고 불렀고, 암말의 방귀, 발가벗은 여자, 불알 잡아채기, 사냥개 오줌, 열린 항문 등의 이름도 일상적으로 쓰이고 있었다.[14] 그런 통속적인 이름들 중에는 지금까지 남아 있는 것도 있다. 예를 들면, "maidenhair"는 처녀의 머리카락이 아니라 공작 고사리의 이름이다. 어쨌든 고전적인 이름을 사용하는 것이 자연과학의 품위를 높이는 방법이라고 믿어왔던 사람들은 식물학의 아버지라고 자칭하는 사람이 앞장서서 클리토리아, 포르니카타, 불바와 같은 저속한 이름으로 책을 더럽히고 싶어하지 않았던 것은 분명했다.

시간이 지나면서 그런 문제들은 조용히 해결되었고(모두 그런 것은 아니다. 흔히 볼 수 있는 짚신 고둥은 공식적으로 크레피둘라 포르니카타*라고 부른다), 자연과학이 더욱 전문화되면서 많은 부분들이 개선되기도 했다. 특히 더 많은 분류체계가 도입되어 보강되었다. 속(屬, genus)과 종(種, species)의 분류법은 린네보다 백 년 전에 활동하던 자연학자들이 사용하고 있었고, 생물학적인 의미에서 목(目, order), 강(綱, class), 과(科, family)는 모두 1750년대와 1760년대부터 사용되기 시작했다. 그러나 문(門, phylum)은 1876년에 독일의 에른스트 헤켈에 의해서 처음 쓰이기 시작했고, 20세기 초까지만 하더라도 '과'와 '목'은 서로 바꾸어서 쓰이기도 했다. 한동안 동물학자들의

* "사창가의 작은 신발"이라는 뜻.

과가 식물학자들의 목에 해당하는 용도로 사용되어서 많은 사람들을 혼란스럽게 만들기도 했다.†

린네는 동물을 포유류, 파충류, 조류, 어류, 곤충류 그리고 여기에 속하지 않는 벌레들을 뜻하는 "연형동물(蠕形動物)"의 여섯 부류로 나누었다. 가재와 새우를 모두 벌레로 분류하는 방법이 처음부터 만족스럽지 못했던 것은 확실했다. 그래서 연체류와 갑각류 등의 다양한 분류가 만들어졌다. 그러나 불행하게도 이렇게 새로 만들어진 분류는 모든 나라에서 공통적으로 사용되지는 않고 있다. 영국은 그런 문제를 해결하기 위해서 1842년에 스트릭란디안 규약이라는 새로운 규칙을 선언했지만, 프랑스는 그런 선언이 영국의 오만함에서 비롯된 것이라고 여겼다. 그래서 프랑스 동물학회는 서로 상충되는 다른 규약을 발표해버렸다. 한편 미국 조류학회는 알 수 없는 이유로 널리 쓰이고 있던 1766년 판 「자연의 체계」 대신 1758년 판을 근거로 이름을 붙이기로 결정했다. 따라서 19세기 동안에 미국의 새들은 유럽과는 다른 속(屬)으로 분류되었다. 국제동물대회가 처음으로 열린 1902년부터 박물학자들은 점차 합의의 정신을 발휘하여 통일된 규약을 받아들이기 시작했다.

분류학은 과학으로 취급되기도 하고, 예술로 취급되기도 하지만, 사실은 전쟁터이다. 지금까지도 사람들이 상상하는 것보다 훨씬 더 무질서한 상태로 남아 있다. 모든 생물의 기본적인 체형을 구분하는 문의 경우를 보더라도 그렇다. (조개와 달팽이를 비롯한) 연체동물이나 (곤충이나 갑각류가 속한) 절지동물, (등뼈나 원시 등뼈를 가진 모든 동물이 속한) 척삭동물과 같은 문은 일반적으로 잘 알려져 있지만, 그밖의 분류는 매우 애매하다. 갯지렁이들을 뜻하는 악구동물(顎口動物), 해파리, 메두사, 말미잘, 산호를 비롯한

---

† 일례로, 인간은 진핵생물(eucarya) 중에서 동물계(animalia)에 속하는 척색동물문(chordata)의 척추동물아문(vertebrata)의 포유강(mammalia)의 영장목(primates)의 사람과(hominidae)의 사람속(*homo*)의 사피엔스(*sapiens*)로 분류된다(속과 종의 이름은 이탤릭체로 쓰고, 그 위의 분류는 보통 글자로 쓰는 것이 관행이라고 한다). 일부 분류학자들은 더 세분해서 족(族, tribe), 아목(亞目, suborder), 하문(下門, infraorder), 파르보문(parvorder) 등을 쓰기도 한다.

자포동물(刺胞動物), 작은 "음경 지렁이"라고도 부르는 새예동물(鰓曳動物)과 같은 것들이 그런 예가 된다. 우리에게 익숙하지 않은 경우가 있기는 하지만, 이것이 가장 기본적인 구분이다. 그럼에도 불구하고 몇 개의 문이 있어야 하는가에 대해서는 합의가 이루어지지 않고 있다. 대부분의 생물학자들은 그 수가 대략 30개 정도라고 주장하지만, 일부는 20개 남짓이라고 하고, 에드워드 O. 윌슨은 「생명의 다양성」에서 놀랍게도 89개의 문이 있다고 주장했다.[15] 그 수는 생물학계에서 쓰는 말로 "통합파"인가 아니면 "세분파"인가에 따라서 크게 달라진다.

평범한 수준의 종에 대해서는 이견의 가능성이 더 커진다. 식물학자가 아닌 사람들에게는 벼목에 속하는 풀을 아이길로프스 인쿠르바, 아이길로프스 인쿠르바타, 아이길로프스 오바타 중의 어느 이름으로 부르거나 아무 상관이 없지만, 전문가들에게는 열띤 논쟁의 대상이 되기도 한다. 문제는 지구에 5,000여 종의 풀이 있고, 그 대부분은 전문가의 입장에서도 아주 비슷하다는 것이다. 결국 어떤 종은 적어도 20차례 이상 발견되어서 새로운 이름이 붙여지기도 했고, 서로 독립적으로 확인된 적이 없었던 경우는 찾아보기 어렵다. 두 권으로 된 「미국 초본 편람」에서는 200여 쪽에 걸쳐서 생물학계에서 고의적으로 중복되지 않은 이름들을 가리키는 동명종(同名種)을 구분하려고 애를 썼다.

국제적인 수준에서 문제를 해결하기 위해서 국제 식물분류협회가 우선권과 중복의 문제를 중재하고 있다. 국제 식물분류협회는 가끔씩 판결을 내리기도 한다. 그래서 바위로 만들어진 정원에서 흔히 볼 수 있는 바늘꽃을 자우슈네리아 칼리포르니카가 아니라 에필로비움 카눔이라고 불러야 한다거나, 비단풀과의 아글라오탐니온 테누이시뭄이 아글라오탐니온 비소이데스와는 동종이지만, 아글라오탐니온 수도비소이데스와는 동종이 아니라고 밝혀준다. 대부분의 경우 아무도 신경을 쓰지 않은 사소한 문제들이지만, 사람들이 좋아하는 정원식물의 경우에는 가끔씩 불만의 소리가 터져나오기도 한다. 1980년대 말에 흔히 볼 수 있는 국화(크리산테뭄)를 같은 이름을 가진 속에서 빼내서, 아주 단조롭고 잘 맞지도 않는 덴드라테마라는 이름을 붙여버렸다.

자긍심이 높았고, 그 수도 많았던 국화 재배 전문가들은 거창한 이름을 가진 현화식물 위원회에 항의를 했다(다른 것도 많지만 양치류, 선태류, 진균류를 담당하는 위원회도 있고, 이들 위원회는 어마어마한 권위를 가진 것처럼 보이는 서기장[Rapporteur-Général]에게 보고하도록 되어 있다). 명명법은 엄격하게 적용되어야 하지만, 식물학자들이 모두 일반인들의 정서에 관심이 없는 것은 아니었다. 그래서 1995년에 그 결정은 번복되고 말았다. 비슷한 판결 덕분에 피튜니아, 사철나무 그리고 널리 알려진 아마릴리스의 한 종이 그 이름을 지킬 수 있었다. 그러나 몇 년 전에는 제라늄에 속하는 여러 종들이 많은 불평에도 불구하고 펠라르고니움속으로 소속이 바뀌었다.[16] 당시의 논란에 대한 이야기는 찰스 엘리엇의 책에 잘 소개되어 있다.

모든 생물의 경우에 그런 논란과 재분류가 이루어지고 있기 때문에 생물 종의 전체 수를 파악하는 일은 생각처럼 간단하지 않다. 그 결과로 우리는 지구에 살고 있는 생물의 수에 대해서 전혀 알 수가 없다. 에드워드 O. 윌슨의 표현에 따르면, "자릿수마저도 알 수가 없다." 추정의 범위는 300만에서 2억 종에 이른다.[17] 「이코노미스트」의 보도처럼 지구상의 식물과 동물 중에서 97퍼센트가 아직도 발견되지 않고 있다는 사실은 더욱 놀랍다.[18]

우리가 그 존재를 알고 있는 생물 100종 중에서 99종에 대해서는 단편적인 지식만 가지고 있을 뿐이다. 윌슨의 표현에 따르면, "과학적인 이름과 박물관에 소장된 몇 개의 표본, 그리고 학술지에 남겨진 약간의 설명"이 전부이다. 그는 「생명의 다양성」에서 식물, 곤충, 미생물, 조류를 비롯한 모든 형태의 생물 중에서 알려진 종은 140만 종 정도라고 추산했지만, 그것도 짐작일 뿐이라고 밝혔다.[19] 종의 수가 조금 더 많은 150만에서 180만 정도라고 주장하는 사람들도 있기는 하지만, 종의 수를 집중적으로 관리하는 곳이 없기 때문에 그 수를 확인할 수 있는 방법도 없다.[20] 간단히 말해서 우리는 우리가 무엇을 알고 있는가조차도 알 수 없는 놀라운 처지에 있는 셈이다.

원칙적으로는 각 분야의 전문가들을 찾아가서 종의 수를 물어본 후에 그 숫자를 모두 합하면 된다. 실제로 많은 사람들이 그런 노력을 해보았다. 그러나 그렇게 얻은 두 결과가 비슷한 경우가 거의 없다는 것이 문제였다. 진균류의 수가 7만이라고 주장하는 사람도 있지만, 그보다 절반가량이 더 많은 10만이라고 주장하는 사람도 있다. 이미 확인된 지렁이의 수가 4,000종이라고 자신 있게 말하는 사람도 있지만, 그 수가 1만2,000종이라고 역시 자신 있게 말하는 사람도 있다. 곤충의 경우에는 그 숫자가 75만에서 95만 종에 이른다. 그 숫자들은 모두 알려진 종의 숫자들이라고 한다. 식물의 경우에는 24만 8,000에서 26만5,000종이 가장 일반적인 숫자이다. 차이가 그렇게 크지 않다고 생각할 수도 있지만, 그 차이만 하더라도 북아메리카 전체에서 발견된 현화식물 수의 20배에 달한다.

문제를 해결하기는 쉽지 않다. 1960년대 초에 오스트레일리아 국립대학의 콜린 그로브스가 250종이 조금 넘는 영장목의 종을 체계적으로 조사해보았다. 그러나 같은 종이 한 차례 이상 보고되고, 경우에 따라서는 몇 차례나 중복되어서 보고된 경우가 대단히 많았다. 새로운 종을 발견했던 사람들은 그것이 이미 학계에 보고된 종이라는 사실을 모르고 있었다. 그로브스가 모든 문제를 해결하기까지는 무려 40년이 걸렸다.[21] 대상 동물들이 쉽게 구별될 수 있고, 일반적으로 논란의 가능성이 비교적 적은 경우인데도 그랬다. 2만 종으로 추산되는 지의류나, 5만 종으로 추산되는 연체동물이나 40만 종이 넘을 것으로 보이는 딱정벌레의 경우에 비슷한 일을 시도한다면 결과가 어떻게 될 것인가는 아무도 짐작할 수 없다.

확실한 사실은 지구에 엄청나게 다양한 생물종이 살고 있다는 것이다. 그러나 그 정확한 숫자는 추정에 의존할 수밖에 없고, 경우에 따라서는 그런 추산을 하는 데에도 엄청난 비용이 필요하다. 1980년대에 스미스소니언 박물관의 테리 어윈의 시도는 널리 알려져 있다. 그는 파나마에 있는 열아홉 그루의 열대 우림 나무에 살충제를 뿌린 후에 땅에 떨어진 모든 곤충을 채집했다. 그는 이동성 곤충까지 파악하기 위해서 계절마다 같은 실험을 반복해서 모두 1,200종의 딱정벌레를 채집했다. 그는 다른 곳에서의 딱정벌레 분포와 우림에서 자라는 나무의 종류를 비롯한 여러 변수들을 고려해서 지구 전체에 약 3,000만 종의 곤충이 있을 것이라고 추산했지만, 훗날 그것도 매우 보수적인 추산이었다고 했다. 똑같거나 비슷한 방법을 사용한 다른 연구자들은 1,300만, 8,000만 또는 1억 종의 곤충이 있을 것이라고 주장했다. 결국 아무리 조심스럽게 추산을 하더라도 그런 추정 값은 과학이라기보다는 미신에 가깝다.

「월 스트리트 저널」에 따르면, 세계에는 "대략 1만 명 정도의 분류학자가 활동하고 있다." 기록해야 할 생물종이 얼마나 많은가를 고려한다면 그렇게 많은 수는 아니다. 그러나 「월 스트리트 저널」의 보도에 의하면, 한 종에 약 2,000달러의 비용과 상당한 서류 작업이 필요하기 때문에 매년 새로 보고되는 생물종의 수는 약 1만5,000종에 불과하다.[22]

2002년 가을에 케냐를 방문했을 당시 잠깐 만났던 나이로비의 케냐 국립박물관의 무척추동물과장인 벨기에 태생의 쿤 마스는 "생물종 다양성의 위기가 아니라, 분류학자의 위기"라고 한탄했다.[23] 그는 아프리카 전체에 전문 분류학자가 없다고 했다. "아이보리 코스트에 한 분이 계셨지만, 지금은 은퇴하신 것으로 알고 있습니다." 한 사람의 분류학자를 양성하는 데에는 8년에서 10년이 걸리지만, 아프리카에 가고 싶어하는 사람은 아무도 없다. "분류학자들이 정말 화석"이라고 메이스가 덧붙였다. 그 자신도 그해 말에 떠날 예정이라고 했다. 케냐에서 7년을 지낸 후에 재계약이 이루어지지 않았다. "재원이 말라버렸습니다."

작년 「네이처」에 실린 영국의 생물학자 G. H. 고드프리의 보고에 따르면 모든 지역의 분류학자들은 오래 전부터 "사회적 권위와 재원"을 상실했다. 그 결과 "많은 생물종들이 단편적인 논문을 통해서 제대로 설명되지 못하고 있으며, 새로운 분류군†과 이미 알려진 종과 분류의 관계를 확인하려는 노력이 이루어지지 않고 있다."[24] 더욱이 분류학자들은 새로운 종을 설명하는 데

† 동물학자들이 사용하는 문 또는 속을 가리키는 말.

가 아니라 이미 분류된 것들을 가려내는 데에 대부분의 시간을 허비하고 있다. 고드프리에 따르면, 많은 분류학자들은 "대부분의 시간을 19세기 분류학자들의 업적을 해석하는 데에 보내고 있다. 그들의 불완전한 설명을 해석하고, 완전한 상태가 아닌 표본을 보기 위해서 전 세계의 박물관들을 바쁘게 돌아다니고 있다." 고드프리는 특히 인터넷을 체계적으로 활용하는 방법에 아무도 관심을 보이지 않고 있다는 점을 지적했다. 분류학은 지금도 대부분 논문에 집착하고 있다.

2001년에 「와이어드」 잡지의 공동 창간자인 케빈 켈리는 분류학의 현대화를 위해서 지구상에 살고 있는 모든 생물종을 찾아내서 데이터베이스로 정리하기 위한 전생물종재단을 설립했다.[25] 그런 사업의 비용은 20억에서 500억 달러로 추산된다. 그러나 2002년 봄까지 재단은 120만 달러의 기금과 네 명의 직원을 확보했을 뿐이다. 이미 살펴보았던 것처럼, 현재 새로운 종을 찾아내는 속도로는 아직 발견하지 못한 1억 종의 곤충을 모두 찾아내기까지는 1만5,000년이 넘게 걸릴 것이다. 나머지 동물종을 찾아내려면 조금 더 오랜 시간이 필요할 것이다.

그렇다면 우리는 왜 그렇게 알고 있는 것이 적을까? 그 이유는 앞으로 찾아내야 할 동물종의 수만큼이나 많을 것이지만, 중요한 이유 몇 가지를 소개하면 다음과 같다.

대부분의 생물은 매우 작아서 간과하기 쉽다. 실질적으로 이것은 나쁜 것이 아니다. 만약 한밤중에 기어나와서 피지방과 살비듬으로 향연을 벌이는 200만 마리의 작은 진드기가 침대의 매트리스에 살고 있다는 사실을 인식한다면 쉽게 잠들기 어려울 것이다.[26] 베개 속에도 4만 마리가 살고 있다(그들에게 당신의 머리는 기름이 잔뜩 묻은 커다란 사탕과자에 불과하다). 깨끗한 베갯잇을 사용한다고 해서 달라질 것은 없다. 침대 진드기 크기의 생물에게는 아무리 조밀하게 짜인 섬유의 실이라고 해도 배에서 사용하는 밧줄처럼 보일 뿐이다. 영국 의학곤충학센터의 존 마운더 박사의 측정에 따르면, 평균 수명에 해당하는 6년 정도 사용한 베개 무게의 10퍼센트 정도는 "벗겨진 피부와 살아 있는 진드기와 죽은 진드기 그리고 진드기의 배설물"이라고 한다(베개 속의 진드기는 당신의 것이다. 호텔의 베개는 어떤가 생각해보기 바란다†).[27] 이들 진드기는 아주 오래 전부터 우리와 함께 살아왔지만, 그 존재가 처음 밝혀진 것은 1965년이었다.[28]

만약 우리가 컬러 텔레비전 시대가 올 때까지도 침대 진드기처럼 우리와 밀접하게 관련된 생물을 모르고 있었다면, 우리가 작은 세상에서 살고 있는 대부분의 생물에 대해서 거의 알지 못하고 있다는 사실도 그리 놀랄 일은 아니다. 아무 숲이나 걸어 들어가서 한 줌의 흙을 움켜쥐면, 그 속에는 100억 마리의 박테리아가 살고 있을 것이고, 그중의 대부분은 과학자들에게 알려져 있지 않은 것이다. 그 속에는 100만 마리의 포동포동한 효모, 20만 마리의 머리카락처럼 생긴 곰팡이라고 부르는 작은 진균류, 아메바를 비롯한 1만 마리의 원생동물 그리고 온갖 종류의 담균충, 편형동물, 회충을 비롯해서 미확인 미생물(cryptozoa)들이 가득 들어 있을 것이다.[29] 그중의 대부분은 아직까지 확인되지 않은 것이다.

미생물에 대한 가장 완벽한 편람인 「버기 세균학 편람」에는 4,000종의 박테리아가 수록되어 있다. 1980년대에 노르웨이의 과학자 요스테인 곡쇠위르와 비디스 토르스비크가 베르겐에 있는 자신들의 실험실 근처의 해변 숲에서 임의로 1그램의 흙을 채취해서 박테리아를 분석해보았다. 두 사람은 그 흙 속에서 「버기 세균학 편람」에 수록된 것보다도 더 많은 4,000-5,000종의 박테리아를 찾아냈다. 그리고 몇 킬로미터 떨어진 해변가에서 채취한 역시 1그램의 흙 속에서 전혀 다른 박테리아 4,000-5,000종을 찾아냈다. 에드워드 O. 윌슨의 관찰에 따르면, "노르웨이의 두 곳에서 퍼온 두 주먹의 흙 속에 9,000종이 넘는 미생물이 살고 있다면, 전혀 다른 서식지에서는 얼마나 많은

† 실제로 일부 위생 문제의 경우에는 과거보다 더 나빠지고 있다. 마운더 박사는 찬물에서 사용하는 세탁기 세제 때문에 진드기가 더욱 번성하게 되었다고 주장한다. 그의 주장에 따르면, "찬물에 빨래를 하게 되면, 진드기까지 깨끗하게 세탁될 뿐이다."

종이 발견될 것인가?”[30] 어쩌면 그 수가 4억 종이 될 것이라는 추산도 있다.[31]

적절한 곳을 찾아보지 않았다. 윌슨은 「생명의 다양성」에서 10헥타르 면적의 보르네오 밀림에서 며칠을 돌아다닌 식물학자가 북아메리카 대륙 전체에 존재하는 것보다 더 많은 1,000여 종의 현화식물을 찾아낸 이야기를 소개했다.[32] 식물은 찾아내기 어렵지 않다. 그저 아무도 그곳을 살펴보지 않았을 뿐이다. 케냐 국립박물관의 쿤 마스는 케냐에서는 산꼭대기 숲이라고 부르는 운무림(雲霧林)에서 “특별히 조심스럽게 살펴보지도 않았지만” 30분 만에 4종의 새로운 노래기를 찾아냈고, 그중 3종은 새로운 속에 속했다. 또한 1종의 새로운 나무도 발견했다. 그는 “아주 큰 나무”였다면서 몸집이 큰 짝과 춤을 추듯이 팔을 벌려 보였다. 고원의 정상에 있는 운무림 중에는 수백만 년 동안 고립되어 있던 곳도 있다. 그는 “그런 지역은 생물학적으로 바람직한 기후를 가지고 있지만, 전혀 연구된 적이 없다”고 알려주었다.

열대 우림의 면적은 지표면의 약 6퍼센트에 불과하지만, 동물의 절반 이상과 현화식물의 3분의 2가 살고 있다.[33] 그러나 그런 곳에서 연구를 하는 학자들이 거의 없기 때문에 그곳에 사는 대부분의 생물에 대해서는 알려진 것이 거의 없다. 그런 생물 중의 대부분이 활용 가치가 높은 것은 우연이 아니다. 현화식물 중에서 적어도 99퍼센트는 약효를 검토한 적이 없었다. 식물은 포식자로부터 도망을 칠 수가 없기 때문에 화학무기를 사용할 수밖에 없고, 그래서 매우 흥미로운 화합물을 많이 가지고 있다. 오늘날에도 처방을 받아서 사용하는 의약품의 거의 4분의 1은 40여 종의 식물에서 유래되었고, 나머지 16퍼센트는 동물이나 미생물에서 얻은 것이다. 따라서 열대 우림을 파괴하는 것은 의학적으로 중요한 가능성을 포기하는 것과 같은 일이다. 화학자들은 조합 화학(combinatorial chemistry)*이라는 방법으로 실험실에서 한꺼번에 4만 종의 화합물을 만들 수 있지만, 임의로 합성된 물질들의 대부분은

---

* 컴퓨터를 이용해서 약효가 있을 것으로 예상되는 다양한 종류의 화합물을 디자인해서 한꺼번에 소량씩 합성한 후에 실제 약효를 확인하는 신약 개발의 새로운 방법.

쓸모가 없다. 그러나 천연 물질은 「이코노미스트」의 표현처럼 "35억 년의 진화를 통한 가장 훌륭한 스크리닝 테스트*"를 거친 것들이다.[34)]

그러나 미확인 생물을 찾으려면 반드시 외딴곳이나 먼 곳까지 가야 하는 것은 아니다. 리처드 포티는 「생명 : 40억 년의 비밀」에서 "몇 세대에 걸쳐서 소변을 보았던" 시골의 선술집 벽에서 고대의 박테리아를 찾아낸 이야기를 소개했다.[35)] 물론 그런 발견에는 상당한 행운과 노력 그리고 알 수 없는 무엇이 필요했을 것이다.

전문가가 부족하다. 과학자들이 찾아내서 살펴보고 기록을 해야 할 대상은 그런 일을 할 수 있는 과학자들의 수를 훨씬 넘어선다. 널리 알려지지는 않았지만 끈질긴 생명력을 가진 담륜충이라는 생물의 경우를 살펴보자. 이 미생물은 거의 어떤 조건에서도 생존할 수 있다. 환경이 좋지 않을 경우에는 작게 뭉친 후에 대사 과정을 중단한 채로 환경이 좋아질 때까지 기다린다. 그런 상태에서는 끓는 물에 넣거나 또는 원자들마저도 모든 것을 포기하게 되는 절대온도 0도에 가깝도록 냉각을 시키더라도, 그런 고문이 끝나고 다시 적당한 환경이 돌아오면 마치 아무 일도 없었던 것처럼 풀어져서 움직이기 시작한다. 지금까지 500여 종이 확인되었다(360종이라는 주장도 있다).[36)] 그러나 실제로 몇 종이나 존재할 것인가에 대해서는 아무도 짐작조차 하지 못하고 있다. 한동안 담륜충에 대해서 알려진 거의 모든 것은, 여가 시간에 이 생물을 연구했던 아마추어 분류학자 데이비드 브라이스라는 영국의 사무직원 덕분이었다. 담륜충은 세계 어느 곳에서나 발견되지만, 전 세계의 담륜충 전문가들이 모두 모인다고 하더라도 집에서 함께 식사를 할 수 있을 정도의 수에 불과하다.

중요하면서도 어디에나 존재하는 진균류에 대해서 관심을 가진 사람들도 그리 많지 않다. 진균류는 어느 곳에서나 버섯, 곰팡이, 버짐, 효모, 말불버섯 등의 다양한 형태로 살고 있고, 그 양도 우리가 상상하는 것보다 훨씬 많다.

---

* 새로 개발한 의약 물질의 약효와 독성을 확인하는 과정.

보통 4,000제곱미터 정도의 풀밭에는 1,100킬로그램의 진균류가 살고 있다.[37] 그러니까 진균류는 하찮은 생물이라고 할 수가 없다. 진균류가 없으면 감자 잎마름병, 느릅나무 마름병, 완선(頑癬),* 또는 무좀은 없어지겠지만, 요구르트나 맥주, 치즈를 만들 수 없게 된다. 모두 합쳐서 약 7만 종의 진균류가 확인되었지만, 그 수는 180만 종에 이를 수도 있을 것으로 추정된다.[38] 많은 균류 전문가들이 치즈나 요구르트 등을 제조하는 산업에 종사하고 있기 때문에 실제 연구에 종사하는 균류학자의 수가 몇 명이나 되는가를 정확하게 알 수는 없지만, 앞으로 찾아내야 할 진균류의 종 수가 균류학자의 수보다 훨씬 더 많은 것은 확실하다.

세계는 정말 넓다. 우리는 손쉬운 비행기 여행과 통신수단 때문에 세계가 사실은 그렇게 넓지 않다고 생각하게 되었지만, 연구자들이 일을 해야 하는 땅 위에서 보면 세계는 정말 넓다. 깜짝 놀랄 정도로 넓다. 자이르의 우림 속에는 기린과 가장 가까운 종인 오카피가 많이 살고 있는 것으로 알려져 있다. 그 수는 3만 마리 정도에 이를 것으로 추정되지만, 20세기 이전에는 그런 동물이 존재한다는 사실조차도 짐작하지 못했다. 뉴질랜드에 사는 몸집이 크고 날지 못하는 타카헤라는 새는 200년 동안 멸종된 것으로 여겨졌지만, 사우스 섬의 오지에서 여전히 살고 있는 것으로 밝혀졌다.[39] 1995년에 티베트의 외딴 계곡에서 폭설을 만나 조난을 당했던 프랑스와 영국의 과학자들은 선사 시대의 동굴 벽화에서나 보았던 리워체라는 말[馬]을 찾아냈다. 그 계곡에 사는 사람들은 자신들의 말이 그렇게 귀한 것이라는 사실에 놀랐다.[40]

더 놀랄 일이 있을 것이라고 생각하는 사람들도 있다. 1995년의 「이코노미스트」의 보도에 따르면, "영국의 유명한 민속 생물학자는 키가 기린만큼 큰 나무늘보의 일종인 메가테리움**이……아마존 유역의 요새에 숨어 있을 것이라고 믿고 있다."[41] 그 민속 생물학자의 이름을 밝히지 않은 것도 중요하지

---

* 사타구니에 발생하는 표재성 진균감염.

** 아메리카 대륙에 살았다가 멸종된 것으로 여겨지는 거대한 나무늘보.

만, 그 사람이나 나무늘보에 대한 더 이상의 소식이 없다는 것이 더 중요하다. 그러나 밀림의 구석구석을 샅샅이 찾아보기 전에는 아무도 그런 동물이 존재하지 않을 것이라고 단언할 수는 없다. 그리고 그것은 요원한 일이다.

수천 명의 탐사단을 조직해서 세계의 가장 외딴곳까지 보내는 것으로도 충분하지 않다. 생명의 놀라운 생산력은 신비할 정도이고, 감사할 일이기도 하지만, 문제가 되기도 한다. 모든 생물을 찾아내려면, 모든 바위를 뒤집어보아야 하고, 숲속에 흩어진 모든 것을 살펴보아야 하고, 상상을 넘어서는 모래와 먼지도 조사해야 하며, 모든 조림 지역을 기어올라보고, 바다를 살펴보는 훨씬 더 효율적인 방법을 찾아내야 한다. 그렇다고 하더라도 전체 생태계를 샅샅이 살펴볼 수는 없다. 1980년대에는 아마추어 동굴 탐험가들이 언제부터인지는 모르겠지만 오랫동안 폐쇄되어 있었던 루마니아의 깊은 동굴에 들어가서 33종의 곤충과 거미, 지네, 이와 같은 작은 생물들을 발견했다. 모두가 눈이 멀고, 색깔이 없고, 과학계에 알려지지 않은 것들이었다. 그런 생물들은 물웅덩이 표면에 있는 찌꺼기들을 먹고살았다. 그런 찌꺼기는 온천에 들어 있는 황화수소를 먹으면서 살고 있었다.

우리는 모든 것을 찾아내지 못한다는 사실을 불만스럽고, 힘이 빠지고, 심지어는 화가 난다고 생각하기 쉽지만, 거의 참을 수 없을 정도로 즐거운 일이라고 생각할 수도 있다. 우리는 놀라움으로 가득한 행성에서 살고 있다. 이성이 있는 사람이라면 무엇을 더 바라겠는가?

현대 과학의 여러 분야를 살펴보면서 언제나 가장 경이로운 사실은, 비용이 많이 들고 비밀스럽기까지 한 의문을 풀기 위해서 평생을 바치려는 사람들이 얼마나 많은가 하는 점이다. 스티븐 제이 굴드는 헨리 에드워드 크램프턴이라는 영웅이 어떻게 1906년부터 1956년에 사망할 때까지 50년 동안 말없이 파르툴라라는 폴리네시아의 육상 달팽이를 연구했는지를 소개해주었다. 크램프턴은 평생 동안 수없이 많은 파르툴라의 나선 모양의 크기를 소수점 여덟 번째 자리까지 정확하게 측정해서 그 결과를 정성스럽게 표로 만들었다. 크램프턴의 표에서 한 줄의 숫자를 완성하려면 몇 주일에 걸쳐서 측정하

고 계산해야 했다.[42)]

1940년대와 1950년대에 인간의 성생활에 대한 연구로 유명해진 앨프레드 C. 킨제이는 그렇게 헌신적이지는 않았지만, 예상 밖의 인물이었다. 킨제이는 성에 흥미를 가지기 전에는 완고한 곤충학자였다. 킨제이는 2년에 걸친 탐사에서 4,000킬로미터를 걸어다니면서 30만 종의 말벌을 채취했다.[43)] 그 기간에 벌에 쏘인 횟수가 얼마나 많았을까는 기록으로 남아 있지 않다.

그렇게 난해한 과학 분야가 어떻게 대를 이어갈 수 있는가의 문제는 수수께끼였다. 따개비나 태평양 달팽이 전문가를 채용하거나 지원할 수 있는 연구소들이 그렇게 많지는 않다. 런던 자연사 박물관을 찾아갔을 때, 리처드 포티에게 생물학계에서 어느 학자의 후계자가 어떻게 선정되는가에 대해서 물어보았다.

그는 순진한 질문에 미소를 지으면서, "벤치에 앉아 있는 선수를 경기에 불러내는 것과는 다른 경우랍니다. 어느 전문가가 은퇴를 하거나 또는 불행하게 사망하게 되면, 그 작업은 중단될 수도 있습니다. 경우에 따라서는 아주 오래 중단되기도 하지요."

"그래서 한 종의 식물을 42년 동안 끈질기게 연구한 사람이 소중한 것이로군요. 소득이 없더라도 말입니다."

"맞습니다. 정확하게 그렇습니다." 정말 그런 모양이었다.

제24장

세포들

모든 것이 단 하나의 세포에서 시작된다. 첫 번째 세포가 둘로 분할되고, 둘이 넷이 되는 일이 계속된다. 그런 분할이 47회만 반복되면 1경(京, 10^{16}) 개의 세포가 생기게 되면서 인간으로 태어날 준비가 끝난다.† 그리고 각각의 세포들은 모두 탄생에서 죽음을 맞이하는 순간까지 당신을 보존하고 키워주기 위해서 각자 해야 할 일들을 정확하게 알고 있다.

당신의 몸을 구성하는 세포에게 감출 수 있는 것은 아무것도 없다. 세포들은 당신보다 더 많은 것을 알고 있다. 각각의 세포들은 몸에 대한 지침서라고 할 수 있는 완벽한 유전 암호를 가지고 있기 때문에 자신이 해야 할 일뿐만 아니라, 몸속의 다른 세포들이 하는 일에 대해서도 모두 알고 있다. 한순간이라도 세포에게 아데노신 삼인산(ATP)*의 농도를 살펴보라거나 또는 예기치 않게 생겨난 과량의 엽산**을 처리할 곳을 찾으라는 명령을 할 필요가 없다. 세포들은 그런 일은 물론이고, 수백만 가지의 다른 일들도 모두 스스로 알아서 처리한다.

자연에 존재하는 모든 세포는 그야말로 신비로운 대상이다. 가장 단순한

† 실제로는 그런 과정에서 손실되는 세포의 수도 상당하기 때문에 이 숫자는 어림일 뿐이다. 어떤 책을 참고로 하는가에 따라서 그 숫자는 상당히 차이가 난다. 1만조(萬兆) 개라는 숫자는 마굴리스와 세이건의 1986년의 책에서 인용한 것이다.

* 세포 내에서 일어나는 산화 반응에서 만들어지는 고에너지 조효소(助酵素)로 세포가 필요로 하는 에너지를 공급하는 역할을 한다.

** 핵산을 합성하고, 적혈구를 만드는 데에 꼭 필요한 수용성 비타민 B의 일종.

것이라고 하더라도 인간의 독창성을 훨씬 벗어날 정도이다. 예를 들면 가장 간단한 효모 세포를 만들려고 하더라도, 보잉 777 여객기에 필요한 부품의 수만큼에 해당하는 성분들을 초소형으로 만들어서 지름이 5마이크로미터 정도 되는 공 속에 맞추어 넣어야 한다.[1] 그리고 그렇게 만든 공이 스스로 번식할 수 있도록 만들어야만 한다.

그런데 효모 세포는 인간의 세포와는 비교할 수도 없다. 인간의 세포는 단순히 종류가 많고 복잡하기만 한 것이 아니라, 세포들 사이의 복잡한 상호작용 때문에 엄청나게 더 매력적이다.

인간의 세포들은 1경 명의 국민을 가진 국가를 구성하고 있으며, 각 세포들은 전체의 복지를 위해서 놀라울 정도로 전문적인 일을 수행해야 한다. 세포가 하지 않는 일은 아무것도 없다. 즐거움을 느끼고 생각을 할 수 있게 해주는 것도 세포의 일이다. 일어서서 팔과 다리를 펴고 신나게 뛰어놀도록 해주는 것도 세포들이다. 음식을 먹으면, 세포들이 영양분을 추출해서, 에너지를 전달하고, 노폐물을 처리해준다. 고등학교 생물시간에 배운 것이 바로 그런 과정이다. 그뿐이 아니다. 배가 고프다고 느끼게 만들고, 음식을 먹은 후에는 만족스럽게 해주어서 음식을 먹는 일을 잊지 않도록 해주는 것도 바로 세포들이다. 세포들은 머리카락을 자라게 만들고, 귓속을 청소하는 귓밥을 만들고, 뇌가 아무 소리 없이 움직이도록 해준다. 몸이 위협을 받게 되면 세포들이 즉시 방어에 나선다. 세포들은 당신을 위해서 주저 없이 죽기도 한다. 매일 수십억 개의 세포들이 그렇게 죽는다. 그럼에도 불구하고 우리는 평생 동안 한번도 그런 세포들에게 감사하게 여긴 적이 없을 것이다. 그러니 잠시 멈추어서 우리의 세포들에게 경이와 감사를 표하는 것이 마땅할 것 같다.

우리는 세포들이 어떻게 지방(脂肪)을 저장하고, 인슐린을 만들며, 우리와 같은 복잡한 개체를 살아서 움직이게 만드는 많은 일들을 하고 있는가에 대해서 조금은 알고 있다. 그러나 우리가 알고 있는 것은 지극히 일부일 뿐이다. 몸속에서 어렵게 만들어지는 단백질의 종류만 하더라도 20만 종이나 되지만, 그중에서 우리가 기능을 알고 있는 것은 2퍼센트 정도에 불과하다(그 비율이 50퍼센트 정도라는 주장도 있지만, 그것은 "알고 있다"는 것이 무엇을 뜻하는가에 따라서 달라진다).[2)]

세포 수준에서도 놀라운 일은 대단히 많다. 자연에서 일산화질소(NO)는 무시무시한 독소로, 아주 흔한 대기 오염 물질이다. 그렇기 때문에 1980년대 중반에 인간의 세포에서 그런 물질이 생산되고 있다는 사실을 발견하게 된 것은 과학자들에게 깜짝 놀랄 일이었다. 처음에 세포가 그런 물질을 생산하는 목적은 신비에 싸여 있었다. 그런데 과학자들은 일산화질소가 혈액의 흐름과 세포의 에너지 수준을 조절하고, 암 세포를 비롯한 병원체를 공격하고, 후각을 조절하며, 심지어 음경의 발기를 도와주는 등 몸속의 모든 곳에서 다양한 기능을 하고 있다는 사실을 발견하게 되었다.[3)] 그리고 잘 알려진 폭발물인 나이트로글리세린이 협심증이라는 심장 통증을 완화시켜주는 이유도 알게 되었다(나이트로글리세린이 혈액 속에서 일산화질소로 변환되면서 혈관 벽의 근육을 이완시켜줌으로써 혈액이 보다 더 자유롭게 흐를 수 있도록 해준다[4)]). 10년 남짓한 기간 동안에 지독한 독성 물질이라고 알려져 있었던 기체 물질이 몸속의 어디에나 존재하는 영약(靈藥)이 되었다.

벨기에의 생화학자 크리스티앙 드 뒤브에 따르면, 우리 몸에는 "수백" 종류의 세포가 있으며, 길이가 몇 미터나 되는 가는 실처럼 생긴 신경 세포로부터 작은 판 모양의 적혈구 세포, 그리고 시각을 도와주는 막대 모양의 광섬유에 이르기까지 그 크기와 모양이 엄청날 정도로 다양하다.[5)] 세포들의 크기 차이는 경이적일 정도이다. 특히 수정이 일어나는 순간에는 정자 세포가 자신보다 8만5,000배나 더 큰 난자와 대결하게 된다(남성에 의한 정복이라는 의미를 다시 생각해보아야 할 것이다). 그러나 인간의 세포는 대체로 지름이 1밀리미터의 100분의 2인 20마이크로미터 정도여서, 눈으로 보기에는 너무 작지만, 미토콘드리아*를 비롯한 수천 개의 복잡한 구조와 수백만 개의 수백

---

* 진핵세포에 들어 있는 구형 또는 막대형을 한 소기관으로 호흡을 통해서 에너지를 생성한다. 세포에 따라서 미토콘드리아의 수는 다르지만, 간(肝) 세포처럼 대략 2,000개의 미토콘드리아

만 배에 이르는 분자들을 담기에는 충분하다. 피부 세포는 모두 죽은 것들이다. 피부가 모두 죽어 있다는 사실은 끔찍하게 느껴진다. 보통의 몸집을 가진 성인은 대략 2킬로그램 정도의 죽은 피부를 가지고 있고, 매일 수십억 개의 작은 파편들이 떨어져 나간다.[6] 선반에 쌓인 먼지를 닦으면 오래 전에 떨어져나간 손가락의 피부가 묻어나온다고 생각하면 된다.

대부분의 세포는 한 달 이상 사는 경우가 드물지만, 예외도 있다. 간 세포의 경우에는 그 구성성분이 며칠마다 새로 만들어지기는 하지만 몇 년 동안 살아 있을 수 있다.[7] 뇌 세포는 평생을 함께 한다. 출생할 때 1,000억 개 정도의 뇌 세포가 만들어지면 그것이 전부가 된다. 그리고 매 시간 500개 정도가 죽는 것으로 추정되기 때문에 심각한 고민을 하려면 시간을 낭비하지 말아야 한다. 그러나 간 세포와 마찬가지로 뇌 세포의 경우에도 그 구성성분들은 대략 한 달 만에 완전히 새로운 것으로 바뀌게 된다는 것이 다행이다. 실제로 몸속에 떠돌아다니는 분자는 말할 것도 없고, 어느 한 조각도 9년 이상 된 것은 아무것도 없다고 한다.[8] 실감이 나지 않겠지만, 세포 수준에서 보면 우리는 모두 어린아이인 셈이다.

세포를 처음 설명한 사람은 앞에서 이야기했듯이 아이작 뉴턴과 함께 역제곱 법칙의 발견 공로를 다투었던 로버트 훅이었다. 훅은 68년의 일생 동안 많은 업적을 이룩했다. 그는 뛰어난 이론가이면서 독창적이고 유용한 도구를 만드는 훌륭한 재능도 가지고 있었다. 그러나 1665년에 발간된 그의 유명한 책인 「작은 도면들」 또는 「확대경을 이용한 작은 생물의 생리학적 설명」보다 사람들의 관심을 더 많이 끌었던 것은 없었다. 그 책에 매혹된 사람들은 누구도 상상하지 못했을 정도로 다양하고, 복잡하고, 정교한 구조를 가진 작은 세상을 볼 수 있었다.

훅이 처음 찾아낸 미시세계의 특징은 식물에서 발견한 작은 방들이었다. 그는 그 모습이 수도자들의 방을 닮았다고 생각해서 "세포(細胞, cell)"라고

가 들어 있는 경우도 있다.

불렀다. 훅의 계산에 따르면, 1제곱센티미터의 코르크에 그런 작은 방이 195,255,750개나 있는 셈이었다.[9] 과학에서 그렇게 큰 숫자가 등장한 것은 그것이 처음이었다. 현미경은 이미 한 세대 전부터 개발되어 있었지만, 훅은 월등히 뛰어난 기술 덕분에 다른 사람들과 구별이 되었다. 그가 사용하던 현미경의 배율은 17세기 광학기술로 얻을 수 있었던 최고의 값인 30배율이었다.

그러므로 10년 후에 네덜란드의 모직물 상인이 275배율의 현미경으로 얻은 그림을 받아 보았던 훅을 비롯한 런던 왕립학회의 회원들은 깜짝 놀랄 수밖에 없었다. 그 모직물 상인의 이름은 안톤 판 레이우엔훅이었다. 정규 교육도 받지 않았고, 과학을 배우지도 않았던 그는 통찰력 있고 헌신적인 관찰자였고 천재적인 기술자였다.

오늘날까지도 그가 어떻게 손에 들고 사용하는 간단한 현미경으로 그런 훌륭한 배율을 얻을 수 있었는지 알 수 없다. 나무로 만든 손잡이에 작은 볼록 유리가 박혀 있던 그의 현미경은 우리가 알고 있는 현미경이라기보다는 확대경에 더 가까운 것이었지만, 사실은 그 어느 것도 아니었다. 레이우엔훅은 실험을 할 때마다 새로운 장치를 만들었고, 가끔씩은 영국 사람들에게 성능을 개선하는 방법을 조금씩 알려주기는 했지만, 자신의 기술을 철저하게 비밀에 부쳤다.[†]

놀랍게도 그는 마흔이 지났을 때부터 시작해서 무려 50년 동안에 200여 편의 보고서를 왕립학회에 제출했다. 모두 그가 알고 있는 유일한 언어인 네덜란드어로 쓴 것이었다. 레이우엔훅은 아무런 설명도 없이 자신이 관찰한 사실과 훌륭한 그림만 보고서로 제출했다. 그는 빵 곰팡이, 벌침, 혈액 세포,

---

† 레이우엔훅은 델프트의 유명인사였던 화가 얀 페르메이르와 친한 친구였다. 능력은 있었지만 뛰어난 화가는 아니었던 페르메이르는 1660년대 중반부터 대가의 재능과 통찰력을 발휘하기 시작해서 유명해졌다. 확실하게 증명되지는 않았지만, 그가 렌즈를 통해서 영상을 평면에 투영시키는 장치인 카메라 옵스큐라를 사용했을 것이라고 짐작이 된다. 페르메이르가 사망하면서 남긴 유물에는 그런 장치가 없었지만, 우연히도 페르메이르의 재산을 정리한 사람이 다름 아닌 당시 가장 비밀스러운 렌즈 제작자였던 안톤 판 레이우엔훅이었다.

이빨, 머리카락, 자신의 침, 대변과 자신의 정액(마지막 두 개에 대해서는 고약함에 대해서 사과를 곁들였다)을 비롯해서 살펴볼 수 있는 것이라면 거의 모든 것에 대한 보고서를 제출했다. 대부분이 미시적인 수준에서는 본 적이 없었던 것들이었다.

그가 1676년에 후추가 들어 있는 물에서 "벌레(animalcules)"를 발견했다고 보고한 후로, 왕립학회의 회원들이 "작은 동물"을 찾아내는 데에 필요한 배율을 가진 영국산 현미경을 만들기까지 1년이 걸렸다.[10] 레이우엔훅이 발견했던 것은 원생동물이었다. 그는 물 한 방울 속에 그런 작은 벌레가 네덜란드의 인구보다 더 많은 828만 마리가 있을 것이라고 추정했다.[11] 세상에 살고 있는 생명체의 종류와 수는 상상을 넘어서는 것이었다.

레이우엔훅의 멋진 발견에 힘입어 다른 사람들도 현미경을 너무 열심히 들여다보다가 사실은 존재하지 않은 것까지 발견하기도 했다. 존경받던 네덜란드의 니콜라우스 하르트수케르는 정자 세포에서 "이미 형체가 갖추어진 작은 사람"을 보았다고 확신을 했다. 하르트수케르는 작은 사람들을 "난쟁이(homunculi)"라고 불렀고, 한동안 사람들은 인간을 비롯한 모든 생명체는 작지만, 완전한 선구체(先驅体) 존재가 엄청나게 팽창된 것이라고 믿었다.[12] 레이우엔훅 자신도 가끔씩 지나칠 정도로 빠져들기도 했다. 아주 가까이에서 화약이 터지는 모습을 관찰하려고 했던 것이 최악의 실패였다.[13] 그는 눈이 거의 멀 뻔했다.

레이우엔훅은 1683년에 세균을 발견했지만, 현미경 기술의 한계 때문에 그로부터 150년 동안에는 아무런 진전도 없었다. 1831년이 되어서야 세포의 핵을 처음 볼 수 있게 되었다. 과학의 역사에서 유령처럼 자주 등장하는 스코틀랜드의 식물학자 로버트 브라운의 성과였다. 1773년부터 1858년까지 살았던 브라운은 자신이 관찰한 것을 작은 밤 또는 씨앗을 뜻하는 라틴어 "nucula"로부터 따와서 "nucleus(핵)"라고 불렀다. 그러나 살아 있는 것은 모두 세포를 가지고 있다는 사실을 알아낸 것은 1839년의 일이었다.[14] 그런 사실을 밝혀낸 사람은 독일의 테오도르 슈반이었다. 그러나 그의 성과는 과학적인 통찰력으로도 비교적 늦은 것이었을 뿐만 아니라, 처음에는 인정을 받지도 못했다. 생명은 저절로 나타날 수가 없고, 이미 존재하는 세포로부터 시작되어야 한다는 사실이 확실하게 밝혀진 것은 1860년대에 루이 파스퇴르의 기념비적인 업적에 의해서였다. 그런 주장은 "세포설(cell theory)"이라고 하며 현대 생물학의 기반이 되었다.

세포는 (물리학자 제임스 트레필에 의하면) "복잡한 화학 정유공장"에서 (생화학자 가이 브라운에 의하면) "거대하고 비옥한 대도시"에 이르기까지 여러 가지에 비유되어왔다.[15] 세포는 그런 모든 것이기도 하고, 그렇지 않기도 하다. 세포는 거대한 규모로 화학활동에 몰두하고 있다는 점에서는 정유공장과 비슷하고, 매우 바쁘고 복잡하며 혼란스럽고 무질서한 것처럼 보이기도 하지만 그 속에 어떤 체계가 존재한다는 점에서는 대도시와 비슷하다. 그러나 세포는 어떤 도시나 공장보다 더 악몽 같은 곳이기도 하다. 우선 세포 규모에서는 중력이 별 효과가 없기 때문에 위아래가 없고, 원자 크기 정도의 공간이라도 그냥 버려지는 곳이 없다. 세포 속의 모든 곳에서 움직임이 계속되고 있고, 전기 에너지가 끊임없이 날아다니고 있다. 전기의 존재를 느끼지는 못하지만, 사실은 그렇지 않다. 우리가 먹는 음식과 호흡하는 산소가 세포 속에서 결합되면서 전기가 발생한다. 우리가 서로 엄청난 충격을 주거나 앉아 있는 소파를 태워버리지 않는 것은 전기가 아주 작은 규모로 만들어지기 때문이다. 0.1볼트가 나노미터* 정도의 거리를 움직일 뿐이다. 그렇지만 움직이는 거리를 1미터 정도로 확대해보면, 뇌우와 비슷한 2,000만 볼트 정도에 해당한다.[16]

크기나 모양에 상관없이 몸속에 있는 세포들은 기본적으로 똑같은 계획에 의해서 만들어진다. 모두가 세포막(membrane)이라고 하는 바깥 껍질과, 생명체를 살아 있도록 해주기 위해서 꼭 필요한 유전 정보가 들어 있는 핵, 그리고 그 사이에 바쁜 일이 일어나고 있는 세포질(cytoplasm)로 구성되어 있다. 세포막은 흔히 생각하듯이 뾰족한 바늘이 있어야만 구멍을 뚫을 수

* 10억 분의 1(10^{-9})미터.

있는 견고하고, 탄력 있는 껍질이 아니다. 오히려 세포막은 셔윈 B. 눌런드의 표현을 빌리면 "경질 기계유"와 비슷한 지질(脂質)이라는 지방성 물질로 만들어져 있다.[17] 그런 막이 놀라울 정도로 약한 것이라고 생각된다면, 미시적인 수준에서는 물질이 전혀 다른 특성을 보인다는 사실을 기억해야 한다. 분자 수준에서 물은 일종의 강력한 젤이고, 지질은 철과 비슷하다.

세포 속의 모습은 그렇게 아름답지 않다. 세포를 구성하는 원자를 팥알 정도의 크기로 확대한다면, 세포 자체는 대략 지름이 800미터 정도 되고, 세포 골격이라고 부르는 받침대들이 복잡하게 얽혀 있다. 그 속에서는 농구공이나 혹은 자동차만 한 온갖 크기를 가진 수백만 개의 수백만 배에 해당하는 물체들이 총알처럼 날아다닌다. 모든 방향에서 매초 수천 번씩 얻어맞지 않고 안전하게 서 있을 수 있는 곳은 어디에도 없다. 세포 속에 언제나 존재하는 것에게조차도 위험한 곳이다. DNA 사슬은 평균적으로 8.4초마다 갑자기 날아와서 아무렇게나 칼질을 하고 지나가버리는 화학물질들에 의해서 공격을 당하거나 손상을 입는다. 하루에 1만 번씩이나 그런 일이 일어나는 셈이다. 세포가 죽지 않고 살아남으려면, 그런 부상에서 신속하게 회복할 수 있어야만 한다.

단백질은 특히 활동적이어서, 매초 수십억 번까지 회전하고, 맥박치고, 서로 충돌한다.[18] 단백질의 일종인 효소는 아무 곳이나 돌아다니면서 매초 1,000여 번에 이르는 임무를 수행한다. 그들은 엄청난 속도로 움직이는 일개미처럼 분자를 만들고 또 만든다. 이 분자에서 조각을 떼어내서 다른 분자에 붙여주기도 한다. 지나가는 단백질을 살펴보면서, 고치지 못할 정도로 손상을 입거나 잘못된 단백질에는 화학적인 표식을 붙이기도 한다. 그렇게 선별되고 나면, 운이 나쁜 단백질은 프로테아솜(proteasome)이라는 곳으로 옮겨져서 분해되고, 그 구성성분은 새로운 단백질을 만드는 데에 다시 사용된다. 30분도 견뎌내지 못하는 단백질도 있고, 몇 주일 동안 존재하는 단백질도 있다. 그러나 모든 단백질은 상상할 수 없을 정도로 바쁜 일생을 보내게 된다. 드 뒤브의 지적처럼, "분자의 세계에서는 믿을 수 없을 정도의 속도로 일이 벌어지기 때문에 완전히 우리의 상상을 넘어설 수밖에 없다."[19]

그러나 분자들 사이의 상호작용을 관찰할 수 있을 정도의 속도에서 살펴보면, 그렇게 놀라운 곳도 아니다. 세포는 리소좀, 엔도좀, 리보솜, 페르옥시솜을 비롯한 온갖 크기와 모양을 가진 수백만 종의 단백질들이 역시 수백만 종의 다른 것들에 충돌하면서, 영양분에서 에너지를 추출하거나, 구조를 만들거나, 노폐물을 제거하거나, 침입자를 몰아내거나, 신호를 주고받거나, 수선을 하는 등의 평범한 일들을 수행하는 곳이다. 보통 하나의 세포에는 약 2만 종의 단백질이 있고, 그중 2,000종 정도는 적어도 5만 개씩이나 존재한다. 뉼런드에 의하면, "5만 개 이상씩 존재하는 분자들만 세더라도 하나의 세포에 들어 있는 단백질 분자의 수는 아무리 적어도 1억 개가 넘는다는 뜻이다. 그 정도로 놀라운 숫자를 보면 우리 몸속에서 일어나는 생화학적 활동이 얼마나 굉장한가를 짐작할 수 있다."[20]

모든 것이 엄청나게 힘이 드는 일이다. 심장은 모든 세포에게 충분한 양의 산소를 공급하기 위해서 한 시간에 284리터, 하루에 6,816리터, 1년에 248만 8,000리터의 혈액을 퍼내야 한다. 그 정도면 올림픽 경기장 규모의 수영장을 채울 수 있는 양이다(그것도 쉬고 있을 경우에 그렇다. 운동을 하는 동안에는 그 속도가 최대 여섯 배까지 늘어날 수도 있다). 산소는 미토콘드리아로 들어간다. 미토콘드리아는 세포의 발전소이다. 세포에 들어 있는 미토콘드리아의 수는 세포가 어떤 일을 하고 얼마나 많은 에너지를 소비하는가에 따라 달라지지만, 보통의 세포에는 1,000여 개가 들어 있다.

앞에서 설명했듯이, 미토콘드리아가 포획된 박테리아에서 시작되었고, 오늘날 우리 세포 속에서 셋방살이를 하고 있기는 하다. 그러나 미토콘드리아는 자신의 고유한 유전 정보를 가지고 있고, 스스로의 시간표에 따라 분열을 하고, 자신의 언어를 사용한다. 우리의 존재도 미토콘드리아의 처분에 달려 있다는 사실도 설명했다. 이유는 이렇다. 섭취된 거의 모든 음식물과 산소는 적절한 처리과정을 거친 후에 미토콘드리아로 보내져서 아데노신 삼인산(ATP)이라고 부르는 분자로 변환된다.

ATP에 대해서 들어본 적이 없을 수도 있겠지만, 당신을 살아 움직이게 해주는 것이 바로 그것이다. ATP는 기본적으로 세포 속을 돌아다니면서 세포에서 일어나는 모든 일에 필요한 에너지를 공급하는 작은 배터리이다. 당신은 엄청나게 많은 양의 ATP를 필요로 한다. 어느 한 순간에 보통의 세포에 들어 있는 ATP의 수는 10억 개 정도에 이르지만, 2분 정도면 하나도 남김없이 사라지고, 다시 10억 개가 새로 만들어진다.[21] 하루에 만들어서 쓰는 ATP의 양은 몸무게의 절반에 해당할 정도이다.[22] 피부가 따뜻하게 느껴지면, 그것이 바로 ATP가 작동하고 있는 증거이다.

더 이상 쓸모가 없어진 세포들은 명예로운 죽음을 맞이하게 된다. 세포를 받치고 있던 모든 받침대가 해체되고, 모든 구성성분들도 조용히 먹혀버린다. 그런 과정은 계획된 세포의 죽음, 즉 아포토시스(apotosis)라고 부른다. 매일 수십억 개의 세포들이 당신을 위해서 죽어가고, 수십억 개의 다른 세포들이 남은 것을 청소해준다. 세포들이 격렬하게 죽을 수도 있다. 감염이 되면 그렇게 된다. 그렇지만 대부분의 세포는 죽어야 할 때가 되면 죽는다. 사실은 다른 세포로부터 당장 필요한 임무를 부여받지 못하면 저절로 자살한다. 세포들은 끊임없이 다독거려주어야만 한다.

가끔 일어나는 일이기는 하지만, 세포가 예정된 순서에 따라 사라지기만 하는 것은 아니다. 분열되면서 마구 성장하기도 하는데, 그 결과를 암이라고 부른다. 사실 암 세포는 혼란에 빠진 세포에 불과하다. 세포는 정기적으로 그런 실수를 하지만, 몸에는 그런 문제를 해결하는 정교한 메커니즘이 준비되어 있다. 그런 과정이 겉잡을 수 없게 되는 경우는 아주 드물다. 사람의 경우에는 평균 10억 번의 1억 배 정도의 세포 분열이 일어날 때마다 한 번의 치명적인 악성 세포가 등장한다.[23] 암은 모든 면에서 불행한 일이다.

세포에서 가장 신비로운 사실은 가끔씩 문제가 생긴다는 것이 아니라, 수십 년 동안 모든 것이 너무나도 잘 관리된다는 것이다. 그러기 위해서 세포들은 몸 전체를 상대로 끊임없이 신호를 보내고 받는다. 지시를 하고, 정보를 요구하고, 수정을 하고, 도움을 청하고, 정보를 갱신하고, 분열이나 죽음을 통보하는 시끄러운 신호들이 오고 간다. 대부분의 신호는 호르몬이라는 특사들에 의해서 전달된다. 인슐린, 아드레날린, 여성 호르몬(에스트로겐), 남성 호르몬(테스토스테론)과 같은 화학물질들이 외딴곳에 있는 갑상선이나 내분비선에서 정보를 운반해온다. 뇌나 측분비(側分泌) 신호체계라고 부르는 지역 센터에서 지급(至急) 전보로 전달되는 메시지들도 있다. 그리고 세포들은 인접한 세포들과 직접 교신을 해서 자신들이 서로 조화롭게 움직이고 있음을 확인하기도 한다.

세포의 활동에 대해서 가장 놀라운 사실은 모두가 그저 아무렇게나 일어나는 광란의 움직임이라는 것이다. 서로 끌어당기고 밀치는 기본적인 법칙에 의해서 나타나는 끊임없는 충돌의 결과일 뿐이다. 세포의 움직임 어느 부분에도 사고(思考)의 과정을 찾아볼 수 없는 것이 분명하다. 모든 것이 그저 일어나면서도, 우리가 눈치를 챌 수도 없을 정도로 완벽하고, 반복적이고, 신뢰할 수 있도록 일어날 뿐만 아니라, 어떻게 해서든지 세포 내에서의 질서만이 아니라 조직 전체에서의 완벽한 조화도 유지된다. 이제 겨우 그 내용을 이해하기 시작하고 있지만, 당신이 움직이고, 생각을 하고, 결정을 내릴 수 있는 것이 모두 수를 헤아릴 수도 없이 많은 반사적 화학반응들 덕분이다. 지능은 낮지만 역시 믿을 수 없을 정도로 조직화된 쇠똥구리의 경우도 마찬가지이다. 모든 생명체는 신비로운 원자 공학의 결과라는 사실을 잊지 말아야 한다.

실제로 우리가 원시적이라고 생각하는 생물체들마저 우리가 태평스러운 방관자로 보일 정도로 놀라운 수준의 세포 조직을 가지고 있는 경우도 있다. 해면을 체로 걸러서 세포들을 해체시킨 후에 다시 물속에 던져넣으면, 세포 조각들이 다시 모여들어서 스스로 다시 해면의 구조를 회복한다. 그런 일을 끊임없이 반복하더라도, 해면은 끈질기게 다시 모여든다. 인간은 물론 다른 모든 생명체와 마찬가지로 해면도 계속 존재하고 싶다는 충동에 압도되어 있기 때문이다.

그런 모든 것이 이상하고, 고집불통이고, 겨우 이해되기 시작한 분자 때문이다. 그 분자는 스스로는 살아 있는 것도 아니고, 다른 일은 아무것도 하지 못한다. 우리는 그것을 DNA라고 부른다. 과학이나 우리에게 DNA가 얼마나 중요한가를 이해하려면 대략 160년 전 영국의 빅토리아 시대에 박물학자 찰스 다윈이 "인간이 찾아낸 가장 훌륭한 생각"을 하게 된 순간으로 되돌아가야 한다.[24] 약간의 설명이 필요하겠지만, 그의 주장은 15년 동안 서랍 속에 잠들어 있어야만 했다.

제25장

다윈의 비범한 생각

1859년 늦여름이나 초가을에 영국의 유명한 잡지 「쿼터리 리뷰」의 편집자인 휘트웰 엘윈은 박물학자 찰스 다윈의 새 책 견본을 받았다. 책을 재미있게 읽은 엘윈은 좋은 책이지만 많은 독자를 끌기에는 주제가 너무 좁은 것 같다고 걱정했다. 그는 다윈에게 비둘기에 대한 책을 쓰도록 권했다. "누구나 비둘기에는 관심을 가지고 있다"는 요긴한 이야기를 해주었다.[1)]

그러나 엘윈의 사려 깊은 충고는 받아들여지지 않았고, 결국 1859년 11월에 「자연선택에 의한 종의 기원 또는 생존 경쟁에서 선택된 종의 보존」으로 알려진 책이 발간되었다. 정가는 15실링이었다. 첫날 1,250권의 초판이 매진되었다. 그 이후로 그 책은 절판된 적도 없었고, 논란이 끊인 적도 없었다. 다른 취미라고는 지렁이뿐이고, 세계 일주 항해를 해보겠다는 단 한번의 열정적인 결단을 하지 않았다면 무명의 시골 목사로 평생을 보낼 뻔했던 그에게는 그리 나쁜 일은 아니었다.

찰스 로버트 다윈은 1809년 2월 12일† 영국 미들랜드 서부에 있는 조용한 시장 마을인 슈루즈베리에서 출생했다. 그의 아버지는 존경받던 성공한 의사였다. 찰스가 여덟 살 때에 사망한 그의 어머니는 도자기로 유명한 조사이어 웨지우드의 딸이었다.

다윈은 좋은 환경에서 자라났지만, 학교 성적이 좋지 않아서 부인을 잃은 아버지를 괴롭게 했다. "사냥과 개, 쥐 잡기에만 빠져 있으면, 너 자신은 물론

† 그날은 켄터키 주에서 에이브러햄 링컨이 태어난 역사상 경사스러운 날이다.

이고 집안에 부끄러운 사람이 될 게다."[2] 다윈의 어린 시절에 대한 이야기에는 빠짐없이 등장하는 그의 아버지의 말이다. 자연사를 좋아했던 그는 아버지를 위해서 에든버러 대학에서 의학을 공부했다. 그러나 피와 고통을 참아낼 수가 없었다. 놀란 아이를 수술하는 모습은 그에게는 영원히 잊을 수 없는 충격이었다.[3] 당시는 마취법이 개발되기 전이었다. 그는 법학으로 전공을 바꾸었지만, 따분함을 참을 수 없었다. 결국 그는 케임브리지에서 거의 아무런 노력도 없이 신학 학위를 받았다.

시골 사제관에서 살아야 할 것 같았던 그는 느닷없이 훨씬 매력적인 제안을 받게 되었다. 다윈은 해군 탐사선 비글 호를 타고 항해를 하자는 제안을 받은 것이다. 그에게는 신분 때문에 귀족 이외의 사람을 사귈 수 없었던 로버트 피츠로이 선장과 저녁 식사를 함께 할 임무가 주어졌다. 독특한 사람이었던 피츠로이가 다윈을 선택한 이유 중의 하나는 그가 다윈의 코 모양을 좋아했기 때문이었다(그는 코가 인격의 깊이를 나타낸다고 믿었다). 다윈은 피츠로이가 가장 좋아했던 사람은 아니었지만, 그가 가장 선호했던 사람이 함께 갈 수가 없었기 때문에 선택되었다. 21세기의 관점에서 볼 때 두 사람의 가장 두드러진 공통점은, 둘 다 극도로 젊었다는 것이다. 항해를 시작할 때, 피츠로이는 23세였고, 다윈은 22세였다.

피츠로이의 공식적인 임무는 해안의 지도를 만드는 것이었지만, 그의 관심은 창조에 대해서 성서에 나와 있는 글자 그대로의 증거를 찾아내는 것이었다. 그는 그 일에 열정적인 관심을 가지고 있었다. 피츠로이가 다윈을 선택한 가장 중요한 이유는 그가 목회 공부를 했다는 것이었다. 그러나 다윈이 진보적인 생각을 가졌고, 기독교 원리주의자와는 거리가 멀다는 사실이 밝혀지면서 두 사람 사이는 영원히 금이 가게 되었다.

다윈이 비글 호에서 지냈던 1831년부터 1836년까지의 기간은 그에게는 인격 형성의 기간이기도 했지만, 가장 힘든 때이기도 했다. 그는 선장과 함께 작은 선실을 써야 했다. 화가 나면 엄청난 적의를 드러냈던 피츠로이와 함께 지내는 일은 쉽지 않았다. 그와 다윈은 끊임없이 논쟁을 벌였고, 훗날 다윈의 기억에 의하면 "미치기 직전까지 갔던" 경우도 많았다.[4] 대양을 항해하는 것은 아무리 좋게 말해도 고독한 일이었다. 비글 호의 전임 선장은 우울증에 빠져서 머리에 총을 쏘아 자살을 했다. 피츠로이의 집안은 우울증에 빠질 가능성이 높은 성격을 가진 것으로 널리 알려져 있었다. 그의 아저씨인 캐슬레이 백작은 외무부 장관으로 재직하던 10여 년 전에 스스로 목을 베어 자살했다(피츠로이도 1865년에 같은 방법으로 자살했다). 피츠로이는 기분이 좋을 때에도 이상할 정도로 정체를 알기 어려운 사람이었다. 다윈은 항해에서 돌아온 피츠로이가 곧바로 오래 전에 약혼한 젊은 여자와 결혼을 한다는 소식을 듣고 깜짝 놀랐다. 그는 다윈과 함께 지냈던 5년 동안 한 번도 그녀와의 관계를 밝힌 적이 없었고, 이름을 이야기한 적도 없었다.[5]

그러나 비글 호 항해는 모든 면에서 큰 승리였다. 다윈은 평생토록 잊지 못할 모험을 경험했다. 그에게 명성을 주었고, 평생 연구할 수 있는 표본을 채취할 수 있었던 것도 그 항해 덕분이었다. 그는 훌륭한 보물이 된 거대한 고대 화석들을 발굴했다. 그가 찾아낸 메가테리움 화석은 지금까지도 가장 훌륭한 것으로 알려져 있다. 그는 칠레에서 치명적인 지진으로부터 살아남았고, 새로 발견한 돌고래 종에게 델피누스 피츠로이라는 이름을 붙여주었고, 안데스 전역에 대한 지질학적 연구에 심혈을 기울였으며, 산호 환초(環礁)의 형성에 대한 훌륭한 이론을 새로 발견해냈다. 환초가 100만 년 이내에 만들어질 수가 없다는 그의 이론은 지구의 역사가 매우 길다는 그의 오래된 고집의 시작이었다.[6] 그는 27세였던 1836년에 5년 2일간 떠나 있던 집으로 돌아왔다. 그 이후 그는 한번도 영국을 떠나지 않았다.

항해하는 동안에 다윈이 하지 않았던 단 한 가지가 바로 진화론을 제안한 것이었다. 사실 1830년대에 진화라는 개념은 이미 수십 년 된 것이었다. 다윈의 할아버지인 이래즈머스는 다윈이 태어나기 몇 년 전에 이미 "자연의 사원"이라는 평범한 시를 통해서 진화 원리를 찬양했었다. 젊은 다윈이 생명은 영원한 투쟁이고, 어떤 종은 번성하는데 다른 종은 사라지는 이유가 바로 자연선택 때문이라는 심각한 생각을 하게 된 것은 영국으로 돌아와서 (수학적인 이유 때문에 식량의 증가가 인구의 증가를 따라갈 수 없다는 사실을 주장한) 토머스 맬서스의 「인구론」을 읽어본 후부터였다.[7] 구체적으로 다윈이 깨달은 것은 모든 생물들은 자원을 확보하기 위해서 경쟁을 해야 하고, 선천적인 장점을 가진 생물은 번성하면서 그 장점을 후손들에게 물려주게 된다는 것이었다. 생물종들은 그런 방법으로 끊임없이 개선된다는 것이다.

그의 주장은 놀라울 정도로 단순해 보인다. 실제로도 놀라울 정도로 단순한 주장이었지만, 그럼에도 많은 것을 설명해주었다. 다윈은 평생을 바칠 준비를 하고 있었다. "지금까지 그런 생각을 하지 못했다니 얼마나 어리석은가!"[8] 「종의 기원」을 읽은 후에 T. H. 헉슬리가 내뱉은 감탄은 그 이후로 끊임없이 반복되었다.

흥미롭게도 다윈은 자신의 글에서 "적자생존"이라는 표현은 쓰지 않았다 (그러나 그 말을 좋아한다는 사실은 밝혔다). 그 말은 「종의 기원」이 발간되고 5년이 지난 1864년에 「생물학의 원리」를 발간한 허버트 스펜서가 처음 사용했던 것이다. 그는 「종의 기원」 6판이 발간될 때까지는 진화(evolution)라는 말 대신 "변종의 후손"이라는 표현을 썼다(6판이 발간될 때는 그 말이 너무 널리 알려져서 어쩔 수가 없었다). 또한 갈라파고스 제도를 방문했을 때, 그곳 방울새(핀치)의 부리가 매우 다양하다는 사실에 감명을 받아서 그런 결론을 얻게 된 것도 아니었다. 흔히 알려지거나, 적어도 많은 사람들이 기억하는 이야기에 따르면, 이 섬 저 섬을 찾아다니던 다윈이 각각의 섬에 살고 있는 방울새의 부리가 그 섬의 자원을 활용하기에 적당하도록 훌륭하게 적응했다는 사실을 발견했다. 어떤 섬에 사는 방울새의 부리는 단단한 견과를 깨트릴 수 있도록 견고하고 짧지만, 그 옆에 있는 섬에 사는 방울새의 부리는 틈새에 끼어 있는 음식을 파먹기 쉽도록 길고 가늘다는 것이다. 그는 바로 그런 사실로부터 새들이 그렇게 창조된 것이 아니라 어떤 의미에서는 스스로 그렇게 만들어졌다는 생각을 가지게 되었다는 것이다.

실제로 새들은 스스로 자신을 만들어냈지만, 그런 사실을 알아낸 것은 다윈이 아니었다. 비글 호 항해를 시작할 때의 다윈은 갓 대학을 졸업해서 아직은 유능한 박물학자가 아니었기 때문에 갈라파고스의 새들이 여러 종류라는 사실을 인식하지 못했다. 다윈이 발견한 것이 사실은 방울새들이 서로 다른 재능을 가지고 있다는 것임을 알아낸 사람은, 그의 친구였던 조류학자 존 굴드였다.[9] 불행하게도 경험이 없었던 다윈은 어느 새가 어느 섬에 사는 것인가를 기억하지 못했다(그는 거북의 경우에도 비슷한 실수를 했다). 갈피를 잡기까지는 몇 년의 세월이 걸렸다.

그런 실수도 있었지만, 비글 호에서 가져온 많은 표본 상자들을 정리해야 했기 때문에 다윈이 마침내 자신의 새로운 이론의 기초를 스케치하기 시작한 것은 영국으로 돌아와서 6년이 지난 1842년부터였다. 2년 후에는 230쪽이나 되는 "스케치"로 늘어났다.[10] 그런 후에 그는 아주 이상한 일을 했다. 자신의 노트들을 옆으로 제쳐두고 15년 동안 다른 일에 빠져버렸다. 그동안 그는 자식을 열 명이나 보았고, 거의 8년 동안은 따개비에 대한 책을 쓰는 데에 열중했다(그 작업을 끝내고 난 그가 "다른 어떤 사람보다도 따개비를 싫어한다"고 말했던 것은 이해가 된다[11]). 그런 후에는 이상한 병에 걸려서 만성적으로 피곤하고, 정신을 잃고, 그의 표현에 따르면 "혼란스럽게 느끼기 시작했다." 언제나 심한 메스꺼움을 느꼈고, 가슴 통증, 편두통과 피로에 시달렸으며, 눈앞에 점이 보이기도 했고, 숨이 차기도 했고, "머리가 흔들리고", 우울증에 빠지기도 했다.

병의 원인은 확실하게 밝혀지지 않았지만, 여러 가지 가능성 중에서 가장 낭만적이고 가능성이 높은 것은 샤가스 병이었다. 남아메리카의 편모충 때문에 걸렸을 수도 있던 이 열대병은 쉽게 치료할 수도 없었다. 그의 증세가 정신적인 것이라는 더 평범한 진단도 있다. 어떤 경우든지 불행한 일이었다. 그는 한 번에 20분 이상 일을 할 수가 없었고, 때로는 그 정도도 할 수가 없었다.

그는 여생의 대부분을 점점 더 절망적인 치료로 보내야만 했다. 얼음 목욕도 하고, 식초에 목욕을 하기도 했고, 몸에 소량의 전류를 흘려주는 "전기

사슬" 치료를 받기도 했다. 그는 켄트의 타운 하우스를 벗어나지 않는 은둔자가 되어버렸다. 이사를 한 후에 그가 가장 먼저 했던 일은 방문자를 미리 확인해서 필요하면 피할 수 있도록 서재 창문 밖에 거울을 세우는 것이었다.

다윈은 자신의 이론이 심한 논란을 일으킬 것이라는 사실을 알았기 때문에 아무에게도 자신의 정체를 밝히지 않았다. 그가 노트를 치워버렸던 1844년에는 학계 전체가 인간이 열등한 영장류에서 신의 도움 없이 진화했다고 주장하는 「창조의 자연사적 흔적」이라는 책 때문에 분노했다. 논란을 예상했던 저자는 자신의 정체를 조심스럽게 감추었다. 그는 40년 동안 아주 친한 친구들에게도 자신의 정체를 밝히지 않았다. 다윈이 저자일 수도 있다고 생각한 사람들도 있었다.[12] 빅토리아 여왕의 남편인 앨버트 공을 의심했던 사람들도 있었다. 그러나 그 책의 저자는 아무도 의심하지 않았던 스코틀랜드의 성공한 출판인 로버트 체임버스였다. 그가 자신을 드러내지 않았던 데에는 개인적인 이유도 있었다. 그의 회사는 성서를 가장 많이 출판하던 회사였다. 「창조의 자연사적 흔적」은 영국은 물론이고 다른 국가에서도 성직자들의 심한 저주를 받았고, 상당한 학문적 분노를 불러일으키기도 했다. 「에든버러 리뷰」는 거의 전부에 해당하는 84쪽에 걸쳐 그 책을 산산이 뜯어서 비판했다. 진화론을 추종했던 T. H. 헉슬리마저도 저자가 자신의 친구라는 사실을 모르고 그 책을 신랄하게 비판했다.†

다윈의 원고는 그가 사망할 때까지 숨겨져 있었을 수도 있었다. 그러나 1858년 초여름에 극동 지방으로부터 놀라운 소포가 전해졌다. 그 소포에는 앨프리드 러셀 월리스라는 젊은 박물학자의 호의적인 편지와 함께 비밀에 부쳐져 있던 다윈의 책과 놀라울 정도로 비슷한 자연선택 이론을 설명하는 "변종(變種)이 원종(原種)으로부터 무한히 멀어져가는 경향에 관하여"라는 논문의 원고가 들어 있었다. 몇몇 구절은 다윈의 것과 완전히 일치하기도

† 다윈은 제대로 짐작을 했던 몇 사람 중의 하나였다. 그가 어느 날 우연히 체임버스를 찾아갔을 때 「창조의 자연사적 흔적」의 6판 견본이 배달되었다. 두 사람은 그 책에 대해서 이야기를 나누지는 않았지만, 그가 개정판을 주의 깊게 살펴보았던 것이 힌트였다.

했다. "그보다 더 놀라울 정도로 일치하는 경우를 본 적이 없다." 당황했던 다윈의 기억이었다. "만약 월리스가 1842년에 쓴 내 원고를 보았다고 하더라도 그보다 더 훌륭한 초록을 만들 수는 없었을 것이다."[13)]

월리스는 일부에서 주장하는 것처럼 느닷없이 다윈의 일생에 끼어든 것이 아니었다. 두 사람은 이미 편지를 주고받는 사이였고, 월리스가 다윈이 흥미를 느낄 것이라고 생각한 표본들을 보내준 경우가 적어도 한 차례 이상 있었다. 그런 과정에서 다윈은 월리스에게 생물종의 탄생 문제는 자신의 영역이라고 믿는다는 사실을 분명하게 밝혔다. "이번 여름은 내가 종과 변종들이 서로 어떻게 다르게 되는가에 대한 의문을 처음 가졌던 시기로부터 20년(!)이 되는 때입니다."[14)] 그는 훨씬 전에 월리스에게 그런 편지를 보냈었다. "나는 지금 연구결과를 모아서 출판을 준비하고 있습니다." 그는 사실과는 달리 그렇게 덧붙였다.

어쨌든 월리스는 다윈이 말하려고 했던 것을 이해하지 못했고, 당연히 자신의 이론이 다윈이 실제로 20년 동안 진화시켜왔던 것과 거의 똑같다는 사실도 몰랐다.

다윈은 난처한 입장에 놓이게 되었다. 만약 자신의 우선권을 지키기 위해서 서둘러 출판을 하게 되면, 먼 곳에서 자신을 좋아하던 사람이 순진하게 제공한 정보를 이용했다는 비난을 받을 처지에 놓일 수도 있다. 그러나 신사처럼 옆으로 비켜나면, 자신이 독립적으로 발전시켜왔던 이론에 대한 권리를 잃어버리게 된다. 월리스 자신이 인정하듯이, 월리스의 이론은 한순간에 번뜩였던 통찰력의 결과였다. 그러나 다윈의 이론은 몇 년에 걸친 조심스럽고, 단조롭고, 체계적인 사고(思考)의 산물이었다. 다윈에게는 두 선택이 모두 참을 수 없을 정도로 부당한 것이었다.

더욱 난처했던 것은 역시 찰스라는 이름을 가진 다윈의 막내아들이 성홍열에 걸려서 심하게 앓기 시작한 것이었다. 그 아들은 상황이 매우 곤란했던 6월 28일에 사망했다. 다윈은 아픈 아들을 돌보는 동안 겨우 틈을 내서 친구인 찰스 라이엘과 조지프 후커에게 편지를 쓸 수 있었다. 그는 자신이 가만히 있겠지만, 그렇게 하면 자신의 모든 업적이 "어떤 중요성을 가지게 될 것인지에 상관없이 모두 버려질 것"이라고 불평을 털어놓았다.[15] 라이엘과 후커는 다윈과 월리스의 이론을 함께 발표하자는 중재안을 제시했다. 그들이 선택한 장소는 당시 과거의 명성을 되찾으려고 애를 쓰고 있던 린네 학회의 학술회의였다. 1858년 7월 1일에 다윈과 월리스의 이론은 세상에 그 모습을 드러냈다. 다윈 자신은 참석하지 않았다. 다윈 부부는 학술회의가 열리던 날에 막내 아들을 묻어주고 있었다.

다윈-월리스의 발표는 그 날 저녁에 발표된 7편의 논문 중의 하나였고, 그중에는 앙골라의 식물상에 대한 것도 있었다. 당시 객석에 있었던 30여 명의 청중은 19세기 과학의 절정을 목격하고 있다는 사실을 짐작조차 하지 못했다. 아무런 토론도 없었다. 다른 사람들의 관심을 끌지도 못했다. 훗날 다윈이 즐겁게 지적했듯이, 더블린의 후턴 교수 단 한 사람만이 인쇄된 두 편의 논문에 대해서 "이 논문들에서 새로 주장하는 것은 모두 틀렸고, 맞는 것은 오래 전에 알려진 것"이라고 말했을 뿐이었다.[16]

그때까지도 극동 지방에 있었던 월리스는 모든 일이 끝난 후에야 어떻게 되었는가를 알게 되었지만, 놀라울 정도로 차분했다. 그저 자신의 업적이 함께 공개된 것으로 만족했던 것 같다. 그 후에도 그는 그 이론을 "다윈주의"라고 불렀다. 다윈이 주장했던 우선권을 쉽게 받아들이지 못한 사람은 스코틀랜드의 정원사 패트릭 매슈였다.[17] 놀랍게도 그 역시 다윈이 비글 호 항해를 떠나던 바로 그해에 자연선택의 원리에 대한 생각을 하게 되었다. 불행히도 매슈는 자신의 주장을 「해군 목재 및 수목 재배」라는 잘 알려지지 않은 책에 발표했다. 다윈은 물론이고 전 세계가 그의 논문이 존재한다는 사실조차 알지 못했다. 매슈는 다윈이 실제로는 자신의 생각을 가지고 모든 곳에서 인정을 받는 모습을 보고 「정원사 신문」에 편지를 보내는 등 적극적으로 항의를 했다. 다윈은 지체 없이 사과했지만, 기록을 위해서 "「해군 목재 및 수목 재배」의 부록으로 실린 그의 주장이 얼마나 간결했던가를 생각하면, 나는 물론이고 다른 어떤 박물학자도 매슈 씨의 주장에 대해서 들어본 적이 없었던 것은 놀랄 일이 아니라고 생각한다"고 주장했다.

월리스는 그 후로도 50년 동안 박물학자로 활동하면서, 가끔씩 훌륭한 결과를 발표하기도 했지만, 심령술이나 우주의 다른 곳에 생명이 존재할 가능성과 같은 이상한 문제에 흥미를 가지면서 과학계로부터 멀어지게 되었다. 그래서 그 이론은 저절로 다윈 혼자만의 이론이 되고 말았다.

다윈은 자신의 이론 때문에 끊임없이 괴로움을 겪었다. 그는 스스로를 "악마의 전도사"라고 불렀고,[18] 그런 이론을 밝혀내는 일은 "살인을 자백하는 것과 같다"고 했다.[19] 다른 무엇보다도 자신의 이론이 신앙심이 깊은 사랑하는 아내에게 큰 고통이 된다는 사실을 알고 있었다. 그럼에도 불구하고, 그는 곧바로 자신의 원고를 책이 될 정도의 분량으로 보완하기 시작했다. 그는 자신의 책 제목을 잠정적으로 「자연선택을 통한 종과 변종의 기원에 대한 글의 초록」이라고 붙였다. 출판사의 존 머리는 밋밋하고 임시적인 제목의 책을 500권만 발간하기로 했다. 그러나 실제 원고를 본 그는 제목을 조금 매력적으로 만든 후에 1,250권의 초판을 발간하기로 마음을 바꾸었다.

「종의 기원」은 즉시 상업적 성공을 거두었지만, 그렇게 굉장하지는 않았다. 다윈의 이론에는 두 가지 해결하기 힘든 어려움이 있었다. 켈빈 경이 동의하고 싶어하는 것보다 훨씬 더 오랜 세월이 필요했고, 그런 사실은 화석으로도 증명이 되지 않았다. 사려 깊었던 다윈의 비판자들은 그의 이론이 그렇게 명백하게 요구하고 있는 과도기의 중간 형태가 어디에 있는가를 물었다. 새로운 종이 끊임없이 진화해왔다면, 화석 기록에는 엄청나게 많은 중간 형태들이 있어야만 하는데, 그런 것들은 전혀 찾을 수가 없었다.† 사실 당시에 존재하던 기록은 물론이고 그 이후로 오랫동안의 기록에서도 유명한 캄브리아 폭발 직전까지는 생명의 흔적을 찾을 수 없었다.

그런 상황에서 아무 증거도 가지고 있지 않았던 다윈은 초기의 바다에는

---

† 논란이 극에 달했던 1861년에 우연히 바이에른의 작업 인부들이 새와 공룡의 중간에 해당하는 생물인 고대 시조새의 뼈를 찾아냄으로써 그런 증거가 나타났다(날개를 가지고 있었던 그 동물은 이빨도 있었다). 그 발견은 감동적이고 큰 도움이 되었으며, 그 중요성에 대해서 많은 논란이 있었지만, 단 하나의 발견을 결정적이라고 여기기는 어려웠다.

풍부한 생물이 살았겠지만, 어떤 이유로 지금까지 보존되지 않았기 때문에 찾아내지 못하고 있을 뿐이라고 주장했다. 다윈은 다른 가능성은 전혀 없다고 주장했다. 그는 가볍게 "현재의 상황은 이해하기 어려운 것이 틀림없고, 그런 주장을 반박하려면 확실한 근거가 필요할 수도 있다"고 말했지만, 다른 가능성은 절대 인정하지 않았다.[20] 그는 자신의 주장을 합리화하기 위해서 창의적이기는 하지만 틀린 가정을 내세우기도 했다.[21] 그는 캄브리아기의 바다는 퇴적물이 쌓이지 못할 정도로 깨끗했기 때문에 화석이 보존되지 못했을 것이라고 주장하기도 했다.

다윈의 가장 가까운 친구들까지도 그의 신중하지 못한 주장에 거부감을 느꼈다. 케임브리지에서 다윈을 가르쳤고, 1831년에는 웨일스 지방의 지질 탐사 여행에 그를 데려가기도 했던 애덤 세지윅은 다윈의 책이 그에게 "즐거움보다 고통을 주었다"고 했다. 루이 아가시는 엉터리 가정이라고 여겼다. 심지어 라이엘까지도 "다윈이 너무 심했다"라고 결론을 내렸다.[22]

T. H. 헉슬리는 지질학적 시간이 엄청나게 길어야 한다는 이유 때문에 다윈의 주장을 싫어했다. 그는 진화적인 변화가 점진적으로 일어난 것이 아니라 갑자기 일어난 것이라고 믿었던 돌연변이론자였다.[23] "도약"을 뜻하는 라틴어에서 유래된 말인 도약 진화론자(saltationist)는 느린 변화를 통해서 복잡한 장기가 만들어진다는 사실을 인정할 수가 없었다. 날개의 길이가 10분의 1에 불과하고, 눈이 반쪽 크기라면 도대체 어떻게 될 것인가? 그들의 주장에 따르면, 그런 장기는 한 번에 끝나는 변화에서 나타나야만 의미가 있다.

헉슬리와 같은 진보적인 학자가 그런 믿음을 가지고 있었던 것은 놀라운 일이었다. 그런 믿음은 1802년에 영국의 신학자 윌리엄 페일리가 처음 주장했던 설계 논증(argument from design)이라는 지극히 보수적인 종교적 주장과 아주 비슷하기 때문이다. 페일리는 회중시계를 한번도 본 적이 없는 사람이라고 하더라도 땅에 떨어진 회중시계를 보면 즉시 그것이 지능을 가진 존재에 의해서 만들어진 것임을 알 수 있을 것이라고 주장했다. 그는 자연도 마찬가지라고 믿었다. 자연의 복잡성은 (창조주에 의한) 설계의 증거라는 것이다. 그런 주장은 19세기에는 설득력이 있었기 때문에 다윈도 쉽게 반박할 수가 없었다. 그는 친구에게 보낸 편지에서 "지금까지도 눈[目]의 문제는 정말 몸서리쳐진다"고 인정했다.[24) 「종의 기원」에서 그는 자연선택이 점진적인 단계를 거쳐서 그런 기관이 만들어진다는 주장이 "아무리 생각해도 터무니없는 것이라는 점을 솔직하게 인정한다"고 밝혔다.[25)

그럼에도 불구하고 다윈은 모든 변화가 점진적이었다고 주장했을 뿐만 아니라, 「종의 기원」을 개정할 때마다 진화가 진행되는 데에 필요하다고 여겨지는 시간을 점점 더 길게 늘여서 주장함으로써 그의 지지자들마저도 끊임없이 분노하게 만들었다. 그런 주장은 더욱 인기를 잃게 되었다. 과학자이며 역사학자인 제프리 슈워츠에 따르면, "결국 다윈은 거의 모든 지지자들을 잃었지만, 여전히 동료 자연사학자와 지질학자들과는 친분을 유지하고 있었다."[26)

자신의 책을 「종의 기원」이라고 부른 다윈이 실제로는 종이 어떻게 등장하게 되는가에 대해서 설명할 수 없었던 사실은 역설적이기도 하다. 다윈의 이론은 한 종이 어떻게 더 강해지거나, 더 좋아지거나 아니면 더 빨라지는가, 즉 한마디로 표현해서 어떻게 더 잘 적응하게 되는가를 설명해주었다. 그러나 어떻게 새로운 종으로 자라게 되는가에 대해서는 아무런 설명도 해주지 못한다. 스코틀랜드의 공학자 플리밍 젱킨은 그것이 다윈의 주장에서 가장 중요한 결점이라고 지적했다. 다윈은 한 세대에서 나타나는 좋은 형질은 반드시 후손 세대에게 전해져서 종을 더 강화시켜준다고 믿었다.

젱킨은 어느 한 부모의 장점은 후세에게 압도적으로 나타나는 것이 아니라, 혼합에 의해서 묽어질 뿐이라는 점을 지적했다. 위스키를 물잔에 넣으면 위스키가 더 독해지는 것이 아니라, 더 묽어진다. 묽어진 용액을 다른 물잔에 넣으면 더욱 묽어진다. 마찬가지로 어느 한 부모에게서 전해진 좋은 형질은 교배를 통해서 묽어져서 결국은 드러나지 않게 된다. 따라서 다윈의 이론은 변화를 설명해주는 것이 아니라, 균일함을 설명해주는 이론이라는 것이다. 운이 좋은 가자미가 가끔씩 생겨날 수는 있겠지만, 모든 것을 안정한 상태로 되돌리려는 일반적인 흐름 속에 곧바로 사라지게 될 것이다. 자연선택이 작용하고 있다면, 생각하지 못했던 다른 메커니즘이 필요하다는 것이다.

다윈은 물론이고 다른 사람들도 모르고 있었지만, 1,300킬로미터나 떨어진 중부 유럽의 조용한 구석에서 그레고르 멘델이라는 은퇴한 수도자가 그 해답을 찾아내고 있었다.

멘델은 1822년 오늘날 체코 공화국이 된 오스트리아 제국에 있는 오지의 평범한 가정에서 태어났다. 한때 교과서에는 그가 성실하고 예리한 시골의 수도자였고, 그의 발견은 대체로 우연에 의한 것이라고 소개되었다. 수도원의 텃밭에서 완두를 키우던 그가 우연하게 재미있는 유전의 흔적을 발견했다고 소개했다. 그러나 사실 멘델은 교육을 받은 과학자였다. 그는 올뮈츠 철학연구소와 빈 대학에서 물리학과 수학을 공부했고, 그 이후로는 하는 일마다 과학적 원리를 활용했다. 더욱이 그가 1843년부터 살았던 브르노의 수도원은 학문적으로도 뛰어난 곳이었다. 수도원에는 2만 권의 장서를 가진 도서관이 있었고, 면밀한 과학 연구 전통도 가지고 있었다.[27)]

멘델은 실험을 시작하기 전에 대조군으로 사용할 7종의 완두가 교배되는가를 확인하기 위해서 2년 동안 준비를 했다. 그런 후에 그는 전임 조수 두 사람의 도움을 받아 3만 그루의 완두를 이용해서 교배와 잡종교배를 반복했다. 실험은 매우 정교했다. 실수로 잡종교배가 되지 않도록 극도로 조심해야 했고, 성장과정에서의 모든 변이는 물론이고, 씨앗, 꼬투리, 잎, 줄기, 꽃의 모양을 꼼꼼하게 관찰해야만 했다. 멘델은 자신이 무슨 일을 하고 있는지 알고 있었다.

그는 유전자(gene)라는 말을 사용하지는 않았다. 그 말은 1913년에야 영국 의학 사전에 등장했다. 그러나 우성(dominant)과 열성(recessive)이라는 단어는 그가 만든 것이었다. 멘델이 확실하게 알아낸 사실은, 모든 씨앗에는 그가 우성과 열성이라고 불렀던 두 종류의 "인자(factor)" 또는 "요소(elemente)"가 있으며, 그런 인자들이 합쳐지면서 후손에게 전해지는 결과를 예측할 수 있다는 것이었다.

멘델은 그런 결과들을 정교한 수식으로 정리했다. 멘델이 실험을 하고, 꽃과 옥수수를 비롯한 다른 식물에 비슷한 실험을 해서 그 결과를 확인하기까지 8년이 걸렸다. 문제가 있었다면, 멘델이 너무 지나칠 정도로 과학적인 방법으로 접근을 했었다는 점이었다. 멘델이 1865년 2월과 3월에 열린 브르노 자연사학회에서 자신의 실험결과를 발표했을 때, 식물의 육종(育種)은 당시 많은 사람들이 관심을 가진 문제였음에도 불구하고, 40여 명의 청중은 점잖게 듣기는 했지만 아무런 감동도 받지 못했다.

멘델은 자신의 논문 사본을 스위스의 위대한 식물학자 카를-빌헬름 네겔리에게 보냈다. 멘델의 이론이 성공하려면 네겔리의 지원이 반드시 필요했다. 그러나 불행하게도 네겔리는 멘델이 발견한 사실의 중요성을 인식하지 못했다. 그는 멘델에게 조밥나물을 연구해보도록 추천했다. 멘델은 고분고분하게 네겔리의 제안을 받아들였지만, 조밥나물에서는 유전성을 연구하기에 적당한 특징을 찾을 수 없다는 사실을 깨달았다. 네겔리가 멘델의 논문을 꼼꼼하게 읽어보지 않았거나 아니면 전혀 읽어보지 않았던 것이 분명해졌다. 실망한 멘델은 유전에 대한 연구를 포기하고, 여생을 좋은 채소를 기르고, 벌, 쥐, 태양의 흑점 등을 연구하면서 보냈다. 결국 그는 대수도원장이 되었다.

멘델의 발견은 흔히 전해지는 것처럼 완전히 무시되지는 않았다. 그의 연구는 과학자들 사이에서 지금보다도 더 유명했던 「브리태니커 백과사전」에 실리는 영광을 차지했고, 빌헬름 올버스 포케라는 독일 과학자의 중요한 논문에 여러 차례 인용되기도 했다. 사실 멘델의 생각이 물 밑으로 완전히 가라앉지 않았기 때문에 때가 무르익자, 그렇게 쉽게 알려질 수 있었다.

당시에는 깨닫지 못했지만, 다윈과 멘델은 20세기에 시작된 생명과학의 기초를 닦아놓았던 셈이다. 다윈은 모든 생물들이 "단 하나의 공통된 선조"를 가지고 있어서 서로 연관되어 있다는 사실을 알아냈고, 멘델은 어떻게 그런 일이 가능했는가를 설명할 수 있는 메커니즘을 제시했다. 두 사람은 서로에게 큰 도움이 될 수도 있었을 것이다. 멘델은 독일어판 「종의 기원」을 읽었던 것으로 알려져 있다. 그러므로 멘델이 자신의 연구가 다윈의 주장에도 적용

될 수 있다는 사실을 깨달았던 것이 틀림없지만, 다윈에게 연락을 하려는 시도는 하지 않았다. 다윈의 경우에도, 멘델의 연구결과를 반복해서 인용한 포케의 유명한 논문을 깊이 연구했던 것으로 알려져 있지만, 그 결과를 자신의 주장과 연결시키지 못했다.[28]

모든 사람들이 다윈의 주장에 인간이 유인원의 후손이라는 내용이 포함되어 있을 것이라고 생각하고 있지만, 사실은 단 한번의 암시 이외에 그런 주장은 없었다. 그럼에도 불구하고, 다윈의 이론에서 인간의 출현에 대한 암시를 눈치채는 것은 그리 어려운 일이 아니었다. 그래서 곧바로 심각한 논란이 시작되었다.

최후의 대결은 1860년 6월 30일 토요일에 옥스퍼드에서 개최된 영국 과학진흥협회 회의에서 이루어졌다. 「창조의 자연사적 흔적」의 저자인 로버트 체임버스는 헉슬리로부터 그 모임에 참석하도록 요청을 받았다.[29] 그러나 헉슬리는 체임버스가 그렇게 이론이 분분한 문제와 어떤 관계가 있는지를 몰랐다. 역시 이번에도 다윈은 회의에 참석하지 않았다. 회의는 옥스퍼드 동물학 박물관에서 개최되었다. 1,000여 명의 청중이 몰려들었고, 100여 명은 자리가 없어서 돌아가야만 했다. 사람들은 무엇인가 중요한 일이 벌어질 것이라는 사실을 알고 있었다. 그러나 뉴욕 대학의 존 윌리엄 드레이퍼가 먼저 "다윈 씨의 견해를 참고한 유럽 지성의 발전"이라는 제목의 졸린 강연을 두 시간 동안이나 계속했다.[30]

마침내 옥스퍼드의 주교인 새뮤얼 윌버포스가 일어나서 발언을 시작했다. 윌버포스는 그 전날 자신의 집을 찾아온 극렬한 반(反)다윈주의자인 리처드 오언에게서 미리 이야기를 들었거나 그랬을 것이라고 일반적으로 알려져 있다. 격렬하게 끝난 일의 경우에 대부분 그렇듯이 실제로 무슨 일이 일어났던가에 대한 기억은 매우 다양하다. 가장 널리 알려진 이야기에 따르면, 윌버포스는 언제나 그렇듯이 주저하지 않고 비웃는 표정으로 헉슬리를 바라보면서 당신이 유인원과 맺었다는 혈연이 당신의 할아버지 쪽인지 아니면 할머니

쪽인지 물어보았다. 그런 표현은 분명히 빈정거리기 위해서였지만, 아주 냉정한 도전처럼 느껴졌다. 헉슬리 자신의 기억에 따르면, 그는 옆에 앉아 있던 사람에게 "주님께서 내 손바닥에 들어오셨군요"라고 속삭인 후에 입맛을 다시면서 일어섰다.

그러나 다른 사람들은 헉슬리가 분노에 치를 떨었다고 기억했다. 어쨌든 헉슬리는 심각한 과학 문제를 토론하는 곳에서 알지도 못하면서 쓸데없는 소리를 지껄이는 유명한 사람보다는 차라리 유인원과 혈족관계라고 주장하고 싶다고 선언했다. 그런 반격은 무례하고 수치스러울 뿐만 아니라 윌버포스의 주교직에 대한 모욕이었기 때문에 회의장은 몹시 소란스러워졌다. 브루스터 부인은 기절을 해버렸고, 25년 전에 다윈과 함께 비글 호에 동승했던 로버트 피츠로이는 성서를 높이 받쳐들고 "성경, 성경"이라고 외치면서 회의장을 맴돌았다(그는 새로 만들어진 기상학과의 책임자 신분으로 폭풍에 대한 논문을 발표하기 위해서 그 회의에 참석했었다). 흥미롭게도, 일이 끝난 후에는 양편이 모두 상대방을 이겼다고 주장했다.

다윈은 1871년에 발간된 「인간의 유래」에서 인간과 유인원의 관계에 대한 자신의 믿음을 분명하게 밝혔다. 당시의 화석 기록에는 그런 주장을 뒷받침할 아무런 근거가 없었기 때문에 그런 결론은 대담한 것이었다. 당시에 알려져 있었던 가장 오래된 초기 인류의 유골은 독일에서 발견된 유명한 네안데르탈인과 알 수 없는 턱뼈 조각 몇 개뿐이었고, 대부분의 권위자들은 그것조차도 믿지 않았다. 「인간의 유래」는 더욱 논란이 될 수 있는 책이었지만, 그 책이 발간되었을 때는 이미 사람들이 그렇게 흥분하지도 않았기 때문에 문제가 커지지는 않았다.

그러나 다윈은 말년의 대부분을 자연선택의 문제와는 별로 관련되지 않은 다른 문제들을 연구하면서 보냈다. 그는 놀랄 정도로 오랫동안 대륙 간에 씨앗이 어떻게 퍼져나갔는가를 알아내려고 새들의 배설물에 들어 있는 내용물을 분석했고, 지렁이의 거동을 연구하는 데에 몇 년을 보내기도 했다. 지렁이에게 피아노를 연주해주는 실험도 했다.[31] 지렁이를 즐겁게 해주기 위해서가 아니라 소리와 진동이 지렁이에게 어떤 영향을 주는가를 알아내기 위해서였다. 그는 지렁이가 토양을 비옥하게 만드는 데에 얼마나 중요한 역할을 하는가를 처음 알아낸 사람이었다. 실제로는 「종의 기원」보다 더 유명했던 그의 걸작 「지렁이의 활동에 의한 식물재배 토양의 형성」(1881)에서 그는 "세계 역사에 이보다 더 중요한 역할을 했던 생물이 또 있는가 의심스럽다"고 했다.

다윈이 쓴 다른 책으로는 「곤충에 의해 수정되는 영국과 외국 난(蘭)의 여러 가지 고안에 관하여」(1862)와 발간 첫날에 5,300부가 팔렸던 「인간과 동물의 감정 표현」(1872), 멘델의 연구와 아주 비슷하지만 결과는 멘델의 것에 훨씬 미치지 못했던 「식물계에서 타가 수정과 자가 수정의 효과」(1876), 그리고 그의 마지막 책인 「식물의 원동력」이 있다. 결국 그는 개인적인 흥밋거리였던 육종의 결과를 연구하는 데에 상당한 노력을 기울였다. 사촌과 결혼한 다윈은 가계(家系)의 다양성 부족으로 아이들에게서 육체적이나 정신적 결함이 나타날 수도 있다는 사실 때문에 걱정을 했다.[32)]

다윈은 일생 동안 여러 차례 영예를 얻었지만, 「종의 기원」이나 「인간의 유래」로 상을 받은 적은 없었다.[33)] 왕립학회가 그에게 영예로운 코플리 메달을 수여했던 것은 진화론 때문이 아니라 지질학, 동물학, 식물학에 대한 기여 때문이었다. 린네 학회도 역시 다윈의 극단적인 주장 이외의 공로를 인정해 주는 것으로 만족했다. 그는 작위를 받은 적은 없지만, 웨스트민스터 사원의 뉴턴 옆자리에 매장되었다. 그는 1882년 4월에 다운에서 사망했고, 멘델은 2년 뒤에 사망했다.

다윈의 이론이 널리 인정을 받게 된 것은 멘델을 비롯한 여러 사람들의 이론이 합쳐진 조금은 거만스럽게 보이는 현대 종합(Modern Synthesis) 이론이라는 개선된 이론이 등장한 1930년대와 1940년대에 이르러서였다.[34)] 멘델의 경우에는 더 빠르기는 했지만, 역시 그가 사망한 이후에 인정을 받게 되었다. 1900년에 유럽에서 서로 독립적으로 일을 하고 있던 과학자 세 사람이 거의 동시에 멘델의 결과를 재발견했다. 그러나 휘호 더 프리스라는 네덜란드 사람이 멘델의 결과를 마치 자기 자신의 것인 양 주장했고, 그 이야기를 들은 경쟁자가 사실 그것이 잊혀진 수도자의 업적이라고 큰소리로 주장한 덕분에 멘델의 업적으로 인정이 되었다.[35]

이제 세상은 우리가 어떻게 이곳에 오게 되었고, 우리가 서로를 어떻게 만들게 되었는가를 이해할 준비를 마쳤지만, 완전하지는 않았다. 20세기가 시작되고 몇 년이 지날 때까지도, 세계에서 가장 권위 있던 과학자들마저 아기가 어떻게 탄생하는지를 설명할 수 없었다는 사실은 정말 놀라운 일이다.

그런데 그들이 바로 과학은 거의 완성 단계에 도달했다고 믿었던 사람들이었음을 기억할 필요가 있다.

제26장

생명의 물질

당신의 부모님이 초(秒)와 심지어 나노(10^{-9})초까지 정확했던 바로 그 순간에 결합하지 않았더라면, 당신은 지금 이곳에 있을 수 없었을 것이다. 그리고 부모님들의 부모님들이 정확하게 시각을 맞추어 결합하지 않았더라면, 역시 당신은 지금 이곳에 있을 수 없었을 것이다. 그리고 그들의 부모와, 다시 그 이전의 부모들이……결합하지 않았더라면, 당신은 이곳에 없었을 것이다.

시간을 거슬러올라가면, 조상에 대한 빚은 빠르게 쌓여가게 된다. 8대 정도를 거슬러올라가서 찰스 다윈과 에이브러햄 링컨이 태어난 시절로 되돌아가면, 당신의 존재를 결정한 사람들의 결합에 참여한 선조의 수는 250명이 넘는다. 셰익스피어와 메이플라워 호에 오른 청교도의 시대로 거슬러올라가면, 당신의 몸속에 가지고 있는 유전 정보를 전해준 선조의 수는 16,384명에 이른다.

20대를 올라가면, 당신의 출생에 기여한 사람의 수는 1,048,576명이 된다. 그보다 5세대를 더 올라가면 무려 33,554,432명의 남자와 여자가 헌신적으로 결합한 덕분에 당신이 존재하게 되었다. 30대 전으로 올라가면, 당신 선조의 총수는 10억 명을 넘는, 1,073,741,824명이나 된다. 이들은 모두가 사촌이나 삼촌이 아니라 별 수 없이 당신의 직계 선조들이다. 로마인들이 살던 64대 전으로 거슬러올라가면, 당신의 존재를 결정하는 데에 참여한 사람의 수는 지금까지 지구에 살았던 모든 사람들의 수를 합친 것보다 수천 배가 넘는 10^{18} 명이나 된다.

우리 산수에 무슨 문제가 있는 것이 분명하다. 그러나 그 해답은 당신의 가계(家系)가 순수하지 않다는 것이다. 약간의 근친상간이 없었더라면 당신은 지금 이곳에 있을 수가 없었다. 사실 유전적으로는 상당히 떨어져 있었지만 그런 일은 상당히 많았다. 당신의 선조가 수백만 명에 이른다면, 외가의 선조 중에 누군가가 친가의 선조 중에 누군가와 함께 자손을 얻었을 가능성은 매우 높다. 사실 지금 현재, 같은 민족이나 국가에 속하는 사람과 사귀고 있다면, 두 사람이 어느 정도 인척관계에 있을 가능성은 매우 높다. 사실 버스나 공원이나 카페나 또는 사람이 많은 곳을 둘러보면, 대부분의 사람들은 아마도 친척일 가능성이 높다. 누군가가 자신이 정복왕 윌리엄이나 메이플라워 호의 청교도의 후손이라고 자랑하면, 당신은 즉시 "나도 그렇다!"라고 대답해야 한다. 글자 그대로 우리 모두는 가족인 셈이다.

또한 우리는 신비스러울 정도로 닮았다. 사람들의 유전자를 비교해보면 99.9퍼센트는 똑같다. 우리가 같은 종에 속하는 것도 그런 이유 때문이다. 영국의 유전학자로 최근에 노벨상을 받은 존 설스턴의 표현처럼 "대략 1,000개의 염기(뉴클레오타이드) 중의 하나"에 해당하는 나머지 0.1퍼센트의 작은 차이가 우리에게 개성을 부여해준다.[1] 대부분은 최근 몇 년 사이에 밝혀진 인간 유전체*에 대한 지식으로 알게 된 것이다. 사실 "바로 그" 인간 유전체는 존재하지 않는다. 모든 인간 유전체는 서로 다르다. 만약 그렇지 않았다면, 우리는 모두 똑같았을 것이다. 거의 같기도 하면서, 그렇다고 완전히 똑같지는 않은 유전체의 무한히 많은 재조합이 우리에게 개성을 부여하기도 하지만, 우리를 같은 종으로 만들어주기도 한다.

그런데 우리가 유전체라고 부르는 것은 도대체 무엇인가? 그보다도 도대체 유전자라는 것은 무엇인가? 다시 세포에서 시작해보기로 하자. 세포 속에는 핵이 있고, 각각의 핵 속에는 모두 46개의 복잡한 덩어리로 되어 있는 염색체가 있다. 그중에서 23개는 어머니에게서 받은 것이고, 나머지 23개는 아버지에게서 받은 것이다. 거의 예외 없이, 당신의 몸에 있는 99.999퍼센트

* 생물의 유전 정보 전체를 가리키는 말로 "게놈(genom)"이라고도 한다.

에 이르는 거의 모든 세포들은 같은 짝의 염색체를 가지고 있다(여러 가지 조직적인 이유로 완전한 유전 정보를 가지고 있지 않은 적혈구 세포, 일부 면역 세포, 난자와 정자 세포 등이 예외이다[2]). 염색체는 당신을 만들고 유지시키는 데에 꼭 필요한 완전한 지시사항을 가지고 있으며, 데옥시리보핵산 또는 DNA라고 부르는 실 모양으로 생긴 작고 신기한 화합물로 되어 있다. DNA는 "지구상에서 가장 놀라운 분자"로 알려져 있다.

DNA는 DNA를 만든다는 단 한 가지 이유 때문에 존재하며, 우리 몸속에는 엄청나게 많은 DNA가 들어 있다. 거의 모든 세포에 대략 1.8미터에 이르는 DNA가 들어 있다. 각각의 DNA는 32억 개의 암호로 되어 있어서, 크리스티앙 드 뒤브의 말에 따르면 "모든 가능성을 고려하면 유일한 유전 정보가 될 수 있도록 하는" $10^{3,480,000,000}$가지의 조합이 가능하다.[3] 1 다음에 30억 개가 넘는 0이 붙는 엄청나게 많은 가능성이다. 드 뒤브에 따르면, "단순히 그 숫자를 인쇄하기만 해도 보통 크기의 책 5,000권 이상이 필요하다." 거울을 보면서, 몸속에 1만조 개의 세포가 들어 있고, 거의 모든 세포에 거의 1.8미터에 이르는 DNA가 단단하게 뭉쳐져서 들어 있다는 사실을 생각해보면, 몸속에 들어 있는 DNA가 도대체 얼마나 되는가를 이해하게 될 것이다. 만약 몸속에 들어 있는 모든 DNA를 한 줄로 잇는다면, 그 길이는 지구와 달을 한두 번 왕복할 정도가 아니라 수없이 왕복할 수 있을 정도가 된다.[4] 어떤 계산에 따르면, 몸속에 들어 있는 DNA를 모두 합치면 그 길이가 2,000만 킬로미터나 된다고 한다.[5]

간단히 말해서 당신의 몸은 DNA를 만들기를 무척 좋아하고, 그것이 없으면 당신은 살아갈 수 없다. 그럼에도 불구하고, DNA 자체는 살아 있는 것이 아니다. 모든 분자가 마찬가지이지만, 특히 DNA는 특별히 생명이 없다. 유전학자 리처드 르원틴의 말에 따르면, 그것은 "생명의 세계에서 가장 반응성이 낮고, 화학적으로 비활성인 분자이다."[6] 살인 사건 수사에서 오래 전에 말라버린 혈액이나 정액에서 DNA를 채취할 수 있고, 고대 네안데르탈인의 뼈에서 DNA를 우려낼 수 있는 것도 바로 그런 이유 때문이다. 또한 바로 그런 사실이 신비스러울 정도로 볼품없는, 다시 말해서 생명이 없는 물질이 생명 자체의 핵심적인 위치에 있다는 사실을 밝혀내기까지 그렇게 오랜 세월이 걸린 이유이기도 하다.

사실 DNA는 흔히 생각하는 것보다 훨씬 오래 전부터 알려져 있었다. DNA는 독일 튀빙겐 대학에서 일하던 스위스의 과학자 요한 프리드리히 미셰르에 의해서 1869년에 처음 발견되었다.[7] 외과 수술용 붕대에 묻어 있던 고름을 현미경으로 들여다보던 미셰르는 처음 보는 물질을 발견하고, 그것이 세포의 핵 속에 있다고 해서 뉴클레인(nuclein)이라고 불렀다. 당시의 미셰르는 그 존재를 확인하는 것 이상의 일은 하지 않았지만, 23년 후에 그의 아저씨에게 보낸 편지에서 그런 분자들이 유전과 관계가 있을 수도 있다는 이야기를 한 것으로 보아 뉴클레인이라는 물질에 대해서 깊은 인상을 가지고 있었던 것은 분명하다. 그런 생각은 놀라운 것이었지만, 당시 사람들은 시대를 너무 앞선 그의 주장에 흥미를 가지지 않았다.

그로부터 반세기 동안 사람들은 오늘날 데옥시리보핵산 또는 DNA라고 부르는 물질이 기껏해야 유전 문제에서 보조적인 역할을 한다고 생각했다. 그 물질은 너무 단순했다. 뉴클레오타이드(유기염기)라고 부르는 기본 성분이 네 종류뿐이기 때문에 마치 알파벳이 네 글자뿐인 경우와 같았다. 그렇게 단순한 알파벳으로 어떻게 생명의 이야기를 쓸 수가 있겠는가? (물론 그 해답은 단음과 장음을 이용해서 복잡한 정보를 전달하는 모스 부호에서처럼 그것들을 결합시키는 것이다.) 누가 보아도 DNA는 아무 일을 하지 않는다.[8] 그저 핵 속에 들어앉아서 염색체들을 어떤 식으로든지 결합시키거나, 어떤 명령을 활성화시키거나 아니면 아무도 알아내지 못한 어떤 사소한 일을 하고 있을 것이다. 유전에 필요한 복잡성은 핵 속에 들어 있는 단백질과 관련이 있을 것이라고 생각했다.[9]

그러나 DNA를 소홀히 여기는 데에는 두 가지 문제가 있었다. 첫째, 너무 양이 많았다. 거의 모든 세포에 1.8미터씩이나 들어 있는 것을 보면 세포가 그것을 매우 중요하게 여기고 있는 것이 확실했다. 더욱이 살인 사건의 용의자처럼 실험을 할 때마다 끊임없이 등장했다. 특히 폐렴 구균류를 이용한 실험과 박테리아를 감염시키는 바이러스인 박테리오파지에 관한 실험에서 DNA가 사람들이 생각했던 것보다는 훨씬 더 핵심적인 역할을 할 것이라는 사실이 밝혀지기 시작했다. DNA가 어떤 식으로든지 생명에게 필수적인 과정인 단백질 생성에 관여한다는 증거가 얻어졌다. 그러나 단백질이 그 생성을 지휘하는 DNA에서 멀리 떨어져 있는 핵의 바깥 부분에서 만들어지고 있다는 사실도 명백하게 밝혀졌다.

아무도 DNA가 어떻게 단백질에게 정보를 제공하는가를 이해할 수가 없었다. 우리는 지금 리보핵산, 즉 RNA가 둘 사이의 통역사 역할을 하기 때문이라고 알고 있다. DNA와 단백질이 서로 같은 언어를 사용하지 않는다는 것은 생물학에서 정말 이상한 일이다. 거의 40억 년 동안 단백질과 DNA는 생물계의 위대한 두 주역이었지만, 서로 이해할 수 없는 암호를 이용하고 있었다. 마치 한 사람은 스페인어를 사용하고, 상대방은 힌디어를 사용하는 것과 같다. 서로 의사소통을 하려면 RNA라는 중재자가 필요하다. RNA는 리보솜이라고 부르는 일종의 화학 서기(書記)의 도움을 받아 세포의 DNA에서 전달되는 정보를 단백질이 이해하고, 그에 따라 행동할 수 있는 형식으로 전환시켜준다.

그러나 우리 이야기를 다시 이어가게 된 1900년대 초까지만 하더라도, 그런 정보는 물론이고 혼란스러운 유전과 관련된 어떤 것도 이해하지 못하고 있었다.

통찰력을 가진 똑똑한 과학자의 실험이 필요했고, 세상은 그런 실험을 할 수 있을 정도로 부지런하고 능력 있는 젊은이를 맞이할 준비를 하고 있었다. 그의 이름은 토머스 헌트 모건이었다. 그는 멘델의 실험을 재발견하고 4년이 지났지만, 유전자라는 말이 탄생하기 10년 전이었던 1904년에 염색체를 이용한 놀라운 일을 하기 시작했다.

염색체는 1888년에 우연히 발견되었고, 염색을 시키기 쉬웠기 때문에 그런 이름이 붙여졌다. 염색을 하고 나면 현미경으로 쉽게 볼 수 있었다. 20세기가 시작될 즈음에는 염색체가 유전 정보의 전달에 관여하는 것이 확실한 것처럼 보였다. 그러나 과연 어떤 방법으로 관여하고 있는지도 알 수 없었고, 정말 그런지에 대해서도 알고 있는 사람이 아무도 없었다.

모건은 드로소필라 멜라노가스테르라는 학명을 가진 작고 정교한 초파리를 연구 주제로 선택했다. 그 파리는 과일 파리(식초 파리, 바나나 파리 또는 쓰레기 파리)로 더 널리 알려져 있다. 초파리는 음료에 빠지려는 강박관념을 가진 듯이 보이는 연약한 무색의 곤충으로 우리에게 익히 알려져 있다. 과일 파리는 실험용으로 쓰기에 아주 매력적인 특징을 가지고 있다. 키우는 데에 거의 비용이 들지 않고, 우유 병 속에서 수백만 마리를 키울 수 있으며, 알에서 깨어나서 번식이 가능한 성충이 되기까지 열흘 정도면 되고, 네 개의 염색체만 가지고 있기 때문에 유전의 문제가 매우 단순하다.

뉴욕에 있는 컬럼비아 대학의 셔머혼 홀의 (어쩔 수 없이 "파리방"으로 알려지게 된) 작은 실험실에서 모건을 비롯한 과학자들이 수백만 마리의 파리들을 신중하게 교배와 잡종교배를 시키는 작업에 착수했다[10](어떤 사람들은 수십억 마리였다고 하기도 하지만, 그것은 아마도 과장된 표현일 것이다). 파리를 한 마리씩 족집게로 잡은 후에 보석 판매상들이 쓰는 확대경을 이용해서 유전에 따른 작은 변이들을 살펴보았다. 그들은 6년 동안 파리에게 돌연변이를 일으키려고 방사선이나 X선을 쪼이기도 하고, 밝은 불 밑이나 깜깜한 곳에서 키우기도 했고, 오븐에 넣고 서서히 열을 가해보기도 하고, 원심분리기에 넣어서 미친 듯이 회전을 시키기도 했다. 그러나 어떤 방법도 쓸모가 없었다. 모건이 거의 포기하려고 할 때, 갑자기 반복적인 돌연변이가 일어났다. 보통의 붉은 눈 대신에 흰 눈을 가진 파리가 생겨난 것이다. 모건과 동료들은 그런 파리를 이용해서 후손에게 전해지는 유전을 추적할 수 있는 유용한 기형을 만들 수 있었다. 그들은 그런 방법으로 특별한 특징과 각각의 염색체 사이의 상호 관계를 파악할 수 있었고, 결국은 염색체가 유전의 핵심이라는 사실을 거의 모든 사람들이 만족할 수 있을 정도로 확실하게 증명하게 되었다.

그러나 수수께끼 같은 유전자와 그것을 구성하는 DNA에 관한 생물학적인 복잡함은 여전히 문제로 남아 있었다. 유전자를 분리해서 이해하는 일은 훨씬 더 까다로웠다. 모건이 자신의 업적으로 노벨상을 수상한 1933년까지도 많은 사람들은 유전자가 존재한다는 사실을 확신할 수 없었다. 당시 모건이 지적한 것처럼, "유전자가 무엇이고, 과연 그것이 실존하는 것인지 아니면 완전히 가상적인 것인지에 대해서" 합의하지 못하고 있었다.[11] 과학자들이 세포 활동의 기본이 되는 물리적 실체를 쉽게 받아들이지 못했다는 사실은 놀라운 일이다. 그러나 윌리스, 킹, 샌더스가 쓴 (아주 드물게도 읽을 수 있는 대학 교재인) 「생물학 : 생명의 과학」에서 지적했듯이, 오늘날 우리는 사고(思考)와 기억과 같은 정신적 과정에 대해서 거의 같은 입장에 있다.[12] 물론 우리는 그런 능력을 가지고 있다는 사실을 잘 알고 있지만, 그런 것들이 물리적으로 어떤 형태를 가지고 있는가를 모르고 있다. 유전자에게는 최악의 고비였다. 모건의 동료들에게 초파리의 몸에서 유전자를 꺼내서 연구를 할 수 있다는 생각은, 오늘날 과학자들에게 흩어진 생각을 잡아 모아서 현미경으로 살펴보려는 것처럼 우스꽝스러운 것이었다.

확실한 사실은 염색체와 관련된 무엇인가가 세포의 복제를 지휘하고 있다는 것이었다. 맨해튼의 록펠러 의학 연구소에서 오즈월드 에이버리라는 총명하지만 소극적인 캐나다 사람이 이끄는 연구진은 15년에 걸친 연구의 결과로 1944년에 마침내 엄청나게 교묘한 실험에 성공을 했다. 그들은 전염성이 없는 균주에 외래의 DNA를 삽입시켜서 항구적인 전염성을 가지도록 만듦으로써, DNA가 단순히 수동적인 역할을 담당하는 분자가 아니라 유전의 능동적인 일부임을 증명했다. 오스트리아 태생의 생화학자 에르빈 샤가프는 훗날 에이버리의 발견은 두 개의 노벨상 감이라고 심각하게 제안하기도 했다.[13]

불행하게도 에이버리는 같은 연구소의 고집 세고 고약한 단백질광이었던 앨프리드 머스키의 반대에 부딪혔다. 그는 에이버리의 업적을 깎아내리기 위해서라면 무슨 일이든지 마다하지 않았다. 심지어 스톡홀름의 카롤린스카 연구소의 사람들을 대상으로 에이버리에게 노벨상을 주지 말아야 한다고 로비를 하기도 했다.[14] 이때 에이버리는 66세로 은퇴한 상태였다. 당시의 긴장과 논쟁을 이겨내지 못했던 에이버리는 사직을 하고 다시는 실험실 근처에도 가지 않았다. 그러나 그의 결론은 다른 곳에서의 여러 실험으로 증명되었고, 곧바로 DNA의 구조를 밝히기 위한 경쟁이 시작되었다.

만약 당신이 1950년대에 내기를 했더라면, DNA의 구조를 밝혀낼 사람으로는 미국의 선구적인 화학자인 칼텍의 라이너스 폴링에게 돈을 걸었을 것이다. 분자의 구조를 결정하는 데에서는 필적할 상대가 없었던 폴링은 DNA의 핵심을 들여다볼 수 있는 핵심적인 기술인 X선 결정학 분야의 선구자였다. 1954년의 노벨 화학상과 1962년의 노벨 평화상을 받음으로써 지나칠 정도로 영예로운 일생을 보낸 폴링이었지만, DNA의 경우에는 이중 나선이 아니라 삼중 나선일 것으로 확신함으로써 바른 길에 들어서보지도 못했다. 그 대신 승리의 영광은 영국의 과학자 네 명에게 돌아갔다. 그들은 함께 일하지도 않았고, 서로 이야기를 나누는 사이도 아니었으며, 모두가 그 분야의 초보자들이었다.

네 사람 중에서 보통의 의미로 과학자에 가장 가까운 사람은 제2차 세계대전의 대부분을 원자탄 개발에 몰두했던 모리스 윌킨스였다. 나머지 두 사람은 전쟁 중에 영국 정부를 위해서 지뢰를 연구한 로절린드 프랭클린과 프랜시스 크릭이었다. 크릭은 폭발형 지뢰를 연구했고, 프랭클린은 석탄 채굴에 쓰는 지뢰를 개발했다.

그중에서도 가장 독특한 사람은 천재였던 미국인 제임스 왓슨이었다. 어렸을 때 그는 "어린이 퀴즈"라는 꽤 유명한 라디오 프로그램의 회원이었고(그래서 그는 J. D. 샐린저의 「프래니와 주이」를 비롯한 여러 작품에 나오는 글래스 가문의 일원과 같은 영감을 가지고 있었다고 볼 수도 있다), 15세에 시카고 대학에 입학했다.[15] 22세에 박사학위를 취득한 그는, 당시에 유명한 케임브리지의 캐번디시 연구실에서 연구를 하고 있었다. 머리털이 사진틀 바

끝에 있는 강력한 자석에 의해서 솟아오른 것처럼 보이는 그의 유명한 사진은 그가 수줍음을 타던 23세의 젊은이였던 1951년에 찍은 것이었다.

왓슨보다 열두 살이나 더 많았지만 박사학위가 없었던 크릭은 머리숱이 그렇게 많지도 않았고, 조금 더 수수한 편이었다. 그러나 왓슨의 회고에 따르면, 그는 뽐내기를 좋아하고, 시끄럽고, 논쟁을 좋아하고, 생각이 다른 사람에게는 참을성이 없고, 언제나 따돌림을 당하는 그런 사람이었다. 그는 생화학 교육을 제대로 받지도 않았다.

그들은 DNA 분자의 모양을 알아내면 그 분자가 어떻게 작동하는가를 알 수 있을 것이라고 짐작했다. 그들의 그런 생각은 옳은 것이었다. 그들은 가만히 앉아서 생각하는 것만으로도 목적을 달성할 수 있다고 믿었던 모양이었다. 실제로 그 이상은 필요하지도 않았다. 왓슨은 자서전인 「이중 나선」에서 "나는 화학을 전혀 배우지 않고도 유전자의 비밀을 밝혀낼 수 있기를 바랐다"라고 약간은 정직하지 못하게 회고했다.[16] 실제로 그들의 임무는 DNA를 연구하는 것이 아니었고, 그 일을 중단하라는 지시를 받은 적도 있었다. 겉으로는 왓슨이 결정학을 배우는 중이었고, 크릭은 거대 분자의 X선 회절(回折)에 대한 학위 논문을 완성하는 중이었다.

일반에게는 DNA의 신비를 밝혀낸 것이 크릭과 왓슨의 업적이라고 알려져 있지만, 그들의 성공은 사실 그들의 경쟁자들이 했던 핵심적인 실험의 결과였다. 역사학자 리사 자딘의 표현에 따르면, 그 실험의 성공은 "행운"이었다.[17] 적어도 초기에는 런던 킹스 칼리지의 학자인 윌킨스와 프랭클린이 훨씬 앞서 있었다.

뉴질랜드 출생의 윌킨스는 거의 눈에 띄지 않을 정도로 소극적인 사람이었다. 그는 크릭과 왓슨과 함께 1962년에 노벨상을 공동 수상했음에도 불구하고, DNA의 구조 발견에 대한 1998년의 PBS 다큐멘터리에서 그의 존재는 완전히 무시되었다.

그중에서도 가장 수수께끼 같았던 사람은 프랭클린이었다. 「이중 나선」에서 왓슨은 프랭클린이 불합리하고, 비밀주의적이고, 전혀 협력을 할 줄 모르고, 특히 괴팍스러울 정도로 여자답지 못했다고 아주 솔직하게 털어놓았다.[18] 왓슨에게는 그녀가 여자답지 못했던 것이 특히 마음에 들지 않았던 모양이었다. 그에 따르면 “그녀는 전혀 매력적이지 않았고, 옷에 대해서 조금이라도 관심을 가지고 있다면 정말 놀랄 일이었다.” 그녀는 실제로 그랬다. 그는 그녀가 립스틱도 사용하지 않는 것을 신기하게 여겼고, 그녀의 옷차림은 “푸른 양말을 신은 영국 청소년 수준”이었다고 혹평을 했다.†

그러나 그녀는 라이너스 폴링이 완성한 X선 결정학 방법을 이용해서 DNA 구조에 대한 가장 훌륭한 이미지를 가지고 있었다. 그 방법은 결정을 구성하고 있는 원자들의 위치를 알아내는 성공적인 방법이기 때문에 “결정학(結晶學, Crystallography)”이라고 불렸다. 그러나 DNA 분자는 너무 까다로운 대상이었다. 프랭클린만이 괜찮은 결과를 얻을 수 있었지만, 그녀는 자신의 결과를 아무에게도 보여주지 않아서 윌킨스를 끊임없이 피곤하게 만들었다.

프랭클린이 자신의 결과를 기꺼이 보여주지 않았던 것은 그녀만의 탓이 아니었다. 1950년대에 킹스 칼리지의 여성 학자들은 오늘날의 입장으로는(사실은 어떤 입장에서 보더라도) 경악할 정도로 공개적인 멸시를 받고 있었다. 나이나 업적에 상관없이 대학의 교수 휴게실에 출입할 수 없었던 그들은 왓슨조차도 “때에 절은 감옥” 같다고 했던 방에서 식사를 해야 했다. 더욱이 그녀는 조금도 존경할 수 없는 선임자 세 사람으로부터 끊임없이 연구 업적의 공로를 함께 나누어야 한다는 압력을 받고 있었고, 심지어는 괴롭힘을 당하기도 했다. 훗날 크릭은 “우리는 그녀를 얕잡아보는 일에 익숙해져 있었던 것이 사실”이라고 회고했다. 세 사람 중에서 두 사람은 서로 경쟁하던 연구소 소속이었고, 나머지 한 사람도 공개적으로 그들의 편을 들었다. 그런 상황에서 그녀가 자신의 결과를 감추어두었던 것은 조금도 놀라운 일이 아니었다.

---

† 1968년에 크릭과 왓슨이 자신들의 「이중 나선」에 대해서 과학사학자 리사 자딘이 “불필요하게 상처를 준다”고 묘사한 것에 항의하자 하버드 대학 출판부는 그 책의 출판을 취소했다. 여기에 인용한 구절은 왓슨이 자신의 표현을 누그러트린 것이다.

윌킨스와 프랭클린이 서로 잘 지내지 못했던 덕분에 왓슨과 크릭은 득을 볼 수 있었다. 윌킨스는 크릭과 왓슨이 자신의 연구영역을 마구 드나들었음에도 불구하고 점차 그들의 편을 들어주게 되었다. 프랭클린이 정말 이상하게 행동하기 시작했기 때문에 어쩌면 당연한 결과였다. 프랭클린의 결과에 따르면 DNA가 분명히 나선 구조를 가지고 있었지만, 그녀는 그렇지 않다고 고집을 부렸다. 1952년 여름에 그녀는 킹스 칼리지의 물리학과에 엉터리 게시물을 붙여놓아서 윌킨스를 화나고 부끄럽게 만들었다. "매우 유감스럽게도 D.N.A. 나선이 1952년 7월 18일 금요일에 사망했음을 알려드립니다…… M. H. F. 윌킨스 박사님께서 고(故) 나선에 대한 추모사를 발표하실 예정입니다."[19]

결국 그런 모든 일 때문에 윌킨스는 1953년 1월 왓슨에게 "그녀에게 알리거나 동의를 받지도 않고" 프랭클린의 이미지를 보여주게 되었다.[20] 그것을 단순히 상당한 도움이었다고 표현하는 것은 충분하지 못하다. 몇 년 후에 왓슨은 그 정보가 "핵심적인 것이었고……우리를 감동시켰다"고 인정했다.[21] DNA 분자의 기본 모양과 그 크기에 대한 몇 가지 중요한 정보를 확보한 왓슨과 크릭은 더욱 열심히 노력했다. 모든 것이 그들의 뜻대로 이루어지고 있었다. 한편 폴링은 영국에서 개최된 학술회의에 참석할 예정이었다. 만약 그랬더라면 그곳에서 폴링은 윌킨스를 만날 수 있었을 것이고, 자신이 잘못 가고 있다는 사실을 깨닫기에 충분한 정보를 얻을 수도 있었을 것이다. 그러나 당시는 매카시 시절이었고, 폴링은 외국 여행을 허가받기에 너무 진보적인 사상을 가지고 있다는 이유로 여권을 압류당한 채 뉴욕의 아이들와일드 공항에 억류되었다. 더욱이 크릭과 왓슨은 더 유리한 입장에 있었다. 캐번디시에서 일하고 있던 폴링의 아들이 그들에게 아무 생각 없이 아버지의 연구의 새로운 결과와 문제점들을 알려주고 있었다.

언제든지 다른 사람들에게 우선권을 빼앗길 가능성이 있다고 믿었던 왓슨과 크릭은 더욱 열심히 애를 썼다. DNA가 아데닌(adenine, A), 구아닌(guanine, G), 사이토신(cytosine, C), 티민(thymine, T)의 네 가지 유기염기를 가지고 있고, 그들이 특별한 방법으로 짝을 짓는다는 사실은 이미 알려져 있었다.

왓슨과 크릭은 분자 모양으로 잘라낸 판지 조각을 이용해서 그것들이 어떻게 맞추어지는가를 알아낼 수 있었다. 그들은 금속판들을 볼트로 연결해서 나선 모양으로 만든, 현대 과학에서 가장 유명한 메카노 식의 모형*을 제작해서 윌킨스와 프랭클린을 비롯한 세상의 모든 사람들에게 보여주었다. 어느 정도의 지식을 가진 사람이라면 그들이 문제를 해결했다는 사실을 곧바로 알아차릴 수 있었다. 그들이 프랭클린의 사진에서 정말 도움을 받았거나 말거나에 상관없이 그들의 업적은 훌륭한 탐정 업무의 결과였음은 틀림이 없었다.

1953년 4월 25일에 발간된 「네이처」에는 "데옥시리보 핵산의 구조"라는 제목으로 왓슨과 크릭이 쓴 900단어의 짧은 논문이 실렸다.[22] 윌킨스와 프랭클린의 다른 논문도 함께 실렸다. 이때는 세계적으로 다사다난했던 때였다. 에드먼드 힐러리가 에베레스트 정상을 정복하기 직전이었고, 엘리자베스 2세가 영국 여왕으로 등극하기 직전이었다. 그래서 생명의 비밀을 알아낸 업적은 크게 알려지지 않았다. 「뉴스 크로니클」에 작은 기사로 실렸고, 다른 곳에서는 무시되었다.[23]

로절린드 프랭클린은 노벨상을 받지 못했다. 그녀는 노벨상이 주어지기 4년 전인 1958년에 37세의 젊은 나이에 난소암으로 사망했다. 노벨상은 사망한 사람에게는 주어지지 않는다. 그녀가 암에 걸린 것은 분명히 연구 도중에 과도하게 노출되었던 X선 때문이었을 것이다. 2002년에 발간되어서 좋은 반응을 얻은 브렌다 매덕스의 프랭클린 전기에 따르면, 그녀는 납으로 만든 보호복을 입지도 않았고, X선이 쪼이는 곳으로 아무 생각 없이 걸어다니기도 했다.[24] 오즈월드 에이버리도 역시 노벨상을 받지 못했고, 자신의 발견이 인정받는 것을 보기는 했지만 후세에는 거의 잊혀졌다. 그는 1955년에 사망했다.

왓슨과 크릭의 발견은 실제로 1980년대까지는 확인되지 못했다. 크릭이 자

* 1901년 영국 리버풀의 프랑크 혼비가 특허를 얻은 조립식 장난감으로, 구멍이 뚫린 여러 모양의 금속판을 볼트와 너트로 연결하여 다양한 모형을 만들 수 있다.

신의 책에서 지적한 것처럼 "우리의 DNA 모형이 그저 가능성이 있는 것으로부터 아주 가능성이 높은 것으로……그리고 거기서부터 거의 확실하게 옳은 것으로 인정되기까지 25년이 넘게 걸렸다."[25]

그럼에도 불구하고, 유전학은 DNA의 구조를 이해한 후부터 빠르게 발전했고, 1968년에는 「사이언스」에 "바로 그것이 분자 생물학이었다"라는 제목의 글이 실리게 되었다.[26] 거의 불가능한 것으로 보였지만, 실제로 유전학 연구는 거의 완성에 다다랐다는 이야기였다.

물론 실제로는 겨우 시작일 뿐이었다. 지금까지도 DNA에 대해서는 겨우 이해하고 있는 부분이 많다. DNA의 많은 부분이 왜 아무 역할도 하지 않는 것처럼 보이는가 하는 것도 그중의 하나이다. 당신의 DNA 중에서 97퍼센트는 생화학자들이 좋아하는 표현으로는 "잡동사니(정크)" 또는 "비유전자 DNA"에 해당하는 아무 의미 없는 사슬일 뿐이다. 그런 사슬 중간의 여기저기에 결정적인 기능을 조절하고 체계화하는 부분이 들어 있다. 그것이 바로 신비스럽고 오래 전부터 알아내고 싶어했던 유전자들이다.

유전자는 단백질을 만드는 데에 필요한 지침 이상도 그 이하도 아니다. 유전자는 그런 일을 멍청할 정도로 충실하게 수행한다. 그런 뜻에서 유전자는 피아노의 건반과 비슷하다.[27] 지나칠 정도로 단조롭게 단 하나의 음정만을 소리내고 다른 소리는 전혀 낼 수가 없다. 그러나 여러 개의 피아노 건반을 함께 두드려서 연주하듯이 유전자들을 합쳐놓으면 무한히 다양한 화음과 멜로디를 창조할 수 있다. 모든 유전자들을 합쳐놓으면, 인간 유전체라고 알려진 위대한 교향악이 되는 셈이다.

유전자를 설명하는 방법으로 더 흔히 쓰이는 것은, 그것이 인체를 움직이는 지침서의 일종이라는 것이다. 이런 관점에서 보면, 염색체는 책의 장에 해당하고, 유전자는 단백질을 만드는 개별적인 지침에 해당한다. 그런 지침이 사용하는 단어가 바로 코돈(codon, 유전 암호)이고, 글자는 염기(鹽基, base)라고 알려져 있다. 유전 알파벳의 글자에 해당하는 염기는 앞에서 설명한 아데닌, 구아닌, 사이토신, 티민을 비롯한 네 종류의 뉴클레오타이드들이다. 그들이 하는 일과는 달리 이 염기들은 특별히 이국적인 것으로 만들어진 것이 아니다. 예를 들어서, 구아닌은 구아노*라는 것에 많이 들어 있어서 그런 이름이 붙여졌다.[28)]

누구나 알고 있는 것처럼, DNA 분자의 모양은 나선형 계단이나 꼬인 줄사다리와 비슷하다. 그것이 바로 유명한 이중 나선이다. 그런 구조의 골격은 데옥시리보스라는 일종의 당(糖)이고, 나선 모양의 분자 전체는 핵산이기 때문에 "데옥시리보핵산"이라고 부른다. 가로대(또는 계단)는 두 개의 염기에 의해서 만들어지는데, 두 가지 방법으로만 결합을 할 수가 있다. 구아닌(G)은 언제나 사이토신(C)과 결합하고, 티민(T)은 언제나 아데닌(A)과 결합한다. 사다리를 오르내릴 때 이 글자들이 나타나는 순서가 DNA 암호이다. 그런 글자들을 모으는 것이 바로 인간 유전체 프로젝트의 목적이다.

DNA의 가장 중요한 특성은 복제의 방법이다. 새로운 DNA 분자를 만들어야 할 시기가 다가오면, 나선을 이루는 두 개의 사슬이 재킷에 붙어 있는 지퍼처럼 중간이 열리고, 각각의 사슬이 새로운 짝을 형성한다. 한 사슬에 붙어 있는 각각의 염기는 정해진 염기하고만 짝을 지을 수 있기 때문에 각각의 사슬은 새로운 짝이 될 사슬을 만드는 주형(鑄型)의 역할을 하게 된다. DNA의 한쪽 사슬만 가지고 있으면, 필요한 짝을 찾아서 다른 사슬을 쉽게 만들 수 있다. 한쪽의 가장 위쪽에 있는 가로대가 구아닌이라면, 짝이 될 사슬의 가장 위쪽 가로대는 사이토신이어야만 한다. 그런 식으로 사슬을 따라 내려가면서 염기의 짝을 찾으면, 결국 새로운 분자를 만드는 데에 필요한 암호를 알아내게 되는 셈이다. 실제로 자연에서 일어나는 일은 바로 그런 것이다. 다만 자연에서는 그런 일이 아주 빠르게 이루어진다. 놀랍게도 몇 초 만에 그런 일이 이루어진다.

대부분의 경우에는 DNA의 복제가 매우 정확하게 이루어지지만, 100만 번에 한 번 정도씩은 글자가 잘못된 자리에 들어가는 경우도 생긴다. 이런 경우

* 페루, 바하칼리포르니아, 아프리카 해안 등지에서 새, 박쥐, 물개 등의 잔해와 배설물이 쌓여서 만들어진 질산염의 퇴적층으로 비료로 많이 사용된다.

를 단일 염기 다형성(single nucleotide polymorphism, SNP)이라고 부르는데, 생화학자들은 "스닙(Snip)"이라고 부르기를 더 좋아한다. 일반적으로 그런 스닙들은 비(非)유전자 DNA 부분에서 일어나기 때문에 몸에 아무런 문제를 일으키지 않는다. 그러나 가끔씩 문제가 되기도 한다. 어떤 병에 쉽게 걸리도록 만들기도 하지만, 약간의 이득을 주기도 한다. 예를 들면 보호기능이 우수한 색소를 만들기도 하고, 높은 곳에서 사는 사람들의 경우에는 적혈구 세포를 더 많이 만들어주기도 한다. 세월이 흐르는 동안에 그런 작은 변화들이 개인은 물론이고 집단 전체에 누적되어서 두드러진 개성을 가지게 만들기도 한다.

복제과정에서의 정확성과 실수의 균형은 아주 섬세한 것이다. 실수가 너무 자주 일어나면, 생물이 기능을 할 수 없고, 너무 적게 일어나면 변화에 대한 적응성을 잃게 된다. 생물체의 안정성과 변화의 경우에도 비슷한 균형이 작용한다. 산소를 운반해주는 적혈구 세포가 늘어나면, 높은 곳에 사는 사람이나 집단은 더 쉽게 움직이고 호흡을 더 편하게 할 수 있게 된다. 그러나 적혈구 세포는 혈액을 끈적거리게 만든다. 그래서 템플 대학의 인류학자 찰스 웨이츠의 표현처럼, 적혈구가 너무 많으면 "기름을 펌프질하는 것처럼 되고 만다." 그렇게 되면 심장에 큰 부담이 된다. 그러므로 높은 지역에 사는 사람들은 숨을 편하게 쉬기는 하지만, 심장에 문제가 생길 위험을 감수해야 한다. 다윈의 자연선택은 그런 식으로 우리를 보살펴주고 있다. 우리 모두가 왜 그렇게 비슷하게 생겼는가도 설명할 수 있다. 진화를 통해서는 너무 많이 달라지는 것이 불가능하다. 새로운 종이 되는 경우를 제외하면 그렇다.

두 사람의 유전자가 0.1퍼센트 다르다는 사실은 스닙에 의해서 설명된다. 당신의 DNA와 제3자의 DNA를 비교해보면 99.9퍼센트는 일치하지만, 대부분의 스닙은 서로 다른 곳에서 일어난다. 또다른 사람의 DNA와 비교해보면 역시 또다른 곳에 스닙이 일어난 것을 발견하게 된다. 지구에 살고 있는 모든 사람들과 비교해보면 32억 개의 염기서열 중에서 어느 것이라도 다른 사람을 찾을 수 있을 것이다. 그런 뜻에서 "단 하나"의 인간 유전체는 존재하지 않으며, "어느 하나"의 인간 유전체라고 부를 수 있는 것도 존재하지 않는다. 다만 우리는 60억 종류의 인간 유전체를 가지고 있는 것이다. 생화학자 데이비드 콕스의 표현처럼, 우리는 모두 99.9퍼센트가 일치하지만 "모든 사람들이 아무것도 공유하지 않는다고 말하는 것도 역시 틀리지는 않는다."[29)]

DNA에서 특별한 목적을 가진 부분이 왜 그렇게 적은가에 대한 설명이 아직도 부족하다. 조금 신경이 쓰이기는 하지만, 생명의 진정한 목적은 DNA를 영생하도록 만드는 것같이 보이기도 한다. 리들리의 말에 따르면, 흔히 잡동사니라고 부르는 우리 DNA의 97퍼센트는 주로 "스스로 복제되기 쉽다는 단순하고 간단한 이유만으로 존재하는" 글자들의 덩어리로 이루어져 있다.[30)†] 다시 말해서, 당신의 DNA 중에서 대부분은 당신을 위해서가 아니라 DNA 자신을 위해서 존재할 뿐이다. DNA가 당신을 위해서 존재하는 것이 아니다. 당신은 DNA를 복제시키는 기계에 불과하다. 생명은 그저 존재하고 싶어할 뿐이라는 점을 잊지 말아야 한다. DNA가 그런 일을 가능하게 해준다.

DNA에 유전자를 만드는 지침이 들어 있다고 하더라도, 그것은 생물체가 제대로 작동하도록 만들기 위해서가 아니다. 우리가 가지고 있는 가장 흔한 유전자 중의 하나가 바로 인간의 기능에는 아무런 기여도 하지 않는 것으로 알려진 역전사(逆轉寫) 효소라는 단백질을 만드는 것이다. 그런 단백질의 유일한 기능은 AIDS 바이러스와 같은 레트로바이러스(retrovirus)가 아무도 모르게 인체에 숨어 들어가게 해주는 일이다.

다시 말해서 우리 몸은 우리에게 혜택을 주기는커녕 때로는 우리에게 치명적인 피해를 줄 수도 있는 일을 하는 단백질을 만들기 위해서 상당한 에너지를 소비하고 있다. 유전자가 그렇게 명령하는 것이기 때문에 우리 몸은

† 잡동사니 DNA도 쓸모는 있다. DNA 지문 인식에 사용된다. 그런 목적으로 유용하다는 사실은 영국의 레스터 대학의 알렉 제프리스에 의해서 우연히 발견되었다. 1986년 영국 경찰이 유전병과 관련된 유전자 표지로 사용할 수 있는 DNA 서열을 연구하던 제프리스에게 두 건의 살인 사건에 연루된 용의자의 수사에 협조를 요청해왔다. 그는 자신의 방법으로 범죄 사건을 완벽하게 해결할 수 있을 것이라는 사실을 깨달았고, 정말 사실로 증명되었다. 콜린 피치포크라는 이상한 이름을 가진 젊은 제빵사는 살인 혐의로 무기징역을 두 번 선고받았다.

선택의 여지가 없다. 우리는 그저 그들의 변덕을 수용해야 하는 그릇일 뿐이다. 우리가 알기로는 모두 합쳐서 인간 유전자의 거의 절반 정도는 자신을 복제하는 일 말고는 아무 일도 하지 않는다.[31] 지금까지 알려진 결과에 따르면, 인간은 어떤 생물의 경우보다도 그 비율이 높다.

모든 생물은 어떤 의미에서 유전자의 노예들이다. 연어나 거미를 비롯해서 거의 수를 헤아릴 수 없을 정도로 많은 생물들이 교미과정에서 죽음을 각오하는 것도 바로 그런 이유 때문이다. 번식을 통해서 자신의 유전자를 퍼뜨리려는 욕구는 자연에서 가장 강력한 충동이다. 셔윈 B. 눌런드에 따르면, "제국은 무너지고, 이드(id)*는 폭발하고, 위대한 교향곡이 만들어지는 그런 모든 일 뒤에는 만족을 원하는 단 하나의 본능이 있을 뿐이다."[32] 진화론의 관점에서 보면, 성(性)은 우리의 유전물질을 후손에게 전해주도록 부추기기 위한 보상 메커니즘일 뿐이다.

과학자들이 우리 DNA의 대부분이 아무 일도 하지 않는다는 놀라운 소식을 제대로 소화하기도 전에 더욱 뜻밖의 사실들이 드러나기 시작했다. 독일에 이어서 스위스의 연구자들이 조금 이상한 실험을 해보았더니 놀라울 정도로 평범한 결과가 얻어졌다. 쥐의 눈을 발달시키는 과정을 조절하는 유전자를 선택해서 초파리의 유충에 삽입시켜보았다. 흥미로울 정도로 괴상한 결과가 나올 것이라고 기대를 했었다. 실제로 쥐 눈의 유전자가 초파리에서 정상적인 눈을 만들기는 했는데, 그것은 초파리의 눈이었다. 5억 년 이상 공통의 조상을 가지지 않았던 두 생물이, 마치 자매 사이인 것처럼 유전물질을 서로 바꿀 수도 있다는 사실이 확인된 것이다.[33]

다른 경우에도 똑같은 사실이 확인되었다. 인간의 DNA를 초파리의 세포에 넣어주면, 초파리들은 그것이 마치 자신의 유전자인 것처럼 받아들인다는 사실이 밝혀졌다. 인간 유전자의 60퍼센트 이상이 근본적으로 초파리에서 발견되는 것과 동일하다는 사실도 밝혀졌다. 적어도 인간 유전자의 90퍼센트

* 자아의 바탕을 이루는 본능적 충동.

는 쥐에서 발견되는 유전자와 상관관계를 가지고 있었다.[34] (우리도 꼬리를 만드는 유전자를 가지고 있지만, 발현이 되지 않을 뿐이다.[35]) 분야에 상관없이, 선충류(線蟲類)나 인간의 경우에서 기본적으로 동일한 유전자들이 발견되었다. 생명은 단 한 장의 청사진으로부터 시작된 것처럼 보였다.

계속된 연구를 통해서 신체 일부의 발달을 관리하는 ("비슷한"이라는 의미의 라틴어에서 유래된) 호메오(homeo) 유전자 또는 혹스(hox) 유전자라고 부르는 주조절 유전자 집단이 있다는 사실이 밝혀졌다.[36] 혹스 유전자는 오래 전부터 풀리지 않던 문제를 해결해주었다. 하나의 수정란에서 분화되어서 동일한 DNA를 가지고 있는 수십억 개의 배아(胚芽) 세포들이 어떻게 간세포, 뉴런, 혈액 세포 또는 심장 판막의 일부 등 자신이 맡은 역할을 알아내는가의 문제였다. 그런 지시를 내리는 것이 바로 혹스 유전자들이고, 모든 생물체에서 거의 똑같은 방법으로 그런 일을 수행한다.

흥미롭게도 유전물질의 양과 그것들이 어떻게 조직화되어 있는가가 그 생물의 복잡성의 수준과 반드시 일치하지도 않고, 일반적으로 어떤 경향이 있는 것도 아니다. 우리는 46개의 염색체를 가지고 있지만, 600개가 넘는 염색체를 가진 양치류도 있다.[37] 고등 생물 중에서 가장 진화가 늦은 종에 속하는 폐어(肺魚)*는 우리보다 40배나 많은 DNA를 가지고 있다.[38] 흔히 볼 수 있는 영원류조차도 유전학적으로는 우리보다 5배나 더 훌륭하다.

분명히 유전자의 수가 아니라, 그것으로 무엇을 하는가가 핵심이다. 최근에 인간의 유전자 수가 큰 타격을 받았기 때문에 그런 사실은 다행스러운 것이다. 최근까지는 인간이 적어도 10만 개의 유전자를 가지고 있거나 어쩌면 그보다 더 많은 유전자를 가지고 있을 것이라고 여겨졌다. 그러나 인간 유전체 프로젝트의 초기 결과에서 유전자의 수는 크게 줄어들어서 풀에서 발견되는 수와 비슷한 3만5,000 또는 4만 개에 불과하다고 밝혀졌다. 그런 결과는 놀랍기도 했지만, 실망스럽기도 했다.

---

* 남아메리카, 아프리카, 오스트레일리아의 강이나 호수에서 서식하는 뱀장어처럼 생기고, 두 개의 폐를 가지고 있는 어류.

유전자가 여러 가지 질병과 관련이 많다는 사실은 이미 잘 알려져 있다. 몇몇 의기양양한 과학자들은 비만, 정신 분열증, 동성애, 범죄성, 폭력성, 알코올 의존증 그리고 심지어 좀도둑질과 노숙자의 유전자를 발견했다고 주장하기도 했다. 어쩌면 유전학적으로 볼 때 여성은 수학에서 더 열등하다고 주장한 1980년 「사이언스」에 발표된 연구결과가 생물학적 결정론의 정점(또는 저점)이었다.[39] 오늘날 우리는 인간의 어떤 면도 그렇게 쉽고 단순하지 않다는 사실을 알고 있다.

그런 주장은 매우 중요한 면에서 안타까운 것이다. 만약 키를 결정하거나, 당뇨병에 걸리거나, 대머리가 되거나 아니면 다른 어떤 특징을 가질 가능성을 결정하는 개인적인 유전자를 가지고 있다면, 그것들을 분리해서 수선하는 일도 비교적 쉬울 것이다. 그러나 불행하게도 3만5,000개의 유전자들이 서로 독립적으로 작용한다면 인간에게 필요한 육체적인 복잡성을 도저히 만들 수가 없다. 따라서 유전자들은 서로 협력하는 것이 분명하다. 예를 들면 혈우병, 파킨슨씨병, 헌팅턴병, 낭포성 섬유증과 같은 몇 가지 질병들은 하나의 잘못된 유전자 때문에 나타나지만, 그렇게 잘못된 유전자들은 개인이나 집단에게 항구적인 문제를 일으키기 훨씬 전에 자연선택에 의해서 제거되는 것이 일반적인 원칙이다. 대부분의 경우에 우리의 운명이나 건강, 심지어는 눈의 색깔까지도 각각의 유전자가 아니라 여러 유전자들의 연합 작용에 의해서 결정된다. 그래서 사람의 몸이 어떻게 만들어지는가를 이해하는 것과 디자인된 아이를 탄생시키는 일이 그렇게 어려운 것이다.

사실 최근 몇 년 사이에 유전에 대해서 알게 되면서, 문제는 더욱 복잡해졌다. 심지어는 생각하는 것조차도 유전자가 작동하는 방법에 영향을 미치는 것으로 밝혀졌다. 예를 들면 남자의 수염이 얼마나 빨리 자라는가는 그 사람이 성에 대해서 얼마나 많이 생각하는가와 관련이 있다(성에 대해서 생각하면 남성 호르몬이 생산되기 때문이다).[40] 1990년대 초에 과학자들은 배아기의 쥐로부터 필수적이라고 생각되는 유전자를 제거하더라도 건강하게 자라고, 심지어는 그런 조작을 하지 않은 형제나 자매보다도 더 잘 적응하기도 한다는 정말 놀라운 사실을 발견했다. 일부 중요한 유전자를 파괴하면 다른 유전자들이 그 틈을 채워주는 것으로 밝혀졌다. 그것은 생물에게는 좋은 소식이지만, 이제 겨우 이해하기 시작한 문제를 더욱 복잡하게 만들기 때문에 세포가 어떻게 작동하는가를 알아내고 싶어하는 사람들에게는 좋은 소식이 아니었다.

그런 복잡한 요인들 때문에 인간 유전체를 규명하는 것이 시작에 불과하다는 사실이 분명해졌다. MIT의 에릭 랜더의 말처럼, 유전체는 인체의 부품 목록에 불과하다. 유전체는 우리가 무엇으로 만들어졌는가를 알려주기는 하지만, 우리가 어떻게 작동하는가에 대해서는 아무것도 알려주지 못한다. 지금 우리에게 필요한 것은 인체를 어떻게 움직이도록 만드는가에 대한 운전 지침서이다. 우리는 그 문제에는 가까이 접근하지도 못하고 있다.

그래서 이제는 인간 단백질체(proteome)가 목표로 등장했다. 아주 새로운 개념이어서 10년 전까지만 하더라도 단백질체라는 단어는 존재하지도 않았다. 단백질체는 단백질들을 만들어내는 정보를 모은 목록이다. 2002년 봄의 「사이언티픽 아메리칸」에 따르면, "불행하게도 단백질체는 유전체보다 훨씬 더 복잡하다."[41]

그것도 아주 부드러운 표현이다. 단백질은 모든 살아 있는 생물을 움직이도록 해주는 말[馬]이라는 사실을 기억할 것이다. 하나의 세포에는 언제나 수억 개의 단백질들이 바쁘게 활동하고 있다. 그런 활동을 모두 알아내는 것은 쉽지 않다. 더욱이 단백질의 거동과 기능은 유전자의 경우처럼 화학적 특성만이 아니라 그 모양에 의해서도 달라진다. 단백질이 제대로 작동하려면, 필요한 화학적 성분들이 제대로 결합되어야 할 뿐만 아니라, 극단적으로 특별한 모양으로 접혀야만 한다. 일반적으로 "접힘(folding)"이라는 말을 쓰기는 하지만, 실제와는 달리 기하학적으로 단순한 것을 뜻할 수도 있기 때문에 오해의 가능성이 있다. 단백질은 고리 모양이나 코일 모양을 만들기도 하고, 오그라들기도 해서 언뜻 보면 지나칠 정도로 복잡해 보인다. 단백질은 잘 접은 수건이 아니라 미친 듯이 구겨놓은 옷걸이처럼 보인다.

더욱이 (고풍스러운 표현을 쓸 수 있다면) 단백질은 생물학의 세계에서 유행의 첨단을 달리는 물질이다. 단백질은 그 기분과 대사환경에 따라서 인산화, 글리코실화, 아세틸화, 유비퀴틴화, 황산화가 되는 등 놀라울 정도로 다양한 화학적 변환을 일으킨다.[42] 대부분의 경우에는 그런 변화가 아주 쉽게 일어나는 것처럼 보인다. 「사이언티픽 아메리칸」에서 지적했듯이, 포도주 한 잔을 마시더라도 몸속에 있는 단백질의 수와 종류가 바뀌게 된다.[43] 그런 변화는 술을 마시는 사람들에게는 좋은 것이지만, 몸속에서 무슨 일이 일어나는가를 알고 싶어하는 유전학자들에게는 조금도 도움이 되지 않는다.

모든 것이 도저히 불가능할 것처럼 복잡하게 보이기도 하고, 어떤 면에서는 실제로 그렇기도 하다. 그러나 그런 속에도 생명체가 작동하는 방법에 숨겨져 있는 근본적인 통일성 때문에 나타나는 단순성이 숨어 있다. 염기들의 협동과 DNA가 RNA로 전사되는 것을 비롯해서 세포를 살아 움직이도록 해주는 작고, 재치 있는 화학과정들은 단 한번의 진화가 이루어진 후로는 자연계 전체에 변하지 않고 유지되어왔다. 프랑스의 유전학자 고(故) 자크 모노가 반 농담처럼 말했듯이, "대장균에 적용되는 것은 대부분 코끼리에도 그대로 적용되어야만 한다. 오히려 더 그렇다."[44]

살아 있는 모든 생물은 단 하나의 계획에서 비롯되었다. 우리 인간도 점진적으로 만들어진 것에 불과하다. 38억 년에 걸친 케케묵은 조절, 적응, 변이 그리고 행운의 수선 결과일 뿐이다. 놀랍게도 우리는 흔히 생각하는 것보다 초파리나 채소에 훨씬 더 가깝다. 바나나에서 일어나는 화학적 기능의 거의 절반 정도가 근본적으로는 당신의 몸에서 일어나는 화학적 기능과 똑같다.

다시 한번 강조하지 않을 수가 없다. 모든 생명체는 하나이다. 그것이 이 세상에서 가장 심오한 진리이고, 그렇다는 사실이 앞으로 증명될 것이라고 믿는다.

제6부

우리의 미래

유인원의 후손이랍니다!
여러분, 사실이 아니기를 바랍니다.
그러나 만약 사실이라면, 그런 소식이
널리 알려지지 않도록 기도합시다.

—— 다윈의 진화론에 대한 설명을 들은 후에
우스터의 주교 부인이 했다고 알려진 말

제27장

빙하의 시대

전혀 꿈이 아닌 꿈을 가지고 있습니다.
빛나는 태양이 사그러들고, 별들이 희미해지면……
—— 바이런, "어둠"

1815년 인도네시아의 숨바와 섬에서 멋지게 생기고 오랫동안 움직이지 않던 탐보라라는 산이 극적인 폭발을 일으켰다. 폭발에 이은 해일로 수십만 명이 사망했다. 세인트 헬렌스 화산의 150배였고, 히로시마 원자폭탄 6만 개에 해당하는 그 폭발은 지난 1만 년 동안의 폭발 중에서 가장 큰 것이었다.

당시에는 그런 소식이 빠르게 전해지지 못했다. 런던의 「더 타임스」는 폭발이 일어나고 일곱 달이 지난 후에야 어느 상인이 보내준 편지를 통해서 짤막한 소식을 전할 수 있었다.[1] 그러나 그때는 이미 영국에서도 탐보라의 영향이 나타나고 있었다. 150세제곱킬로미터의 화산재와 먼지와 잔모래들이 대기 중으로 흩어져 햇빛을 가리고 지구를 식게 만들었다. 보통 때와는 달리 흐릿한 색깔의 석양을 멋지게 그릴 수 있었던 화가 J. M. 터너는 더 이상 행복할 수 없었고, 세상은 먼지로 가득한 장막 속에 존재할 수밖에 없었다. 위에 인용한 바이런의 시도 그런 치명적인 어둠에 대한 것이었다.

봄은 찾아오지 않았고, 여름도 뜨겁지 않았다.[2] 1816년은 여름이 없었던 해로 알려져 있다. 전 세계는 흉작으로 고통을 받았다. 아일랜드에서는 기아와 함께 찾아온 장티푸스로 6만5,000명이 사망했다. 뉴잉글랜드에서는 그해가 "19세기 동사(凍死)의 해"로 널리 알려졌다. 6월까지 서리가 계속되었고, 거의 모든 씨앗은 싹이 트지 않았다. 가축은 사료 부족으로 굶어죽거나, 충분히 자라기도 전에 도살을 해야만 했다. 그해는 모든 면에서 무시무시한 해였다. 특히 농부들에게는 최악의 해였다. 그럼에도 불구하고 기온은 0.8도가 떨어졌을 뿐이다. 과학자들은 지구의 자연적인 자동 온도 조절장치가 놀라울 정도로 정교하다는 사실을 알게 되었다.

그렇지 않아도 19세기는 추운 세기였다. 특히 유럽과 북아메리카는 200년 동안 소(小)빙하기를 겪고 있었다. 템스 강에서의 서리 축제, 네덜란드 운하에서의 스케이트 대회를 비롯한 온갖 겨울 행사가 이어졌다. 오늘날에는 그런 행사를 열 수도 없다. 다시 말해서 그 시대는 추위가 사람들의 마음 속에 들어 있던 때였다. 그렇기 때문에 19세기의 지질학자들이 자신들이 살고 있던 시대가 사실은 그 전보다 더 따뜻했고, 자신들이 살고 있는 육지가 서리 축제마저 엉망으로 만들 수 있는 거대한 빙하와 추위에 의해서 만들어졌다는 사실을 뒤늦게 알아낸 것을 이해해주어야만 한다.

그들은 과거에 무엇인가 이상한 일이 있었다는 사실은 알고 있었다. 유럽의 곳곳에는 도저히 설명할 수 없는 이상한 흔적들이 흩어져 있었다. 따뜻한 프랑스 남부에서 북극 지방의 순록의 뼈가 발견되었고, 거대한 바위가 이상한 곳에 남겨져 있었다. 당시의 지질학자들은 창의적이기는 했지만 가능성이 있는 설명은 찾아내지 못하고 있었다. 어떻게 쥐라 산맥 높은 곳에 있는 석회석 위에 화강암 덩어리가 올라앉게 되었는가를 설명하려던 프랑스의 박물학자 드 뤼크는 공기총에서 탄환이 발사되는 것처럼 동굴 속의 압축공기에 의해서 그곳까지 쏘아올려진 것이라고 주장하기도 했다.[3] 이상한 곳에서 발견되는 바위 덩어리를 표석(漂石)이라고 부르지만, 19세기에는 그런 말이 실제 바위가 아니라 이론적인 것에 불과했다.

영국의 위대한 지질학자 아서 핼럼은 지질학의 아버지인 제임스 허턴이 스위스를 방문했더라면, 깊게 파인 계곡과 마모되어서 만들어진 줄무늬와 바위들이 흘러내린 자국을 비롯해서 빙하가 지나간 수많은 흔적들의 중요성을 곧바로 알아차렸을 것이라고 주장했다.[4] 불행하게도 허턴은 여행을 즐기지 않았다. 허턴은 전해들은 이야기 이상의 정보가 없었음에도 불구하고, 거대한 바위 덩어리가 홍수에 의해서 900미터 높이의 산으로 옮겨졌다는 주장을 반박했다. 그는 바위 덩어리가 세상의 어떤 물속에서도 떠다닐 수 없다는 점을 지적했다. 그 대신 그는 광범위한 빙하작용을 처음으로 주장했던 사람들 중의 하나가 되었다. 불행하게도 아무도 그의 주장에 관심을 가지지 않았고, 그로부터 반세기 동안에도 대부분의 박물학자들은 바위 덩어리에 붙어 있는 점토층이 지나가던 수레나 심지어 징이 박힌 부츠에 붙어 있던 흙덩어리 때문에 생긴 것이라고 주장했다.

그러나 과학적인 권위주의에 오염이 되지 않았던 시골의 농부들이 더 잘 알고 있었다. 박물학자 장 드 샤르팡티에는 1834년 시골길을 가다가 스위스의 나무꾼과 길 옆의 바위에 대해서 나누었던 이야기를 전해주었다.[5] 나무꾼은 그 바위 덩어리들이 상당히 멀리 떨어진 지역인 그림젤에서 온 것이라고 확실하게 주장했다. "그 돌들이 어떻게 그곳으로 옮겨지게 되었느냐고 물어보았더니 그는 망설이지 않고 '그림젤의 빙하가 계곡의 양쪽으로 옮겨놓은 것이며, 과거에는 그 빙하가 베른까지 확장되어 있었다'고 대답했다."

샤르팡티에는 매우 기뻐했다. 그 자신도 그런 생각을 하고 있었지만, 과학자들의 모임에서는 그런 이야기가 받아들여지지 않았다. 샤르팡티에의 가까운 친구였던 스위스의 박물학자 루이 아가시도 처음에는 그런 주장을 회의적으로 생각했지만, 결국은 적절한 것이라고 스스로 주장을 하게 되었다.

파리에서 퀴비에의 제자였던 아가시는 당시 스위스 뇌샤텔 대학의 자연사 교수로 있었다. 아가시의 또다른 친구인 카를 심퍼라는 식물학자가 사실은 1837년에 처음으로 빙하기(ice age, 독일어로는 Eiszeit)라는 말을 만들었고, 한때는 두꺼운 얼음 층이 스위스의 알프스뿐만 아니라 유럽, 아시아, 북아메리카의 대부분을 덮고 있었다고 주장했다. 그것은 과격한 주장이었다. 그는 아가시에게 노트를 빌려주었다.[6] 그는 당연히 자신의 것이라고 여기던 이론이 아가시의 업적으로 인정받게 되는 모습을 보고 크게 후회하게 되었다. 샤르팡티에도 역시 오랜 친구에게 심한 반감을 가지게 되었다. 또다른 친구였던 알렉산더 폰 훔볼트는 그런 아가시를 보면서 과학적 발견에는 세 단계가 있다고 주장했다.[7] 처음에는 사람들이 그것이 진실이 아니라고 부정을 하고, 그 후에는 그 중요성을 부정하며, 마지막으로는 엉뚱한 사람에게 그 업적을 인정해준다는 것이다.

어쨌든 아가시는 자신의 분야를 확립했다. 그는 빙하작용의 동역학을 이해하기 위해서 위험한 빙하의 틈새와 바위투성이의 알프스 산꼭대기를 비롯해서 어느 곳이든 가리지 않고 찾아갔다.[8] 자신이 최초로 산 정상에 오른 사람이라는 사실을 몰랐던 경우도 있었다. 아가시는 거의 모든 곳에서 자신의 이론을 인정하지 않으려는 극심한 반대에 부딪혔다. 훔볼트는 얼음에 대한 집착을 버리고 그 자신의 원래 전공인 어류화석 분야로 되돌아가도록 충고하기도 했다. 그렇지만 아가시는 얼음에 완전히 빠져버렸다.

영국에서는 아가시의 이론이 더 환영을 받지 못했다. 빙하를 본 적이 없었던 대부분의 영국 박물학자들은 얼음 덩어리가 엄청난 힘을 가지고 있다는 사실을 이해할 수가 없었다. 어느 모임에서 조롱하는 어투로 "그런 생채기와 광택이 모두 얼음 때문일 수도 있습니까?"라고 물었던 로더릭 머치슨은 바위에 가볍고 유리 같은 서리가 덮여 있는 것으로 생각한 모양이었다. 그는 말년에 빙하를 이용해서 그렇게 많은 것을 설명할 수 있다고 믿는 "얼음에 미친" 지질학자들에 대한 불신을 아주 솔직하게 표현했다. 케임브리지의 교수였고, 지질학회의 주역이었던 윌리엄 홉킨스도 그런 주장에 동의하면서 얼음이 바위 덩어리를 옮겨놓았다는 주장은 "역학적으로도 명백하게 틀린 것"이기 때문에 학회가 관심을 가질 필요가 없다고 했다.[9]

용기를 잃지 않았던 아가시는 자신의 이론을 알리려고 열심히 돌아다녔다. 1840년에 그는 글래스고에서 열린 영국 과학진흥협회의 학술회의에서 논문을 발표했지만, 위대한 찰스 라이엘로부터 공개적으로 비판을 받았다. 다음 해에 에든버러 지질학회는 그 이론이 맞을 수도 있다는 사실을 인정했지만 스코틀랜드에는 적용되지 않는다는 결의문에 합의를 했다.

결국 라이엘은 생각을 바꾸었다. 스코틀랜드에 있던 가족 영지 부근에서 자신이 수백 번이나 지나쳤던 빙퇴석들은 빙하에 의해서 그곳으로 옮겨졌다고 생각해야만 이해가 된다는 사실을 알아차린 것이 그에게는 예수 공현의 순간이었다. 그러나 개종을 한 라이엘은 자신을 잃었고, 빙하기에 대한 주장을 공개적으로 지원해줄 용기를 내지 못했다. 아가시에게는 불만스러웠던 시기였다. 그의 결혼도 파탄에 이르렀고, 심퍼는 자신의 이론을 훔쳐갔다고 심하게 그를 비난했으며, 친구였던 샤르팡티에는 그에게 말도 붙이지 않았고, 당시에 생존해 있던 가장 위대한 지질학자의 지원조차도 아주 미온적이고 확고하지 못했다.

1846년에 미국으로 건너가서 강연을 했던 아가시는 그곳에서 처음으로 애타게 바라던 존경을 받게 되었다. 하버드는 그에게 교수직을 주었고, 최고급의 비교동물학 박물관을 설립해주었다. 뉴잉글랜드에 정착하게 된 것이 도움이 되었던 것은 틀림이 없다. 그곳의 긴 겨울은 끝없이 추운 시절에 대한 생각을 가다듬을 수 있게 해주었다. 그가 미국으로 옮기고 6년이 지난 후에 이루어진 그린란드에 대한 최초의 과학 탐사에서 대륙에 버금갈 정도로 거대한 섬 전체가 아가시의 이론에 등장하는 옛날의 대륙처럼 빙하로 덮여 있다는 사실이 밝혀졌던 것도 도움이 되었다. 오랜 노력 끝에 결국 그의 주장을 추종하는 사람들이 생겨났다. 그러나 아가시 이론의 핵심적인 단점은 그 빙하시대가 시작된 원인이 무엇인가를 밝혀내지 못했던 것이다. 그러나 해결책은 전혀 기대하지 않던 방향에서 나타나고 있었다.

영국의 학술지와 학술서적 출판사들은 1860년대에 글래스고에 있는 앤더슨 대학의 제임스 크롤이라는 사람으로부터 유체정역학(流體靜力學)과 전기학을 비롯한 과학 문제에 대한 논문을 받기 시작했다. 1864년의 「철학지」에 발표된 지구 궤도의 변이 때문에 빙하기가 시작되었다는 그의 논문은 즉시 최고 수준의 논문으로 인정을 받았다. 그러나 훗날 크롤이 대학의 교수가 아니라 청소원이었다는 사실이 밝혀진 것은 놀랍기도 했고, 수치스러운 일이기도 했다.

1821년에 태어난 크롤은 가난한 집안에서 자랐고, 열세 살까지만 정규교육을 받았다. 오늘날 스트래스클라이드 대학이 된 앤더슨 대학의 청소원이 되기 전에 그는 목수, 보험 판매원, 술을 팔지 않는 호텔의 관리인 등의 여러 직업을 전전했다. 동생에게 대부분의 일을 맡길 수 있었던 그는 저녁 시간에 대학 도서관에 조용히 앉아서 물리학, 역학, 천문학, 유체정역학을 비롯해서 당시 유행하던 과학을 혼자서 공부할 수 있었고, 결국은 10편의 논문을 발표할 정도가 되었다. 그는 특히 지구의 운동과 그에 따른 기후의 변화에 관심이 많았다.

지구 궤도의 모양이 주기적으로 타원에서 거의 원형으로 바뀌었다가 다시 타원으로 바뀌는 것이 빙하기의 시작과 끝을 설명해줄 수 있을 것이라고 처음 주장한 사람이 바로 크롤이었다. 그 전에는 아무도 천문학을 이용해서 지구 기후의 변화를 설명할 수 있다고 생각하지 못했다. 크롤의 설득력 있는 논문 덕분에 영국 사람들은 언젠가 지구의 일부가 얼음으로 덮여 있었다는 주장에 관심을 가지기 시작했다. 천재적인 재능을 인정받은 크롤은 스코틀랜드의 지질 탐사소에서 일하게 되면서 널리 존경을 받게 되었다. 그는 런던의 왕립학회와 뉴욕 과학원의 회원이 되었고, 세인트 앤드루스 대학을 비롯한 여러 대학에서 명예학위를 받았다.

불행하게도 아가시의 이론이 마침내 유럽에서도 인정을 받기 시작할 때에 미국에 있던 그는 자신의 이론을 더욱 이국적인 영역으로 확장시키느라고 바빴다. 그는 찾아가는 거의 모든 곳에서 빙하가 있었다는 증거를 발견하기 시작했다.[10] 심지어 적도 근처에서도 마찬가지였다. 결국 그는 지구 전체가 빙하에 덮였었기 때문에 모든 생물들이 멸종했고, 신이 다시 부활시켰어야만 했다고 확신하게 되었다.[11] 아가시가 인용했던 증거 중에는 실제로 그런 주장을 정당화시켜주는 것은 하나도 없었다. 그럼에도 불구하고, 새로 정착한 나라에서 그의 명성은 점점 더 높아져서, 그를 당할 존재는 신(神)뿐일 정도가 되었다. 1873년 그가 사망했을 때 하버드 대학은 그의 자리를 채우기 위해서 세 명의 교수를 채용해야 했다.[12]

그렇지만 그의 이론들은 곧바로 인기를 잃어버렸다. 그가 사망하고 10년도 지나지 않았을 때, 하버드 지질학과에서 그의 석좌교수 자리를 이어받은 후계자는 "몇 년 전 빙하 지질학자들 사이에 유행했던 소위 빙하시대는……이제 주저 없이 버려도 좋게 되었다"고 했다.[13)]

크롤의 계산에 따르면 가장 최근에 있었던 빙하기는 8만 년 전이었지만, 그보다 더 최근에도 지구에는 심한 변화가 있었다는 지질학적인 증거가 계속 밝혀졌던 것이 문제였다. 빙하기가 왜 시작되었는가에 대한 가능한 설명을 제시하지 못했던 그의 이론은 사장되었다. 천체의 움직임에 대해서는 문외한이었던 밀루틴 밀란코비치라는 세르비아의 기계공학자가 다시 그 문제에 관심을 가진 1900년대 초반까지도 그의 이론은 그런 상태로 남아 있었다. 밀란코비치는 크롤의 이론이 틀렸던 것이 아니라 너무 단순했기 때문에 문제였다는 사실을 깨달았다.

우주공간에서 움직이는 지구는 궤도의 반경과 모양만 바뀌는 것이 아니라, 태양과 기울어진 각도와 흔들리는 정도도 주기적으로 변하며, 그런 모든 것들이 어느 지역에 햇빛이 비치는 시간과 세기에 영향을 준다. 특히 장기적으로 보면, 지구 궤도의 황도 경사(黃道傾斜),* 세차(歲差),** 이심률(離心率)*** 의 세 가지가 변하게 된다. 밀란코비치는 그런 복잡한 사이클과 빙하기의 시작과 끝 사이에 어떤 관계가 있을 것이라고 생각했다. 문제는 그런 사이클의 주기들이 대략 2만 년, 4만 년, 10만 년 등으로 크게 차이가 날 뿐만 아니라, 각각이 몇천 년까지 변하기도 하기 때문에 오랜 세월 동안에 그들이 겹쳐지는 시기를 알아내려면 거의 무한한 양의 계산이 필요했다. 특히 밀란코비치는 100만 년 동안 지구의 모든 위도에서 계절에 따라 태양복사의 각도와 기간이 어떻게 변화하는가를 계산해야 했다. 더욱이 끊임없이 변화하는 변수에 대한 보정값도 알아내야만 했다.

다행스럽게도 그런 반복적인 일은 밀란코비치의 적성에 맞는 것이었다.

---

* 지구 자전축이 기울어진 정도.
** 지구 자전축이 흔들리는 정도.
*** 타원의 일그러진 정도.

그로부터 20년 동안, 심지어 휴가 중에도 그는 연필과 계산자를 이용해서 자신의 사이클에 대한 표를 만들어갔다.[14] 그런 계산은 오늘날의 컴퓨터를 이용하면 하루이틀 만에 끝낼 수 있는 것이었다. 그러나 그는 시간이 남을 때만 계산을 할 수 있었다. 그런데 제1차 세계대전이 일어나면서 세르비아 군대의 예비군으로 체포된 그는 갑자기 많은 여유시간을 가지게 되었다. 부다페스트에서 느슨한 가택 연금 상태에 있었던 4년 동안에 그는 일주일에 한 번씩 경찰에 보고만 하면 그만이었다. 그는 대부분의 시간을 헝가리 과학원의 도서관에서 계산을 하면서 보냈다. 어쩌면 그는 역사상 가장 행복했던 전쟁포로였을 것이다.

그의 부지런한 노력의 결과가 바로 1930년에 발간된 「수학적 기후학 및 기후 변화에 대한 천문학 이론」이라는 책이었다. 빙하기와 행성의 흔들림 사이에 관계가 있을 것이라는 밀란코비치의 짐작은 맞는 것이었다. 그러나 다른 사람들과 마찬가지로 그도 오랜 빙하기는 추운 겨울이 점진적으로 길어지면서 생긴 결과라고 생각했다. 그런 과정이 그보다는 훨씬 더 신비스럽고 오히려 놀라운 것이라는 사실을 밝혀낸 것은 판 구조론을 주장한 알프레트 베게너의 장인인 러시아 태생의 독일 기상학자 블라디미르 쾨펜이었다.

쾨펜은 빙하기의 원인을 혹독한 겨울이 아니라 서늘한 여름에서 찾아야 한다고 생각했다.[15] 여름이 너무 서늘해서 일정한 지역에 내린 눈이 녹지 않게 되면, 들어오는 햇볕이 모두 눈 표면에서 반사되기 때문에 냉각효과가 더욱 악화되면서 더 많은 눈이 내리게 된다. 그런 일은 계속 반복된다. 눈이 쌓여서 빙원이 만들어지면, 그 지역은 더욱 추워지고 얼음은 더욱 늘어나게 된다. 빙하학자 귄 슐츠에 따르면, "빙원이 만들어지는 것은 눈의 양 때문이 아니라 눈이 녹지 않기 때문이다."[16] 빙하기는 한 번의 이상 냉각으로 시작될 수 있는 것으로 보인다. 남은 눈이 열(햇볕)을 반사하면 냉각효과는 더욱 증폭된다. 맥피에 따르면, "그런 과정이 스스로 증폭되면, 멈출 수가 없으며, 일단 늘어나기 시작한 얼음은 움직이게 된다."[17] 빙하가 확대되면서 빙하기가 시작된다.

1950년대에는 연대 측정 기술이 완벽하지 못했기 때문에 밀란코비치가 조심스럽게 계산한 사이클과 당시에 알고 있던 빙하기의 연대를 연관시킬 수 없었다. 결국 밀란코비치와 그의 계산은 잊혀졌다. 그는 자신의 사이클이 옳다는 사실을 증명하지 못하고 1958년에 사망했다. 존과 메리 그리빈에 따르면, 그 시기에는 "그런 모델이 역사적인 호기심 이상의 가치가 있다고 생각하는 지질학자나 기상학자를 찾기 어려웠다."[18] 그런 이론은 1970년대에 고대 해저 퇴적물의 연대를 알아내는 포타슘-아르곤 연대 측정법*이 정립되면서 마침내 인정을 받게 되었다.

밀란코비치 사이클만으로는 빙하기 사이클을 설명할 수 없다. 대륙의 배열과 특히 극지방에 육지가 있었는가의 여부 등을 비롯한 여러 요인들이 고려되어야 하지만, 그런 것들의 구체적인 사실들은 완전하게 알려져 있지 않다. 그러나 북아메리카, 유라시아, 그린란드를 북쪽으로 500킬로미터만 옮겨놓으면 피할 길 없는 빙하기가 영원히 계속될 것으로 추정된다. 좋은 기후를 가질 수 있는 것만으로도 큰 행운인 것 같다. 빙하기 중간에 있었던 비교적 온화한 기간인 간빙기의 사이클에 대해서는 더욱 이해하지 못하고 있다. 농업의 시작, 도시의 형성, 수학과 문학과 과학의 발전을 비롯한 의미 있는 인류의 역사 전체가 날씨가 비교적 온화했던 비정상적인 기간에 이루어졌다는 사실은 조금은 놀랄 일이다. 마지막 간빙기는 8,000년 정도 지속되었다. 우리가 살고 있는 간빙기는 이미 1만 년이 지났다.

놀라운 사실은 우리가 아직도 빙하기에 살고 있다는 것이다.[19] 많은 사람들이 생각하는 정도는 아니지만 조금은 축소된 빙하기에 해당한다. 지난번 빙하기가 절정에 이르렀던 대략 2만 년 전에는 지구 육지의 약 30퍼센트 정도가 빙하에 덮여 있었다. 지금도 지구의 10퍼센트는 빙하에 덮여 있고, 14퍼센트는 영구 동토층을 이루고 있다. 지구상의 민물 중에서 75퍼센트는 얼음에 갇혀 있고, 북극과 남극 모두에 만년설이 있는 지금의 상태는 지구의 역사

---

* 방사성 붕괴에 의해서 칼슘-40으로 붕괴되는 포타슘-40과 아르곤-40의 비를 근거로 암석이나 퇴적물의 연대를 측정하는 방법.

상 아주 독특한 것이다.[20] 세계 대부분의 지역에 눈이 내리는 겨울이 찾아오고, 뉴질랜드와 같이 온화한 지역에도 영구 빙하가 존재한다는 사실이 아주 자연스럽게 보일 수도 있지만, 사실은 지구 역사에서 가장 특이한 상황에 해당한다.

지극히 최근까지 어느 곳에서도 영구 빙하를 찾아볼 수 없을 정도로 더웠던 것이 지구의 일반적인 기후였다. 현재의 빙하기(사실은 빙하세)는 대략 4,000만 년 전에 시작되었고, 그 사이에 살인적으로 혹독했던 빙하기와 전혀 아무렇지도 않았던 빙하기가 섞여 있었다. 빙하기가 시작되면, 그 이전의 빙하기에 대한 흔적이 씻겨 사라져버리기 쉬워서 과거로 돌아갈수록 상황을 정확하게 알아내기가 더 어렵게 된다. 아프리카에서 호모 에렉투스가 출현한 후에 현대 인류가 등장한 지난 250만 년 동안에 적어도 17차례의 극심한 빙하기가 있었던 것으로 보인다.[21] 현재 빙하기가 시작된 주된 원인으로는 두 가지가 꼽히고 있다. 하나는 히말라야 산맥이 솟아오르면서 공기의 흐름을 차단해버렸고, 다른 하나는 파나마 지협이 형성되면서 해류의 흐름을 막아버렸던 것이다. 지난 4,500만 년 사이에, 섬이었던 인도가 3,000킬로미터나 밀려 올라가서 아시아에 붙게 되면서 히말라야 산맥이 솟아오르고, 광활한 티벳 고원이 만들어졌다. 가설에 따르면, 높은 지형은 더 서늘할 뿐만 아니라 바람이 북아메리카를 향해 북쪽으로 불게 만들어서 장기적인 냉각현상이 더 쉽게 일어나게 되었다고 한다. 그런 후에 대략 500만 년 전부터 파나마가 바다 밑에서 솟아오르면서 북아메리카와 남아메리카 사이의 틈을 가로막으면서, 태평양과 대서양 사이에 난류의 흐름을 차단해서 적어도 전 세계의 절반에 해당하는 지역에서 강우양식이 바뀌게 되었다. 그렇게 나타난 결과 중의 하나가 아프리카의 건조화였다. 결국 유인원들은 나무에서 내려와서 새로 나타나는 사바나에서 적응해서 살아가는 새로운 생활양식을 가지게 되었다.

어쨌든 바다와 대륙이 지금과 같이 배열되면서 빙하가 오랫동안 남아 있게 되었던 것으로 보인다. 존 맥피에 따르면, 앞으로 대략 10만 년 정도 지속되는 작은 빙하기가 50차례 정도 더 찾아온 후에는 정말 모든 것이 녹아버릴 것이다.[22]

5,000만 년 이전에는 지구에 규칙적인 빙하기가 없었지만, 일단 빙하기가 찾아오면서부터는 그 규모가 엄청났다.[23] 22억 년 전에 엄청난 빙하기가 있었고, 그로부터 약 10억 년 정도는 온화한 기후가 계속되었다. 그러고 나서는 첫 번째 빙하기보다도 더 큰 규모의 빙하기가 시작되었다. 그 규모가 너무나도 커서 오늘날 과학자들은 그 시기를 극저온기 또는 슈퍼 빙하기라고 부른다.[24] 당시의 상황을 일반적으로 "눈덩이 지구(snowball earth)"라고 부른다.

그러나 "눈덩이"라는 표현으로는 당시의 살인적인 상황을 제대로 나타낼 수 없다. 이론에 따르면, 태양의 복사량이 6퍼센트나 감소하고, 온실 가스의 생산(또는 보유)이 줄어들면서 지구는 근본적으로 열을 저장하는 능력을 상실했다. 지구 전체가 남극 대륙처럼 되어버렸다. 기온은 섭씨 45도 정도 떨어졌다. 지구의 표면 전체가 단단하게 얼어버렸고, 고위도 지역의 바다는 800미터, 적도 지방에는 수십 미터 두께로 얼어붙었다.[25]

그러나 그런 이론에는 심각한 문제가 있다. 지질학적 증거에 따르면 적도 지역까지를 포함한 모든 곳에서 얼음이 있었던 것으로 보이지만, 생물학적인 증거에 따르면 어느 곳인가는 얼지 않은 바다가 있었음이 틀림이 없었다. 무엇보다도 남조균은 그런 상태에서도 살아남아서 광합성을 했다. 남조균들은 햇빛을 필요로 한다. 그러나 얼음을 통해서 보려고 노력해보면 쉽게 알 수 있는 것처럼, 얼음은 몇 미터 정도만 되면 불투명해져서 빛을 전혀 통과시키지 않는다. 두 가지 가능성이 제시되었다. 지역적으로 뜨거운 곳이 있어서 얼지 않은 상태로 남아 있던 바다가 있었다는 것이 그중의 하나이다. 또다른 가능성은 자연에서 가끔 볼 수 있듯이 어떤 식으로든지 반투명한 얼음이 생겼을 것이라는 주장이다.

지구가 정말 완전히 얼어붙었다면, 어떻게 다시 따뜻해졌는가는 정말 어려운 문제가 된다. 얼음으로 뒤덮인 지구는 엄청난 양의 열을 반사시킬 것이기 때문에 영원히 얼어붙은 상태로 남게 될 것이다. 지구의 뜨거운 내부가 구원을 해주었던 것으로 보인다. 다시 한번, 우리는 판 구조 덕분에 이곳에 존재할 수 있게 되었던 것 같다. 뒤덮인 표면에서 터진 화산이 엄청난 양의 열과 기체를 쏟아내면서 얼음이 녹고 대기가 다시 만들어졌을 것이라는 주장이다. 흥미롭게도 그런 초저온 상태의 끝이 생명의 역사에서 봄에 해당하는 캄브리아 폭발과 일치한다는 점이다. 사실은 모든 것이 그렇게 평온하지는 않았을 것이다. 지구의 온난화가 시작되면서 상상하기도 어려울 정도로 거친 날씨가 계속되었을 것이다. 태풍은 초고층 건물 높이의 파도를 만들어냈고, 표현할 수도 없을 정도의 폭우도 쏟아졌을 것이다.[26)]

그런 모든 일이 일어나는 동안에 갯지렁이와 조개류 그리고 깊은 바다의 분출공에 붙어서 사는 생물들은 분명히 아무 일도 없었던 것처럼 살았겠지만, 지구상의 다른 모든 생물들은 어느 때보다도 심각한 멸종 위기를 겪었을 것이다. 물론 그런 일들은 아주 오래 전의 일이었고, 지금 단계에서 우리는 그런 상황을 정확하게 알 수가 없다.

극저온기와 비교해보면, 더 최근에 일어났던 빙하기들은 비교적 작은 규모였다. 물론 오늘날 지구상의 규모로 보면 엄청난 것들이었다. 유럽과 북아메리카의 대부분을 덮었던 위스콘신 빙원은 두께가 3킬로미터나 되는 곳도 있었고, 1년에 120미터씩 두꺼워졌다. 바라보기만 해도 굉장한 것이었음이 틀림없다. 얼음의 두께는 가장자리에서도 800미터나 되었다. 600미터 높이의 얼음벽 밑에 서 있는 모습을 상상이라도 해보자. 그 뒤에 펼쳐진 수백만 제곱킬로미터에는 아주 높은 산꼭대기 몇 개가 솟아 있는 것 이외에는 얼음뿐인 세상이 펼쳐져 있었다. 대륙 전체가 얼음의 엄청난 무게 때문에 가라앉았다. 그런 대륙들은 빙하가 사라지고 1만2,000년이 지난 지금도 제자리를 찾아 솟아오르고 있다. 대륙빙들은 단순히 바위 덩이들과 자갈로 된 빙퇴석들을 옮겨놓은 것만이 아니라, 천천히 움직이면서 롱아일랜드, 케이프 코드, 낸터컷*을 비롯한 여러 지역의 땅 덩어리 전체를 만들어내기도 했다. 아가시 이전의 지질학자들이 빙하가 지형을 통째로 바꾸어놓을 수 있는 엄청난 위력을 가지고 있다는 사실을 이해하지 못했던 것이 신기하다.

만약 대륙빙들이 다시 확대된다면, 그것을 막아낼 수 있는 방법은 전혀

---

* 미국 매사추세츠 주의 케이프 코드 남쪽에 있는 대서양의 섬.

없다. 1964년에 북아메리카에서 가장 큰 빙원 중의 하나인 알래스카의 프린스 윌리엄 만에서, 기록으로 남아 있는 북아메리카의 지진 중에서 가장 강한 지진이 일어났다. 리히터 규모 9.2로 측정되었다. 단층을 따라서 6미터나 솟아오른 곳도 있었다. 지진이 워낙 강해서 텍사스에 있는 수영장의 물이 튀기기도 했다. 그런 유례없는 폭발이 프린스 윌리엄 만의 빙하에 어떤 영향을 미쳤을까? 아무 영향도 미치지 못했다. 그저 물에 조금 젖었을 뿐 빙하는 아무렇지도 않게 계속 움직이고 있다.

오래 전에는 수십만 년에 걸쳐서 점진적으로 빙하기가 시작되고 끝나는 일이 반복되었다고 생각했지만, 이제는 그렇지 않았다는 사실을 알고 있다. 그린란드의 얼음 시추공 덕분에 10만 년이 넘는 기간 동안의 기후에 대한 자세한 기록을 얻을 수 있게 되었다. 그러나 그렇게 밝혀진 사실들은 그렇게 마음 편한 것은 아니었다. 최근의 역사에서 대부분의 기간 동안 지구의 기후는 우리 문명세계에서 알고 있는 것처럼 안정하고 평온했던 것이 아니라 온화한 기간과 혹독한 추위 사이를 격렬하게 비틀거리면서 오고갔었다.

지구는 약 1만2,000년 전에 있었던 대빙하기가 끝날 무렵부터 상당히 빠른 속도로 더워지기 시작했지만, 1,000년 가까이 지속된 신(新)드라이어스기(이 이름은 대륙빙이 사라진 후에 육지에 처음 등장했던 담자리꽃나무[dryas]라는 극지방의 식물에서 유래되었다. 고[古]드라이어스기도 있었지만, 그렇게 분명하지는 않았다)라는 추운 기간이 갑자기 찾아왔다.[27] 1,000년 동안의 맹공격이 끝난 후에는 온도가 다시 올라갔다. 20년 동안에 7도나 올라갔다. 그렇게 굉장한 변화가 아닌 것처럼 보이기도 하지만, 실제로 스칸디나비아의 기후가 20년 만에 지중해의 기후로 바뀌어버린 것과 같은 엄청난 변화였다. 지역적으로는 더욱 심한 변화가 있었던 곳도 있었다. 그린란드의 얼음 시추공에 따르면, 그곳의 온도는 10년 사이에 15도나 바뀌어서 강우양식과 식물의 성장조건이 극적으로 변했다. 인구가 많지 않았던 지구를 뒤흔들어놓기에 충분했을 것이다. 오늘날 그런 변화가 일어난다면 그 결과는 상상을 넘어설 것이다.

더욱 두려운 사실은 어떤 자연현상 때문에 지구의 온도가 그렇게 급속하게 바뀌었는가를 모른다는 것이다. 엘리자베스 콜버트가 「뉴요커」에 쓴 글에 따르면, "어떤 알려진 외적 힘이나 심지어 지금까지 제시되었던 어떤 가설로도 지구의 온도가 심하게, 그리고 그렇게 자주 오르내리게 되었는가를 설명할 수가 없다." 그녀는 "어떤 거대하고 무시무시한 되먹임 고리"가 존재하는 것 같다고 덧붙였다. 아마도 바다와 정상적인 조류 패턴의 혼란과 관련이 있을 것으로 보이지만, 아직 그런 이유를 이해하기까지는 먼 길이 남아 있다.

한 이론에 따르면, 신드라이어스기가 시작될 때에 얼음이 녹은 물이 대량으로 바다로 유입되면서 북쪽 바다의 염도와 밀도가 낮아져서 멕시코 만류의 흐름이 충돌을 피하려는 운전자처럼 남쪽으로 바뀌었다는 것이다. 멕시코 만류의 온기를 빼앗긴 북위도 지역은 다시 추워지기 시작했다. 그러나 그런 이론으로는 다시 1,000년 후에 지구가 다시 더워졌을 때 멕시코 만류가 전과 같은 상태로 되돌아오지 못한 이유를 설명할 수가 없다. 그 대신 우리가 충적세라고 부르는 지금 살고 있는 비정상적으로 평온한 시기가 찾아왔다.

지금과 같은 안정적인 기후가 아주 오랫동안 지속되어야 할 것으로 믿을 이유는 없다. 실제로 과거보다 훨씬 더 상황이 나빠질 수도 있다고 믿는 전문가들도 있다. 지구 온난화가 빙하기로 되돌아가려는 경향을 상쇄시킬 것이라고 믿는 것은 당연하다. 그러나 콜버트가 지적했던 것처럼, 예측이 불가능할 정도로 요동치는 기후 앞에서 "아무도 감독할 수 없는 거대한 실험을 시도하는 것은 무모한 일이다."[28] 실제로 빙하기가 기온의 상승에 의해서 시작되었다는 주장은 처음에 생각했던 것보다 훨씬 더 가능성이 높은 것으로 보인다. 약간의 온난화에 의해서 증발 속도가 빨라지면 구름이 많아지고, 고위도 지방에서는 더 많은 눈이 내려서 쌓이게 된다는 주장이다.[29] 실제로 지구 온난화는 역설적으로 북아메리카와 북부 유럽에 심한 지역적 냉각효과를 가져올 수도 있다.

기후는 이산화탄소 농도의 증가와 감소, 대륙의 이동, 태양의 활동, 밀란코비치 사이클의 느린 요동 등을 비롯한 아주 많은 요인들에 의해서 결정된다.

그런 요인들이 과거에 어떠했는가를 이해하는 것은 미래의 변화를 예측하는 것만큼이나 어렵다. 대부분은 우리의 능력 바깥에 있다. 남극 대륙의 경우를 생각해보자. 남극 대륙은 남극에 자리를 잡은 이후로 적어도 2,000만 년 동안 얼음이 없는 상태에서 식물로 뒤덮여 있다. 그런 일은 도대체 가능하지가 않은 것이다.

이미 사라져버린 공룡들이 살던 지역의 범위도 역시 흥미롭다.[30] 영국의 지질학자 스티븐 드루리는 북극으로부터 위도 10도 이내에 있던 숲은 티라노사우루스 렉스를 포함한 거대한 괴물들의 서식처였다고 지적한다. 그에 따르면, "그런 고위도 지방은 1년 중에 석 달 동안은 계속해서 어둡기 때문에 이상한 일이었다." 더욱이 그런 고위도 지방의 겨울이 매우 혹독했다는 증거도 밝혀졌다. 산소 동위원소 연구에 따르면 알래스카 페어뱅크의 기후는 백악기 후기부터 지금까지 큰 변화가 없었던 것으로 밝혀졌다. 그렇다면 티라노사우루스 렉스가 그런 곳에서 어떻게 살았을까? 계절에 따라 엄청난 거리를 이동했거나, 1년 중 대부분의 시간을 어둠 속에서 휘날리는 눈과 함께 살아야 했을 것이다. 당시에는 극지방에 더 가까이 있었던 오스트레일리아의 기후도 더 온화하지 않았다.[31] 공룡들이 그런 환경에서 어떻게 생존할 수 있었는가는 짐작을 해야 할 뿐이다.

어쨌든 지금 다시 대륙빙이 만들어진다면 얼어붙게 될 물이 훨씬 더 많다는 사실을 염두에 두어야 한다.[32] 오대호와 허드슨 만을 비롯해서 캐나다의 수많은 호수들은 지난번 빙하기가 시작될 때는 그곳에 없었기 때문이다. 그 호수들은 당시의 빙하기에 의해서 만들어졌다.

한편, 우리 역사의 다음 단계에서는 우리가 얼음을 만들기보다는 많은 양의 얼음을 녹이는 모습을 보게 될 것이다. 대륙빙이 모두 녹으면 해수면은 20층의 건물과 맞먹는 60미터나 올라가서 세계의 모든 해안도시들은 물에 잠길 것이다. 적어도 단기적으로는 남극 대륙의 서부에 있는 대륙빙이 녹을 가능성이 높다. 지난 50년 동안에 그 주변의 수온은 섭씨 2.5도나 올라갔고, 대륙빙은 놀라운 규모로 붕괴되기 시작했다. 그 지역의 지질학적 특성 때문에 대규모의 붕괴는 언제나 일어날 수 있다. 그렇게 되면 해수면은 세계적으로 평균 4-6미터 정도 올라갈 것이다. 그런 일은 아주 빠르게 일어날 것이다.[33]

더욱 놀라운 사실은 앞으로 우리가 추위에 얼어죽게 될 시대를 맞이할 것인지, 아니면 마찬가지로 푹푹 찌는 더위가 찾아올 것인지를 알 수가 없다는 것이다. 한 가지 확실한 사실은 우리가 칼날 위에서 살고 있다는 것이다.

그런데 장기적으로 보면 빙하기가 지구에게는 절대 나쁜 소식이 아니었다. 빙하는 돌을 깨뜨려서 아주 비옥한 토양을 만들어주었고, 수백 종의 생물들이 살아갈 수 있는 영양분을 제공할 민물 호수도 제공했다. 빙하는 이동을 가속화시킴으로써 지구를 역동적인 상태로 유지시켜주었다. 팀 플래너리에 따르면, "사람들의 운명을 결정할 대륙에 대한 단 한 가지 의문은 '훌륭한 빙하기를 가지고 있었느냐?'는 것뿐이다."[34] 그런 사실을 염두에 두고, 이제 유인원에 대해서 살펴보기로 한다.

제28장

신비로운 이족 동물

1887년 크리스마스 직전에 마리 유진 프랑수아 토마스 뒤부아라는 네덜란드식이 아닌 이름을 가진 젊은 네덜란드 의사가 초기 인류의 유해를 찾아내기 위해서 네덜란드령 동인도 제도의 수마트라에 도착했다.[1)†]

몇 가지 별난 점이 있었다. 우선, 의도적으로 옛날 사람의 유골을 찾아내려던 사람은 아무도 없었다. 당시까지 발견되었던 것들은 모두 우연히 발견된 것들이었다. 더욱이 뒤부아는 그런 일에 적합한 배경을 가지고 있지도 않았다. 그는 고생물학에 대해서는 아는 것이 전혀 없었던 해부학자였다. 그리고 동인도 제도에 초기 인류의 유골이 남아 있을 것이라고 믿을 만한 아무런 이유도 없었다. 논리적으로 보면, 옛 사람의 유골이 발견된다면 그것은 오래전부터 많은 사람들이 살고 있던 육지가 될 것이지, 비교적 요새와 같았던 군도는 아닐 것이다. 뒤부아가 동인도 제도로 향한 데에는 충동 이상의 이유는 없었다. 직장을 얻을 가능성도 있었고, 수마트라에는 당시까지 발견되었던 중요한 사람과(科)의 화석들이 있는 환경인 동굴들이 많다는 정도만 알고 있었다. 그러나 너무 독특해서 거의 기적에 가까웠던 사실은 그가 찾고 싶어하던 것을 찾아냈다는 것이다.

뒤부아가 사라진 연결 고리를 찾기 위한 계획을 세우던 때까지만 하더라도 인간의 화석 기록은 많지 않았다. 불완전한 네안데르탈인의 유골 다섯

† 뒤부아는 네덜란드 사람이기는 했지만, 프랑스어를 쓰는 벨기에와의 접경에 있던 에이스덴 출신이었다.

점, 출처가 분명하지 않은 턱뼈 일부 한 점, 얼마 전에 프랑스의 레제지 부근의 크로마뇽이라고 부르는 절벽에 있는 동굴에서 철도 공사장 인부가 발견한 대여섯 점의 빙하기 인간의 유골뿐이었다. 네안데르탈인의 유골 중에서 가장 잘 보존된 것은 런던의 박물관 선반 위에 아무런 표식도 없이 버려져 있었다. 그것은 1848년 지브롤터의 채석장에서 바위를 폭발시키던 인부들에 의해서 발견된 것이어서 보존상태가 좋았던 것 자체가 신기한 일이었다.[2] 그러나 불행하게도 그때까지만 하더라도 그것이 무엇인지 알아보지를 못했다. 지브롤터 과학회의 학술회의에서 짤막하게 보고된 후에 런던의 헌터 박물관으로 보내졌고, 그곳에서 반세기 이상을 먼지를 뒤집어쓴 채로 그대로 남겨졌다. 최초의 공식적인 기록은 1907년에 완성되었고, 그 후에는 "해부학에 대해서 약간의 능력을 가진" 윌리엄 솔라스라는 지질학자에 의한 보고가 있었다.[3]

그래서 최초의 초기 인류를 발견한 이름과 공로는 독일의 네안데르에게 돌아갔다.[4] 우연히도 그리스어로 네안데르는 "새로운 사람"이라는 뜻이어서 전혀 틀린 것은 아니었다. 그곳에서 뒤셀 강을 내려다보는 절벽에 있던 또다른 채석장의 인부가 이상하게 보이는 뼈를 발견하고 자연의 모든 것에 대해서 관심을 가지고 있다고 알려진 그 지역의 교사에게 전해주었다. 놀랍게도 요한 카를 풀로트라는 그 교사는 그것이 전혀 새로운 인류의 유골이라는 사실을 곧바로 알아보았다. 그러나 그것의 정체와 가치는 오랫동안 논란의 대상이 되었다.

많은 사람들은 네안데르탈인의 유골이 오래된 것이라는 사실을 인정하려고 하지 않았다. 본 대학의 교수이자 영향력이 있는 인물인 아우구스트 마이어는 그 뼈들이 1814년 독일에서 전투에 참여했다가 부상을 당한 후에 동굴로 기어들어가서 죽은 몽골 계열의 코사크 병사의 것이라고 고집했다. 그의 주장을 전해들은 영국의 T. H. 헉슬리는 치명적인 부상을 당한 병사가 18미터나 되는 절벽을 기어올라가서 자신의 옷과 소지품을 모두 버린 후에 동굴의 입구를 막고, 땅속 2미터 깊이에 스스로를 묻었다는 주장이 놀랍다고 냉소적으로 비판했다.[5] 또다른 인류학자는 네안데르탈인의 눈 두덩이가 솟아오른 것은 이마에 생긴 상처를 제대로 치료하지 못해서 오랫동안 찡그리고 있었기 때문이라고 주장했다(초기 인류의 유골이라는 사실을 반박하는 과정에서 전문가들은 가장 이상한 가능성도 주저 없이 받아들였다. 뒤부아가 수마트라로 떠날 무렵에는 페리괴에서 발굴된 유골이 에스키모의 것이라고 주장하기도 했다. 고대 에스키모 사람이 프랑스 남서부에서 무엇을 하고 있었는가에 대해서는 아무런 설명이 없었다. 그 유골은 사실 초기 크로마뇽인의 것이었다).

뒤부아는 이런 배경에서 초기 인류의 유골을 찾기 시작했다. 그는 스스로 발굴에 참여하는 대신에 네덜란드 정부로부터 50명의 죄수들을 제공받았다.[6] 그들은 1년 동안 수마트라에서 발굴작업을 한 후에 자바로 옮겨갔다. 뒤부아 자신은 발굴현장에 잘 가보지도 않았다. 1891년에 오늘날 트리니 두개골 상부라고 알려진 고대 인류의 두개골 일부를 찾아낸 사람도 그의 발굴단에서 일하던 인부였다. 두개골의 일부였지만 그 두개골의 소유자가 사람과는 분명하게 닮지 않았고, 다른 유인원보다는 훨씬 큰 뇌를 가지고 있었음을 알 수 있었다. 뒤부아는 그것을 안트로피테쿠스 에렉투스(후에는 기술적인 이유 때문에 피테칸트로푸스 에렉투스로 바뀌었다)라고 부르고, 그것이 유인원과 인간 사이의 잃어버린 고리라고 주장했다. 그 동물은 곧 "자바인"으로 일반에게 알려졌다. 오늘날 우리는 그들을 호모 에렉투스라고 부른다.

뒤부아의 발굴단은 다음 해에 놀라울 정도로 현대적으로 보이는 거의 완벽한 대퇴골을 찾아냈다. 사실 많은 인류학자들은 그 유골은 현대인의 것으로 자바인과는 아무 관련이 없는 것이라고 믿고 있다.[7] 그것이 에렉투스의 것이라고 하더라도, 그 후에 발견된 것과도 달랐다.[8] 그럼에도 불구하고, 뒤부아는 그 대퇴골을 근거로 피테칸트로푸스가 똑바로 서서 걸었을 것이라고 주장했다. 실제로 그의 주장이 옳았던 것으로 밝혀졌다. 또한 그는 두개골의 일부와 이빨 하나만으로 완전한 두개골의 모형을 제작했고, 그것도 역시 놀라울 정도로 정확했던 것으로 밝혀졌다.[9]

1895년에 뒤부아는 승리의 환영을 기대하면서 유럽으로 돌아갔다. 그러나 실제로 그는 정반대의 반응에 직면하게 되었다. 대부분의 과학자들은 그의 결론은 물론이고 그런 결론을 주장하는 그의 거만한 태도를 좋아하지 않았다. 그들은 그 두개골 상부가 초기 인류가 아니라 유인원의 것이거나, 어쩌면 긴팔원숭이의 것일 수도 있다고 반박했다. 뒤부아는 자신의 주장을 강화하기 위해서 1897년 스트라스부르 대학의 존경받던 해부학자 구스타프 슈발베로 하여금 두개골 상부의 주형을 만들도록 했다. 뒤부아에게는 놀랍게도, 슈발베가 쓴 책은 뒤부아의 책보다 훨씬 더 환영을 받았고, 그의 강연에서는 마치 그가 두개골을 발굴한 사람인 듯이 따뜻한 환영을 받았다.[10] 화가 나고 감정이 상한 뒤부아는 암스테르담 대학의 지질학 교수로 있었던 20년 동안 아무에게도 귀중한 화석을 보여주지 않았다. 그는 1940년에 불행하게 사망했다.

한편, 지구의 반대편인 요하네스버그에서는 1924년 말에 오스트레일리아 태생으로 비트바테르스란트 대학의 해부학 학과장인 레이먼드 다트에게 작지만 놀라울 정도로 완벽한 어린이의 두개골이 전해졌다. 칼라하리 사막 근처의 타웅이라는 곳에 있던 석회석 채석장에서 발굴된 이 두개골에는 얼굴 모양이 그대로 있었고, 아래턱뼈와 뇌가 들어 있던 두개골의 안쪽도 완벽한 형태로 남아 있었다. 다트는 타웅 두개골이 뒤부아의 자바인과 같은 호모 에렉투스가 아니라 더 이전의 유인원과 같은 동물의 것이라는 사실을 곧바로 알아차렸다.[11] 그는 그 두개골이 200만 년 전의 것이라고 추정하고, "아프리카의 남부 유인원"이라는 뜻으로 오스트랄로피테쿠스 아프리카누스라고 이름을 붙였다. 「네이처」의 보고에서 다트는 타웅 유골을 "놀라운 인간"이라고 불렀고, 그런 유골을 포함시키려면 호모 시미아다이("인간-유인원")라는 새로운 과(科)가 필요하다고 주장했다.

전문가들은 뒤부아의 경우보다 다트의 주장에 더 심한 반발을 보였다. 그들에게는 다트의 이론은 물론이고 그에 대한 거의 모든 것이 불쾌했다. 우선 유럽의 세계적인 전문가들의 도움을 받지 않고 모든 분석을 스스로 해냈다는 사실이 그가 놀라울 정도로 염치없는 사람이라는 것을 잘 보여준다고 생각했다. 심지어 그리스어와 라틴어의 어원을 결합시킨 오스트랄로피테쿠스라는 이름은 그의 학자적 능력이 부족함을 잘 보여준다고 믿었다. 그러나 무엇보다도 그의 결론은 당시에 인정되던 이론과 정면으로 배치되는 것이었다. 당시에는 인간과 유인원이 1,500만 년 전에 아시아에서 분리된 것으로 믿었다. 만약 인류가 아프리카에서 출현했다면, 우리 모두가 흑인이 아닌 이유가 무엇일까? 그의 주장은 오늘날 누군가가 예를 들어서 미주리 주에서 고대 인류의 뼈를 발견했다고 주장하는 것과도 같았다. 당시에 알려진 사실들과 들어맞지가 않았다.

다트의 주장을 지지한 유일한 사람은 스코틀랜드 태생의 의사이며 고생물학자로 상당한 지식과 별난 성격을 가졌던 로버트 브룸뿐이었다. 그는 날씨가 따뜻할 때는 알몸으로 발굴작업을 하는 버릇이 있었다. 그는 가난하고 유순한 환자들에게는 이상한 해부학적 실험을 했던 것으로 알려지기도 했다. 흔히 그랬듯이 환자가 죽으면 시신을 자신의 뒷마당에 묻었다가 훗날 파내어서 연구를 하기도 했다.[12]

성공한 고생물학자였던 브룸도 역시 남아프리카에 살고 있었기 때문에 직접 타웅 두개골을 살펴볼 수 있었다. 그도 역시 다트가 생각했던 것처럼 그 유골이 중요하다는 사실을 곧바로 알아차리고 열렬하게 다트의 주장을 지지했지만, 효과가 없었다. 그로부터 50년 동안 사람들은 타웅 어린이가 유인원 이상이 아니라고 믿었다. 대부분의 교과서는 언급조차 하지 않았다. 다트는 5년에 걸쳐서 책을 썼지만, 그 책을 발간해줄 출판사를 찾을 수 없었다.[13] 결국 그는 책을 발간하려던 노력을 포기했다(그러나 화석을 찾는 일은 계속했다). 오늘날 인류학의 가장 뛰어난 보물이라고 인정되고 있는 그 두개골은 몇 년 동안 동료의 책상에 쌓인 서류 더미 위에 놓여 있었다.[14]

1924년 다트가 자신의 결과를 발표했을 때는 호모 하이델베르겐시스, 호모 로데시엔시스, 네안데르탈 그리고 뒤부아의 자바인을 비롯한 네 종류의 고대 인류가 알려져 있었지만, 그 후로 사정은 엄청나게 바뀌었다.

우선, 중국에서는 데이비슨 블랙이라는 재능 있는 캐나다 아마추어가 오래된 유골이 많은 곳으로 유명했던 룽구 산(龍骨山) 주변을 조사하고 있었다. 불행하게도 중국 사람들은 유골을 연구용으로 보존하는 대신에 가루로 빻아서 약으로 쓰고 있었다. 가치를 헤아릴 수도 없이 귀중한 호모 에렉투스의 유골들 중에서 얼마나 많은 양이 중국식 탄산소다로 변해버렸는가는 짐작만 할 수 있을 뿐이다. 블랙이 도착했을 때에 이미 그 주변은 폐허로 변해 있었지만, 그는 화석화된 어금니 하나를 발견할 수 있었고, 그것만을 근거로 그는 곧바로 베이징인(北京人)으로 알려지게 된 시난트로푸스 페키넨시스를 발견했다고 발표했다.[15]

블랙의 요구에 의해서 더욱 본격적인 발굴작업이 시작되었고, 곧바로 다른 유골들이 발굴되었다. 그러나 불행하게도 1941년 일본군의 진주만 공격 다음날 모든 유골들은 사라져버렸다. 유골들을 가지고 빠져나가려던 미국 해병대가 일본군에 의해서 차단되어 투옥되었다. 그들이 가지고 있던 상자에 유골만 들어 있다는 사실을 알아낸 일본군은 그 상자들을 길가에 버려두었다. 그것이 그 유골의 마지막 모습이었다.

그 사이에 옛날 뒤부아가 활동하던 자바에서는 랄프 폰 쾨니히스발트가 이끄는 발굴 팀이 초기 인류의 유골들을 발견했다. 그들은 응간동의 솔로 강에서 발견되었기 때문에 솔로인으로 알려지게 되었다. 쾨니히스발트의 발견은 더욱 인상적인 것이 될 수도 있었지만, 전략적인 실수가 있었음이 뒤늦게 밝혀졌다. 그는 지역 주민들에게 사람 유골 조각 하나를 찾아오면 10센트를 주겠다고 약속했다. 놀랍게도 주민들은 더 많은 수입을 얻기 위해서 큰 조각을 열심히 쪼개고 있었다.[16]

그로부터 더 많은 유골들이 발굴되면서 호모 오리그나켄시스, 오스트랄로피테쿠스 트란스바알렌시스, 파란트로푸스 크라시덴스, 진얀트로푸스 보이세이를 비롯한 새로운 이름들이 홍수처럼 쏟아졌다. 거의 모두가 새로운 속과 종을 나타낸 것들이었다. 1950년대 말에 이르러서는 이름이 붙여진 사람과의 수가 100가지를 훨씬 넘어섰다. 더욱 혼란스럽게도, 각각의 유골들은 고고인류학자들이 분류를 개선하고 재검토하는 과정에서 서로 다른 이름들이 붙여진 경우도 많았다. 솔로인들은 호모 솔로엔시스, 호모 프리미게니우스 아시아티쿠스, 호모 네안데르탈렌시스 솔로엔시스, 호모 사피엔스 솔로엔시스, 호모 에렉투스 에렉투스, 그리고 단순히 호모 에렉투스 등의 다양한 이름으로 부르게 되었다.[17]

1960년에 시카고 대학의 F. 클라크 하월은 에른스트 마이어와 그 이전의 다른 사람들의 제안에 따라 오스트랄로피테쿠스와 호모의 두 속(屬)만을 남겨두고, 다른 종들을 합리적으로 재분류하는 방법을 제안했다.[18] 자바와 베이징인은 모두 호모 에렉투스로 분류되었다. 한동안 사람속의 세계는 그런 질서가 유지되었다.† 그러나 그런 질서는 오래 유지되지 못했다.

대략 10년 정도 비교적 평온하게 지내던 고고인류학계에서는 다시 수많은 발견들이 쏟아지기 시작했고, 지금도 그런 발견이 계속되고 있다. 1960년대에는 호모 하빌리스가 발굴되었다. 일부 전문가들은 그것이 유인원과 사람 사이의 잃어버린 연결 고리라고 주장하지만, 전혀 새로운 종이 아니라고 주장하는 사람들도 있다. 그리고 호모 에르가스테르, 호모 로우이슬레아케이, 호모 루돌펜시스, 호모 미크로크라누스, 호모 안테케소르는 물론이고, 오스트랄로피테쿠스에 속하는 오스트랄로피테쿠스 아파렌시스, 오스트랄로피테쿠스 프라이겐스, 오스트랄로피테쿠스 라미두스, 오스트랄로피테쿠스 발케리, 오스트랄로피테쿠스 아나멘시스를 비롯한 다양한 종들이 발견되었다. 모두 합쳐서 오늘날 문헌에는 대략 20가지의 사람과가 밝혀져 있다. 불행하게도 전문가들마다 서로 다른 종을 인정하고 있는 것이 문제이다.

일부에서는 1960년에 하월이 제안한 두 개의 사람속을 따르고 있지만, 오스트랄로피테쿠스를 파란트로푸스라는 별도의 속으로 분류하기도 하고, 옛

---

† 사람은 사람과(*Hominidae*)에 속한다. 전통적으로 사람이라고 부르는 이 과에는 침팬지보다 현존하는 우리와 더 가까운 모든 동물(멸종된 것 포함)이 포함된다. 한편, 유인원은 모두 성성잇과(*Pongidae*)에 속한다. 많은 전문가들은 침팬지, 고릴라, 오랑우탄들도 이 과에 속해야 하고, 인간과 침팬지는 사람과라는 아과(亞科)에 속해야 한다고 주장하기도 한다. 그런 분류법에 따르면 전통적으로 사람과에 속했던 동물들은 모두 사람아과에 속하게 된다(리키를 비롯한 사람들이 그런 분류법을 주장한다). 사람과는 우리를 포함하는 유인원 초과(超科)의 이름이 된다.

날에 쓰던 아르디페테쿠스를 다시 사용하는 경우도 있다. 어떤 사람은 프라이겐스를 오스트랄로피테쿠스라고 하고, 호모 안티쿠우스라고 따로 분류하기도 하지만, 프라이겐스를 새로운 종으로 인정하지 않는 경우도 있다. 이 문제에 대해서는 진정한 권위자가 따로 없다. 새로운 이름이 인정을 받으려면 합의가 있어야 하는데, 이 분야에서는 합의가 이루어지지 않는다.

역설적으로 문제의 핵심은 증거가 부족하다는 것이다. 유사 이래로 수십억 명의 인간 또는 그와 비슷한 존재들이 살았고, 각각이 유전적 다양성에 조금씩 기여를 했다. 그런 엄청난 숫자 중에서 선사시대 인류에 대한 우리의 이해는 대략 5,000명 정도의 유골에 대한 지나칠 정도로 단편적인 사실들만을 근거로 하고 있을 뿐이다.[19] 뉴욕의 미국 자연사 박물관에 근무하는 수염을 기른 친절한 관리인 이언 태터솔에게 사람과 초기 인류 유골의 규모에 대해서 물어보았더니 "훼손되는 것을 두려워하지 않는다면 모든 것을 픽업 트럭에 실을 수 있는 정도"라고 했다.[20]

부족하기는 하더라도, 유골들이 시대나 지역에 따라 균일하게 분포하고 있다면 좋겠지만, 실제로는 그렇지도 못한 형편이다. 유골들은 아무 곳에서나 나타나고, 그나마도 감질나게 조금씩 발견된다. 호모 에렉투스는 100만 년이 넘는 기간 동안 지구를 걸어다녔고, 유럽의 대서양 연안에서부터 중국의 태평양 연안에 이르는 모든 지역에 살고 있었지만, 우리가 확인할 수 있는 호모 에렉투스를 모두 살려낸다고 하더라도 스쿨버스 한 대도 채울 수가 없을 정도이다. 부분적인 유골 두 구와 서로 상관없는 팔다리 뼈 몇 개만 알려진 호모 하빌리스의 경우는 더욱 심각하다. 화석 기록으로는 우리가 살고 있는 문명처럼 짧은 역사를 가진 경우에 대해서는 아무것도 알아낼 수가 없다.

태터솔의 비유적인 설명에 따르면, "유럽의 경우를 보면, 조지아*에서 약 170만 년 전에 살았던 초기 인류의 유골이 발굴된 후로, 대륙의 반대편인 스페인에서 거의 100만 년 정도 지난 후의 유골이 발굴되었고, 다시 독일에

* 흑해의 동쪽에 위치하고, 러시아, 터키, 아르메니아와 국경을 마주하고 있는 국가로, 러시아어인 '그루지야'로 알려지기도 했다.

서 30만 년 후의 호모 하이델베르겐시스가 발굴되었습니다. 그리고 그 유골들은 서로 비슷하지도 않을 정도로 달랐습니다." 그는 웃으면서 말했다. "그런 정도로 단편적인 정보를 이용해서 종 전체의 역사를 알아내려고 노력하고 있는 겁니다. 정말 어려운 일이지요. 우리는 초기 인류의 종들 사이의 관계에 대해서는 아는 것이 거의 없습니다. 어느 종이 우리에게로 이어졌고, 어느 종이 멸종되었는가를 알 수가 없습니다. 별도의 종으로 여겨야 할 필요가 전혀 없는 것들도 있을 것입니다."

기록들이 그렇게 고르지 못하기 때문에 새로 발견되는 것들이 모두 갑작스럽고 다른 것들과 구별되는 것처럼 보이게 된다. 역사 전체를 통해서 일정한 간격으로 분포된 수만 개의 유골들을 가지고 있다면, 중복되는 부분들도 많이 발견될 것이다. 새로운 종은 화석 기록이 뜻하는 것처럼 전혀 순간적으로 등장하는 것이 아니라 이미 존재했던 다른 종으로부터 점진적으로 나타나게 된다. 분화되는 시점에 가까이 갈수록 유사성은 더욱 커지기 때문에 말기의 호모 에렉투스와 초기의 호모 사피엔스를 구별하는 것은 엄청나게 어렵고, 어쩌면 전혀 불가능할 수도 있다. 둘 모두이기도 하면서, 모두가 아닐 수도 있기 때문이다. 단편적인 유골을 근거로 정체를 확인하는 과정에서도 그런 문제가 생길 수 있다. 예를 들면 어떤 뼈가 오스트랄로피테쿠스 보이세이 여성의 것인지 호모 하빌리스 남성의 것인지를 가려내기는 여간 어려운 일이 아니다.

확실하게 알고 있는 것이 거의 없는 과학자들은 근처에서 발견되는 다른 것들을 근거로 가정을 하기도 하지만, 그런 가정은 용감한 추측 이상의 것이 될 수가 없다. 앨런 워커와 패트 시프먼이 냉소적으로 지적했듯이, 도구의 발견을 그 근처에서 발견되는 종과 연관을 시킨다면 초기의 손도구들은 대부분 사슴들이 만든 것이라는 결론을 얻게 될 것이다.[21]

어쩌면 호모 하빌리스의 경우처럼 서로 모순되는 단편적인 증거들에 의해서 발생하는 혼란을 잘 보여주는 예도 없을 것이다. 간단히 말해서 하빌리스의 유골들은 말이 되지 않는다. 순서대로 늘어놓으면, 남성과 여성이 서로 다른 속도와 방향으로 진화한 것처럼 보인다.[22] 남성은 시간이 흐르면서 유인원보다는 인간에 더 가까워졌지만, 여성은 오히려 같은 기간 동안에 인간보다는 유인원에 더 가까워진 것처럼 보인다. 그래서 하빌리스가 근거가 있는 분류라고 생각하지 않는 전문가들도 있다. 태터솔과 그의 동료인 제프리 슈워츠는 그것을 그저 아무 상관도 없는 화석들을 "편리하게 쓸어 담을 수 있는 잡동사니 종"이라고 여기고 있다.[23] 하빌리스가 별개의 종이라고 생각하는 전문가들조차도 그것이 우리와 같은 속에 속하는 것인지, 아니면 더 이상 진화하지 못한 곁가지에 해당하는 종인지에 대해서 의견의 일치를 보지 못하고 있다.

마지막으로 그런 모든 논란에서 인간의 본성도 어쩌면 가장 중요한 요인으로 작동한다. 과학자들은 새로 발견한 사실들을 자신들의 위상을 가장 높여주는 방법으로 해석하려는 자연적인 경향을 가지고 있다. 유골 무더기를 발견했는데 전혀 흥분할 것은 아니라고 주장하는 고생물학자는 정말 드물다. 존 리더가 자신의 「잃어버린 연결 고리」에서 주장했듯이, "새로운 증거에 대한 최초의 해석이 발견자의 편견에 불과했던 경우가 얼마나 많았는지는 놀라울 정도이다."[24]

물론 그런 모든 것들이 논란의 가능성이 되고, 고고인류학자들만큼 논쟁을 좋아하는 사람들도 없을 것이다. 최근에 발간된 「자바인」의 저자들에 따르면, "과학의 모든 분야 중에서 고고인류학만큼 자존심이 강한 분야도 없을 것이다."[25] 그런데 그 책 자체도 특히 저자들의 과거 가까운 동료였던 도널드 조핸슨을 비롯한 다른 사람들이 얼마나 부적절했는가에 대해서 놀라울 정도로 무의식적인 공격을 퍼붓고 있다. 예를 들면 다음과 같다.

> 우리가 연구소에서 함께 일하던 때에 그[조핸슨]는 불행히도 예측할 수 없는 성격이고 큰소리로 개인적인 공격을 일삼는 사람이라는 평을 받았다. 책은 물론이고 손에 잡히는 것이라면 무엇이나 집어던지는 경우도 있었다.[26]

선사시대 인류의 역사에 대한 이야기 중에서 언젠가 누군가에 의해서 논란이 제기되지 않을 것은 거의 없다는 사실을 염두에 두고, 우리가 누구이고 어디에서 왔는가에 대해서 우리가 알고 있는 것은 대강 다음과 같다.

생명체로서 우리 역사의 첫 99.99999퍼센트는 침팬지와 같은 조상을 공유한다.[27] 침팬지 이전의 역사에 대해서는 거의 알려진 것이 없지만, 그 역사에 상관없이 우리는 그렇다. 그런 후에 대략 700만 년 전에 무엇인가 엄청난 일이 일어났다. 새로운 존재가 아프리카의 열대 밀림에서 등장해서 광활한 사바나 지역을 돌아다니기 시작했다.

그들이 바로 오스트랄로피테쿠스들이었고, 그들은 500만 년 동안 세계를 지배하던 사람종이었다(오스트랄이라는 말은 오스트레일리아와는 아무런 관계가 없는, "남쪽"이라는 라틴어에서 유래되었다). 오스트랄로피테쿠스에는 몇몇 변종들이 있었다. 레이먼드 다트의 타웅 어린이처럼 마르고 약한 종도 있었고, 더 강하고 단단한 몸을 가진 종도 있었지만, 모두가 곧바로 서서 걸을 수 있었다. 100만 년을 훨씬 넘도록 존재했던 종도 있었지만, 수십만 년 정도 살았던 종도 있었다. 그러나 가장 성공하지 못했던 종이라고 하더라도 현재의 우리보다는 훨씬 더 오랜 역사를 가지고 있었다는 사실을 기억해야 한다.

세계에서 가장 유명한 인류의 유골은 1974년에 도널드 조핸슨의 탐사 팀이 에티오피아의 하다르에서 발굴한 318만 년 전의 오스트랄로피테쿠스의 유골이다. "아파르 지역(Afar Locality)"이라는 뜻으로 A. L. 288-1이라고 알려졌던 이 유골은 비틀즈의 "저 하늘의 다이아몬드를 가진 루시"라는 노래 때문에 루시라고 더 잘 알려졌다. 조핸슨은 그녀의 중요성을 절대 의심하지 않았다. 그의 말에 따르면, "그녀는 우리의 가장 오랜 선조이고, 유인원과 인간 사이의 잃어버린 연결 고리이다."[28]

루시는 신장 1미터의 작은 사람이었다. 그녀는 걸을 수 있었다. 물론 얼마나 잘 걸을 수 있었는가에 대해서는 논란이 있다. 그녀는 나무를 잘 타기도 했다. 다른 것은 밝혀지지 않고 있다. 그녀의 두개골은 거의 완전히 사라졌기 때문에 뇌의 크기에 대해서는 확실하게 말할 수가 없다. 그러나 두개골의 파편을 보면 크기가 그리 크지는 않았다. 대부분의 책들은 루시의 유골이 40퍼센트 정도 남아 있다고 하지만, 절반에 가깝다는 주장도 있고, 미국 자연사 박물관에서 펴낸 책에서는 루시의 3분의 2가 남아 있다고 주장한다. BBC의 「유인원」이라는 텔레비전 시리즈에서는 그렇지 않다는 사실을 보여주면서도 루시를 "완벽한 유골"이라고 불렀다.

인간의 몸에는 206개의 뼈가 있지만, 똑같은 것들도 많다. 왼쪽 대퇴골만 있으면 오른쪽 대퇴골이 없어도 크기를 알 수 있다. 겹치는 뼈들을 모두 제외하면 남는 것은 120개가 되고, 그것을 반쪽 골격이라고 부른다. 그런 기준을 적용하고, 아주 작은 파편까지도 완전한 뼈라고 여기더라도 루시의 유골은 반쪽 골격의 28퍼센트에 불과하다(완전한 뼈들만 고려하면 약 20퍼센트에 불과하다).

앨런 워커는 그의 「뼈에 담긴 지혜」에서 조핸슨에게 어떻게 40퍼센트라는 숫자가 쓰이게 되었는가를 물어보았던 이야기를 소개했다. 조핸슨은 자신이 손과 발의 뼈 106개를 제외시켰다고 간단하게 대답했다.[29] 몸속에 있는 뼈의 절반 이상을 제외했을 뿐만 아니라, 루시의 대표적인 특징이 손과 발을 이용해서 변한 세상에 적응한 것이라는 점을 고려하면 아주 중요한 절반에 해당하는 것이라고 생각할 수도 있다. 어쨌든 루시에 대해서는 일반적으로 생각하는 것보다는 실제로 알려진 것이 많지 않다. 실제로는 그 유골이 여성의 것인가도 확실하지 않다. 몸집이 작기 때문에 여성일 것이라고 추측했을 뿐이다.

루시가 발견되고 2년이 지난 후에 탄자니아의 라에톨리에서 메리 리키가 사람속의 동일한 가족에 속하는 것으로 보이는 두 사람의 발자국을 발견했다. 그 발자국은 화산 폭발이 일어난 후에 진흙 같은 화산재 위로 걸어갔던 두 명의 오스트랄로피테쿠스에 의해서 남겨진 것이었다. 후에 화산재가 단단해지면서 23미터에 이르는 거리에 발자국이 남게 되었다.

뉴욕의 미국 자연사 박물관에는 그들이 지나가는 순간을 담은 흥미로운 모형을 소장하고 있다. 고대 아프리카 평원을 남성과 여성이 나란히 걷고 있는 실물 모형이다. 침팬지 정도의 몸집을 가진 그들은 털이 많지만, 태도와 걸음걸이는 사람과 닮았다. 그 모형의 가장 놀라운 특징은 남성이 왼손으로 여성의 어깨를 보호하듯이 감싸고 있다는 것이다. 아주 가까운 관계임을 암시하는 부드럽고 감동적인 몸짓이다.

그 모형은 너무 자세해서 발자국 위의 거의 모든 것이 상상에 의한 것이라는 사실을 간과하게 만든다. 털의 양, 코의 모양이 사람과 닮았는가 아니면 침팬지에 더 가까운가와 같은 얼굴 모습, 표정, 피부색, 여성 가슴의 크기와 모양 등을 포함한 두 사람의 겉모습은 거의 모든 것이 가상적인 것일 수밖에 없다. 두 사람이 부부였는가에 대해서도 알 수가 없다. 여성으로 표현된 사람이 실제로는 아이였을 수도 있다. 사실은 그들이 오스트랄로피테쿠스였는가도 확실히 알 수가 없다. 다른 후보가 없기 때문에 오스트랄로피테쿠스라고 추정했을 뿐이다.

모형을 만드는 동안에 여성이 자꾸 넘어져서 그런 자세를 취하게 만들었다는 이야기를 들은 적도 있지만, 이언 태터솔은 그 이야기는 사실이 아니라고 웃으면서 말했다. "남성이 팔을 여성의 어깨에 두르고 있었는지는 당연히 알 수가 없지만, 걸음걸이를 측정해본 결과 두 사람이 아주 가까이 서서 나란히 걷고 있었다는 사실은 분명히 알 수 있었습니다. 거의 닿을 정도로 가까이 걷고 있었습니다. 그곳은 상당히 열린 지형이었기 때문에 두 사람이 매우 불안하게 느꼈을 수도 있지요. 그래서 두 사람에게 약간 걱정스러운 표정을 하도록 만들었답니다."

그에게 그런 인물을 재현할 때에 마음대로 표현하는 것이 문제가 되지 않는가에 대해서 물어보았다. 그의 솔직한 대답에 따르면, "재현할 때는 언제나 문제가 되지요. 네안데르탈인이 눈썹을 가지고 있었는가와 같은 자세한 부분을 결정하기 위해서 얼마나 많은 논의를 거치는가는 아마 믿지 못할 겁니다. 라에톨리 인물의 경우에도 마찬가지였습니다. 물론 우리는 그들이 어떻게 생겼는지를 알 수 없지만, 그들의 크기나 자세를 보여줄 수는 있고, 그들의 모습에 대해서도 어느 정도 합리적인 추측은 가능합니다. 다시 작업을 한다면 인간보다는 유인원에 조금 더 가깝게 만들 것입니다. 그들은 인간이 아니었습니다. 그들은 두 발로 걷던 유인원이었지요."

얼마 전까지만 하더라도, 우리는 우리가 루시와 라에톨리인의 후손이라고 생각했지만, 지금은 많은 전문가들이 확신을 가지지 못하고 있다. 예를 들면 이빨을 비롯한 몇 가지 육체적 특징은 우리와 관련이 있는 것처럼 보이기는 하지만, 오스트랄로피테쿠스의 다른 해부학적 특징들은 문제가 있다. 태터솔과 슈워츠가 「멸종된 인류」에서 지적했듯이, 인간 대퇴골의 윗부분은 유인원의 것과는 아주 비슷하지만, 오스트랄로피테쿠스의 대퇴골과는 다르다. 그러므로 만약 루시가 유인원과 현대 인류 사이의 연결 고리였다면, 우리는 100만 년 정도의 기간 동안 오스트랄로피테쿠스의 대퇴골에 적응한 후에 다시 다음 단계로 진화하면서 거꾸로 유인원의 대퇴골로 돌아갔다는 뜻이 된다. 사실 전문가들은 루시가 우리의 조상이 아닐 뿐만 아니라 잘 걷지도 못했을 것이라고 믿고 있다.

"루시와 그녀의 동료들은 현대 인류와 비슷한 방법으로 걸어다니지 않았다."[30] 태터솔의 주장이었다. "그들은 나무 위의 서식처 사이를 옮겨다닐 때는 두 발로 걸어다녔지만, 해부학적으로 그렇게 할 수밖에 없었다."[31] 그러나 조핸슨은 그런 주장을 인정하지 않는다. 그는 "루시는 엉덩이와 골반의 근육 배열 때문에 현대 인류와 마찬가지로 나무에 오르기 힘들었다"고 주장했다.[32]

2001년과 2002년에 네 종의 특이한 새로운 종이 발견되면서 문제는 더욱 복잡해졌다. 유명한 화석 발굴 가문의 미브 리키가 케냐의 투르카나 호에서 발굴해서 케니안트로푸스 플라티오프스("넓은 얼굴을 가진 케냐인")라고 부르게 된 유골은 루시와 비슷한 시기의 것으로 실제 우리의 조상일 가능성이 제기되었다.[33] 그렇게 되면 루시는 성공하지 못한 옆가지가 된다. 2001년에는 520만 년에서 580만 년 정도 된 아르디피테쿠스 라미두스 카답바와 당시까지 발굴된 초기 인류 중에서 가장 오래된 것으로 보이는 600만 년 전의 오로린 투게넨시스도 발굴되었다.[34] 그러나 2002년 여름에는 고대 유골이 발견된 적이 없었던 차드의 드주라브 사막에서 일하던 프랑스 연구진이 거의

700만 년 된 사람의 유골을 찾아내서 사헬란트로푸스 차덴시스라고 불렀다.[35](그 유골은 인간이 아니라 유인원의 것이기 때문에 사헬피테쿠스라고 불러야 한다고 주장하는 전문가들도 있다.[36]) 모두 초기의 인간이라고 하기에는 상당히 원시적이었지만 똑바로 서서 걸었으며, 생각했던 것보다 훨씬 전부터 그렇게 살아왔다.

이족보행(二足步行)은 힘들고 위험스러운 전략이다. 골반이 엄청난 부담을 지탱할 수 있어야만 한다. 필요한 강도를 유지하려면, 산란관이 상당히 좁아져야 한다. 그런 골격은 두 가지 중요한 직접적인 문제와 하나의 장기적인 문제를 제기한다. 첫째, 아기를 낳는 산모에게 엄청난 고통을 주고, 산모와 아기의 사망률을 크게 증가시킨다. 더욱이 아기의 머리가 좁은 공간을 통해서 빠져나오려면, 아기의 뇌가 작아서 아직은 많은 도움을 필요로 할 때에 출산을 해야 한다. 그래서 신생아를 오랫동안 돌봐주어야 하고, 그것은 다시 남성과 여성의 긴밀한 협력을 요구한다.

그런 모든 것들은 지구상에서 가장 지혜로운 사람들에게도 심각한 문제이지만, 오렌지 정도의 뇌†를 가진 작고 취약한 오스트랄로피테쿠스에게는 그 위험이 더욱 엄청난 것이었음이 틀림없다.[37]

그렇다면 왜 루시와 그 동료들이 나무에서 내려와서 숲을 빠져나오게 되었을까? 어쩌면 선택의 여지가 없었을 것이다. 파나마 지협이 서서히 솟아오르면서 태평양에서 대서양으로 흐르는 조류가 단절되었고, 극지방으로 흐르던 난류의 방향이 바뀌었고, 북위도 지역에는 갑자기 극심한 빙하기가 시작되었다. 그 결과 계절적으로 가뭄과 추위가 찾아오게 된 아프리카는 점진적으로 밀림이 사바나로 바뀌게 되었다. 존 그리빈에 따르면, "루시와 그 동료

† 절대적인 뇌의 크기가 모든 것을 알려주는 것은 아니다. 전혀 도움이 되지 않는 경우도 있다. 코끼리와 고래는 사람보다 훨씬 큰 뇌를 가지고 있지만, 그들과의 협상에서 지혜로 이겨내는 데에는 아무런 문제가 없다. 문제가 되는 것은 상대적인 크기라는 사실을 간과하기 쉽다. 굴드에 따르면, 오스트랄로피테쿠스 아프리카누스는 고릴라의 뇌보다 작은 450세제곱센티미터의 뇌를 가지고 있었다. 그러나 아프리카누스 남성은 대부분 45킬로그램도 되지 않았고, 여성은 더욱 작았다. 고릴라는 270킬로그램이 넘는 경우가 흔하다(Gould, pp. 181-183).

들이 숲을 떠난 것이 아니라, 숲이 그들을 떠난 셈이다."[38]

그러나 열린 사바나 지역에 발을 들여놓음으로써 초기 인류들은 훨씬 더 심하게 노출되게 되었다. 똑바로 선 사람들은 더 잘 볼 수는 있지만, 더 쉽게 눈에 띌 수도 있게 된다. 지금도 우리는 야생 상태에서는 거의 믿을 수 없을 정도로 취약한 종이다. 기억할 수 있는 거의 대부분의 대형 짐승들은 우리보다 더 강하고, 더 빠르고, 더 예리한 이빨을 가지고 있다. 공격에 직면하면 현대 인류는 두 가지 장점만을 가지고 있다. 우리에게 전략을 짜낼 수 있는 뛰어난 뇌와, 위험한 물체를 던지거나 휘두를 수 있는 손이 있다는 것이다. 우리는 먼 거리에서 해를 입힐 수 있는 유일한 동물이다. 그래서 우리는 육체적 취약점을 감당할 수 있는 셈이다.

유능한 뇌가 빠르게 진화할 수 있는 모든 요소들이 마련되었음에도 불구하고, 실제로는 그런 진화가 일어나지 않았던 것 같다. 루시와 동료 오스트랄로피테쿠스는 300만 년 이상 동안 거의 변하지 않았다.[39] 뇌가 커지지도 않았고, 아주 간단한 도구마저도 사용했다는 흔적이 없다. 더욱 이상한 것은 그들이 거의 100만 년 동안이나 도구를 사용하는 다른 초기 인류들과 함께 살았음에도 불구하고, 오스트랄로피테쿠스는 자신들이 가지고 있던 유용한 기술들을 활용하지 않았다는 것이다.[40]

300만 년에서 200만 년 전의 기간 동안에는 아프리카에 6종의 초기 인류가 공존했던 것으로 보인다. 그러나 그중의 단 하나만이 살아남았다. 대략 200만 년 전에 안개 속에서 출현한 호모가 바로 그들이었다. 아무도 오스트랄로피테쿠스와 호모 사이의 관계에 대해서는 알지 못하지만, 튼튼한 오스트랄로피테쿠스와 연약한 오스트랄로피테쿠스가 모두 신비롭게 사라져버렸을 때까지 100만 년 이상을 함께 살았었다는 사실은 알고 있다. 그런 일은 대략 100만 년 전에 갑자기 일어났을 수도 있다. 그들이 왜 사라졌는가에 대해서는 아무도 모른다. 매트 리들리에 따르면, "어쩌면 우리가 그들을 잡아먹어버렸을 수도 있다."[41]

일반적으로 호모는 우리가 거의 아는 것이 없는 호모 하빌리스에서 시작되어서 우리에 해당하는 호모 사피엔스(글자 그대로 "생각하는 사람")에 이르게 되었다고 한다. 그 사이에는 이론에 따라서 대략 5-6종의 호모 종이 있었다고 믿고 있다. 호모 에르가스테르, 호모 네안데르탈렌시스, 호모 루돌펜시스, 호모 하이델베르겐시스, 호모 에렉투스, 호모 안테케소르 등이 그들이다.

호모 하빌리스("도구를 쓰는 사람")라는 이름은 루이스 리키와 동료들이 1964년에 붙인 것으로 아주 단순하기는 하지만 도구를 처음 사용한 초기 인류였다. 인간이라기보다는 침팬지에 더 가까운 아주 원시적인 상태였지만, 뇌는 전체적으로 루시보다 50퍼센트나 더 컸다. 전체 몸집에 비해서 그렇게 큰 것은 아니었지만, 당시의 아인슈타인이었을 것이다. 200만 년 전에 초기 인류의 뇌가 갑자기 커진 이유에 대해서는 아직까지 설득력 있는 설명을 찾지 못했다. 큰 뇌와 똑바로 서서 걷는 것은 서로 깊은 관련이 있다고 생각되었다. 즉, 숲에서 나와서 먹을 것을 찾기 위해서는 새로운 전략과 강화된 뇌 기능이 필요했을 것이라고 믿었다. 그러므로 그렇게 다양한 이족보행을 하는 멍청이들이 반복적으로 발견된 후에야 둘 사이에 아무런 관련이 없다는 사실을 알게 된 것은 놀라운 일이었다.

태터솔에 따르면, "인간의 뇌가 커지게 된 이유에 대한 확실한 설명을 찾지 못하고 있다." 큰 뇌는 많은 노력이 필요한 기관이다. 뇌는 몸무게의 2퍼센트에 불과하지만, 에너지의 20퍼센트를 삼켜버린다.[42] 또한 뇌는 사용하는 연료에 대해서 무척 까다로운 편이다. 뇌는 지방을 전혀 사용하지 않기 때문에 지방을 먹지 않아도 불평하지 않는다. 그 대신 뇌는 포도당을 사용하고, 그것도 다른 기관에 부담을 주는 한이 있더라도 엄청난 양을 필요로 한다. 가이 브라운에 따르면, "몸은 욕심이 많은 뇌 때문에 언제나 파산할 위기에 처하게 되지만 뇌를 배고프게 만드는 것은 곧바로 죽음을 뜻하기 때문에 어쩔 수가 없다."[43] 큰 뇌는 더 많은 양의 먹을 것을 필요로 하고, 그것은 곧 더 위험을 뜻한다.

태터솔은 뇌가 커지게 된 것은 단순히 진화에서의 사고였을 것이라고 믿는다. 그는 스티븐 제이 굴드와 마찬가지로 생명의 영화를 다시 돌리면 오늘날 현대의 인류나 그와 비슷한 생물이 존재하게 될 가능성은 "매우 희박하다"고 믿고 있다. 인류가 처음 출현했을 바로 그 직전까지 되돌아가더라도 그렇다.

그에 따르면, "인간으로서 인정하기 가장 어려운 주장은 우리가 최고의 정점에 있는 것이 아니라는 점이다. 우리가 반드시 여기에 존재해야 할 당위성은 아무것도 없다. 인간의 입장에서 진화라는 것이 결국은 우리 인간을 만들어내도록 계획된 것이라고 생각하고 싶어하는 것은 우리의 자만심에 불과하다. 1970년대에 이르기까지는 인류학자들마저도 그렇게 생각했었다." 실제로 1991년까지도 유명한 교과서였던 「진화의 단계」에서 C. 로링 브레이스는 고집스럽게 튼튼한 오스트랄로피테쿠스라는 단 하나의 진화 과정을 인정하는 선형적 개념을 주장했다.[44] 다른 모든 초기 인류들은 사람속의 한 종이 발전의 지휘봉을 더 젊고 새로운 주자에게 넘겨주는 직선적인 진보의 과정을 나타낼 뿐이었다. 그러나 오늘날에는 초기 인류들의 대부분은 옆길을 따라가서 아무것도 성취하지 못했음이 분명해졌다.

우리에게는 다행스럽게도 한 종이 살아남았다. 도구를 사용하던 그들은 난데없는 곳에서 출현해서 그 정체가 확실하지도 않고 논란이 계속되고 있는 호모 하빌리스와 함께 살았다. 그것이 바로 유진 뒤부아가 1891년에 자바에서 발견한 호모 에렉투스이다. 어떤 책을 보는가에 따라서 다르지만, 에렉투스는 약 180만 년 전에서부터 대략 2만 년 전까지 살았다.

「자바인」의 저자들에 따르면, 호모 에렉투스가 경계선이었다.[45] 그 이전에 존재했던 모든 종은 유인원과 같은 특성을 가졌고, 그 이후에 출현한 모든 종은 인간과 같은 특성을 가졌다. 호모 에렉투스는 처음으로 사냥을 했고, 처음으로 불을 사용했고, 처음으로 복잡한 도구를 만들었고, 처음으로 집단생활의 흔적을 남겼고, 처음으로 늙고 병든 동료를 돌보아주었다. 그 이전에 살았던 초기 인류와 비교해볼 때 호모 에렉투스는 모습이나 행동이 지극히 인간적이었고, 팔다리가 길고, 말랐지만 아주 강했고(현대 인류보다 더 강했다), 엄청나게 넓은 지역에서 성공적으로 살 수 있는 욕구와 능력을 가지고 있었다. 호모 에렉투스는 다른 초기 인류들에게 두려울 정도로 강력하고, 재빠르고, 재능이 있는 것으로 보였을 것이 틀림없다.

세계적인 권위자인 펜실베이니아 주립대학의 앨런 워커에 따르면, 에렉투스는 "당시의 벨로시랩터*"였다. 만약 그들의 눈을 들여다보면 사람처럼 보이기는 하지만, 그들은 "생각을 하지도 못했고, 사냥도 못했다." 워커에 따르면, 그들의 몸집은 성인 크기였지만 뇌는 어린아이 정도였다.

에렉투스가 처음 알려진 것은 거의 한 세기 전이었지만, 하나의 완벽한 골격을 만들기에도 부족한 흩어진 조각들뿐이었다. 그래서 현대 인류의 선구종으로서의 중요성이나 적어도 그런 가능성을 인식하게 된 것은 1980년대에 아프리카에서 이루어진 의외의 발견 덕분이었다. 오늘날 케냐에 있는 투르카나 호(전에는 루돌프 호)의 외딴 계곡은 세계에서 초기 인류의 유골이 가장 많이 발견되는 곳으로 알려졌지만, 그 전에는 아무도 그곳을 살펴보지 않았다. 비행기를 타고 우연히 그 계곡 위를 지나가던 리처드 리키가 그곳이 생각했던 것보다 훌륭한 곳일 수도 있다는 생각을 하게 되었다. 처음 파견된 탐사팀은 아무 소득도 얻지 못했다. 그러나 어느 늦은 오후에 리키의 팀에서 가장 능력 있는 화석 발굴자였던 카모야 키메우가 호수에서 상당히 떨어진 언덕에서 사람의 이마뼈 조각을 찾아냈다. 그런 곳에서 화석이 발굴될 가능성은 낮았지만, 키메우의 본능을 믿고 발굴을 하던 탐사 팀은 놀랍게도 거의 완벽한 호모 에렉투스의 골격을 발견하게 되었다. 154만 년 전에 사망한 아홉 살에서 열두 살 사이의 남자 어린이의 유골이었다.[46] 태터솔에 따르면, "그 유골은 완벽하게 현대인의 구조를 가지고 있었다." 전례가 없는 일이었다. 투르카나 소년은 "단연코 우리와 똑같았다."[47]

키메우는 역시 투르카나 호수에서 KNM-ER 1808이라고 알려진 170만 년 된 여성도 찾아냈다. 과학자들에게 호모 에렉투스가 생각했던 것보다 훨씬 흥미롭고 복잡하다는 생각을 하게 만든 것이 바로 그 유골이었다. 그녀의 뼈들은 변형되어 있었고, 육식동물의 간을 먹어서 생기는 비타민 과다증 A라는 고통스러운 질병의 결과로 나타나는 종양의 흔적을 가지고 있었다. 그것

* 날씬하고 긴 몸과 날카로운 이빨을 가진 민첩하고 맹렬한 육식성 공룡.

은 무엇보다도 호모 에렉투스가 육식을 했다는 사실을 보여주었다. 더욱 놀라웠던 사실은 종양의 양으로 보아서 몇 주일 또는 몇 달 동안 앓았던 것으로 보였다는 것이다. 누군가가 그녀를 돌보아주었던 셈이다.[48] 인류의 진화에서 처음 발견된 애정의 징후였다.

또한 호모 에렉투스의 두개골에는 언어와 관련된 뇌의 전두엽 부분인 브로카 영역이 있었다는 사실도 밝혀졌다. 물론 그런 가능성이 있는 것으로 보아야 한다는 주장도 있다. 침팬지는 그런 특징을 가지고 있지 않다. 앨런 워커는 척추관의 크기나 복잡성으로 보아서 언어를 사용하지는 못했겠지만 현대의 침팬지만큼은 자유롭게 의사소통을 할 수 있었을 것이라고 믿는다. 리처드 리키를 비롯한 전문가들은 그들이 언어를 사용했다고 확신을 하고 있다.

호모 에렉투스는 한동안 지구에 살던 유일한 사람속이었던 것처럼 보인다. 엄청나게 모험심이 강했던 에렉투스는 숨이 막힐 정도의 속도로 지구 전체로 퍼져나갔다.[49] 화석의 증거를 그대로 믿는다면 에렉투스들은 아프리카를 떠날 때쯤이나 어쩌면 그보다 조금 앞서서 자바에 도착했던 것으로 보인다. 그런 사실 때문에 현대 인류의 발원지가 아프리카가 아니라 아시아일 수도 있다고 주장하는 과학자들도 있다. 그러나 아프리카 이외의 지역에서는 가능성이 있는 선구종이 발견된 적이 없었기 때문에 만약 그런 주장이 사실이라면 놀랍고 신기한 일이 될 것이다. 그렇게 된다면 아시아의 사람속은 저절로 출현했다는 뜻이 된다. 더욱이 아시아 기원설은 확산의 문제를 뒤집어놓기도 한다. 이제는 자바인이 어떻게 그렇게 빨리 아프리카까지 갈 수 있었는가를 설명해야만 한다.

호모 에렉투스가 아프리카에 등장한 직후에 아시아에서도 출현할 수 있었던 이유에 대해서는 몇 가지 가능성이 높은 이론들이 있다. 첫째, 초기 인류 유골의 연대 측정에는 상당한 오차가 있다는 것이다. 아프리카 유골이 살았던 실제 시기가 추정값의 오차범위에서 오래된 쪽이고, 자바인의 경우에는 오차범위에서 반대쪽이라면, 아프리카의 에렉투스가 아시아로 옮겨가는 데에 상당한 시간이 걸렸다는 뜻이 된다. 그리고 자바인의 연대 측정이 완전히 틀린 것일 가능성도 있다.

이제 회의적인 부분을 살펴보자. 일부 전문가들은 투르카나에서 발견된 것은 호모 에렉투스가 아니라고 믿는다. 역설적으로 보이겠지만 투르카나 유골이 감탄할 정도로 완벽하다는 것이 문제이다. 다른 에렉투스 화석들은 모두 확실한 결론을 내릴 수 없을 정도의 파편들뿐이다. 태터솔과 제프리 슈워츠가 「멸종된 인류」에서 지적했듯이, 투르카나 유골의 대부분은 "비교할 수 있는 유골들이 발견된 적이 없기 때문에 관계가 깊은 다른 종의 뼈와 비교해보는 것조차 불가능하다!"[50] 그들에 따르면, 투르카나 유골들은 아시아의 호모 에렉투스와는 비슷하지도 않아서, 그들이 같은 시대에 살고 있었다는 사실이 밝혀지지 않았더라면 같은 종이라고 생각하지도 않았을 것이다. 투르카나 종을 비롯해서 같은 시기의 다른 종들을 모두 호모 에르가스테르라고 불러야 한다고 주장하는 전문가들도 있다. 태터솔과 슈워츠는 그 정도까지 가야 한다고 믿지는 않는다.[51] 그들의 주장에 따르면, 아프리카에서 아시아로 갔다가 호모 에렉투스로 진화한 후에 멸종해버린 것은 에르가스테르이거나 또는 "그것과 비교적 가까운 친척"이었을 것이다.

확실한 사실은 100만 년보다 훨씬 더 오래 전의 어느 시기에 비교적 현대 인류와 가까운 새로운 직립 원인이 아프리카를 떠나서 용감하게 지구 전체로 퍼져나갔다는 것이다. 어쩌면 상당히 빠른 속도로 퍼져나갔을 수도 있다. 산맥과 강과 사막과 같은 장애물을 건너서 새로운 기후와 먹거리에 적응하면서 1년에 40킬로미터 정도씩 영역을 넓혀갔을 것이다. 특별히 신비로운 것은 오늘날에도 엄청나게 건조하지만 과거에는 더욱 건조했던 홍해의 서쪽 지역을 그들이 어떻게 통과했는가이다. 그들에게 아프리카를 떠나도록 만들었던 환경이 그들이 떠나는 것을 더 어렵게 만들었다는 것은 이상할 정도로 역설적이다. 그럼에도 불구하고, 그들은 장애물을 넘어가 그 너머의 땅에서 번성하는 길을 찾아냈다.

모두가 합의할 수 있는 것은 그것뿐이다. 인류 진화의 역사에서 그 이후에 무슨 일이 일어났는가는 앞으로 살펴보듯이 길고 치열한 논쟁거리이다.

다른 이야기를 계속하기 전에, 지난 500만 년 동안 오래 전의 수수께끼 같은 오스트랄로피테쿠스로부터 완전한 현대 인류로 진화한 결과가 유전적으로 볼 때 현대 침팬지와 98.4퍼센트가 똑같은 인간이라는 점을 기억할 필요가 있다. 얼룩말과 말, 또는 돌고래와 곱등어*의 차이가 우리와 세상을 지배하기 시작하면서 남겨두었던 털투성이의 선조들 사이의 차이보다 훨씬 더 크다.

* 돌고래와 모양이 비슷하지만 부리가 없다.

제29장

부지런했던 유인원

대략 150만 년 전의 어느 시기에 사람속 중의 잊혀진 천재가 뜻밖의 일을 했다. 그 또는 그녀는 돌을 이용해서 다른 돌을 조심스럽게 다듬었다. 간단한 물방울 모양의 손도끼에 불과했지만, 세계 최초의 첨단기술의 결과물이었다.

다른 사람들도 곧바로 그 사람의 도움을 받아서 다른 도구들보다 월등히 뛰어난 자신의 손도끼를 만들기 시작했다. 결국 당시의 모든 사람들은 다른 할 일이 없어져버렸다. 이언 태터솔에 따르면, "그들은 수천 개의 손도끼를 만들었습니다. 아프리카에는 돌도끼를 밟지 않고는 걸을 수 없는 곳도 있습니다. 손도끼는 만들기가 아주 까다로운 것이기 때문에 이상한 일이었습니다. 단순히 즐기기 위해서 만들었던 것 같았습니다."[1)]

햇빛이 잘 드는 그의 작업실 선반에서 태터솔은 길이가 45센티미터이고 넓은 곳의 폭이 20센티미터나 되는 거대한 모형을 내려서 보여주었다. 창날 같은 모양이었지만, 크기는 디딤돌 크기였다. 유리 섬유로 만든 모형은 수십 그램에 지나지 않았지만 탄자니아에서 발견한 원형은 10킬로그램이나 되었다. 태터솔에 따르면, "그것은 도구로는 아무 쓸모가 없었습니다. 그것을 제대로 들어올리는 데에만 두 사람이 필요했을 것이고, 그것으로 무엇을 두드리려면 더욱 힘들었을 것입니다."

"그렇다면 무엇에 썼을까요?"

태터솔은 그 신비를 즐기듯이 가볍게 어깨를 으쓱였다. "알 수가 없지요. 어떤 상징적 중요성이 있었던 것이 틀림없지만, 그렇게 추측을 할 수 있을 뿐입니다."

그 도끼는 19세기에 처음 발굴되었던 프랑스 북부 아미앵의 근교에 있는 생 아슐의 이름을 따라 아슐리안 도구라고 부른다. 더 오래 전의 더 단순한 도구는 탄자니아의 올두바이 계곡에서 발견되었기 때문에 올두바이 도구라고 알려져 있다. 옛날의 교과서에서는 올두바이 도구들이 무디고 둥근 손바닥 크기라고 소개했다. 그러나 오늘날의 고고인류학자들은 올두바이 도구들이 커다란 올두바이 암석을 벗겨내서 만들었고, 물건을 자를 수도 있었다고 믿게 되었다.

이것이 수수께끼이다. 우리로 진화하게 되었던 초기의 현대 인류가 10만 년쯤 전에 아프리카를 떠나올 때는 아슐리안 도구가 첨단기술의 산물이었다. 그래서 초기의 호모 사피엔스들도 아슐리안 도구를 좋아했다. 그들은 그것을 아주 먼 곳까지 가져갔다. 나중에 도구를 만들어 쓰기 위해서 다듬지 않은 돌을 가져가기도 했다. 한마디로 그들은 기술에 몰두했었다. 아슐리안 도구들은 아프리카, 유럽, 서부와 중부 아시아에서는 발견되었지만, 극동 지방에서는 발견된 적이 없었다. 그것이 아주 이상한 점이다.

1940년대에 할럼 모비우스라는 하버드의 화석학자가 아슐리안 도구를 사용한 지역과 그렇지 않은 지역을 구분하는 모비우스 선을 정의했다. 그 선은 유럽과 중동을 남동쪽으로 가로질러서, 오늘날의 캘커타와 방글라데시 부근까지 이어졌다. 모비우스 선을 넘어선 동남 아시아와 중국 전체에서는 더 오래되고 더 단순한 올두바이 도구들만 발견되었다. 우리는 호모 사피엔스가 그 지역 너머까지 확산되었다는 사실을 알고 있다. 그렇다면 왜 그들이 귀중한 첨단 석공기술을 극동 지역의 경계까지 가지고 간 후에 포기했을까?

"나는 오래 전부터 그 문제에 대해서 의문을 가지고 있었습니다." 캔버라의 오스트레일리아 국립대학의 앨런 손의 말이었다. "현대 인류학은 인류가 두 차례에 걸쳐서 아프리카를 떠났다는 생각을 바탕으로 하고 있습니다. 첫 번째는 호모 에렉투스로, 그들이 바로 자바인과 베이징인이 되었습니다. 그리고 훗날 더 진화된 호모 사피엔스가 그들을 대체하게 되었지요. 그렇지만 그것이 사실이라면, 호모 사피엔스가 자신들의 첨단기술을 먼 곳까지 가져간 후에 어떤 이유로 그것을 포기했다는 사실을 믿어야만 합니다. 아무리 보아도 정말 수수께끼 같은 일이었죠."

결국 수수께끼 같은 일들이 한둘이 아닌 것으로 밝혀졌다. 그중에서도 가장 수수께끼 같았던 사실은 앨런 손이 살고 있는 오스트레일리아의 오지에서 발견되었다. 1968년에 짐 보울러라는 지질학자가 뉴사우스웨일스 서부의 건조하고 인적이 드문 곳에 있는 멍고라는 오래 전에 말라붙은 호수 바닥을 살펴보던 중에 전혀 예기치 않았던 것을 발견했다. 초승달 지형이라고 알려진 모래 언덕에 사람의 뼈가 솟아나와 있었다. 당시에는 오스트레일리아에 사람이 살기 시작한 것이 8,000년이 되지 않았다고 알려져 있었지만, 멍고 호수는 1만2,000년 전에 말라붙었다. 그렇다면 그렇게 황폐한 곳에서 무엇을 하고 있었을까?

탄소 연대 측정으로 알아낸 해답은 그 뼈의 주인이 멍고 호수가 훨씬 살기 좋았던 때에 이미 그곳에 살고 있었다는 것이었다. 당시의 멍고 호수는 길이가 10여 킬로미터로 물과 고기가 가득했고, 주변에는 아름다운 카수아리나 숲이 있었다. 놀랍게도 그 뼈는 2만3,000년이나 된 것으로 밝혀졌다. 그 부근에서 발견된 다른 뼈들 중에는 6만 년이나 된 것들도 있었다. 거의 불가능에 가까울 정도로 예기치 못했던 결과였다. 인류가 처음 지구에 등장한 이후로 오스트레일리아가 섬이 아니었던 적은 한 번도 없었다. 그곳에 도착한 사람들은 분명히 바다를 통해서 왔을 것이다. 그것도 인구 증가가 가능할 정도로 많은 사람들이 함께 왔어야만 했다. 훌륭한 육지가 자신들을 기다리고 있다는 사실도 모르면서 100킬로미터가 넘는 넓은 바다를 건너야 했을 것이다. 멍고 사람들은 육지에 도달한 후에도 도착 지역으로 추정되는 오스트레일리아의 북쪽 해안에서 3,000킬로미터 이상을 육지로 들어가야 했다. 「미국 과학원 회보」에 실린 논문에 따르면, 그런 사실들은 "사람들이 그곳에 도착한 것이 6만 년보다 훨씬 전의 일이었음을 뜻한다."[2)]

그들이 어떻게 그곳에 갔고, 왜 그곳에 갔었는가는 알 수가 없다. 대부분의 인류학 교과서에 따르면, 6만 년 전의 사람들이 언어를 사용했다는 증거도 없고, 바다를 가로지를 수 있는 배를 만들고 대륙과 같은 섬을 지배하는 데에 필요한 협동을 했었다는 증거는 더더욱 없다.

"기록된 역사 이전에 사람들의 이주에 대해서는 모르는 부분이 대단히 많습니다."[3] 캔버라에서 만났던 앨런 손의 말이었다. "파푸아 뉴기니를 처음 찾아갔던 19세기 인류학자들이 지구상에서 도달하기 가장 어려운 곳 중의 하나인 섬 깊은 곳의 고원 지대에서 고구마를 키우면서 살고 있던 사람들을 발견했다는 사실을 알고 계시나요? 고구마는 원산지가 남아메리카입니다. 그런 고구마가 어떻게 파푸아 뉴기니에 전해졌을까요? 여전히 알 수가 없습니다. 전혀 알 수가 없지요. 그러나 확실한 것은 사람들이 일반적으로 생각하는 것보다 훨씬 전부터 상당히 열심히 돌아다녔고, 그 과정에서 유전자와 정보를 공유했을 것이 확실합니다."

이번에도 문제는 화석 기록이었다. "인간의 유골이 장기적으로 보존될 수 있는 가능성이라도 있는 지역은 세계에서 그렇게 많지 않습니다." 매서운 눈매와 흰 수염을 가진, 집요하면서도 친절한 손의 말이었다. "아프리카 동쪽의 하다르와 올두바이와 같은 지역이 없었더라면 우리는 놀라울 정도로 적은 양의 화석만 확보할 수 있었을 것입니다. 그리고 다른 지역에 대해서는 더욱 놀라울 정도로 아는 것이 없습니다. 인도 전체에서 단 하나의 사람 유골이 출토되었을 뿐입니다. 대략 30만 년 정도 된 것이었습니다. 약 5,000킬로미터 떨어진 이라크와 베트남 사이의 지역에서는 단 두 구의 유골만 발견되었습니다. 인도의 유골과 우즈베키스탄의 네안데르탈인이었죠." 그는 웃음을 지으며 말을 이었다. "연구를 할 것도 없었죠. 동아프리카 지구대와 이곳 오스트레일리아의 멍고 지역처럼 인간 화석이 많은 몇몇 지역을 제외한 그 사이의 지역에는 거의 없는 셈이지요. 화석학자들이 그런 사실들의 관계를 알아내기 힘들어하는 것은 전혀 놀랄 일이 아니랍니다."

대부분의 전문가들이 지금도 받아들이고 있는 인류의 이주에 대한 전통적인 이론에 따르면, 인류가 두 차례에 걸쳐서 유라시아 대륙을 가로질러 퍼져

나갔다. 첫 번째는 거의 200만 년 전에 새로운 종으로 출현한 이후 놀라울 정도로 빠르게 아프리카를 떠난 호모 에렉투스였다. 상당한 기간 동안 그들은 여러 지역에 정착을 했다. 이들 초기의 에렉투스는 아시아의 자바인과 베이징인, 유럽의 호모 하이델베르겐시스와 마지막으로는 호모 네안데르탈렌시스로 진화했다.

그 후 지금으로부터 대략 10만 년쯤 전에, 더 영리하고 유연한 종이었던 오늘날 살고 있는 우리 모두의 선조가 아프리카 평원에 등장해서 두 번째로 바깥쪽으로 퍼져나가기 시작했다. 그런 이론에 따르면, 새로운 호모 사피엔스들은 가는 곳마다 덜 똑똑하고 적응력이 떨어지는 에렉투스들을 밀어냈다. 어떻게 그런 일에 성공을 했는가는 언제나 논란거리였다. 대량 학살의 흔적은 발견된 적이 없기 때문에 대부분의 전문가들은 새로운 인류가 그 전의 인류를 경쟁에서 이겼을 것이라고 믿지만, 다른 요인도 작용했을 것이다. "어쩌면 그들에게 천연두를 옮겨주었을 수도 있지요." 태터솔의 이야기였다. "정확하게 알아낼 방법이 없습니다. 한 가지 확실한 것은 우리가 지금 이 자리에 있고, 그들은 그렇지 않다는 것뿐입니다."

최초의 현대 인류에 대해서는 놀라울 정도로 알려진 것이 적다. 우리는 이상하게도 사람속에 속하는 다른 종들의 혈통보다 우리 자신의 혈통에 대해서 아는 것이 더 적다. 태터솔의 지적에 따르면, 정말 이상한 것은 "인류의 진화 과정에서 가장 최근에 일어났던 중요한 사건인 우리 종의 출현에 대해서는 알려진 것이 가장 적다는 것이다."[4] 화석 기록으로는 최초의 현대 인류가 출현한 곳이 어디인가에 대해서는 아무것도 알 수가 없다. 많은 책들은 남아프리카의 클라지스 강 하구에서 발굴된 유골을 근거로 약 12만 년 전에 처음 등장했다고 한다. 그러나 모두가 그것이 완벽한 현대인이라고 인정하는 것은 아니다. 태터솔과 슈워츠는 "그 유골이 정말 우리 종을 대표하는 것인가는 아직도 확실하게 밝혀내야만 한다"고 주장한다.[5]

호모 사피엔스가 처음으로 출현했다고 모두가 동의하는 곳은 지중해 동쪽의 현재 이스라엘 부근이다. 트린카우스와 시프먼에 따르면, 대략 10만 년 전에 처음 등장한 그들조차도 "이상하고, 분류하기 어려우면서 잘 알려지지 않은 상태이다."[6] 그 지역에 이미 확실하게 자리잡고 있던 네안데르탈인은 오늘날의 사람들조차 빌려서 쓰고 싶어할 정도인 무스테리안 도구를 사용하고 있었다. 아프리카 북부에서는 네안데르탈인이 발견된 적이 없지만, 그들이 사용하던 도구들은 어디에서나 출토된다.[7] 그리고 중동 지역에서는 수만 년 동안 네안데르탈인과 현대 인류가 어떤 식으로든 함께 살았던 것이 분명하다. "그들이 같은 시기에 같은 곳에서 함께 살았는가, 아니면 정말 서로 이웃해서 살았는가는 알 수 없습니다." 태터솔의 말이었다. 그는 가벼운 마음으로 네안데르탈인의 도구를 사용했던 현대 인류가 네안데르탈인보다 더 우수했다고 보기도 어렵다고 했다. 중동에서 발견되는 100만 년보다 훨씬 더 이전의 아슐리안 도구들이 30만 년 전까지는 유럽에서 거의 발견되지 않았던 것도 역시 아주 이상한 일이다. 다시 한번, 기술을 가지고 있었던 사람들이 도구를 사용하지 않았던 이유는 알 수가 없다.

오래 전부터 우리는 유럽에 살던 현대인인 크로마뇽인들이 대륙으로 진출하면서 자신들보다 앞서 와 있던 네안데르탈인들을 서쪽 끝까지 밀어냈고, 밀려난 네안데르탈인은 바다에 빠지거나 멸종할 수밖에 없었다고 믿었다. 실제로 오늘날에는 크로마뇽인들이 유럽의 동쪽에서 들어오는 것과 거의 같은 시기에 이미 서쪽 먼 곳까지 도달해 있었던 것으로 밝혀져 있다. "당시에 유럽은 거의 비어 있었습니다." 태터솔의 말이었다. "그들은 서로 자주 부딪히지도 않았을 것이고, 유럽으로 들어올 때와 유럽을 떠날 때에도 마찬가지였을 것입니다." 크로마뇽인의 도착에서 한 가지 이상한 점은 그 시기가 비교적 온화하던 기후가 다시 오랜 혹독한 추위로 돌아선 고기후학에서 부틸리에 기간이라고 알려진 때였다는 점이다.[8] 그들이 무엇 때문에 유럽으로 들어왔는지는 몰라도 기후가 좋았기 때문은 아니었을 것이다.

어쨌든 네안데르탈인이 새로 도착한 크로마뇽인들과의 경쟁에서 밀려났다는 주장은 비록 적기는 하지만 알려진 증거와는 맞지 않는다. 다른 것은 몰라도 네안데르탈인들은 강인했다. 그들은 수만 년 동안 극지방을 찾아다니던 몇 사람의 과학자들이나 탐험가들을 제외한 현대인들이 경험하지 못했던 힘든 환경에서 살아남았다. 빙하기가 절정에 이르렀을 때에는 태풍에 버금가는 바람을 동반한 폭설이 자주 있었다. 기온이 섭씨 영하 45도까지 떨어지는 일도 흔했다. 북극곰들이 남부 영국의 눈 쌓인 계곡을 어슬렁거렸다. 네안데르탈인들은 최악의 상황은 피했겠지만, 그렇다고 하더라도 그들이 경험했던 날씨는 적어도 현대의 시베리아 겨울만큼 혹독했을 것이다. 물론 그들도 고통을 받았던 것이 틀림없다. 서른 살을 넘긴 네안데르탈인들은 아주 운이 좋은 경우였다. 그러나 종(種)으로서 그들은 놀라울 정도로 끈질겼고, 실질적으로는 불멸의 존재였다. 그들은 지브롤터에서 우즈베키스탄에 이르는 지역에서 적어도 10만 년을 살아남았고, 어쩌면 그보다 두 배쯤 오래 살아남았을 수도 있다.[9] 매우 성공적인 종이었다.

정확하게 그들이 누구였고, 어떤 모습이었는가는 불확실한 논란거리로 남을 것이다. 20세기 중엽까지만 하더라도, 네안데르탈인이 둔하고, 구부정하고, 발을 질질 끌면서 다니던 유인원으로, 전형적인 동굴인이었다는 것이 인류학의 공통된 시각이었다. 과학자들이 그런 시각에 대해서 다시 생각하게 된 것은 고통스러운 사고 때문이었다. 1947년에 사하라에서 탐사작업을 하던 프랑스 출신 알제리아인 화석학자 카미유 아랑부르는 한낮의 뜨거운 햇빛을 피해서 경비행기 날개 밑으로 갔다.[10] 앉아서 쉬는 동안에 열 때문에 타이어가 터지면서 갑자기 기울어진 비행기가 그의 상체에 심한 충격을 주었다. 파리로 돌아와서 목 부위에 대한 X선 검진을 받던 그는 자신의 척추가 구부정하고 몸집이 거대한 네안데르탈인과 똑같다는 사실을 알아차렸다. 그가 생리적으로 원시인에 가까웠거나, 아니면 우리가 네안데르탈인의 모습을 잘못 알고 있었을 수도 있다. 실제로 후자가 사실이었던 것으로 밝혀졌다. 결과적으로 네안데르탈인에 대한 우리의 시각이 크게 바뀌었지만, 그것도 잠시뿐이었다.

지금도 일반적으로 네안데르탈인은, 대륙에 새로 도착한 호리호리하고 극도로 민첩한 호모 사피엔스와 동등한 입장에서 경쟁하기에는 충분한 지능이나 기질을 가지고 있지는 않았다고 생각한다.[11] 최근에 발간된 책의 대표적인 설명에 따르면, "현대 인류는 더 좋은 옷, 더 좋은 불, 더 좋은 집으로 이러한 장점(네안데르탈인의 훨씬 건강한 육체)을 보완했다. 한편, 네안데르탈인들은 여전히 거대한 몸집을 가지고 있었기 때문에 생존하기 위해서는 더 많은 식량이 필요했다."[12] 다시 말해서, 10만 년 동안 성공적으로 생존하도록 해주었던 바로 그 점들이 갑자기 극복하기 어려운 결점이 되었다는 주장이 된다.

무엇보다도 네안데르탈인은 현대 인류보다 훨씬 더 큰 뇌를 가지고 있었다는 점은 거의 언급이 되지 않았다. 어느 추정에 따르면, 네안데르탈인의 뇌는 1.8리터였고, 현대인은 1.4리터이다.[13] 그 정도의 차이는 현대의 호모 사피엔스와 우리가 겨우 인간이라고 여기고 있는 옛날 호모 에렉투스의 차이보다도 더 큰 것이다. 우리의 뇌가 더 작기는 하지만, 어떤 이유에서인지 더 효율적이라는 것이 그에 대한 해명이다. 인류 진화 과정의 어디에서도 그런 주장이 없었다는 것이 진실일 것이다.

그렇다면 몸집이 크고, 적응을 잘하고, 지적인 능력도 가지고 있었던 네안데르탈인들이 왜 지금까지 살아남지 못했을까 궁금하게 여겨질 것이다. 논란이 많기는 하지만 한 가지 가능성은 그들이 여전히 살아 있다는 것이다. 앨런 손은 다지역 기원설이라고 알려진 그런 대안 이론의 선구자이다. 그런 이론에 따르면 인류의 진화는 연속적이어서, 오스트랄로피테쿠스가 호모 하빌리스와 호모 하이델베르겐시스로 진화했다가 시간이 지나면서 호모 네안데르탈렌시스로 진화했다. 결국 현대의 호모 사피엔스는 단순히 더 옛날의 호모에서 출현했다는 것이다. 이런 관점에서 보면, 호모 에렉투스는 별개의 종이 아니라 그저 전환기에 해당할 뿐이다. 따라서 현대의 중국인들은 중국에 살던 고대 호모 에렉투스 선조의 후손이고, 현대 유럽인들은 고대 유럽의 호모 에렉투스의 후손이다. "다만 내 경우에는 호모 에렉투스는 없었습니다." 손의 말이었다. "너무 오래 사용해서 쓸모가 없어진 말이라고 생각합니다. 내 생각에 호모 에렉투스는 단순히 우리의 첫 모습이었습니다. 나는 오직 한 종의 사람만이 아프리카를 떠났고, 그 종이 바로 호모 사피엔스라고 믿습니다."

다지역 출현설을 반대하는 사람들은 우선 아프리카, 중국, 유럽, 인도네시아의 외딴섬에 이르는 구세계 전체에서 비슷한 진화가 동시에 진행되는 것은 도저히 불가능하다고 주장한다. 그런 주장이 인류학자들이 오랜 시간에 걸쳐서 어렵게 떨쳐버릴 수 있었던 인종 차별주의적 시각을 조장한다고 생각하는 사람들도 있다. 1960년대 초에 펜실베이니아 대학의 칼턴 쿤이라는 유명한 인류학자가 현대 인종들은 서로 다른 기원을 가지고 있다고 주장했다. 어떤 인종은 다른 인종보다 근본적으로 더 뛰어나다는 뜻이었다. 그런 주장은 아프리카의 "부시먼"("칼라하리 산"이 더 적절한 이름이다)이나 오스트레일리아 원주민들과 같은 현대 인종들은 다른 인종들보다 훨씬 더 원시적이라는 불편했던 과거의 주장을 떠올리게 만들었다.

쿤이 개인적으로 그렇게 생각했는가에 상관없이 많은 사람들에게는 어떤 인종은 본래부터 더 진화했고, 일부 인종들은 근본적으로 서로 다른 종에 속할 수도 있다는 뜻으로 이해되기도 했다. 극히 최근까지도 일부 지역에서는 오늘날에는 본능적으로 거부감을 주는 그런 주장이 널리 유행했다. 지금 나는 1961년 타임-라이프 출판사에서 「라이프」 지의 기획 연재물을 모아서 발간한 「인류의 서사시」라는 유명한 책을 가지고 있다. 그 책에는 "로디지아인은……2만5,000년까지도 살아 있었고, 아프리카 흑인들의 조상일 수도 있다. 그들의 뇌 크기는 호모 사피엔스와 비슷했다"는 것과 같은 표현들이 있다.[14] 다시 말해서, 아프리카 흑인들은 호모 사피엔스에 "가까운" 종으로부터 더 최근에 갈라졌다는 것이다.

손은 자신의 이론이 어떤 식으로든지 인종 차별주의를 암시한다는 주장을 강력하게 거부했고, 나는 그의 말이 진심이라고 믿는다. 그는 인류 진화가 보편적으로 일어난 것은 문화와 지역 사이에 많은 교류가 있었기 때문이라는 설명을 제시했다. "사람들이 한쪽 방향으로만 갔다고 생각해야 할 이유는 없습니다." 그의 주장이었다. "사람들은 어느 곳이나 옮겨 다녔고, 그들은 만날 때마다 잡종교배에 의해서 유전물질을 공유했던 것이 틀림없지요. 새로 도착한 사람들이 토착민들을 몰아냈던 것이 아니라, 그들과 함께 합쳐졌던 것입니다. 그들은 그들이 되어버린 것입니다." 그는 쿡이나 마젤란이 처음으로 외딴 지역의 사람들을 만났을 때의 상황을 즐겨 이야기했다. "그들은 다른 종을 만난 것이 아니라, 육체적으로 약간의 차이가 나는 같은 종을 만난 겁니다."

손은 화석 기록에서 실제로 확인하게 되는 것은 부드럽고 연속적인 변이라고 주장했다. "그리스의 페트랄로나에서 발굴된, 대략 30만 년 전의 것으로 추정되는 유명한 두개골이 있습니다. 어떤 면에서는 호모 에렉투스처럼 생겼지만, 어떤 면에서는 호모 사피엔스처럼 생기기도 했기 때문에 전통주의자들에게는 아주 만족스러운 것이었습니다. 다시 말해서 갑자기 새로운 종으로 대체된 것이 아니라 점진적으로 진화해왔던 종에서 기대할 수 있는 유골을 찾았다는 뜻입니다."

그런 논란을 잠재울 수 있는 것은 잡종교배의 증거이겠지만, 화석을 근거로 그런 사실을 증명하거나 반대하는 것은 전혀 쉬운 일이 아니다. 1999년에 포르투갈의 고고학자가 2만4,500년 전에 죽은 것으로 보이는 네 살 정도의 어린이 유골을 발견했다. 그 유골은 전체적으로는 현대 인류처럼 보였지만, 몇 가지 옛 인류, 어쩌면 네안데르탈인의 특징도 가지고 있었다. 유별나게 단단한 다리 뼈, 확실한 "삽 자국" 무늬가 남은 이빨, (모두가 인정하지는 않지만) 네안데르탈인에게서만 볼 수 있는 특징인 두개골 뒤쪽의 움푹 들어간 구멍을 가지고 있었다. 세인트루이스에 있는 워싱턴 대학의 네안데르탈인에 대한 권위자인 에릭 트린카우스는 그 아이가 혼혈이라고 주장했다. 현대 인류와 네안데르탈인의 잡종교배의 증거라는 것이다. 그러나 다른 사람들에게는 네안데르탈인과 현대 인류의 특징들이 혼합될 수 없다는 것이 문제였다. 어떤 반대론자가 말했듯이, "노새가 앞쪽은 당나귀를 닮고, 뒤쪽은 말처럼 생기지는 않았다."[15]

이언 태터솔은 그 유골은 "덩치가 큰 어린이"에 불과하다고 주장했다. 그는 네안데르탈인과 현대 인류 사이에 일종의 "불륜"이 있었을 것이라는 점은 인정하지만, 생식적으로 성공적인 자손을 남겼을 것이라고는 생각하지 않는다.† 그는 "생물학의 어떤 영역에서도 그렇게 다르면서도 똑같은 종을 본 적이 없다"고 했다.

도움이 되지 않는 화석 기록 때문에 과학자들은 점점 더 유전학적 연구, 그중에서도 미토콘드리아 DNA를 이용하는 방법에 집착하게 되었다. 미토콘드리아 DNA는 1964년에야 발견되었지만, 1980년대에 버클리 캘리포니아 대학의 몇몇 천재들이 두 가지 특징 때문에 일종의 분자시계로 유용하다는 사실을 알아차렸다. 미토콘드리아 DNA는 모계를 통해서만 전해지기 때문에 새로운 세대마다 부모의 DNA와 뒤섞이지 않는다. 그리고 보통의 핵 DNA보다 20배나 더 자주 돌연변이를 일으키기 때문에 오랜 시간에 걸친 유전적 형태를 알아내고 추적할 수 있다. 돌연변이가 일어난 속도를 분석하면 한 집단에 속하는 사람들의 유전적 역사와 관계를 밝힐 수 있다.

1987년에 고(故) 앨런 윌슨이 이끌던 버클리 연구진은 147명의 미토콘드리아 DNA를 분석해서 해부학적으로 현대 인류가 출현한 것은 지난 14만 년 전 아프리카에서였고, "오늘날의 모든 인류는 그 집단으로부터 유래되었음"을 밝혀냈다.[16] 그 결과는 다지역 출현설에 대한 심각한 충격이었다. 그러나 사람들은 그 자료를 조금 더 자세히 들여다보기 시작했다.[17] 가장 특이한 사실은 연구에 사용한 "아프리카인들"이 사실은 지난 수백 년 사이에 유전자들이 상당한 정도로 흐려졌을 가능성이 높은 아프리카 출신 미국인이었다는 것이다. 너무 특이해서 인정할 수 없을 정도였다. 돌연변이의 빈도에 대한 의문도 제기되었다.

1992년에 이르러서 그 연구결과는 신뢰를 잃었다. 그러나 유전 분석 기술은 계속 개선되었고, 1997년에는 뮌헨 대학의 과학자들이 최초의 네안데르탈인 남자의 팔뼈에서 DNA를 추출해서 분석하는 데에 성공했다.[18] 이번의

---

† 네안데르탈인과 크로마뇽인이 서로 다른 수의 염색체를 가지고 있었을 가능성도 있다. 아주 가깝기는 하지만 정확하게 똑같지는 않은 종들 사이에서 흔히 발생하는 문제이다. 예를 들면 말[馬]의 염색체는 64개이지만, 당나귀는 62개이다. 말과 당나귀를 교배시켜서 얻은 후손은 생식적으로 쓸모가 없는 63개의 염색체를 가지게 된다. 번식력이 없는 노새가 생기는 것이다.

결과는 확실했다. 뮌헨 연구에서 네안데르탈인의 DNA는 오늘날 지구상에서 발견되는 어떤 DNA와도 다르다는 사실이 밝혀졌다. 네안데르탈인과 현대 인류가 아무런 유전적 관계가 없다는 사실을 확실하게 보여주었다. 그 결과는 다지역 출현설에 대한 정말 심각한 충격이었다.

그리고 2000년 말에 「네이처」를 비롯한 학술지들이 53명을 대상으로 한 미토콘드리아 DNA 연구결과를 소개했다. 스웨덴의 연구결과에 따르면, 모든 현대 인류는 지난 10만 년 이내에 아프리카에 살던 1만 명 이내의 사람들로부터 유래되었다는 것이다.[19] 그 직후에 화이트헤드 연구소와 MIT 유전체 연구소의 소장인 에릭 랜더는 현대의 유럽인들은 물론이고 꽤 멀리 떨어진 곳의 사람들까지도 "2만5,000년 전에 고향을 떠난 수백 명을 넘지 않는 아프리카 사람들"의 후손이라고 발표했다.

앞에서 이미 살펴보았듯이, 현대 인류는 놀라울 정도로 유전적 다양성을 가지고 있지 못하다. "55마리의 침팬지로 구성된 사회집단의 다양성이 전체 인류에서 찾을 수 있는 다양성보다 더 크다"는 어느 전문가의 표현이 그런 뜻이다.[20] 우리 모두가 최근에 아주 작은 집단으로부터 유래되었기 때문에 충분한 다양성을 확보하기에는 시간과 규모가 모두 충분하지 않았다는 뜻이다. 다지역 출현설에는 심각한 문제였다. 펜실베이니아 주립대학의 학자는 「워싱턴 포스트」의 기사에서 "그 이후부터 사람들은 근거가 거의 없었던 다지역 출현설에 대해서 신경을 쓰지 않게 되었다"고 했다.

그러나 그런 모든 일들은 서부 뉴사우스웨일스의 고대 멍고인들이 제공한 거의 무한에 가까운 놀라움을 간과한 것이었다. 2001년 초에 오스트레일리아 국립대학의 손과 그의 동료들은 멍고인 중에서 가장 오래된 유골에서 DNA를 추출했다고 보고했다.[21] 그 유골은 6만2,000년 전의 것이었고, 그 DNA는 "유전적으로 독특한" 것임이 밝혀졌다.

그들의 연구에 따르면, 멍고인은 해부학적으로는 우리 모두처럼 현대적이지만 멸종된 유전적 혈통을 가지고 있었다. 그의 미토콘드리아 DNA는 오늘날의 인류에게서는 더 이상 찾아볼 수 없었다. 모든 현대인들처럼 그 사람이 가까운 과거에 아프리카를 떠난 사람들의 후손이라면 그럴 수가 없었다.

"그 사실은 모든 것을 거꾸로 뒤집어놓았지요." 손은 기쁨을 감추지 않고 말했다.

그러고 나서는 더욱 이상한 사실들이 드러나기 시작했다. 옥스퍼드의 생물인류학 연구소의 집단 유전학자인 로절린드 하딩은 현대인의 베타글로빈 유전자*를 연구하던 중에 아시아인들과 오스트레일리아의 토착민들 중에서 두 가지 변이가 흔히 존재한다는 사실을 발견했다. 아프리카인들에게서는 그런 변이를 거의 찾아볼 수 없었다. 그녀는 그런 변종 유전자가 현대의 호모 사피엔스가 그 지역에 도착하기 훨씬 전인 20만 년보다 더 오래 전에 아프리카가 아니라 동아시아에서 만들어진 것이라고 확신하고 있다. 그런 사실에 대한 유일한 설명은 자바인을 비롯해서 오늘날 아시아에 살고 있는 사람들의 조상은 고대의 사람속이었다는 것이다.

혼란에 빠진 나는 옥스퍼드의 밴버리 가의 오래된 벽돌 건물에 있는 연구소로 하딩을 찾아갔다. 그곳은 빌 클린턴이 학생 시절을 보냈던 곳과 가까웠다. 하딩은 브리스베인 출신의 작고 밝은 성격의 오스트레일리아 사람으로 쾌활하면서도 진지한 드문 성격의 소유자였다.

"모르겠습니다." 옥스퍼드셔의 사람들이 어떻게 그곳에 있을 수 없는 베타글로빈 서열을 가지게 되었는가를 물어보았을 때 그녀는 망설이지 않고 웃으면서 대답했다. 그녀는 진지하게 말을 이었다. "유전자 기록은 전체적으로는 아프리카 기원설을 뒷받침하지요. 그런데 이런 이상한 결과가 나왔기 때문에 대부분의 유전학자들은 그 결과에 대해서 이야기를 하고 싶어하지 않게 되었습니다. 우리가 이해만 할 수 있다면 엄청나게 많은 정보를 얻을 수 있을 텐데, 아직 우리는 그렇지 못하답니다. 이제 막 시작한 단계입니다."[22] 그녀는 문제가 아주 복잡하다는 것 이외에는 옥스퍼드셔에서 아시아에서 기원된

---

* 적혈구의 헤모글로빈을 구성하는 베타글로빈이라는 단백질을 합성하는 정보를 담은 유전자 영역으로, 실제로 5퍼센트만이 코돈이고 나머지 95퍼센트는 잡동사니(정크) 유전자이다. 이 영역에서 발생하는 돌연변이를 연구하면 유인원들 사이의 관계를 밝힐 수 있다.

유전자가 존재한다는 것이 무엇을 뜻하는가에 대해서 짐작조차도 하려고 하지 않았다. "이 단계에서 우리가 할 수 있는 말은 모든 것이 매우 어지럽고, 우리는 정말 그 이유를 모른다는 것뿐입니다."

2002년 초에 우리가 만났을 즈음에 브라이언 사이키스라는 또다른 옥스퍼드 과학자가 「이브의 일곱 딸들」이라는 유명한 책을 발간했다. 그는 미토콘드리아 DNA에 대한 연구를 근거로 현재 살아 있는 거의 모든 유럽 사람들은 단 일곱 명의 여성으로부터 유래되었을 것이라고 주장했다. 책의 제목인 이브의 일곱 딸들은 역사에서 구석기 시대로 알려진 1만 년에서 4만5,000년 전에 살았었다. 사이키스는 그들에게 우르술라, 크세니아, 자스민 등의 이름과 상세한 가족관계까지 부여했다("우르술라는 어머니의 둘째였다. 첫째는 그녀가 두 살이었을 때 표범에게 빼앗겨버렸다……").

그 책에 대한 의견을 물어보았을 때, 하딩은 어떻게 대답할까를 궁리하면서 웃었다. "글쎄요. 어려운 주제를 쉽게 이해할 수 있도록 해준 업적은 인정해야겠지요." 잠시 생각을 하던 그녀는 말을 이었다. "그렇지만 그의 주장이 사실일 가능성은 거의 없는 셈이지요." 크게 웃은 그녀는 더 집중해서 말했다. "하나의 유전자에서 얻은 자료로부터 그렇게 명백한 사실을 알아낼 수는 없습니다. 미토콘드리아 DNA를 거꾸로 거슬러올라가면 누군가에게 도달하게 되겠지요. 그 사람이 우르술라이거나 타라이거나 아니면 다른 사람일 수도 있겠지요. 그러나 DNA의 다른 정보를 선택해서 거꾸로 추적을 해보면 전혀 다른 사람에 도달하게 될 것입니다."

아마도 그런 일은 런던에서 외곽으로 나가는 길을 아무렇게나 선택해서 따라가보았더니 결국 존 오그로트*에 있는 집에 도착했다는 사실로부터 런던에 사는 사람들은 모두 스코틀랜드 북부에서 온 것이라고 결론을 내리는 것과 같은 것이었다. 물론 런던의 사람들이 그곳에서 왔을 수도 있겠지만, 다른 곳에서 왔을 가능성도 마찬가지로 크다. 하딩에 따르면, 그런 의미에서 모든 유전자는 서로 다른 고속도로이고, 우리는 이제 막 그 길들을 찾아내기

* 영국 최북단에 해당하는 스코틀랜드의 지명.

시작했을 뿐이다. "단 하나의 유전자가 모든 이야기를 해주지는 않습니다." 그녀의 말이었다.

그러니까 유전자 연구는 믿을 수가 없다?

"아닙니다. 일반적으로 말해서 아주 믿을 만한 연구입니다. 믿지 말아야 할 것은 사람들이 그 결과로부터 쉽게 유추해내는 결론들입니다."

그녀는 아프리카 기원설이 "대략 95퍼센트 정도 맞을 것"이라고 믿는다고 하면서, "양측이 모두 이것 아니면 저것이어야 한다고 주장함으로써 과학에 조금씩의 피해를 입혔다고 생각합니다. 양측이 주장하는 것처럼 문제가 그렇게 단순하지 않다고 밝혀질 가능성이 아주 높습니다. 세계 곳곳에서 모든 방향으로 다양한 이주와 분산이 있었고, 그 과정에서 유전자들이 서로 섞이게 되었다는 증거들이 나타나고 있습니다. 완전히 알아내는 것은 절대 쉽지 않을 것입니다."

한편 아주 오래된 DNA를 추출하는 연구결과의 신뢰도에 대한 여러 가지 의문들이 제기되었다. 「네이처」의 글에서 어느 학자는, 오래된 유골이 진품인가를 어떻게 알아내는지에 관한 동료의 질문을 받은 화석학자가 유골을 혀로 맛본다고 대답했다고 주장했다.[23] 「네이처」의 글에 따르면, "그 과정에서 현대 인류의 DNA 상당량이 유골로 옮겨져서" 연구가 쓸모없어지고 만다. 하딩에게 그 문제에 대해서 물어보았다. "그렇지요. 이미 상당히 오염되었을 것이 거의 확실하지요." 그녀가 말했다. "단순히 손으로 만지기만 해도 오염이 됩니다. 그 근처에서 숨을 쉬기만 해도 오염이 되고요. 우리 실험실의 물에 의해서도 오염이 됩니다. 우리는 다른 DNA 속에서 숨 쉬고 있는 셈이랍니다. 신뢰할 수 있을 정도로 깨끗한 시료를 얻으려면 완벽하게 깨끗한 조건에서 발굴해서 그곳에서 바로 실험을 해야 합니다. 시료가 오염되지 않도록 하는 일은 세상에서 가장 어려운 일입니다."

그렇다면 그런 주장을 의심스럽게 보아야 하느냐고 물어보았다.

하딩은 엄숙하게 고개를 끄덕였다. "그렇습니다."

인류의 기원에 대해서 알고 있는 것이 왜 그렇게 적은가를 쉽게 이해하고 싶다면 한 곳을 소개할 수 있다. 그곳은 케냐의 나이로비 남서쪽에 있는 푸른 응공 산 근처이다. 우간다로 향하는 고속도로를 따라서 나이로비를 벗어나면 낮은 지역이 펼쳐지면서 행글라이더에서 보듯이 엷은 푸른색의 아프리카 평원이 끝없이 펼쳐진 장관을 만나게 된다.

그곳이 바로 동아시아로부터 5,000킬로미터를 가로지르는 동아프리카 지구대로 아프리카가 아시아로부터 떨어져 나오게 만든 판 균열 지역이다. 건조한 계곡을 따라서 나이로비로부터 약 60킬로미터 정도 떨어진 곳에 한때는 크고 멋진 호수 옆에 있었던 올로르게사일리에라는 고대 유적지가 있다. 호수가 사라진 후로 아주 오랜 세월이 흐른 1919년에 J. W. 그레고리라는 지질학자가 광물을 찾기 위해서 그 지역을 살펴보다가 사람의 손으로 다듬어진 것이 분명한, 이상할 정도로 검은 돌들이 널려 있는 넓은 지역을 발견했다. 그는 이언 태터솔이 이야기해준 아슐리안 도구의 생산지를 찾아낸 것이었다.

예기치 않게 2002년 가을에 내가 직접 그 특별한 유적지를 찾아보게 되었다. 나는 전혀 다른 목적으로 케냐에 갔었다. 나는 CARE 인터내셔널이라는 자선기관이 운영하던 사업을 살펴보기 위해서 그곳에 갔지만, 내가 이 책을 쓰기 위해서 인류의 유적에 관심을 가지고 있다는 사실을 알고 있던 초청자들이 내가 올로르게사일리에를 방문할 수 있도록 주선해주었다.†

그레고리가 발견한 이후로 올로르게사일리에는 20년 동안 방치되었다가, 유명한 부부 지질학자 루이스와 메리 리키가 발굴을 시작했지만, 아직도 그 작업은 끝나지 않고 있다. 리키 부부가 발견한 것은 4만 제곱미터의 지역에서 약 120만 년 전부터 20만 년 전까지 거의 100만 년 동안 수없이 많은 도구가 생산되었다는 것이다. 오늘날 그곳은 주석 지붕을 덮은 큰 구조물로 덮여 있고, 방문객들의 무차별적인 도굴을 막기 위한 철망으로 둘러싸여 있

† 유적지의 이름을 흔히 올로르가사일리에(Olorgasailie)라고 쓰기도 한다. 공식적인 케냐의 문서에도 그렇고, 당시의 방문을 소개한 내 책에도 그렇게 쓰여 있다. 그러나 이언 태터솔에 따르면 올로르게사일리에(Olorgesailie)가 옳은 이름이다.

는 것 이외에는 모든 도구들이 생산자들이 남겨두고 리키 부부가 발견한 모습 그대로 놓여 있다.

안내자 역할을 해준 케냐 국립 박물관의 세심한 젊은 직원인 질라니 응갈리에 따르면 당시에 도끼를 만들 때 사용했던 수정이나 흑요석(黑曜石)은 부근에서 발견되지 않았다. "저곳으로부터 그런 돌을 옮겨와야 했을 것입니다." 그는 유적지의 반대 방향으로 어렴풋이 보이는 상당히 먼 곳에 있는 올로르게사일리에와 올 에사쿠트라는 두 산을 가리키면서 말했다. 두 산은 모두 한아름의 돌을 옮겨오기에는 상당히 먼 거리인 대략 10킬로미터 정도 떨어져 있었다.

물론 올로르게사일리에 사람들이 그렇게 먼 곳까지 갔던 이유는 짐작할 수밖에 없다. 무거운 돌을 상당한 거리에 있는 호수 옆까지 옮겨왔던 것도 놀랍지만, 그 유적지가 조직적으로 꾸며져 있었다는 것이 더욱 놀라웠다. 리키 부부의 발굴 결과에 따르면, 도끼를 만드는 곳과 무뎌진 도끼를 가는 곳이 구분되어 있었다. 간단히 말해서 올로르게사일리에는 100만 년 정도 가동되었던 일종의 공장인 셈이다.

여러 가지 복제품들을 보면 당시의 도끼들은 만들기가 어려웠기 때문에 상당한 노동력이 필요했을 것이다. 숙련된 사람의 경우에도 도끼를 만드는 데에 몇 시간이 걸렸다. 그러나 더욱 이상한 사실은 그 도끼가 자르거나, 쪼거나, 벗겨내거나 또는 당시에 그 도끼를 사용했을 것으로 보이는 어떤 목적에도 특별히 훌륭하지 않다는 것이다. 그러니까 우리는, 연속적인 협동에 뛰어나지도 않은 현대 인류가 존재해왔던 기간보다도 훨씬 더 긴 100만 년이나 되는 세월 동안 초기 인류들이 바로 이곳에 모여서 기이할 정도로 쓸모가 없었던 도구를 엄청나게 많이 만들었다는 이상한 사실에 직면하게 된다.

도대체 이들은 누구였을까? 사실 우리는 전혀 알 수가 없다. 다른 후보자가 없기 때문에 호모 에렉투스였을 것으로 짐작할 뿐이다. 그렇다면 올로르게사일리에의 인부들은 가장 뛰어났을 때에도 현대 어린아이 정도의 지능을 가지고 있었을 것이다. 그렇지만, 그런 결론을 뒷받침해줄 만한 확실한 근거는 없다. 60년 이상을 발굴했지만, 올로르게사일리에 부근에서는 사람의 유골이 발견된 적이 없다. 그들은 오랫동안 그곳에서 돌을 다듬었지만, 죽음을 맞이할 때는 모두가 다른 곳으로 갔던 모양이다.

"모두가 신비로울 뿐입니다." 질라니 응갈리가 가볍게 말해주었다.

올로르게사일리에 사람들은 대략 20만 년 전에 호수가 말라버리고, 동아프리카 지구대 전체가 오늘날처럼 덥고 살기 어려운 곳으로 바뀌기 시작하면서 그곳에서 사라졌다. 그러나 그때는 이미 한 종으로서의 시대는 막을 내리고 있었다. 세상에는 최초의 진짜 주인공인 호모 사피엔스가 출현했다. 모든 것이 다시는 옛날과 같지 않게 되었다.

第30장

안녕

에드먼드 핼리와 그의 친구 크리스토퍼 렌, 로버트 훅이 런던의 커피 하우스에서 가벼운 마음으로 내기를 걸어서 결국은 아이작 뉴턴의 「프린키피아」가 발간되었고, 헨리 캐번디시가 지구의 질량을 알아내는 것을 비롯해서 이 책의 대부분을 차지하는 감동적이고 훌륭한 일들이 벌어지던 1680년대 초에 마다가스카르의 동쪽 해안으로부터 약 1,300킬로미터 떨어진 인도양의 모리셔스 섬에서는 그렇게 매력적이지는 않은 이정표가 세워지고 있었다.

그곳에서는 이름을 알 수 없는 선원이나 그 선원의 애완견이 마지막 도도새를 쫓고 있었다. 지루한 육상 휴가를 받은 뱃사람에게 둔하지만 의심할 줄 모르고 잘 뛰지도 못하고 날지도 못하기로 유명한 새는 거부하기 어려운 목표물이었다. 수백만 년간의 고립생활을 했던 그 새들은, 예측할 수 없고 아주 난폭한 인간의 행동에 적응할 준비도 하지 못했다.

마지막 도도새의 최후의 순간이 어떤 상황이었고, 언제 그런 일이 있었는가에 대해서는 정확하게 알 수 없다. 「프린키피아」가 있는 세상과 도도새가 없는 세상 중에 어느 것이 먼저였는가도 알 수 없다. 그렇지만 거의 같은 시기였다는 사실은 알고 있다. 인간의 성스러우면서도 흉포한 본성을 함께 보여주는 예로 이보다 더 좋은 경우를 찾기 어렵다는 점은 인정할 수밖에 없다. 우리 인간은 하늘의 가장 심오한 비밀을 파헤칠 수 있는 능력을 가진 종이면서도 동시에 아무런 목적도 없이 우리에게 어떤 해도 끼치지 않았던 생물을 멸종시키면서도 우리가 그들에게 무슨 짓을 하고 있는가에 대해서 조금도 이해하지 못한다. 실제로 도도새는 놀라울 정도로 통찰력이 모자라서, 모든 도도새를 근처로 불러모으고 싶으면 한 마리를 잡아서 울게 만들면 된다고 한다. 그러면 다른 모든 도도새들이 무슨 일인가를 알아보기 위해서 뒤뚱거리면서 몰려든다고 한다.

불쌍한 도도새에 대한 모욕은 그것으로 끝나지 않았다. 마지막 도도새가 죽고 나서 약 70년이 지난 1755년에 옥스퍼드의 애슈몰린 박물관의 관장은 소장하고 있던 도도새 박제품이 볼품없어졌다고 모닥불 속으로 던져버렸다. 이미 살아 있는 것은 물론이고 박제품으로도 마지막 도도새였기 때문에 정말 놀라운 일이었다. 그 옆을 지나가던 직원이 깜짝 놀라서 새를 구해보려고 했지만, 머리와 한쪽 다리의 일부만 구했을 뿐이었다.

상식에 벗어난 그런 일들 때문에 지금 우리는 살아 있던 도도새가 어떤 모양이었는지를 전혀 알 수가 없다. 우리가 가지고 있는 정보는 많은 사람들이 짐작하는 것보다 훨씬 적다. 19세기의 박물학자 H. E. 스트릭런드의 화난 표현에 따르면, "과학자가 아닌 여행자들의 엉성한 설명과 서너 점의 유화 그리고 몇 점의 뼈 조각뿐이다."[1] 스트릭런드의 사려 깊은 지적처럼, 최근까지 살아 있었고 우리가 없었더라면 여전히 살아 있을 새에 대해서 아는 것보다 옛날의 바다 괴물이나 쓸데없는 공룡인 사우라포드에 대해서 아는 것이 더 많다.

도도새에 대해서 알려진 것은 다음과 같다. 도도새는 모리셔스에서 살았고, 포동포동했지만 맛은 없었으며, 비둘기류 중에서 가장 크지만, 그 몸무게는 정확하게 알려져 있지 않다. 스트릭런드가 "뼈 조각"과 애슈몰린에 남아 있는 보잘것없는 잔해를 근거로 추정한 결과에 따르면, 도도새의 키는 75센티미터 정도였고, 부리에서부터 꼬리까지의 길이도 대강 그 정도였다. 날지 못했던 도도새는 땅 위에 둥지를 틀었기 때문에 알과 새끼들은 외부에서 섬으로 들여온 돼지, 개, 원숭이의 좋은 먹이가 되었다. 1683년에 이미 멸종되었을 수도 있지만, 1693년에는 완전히 멸종된 것이 확실하다. 그 이외에는 우리가 비슷한 새를 다시는 보지 못한다는 것 말고는 거의 아무것도 알지 못한다. 번식습관이나 먹이에 대해서도 모르고, 어느 정도 뛰어다니고, 평온하거나 놀랐을 때에 어떤 소리를 내는지도 모른다. 도도새의 알은 단 하나도 남아 있지 않다.

우리가 살아 있는 도도새를 만난 기간은 겨우 7년뿐이었다. 이미 당시에 우리의 돌이킬 수 없는 멸종의 역사는 수천 년에 이르렀지만, 그것은 숨이 막힐 정도로 짧은 기간이다. 인간이 얼마나 파괴적이었던가는 아무도 정확하게 모르지만, 지난 5만 년 정도의 세월 동안 우리가 가는 곳이면 어디에서나 짐승들이 사라졌고, 그것도 놀랄 만큼 엄청난 수의 동물들이 사라졌다.

아메리카에서는 1만 년에서 2만 년 전 사이에 현대 인류가 대륙에 발을 들여놓는 순간부터 30속(屬)의 대형 동물들이 사라졌다. 그중에서는 정말 거대한 짐승들도 있었다. 북아메리카와 남아메리카 전체에서 뾰족한 창과 고도의 조직력을 갖춘 인간 사냥꾼이 도착하면서 대형 동물의 4분의 3이 사라졌다. 오랫동안 인간에 대한 경계심을 키울 수 있었던 유럽과 아시아에서도 대형 동물 중에서 3분의 1에서 절반 사이가 멸종되었다. 오스트레일리아는 정반대의 이유 때문에 95퍼센트 이상이 사라졌다.[2)]

초기의 사냥꾼 집단은 비교적 적었고, 동물의 수는 정말 엄청났기 때문에 기후 변화나 전염병과 같은 다른 이유가 있었을 것이라고 생각하는 전문가들도 있다. 북부 시베리아의 툰드라 밑에 얼어붙어 있는 매머드 시체만 하더라도 수천만 마리나 될 것으로 추정된다. 미국 자연사 박물관의 로스 맥피에 따르면, "필요한 것보다 더 자주 위험한 짐승을 사냥할 필요는 없습니다. 그런데 먹을 수 있는 것보다 훨씬 더 많은 수의 매머드가 있었습니다."[3)] 사냥감을 잡아서 때려눕히는 것이 놀라울 정도로 쉬웠을 것이라고 주장하는 전문가도 있다. 팀 플래너리에 따르면, "오스트레일리아와 아메리카에서는 동물들이 달아날 줄 몰랐을 수도 있습니다."

이미 사라진 동물들 중에는 정말 놀라운 것들도 있었다. 만약 지금까지 살아남았더라면 특별하게 보호해줄 필요도 없었을 것이다. 2층 방의 창문을 들여다볼 수 있는 땅늘보나, 거의 소형 자동차 크기의 거북, 서부 오스트레일리아의 사막을 지나는 고속도로 옆에 누워 있는 길이가 6미터나 되는 왕

도마뱀을 생각해보자. 맙소사. 그들은 이미 사라졌고, 우리는 그만큼 작아진 지구에서 살게 되었다. 오늘날 전 세계를 통틀어서 1톤 이상 되는 진정한 대형 육상 동물은 코끼리, 코뿔소, 하마, 사슴의 단 네 종만 살아 있다.[4] 지구상에 생물이 살았던 수천만 년 동안에 그렇게 작아지고 맥이 빠졌던 때는 없었다.

석기시대가 끝난 후의 멸종들이 실질적으로 하나의 멸종 사건인가가 의문이다. 짧게 말해서 인류가 다른 생물들에게 근본적으로 나쁜 존재인가라는 문제이다. 안타깝게도 우리가 그런 존재일 수도 있다. 시카고 대학의 화석학자 데이비드 라우프에 따르면, 생물학 역사 전체를 통틀어서 지구의 멸종 속도는 평균 4년마다 한 종이 사라지는 정도라고 한다. 최근의 추정에 의하면, 오늘날 인간에 의한 멸종의 규모는 그보다 최대 12만 배나 된다고 한다.[5]

1990년대 중엽에 오스트레일리아의 박물학자이고 지금은 애들레이드의 사우스오스트레일리아 박물관의 관장인 팀 플래너리는 비교적 최근의 사건을 포함해서 많은 멸종 사건에 대해서 우리가 알고 있는 것이 거의 없다는 생각을 하게 되었다. "어디를 보거나 기록에 빈틈이 발견됩니다. 도도새의 경우처럼 잃어버린 조각이 있지요. 전혀 기록되지 않은 것도 있습니다." 1년 전쯤에 멜버른에서 만난 그의 말이었다.

플래너리는 친구인 화가 피터 샤우텐을 설득해서 전 세계의 중요한 박물관들을 뒤져서 무엇이 사라졌고, 무엇이 살아 있으며, 전혀 알려지지 않았던 것은 무엇인가를 밝혀내려는 거창한 작업을 시작했다. 그들은 4년 동안 오래된 가죽과 냄새나는 표본과 옛 그림들과 글로 남겨진 설명을 비롯해서 가능한 모든 것을 훑어나갔다. 샤우텐은 적당히 재현할 수 있는 동물은 모두 실물 크기의 그림으로 그렸고, 플래너리는 설명을 붙였다. 그 결과가 바로 「자연의 빈자리」라는 놀라운 책이었다. 지난 300년 동안에 멸종된 동물에 대한 가장 완벽하고, 가장 감동적인 목록이다.

충분한 기록이 남아 있는 동물도 있었지만, 아무도 그런 기록을 관리하지는 않았다. 듀공*과 관련이 있는 해마(海馬)처럼 생긴 스텔라 바다소가 가장 최근에 멸종된 정말 큰 동물 중의 하나이다. 다 자란 것은 길이가 거의 9미터나 되고, 몸무게가 10톤이나 되는 정말 거대한 짐승이었지만, 1741년에 러시아의 난파한 탐사 팀이 그 짐승들이 유일하게 서식하고 있던 베링 해의 안개가 많은 외딴 코만도르스키예 제도에 도착함으로써 처음으로 그 존재가 밝혀졌다.

다행스럽게도 탐사 팀에는 그 동물에 관심을 가졌던 게오르크 스텔라라는 박물학자가 있었다. "그는 가장 풍부한 기록을 남겼습니다." 플래너리의 말이었다. "그는 수염의 지름까지 측정했지요. 그가 제대로 기록하지 않은 유일한 부분이 수컷의 성기였습니다. 물론 이유가 있었습니다. 그는 암컷의 성기를 묘사하기에 바빴습니다. 그는 한 조각의 가죽까지 남겨주었기 때문에 우리는 그 감촉도 알 수가 있게 되었습니다. 그러나 언제나 그렇게 운이 좋은 것은 아니랍니다."

스텔라가 할 수 없었던 것이 바로 그 바다소를 구하는 일이었다. 이미 멸종에 가깝도록 사냥을 해버려서, 스텔라가 발견한 후 27년 만에 완전히 사라졌다. 그러나 알려진 것이 너무 적은 다양한 동물들은 그 목록에 포함되지도 못했다. 달링 다운스**의 뛰어다니는 쥐, 채텀 제도***의 백조, 어센션 섬****의 날지 못하는 뜸부기, 적어도 다섯 종류의 대형 거북을 비롯한 많은 종들이 이름 이외에는 영원히 우리를 떠나버렸다.

플래너리와 샤우텐은 대부분의 멸종이 잔인하거나 난폭하게 이루어진 것이 아니라, 단순하고 놀라울 정도로 바보스럽게 이루어졌다는 사실을 발견했다. 뉴질랜드의 노스 섬과 사우스 섬 사이의 험난한 해협에 있는 스티븐 섬이라는 외딴 바위섬에 등대를 설치했던 1894년에 등대지기의 고양이가 계속해

* 홍해와 동부 아프리카에서 필리핀과 오스트레일리아 북부에 이르는 지역의 수심이 얕은 연안에 서식하는 바다소의 일종.

** 오스트레일리아 퀸즐랜드 남동부의 지역.

*** 뉴질랜드 동쪽의 제도.

**** 남대서양의 화산섬.

서 이상하게 생긴 작은 새를 잡아왔다. 등대지기는 착실하게 몇 개의 표본을 웰링턴의 박물관에 보내주었다. 박물관 직원은 그것이 어느 곳에서도 발견된 적이 없는 역사 속의 날지 못하는 굴뚝새라는 사실을 발견하고 몹시 흥분했다. 그는 즉시 섬을 향해 출발했지만, 그가 도착했을 때에는 이미 고양이가 모든 새를 죽인 후였다.[6] 오늘날 남아 있는 것은 스티븐 섬의 날지 못하는 굴뚝새의 박제 12개뿐이다.

그런 경우에는 그나마 박제가 남아 있다. 그러나 동물이 사라진 후에도 살아 있을 때보다 크게 다르지 않았던 경우가 대부분이었다. 사랑스러운 캐롤라이나 쇠앵무새의 경우를 보자. 황금빛 머리에 에메랄드 녹색의 이 새는 북아메리카에 살았던 가장 놀랍고 아름다운 새였다고 할 수 있다. 앵무새들은 북쪽 지방에는 잘 살지 않는다. 전성기에는 그 수가 엄청나서, 나그네 비둘기 다음으로 많았다. 그러나 캐롤라이나 쇠앵무새는 농부들에게 해로운 새로 알려졌고, 함께 뭉쳐서 살면서 총 소리가 나면 날아올랐다가 죽은 동료를 살펴보러 곧바로 다시 돌아오는 이상한 습성을 가졌기 때문에 사냥하기가 쉬웠다.

19세기 초의 고전인 「아메리카의 조류학」에서 찰스 윌슨 필은 쇠앵무새들이 둥지를 짓고 사는 나무에 계속해서 산탄총을 쏘아대던 경험을 이렇게 표현했다.

> 쏠 때마다 많은 새들이 떨어졌지만, 살아남은 새들의 애정은 더욱 커져만 가는 모양이었다. 주변을 몇 바퀴 돌고 나서는 다시 내 옆으로 내려앉아서 그렇게 확실한 동정과 우려의 표정으로 죽은 동료들을 내려다보는 새들의 모습에 나는 완전히 의욕을 잃고 말았다.[7]

1910년대에는 끊임없이 사냥을 했던 탓에, 잡혀서 살던 새 몇 마리가 남았을 뿐이었다. 잉카라는 이름의 마지막 새는 1918년에 신시내티 동물원에서 죽었다(그로부터 4년 후에는 같은 동물원에서 마지막 나그네 비둘기가 죽었다). 그 새는 경건하게 박제로 만들어졌다. 오늘날 어디에서 불쌍한 잉카를 볼 수 있을까? 아무도 모른다. 동물원은 그 박제를 잃어버렸다.[8]

이런 이야기에서 흥미롭기도 하면서 이상하기도 한 사실은 찰스 윌슨 필이 새를 좋아했으면서도, 단순한 재미 이외에는 다른 특별한 이유도 없이 많은 새들을 죽이기를 서슴지 않았다는 것이다. 아주 오랫동안 세상에 살고 있는 생물에 대해서 가장 관심이 많았던 사람들이 바로 그들을 멸종시킨 장본인이었다는 사실이 정말 놀랍다.

로스차일드 제2대 남작인 라이오넬 월터 로스차일드보다 모든 면에서 더 큰 규모로 그랬던 사람은 없을 것이다. 위대한 은행가 가문의 자손인 로스차일드는 성격도 이상했고, 은둔하면서 지내던 사람이었다. 그는 평생을 버킹엄셔의 트링에 있는 집의 아이들 방에서 자신이 어릴 때 쓰던 가구를 쓰면서 살았다. 그는 몸무게가 130킬로그램이나 되었지만 여전히 어릴 때 쓰던 침대에서 잤다.

자연사가 취미였던 그는 헌신적으로 유물들을 수집했다. 그는 세계 어느 곳이나 가리지 않고 훈련된 사람들을 보내서 산을 넘고 밀림을 뒤져서 살아 있는 생물들을 찾아내도록 했다. 한 번에 400명을 보내기도 했다.[9] 그는 특히 날아다니는 생물을 좋아했다. 그런 생물들은 상자에 넣어져서 트링에 있는 로스차일드의 영지로 보내졌다. 그와 조수들이 보내온 모든 생물들을 완벽하게 기록하고 분석해서 끊임없이 책과 논문과 단행본들을 발간했다. 모두 1,200편이 넘었다. 로스차일드 자연사 공장은 모두 합쳐서 200만 종의 생물을 수집했고, 5,000종의 새로운 생물을 찾아냈다.

놀랍게도 그런 로스차일드의 수집 노력도 19세기의 가장 완전하고 풍족한 것은 아니었다. 그런 칭호는 조금 더 이른 시기에 역시 영국의 아주 부유했던 수집가 휴 커밍에게 돌아가야 한다. 수집에 너무 집착했던 그는 거대한 배를 건조해서 전 세계를 항해할 수 있는 전속 선원들을 고용했다. 새, 식물, 모든 종류의 동물, 특히 조개류를 비롯해서 찾을 수 있는 것이라면 무엇이나 모아오도록 했다.[10] 그런 수집품들이 다윈에게 전해져서 세기적인 연구의 바탕이 되었다.

그러나 로스차일드는 당시의 가장 과학적인 수집가이면서, 한편으로는 후회스러울 정도로 치명적인 수집가이기도 했다. 1890년대에 그는 지구에서 가장 취약한 환경을 가진 하와이에 관심을 가지게 되었다. 수백만 년 동안 고립되어 있던 탓에 하와이에서는 8,800종의 독특한 동물과 식물들이 진화할 수 있었다.[11] 로스차일드에게 특별히 흥미로웠던 것은 섬에 살고 있던 화려하고 독특한 새들이었다. 그런 새들은 지극히 제한된 곳에서만 작은 집단으로 사는 경우가 많았다.

하와이 새들의 비극은 좋은 환경에서도 위험한 특징인 독특하고, 탐나고, 희귀할 뿐만 아니라, 심장이 멎을 정도로 쉽게 잡을 수 있다는 사실 때문이었다. 평화로운 꿀빨기 멧새류에 속하는 그레이터 코아 핀치는 코아 나무에 숨어서 살지만, 누군가 노래 소리를 흉내내면 즉시 날아와서 환영의 표시를 한다.[12] 그 사촌인 레서 코아 핀치가 사라지고 5년이 지난 1896년에 마지막 그레이터 코아 핀치가 로스차일드의 일급 수집가였던 해리 파머에 의해서 사라졌다. 너무 희귀해서 오직 한 마리만 관찰된 레서 코아 핀치도 역시 로스차일드의 수집가가 죽여버렸다.[13] 10년 남짓한 기간 동안에 로스차일드의 적극적인 수집 노력 탓에 모두 합쳐서 적어도 9종의 하와이 새들이 사라졌다고 알려져 있지만, 실제로는 그보다 훨씬 많았을 것이다.

로스차일드는 어떤 대가를 치르더라도 새를 잡으려고 했던 유일한 사람이 아니었다. 사실 다른 사람들은 더 난폭했다. 1907년에 10년 전에 발견되었던 숲에 사는 3종의 검은 꿀빨기 멧새를 자신이 마지막으로 쏘아 죽였다는 사실을 깨달은 유명한 수집가 앨런슨 브라이언은 그런 소식을 듣고 "기쁨"에 들떴다고 했다.

간단히 말해서, 조금도 해가 되지 않을 것 같은 동물들까지 괴롭혔던 당시는 정말 이해하기 힘든 때였다. 1890년에 뉴욕 주는 이미 충분히 괴롭힘을 당해서 멸종 위기에 처해 있는 것이 확실했던 동부의 퓨마를 잡기 위해서

100여 명에게 보상금을 지급했다. 1940년대까지만 하더라도 많은 주들이 모든 종류의 육식동물에게 보상금을 지급했다. 웨스트버지니아 주에서는 유해동물을 가장 많이 잡아온 사람에게는 1년 치의 대학 등록금을 지급해주었다. 당시의 "유해동물"은 농장에서 사육하거나 애완용으로 기르지 않는 모든 동물이라고 해석되었다.

사랑스럽고 작은 바크만 휘파람새의 운명만큼 당시의 이상한 상황을 생생하게 보여주는 경우는 없을 것이다. 미국 남부 원산의 휘파람새는 유달리 짜릿한 노래로 유명했지만, 많았던 적이 없었던 그 수는 1930년대까지 계속 줄어들어서 결국은 완전히 사라진 후에 몇 년 동안은 관찰된 적이 없었다. 그러나 1939년에 다행스럽게도 서로 아주 멀리 떨어져서 활동하던 두 사람이 이틀 사이에 마지막으로 생존한 새들을 보게 되었다. 두 사람은 모두 그 새들을 쏘아 잡았고, 그것이 바크만 휘파람새의 최후였다.

멸종을 시키겠다는 충동은 아메리카에서만 발견되는 것은 아니다. 오스트레일리아에서도 개처럼 생겼지만 등에 독특한 "호랑이" 무늬를 가진 태즈메이니아 호랑이(또는 태즈메이니아 주머니 늑대)를 잡아오는 사람들에게 보상금을 지급했다. 1936년에 이름도 없이 버림받았던 마지막 태즈메이니아 호랑이가 사설 호바트 동물원에서 죽을 때까지 그런 보상금은 계속되었다. 오늘날 태즈메이니아 박물관에 가서 현대까지 살았던 유일한 대형 육식성 유대류인 이 종에 대해서 물어보면, 그들의 사진을 보여줄 뿐이다. 마지막으로 생존했던 태즈메이니아 주머니 늑대는 쓰레기통에 버려졌다.

이런 사실을 이야기하는 이유는, 만약 우리의 외로운 우주에서 생명이 어디를 지나왔는가를 기록하고, 어디로 가고 있는가를 감시할 일을 맡길 수 있는 생물을 디자인하려고 한다면, 그런 일을 절대 인간에게 맡기면 안 된다는 사실을 지적하기 위해서이다.

그럼에도 불구하고, 아주 중요한 점이 있다. 우리는 선택되었다는 것이다. 운명에 의해서나, 신에 의해서나, 아니면 당신이 무엇이라고 부르고 싶은 바로 그 존재에 의해서 선택되었다. 우리가 알고 있는 것은 지금 이곳에 존재하는 생물 중에서 우리가 가장 뛰어나다는 것뿐이다. 그런 생물이 우리뿐일 수도 있다. 우리가 우주에서 살아 있는 가장 훌륭한 성과이면서, 동시에 최악의 공포스러운 존재라는 사실을 생각하면 맥이 빠지기도 한다.

우리는 현재 살아 있거나 그렇지 않거나와 상관없이 다른 생물을 돌보아 주는 능력이 턱없이 부족하기 때문에 얼마나 많은 생물들이 영원히 사라졌거나, 곧 사라지거나, 아니면 영원히 사라지지 않을 것인지는 물론이고, 우리가 그 과정에서 어떤 역할을 했는지에 대해서 전혀 알 수가 없다. 1979년에 「침몰하는 방주(方舟)」의 저자 노먼 마이어스는 지구상에서 인류의 활동 때문에 일주일에 약 2종 정도의 생물이 멸종하고 있다고 주장했다. 1990년대 초에 그는 그 숫자를 일주일에 600종이라고 주장했다(식물, 곤충, 동물을 비롯한 모든 것을 포함한 숫자이다).[14] 일주일에 1,000종이 넘는다고 주장하는 사람들도 있다. 그러나 1995년에 UN은 지난 400년 동안에 알려진 멸종의 총수는 동물의 경우에 500종이 조금 안 되고, 식물은 650종이 조금 넘는다고 발표하면서, 특히 열대생물의 경우에는 "거의 확실히 과소평가된 것"임을 인정했다.[15] 몇몇 사람들은 대부분의 멸종 규모가 엄청나게 부풀려진 것이라고 믿는다.

진실은 아무도 모른다는 것이다. 짐작조차도 할 수 없다. 우리가 언제부터 그런 일을 하기 시작했는가도 알 수가 없다. 우리가 지금 무엇을 하고 있는지도 모르고, 현재의 활동이 미래에 어떤 영향을 주게 될 것인지도 모른다. 우리가 확실하게 알고 있는 것은 그런 일을 할 수 있는 지구가 하나뿐이라는 사실과, 상황을 충분히 개선할 수 있는 능력을 가진 생물도 단 하나뿐이라는 것이다. 에드워드 O. 윌슨은 「생명의 다양성」에서 우리의 상황을 더 이상 간결하게 할 수 없는 "하나의 지구, 하나의 실험(One planet, one experiment)"이라고 표현했다.[16]

이 책에서 배울 수 있는 것이 있다면, 그것은 우리가 이곳에 존재한다는 것이 엄청난 행운이라는 점이다. 여기에서 "우리"는 살아 있는 모든 생물이라는 뜻이다. 우리의 우주에서 어떤 형태이거나와 상관없이 생명을 얻는다는 것 자체가 엄청난 성과이다. 물론 인간인 우리는 두 배의 행운을 얻은 셈이다. 우리는 존재할 수 있는 특권을 얻었을 뿐만 아니라, 그 가치를 인식할 수 있고 다양한 방법으로 삶을 개선할 수 있는 유일한 능력을 가지게 되었다. 그것은 우리가 이제 겨우 이해하기 시작한 능력이다.

우리는 놀라울 정도로 짧은 시간에 이렇게 훌륭한 위치에 도달했다. 우리가 언어를 사용하고, 예술작품을 만들고, 복잡한 활동을 조직적으로 할 수 있게 되어 행동적으로 현대화된 기간은 지구 역사의 0.0001퍼센트에 불과하다. 그러나 그렇게 짧은 순간 동안 존재하는 데에도 무한히 많은 행운이 필요했다.

우리는 사실 이제 막 시작한 셈이다. 물론 우리는 종말이 찾아오지 않도록 하는 비결을 찾아내야만 한다. 그러기 위해서는 이제 단순한 행운 이상의 노력이 필요하다는 사실은 거의 확실하다.

주

제1장

1) Bodanis, *E=mc²*, p. 111.
2) Guth, *The Inflationary Universe*, p. 254.1
3) U.S. *News and World Report*, "How Old Is the Universe?" August 18-25, 1997, pp. 34-36;and *New York Times*, "Cosmos Sits for Early Portrait, Gives Up Secrets", February 12, 2003, p. 1.
4) Guth, p. 86.
5) Lawrence M. Krauss, "Rediscovering Creation," in Shore, *Mysteries of Life and the Universe*, p. 50.
6) Overbye, *Lonely Hearts of the Cosmos*, p. 153.
7) *Scientific American*, "Echoes from the Big Bang," January 2001, pp. 38-43;and Nature, "It All Adds Up," December 19-26, 2002, p. 733.
8) Guth, p. 101.
9) Gribbin, *In the Beginning*, p. 18.
10) *New York Times*, "Before the Bing Bang, There Was…… What?" May 22, 2001, p. F1.
11) Alan Lightman, "First Birth," in Shore, *Mysteries of Life and the Universe*, p. 13.
12) Overbye, p. 216.
13) Guth, p. 89.
14) Overbye, p. 242.
15) *New Scientist*, "The Fist Split Second," March 31, 2001, pp. 27-30.
16) *Scientific American*, "The First Stars in the Universe," December 2001, pp. 64-71: and *New York Times*, "Listen Closely : From Tiny Hum Came Big Bang," April 30, 2001, p. 1.
17) Quoted by Guth, p. 14.
18) *Discover*, November 2000.
19) Rees, *Just Six Numbers*, p. 147.
20) *Financial Times*, "Riddle of the Flat Universe," July 1-2, 2000;*and Economist*, "The World Is Flat After All," May 20, 2000, p. 97.
21) Weinberg, *Dreams of a Final Theory*, p. 34.
22) Hawking, *A Brief History of Time*, p. 47.
23) Hawking, *A Brief History of Time*, p. 13.
24) Rees, p. 147.

제2장

1) *New Yorker*, "Among Planets," December 9, 1996, p. 84.
2) Sagan, *Cosmos*, p. 217.
3) U.S. Naval Observatory press release, "20th Anniversary of the Discovery of Pluto's Moon Charon," June 22, 1998.
4) *Atlantic Monthly*, "When Is a Planet Not a Planet?" February 1998, pp. 22-34.
5) Quoted on PBS *Nova*, "Doomsday Asteroid," first aired April 29, 1997.
6) U.S. Naval Observatory press release, "20th Anniversary of the Discovery of Pluto's Moon Charon,"

June 22, 1998.

7) Tombaugh paper, "The Struggles to Find the Ninth Planet," from NASA website.
8) *Economist*, "X Marks the Spot," October 16, 1999, p. 83.
9) *Nature*, "Amost Planet X," May 24, 2001, p. 423.
10) *Economist*, "Pluto Out in the Cold," February 6, 1999, p. 85.
11) *Nature*, "Seeing Double in the Kuiper Belt," December 12, 2002, p. 618.
12) *Nature*, "Almost Planet X," May 24, 2001, p. 423.
13) PBS *NewsHour* transcript, August 20, 2002.
14) *Natural History*, "Between the Planets," October 2001. p. 20.
15) *New Scientist*,:"Many Moons," March 17, 2001, p. 39;*and Economist*, "A Roadmap for Planet-Hunting," April 8, 2000, p. 87.
16) Sagan and Druyan, *Comet*, p. 198.
17) *New Yorker*, "Medicine on Mars," February 14, 2000, p. 39.
18) Sagan and Druyan, p. 195.
19) Ball, H_2O, p. 15.
20) Guth, p. 1; and Hawking, *A Brief History of Time*, p. 39.
21) Dyson, *Disturbing the Universe*, p. 251.
22) Sagan, p. 52.

제3장

1) Ferris, *The Whole Shebang*, p. 37.
2) Robert Evans, interview by author, Hazelbrook, Australia, September 2, 2001.
3) Sacks, *An Anthropologist on Mars*, p. 198.
4) Thorne, *Black Holes and Time Warps*, p. 164.
5) Ferris, *The Whole Shebang*, p. 125.
6) Overbye, p. 18.
7) *Nature*, "Twinkle, Twinkle, Neutron Star," November 7, 2002, p. 31.
8) Thorne, p. 171.
9) Thorne, p. 174.
10) Thorne, p. 174.
11) Thorne, p. 174.
12) Overbye, p. 18.
13) Harrison, *Darkness at Night*, p. 3.
14) BBC *Horizon* documentary, "From Here to Infinity," transcript of program first broadcast February 28, 1999.
15) John Thorstensen, interview by author, Hanover, New Hampshire, December 5, 2001.
16) Note from Evans, December 3, 2002.
17) *Nature*, "Fred Hoyle (1915-2001)," September 17, 2001, p. 270.
18) Gribbin and Cherfas, p. 190.
19) Rees, p. 75.
20) Bodanis, $E=mc^2$, p. 187.
21) Asimov, *Atom*, p. 294.
22) Stevens, *The Change in the Weather*, p. 6.
23) *New Scientist supplement*, "Firebirth," August 7, 1999, unnumbered page.
24) Powell, *Night Comes to the Cretaceous*, p. 38.

25) Drury, *Stepping Stones*, p. 144.

제4장

1) Sagan and Druyan, p. 52.
2) Feynman, *Six Easy Pieces*, p. 90.
3) Gjertsen, *The Classics of Science*, p. 219.
4) Quoted by Ferris in *Coming of Age in the Milky Way*, p. 106.
5) Durant and Durant, *The Age of Louis XIV*, p. 538.
6) Durant and Durant, p. 546.
7) Cropper, *The Great Physicists*, p. 31.
8) Feynman, p. 69.
9) Calder, *The Comet Is Coming!* p. 39.
10) Jardine, *Ingenious Pursuits*, p. 36.
11) Wilford, *The Mapmakers*, p. 98.
12) Asimov, *Exploring the Earth and the Cosmos*, p. 86.
13) Ferris, *Coming of Age in the Milky Way*, p. 134.
14) Jardine, p. 141.
15) *Dictionary of National Biography*, vol. 7, p. 1302.
16) Jungnickel and McCormmach, *Cavendish*, p. 449.
17) Calder, *The Comet Is Coming!* p. 71.
18) Jungnickel and McCormmach, p. 306.
19) Jungnickel and McCormmach, p. 305.
20) Crowther, *Scientists of the Industrial Revolution*, pp. 214-215.
21) *Dictionary of National Biography*, vol. 3, p. 1261.
22) *Economist*, "G. Whiz," May 6, 2000, p. 82.

제5장

1) *Dictionary of National Biography*, vol. 10, pp. 354-356.
2) Dean, *James Hutton and the History of Geology*, p. 18.
3) McPhee, *Basin and Range*, p. 99.
4) Gould, *Time's Arrow*, p. 66.
5) Oldroyd, *Thinking About the Earth*, pp. 96-97.
6) Schneer (ed.), *Toward a History of Geology*, p. 128.
7) Geological Society papers: *A Brief History of the Geological Society of London*.
8) Rudwick, *The Great Devonian Controversy*, p. 25.
9) Trinkaus and Shipman, *The Neandertals*, p. 28.
10) Cadbury, *Terrible Lizard*, p. 39.
11) *Dictionary of National Biography*, vol. 15, pp. 314-315.
12) Trinkaus and Shipman, p. 26.
13) Annan, *The Dons*, p. 27.
14) Trinkaus and Shipman, p. 30.
15) Desmond and Moore, *Darwin*, p. 202.
16) Schneer, p. 139.
17) Clark, *The Huxleys*, p. 48.
18) Quoted in Gould, *Dinosaur in a Haystack*, p. 167.

19) Hallam, *Great Geological Controversies*, p. 135.
20) Gould, *Ever Since Darwin*, p. 151.
21) Stanley, *Extinction*, p. 5.
22) Quoted in Schneer, p. 288.
23) Quoted in Rudwick, *The Great Devonian Controversy*, p. 194.
24) McPhee, *In Suspect Terrain*, p. 190.
25) Gjertsen, p. 305.
26) McPhee, *In Suspect Terrain*, p. 50.
27) Powell, p. 200.
28) Fortey, *Trilobite!*, p. 238.
29) Cadbury, p. 149.
30) Gould, *Eight Little Piggies*, p. 185.
31) Gould, *Time's Arrow*, p. 114.
32) Rudwick, p. 42.
33) Cadbury, p. 192.
34) Hallam, p. 105;and Ferris, *Coming of Age in the Milky Way*, pp. 246-47.
35) Gjertsen, p. 335.
36) Cropper, p. 78.
37) Cropper, p. 79.
38) *Dictionary of National Biography*, supplement 1901-1911, p. 508.

제6장

1) Colbert, *The Great Dinosaur Hunters and Their Discoveries*, p. 4.
2) Kastner, *A Species of Eternity*, p. 123.
3) Kastner, p. 124.
4) Trinkaus and Shipman, p. 15.
5) Simpson, *Fossils and the History of Life*, p. 7.
6) Harrington, *Dance of the Continents*, p. 175.
7) Lewis, *The Dating Game*, pp. 17-18.
8) Barber, *The Heyday of Natural History*, p. 217.
9) Colbert, p. 5.
10) Cadbury, p. 3
11) Barber, p. 127.
12) *New Zealand Geographic*, "Holy incisors! What a treasure!" April-June 2000, p. 17.
13) Wilford, *The Riddle of the Dinosaur*, p. 31.
14) Wilford, *The Riddle of the Dinosaur*, p. 34.
15) Fortey, *Life*, p. 214.
16) Cadbury, p. 133.
17) Cadbury, p. 200.
18) Wilford, *The Riddle of the Dinosaur*, p. 5.
19) Bakker, *The Dinosaur Heresies*, p. 22.
20) Colbert, p. 33.
21) Nature, "Owen's Parthian Shot," July 12. 2001. p. 123.
22) Cadbury, p. 321.
23) Clark, *The Huxleys*, p. 45.

24) Cadbury, p. 291.
25) Cadbury, p. 261-262.
26) Colbert, p. 30.
27) Thackray and Press, *The Natural History Museum*, p. 24.
28) Thackray and Press, p. 98.
29) Wilford, *The Riddle of the Dinosaur*, p. 97.
30) Wilford, *The Riddle of the Dinosaur*, pp. 99-100.
31) Colbert, p. 73.
32) Colbert, p. 93.
33) Wilford, *The Riddle of the Dinosaur*, p. 90.
34) Psihoyos and Knoebber, Hunting Dinosaurs, p. 16.
35) Cadbury, p. 325.
36) *Newsletter of the Geological Society of New Zealand*, "Gideon Mantell-the New Zealand connection," April 1992, and *New Zealand Geographic*, "Holy incisors! What a treasure!" April-June 2000, p. 17.
37) Colbert, p. 151.
38) Lewis, *The Dating Game*, p. 37.
39) Hallam, p. 173.

제7장

1) Ball, p. 125.
2) Durant and Durant, p. 516.
3) Strathern, p. 193.
4) Davies, p. 14.
5) White, *Rivals*, p. 63.
6) Brock, p. 92.
7) Gould, Bully for *Brontosaurus*, p. 366.
8) Brock, pp. 95-96.
9) Strathern, p. 239.
10) Brock, p. 124.
11) Cropper, p. 139.
12) Hamblyn, p. 76.
13) Silver, p. 201.
14) *Dictionary of National Biography*, vol. 19, p. 686.
15) Asimov, *The History of Physics*, p. 501.
16) Boorse et al., p. 75.
17) Ball, p. 139.
18) Brock, p. 312.
19) Brock, p. 111.
20) Carey, p. 155.
21) Ball. p. 139.
22) Krebs, p. 23.
23) From a review in *Nature*, "Mind over Matter?" by Gautum R. Desiraju, September 26, 2002.
24) Heiserman, p. 33.
25) Bodanis, $E=mc^2$, p. 75.
26) Lewis, *The Dating Game*, p. 55.

27) Strathern, p. 294.
28) Advertisement in Time magazine, January 3, 1927, p. 24.
29) Biddle, p. 133.
30) *Science*, “We Are Made of Starstuff,” May 4, 2001, p. 863.

제8장

1) Cropper, p. 106.
2) Cropper, p 109.
3) Snow, *The Physicists*, p. 7.
4) Kelves, *The Physicists*, p. 33.
5) Kelves, pp. 27-28.
6) Thorne, p. 65.
7) Cropper, p. 208.
8) Nature, “Physics from the Inside,” July 12, 2001, p. 121.
9) Snow, *The Physicists*, p. 101.
10) Bodanis, $E=mc^2$, p. 6.
11) Boorse et al., *The Atomic Scientists*, p. 142.
12) Ferris, *Coming of Age in the Milky Way*, p. 193.
13) Snow, *The Physicists*, p. 101.
14) Thorne, p. 172.
15) Bodanis, $E=mc^2$, p. 77.
16) *Nature*, “In the Eye of the Beholder,” March 21, 2002, p. 264.
17) Boorse et al., p. 53.
18) Bodanis, $E=mc^2$, p. 204.
19) Guth, p. 36.
20) Snow, *The Physicists*, p. 21.
21) Bodanis, $E=mc^2$, p. 215.
22) Quoted in Hawking, *A Brief History of Time,* p. 91;and Aczel, *God's Equation,* p. 146.
23) Guth, p. 37.
24) Brockman and Matson, *How Things Are*, p. 263.
25) Bodanis, $E=mc^2$, p. 83.
26) Overbye, p. 55.
27) Kaku, “The Theory of the Univese?” in Shore, *Mysteries of Life and the Universe*, p. 161.
28) Cropper, p. 423.
29) Christianson, *Edwin Hubble*, p. 33.
30) Ferris, *Coming of Age in the Mikly Way*, p. 258.
31) Feguson, *Measuring the Universe*, pp. 166-167.
32) Ferguson, p. 166.
33) Moore, *Fireside Astronomy*, p. 63.
34) Overbye, p. 45;*and Natural History*, “Delusions of Centrality,” December 2002-January, 2003, pp. 28-32.
35) Hawking, *The Universe in a Nutshell*, pp. 71-72.
36) Overbye, p. 14.
37) Overbye, p. 28.

제9장

1) Feynman, p. 4.
2) Gribbin, *Almost Everyone's Guide to Science*, p. 250.
3) Davies, p. 127.
4) Rees, p. 96.
5) Feynman, pp. 4-5.
6) Boorstin, *The Discoverers*, p. 679.
7) Gjertsen, p. 260.
8) Holmyard, *Makers of Chemistry*, p. 222.
9) *Dictionary of National Biography*, vol. 5, p. 433.
10) Von Baeyer, *Taming the Atom*, p. 17.
11) Weinberg, *The Discovery of Subatomic Particles*, p. 3.
12) Weinberg, *The Discovery of Subatomic Particles*, p. 104.
13) Quoted in Cropper, p. 259.
14) Cropper, p. 317.
15) Wilson, *Rutherford*, p. 174.
16) Wilson, *Rutherford*, p. 208.
17) Wilson, *Rutherford*, p. 208.
18) Quoted in Cropper, p. 328.
19) Snow, *Variety of Men*, p. 47.
20) Cropper, p. 94.
21) Asimov, *The History of Physics*, p. 551.
22) Guth, p. 90.
23) Atkins, *The Periodic Kingdom*, p. 106.
24) Gribbin, *Almost Everyone's Guide to Science*, p. 35.
25) Cropper, p. 245.
26) Ferris, *Coming of Age in the Milky Way*, p. 288.
27) Feynman, p. 117.
28) Boorse et al., p. 338.
29) Cropper, p. 269.
30) Ferris, *Coming of Age in the Milky Way*, p. 288.
31) David H. Freedman, from "Quantum Liaisons," *Mysteries of Life and the Universe*, p. 137.
32) Overbye, p. 109.
33) Von Baeyer, p. 43.
34) Ebbing, *General Chemistry*, p. 295.
35) Trefil, *101 Things You Don't Know About Science and No One Else Does Either*, p. 62.
36) Feynman, p. 33.
37) Alan Lightman, "First Birth" in Shore, *Mysteries of Life and the Universe*, p. 13.
38) Lawrence Joseph, "Is Science Common Sense?" in Shore, *Mysteries of Life and the Universe*, pp. 42-43.
39) *Christian Science Monitor*, "Spooky Action at a Distance," October 4, 2001.
40) Hawking, *A Brief History of Time*, p. 61.
41) David H. Freedman, from "Quantum Liaisons," in Shore, *Mysteries of Life and the Universe*, p. 141.
42) Ferris, The Whole Shebang, p. 297.
43) Asimov, *Atom*, p. 258.

44) Snow, *The Physicists*, p. 89.

제10장

1) McGrayne, *Prometheans in the Lab*, p. 88.
2) McGrayne, p. 92.
3) McGrayne, p. 92.
4) McGrayne, p. 97.
5) Biddle, p. 62.
6) *Science*, "The Ascent of Atmospheric Sciences," October 13. 2000. p. 299.
7) *Nature*, September 27, 2001, p. 364.
8) Libby, "Radiocarbon Dating," from Nobel Lecture, December 12, 1960.
9) Gribbin and Gribbin, *Ice Age*, p. 58.
10) Flannery, *The Eternal Frontier*, p. 174.
11) Flannery, *The Future Eaters*, p. 151.
12) Flannery, *The Eternal Frontier*, pp. 174-175.
13) *Science*, "Can Genes Solve the Syphilis Mystery?" May 11, 2001, p. 109.
14) Lewis, *The Dating Game*, p. 204.
15) Powell, *Mysteries of Terra Firma*, p. 58.
16) McGrayne, p. 173.
17) McGrayne, p. 94.
18) *Nation*, "The Secret History of Lead," March 20, 2000.
19) Powell, *Mysteries of Terra Firma*, p. 60.
20) *Nation*, "The Secret History of Lead," March 20, 2000.
21) McGrayne, p. 169.
22) Nation, March 20, 2000.
23) Green, *Water, Ice and Stone*, p. 258.
24) McGrayne, p. 191.
25) McGrayne, p. 191.
26) Biddle, pp. 110-111.
27) Biddle, p. 63.
28) *Nature*, "The Rocky Road to Dating the Earth," January 4, 2001, p. 20.

제11장

1) Cropper, p. 325.
2) Quoted in Cropper, p. 403.
3) *Discover*, "Gluons," July 2000, p. 68.
4) Guth, p. 121.
5) *Economist*, "Heavy Stuff," June 13, 1998, p. 82;and *National Geographic*, "Unveiling the Universe," October 1999, p. 36.
6) Trefil, *101 Things You Don't Know About Science and No One Else Does Either*, p. 48.
7) *Economist*, "Cause for ConCERN," October 28, 2000, p. 75.
8) Letter from Jeff Guinn.
9) *Science*, "U.S. Researchers Go for Scientific Gold Mine," June 15, 2001, p. 1979.
10) *Science*, February 8, 2002, p. 942.
11) Guth, p. 120, and Feynman, p. 39.

12) *Nature*, September 27, 2001, p. 354.
13) Sagan, p. 221.
14) Weinberg, *The Discovery of Subatomic Particles*, p. 165.
15) Weinberg, *The Dicovery of Subatomic Particles*, p. 167.
16) Von Baeyer, p. 17.
17) *Economist*, "New Realities?" October 7, 2000, p. 95;and *Nature*, "The Mass Question," February 28, 2002, pp. 969-970.
18) *Scientific American*, "Uncovering Supersymmetry," July 2002, p. 74.
19) Quoted on the PBS video *Creation of the Universe*, 1985. also quoted, with slightly different numbers, in Ferris, *Coming of Age in the Milky Way*, pp. 298-299.
20) CERN website document "The Mass Mystery," undated.
21) Feynman, p. 39.
22) *Science News*, September 22, 2001, p. 185.
23) Weinberg, *Dreams of a Final Theory*, p. 214.
24) Kaku, *Hyperspace*, p. 158.
25) *Scientific American*, "The Universe's Unseen Dimensions," August 2000, pp. 62-69;and *Science News*, "When Branes Collide," September 22, 2001, pp. 184-185.
26) *New York Times*, "Before the Big Bang, There Was…… What?" May 22, 2001, p. F1.
27) *Nature*, September 27, 2001, p. 354.
28) *New York Times* website, "Are They a) Geniuses or b) Jokers?:French Physicists' Cosmic Theory Creates a Big Bang of Its Own," November 9, 2002;and *Economist*, "Publish or Perish," November 16, 2002, p. 75.
29) Weinberg, *Dreams of a Final Theory*, p. 230.
30) Weinberg, *Dreams of Final Theory*, p. 234.
31) *U.S. News and World Report*, "How Old Is the Universe?" August 25, 1997, p. 34.
32) Trefil, *101 Things You Don't Know About Science and No One Else Does Either*, p. 91.
33) Overbye, p. 268.
34) *Economist*, "Queerer Than We Can Suppose," January 5, 2002, p. 58.
35) *National Geographic*, "Unveiling the Universe," October 1999, p. 25.
36) Goldsmith, *The Astronomers*, p. 82.
37) *U.S. News and World Reports*, "How Old Is the Universe?" August 25, 1997, p. 34.
38) *Economist*, "Dark for Dark Business," January 5, 2002, p. 51.
39) PBS *Nova*, "Run-away Universe," Transcript from program first broadcast November 21, 2000.
40) *Economist*, "Dark for Dark Business," January 5, 2002, p. 51.

제12장

1) Hapgood, *Earth's Shifting Crust*, p. 29.
2) Simpson, p. 98.
3) Gould, *Ever Since Darwin*, p. 163.
4) *Encylopaedia Britannica*, 1964, vol. 6, p. 418.
5) Lewis, *The Dating Game*, p. 182.
6) Hapgood, p. 31.
7) Powell, *Mysteries of Terra Firma*, p. 147.
8) McPhee, *Basin and Range*, p. 175.
9) McPhee, *Basin and Ranges*, p. 187.

10) Harrington, p. 208.
11) Powell, *Mysteries of Terra Firma*, pp. 131-132.
12) Powell, *Mysteries of Terra Firma*, p. 141.
13) McPhee, *Basin and Range*, p. 198.
14) Simpson, p. 113.
15) McPhee, *Assembling California*, pp. 202-208.
16) Vogel, *Naked Earth*, p. 19.
17) Margulis and Sagan, *Microscosmos*, p. 44.
18) Trefil, *Meditations at 10,000 Feet*, p. 181.
19) *Science*, "Inconstant Ancient Seas and Life's Path," November 8, 2002, p. 1165.
20) McPhee, *Rising from the Plains*, p. 158.
21) Simpson, p. 115.
22) *Scientific American*, "Sculpting the Earth from Inside Out," March 2001.
23) Kunzig, *The Restless Sea*, p. 51.
24) Powell, *Night Comes to the Cretaceous*, p. 7.

제13장

1) Raymond R. Anderson, Geological Society of America:GSA Special Paper 302, "The Manson Impact Structure:A Late Cretaceous Meteor Crater in the Iowa Subsurface," Spring 1996.
2) *Des Moines Register*, June 30, 1979.
3) Anna Schlapkohl, interview by author, Manson, Iowa, June 18, 2001.
4) Lewis, *Rain of Iron and Ice*, p. 38.
5) Powell, *Night Comes to the Cretaceous*, p. 37.
6) Transcript from BBC Horizon documentary "New Asteroid Danger," p. 4, first tranmitted March 18, 1999.
7) *Science News*, "A Rocky Bicentennial," July 28, 2001, pp. 61-63.
8) Ferris, *Seeing in the Dark*, p. 150.
9) *Science News*, "A Rocky Bicentennial," July 28, 2001, pp. 61-63.
10) Ferris, *Seeing in the Dark*, p. 147.
11) Transcript from BBC Horizon documentary "New Asteroid Danger," p. 5, first transmitted March 18, 1999.
12) *New Yorker*, "Is This the End?" January 27, 1997, pp. 44-52.
13) Vernon, *Beneath Our Feet*, p. 191.
14) Frank Asaro, telephone interview by author, March 10, 2002.
15) Powell, *Mysteries of Terra Firma*, p. 184.
16) Peebles, *Asteroids:A History*, p. 170.
17) Lewis, *Rain of Iron and Ice*, p. 107.
18) Quoted by Officer and Page, *Tales of the Earth*, p. 142.
19) *Boston Globe*, "Dinosaur Extinction Theory Backed," December 16, 1985.
20) Peebles, p. 175.
21) Iowa Department of Natural Resources Publication, Iowa Geology 1999:Number 24.
22) Ray Anderson and Brian Witzke, interview by author, Iowa City, June 15, 2001.
23) *Boston Globe*, "Dinosaur Extinction Theory Backed," December 16, 1985.
24) Peebles, pp. 177-178;and *Washington Post*, "Incoming," April 19, 1998.
25) Gould, *Dinosaur in a Haystack*, p. 162.

26) Quoted by Peebles, p. 196.
27) Peebles, p. 202.
28) Peebles, p. 204.
29) Anderson, Iowa Department of Natural Resources;Iowa Geology 1999, "Iowa's Manson Impact Structure."
30) Lewis, *Rain of Iron and Ice*, p. 209.
31) *Arizona Republic*, "Impact Theory Gains New Supporters," March 3, 2001.
32) Lewis, *Rain of Iron and Ice*, p. 215.
33) *New York Times* magazine, "The Asteroids Are Coming! The Asteroids Are Coming!" July 28, 1996, pp. 17-19.
34) Ferris, *Seeing in the Dark*, p. 168.

제14장

1) Mike Voorhies, interview by author, Ashfall Fossil Beds State Park, Nebraska, June 13, 2001.
2) *National Geographic*, "Ancient Ashfall Creates Pompeii of Prehistoric Animals," January 1981, p. 66.
3) Feynman, p. 60.
4) Williams and Montaigne, *Surviving Galeras*, p. 78.
5) Ozima, *The Earth*, p. 49.
6) Officer and Page, *Tales of the Earth*, p. 33.
7) Officer and Page, p. 52.
8) McGuire, *A Guide to the End of the World*, p. 21.
9) McGuire, p. 130.
10) Trefil, *101 Things You Don't Know About Science and No One Else Does Either*, p. 158.
11) Vogel, p. 37.
12) *Valley News*, "Drilling the Ocean Floor for Earth's Deep Secrets," August 21, 1995.
13) Schopf, *Cradle of Life*, p. 73.
14) McPhee, *In Suspect Terrain*, pp. 16-18.
15) *Scientific American*, "Sculpting the Earth from Inside Out," March 2001, pp. 40-47;and *New Scientist*, "Journey to the Centre of the Earth," supplement, October 14, 2000, p. 1.
16) *Earth*, "Mystery in the High Sierra," June 1996, p. 16.
17) Vogel, p. 31.
18) *Science*, "Much About Motion in the Mantle," February 1, 2002, p. 982.
19) Tudge, *The Time Before History*, p. 43.
20) Vogel, p. 53.
21) Trefil, *101 Things You Don't Know About Science and No One Else Does Either*, p. 146.
22) *Nature*, "The Earth's Mantle," August 2, 2001, pp. 501-506.
23) Drury, p. 50.
24) *New Scientist*, "Dynamo Support," March 10, 2001, p. 27.
25) *New Scientist*, "Dynamo Support," March 10, 2001, p. 27.
26) Trefil, *101 Things You Don't Know About Science and No One Else Does Either*, p. 150.
27) Vogel, p. 139.
28) Fisher et al., *Volcanoes*, p. 24.
29) Thompson, *Volcano Cowboys*, p. 118.
30) Williams and Montaigne, p. 7.
31) Fisher et al., p. 12.

32) Williams and Montaigne, p. 151.
33) Thompson, p. 123.
34) Fisher et al., p. 16.

제15장
1) Smith, *The Weather*, p. 112.
2) BBC *Horizon* documentary "Crater of Death," first broadcast May 6, 2001.
3) Lewis, *Rain of Iron and Ice*, p. 152.
4) McGuire, p. 104.
5) McGuire, p. 107.
6) Paul Doss, interview with author, Yellowstone National Park, Wyoming, June 16, 2001.
7) Smith and Siegel, pp. 5-6.
8) Sykes, *The Seven Daughters of Eve*, p. 12.
9) Ashcroft, *Life at the Extremes*, p. 275.
10) PBS *NewsHour* transcript, August 20, 2002.

제16장
1) *New York Times Book Review*, "Where Leviathan Lives," April 20, 1997, p. 9.
2) Ashcroft, p. 51.
3) *New Scientist*, "Into the Abyss," March 31, 2001.
4) *New Yorker*, "The Pictures," February 15, 2000, p. 47.1
5) Ashcroft, p. 68.
6) Ashcroft, p. 69.
7) Haldane, *What is Life?*, p. 188.
8) Ashcroft, p. 59.
9) Norton, *Stars Beneath the Sea*, p. 111.
10) Haldane, *What Is Life?*, p. 202.
11) Norton, p. 105.
12) Quoted in Norton, p. 121.
13) Gould, *The Lying Stones of Marrakech*, p. 305.
14) Norton, p. 124.
15) Norton, p. 133.
16) Haldane, *What is Life?*, p. 192.
17) Haldane, *What Is Life?*, p. 202.
18) Ashcroft, p. 78.
19) Haldane, *What Is Life?*, p. 197.
20) Ashcroft, p. 79.
21) Attenborough, *The Living Planet*, p. 39.
22) Smith, p. 40.
23) Ferris, *The Whole Shebang*, p. 81.
24) Grinspoon, p. 9.
25) *National Geographic*, "The Planets," January 1985, p. 40.
26) McSween, *Stardust to Planets*, p. 200.
27) Ward and Browniee, *Rare Earth*, p. 33.
28) Atkins, *The Periodic Kingdom*, p. 28.

29) Bodanis, *The Secret House*, p. 13.
30) Krebs, p. 148.
31) Davies, p. 126.
32) Snyder, *The Extraordinary Chemistry of Ordinary Things*, p. 24.
33) Parker, *Inscrutable Earth*, p. 100.
34) Snyder, p. 42.
35) Parker, p. 103.
36) Feynman, p. xix.

제17장
1) Stevens, p. 7.
2) Stevens, p. 56;*and Nature*, "1902 and All That," January 3, 2002, p. 15.
3) Smith, p. 52.
4) Ashcroft, p. 7.
5) Smith, p. 25.
6) Allen, *Atmosphere*, p. 58.
7) Allen, p. 57.
8) Dickinson, *The Other Side of Everest*, p. 86.
9) Ashcroft, p. 8.
10) Attenborough, *The Living Planet*, p. 18.
11) Quoted by Hamilton-Paterson, p. 177.
12) Smith, p. 50.
13) Junger, *The Perfect Storm*, p. 128.

제18장
1) Margulis and Sagan, p. 100.
2) Schopf, p. 107.
3) Green, p. 29;and Gribbin, *In the Beginning*, p. 174.
4) Trefil, *Meditations at 10,000Feet*, p. 121.
5) Gribbin, *In the Beginning*, p. 174.
6) Kunzig, p. 8.
7) Dennis, *The Bird in the Waterfall*, p. 152.
8) *Economist*, May 13, 2000, p. 4.
9) Dennis, p. 248.
10) Margulis and Sagan, pp. 183-184.
11) Green, p. 25.
12) Ward and Brownlee, p. 36.
13) Dennis, p. 226.
14) Ball, p. 21.
15) Dennis, p. 6;*and Scientific American*, "On Thin Ice," December 2002, pp. 100-105.
16) Smith, p. 62.
17) Schultz, *Ice Age Lost*, p. 75.
18) Weinberg, *A Fish Caught in Time*, p. 34.
19) Hamilton-Paterson, *The Great Deep*, p. 178.
20) Norton, p. 57.

21) Ballard, *The Eternal Darkness*, pp. 14-15.
22) Weinberg, *A Fish Caught in Time*, p. 158, and Ballard, p. 17.
23) Weinberg, *A Fish Caught in Time*, p. 159.
24) Broad, *The Universe Below*, p. 54.
25) Quoted in *Underwater* magazine, "The Deepest Spot On Earth," Winter 1999.
26) Broad, p. 56.
27) *National Geographic*, "New Eyes on the Oceans," October 2000, p. 93.
28) Kunzig, p. 47.
29) Attenborough, *The Living Planet*, p. 30.
30) *National Geographic*, "Deep Sea Vents," October 2000, p. 123.
31) Dennis, p. 248.
32) Vogel, p. 182.
33) Engel, *The Sea*, p. 183.
34) Kunzig, pp. 294-305.
35) Sagan, p. 225.
36) *Good Weekend*, "Armed and Dangerous," July 15, 2000, p. 35.
37) *Time*, "Call of the Sea," October 5, 1998, p. 60.
38) Kunzig, pp. 104-5.
39) *Economist survey*, "The Sea," May 23, 1998, p. 4.
40) Flannery, *The Future Eaters*, p. 104.
41) *Audubon*, May-June 1998, p. 54.
42) *Time*, "The Fish Crisis," August 11, 1997, p. 66.
43) *Economist*, "Pollock Overboard," January 6, 1996, p. 22.
44) *Economist survey*, "The Sea," May 23, 1998, p. 12.
45) *Outside*, December 1997, p. 62.
46) *Economist* survey, "The Sea," May 23, 1998, p. 8.
47) Kurlansky, *Cod*, p. 186.
48) *Nature*, "How Many More Fish in the Sea?" October 17, 2002, p. 662.
49) Kurlansky, p. 138.
50) *New York Times* magazine, "A Tale of Two Fisheries," August 27, 2000, p. 40.
51) BBC *Horizon* transcript, "Antarctica:The Ice Melts," p. 16.

제19장

1) *Earth*, "Life's Crucible," February 1998, p. 34.
2) Ball, p. 209.
3) *Discover*, "The Power of Proteins," January 2002, p. 38.
4) Crick, *Life Itself*, p. 51.
5) Sulston and Ferry, *The Common Thread*, p. 14.
6) Margulis and Sagan, p. 63.
7) Davies, p. 71.
8) Dawkins, *The Blind Watchmaker*, p. 45.
9) Dawkins, *The Blind Watchmaker*, p. 115.
10) Quoted in Nutland, *How We Live*, p. 121.
11) Schopf, p. 107.
12) Dawkins, *The Blind Watchmaker*, p. 112.

13) Walllace et al., *Biology:The Science of Life*, p. 428.
14) Margulis and Sagan, p. 71.
15) *New York Times*, "Life on Mars? So What?" August 11. 1996.
16) Gould, *Eight Little Piggies*, p. 328.
17) *Sydney Morning Herald*, "Aerial Blast Rocks Towns," September 29, 1969;and "Farmer Finds 'Meteor Soot,'" September 30, 1969.
18) Davies, pp. 209-210.
19) *Nature*, "Life's Sweet Beginnings?" December 20-27, 2001, p. 857, and Earth, "Life's Crucible," February 1998, p. 37.
20) Gribbin, *In the Beginning*, p. 78.
21) Gribbin and *Cherfas*, p. 190.
22) Ridley, Genome, p. 21.
23) Victoria Bennett interview, Australia National University, Canberra, August 21, 2001.
24) Ferris, *Seeing in the Dark*, p. 200.
25) Margulis and Sagan, p. 78.
26) Note provided by Dr. Laurence Smaje.
27) Wilson, *The Discovery of Life*, p. 186.
28) Fortey, *Life*, p. 66.
29) Schopf, p. 212.
30) Fortey, *Life*, p. 89.
31) Margulis and Sagan, p. 17.
32) Brown, *The Energy of Life*, p. 101.
33) Ward and Brownlee, p. 10.
34) Drury, p. 68.
35) Sagan, p. 227.

제20장

1) Biddle, p. 16.
2) Ashcroft, p. 248;and Sagan and Margulis, *Garden of Microbial Delights*, p. 4.
3) Biddle, p. 57.
4) *National Geographic*, "Bacteria." August 1993, p. 51.
5) Margulis and Sagan, p. 67.
6) *New York Times*, "From Birth, Our Body Houses a Microbe Zoo," October 15, 1996, p. C3.
7) Sagan and Margulis, p. 11.
8) *Outside*, July 1999, p. 88.
9) Margulis and Sagan, p. 75.
10) De Duve, *A Guided Tour of the Living Cell*, vol. 2, p. 320.
11) Margulis and Sagan, p. 16.
12) Davies, p. 145.
13) *National Geographic*, "Bacteria," August 1993, p. 39.
14) *Economist*, "Human Genome Survey," July 1, 2000, p. 9.
15) Davies, p. 146.
16) *New York Times*, "Bugs Shape Landscape, Make Gold," October 15, 1996, p. C1.
17) *Discover*, "To Hell and Back," July 1999, p. 82.
18) *Scientific American*, "Microbes Deep Inside the Earth," October 1996, p. 71.

19) *Economist*, "Earth's Hidden Life," December 21, 1996, p. 112.
20) *Nature*, "A Case of Bacterial Immortality?" October 19, 2000, p. 844.
21) *Economist*, "Earth's Hidden Life," December 21, 1996, p. 111.
22) *New Scientist*, "Sleeping Beauty," October 21, 2000, p. 12.
23) BBC News online, "Row over Ancient Bacteria," June 7, 2001.
24) Sagan and Margulis, p. 22.
25) Sagan and Margulis, p. 23.
26) Sagan and Margulis, p. 24.
27) *New York Times*, "Microbial Life's Steadfast Champion," October 15, 1996, p. C3.
28) *Science*, "Microbiologists Explore Life's Rich, Hidden Kingdoms," March 21, 1997, p. 1740.
29) *New York Times*, "Micorbial Life's Steadfast Champion," October 15, 1996, p. C7.
30) Ashcroft, pp. 274-275.
31) *Proceedings of the National Academy of Sciences*, "Default Taxonomy; Ernst Mayr's View of the Microbial World," September 15, 1998.
32) *Proceedings of the National Academy of Sciences*, "Two Empires or Three?" August 18, 1998.
33) Schopf, p. 106.
34) *New York Times*, "Microbial Life's Steadfast Champion," October 15, 1996, p. C7.
35) *Nature*, "Wolbachia : A Tale of Sex and Survival," May 11, 2001, p. 109.
36) *National Geographic*, "Bacteria," August 1993, p. 39.
37) Outside, July 1999, p. 88.
38) Diamond, *Guns, Germs and Steel*, p. 208.
39) Gawande, *Complications*, p. 234.
40) *New Yorker*, "No Profit, No Cure," November 5, 2001, p. 46.
41) *Economist*, "Disease Fights Back," May 20, 1995, p. 15.
42) *Boston Globe*, "Microbe Is Feared to Be Winning Battle Against Antibiotics," May 30, 1997, p. A7.
43) *Economist*, "Bugged by Disease," March 21, 1998, p. 93.
44) *Forbes*, "Do Germs Cause Cancer?" November 15, 1999, p. 195.
45) *Science*, "Do Chronic Diseases Have an Infectious Root?" September 14, 2001, pp. 1974-1976.
46) Quoted in Oldstone, Viruses, Plagues and History, p. 8.
47) Biddle, pp. 153-154.
48) Oldstone, p. 1.
49) Kolata, Flu, p. 292.
50) *American Heritage*, "The Great Swine Flu Epidemic of 1918," June 1976, p. 82.
51) *American Heritage*, "The Great Swine Flu Epidemic of 1918," June 1976, p. 82.
52) *National Geographic*, "The Disease Detectives," January 1991, p. 132.
53) Oldstone, p. 126.
54) Oldstone, p. 128.

제21장

1) Schopf, p. 72.
2) Lewis, *The Dating Game*, p. 24.
3) Trefil, *101 Things You Don't Know About Science and No One Else Does Either*, p. 280.
4) Leakey and Lewin, *The Sixth Extinction*, p. 45.
5) Leakey and Lewin, *The Sixth Extinction*, p. 45.
6) Richard Fortey, interview by author, Natural History Museum, London, February 19, 2001.

7) Fortey, *Trilobite!* p. 24.
8) Fortey, *Trilobite!* p. 121.
9) "From Farmer-Laborer to Famous Leader : Charles D. Walcott(1850-1927)," *GSA Today*, January 1996.
10) Gould, *Wonderful Life*, pp. 242-43.
11) Fortey, *Trilobite!* p. 53.
12) Gould, *Wonderful Life*, p. 56.
13) Gould, *Wonderful Life*, p. 71.
14) Leakey and Lewin, *The Sixth Extinction*, p. 27.
15) Gould, *Wonderful Life*, p. 208.
16) Gould, *Eight Little Piggies*, p. 225.
17) *National Geographic*, "Explosion of Life," October 1993, p. 126.
18) Fortey, *Trilobite!*, p. 123.
19) *U.S. News and World Report*, "How Do Genes Switch On?" August 18/25, 1997, p. 74.
20) Gould, *Wonderful Life*, p. 25.
21) Gould, *Wonderful Life*, p. 14.
22) Corfield, Architects of Eternity, p. 287.
23) Corfield, p. 287.
24) Fortey, *Life*, p. 85.
25) Fortey, *Life*, p. 88.
26) Fortey, *Trilobite!* p. 125.
27) Dawkins review, *Sunday Telegraph*, February 25, 1990.
28) *New York Times Book Review*, "Survival of the Luckiest," October 22, 1989.
29) Review of *Full House in Evolution*, June 1997.
30) *New York Times Book Review*, "Rock of Ages," May 10, 1998, p. 15.
31) Fortey, *Trilobite!* p. 138.
32) Fortey, *Trilibite!* p. 132
33) Fortey, *Life*, p. 111.
34) Fortey, "Shock Lobsters," *London Review of Books*, October 1, 1998.
35) Fortey, *Trilobite!* p. 137.

제22장

1) Attenborough, *The Living Planet*, p. 48.
2) Marshall, *Mosses and Lichens*, p. 22.
3) Attenborough, *The Private Life of Plants*, p. 214.
4) Attenborough, *The Living Planet*, p. 42.
5) Adapted from Schopf, p. 13.
6) McPhee, *Basin and Range*, p. 126.
7) Officer and Page, p. 123.
8) Officer and Page, p. 118.
9) Conniff, *Spineless Wonders*, p. 84.
10) Fortey, *Life*, p. 201.
11) BBC *Horizon*, "The Missing Link," first aired February 1, 2001.
12) Tudge, *The Variety of Life*, p. 411.
13) Tudge, *The Variety of Life*, p. 9.
14) Quoted by Gould, *Eight Little Piggies*, p. 46.

15) Leakey and Lewin, *The Sixth Extinction*, p. 38.
16) Ian Tattersall, interviewed at American Museum of Natural History, New York, May 6, 2002.
17) Stanley, p. 95 ; and Stevens, p. 12.
18) *Harper's*, "Planet of Weeds," October 1998, p. 58.
19) Stevens, p. 12.
20) Fortey, *Life*, p. 235.
21) Gould, *Hen's Teeth and Horse's Toes*, p. 340.
22) Powell, *Night Comes to the Cretaceous*, p. 143.
23) Flannery, *The Eternal Frontier*, p. 100.
24) *Earth*, "The Mistery of Selective Extinctions," October 1996, p. 12.
25) *New Scientist*, "Meltdown," August 7, 1999.
26) Powell, *Night Comes to The Cretaceous*, p. 19.
27) Flannery, *The Eternal Frontier*, p. 17.
28) Flannery, *The Eternal Frontier*, p. 43.
29) Gould, *Eight Little Piggies*, p. 304.
30) Fortey, *Life*, p. 292.
31) Flannery, *The Eternal Frontier*, p. 39.
32) Stanley, p. 92.
33) Novacek, *Time Traveler*, p. 112.
34) Dawkins, *The Blind Watchmaker*, p. 102.
35) Flannery, *The Eternal Frontier*, p. 138.
36) Colbert, p. 164.
37) Powell, *Night Comes to the Cretaceous*, pp. 168-169.
38) BBC *Horizon*, "Crater of Death," first broadcast May 6, 2001.
39) Gould, *Eight Little Piggies*, p. 229.

제23장

1) Thackray and Press, *The Natural History Museum*, p. 90.
2) Thackray and Press, p. 74.
3) Conard, *How To Know the Mosses and Liverworts*, p. 5.
4) Len Ellis interview, Natural History Museum, London, April 18, 2002.
5) Barber, p. 17.
6) Gould, *Leonardo's Mountain of Clams and the Diet of Worms*, p. 79.
7) Quoted by Gjertsen, p. 237;and at University of California/UCMP Berkeley website.
8) Kastner, p. 31.
9) Gjertsen, p. 223.
10) Durant and Durant, p. 519.
11) Thomas, *Man and the Natural World*, p. 65.
12) Schwartz, *Sudden Origins*, p. 59.
13) Schwartz, p. 59.
14) Thomas, pp. 82-85.
15) Wilson, *The Diversity of Life*, p. 157.
16) Elliott, *The Potting-Shed Papers*, p. 18.
17) Audubon, "Earth's Catalogue," January-February 2002, and Wilson, *The Diversity of Life*, p. 132.
18) *Economist*, "A Golden Age of Discovery," December 23, 1996, p. 56.

19) Wilson, *The Diversity of Life*, p. 133.
20) *U.S. News and World Report*, August 18, 1997, p. 78.
21) *New Scientist*, "Monkey Puzzle," October 6, 2001, p. 54.
22) *Wall Street Journal*, "Taxonomists Unite to Catalog Every Species, Big and Small," January 22, 2001.
23) Ken Maes, interview with author, National Museum, Nairobi, October 2, 2002.
24) *Nature*, "Challenges for Taxonomy," May 2, 2002, p. 17.
25) *The Times* (London), "The List of Life on Earth," July 30, 2001.
26) Bodanis, *The Secret House*, p. 16.
27) *New Scientist*, "Bugs Bite Back," February 17, 2001, p. 48.
28) Bodanis, *The Secret House*, p. 15.
29) *National Geographic*, "Bacteria," August 1993, p. 39.
30) Wilson, *The Diversity of Life*, p. 144.
31) Tudge, *The Variety of Life*, p. 8.
32) Wilson, *The Diversity of Life*, p. 197.
33) Wilson, *The Diversity of Life*, p. 197.
34) *Economist*, "Biotech's Secret Garden," May 30, 1998, p. 75.
35) Fortey, *Life*, p. 75.
36) Ridley, *The Red Queen*, p. 54.
37) Attenborough, *The Private Life of Plants*, p. 176.
38) *National Geographic*, "Fungi," August 2000, p. 60 ; and Leakey and Lewin, The Sixth Extinction, p. 117.
39) Flannery and Schouten, *A Gap in Nature*, p. 2.
40) *New York Times*, "A Stone-Age Horse Still Roams a Tibetan Plateau," November 12, 1995.
41) *Economist*, "A World to Explore," December 23, 1995, p. 95.
42) Gould, *Eight Little Piggies*, pp. 32-34.
43) Gould, *The Flamingo's Smile*, pp. 159-160.

제24장

1) *New Scientist*, title unnoted, December 2, 2000, p. 37.
2) Brown, p. 83.
3) Brown, p. 229.
4) Alberts et al., *Essential Cell Biology*, p. 489.
5) De Duve, vol. 1, p. 21.
6) Bodanis, *The Secret Family*, p. 106.
7) De Duve, vol. 1, p. 68.
8) Bodanis, *The Secret Family*, p. 81.
9) Nuland, p. 100.
10) Jardine, p. 93.
11) Thomas, p. 167.
12) Schwartz, p. 167.
13) Carey (ed.), *The Faber Book of Science*, p. 28.
14) Nuland, p. 101.
15) Trefil, *101 Things You Don't Know About Science and No One Else Does Either*, p. 133 ; and Brown, p. 78.
16) Brown, p. 87.

17) Nuland, p. 103.
18) Brown, p. 80.
19) De Duve, vol. 2, p. 293.
20) Nuland, p. 157.
21) Alberts et al., p. 110.
22) *Nature*, "Darwin's Motors," May 2, 2002, p. 25.
23) Ridley, *Genome*, p. 237.
24) Dennett, *Darwin's Dangerous Idea*, p. 21.

제25장

1) Quoted in Boorstin, *Cleopatra's Nose*, p. 176.
2) Quoted in Boorstin, *The Discoverers*, p. 467.
3) Desmond and Moore, *Darwin*, p. 27.
4) Hamblyn, *The Invention of Clouds*, p. 199.
5) Desmond and Moore, p. 197.
6) Moorehead, *Darwin and the Beagle*, p. 239.
7) Gould, *Ever Since Darwin*, p. 21.
8) *Sunday Telegraph*, "The Origin of Darwin's Genius," December 8, 2002.
9) Desmond and Moore, p. 209.
10) *Dictionary of National Biography*, vol. 5, p. 526.
11) Quoted in Ferris, *Coming of Age in the Milky Way*, p. 239.
12) Barber, p.214.
13) *Dictionary of National Biography*, vol. 5, p. 528.
14) Desmond and Moore, pp. 454-455.
15) Desmond and Moore, p. 469.
16) Quoted by Gribbin and Cherfas, p. 150.
17) Gould, *The Flamingo's Smile*, p. 336.
18) Cadbury, p. 305.
19) Quoted in Desmond and Moore, p. xvi.
20) Quoted by Gould, *Wonderful Life*, p. 57.
21) Gould, *Ever Since Darwin*, p. 126.
22) Quoted by McPhee, *In Suspect Terrain*, p. 190.
23) Schwartz, pp. 81-82.
24) Quoted in Keller, *The Century of the Gene*, p. 97.
25) Darwin, *On the Origin of Species* (facsimile edition), p. 217.
26) Schwartz, p. 89.
27) Lewontin, *It Ain't Necessarily So*, p. 91.
28) Ridley, *Genome*, p. 44.
29) Trinkaus and Shipman, p. 79.
30) Clark, p. 142.
31) Conniff, p. 147.
32) Desmond and Moore, p. 575.
33) Clark, *The Survival of Charles Darwin*, p. 148.
34) Tattersall and Schwartz, *Extinct Humans*, p. 45.
35) Schwartz, p. 187.

제26장

1) Sulston and Ferry, p. 198.
2) Woolfson, *Life Without Genes*, p. 12.
3) De Duve, vol. 2, p. 314.
4) Dennett, p. 151.
5) Gribbin and Gribbin, *Being Human*, p. 8.
6) Lewontin, p. 142.
7) Ridley, *Genome*, p. 48.
8) Wallace et al., *Biology:The Science of Life*, p. 211.
9) De Duve, vol. 2, p. 295.
10) Clark, *The Survival of Charles Darwin*, p. 259.
11) Keller, p. 2.
12) Wallace et al., p. 211.
13) Maddox, *Rosalind Franklin*, p. 327.
14) White, *Rivals*, p. 251.
15) Judson, *The Eighth Day of Creation*, p. 46.
16) Watson, *The Double Helix*, p. 26.
17) Jardine, *Ingenious Pursuits*, p. 356.
18) Watson, *The Double Helix*, p. 26.
19) White, *Rivals*, p. 257 ; and Maddox, p. 185.
20) PBS website, "A Science Odyssey," undated.
21) Quoted in Maddox, p. 317.
22) De Duve, vol. 2, p. 290.
23) Ridley, *Genome*, p. 50.
24) Maddox, p. 144.
25) Crick, *What Mad Pursuit*, p. 74.
26) Keller, p. 25.
27) *National Geographic*, "Secrets of the Gene," October 1995, p. 55.
28) Pollack, p. 23.
29) *Discover*, "Bad Genes, Good Drugs," April 2002, p. 54.
30) Ridley, *Genome*, p. 127.
31) Woolfson, p 18.
32) Nuland, p. 158.
33) BBC, *Horizon*, "Hopeful Monsters," first transmitted 1998.
34) *Nature*, "Sorry, Dogs-Man's Got a New Best Friend," December 19-26, 2002, p. 734.
35) *Los Angeles Times* (reprinted in *Valley News*), December 9, 2002.
36) BBC, Horizon, "Hopeful Monsters," first transmitted 1998.
37) Gribben and Cherfas, p. 53.
38) Schopf, p. 240.
39) Lewontin, p. 215.
40) *Wall Street Journal*, "What Distinguishes Us from the Chimps? Actually, Not Much," April 12, 2002, p. 1.
41) *Scientific American*, "Move Over, Human Genome," April 2002, pp. 44-45.
42) *The Bulletin*, "The Human Enigma Code," August 21, 2001, p. 32.
43) *Scientific American*, "Move Over, Human Genome," April 2002, pp. 44-45.
44) *Nature*, "From E. coli to Elephants," May 2, 2002, p. 22.

제27장

1) Williams and Montaigne, p. 198.
2) Officer and Page, pp. 3-6.
3) Hallam, p. 89.
4) Hallam, p. 90.
5) Hallam, p. 90.
6) Hallam, pp. 92-93.
7) Ferris, *The Whole Shebang*, p. 173.
8) McPhee, *In Suspect Terrain*, p. 182.
9) Hallam, p. 98.
10) Hallam, p. 99.
11) Gould, *Time's Arrow*, p. 115.
12) McPhee, *In Suspect Terrain*, p. 197.
13) McPhee, *In Suspect Terrain*, p. 197.
14) Gribbin and Gribbin, *Ice Age*, p. 51.
15) Chorlton, *Ice Ages*, p. 101.
16) Schultz, p. 72.
17) McPhee, *In Suspect Terrain*, p. 205.
18) Gribbin and Gribbin, *Ice Age*, p. 60.
19) Schultz, *Ice Age Lost*, p. 5.
20) Gribbin and Gribbin, *Fire on Earth*, p. 147.
21) Flannery, *The Eternal Frontier*, p. 148.
22) McPhee, *In Suspect Terrain*, p. 4.
23) Stevens, p. 10.
24) McGuire, p. 69.
25) *Valley News* (from *Washington Post*), "The Snowball Theory," June 19, 2000, p. C1.
26) BBC *Horizon* transcript, "Snowball Earth," February 22, 2001, p. 7.
27) Stevens, p. 34.
28) *New Yorker*, "Ice Memory," January 7, 2002, p. 36.
29) Schultz, p. 72.
30) Drury, p. 268.
31) Thomas H. Rich, Patricia Vickers-Rich, and Roland Gangloff, "Polar Dinosaurs," unpublished manuscript.
32) Schultz, p. 159.
33) Ball, p. 75.
34) Flannery, *The Eternal Frontier*, p. 267.

제28장

1) *National Geographic,* May 1997, p. 87.
2) Tattersall and Schwartz, p. 149.
3) Trinkaus and Shipman, p. 173.
4) Trinkaus and Shipman, pp. 3-6.
5) Trinkaus and Shipman, p. 59.
6) Gould, *Eight Little Piggies*, pp. 126-127.
7) Walker and Shipman, *The Wisdom of the Bones*, p. 47.

8) Trinkaus and Shipman, p. 144.
9) Trinkaus and Shipman, p. 154.
10) Walker and Shipman, p. 50.
11) Walker and Shipman, p. 90.
12) Trinkaus and Shipman, p. 233.
13) Lewin, *Bones of Contention*, p. 82.
14) Walker and Shipman, p. 93.
15) Swisher et al., *Java Man*, p. 75.
16) Swisher et al., p. 77.
17) Swisher et al., p. 211.
18) Trinkaus and Shipman, pp. 267-268.
19) *Washington Post*, "Skull Raises Doubts About Our Ancestry," March 22, 2001.
20) Ian Tattersall interview, American Museum of Natural History, New York, May 6, 2002.
21) Walker and Shipman, p. 82.
22) Walker and Shipman, p. 133.
23) Tattersall and Schwartz, p. 111.
24) Quoted by Gribbin and Cherfas, *The First Chimpanzee*, p. 60.
25) Swisher et al., p. 17.
26) Swisher et al., p. 140.
27) Tattersall, *The Human Odyssey*, p. 60.
28) PBS Nova, June 3, 1997, "In Search of Human Origins."
29) Walker and Shipman, p. 181.
30) Tattersall, *The Monkey in the Mirror*, p. 89.
31) Tattersall and Schwartz, p. 91.
32) *National Geographic*, "Face-to-Face with Lucy's Family," March 1996, p. 114.
33) *New Scientist*, March 24, 2001, p. 5.
34) *Nature*, "Return to the Planet of the Apes," July 12, 2001, p. 131.
35) *Scientific American*, "An Ancestor to Call Our Own," January 2003, pp. 54-63.
36) *Nature*, "Face to Face with Our Past," December 19-26, 2002, p. 735.
37) Stevens, p. 3 ; and Drury, pp. 335-336.
38) Gribbin and Gribbin, *Being Human*, p. 135.
39) PBS *Nova*, "In Search of Human Origins," first broadcast August 1999.
40) Drury, p. 338.
41) Ridley, *Genome*, p. 33.
42) Drury, p. 345.
43) Brown, p. 216.
44) Gould, *Leonardo's Mountain of Clams and the Diet of Worms*, p. 204.
45) Swisher et al., p. 131.
46) *National Geographic*, May 1997, p. 90.
47) Tattersall, *The Monkey in the Mirror*, p. 105.
48) Walker and Shipman, p. 165.
49) *Scientific American*, "Food for Thought," December 2002, pp. 108-115.
50) Tattersall and Schwartz, p. 132.
51) Tattersall and Schwartz, p. 169.

제29장

1) Ian Tattersall, interview by author, American Museum of Natural History, New York, May 6, 2002.
2) *Proceedings of the National Academy of Sciences*, January 16, 2001.
3) Alan Thorne, interview by author, Canberra, August 20, 2001.
4) Tattersall, *The Human Odyssey*, p. 150.
5) Tattersall and Schwartz, p. 226.
6) Trinkaus and Shipman, p. 412.
7) Tattersall and Schwartz, p. 209.
8) Fagan, *The Great Journey*, p. 105.
9) Tattersall and Schwartz, p. 204.
10) Trinkaus and Shipman, p. 300.
11) *Nature*, "Those Elusive Neanderthals," October 25, 2001, p. 791.
12) Stevens, p. 30.
13) Flannery, *The Future Eaters*, p. 301.
14) Canby, *The Epic of Man*, page unnoted.
15) *Science*, "What-or Who-Did In the Neandertals?" September 14, 2001, p. 1981.
16) Swisher et al., p. 189.
17) *Scientific American*, "Is Out of Africa Going Out the Door?" August 1999.
18) *Proceedings of the National Academy of Sciences*, "Ancient DNA and the Origin of Modern Humans," January 16, 2001.
19) *Nature*, "A Start for Population Genomics," December 7, 2000, p. 65, and Natural History, "What's New in Prehistory," May 2000, pp. 90-91.
20) *Science*, "A Glimpse of Humans' First Journey Out of Africam" May 12, 2000, p. 950.
21) *Proceedings of the National Academy of Sciences*, "Mitochondrial DNA Sequences in Ancient Australians: Implications for Modern Human Origins," January 16, 2001.
22) Rosalind Harding interview, Institute of Biological Anthropology, February 28, 2002.
23) *Nature*, September 27, 2001, p. 359.

제30장

1) Quoted in Gould, *Leonardo's Mountain of Clams and the Diet of Worms*, pp. 237-238.
2) Flannery and Schouten, p. xv.
3) *New Scientist*, "Mammoth Mystery," May 5, 2001, p. 34.
4) Flannery, *The Eternal Frontier*, p. 195.
5) Leakey and Lewin, *The Sixth Extinction*, p. 241.
6) Flannery, *The Future Eaters*, pp. 62-63.
7) Quoted in Matthiessen, *Wildlife in America*, pp. 114-115.
8) Falnnery and Schouten, p. 125.
9) Gould, *The Book of Life*, p. 79.
10) Desmond and Moore, p. 342.
11) *National Geographic*, "On the Brink : Hawaii's Vanishing Species," September 1995, pp. 2-37.
12) Flannery and Schouten, p. 84.
13) Flannery and Schouten, p. 76.
14) Easterbrook, *A Moment on the Earth*, p. 558.
15) Valley News, quoting *Washington Post*, "Report Finds Growing Biodiversity Threat," November 27, 1995.
16) Wilson, *The Diversity of Life*, p. 182.

참고 문헌

Aczel, Amir D. *God's Equation: Einstein, Relativity, and the Expanding Universe.* New York: Delta/Random House, 1999.

Alberts, Bruce, et al. *Essential Cell Biology: An Introduction to the Molecular Biology of the Cell.* New York and London: Garland Publishing, 1998.

Allen, Oliver E. *Atmosphere.* Alexandria, Va.: Time-Life Books, 1983.

Alvarez, Walter. *T. Rex and the Crater of Doom.* Princeton, N.J.: Princeton University Press, 1997.

Annan, Noel. *The Dons: Mentors, Eccentrics and Geniuses.* London: HarperCollins, 2000.

Ashcroft, Frances. *Life at the Extremes: The Science of Survival.* London: HarperCollins, 2000.

Asimov, Isaac. *The History of Physics.* New York: Walker & Co., 1966.

——. *Exploring the Earth and the Cosmos: The Growth and Future of Human Knowledge.* London: Penguin Books, 1984.

——. *Atom: Journey Across the Subatomic Cosmos.* New York: Truman Talley/-Dutton, 1991.

Atkins, P. W. *The Second Law.* New York: *Scientific American,* 1984.

——. *Molecules.* New York: *Scientific American,* 1987.

——. *The Periodic Kingdom.* New York: Basic Books, 1995.

Attenborough, David. *Life on Earth: A Natural History.* Boston: Little, Brown & Co., 1979.

——. *The Living Planet: A Portrait of the Earth.* Boston: Little, Brown & Co., 1984.

——. *The Private Life of Plants: A Natural History of Plant Behavior.* Princeton, N.J.: Princeton University Press, 1995.

Baeyer, Hans Christian von. *Taming the Atom: The Emergence of the Visible Microworld.* New York: Random House, 1992.
Bakker, Robert T. *The Dinosaur Heresies: New Theories Unlocking the Mystery of the Dinosaurs and Their Extinction.* New York: William Morrow, 1986.
Ball, Philip. *H_2O: A Biography of Water.* London: Phoenix/Orion, 1999.
Ballard, Robert D. *The Eternal Darkness: A Personal History of Deep-Sea Exploration.* Princeton, N.J.: Princeton University Press, 2000.
Barber, Lynn. *The Heyday of Natural History: 1820–1870.* Garden City, N.Y.: Doubleday, 1980.
Barry, Roger G., and Richard J. Chorley. *Atmosphere, Weather and Climate,* 7th ed. London: Routledge, 1998.
Biddle, Wayne. *A Field Guide to the Invisible.* New York: Henry Holt & Co., 1998.
Bodanis, David. *The Body Book.* London: Little, Brown & Co., 1984.
——. *The Secret House: Twenty-Four Hours in the Strange and Unexpected World in Which We Spend Our Nights and Days.* New York: Simon and Schuster, 1984.
——. *The Secret Family: Twenty-Four Hours Inside the Mysterious World of Our Minds and Bodies.* New York: Simon and Schuster, 1997.
——. *$E = mc^2$: A Biography of the World's Most Famous Equation.* London: Macmillan, 2000.
Bolles, Edmund Blair. *The Ice Finders: How a Poet, a Professor and a Politician Discovered the Ice Age.* Washington, D.C.: Counterpoint/Perseus, 1999.
Boorse, Henry A., Lloyd Motz, and Jefferson Hane Weaver. *The Atomic Scientists: A Biographical History.* New York: John Wiley and Sons, 1989.
Boorstin, Daniel J. *The Discoverers.* London: Penguin Books, 1986.
——. *Cleopatra's Nose: Essays on the Unexpected.* New York: Random House, 1994.
Bracegirdle, Brian. *A History of Microtechnique: The Evolution of the Microtome and the Development of Tissue Preparation.* London: Heinemann, 1978.
Breen, Michael. *The Koreans: Who They Are, What They Want, Where Their Future Lies.* New York: St. Martin's Press, 1998.
Broad, William J. *The Universe Below: Discovering the Secrets of the Deep Sea.* New York: Simon and Schuster, 1997.
Brock, William H. *The Norton History of Chemistry.* New York: W. W. Norton & Co., 1993.
Brockman, John, and Katinka Matson, eds. *How Things Are: A Science Tool-Kit for the Mind.* New York: William Morrow, 1995.
Brookes, Martin. *Fly: The Unsung Hero of Twentieth-Century Science.* London: Phoenix, 2002.
Brown, Guy. *The Energy of Life.* London: Flamingo/HarperCollins, 2000.
Browne, Janet. *Charles Darwin: A Biography.* Vol 1. New York: Alfred A. Knopf, 1995.
Burenhult, Göran, ed. *The First Americans: Human Origins and History to 10,000 B.C.* San Francisco: HarperCollins, 1993.
Cadbury, Deborah. *Terrible Lizard: The First Dinosaur Hunters and the Birth of a New Science.* New York: Henry Holt, 2000.
Calder, Nigel. *Einstein's Universe.* New York: Wings Books/Random House, 1979.
——. *The Comet Is Coming!: The Feverish Legacy of Mr. Halley.* New York: Viking Press, 1981.

Canby, Courtlandt, ed. *The Epic of Man*. New York: Time/Life, 1961.
Carey, John, ed. *The Faber Book of Sciences*. London: Faber and Faber, 1995.
Chorlton, Windsor. *Ice Ages*. New York: Time-Life Books, 1983.
Christianson, Gale E. *In the Presence of the Creator: Isaac Newton and His Times*. New York: Free Press/Macmillan, 1984.
——. *Edwin Hubble: Mariner of the Nebulae*. Bristol, England: Institute of Physics Publishing, 1995.
Clark, Ronald W. *The Huxleys*. New York: McGraw-Hill, 1968.
——. *The Survival of Charles Darwin: A Biography of a Man and an Idea*. New York: Random House, 1984.
——. *Einstein: The Life and Times*. New York: World Publishing, 1971.
Coe, Michael, Dean Snow, and Elizabeth Benson. *Atlas of Ancient America*. New York: Equinox/Facts of File, 1986.
Colbert, Edwin H. *The Great Dinosaur Hunters and Their Discoveries*. New York: Dover Publications, 1984.
Cole, K. C. *First You Build a Cloud: And Other Reflections on Physics As a Way of Life*. San Diego: Harvest/Harcourt Brace, 1999.
Conard, Henry S. *How to Know the Mosses and Liverworts*. Dubuque, Iowa: William C. Brown Co., 1956.
Conniff, Richard. *Spineless Wonders: Strange Tales from the Invertebrate World*. New York: Henry Holt, 1996.
Corfield, Richard. *Architects of Eternity: The New Science of Fossils*. London: Headline, 2001.
Coveney, Peter, and Roger Highfield. *The Arrow of Time: The Quest to Solve Science's Greatest Mystery*. London: Flamingo, 1991.
Cowles, Virginia. *The Rothschilds: A Family of Fortune*. New York: Alfred A. Knopf, 1973.
Crick, Francis. *Life Itself: Its Origin and Nature*. New York: Simon and Schuster, 1981.
——. *What Mad Pursuit: A Personal View of Scientific Discovery*. New York: Basic Books, 1988.
Cropper, William H. *Great Physicists: The Life and Times of Leading Physicists from Galileo to Hawking*. New York: Oxford University Press, 2001.
Crowther, J. G. *Scientists of the Industrial Revolution*. London: Cresset Press, 1962.
Darwin, Charles. *On the Origin of Species by Means of Natural Selection, or the Preservation of Favoured Races in the Struggle for Life* (facsimile edition). New York: Random House/Gramercy Books, 1979.
Davies, Paul. *The Fifth Miracle: The Search for the Origin of Life*. London: Penguin Books, 1999.
Dawkins, Richard. *The Blind Watchmaker*. London: Penguin Books, 1988.
——. *River Out of Eden: A Darwinian View of Life*. London: Phoenix, 1996.
——. *Climbing Mount Improbable*. New York: W. W. Norton, 1996.
Dean, Dennis R. *James Hutton and the History of Geology*. Ithaca: Cornell University Press, 1992.
de Duve, Christian. *A Guided Tour of the Living Cell*. 2 vols. New York: Scientific American/Rockefeller University Press, 1984.
Dennett, Daniel C. *Darwin's Dangerous Idea: Evolution and the Meanings of Life*. London: Penguin, 1996.

Dennis, Jerry. *The Bird in the Waterfall: A Natural History of Oceans, Rivers and Lakes*. New York: HarperCollins, 1996.
Desmond, Adrian, and James Moore. *Darwin*. London: Penguin Books, 1992.
Dewar, Elaine. *Bones: Discovering the First Americans*. Toronto: Random House Canada, 2001.
Diamond, Jared. *Guns, Germs and Steel: The Fates of Human Societies*. New York: Norton, 1997.
Dickinson, Matt. *The Other Side of Everest: Climbing the North Face Through the Killer Storm*. New York: Times Books, 1997.
Drury, Stephen. *Stepping Stones: The Making of Our Home World*. Oxford: Oxford University Press, 1999.
Durant, Will, and Ariel Durant. *The Age of Louis XIV*. New York: Simon and Schuster, 1963.
Dyson, Freeman. *Disturbing the Universe*. New York: Harper & Row, 1979.
Easterbrook, Gregg. *A Moment on the Earth: The Coming Age of Environmental Optimism*. London: Penguin, 1995.
Ebbing, Darrell D. *General Chemistry*. Boston: Houghton Mifflin, 1996.
Elliott, Charles. *The Potting-Shed Papers: On Gardens, Gardeners and Garden History*. Guilford, Conn.: Lyons Press, 2001.
Engel, Leonard. *The Sea*. New York: Time-Life Books, 1969.
Erickson, Jon. *Plate Tectonics: Unraveling the Mysteries of the Earth*. New York: Facts on File, 1992.
Fagan, Brian M. *The Great Journey: The Peopling of Ancient America*. London: Thames & Hudson, 1987.
Fell, Barry. *America B.C.: Ancient Settlers in the New World*. New York: Quadrangle/New York Times, 1977.
——. *Bronze Age America*. Boston: Little, Brown & Co., 1982.
Ferguson, Kitty. *Measuring the Universe: The Historical Quest to Quantify Space*. London: Headline, 1999.
Ferris, Timothy. *The Mind's Sky: Human Intelligence in a Cosmic Context*. New York: Bantam Books, 1992.
——. *The Whole Shebang: A State of the Universe(s) Report*. New York: Simon & Schuster, 1997.
——. *Coming of Age in the Milky Way*. New York: William Morrow, 1998.
——. *Seeing in the Dark: How Backyard Stargazers Are Probing Deep Space and Guarding Earth from Interplanetary Peril*. New York: Simon & Schuster, 2002.
Feynman, Richard P. *Six Easy Pieces*. London: Penguin Books, 1998.
Fisher, Richard V., Grant Heiken, and Jeffrey B. Hulen. *Volcanoes: Crucibles of Change*. Princeton: Princeton University Press, 1997.
Flannery, Timothy. *The Future Eaters: An Ecological History of the Australasian Lands and People*. Sydney: Reed New Holland, 1997.
——. *The Eternal Frontier: An Ecological History of North America and Its Peoples*. London: William Heinemann, 2001.
Flannery, Timothy and Peter Schouten. *A Gap in Nature: Discovering the World's Extinct Animals*. Melbourne: Text Publishing, 2001.
Fortey, Richard. *Life: An Unauthorised Biography*. London: Flamingo/HarperCollins, 1998.

——. *Trilobite! Eyewitness to Evolution.* London: HarperCollins, 2000.
Frayn, Michael. *Copenhagen.* New York: Anchor Books, 2000.
Gamow, George, and Russell Stannard. *The New World of Mr Tompkins.* Cambridge: Cambridge University Press, 2001.
Gawande, Atul. *Complications: A Surgeon's Notes on an Imperfect Science.* New York: Metropolitan Books/Henry Holt, 2002.
Giancola, Douglas C. *Physics: Principles with Applications.* Upper Saddle River, N.J.: Prentice Hall, 1998.
Gjertsen, Derek. *The Classics of Science: A Study of Twelve Enduring Scientific Works.* New York: Lilian Barber Press, 1984.
Godfrey, Laurie R., ed. *Scientists Confront Creationism.* New York: W. W. Norton, 1983.
Goldsmith, Donald. *The Astronomers.* New York: St. Martin's Press, 1991.
"Mrs. Gordon." *The Life and Correspondence of William Buckland, D.D., F.R.S.* London: John Murray, 1894.
Gould, Stephen Jay. *Ever Since Darwin: Reflections in Natural History.* New York: W.W. Norton, 1977.
——. *The Panda's Thumb: More Reflections in Natural History.* New York: W.W. Norton, 1980.
——. *Hen's Teeth and Horse's Toes.* New York: W.W. Norton, 1983.
——. *The Flamingo's Smile: Reflections in Natural History.* New York: W.W. Norton, 1985.
——. *Time's Arrow, Time's Cycle: Myth and Metaphor in the Discovery of Geological Time.* Cambridge, Mass.: Harvard University Press, 1987.
——. *Wonderful Life: The Burgess Shale and the Nature of History.* New York: W.W. Norton, 1989.
——. *Bully for Brontosaurus: Reflections in Natural History.* London: Hutchinson Radius, 1991.
——, ed. *The Book of Life.* New York: W.W. Norton, 1993.
——. *Eight Little Piggies: Reflections in Natural History.* London: Penguin, 1994.
——. *Dinosaur in a Haystack: Reflections in Natural History.* New York: Harmony Books, 1995.
——. *Leonardo's Mountain of Clams and the Diet of Worms: Essays on Natural History.* New York: Harmony Books, 1998.
——. *The Lying Stones of Marrakech: Penultimate Reflections in Natural History.* New York: Harmony Books, 2000.
Green, Bill. *Water, Ice and Stone: Science and Memory on the Antarctic Lakes.* New York: Harmony Books, 1995.
Gribbin, John. *In the Beginning: The Birth of the Living Universe.* London: Penguin, 1994.
——. *Almost Everyone's Guide to Science: The Universe, Life and Everything.* London: Phoenix, 1998.
Gribbin, John, and Jeremy Cherfas. *The First Chimpanzee: In Search of Human Origins.* London: Penguin, 2001.
Gribbin, John, and Mary Gribbin. *Being Human: Putting People in an Evolutionary Perspective.* London: Phoenix/Orion, 1993.
——. *Fire on Earth: Doomsday, Dinosaurs and Humankind.* New York: St. Martin's Press, 1996.

——. *Ice Age*. London: Allen Lane, 2001.
Grinspoon, David Harry. *Venus Revealed: A New Look Below the Clouds of Our Mysterious Twin Planet*. Reading, Mass.: Helix/Addison-Wesley, 1997.
Guth, Alan. *The Inflationary Universe: The Quest for a New Theory of Cosmic Origins*. Reading, Mass.: Helix/Addison-Wesley, 1997.
Haldane, J. B. S. *Adventures of a Biologist*. New York: Harper & Brothers, 1937.
——. *What is Life?* New York: Boni and Gaer, 1947.
Hallam, A. *Great Geological Controversies*, 2nd ed. Oxford: Oxford University Press, 1989.
Hamblyn, Richard. *The Invention of Clouds: How an Amateur Meteorologist Forged the Language of the Skies*. London: Picador, 2001.
Hamilton-Paterson, James. *The Great Deep: The Sea and Its Thresholds*. New York: Random House, 1992.
Hapgood, Charles H. *Earth's Shifting Crust: A Key to Some Basic Problems of Earth Science*. New York: Pantheon Books, 1958.
Harrington, John W. *Dance of the Continents: Adventures with Rocks and Time*, Los Angeles: J. P. Tarcher, 1983.
Harrison, Edward. *Darkness at Night: A Riddle of the Universe*. Cambridge, Mass.: Harvard University Press, 1987.
Hartmann, William K. *The History of Earth: An Illustrated Chronicle of an Evolving Planet*. New York: Workman Publishing, 1991.
Hawking, Stephen. *A Brief History of Time: From the Big Bang to Black Holes*. London: Bantam Books, 1988.
——. *The Universe in a Nutshell*. London: Bantam Press, 2001.
Hazen, Robert M., and James Trefil. *Science Matters: Achieving Scientific Literacy*. New York: Doubleday, 1991.
Heiserman, David L. *Exploring Chemical Elements and Their Compounds*. Blue Ridge Summit, Pa.: TAB Books/McGraw-Hill, 1992.
Hitchcock, A. S. *Manual of the Grasses of the United States*, 2nd ed. New York: Dover Publications, 1971.
Holmes, Hannah. *The Secret Life of Dust*. New York: John Wiley & Sons, 2001.
Holmyard, E. J. *Makers of Chemistry*. Oxford: Clarendon Press, 1931.
Horwitz, Tony. *Blue Latitudes: Boldly Going Where Captain Cook Has Gone Before*. New York: Henry Holt, 2002.
Hough, Richard. *Captain James Cook*. New York: W.W. Norton, 1994.
Jardine, Lisa. *Ingenious Pursuits: Building the Scientific Revolution*. New York: Nan A. Talese/Doubleday, 1999.
Johanson, Donald, and Blake Edgar. *From Lucy to Language*. New York: Simon & Schuster, 1996.
Jolly, Alison. *Lucy's Legacy: Sex and Intelligence in Human Evolution*. Cambridge, Mass.: Harvard University Press, 1999.
Jones, Steve. *Almost Like a Whale: The Origin of Species Updated*. London: Doubleday, 1999.
Judson, Horace Freeland. *The Eighth Day of Creation: Makers of the Revolution in Biology*. London: Penguin 1995.
Junger, Sebastian. *The Perfect Storm: A True Story of Men Against the Sea*. New York: HarperCollins, 1997.

Jungnickel, Christa, and Russell McCormmach. *Cavendish: The Experimental Life.* Bucknell, Pa.: Bucknell Press, 1999.

Kaku, Michio. *Hyperspace: A Scientific Odyssey Through Parallel Universes, Time Warps, and the Tenth Dimension.* New York: Oxford University Press, 1994.

Kastner, Joseph. *A Species of Eternity.* New York: Alfred A. Knopf, 1977.

Keller, Evelyn Fox. *The Century of the Gene.* Cambridge, Mass.: Harvard University Press, 2000.

Kemp, Peter. *The Oxford Companion to Ships and the Sea.* London: Oxford University Press, 1979.

Kevles, Daniel J. *The Physicists: The History of a Scientific Community in Modern America.* New York: Alfred A. Knopf, 1978.

Kitcher, Philip. *Abusing Science: The Case Against Creationism.* Cambridge, Mass.: MIT Press, 1982.

Kolata, Gina. *Flu: The Story of the Great Influenza Pandemic of 1918 and the Search for the Virus That Caused It.* London: Pan Books, 2001.

Krebs, Robert E. *The History and Use of Our Earth's Chemical Elements.* Westport, Conn: Greenwood Press, 1998.

Kunzig, Robert. *The Restless Sea: Exploring the World Beneath the Waves.* New York: W.W. Norton, 1999.

Kurlansky, Mark. *Cod: A Biography of the Fish That Changed the World.* London: Vintage, 1999.

Leakey, Richard. *The Origin of Humankind.* New York: Basic Books/HarperCollins, 1994.

Leakey, Richard, and Roger Lewin. *Origins.* New York: E. P. Dutton, 1977.

——. *The Sixth Extinction: Patterns of Life and the Future of Humankind.* New York: Doubleday, 1995.

Leicester, Henry M. *The Historical Background of Chemistry.* New York: Dover Publications, 1971.

Lemmon, Kenneth. *The Golden Age of Plant Hunters.* London: Phoenix House, 1968.

Lewis, Cherry. *The Dating Game: One Man's Search for the Age of the Earth.* Cambridge: Cambridge University Press, 2000.

Lewis, John S. *Rain of Iron and Ice: The Very Real Threat of Comet and Asteroid Bombardment.* Reading, Mass.: Addison-Wesley, 1996.

Lewin, Roger. *Bones of Contention: Controversies in the Search for Human Origins,* 2nd ed. Chicago: University of Chicago Press, 1997.

Lewontin, Richard. *It Ain't Necessarily So: The Dream of the Human Genome and Other Illusions.* London: Granta Books, 2001.

Little, Charles E. *The Dying of the Trees: The Pandemic in America's Forests.* New York: Viking, 1995.

Lynch, John. *The Weather.* Toronto: Firefly Books, 2002.

Maddox, Brenda. *Rosalind Franklin: The Dark Lady of DNA.* New York: HarperCollins, 2002.

Margulis, Lynn, and Dorion Sagan. *Microcosmos: Four Billion Years of Evolution from Our Microbial Ancestors.* New York: Summit Books, 1986.

Marshall, Nina L. *Mosses and Lichens.* New York: Doubleday, Page & Co., 1908.

Matthiessen, Peter. *Wildlife in America.* London: Penguin Books, 1995.

McGhee, George R., Jr. *The Late Devonian Mass Extinction: The Frasnian/Famennian Crisis*. New York: Columbia University Press, 1996.
McGrayne, Sharon Bertsch. *Prometheans in the Lab: Chemistry and the Making of the Modern World*. New York: McGraw-Hill, 2001.
McGuire, Bill. *A Guide to the End of the World: Everything You Never Wanted to Know*. Oxford: Oxford University Press, 2002.
McKibben, Bill. *The End of Nature*. New York: Random House, 1989.
McPhee, John. *Basin and Range*. New York: Farrar, Straus and Giroux, 1980.
——. *In Suspect Terrain*. New York: Noonday Press/Farrar, Straus and Giroux, 1983.
——. *Rising from the Plains*. New York: Farrar, Straus and Giroux, 1986.
——. *Assembling California*. New York: Farrar, Straus and Giroux, 1993.
McSween, Harry Y., Jr. *Stardust to Planets: A Geological Tour of the Solar System*. New York: St. Martin's Press, 1993.
Moore, Patrick. *Fireside Astronomy: An Anecdotal Tour Through the History and Lore of Astronomy*. Chichester, England: John Wiley and Sons, 1992.
Moorehead, Alan. *Darwin and the* Beagle. New York: Harper and Row, 1969.
Morowitz, Harold J. *The Thermodynamics of Pizza*. New Brunswick, N.J.: Rutgers University Press, 1991.
Musgrave, Toby, Chris Gardner, and Will Musgrave. *The Plant Hunters: Two Hundred Years of Adventure and Discovery Around the World*. London: Ward Lock, 1999.
Norton, Trevor. *Stars Beneath the Sea: The Extraordinary Lives of the Pioneers of Diving*. London: Arrow Books, 2000.
Novacek, Michael. *Time Traveler: In Search of Dinosaurs and Other Fossils from Montana to Mongolia*. New York: Farrar, Straus and Giroux, 2001.
Nuland, Sherwin B. *How We Live: The Wisdom of the Body*. London: Vintage, 1998.
Officer, Charles, and Jake Page. *Tales of the Earth: Paroxysms and Perturbations of the Blue Planet*. New York: Oxford University Press, 1993.
Oldroyd, David R. *Thinking About the Earth: A History of Ideas in Geology*. Cambridge, Mass.: Harvard University Press, 1996.
Oldstone, Michael B. A. *Viruses, Plagues and History*. New York: Oxford University Press, 1998.
Overbye, Dennis. *Lonely Hearts of the Cosmos: The Scientific Quest for the Secret of the Universe*. New York: HarperCollins, 1991.
Ozima, Minoru. *The Earth: Its Birth and Growth*. Cambridge: Cambridge University Press, 1981.
Parker, Ronald B. *Inscrutable Earth: Explorations in the Science of Earth*. New York: Charles Scribner's Sons, 1984.
Pearson, John. *The Serpent and the Stag*. New York: Holt, Rinehart and Winston, 1983.
Peebles, Curtis. *Asteroids: A History*. Washington: Smithsonian Institution Press, 2000.
Plummer, Charles C., and David McGeary. *Physical Geology*. Dubuque, Iowa: William C. Brown, 1996.
Pollack, Robert. *Signs of Life: The Language and Meanings of DNA*. Boston: Houghton Mifflin, 1994.
Powell, James Lawrence. *Night Comes to the Cretaceous: Dinosaur Extinction and the Transformation of Modern Geology*. New York: W. H. Freeman & Co., 1998.

——. *Mysteries of Terra Firma: The Age and Evolution of the Earth*. New York: Free Press/Simon & Schuster, 2001.

Psihoyos, Louie, with John Knoebber. *Hunting Dinosaurs*. New York: Random House, 1994.

Putnam, William Lowell. *The Worst Weather on Earth*. Gorham, N.H.: Mount Washington Observatory/American Alpine Club, 1991.

Quammen, David. *The Song of the Dodo*. London: Hutchinson, 1996.

——. *The Boilerplate Rhino: Nature in the Eye of the Beholder*. New York: Touchstone/Simon & Schuster, 2000.

——. *Monster of God*. New York: W.W. Norton, 2003.

Rees, Martin. *Just Six Numbers: The Deep Forces That Shape the Universe*. London: Phoenix/Orion, 2000.

Ridley, Matt. *Genome: The Autobiography of a Species*. London: Fourth Estate, 1999.

——. *The Red Queen: Sex and the Evolution of Human Nature*. London: Penguin, 1994.

Ritchie, David. *Superquake! Why Earthquakes Occur and When the Big One Will Hit Southern California*. New York: Crown Publishers, 1988.

Rose, Steven. *Lifelines: Biology, Freedom, Determinism*. London: Penguin, 1997.

Rudwick, Martin J. S. *The Great Devonian Controversy: The Shaping of Scientific Knowledge Among Gentlemanly Specialists*. Chicago: University of Chicago Press, 1985.

Sacks, Oliver. *An Anthropologist on Mars: Seven Paradoxical Tales*. New York: Alfred A. Knopf, 1995.

——. *Oaxaca Journal*. Washington: National Geographic, 2002.

Sagan, Carl. *Cosmos*. New York: Ballantine Books, 1980.

Sagan, Carl, and Ann Druyan. *Comet*. New York: Random House, 1985.

Sagan, Dorion, and Lynn Margulis. *Garden of Microbial Delights: A Practical Guide to the Subvisible World*. Boston: Harcourt Brace Jovanovich, 1988.

Sayre, Anne. *Rosalind Franklin and DNA*. New York: W.W. Norton, 1975.

Schneer, Cecil J., ed. *Toward a History of Geology*. Cambridge, Mass.: MIT Press, 1969.

Schopf, J. William. *Cradle of Life: The Discovery of Earth's Earliest Fossils*. Princeton, N.J.: Princeton University Press, 1999.

Schultz, Gwen. *Ice Age Lost*. Garden City, N.Y.: Anchor Press/Doubleday, 1974.

Schwartz, Jeffrey H. *Sudden Origins: Fossils, Genes and the Emergence of Species*. New York: John Wiley and Sons, 1999.

Semonin, Paul. *American Monster: How the Nation's First Prehistoric Creature Became a Symbol of National Identity*. New York: New York University Press, 2000.

Shore, William H., ed. *Mysteries of Life and the Universe*. San Diego: Harvest/Harcourt Brace & Co., 1992.

Silver, Brian. *The Ascent of Science*. New York: Solomon/Oxford University Press, 1998.

Simpson, George Gaylord. *Fossils and the History of Life*. New York: Scientific American, 1983.

Smith, Anthony. *The Weather: The Truth About the Health of Our Planet*. London: Hutchinson, 2000.

Smith, Robert B., and Lee J. Siegel. *Windows into the Earth: The Geologic Story of Yellowstone and Grand Teton National Parks*. New York: Oxford University Press, 2000.
Snow, C.P. *Variety of Men*. New York: Charles Scribner's Sons, 1966.
——. *The Physicists*. London: House of Stratus, 1979.
Snyder, Carl H. *The Extraordinary Chemistry of Ordinary Things*. New York: John Wiley & Sons, 1995.
Stalcup, Brenda, ed. *Endangered Species: Opposing Viewpoints*. San Diego: Greenhaven Press, 1996.
Stanley, Steven M. *Extinction*. New York: Scientific American, 1987.
Stark, Peter. *Last Breath: Cautionary Tales from the Limits of Human Endurance*. New York: Ballantine Books, 2001.
Stephen, Sir Leslie, and Sir Sidney Lee, eds. *Dictionary of National Biography*. Oxford: Oxford University Press, 1973.
Stevens, William K. *The Change in the Weather: People, Weather, and the Science of Climate*. New York: Delacorte Press, 1999.
Stewart, Ian. *Nature's Numbers: Discovering Order and Pattern in the Universe*. London: Phoenix, 1995.
Strathern, Paul. *Mendeleyev's Dream: The Quest for the Elements*. London: Penguin Books, 2001.
Sullivan, Walter. *Landprints*. New York: Times Books, 1984.
Sulston, John, and Georgina Ferry. *The Common Thread: A Story of Science, Politics, Ethics and the Human Genome*. London: Bantam Press, 2002.
Swisher, Carl C., III, Garniss H. Curtis, and Roger Lewin. *Java Man: How Two Geologists' Dramatic Discoveries Changed Our Understanding of the Evolutionary Path to Modern Humans*. New York: Scribner, New York, 2000.
Sykes, Bryan. *The Seven Daughters of Eve*. London: Bantam Press, 2001.
Tattersall, Ian. *The Human Odyssey: Four Million Years of Human Evolution*. New York: Prentice Hall, 1993.
——. *The Monkey in the Mirror: Essays on the Science of What Makes Us Human*. New York: Harcourt, 2002.
Tattersall, Ian, and Jeffrey Schwartz. *Extinct Humans*. Boulder, Colorado: Westview/Perseus, 2001.
Thackray, John, and Bob Press. *The Natural History Museum: Nature's Treasurehouse*. London: Natural History Museum, 2001.
Thomas, Gordon, and Max Morgan Witts. *The San Francisco Earthquake*. New York: Stein and Day, 1971.
Thomas, Keith. *Man and the Natural World: Changing Attitudes in England, 1500–1800*. New York: Oxford University Press, 1983.
Thompson, Dick. *Volcano Cowboys: The Rocky Evolution of a Dangerous Science*. New York: St. Martin's Press, 2000.
Thorne, Kip S. *Black Holes and Time Warps: Einstein's Outrageous Legacy*. New York: W.W. Norton, 1994.
Tortora, Gerard J., and Sandra Reynolds Grabowski. *Principles of Anatomy and Physiology*. Menlo Park, California: Addison-Wesley, 1996.
Trepil, James. *The Unexpected Vista: A Physicist's View of Nature*. New York: Charles Scribner's Sons, 1983.

——. *Meditations at Sunset: A Scientist Looks at the Sky*. New York: Charles Scribner's Sons, 1987.
——. *Meditations at 10,000 Feet: A Scientist in the Mountains*. New York: Charles Scribner's Sons, 1987.
——. *101 Things You Don't Know About Science and No One Else Does Either*. Boston: Mariner/Houghton Mifflin, 1996.
Trinkaus, Erik, and Pat Shipman. *The Neandertals: Changing the Image of Mankind*. London: Pimlico, 1994.
Tudge, Colin. *The Time Before History: Five Million Years of Human Impact*. New York: Touchstone/Simon & Schuster, 1996.
——. *The Variety of Life: A Survey and a Celebration of All the Creatures That Have Ever Lived*. Oxford: Oxford University Press, 2002.
Vernon, Ron. *Beneath Our Feet: The Rocks of Planet Earth*. Cambridge: Cambridge University Press, 2000.
Vogel, Shawna. *Naked Earth: The New Geophysics*. New York: Dutton, 1995.
Walker, Alan, and Pat Shipman. *The Wisdom of the Bones: In Search of Human Origins*. New York: Alfred A. Knopf, 1996.
Wallace, Robert A., Jack L. King, and Gerald P. Sanders. *Biology: The Science of Life*, 2nd ed. Glenview, Ill.: Scott, Foresman and Company, 1986.
Ward, Peter D., and Donald Brownlee. *Rare Earth: Why Complex Life Is Uncommon in the Universe*. New York: Copernicus, 1999.
Watson, James D. *The Double Helix: A Personal Account of the Discovery of the Structure of DNA*. London: Penguin Books, 1999.
Weinberg, Samantha. *A Fish Caught in Time: The Search for the Coelacanth*. London: Fourth Estate, 1999.
Weinberg, Steven. *The Discovery of Subatomic Particles*. New York: *Scientific American*, 1983.
——. *Dreams of a Final Theory*. New York: Pantheon Books, 1992.
Whitaker, Richard, ed. *Weather*. Sydney: Nature Company/Time-Life Books, 1996.
White, Michael. *Isaac Newton: The Last Sorcerer*. Reading, Mass.: Helix Books/-Addison-Wesley, 1997.
——. *Rivals: Conflict As the Fuel of Science*. London: Vintage, 2001.
Wilford, John Noble. *The Mapmakers*. New York: Alfred A. Knopf, 1981.
——. *The Riddle of the Dinosaur*. New York: Alfred A. Knopf, 1985.
Williams, E. T., and C. S. Nicholls, eds. *Dictionary of National Biography, 1961–1970*. Oxford: Oxford University Press, 1981.
Williams, Stanley, and Fen Montaigne. *Surviving Galeras*. Boston: Houghton Mifflin, 2001.
Wilson, David. *Rutherford: Simple Genius*. Cambridge, Mass.: MIT Press, 1983.
Wilson, Edward O. *The Diversity of Life*. Cambridge, Mass.: Belknap Press/Harvard University Press, 1992.
Winchester, Simon. *The Map That Changed the World: The Tale of William Smith and the Birth of a Science*. London: Viking, 2001.
Woolfson, Adrian. *Life Without Genes: The History and Future of Genomes*. London: Flamingo, 2000.

초판 역자 후기

과학은 딱딱하고 재미없는 분야라고 흔히 이야기한다. 자연에 숨겨진 신비를 이해하는 과학이 사람들에게 왜 그런 인상을 주게 되었는지는 쉽게 이해하기 어렵다. 물론 사람들은 알 수 없는 수식으로 가득한 딱딱한 학교 교육에서 과학에 대한 흥미를 잃어버렸다고 말한다. 만약 그렇다면 철학이나 경제학이나 문학이 과학보다 더 재미있어야 할 이유는 없다. 과학이 옛 철학자들의 알쏭달쏭한 주장들을 외우고 이해하는 것만큼 어려울 수는 없기 때문이다. 문학은 어떻고, 신학은 또 어떤가? 법학은 말할 필요도 없다. 적어도 과학은 우리 인간이 아닌 그 무엇인가에 의해서 창조된 객관적인 실체를 대상으로 한다는 점에서 다른 어떤 학문과도 비교할 수 없을 정도로 쉽고 재미있어야만 한다. 그런데도 왜 사람들은 과학을 딱딱하고 재미없다고 여기는 것일까?

이 책을 읽으면서 마침내 그 의문을 해결할 수 있었다. 과학이 딱딱하고 재미가 없었던 것이 아니라, 그 의미와 중요성을 부드럽고 재미있게 알려주지 못했기 때문이었다. 자신들의 전문적인 지식에 젖어버린 과학자들이 과학의 엄청난 의미를 사람들에게 제대로 전해주지 못했기 때문이었다. 결국 과학자들은 자신들의 시각과 관점에 집착한 나머지 다른 사람들이 요구하고 있는 시각과 관점이 무엇인가를 이해하지 못했다. 그래서 기껏 생각해낸 것이 바로 우리 사회의 경제를 발전시키기 위해서 필요하다는 "기술"이 곧 과학이라고 주장을 해왔던 것이다. 그래서 잘 먹고 잘 살기 위해서는 기술이 필요하고, 기술을 개발하기 위해서는 과학을 배워야 한다는 옹색한 주장만 되풀이해왔다. 기술의 오용과 남용에 의해서 발생하는 모든 부작용은 과학을 제대로 이해하지 못하고 경제성과 편리함만을 추구하는 사회의 탓이라고 몰아붙였던 것이다.

에세이스트인 빌 브라이슨은 스스로 고백하듯이 과학에 대한 문외한이었다. 전 세계를 여행하면서 눈으로 보고 느낀 것을 멋진 글솜씨로 소개해주던 그가 우연한 기회에 "자연"에 대해서 관심을 가지게 되면서 과학에 눈을 돌렸고, 그 결과가 바로 「거의 모든 것의 역사」이다. 이 책은 사람들이 그동안 과학에 대해서 알고 싶어했던 그야말로 거의 모든 것에 대한 이야기를 담고 있다. 그렇다고 따분한 과학의 역사를 지루하게 소개하는 것도 아니다. 우리가 왜 우주와 지구의 역사를 알고 싶어하고, 생물과 인류의 역사를 알고 싶어하는가에서 시작해서, 우리가 살고 있는 우주와 지구는 어떤 모습이고, 생물과 사람은 어떻게 살아왔는가에 대한 거의 모든 이야기를 담고 있다. 전문가가 아니라 일반인들이 알고 싶어하는 과학에 대한 모든 이야기가 담겨 있다.

이 책에서 발견하게 되는 가장 놀라운 사실은 과학이 얼마나 광범위한 것인가라는 점이다. 우주와 지구 그리고 생물의 진정한 역사를 무시한 역사학과 철학과 문학과 예술은 존재의 의미가 반감된다. 과학은 우리가 어디에서 출발해서, 어디까지 와 있고, 앞으로 우리의 미래는 무엇인가를 가장 객관적으로 밝혀주는, 그야말로 인류가 이룩한 가장 성스럽고 값진 노력의 성과이다. 이 책의 어느 곳에도 과학이 생활을 편리하게 하고, 사회의 경제력을 발전시키기 위한 기술의 발전을 위해서 필요하다는 지적은 찾아볼 수가 없다. 오히려 우리 인간이라는 존재는 자연이라는 거대한 틀 속에서 그리 뛰어나지도 않고 선택되지도 않은 평범한 존재라는 과학적 증거를 겸손하게 받아들일 것을 요구한다.

현대 과학의 모든 면을 살펴보았다고 해야 할 이 책은 모두 6부로 구성되어 있다. 과학의 세부 분야를 뛰어넘어서 사람들이 알고 싶어하는 문제들을 어떤 과정을 거쳐서 어떻게 해결했으며, 그렇게 해서 알아낸 결과가 무엇인가를 정말 간결하고 쉬운 글을 통해서 폭넓게 소개한다. 우리가 자연에 대해서 알고 싶어하는 문제들을 빠짐없이 연결시킨 저자의 능력에 감탄하지 않을 수 없다.

제1부는 우주에 대한 이야기들이다. 상상을 넘어설 정도로 광대한 우주의 신비를 어떻게 벗겨냈는가를 살펴보는 과정에서 빅뱅(대폭발) 이론과 팽창

이론은 물론이고 다중 우주론에 이르는 거의 모든 우주론을 소개하고 있으며, 우리가 살고 있는 태양계의 구조와 생성에 대한 소박한 이야기들이 담겨 있다.

제2부는 우리가 살고 있는 지구에 대한 것이다. 도대체 지구의 크기를 어떻게 측정했을까에 대한 의문에서 시작해서 지질학의 역사, 지구 생성의 역사 그리고 지구를 구성하는 원소들에 대한 이야기로 이어진다. 그 과정에서 뉴턴의 중력 법칙을 비롯한 고전물리학과 지질학, 화학을 가볍게 소개한다. 서양에서 자연사 박물관의 변천사까지도 빠짐없이 들어 있다.

제3부는 20세기의 이야기이다. 현대물리학의 기초인 열역학, 양자론, 상대성 이론은 물론이고, 원자의 구조, 소립자와 초끈 이론에 대한 이야기가 어렵지 않게 소개된다. 지구의 판 구조론과 관련된 내용도 흥미롭고, 지구의 역사를 밝혀내는 수단인 연대 측정법을 소개하면서 현대 기술의 오용과 남용에 대한 경고의 내용을 함께 담아냈다. 판 구조론과 관련되어 소개된 지구의 모습도 새롭다.

제4부는 소행성과 혜성의 충돌에서 시작해서 지진과 화산 그리고 지자기 반전에 이르기까지 다양한 이야기가 소개된다. 옐로스톤의 이야기로부터 지구 내부의 활발한 움직임을 생생하게 읽어낼 수가 있고, 심해생물처럼 극한 상황에서 살아가는 생물의 이야기에서 생명과학의 필수 수단이 되어버린 PCR에 대한 소개도 흥미롭다.

제5부는 지구상의 생명에 대한 이야기이다. 지구에 살고 있는 생물은 어떻게 그 생명을 이어가고 있으며, 푸른 지구에 어떻게 생명체가 존재하게 되었는가에 대한 과학적 설명은 다른 데에서 찾아보기 어려운 내용이다. 대기와 바다에 대한 다양한 이야기에 이어지는 생명 출현의 역사도 정말 흥미롭다. 생물의 분류학, 세포의 기능, 다윈의 진화론 그리고 DNA를 중심으로 하는 생명과학의 역사도 어느 한쪽으로 치우치지 않은 훌륭한 이야기이다.

마지막인 제6부에는 인간이 견뎌왔던 기후의 역사와 인류의 역사가 담겨 있다. 우리가 흔히 믿고 있는 것과는 달리 우리가 살고 있는 지구의 기후는 다양한 이유에 의해서 크게 변해왔다는 이야기도 재미있지만, 인류의 출현에 대한 고고인류학 이야기와 첨단 생명과학이 접합된 이야기도 빼놓을 수 없는 흥미를 더해준다. 인간에 의한 무의식적인 생물 멸종의 역사는 이 책을 덮으면서 과학을 통해서 엄청난 위력을 가지게 된 우리에게 냉정을 되찾을 수 있는 기회를 제공한다.

이 책은 그야말로 모든 과학의 역사와 현재를 담고 있다. 좁은 전문 분야를 집중적으로 소개하는 과학 교양서적으로는 도저히 파악할 수 없는 다양한 과학지식의 진정한 의미를 이해할 수 있다는 점에서 다른 어떤 책과도 다르다. 좋은 책을 소개해준 박종만 사장님께 깊이 감사드리고, 꼼꼼한 편집 솜씨를 발휘해주신 김인애 씨에게도 감사드린다. 워낙 다양한 분야의 이야기라서 혹시라도 제대로 옮기지 못한 부분이 있을 것 같은 걱정을 지울 수 없었다.

2003년 11월

노고 언덕에서

개역판 역자 후기

지난 17년 동안 많은 독자들의 사랑을 받았던 「거의 모든 것의 역사」가 새롭게 단장을 했다. 빠르게 발전하는 현대 과학의 새로운 지식을 반영했고, 부끄러운 번역 오류도 바로잡았다. 누구나 어렵고, 재미도 없는 과학의 전문가가 될 수는 없지만 누구나 과학을 유용하고 재미있게 활용하기 위해서 노력할 수는 있다. 과학의 정확한 의미와 진정한 가치를 깨닫기 위한 노력이 그 출발점이다. 이 책에는 인류 역사상 가장 화려하고 풍요로운 과학기술 문명을 이룩한 과학자들의 노력에 대한 다양한 이야기들이 담겨 있다.

2020년이 시작되면서 낯선 변종 코로나 바이러스의 등장에 전 세계가 전전긍긍하고 있다. 우리가 자부하던 과학기술 문명은 온데간데없이 사라지고, 의료진에게조차 꼭 필요한 개인 보호 장구를 제대로 공급하지 못하고 있다. 국가들은 서로 빗장을 단단히 닫아걸고, 이동과 외출을 억제시키는 낡은 대책을 쏟아내고 있다.

감염병과의 싸움은 언제나 힘겨운 것이다. 낯선 모습으로 느닷없이 나타났다가 홀연히 사라지는 바이러스와의 싸움은 특히 그렇다. 그렇다고 절망할 이유는 없다. 우리 스스로의 뛰어난 창의력과 끈질긴 노력으로 이룩한 현대 과학과 기술을 믿어야 한다.

이 책이 나온 지 벌써 십수 년이 지났다. 그런데도 이 책은 여전히 재미있고, 이렇게 다양한 과학 이야기를 쉽고 재치 있게 설명해주는 책은 찾아보기 힘들다. 현대의 과학은 과학자들의 치열한 경쟁과 협력을 통해서 숨 가쁘게 발전해왔다. 독자들도 거칠고 위험한 자연에서 생존하고, 번영하기 위해서 우리에게 꼭 필요한 과학의 세계를 즐겨보기 바란다.

2020년 4월

성수동 문진(問津)서실에서

찾아보기